第十届全国 BIM 学术会议论文集

Proceedings of the 10th National BIM Conference

马智亮　主编

林佳瑞　胡振中　郭红领　邓逸川　时雷鸣　李睿元　副主编

中国建筑工业出版社

图书在版编目（CIP）数据

第十届全国 BIM 学术会议论文集 = Proceedings of the 10th National BIM Conference / 马智亮主编；林佳瑞等副主编. -- 北京：中国建筑工业出版社，2024. 10. -- ISBN 978-7-112-30465-3

Ⅰ. TU201.4-53

中国国家版本馆 CIP 数据核字第 2024WB7102 号

  党的二十届三中全会对数字经济、数智技术、人工智能等领域作出重要决策部署，加强数字技术的基础研发、突破关键核心技术、实现高水平自立自强成为国家战略的重点。数字化的浪潮正推动着经济和社会的深刻变革，BIM、CIM、数字孪生等技术在工程建设领域已经并将继续表现出巨大的潜力。

  在中国图学学会的指导下，中国图学学会建筑信息模型专业委员会每年组织举办全国 BIM 学术会议。第十届全国 BIM 学术会议将于 2024 年 11 月中旬召开，本书收录了大会的 89 篇优秀，内容涵盖基础理论、技术创新、系统研发与工程实践，全面反映了工程建设领域 BIM 技术研究与应用的最新进展，展示了丰富的研究与实践成果。本会议已被知网收录为全国重要学术会议。

责任编辑：徐仲莉 张 磊
责任校对：赵 力

第十届全国 BIM 学术会议论文集
Proceedings of the 10th National BIM Conference
马智亮 主编
林佳瑞 胡振中 郭红领 邓逸川 时雷鸣 李睿元 副主编

*

中国建筑工业出版社出版、发行(北京海淀三里河路 9 号)
各地新华书店、建筑书店经销
北京红光制版公司制版
建工社（河北）印刷有限公司印刷

*

开本：880 毫米×1230 毫米 1/16 印张：32 字数：1036 千字
2024 年 10 月第一版 2024 年 10 月第一次印刷
定价：**128.00** 元
ISBN 978-7-112-30465-3
(43800)

版权所有 翻印必究
如有内容及印装质量问题，请与本社读者服务中心联系
电话：（010）58337283 QQ：2885381756
（地址：北京海淀三里河路 9 号中国建筑工业出版社 604 室 邮政编码：100037）

前　言

党的二十届三中全会对数字经济、数智技术、人工智能等领域作出重要决策部署，加强数字技术的基础研发、突破关键核心技术、实现高水平自立自强成为国家战略的重点。数字化的浪潮正推动着经济和社会的深刻变革，BIM、CIM、数字孪生等技术在工程建设领域已经并将继续表现出巨大的潜力。

中国图学学会建筑信息模型专业委员会（以下简称"BIM 专委会"）致力于促进 BIM 技术创新、普及应用和人才培养，推动 BIM 及相关学科的建设和发展。作为实现上述目标的关键举措，在中国图学学会的指导下，BIM 专委会自 2015 年至今在北京、广州、上海、合肥、长沙、太原、重庆、深圳和西安成功举办了 9 届全国 BIM 学术会议，论文集已累计收录学术论文 700 余篇，累计参会总人数 4160 余人，在线参会总人数近 70000 人。近年来，会议已连续数年被中国科学技术协会《重要学术会议指南》收录；同时，会议论文集也被中国知网《中国重要会议论文全文数据库》收录。

第十届全国 BIM 学术会议将于 2024 年 11 月在浙江省杭州市召开，由 BIM 专委会和中国电建集团华东勘测设计研究院有限公司共同主办。结合该会议，本论文集共收录论文 89 篇，内容涵盖基础理论、技术创新、系统研发与工程实践，全面反映了工程建设领域 BIM 技术研究与应用的最新进展，展示了丰富的研究与实践成果。

值此第十届全国 BIM 学术会议论文集出版之际，希望同行们能够继续携手前行，以创新的精神和务实的态度共同推动 BIM 技术在我国的深度应用与发展。衷心感谢国内外同行们的大力支持！

中国图学学会建筑信息模型(BIM)专业委员会主任委员　马智亮

目 录

"多重视角": 咨询及设计一体化模式下的 BIM 管理及应用——以白云国际会议中心二期项目为例
.... 刘子洋, 梁昊飞, 陈思超, 吴润榕 (1)

技能型社会背景下高职技能型 BIM 教师团队建设研究
.... 林建昌, 何振晖, 吴晓伟, 林江富, 陈莹昀 (6)

BIM 技术在绿色建筑设计中的应用
.... 路焊铎, 杨国威 (11)

参数化工程设计与绘图的一些体会
.... 申 玮, 王广坚, 刘 涛 (15)

基于对象化定义的地质块体三维建模与稳定性分析方法研究
.... 魏志云, 王国光, 张家尹, 李小州, 赵杏英 (20)

BIM 软件全生命周期研发效能提升的研究
.... 蔡永健, 牛家宝, 张家尹, 邓新星, 杨 帆, 唐海涛 (25)

基于 BIM 技术及 "2-4" 模型的综合交通枢纽工程安全管理研究与应用
.... 吴玉敏, 伍锦鹏, 姜同兴, 赵文哲 (29)

用户体验支持平台在 BIM 图形引擎中的应用
.... 陈雪江, 邓新星, 杨 帆, 唐海涛, 刘秋燕 (33)

数字化技术在景观人行天桥建设中的应用
.... 李 振, 邹淑国, 孙钦利, 王晓宁 (38)

从深化设计视角思考现浇混凝土结构工程施工 BIM 应用的问题与发展路径
.... 余芳强, 曹 盈, 许璟琳 (44)

BIM 技术在施工动画领域的应用研究
.... 孙 源, 赵杏英, 林 武, 杨 宇, 刘甫晟, 任国鑫 (49)

西丽水库至南山水厂原水管工程 BIM 全过程咨询管理实践
.... 刘增强, 褚 丽, 胡永华, 刘瑾程 (54)

重庆轨道交通工程施工总承包数字化建设管理平台研究
.... 姜洪福 (59)

基于 BIM 和 UE5 的桥梁健康监测系统
.... 刘 发 (64)

BIM 技术在空间桁架拱骨架膜结构工程中的应用路径研究
.... 刘晓翠, 高 铁 (70)

基于 BIM 技术的主被动防船撞设施研究
.... 吕 哲, 胡 北, 李晓飞, 苗博宇, 曹宇东 (76)

基于 BIM 的道路工程项目应用实践
.... 吴建明, 张国军, 杨文广, 刘 宴, 陈旭洪 (81)

BIM 技术在超高层建筑深基坑施工中的应用
.... 王克慧, 毕晓波, 张洪宽 (89)

BIM 技术在三面临水项目中的施工应用
.... 敖成雄, 李 波, 宗春伟 (94)

BIM 技术在商业综合体的施工应用
.... 王祥祥，林春尧，陈祎飞，李　广，胡香港，倪忠伟，张洪宽（100）

大体量商业综合体施工阶段 BIM 应用优化
.... 沈凯凯，郑启炜（105）

基于 BIM 技术复核梁底净空的研究与应用
.... 郑启炜，沈凯凯（111）

水利工程项目设计阶段中 BIM 技术的应用探讨
.... 王小龙（117）

一种高效的 BIM 模型轻量化技术及应用
.... 张家尹，董大鎏，李小州，李星开，沈俊喆（124）

基于顺序无关的深度权重半透明的改进半透明渲染方法
.... 金人笑（133）

BIM 技术在兰州中川国际机场三期扩建钢结构工程中的应用
.... 柳　娜，李宇星（139）

基于云渲染技术的云端 CAD 系统及其关键技术研究与应用
.... 王志宁，董大鎏，陈　鑫（144）

基于大模型的 BIM 三维建模技术架构研究
.... 张启迪，顾丹鹏（150）

基于改进退火算法的综合管廊传感器监测网络节点优化方法
.... 王杜鑫，徐　照（155）

基于国产平台的水土保持三维设计建模技术研究
.... 郑建华，陈　妮，王天骄（159）

基于国产平台的交通隧道三维设计建模技术研究
.... 邹远祥，郑建华，张茂亦，曾　敏，陈佳乐（166）

基于国产平台的地质地层线自动生成技术研究
.... 郑建华，张家尹，陈　沉（173）

BIM 协同平台的 Bridge 自动更新系统设计
.... 赵寅军，王　昊，张文东（182）

在地下工程中利用 BIM 技术精确计量方法的研究
.... 刘甫晟，刘一宏，吴　三（187）

基于 BIM 的综合医院手术部智能化设计
.... 张　威，齐玉军，宋忠正（194）

基于 BIM＋海上风电建设管理平台的研究与应用
.... 武海洋，寇泽瑞，邓阳杰（200）

引调水工程多层级模型可视一体化研究
.... 张善亮，黄　晓，冯　斤，田继荣（205）

高速公路隧道 BIM 参数化建模与应用
.... 王　波，韩英伟，杨晓超，崔勇骏（210）

数字孪生平台在智慧社区建设中的应用
.... 贺见芳（216）

基于 BIM 的高层建筑应急疏散优化研究
.... 王　峻，傅子尧，杨京川，党泽文，孙有为（222）

BIM 技术在地质灾害领域的应用
.... 党泽文，李恒基，晏　鹏，王　峻，孙有为（227）

辅助设计智能体技术研究与应用
.... 陈肖勇，郑建华，何栓康（232）

基于 Revit Model Checker 的 BIM 审查规则库构建与案例测试
.... 曹心瑜，逯静洲，林佳瑞（239）

面向既有建筑安防运维的 BIM 模型精细度研究
.... 隋新宇，李贞朔，班淇超（244）

俄罗斯 BIM 技术政策、标准与软件
.... 张吉松，任国乾，任昭彦，周笑竹（249）

建筑机器人对工程计价影响研究
.... 焦思佳，张吉松，张云国（254）

路桥混凝土表面裂缝数据集研究综述
.... 王　璐，张吉松，赵丽华（260）

面向 BIM 模型自动更新的桥梁病害识别与管理
.... 高　涵，张吉松，赵丽华（272）

基于 GIM 成果的正向出图系统技术研究与应用
.... 洪翔宇，李飞龙，胡　婷，余勇飞（277）

科技购物中心机电安装施工全过程 BIM 技术深化应用
.... 朱孝诚，梁智强（283）

轻量化图形引擎在建筑 BIM 模型显示中的应用研究
.... 杜伯沛，刘界鹏，齐宏拓，周俊文（289）

基于"云＋端"的 BIM 数据快速协同应用平台研究
.... 向绍平，滕明焜，刘　辉，谢晓磊（296）

市政道路工程建设中的数字化质量控制体系研究
.... 陈　杰，卓胜豪，彭剑华（301）

基于 BIM 与 GIS 集成的轨道交通全生命周期数字化管理平台架构研究
.... 赵宇璇，田文涛，何　轩（306）

基于双模态图像融合的施工现场目标检测算法
.... 邓　晖，余炳霖，邓逸川（314）

基于 BLM 理论下艺术馆的集成管理与应用探究
.... 胡　腾，石　爽，林　进，李志钢（319）

基于云架构技术的二三维一体化市政管网 BIM 云设计平台研究
.... 高建朋，蒋帅帅（325）

基于 BIM 的水电站桥架设计及应用
.... 尧　锋，徐军杨，陈建锋，魏家望（330）

基于 BIM＋水动力模型的运河施工多区域协同导流风险管控技术与平台
.... 傅　翔，吉克诚，钟　亮，徐　炜，董　匡（335）

探索以 BIM 模型轻量化平台为主导的项目协同管理方法
.... 王志成，韩国瑞（340）

国际 BIM 标准 ISO 19650 的起源及核心概念解读
.... 徐四维（345）

基于 BIM 与 Pathfinder 的疏散模拟研究——以某宿舍楼为例
.... 曾瑞杰，孙文卿（349）

浅析 BIM 技术在工程行业的应用规划
.... 满金双，杨 帆（358）

基于 6D 位姿估算的钢筋绑扎机器人视觉感知系统研究
.... 刘 蜜，郭晶晶，邓 露，王淞悦（363）

BIM 技术与 AI 技术在海潮大桥拆除施工工法中的应用研究
.... 张 鑫，冀守雨，张 兵（369）

BIM 技术在机电安装工程工业化产业链协同中的应用研究
.... 孟高才，吴怡慧，张 凯（377）

BIM 技术在市政园林工程更新项目中的应用探讨
.... 逄淑萍（382）

Dynamo 在装修点位布置中的应用
.... 王嘉卉，吕 望（387）

基于数模分离的模型编码应用实践
.... 汤孟丽，吕 望（391）

基于大模型的建筑智慧运维技术探索与应用
.... 谈骏杰，许璟琳，欧金武，彭 阳（395）

智能建造背景下建筑业企业创新发展研究与探索
.... 卢 亮，张梦林，彭思远（400）

BIM 数字化助力市政道路工程 EPC 总承包模式
.... 赵金林，岳 强，韩玉宽，邹淑国，姜 雪（404）

面向新一代智慧建筑的工业互联网实验室
.... 关林皓，许璟琳，彭 阳（409）

二三维融合式设计模式及平台研究
.... 唐伟超，王天裕，蒋洪明（415）

两个 BIM 团队下"一模到底"的技术应用研究
.... 蒋洪明，顾锦镕，贺 萧（424）

民营企业 BIM 体系建设之路
.... 李 杰，袁学红，宋慧友（429）

BIM 技术创新策划提升项目工程品质
.... 宋慧友，朱耀朋，李 阁，陈文林（434）

装饰装修工程 BIM 应用实施建议
.... 陈 舟，卜继斌，江幸莲（439）

装饰装修工程 BIM 全过程应用与数字化实践——以广氮项目为例
.... 陈 舟，卜继斌，方 为（443）

BIM 应用"一模到底"技术路径探索
.... 冯 斤，吕 望（447）

基于图神经网络的纸质图纸自动分层方法
.... 卢 逊，于言滔（452）

关于 BIM 技术在 CIM 平台中赋能规划建设管控的研究与思考——以深圳宝安区空港新城为例
.... 吴怡慧，卓胜豪，王 辉，齐张晟（458）

基于 Dynamo 的拱桥参数化建模研究
··龚蕊祺，吕　望（463）

大语言模型辅助土木工程 CAD 系统开发方法研究
··陈彦安，马智亮（468）

基于生成式 AI 和 SPARQL 的 BIM 数据语义检索研究
··李金泽，熊朝阳，李永昌，刘志威，丁志坤（473）

混凝土结构表观质量缺陷识别算法性能测评与分析
··郭俊熙，潘　鹏，林佳瑞（480）

基于云的智能建造软件图谱系统
··程翼飞，马智亮（485）

基于智能手机的室内定位方法研究综述
··李佳益，马智亮，陈　诚（491）

大模型及其在建筑工程中的研究与应用综述
··刘宇轩，马智亮（497）

"多重视角"：咨询及设计一体化模式下的 BIM 管理及应用
——以白云国际会议中心二期项目为例

刘子洋，梁昊飞，陈思超，吴润榕

(华南理工大学建筑设计研究院有限公司建筑信息模型（BIM）研究室 广东 广州 510641)

【摘 要】基于广州白云国际会议中心二期项目的建设过程，以咨询 BIM 团队与设计 BIM 团队的具体工作为出发点，提出"咨询及设计一体化"的 BIM 管理及应用模式。BIM 管理强调建纲领、控进度、强沟通等八项措施，亦是推进管理的有效流程；BIM 应用从常规应用、重点应用、特殊应用层层深入匹配项目需求。最终借由"咨询+设计"模式，对比并讨论"咨询+施工""咨询+业主""BIM 咨询小组"四种模式的特点，继而丰富项目级 BIM 管理及应用模式的可能性。

【关键词】BIM；咨询设计一体化；管理与应用；白云国际会堂

伴随广州白云国际会议中心二期（以下简称白云会堂）项目的展开，BIM 技术如何在管理模式与应用场景上适配大型会议中心类项目成为各方关注的重点。"不做第一，争做唯一"的务实思路指导 BIM 工作在有限的时间内不断尝试与摸索，最终形成一套切实可行的方案。笔者所在团队作为本项目咨询 BIM 与设计 BIM 的负责方（以下简称本团队），亲历此过程，总结并展开讨论，希望提供一种 BIM 管理及应用的新思路。

1 咨询及设计一体化模式

本研究聚焦于 BIM 专业工作，并将其置于整个项目建设流程中进行讨论。

本研究并非探究设计方与全过程咨询方的整合模式，而是将常规项目中按阶段配备的咨询 BIM 团队（如有）、设计 BIM 团队、施工 BIM（总包及分包）团队、运维 BIM 团队（如有）进行调整：将咨询 BIM 与设计 BIM 的工作整合打包，没有按照传统的"项目阶段"来定义，而是由设计单位统筹管理。探究此模式辅助下的建设项目进展及成效。

1.1 项目概况

项目位于白云山麓，白云国际会议中心北侧，云城东路以东，白云大道以西。

用地面积 7.876 万 m²，总建筑面积 13.2 万 m²，其中地上建筑面积 9.3 万 m²，地下建筑面积 3.9 万 m²，计容面积 9.9 万 m²。

建筑功能需满足会议、展览、宴会、休闲等综合需求，实现形式、功能、空间的协调统一；并通过创新建筑技术体系实现生态节能环保的要求（图 1）。

因为项目"特、智、大、难、急"的特点，项目指挥部需采取相关措施来助力上述矛盾解决，而 BIM 技术所拥有的直观性、信息化、标准化、参数化使之成为重要手段之一。

图 1 白云国际会议中心二期效果图
（图片来源：张振辉）

1.2 BIM 团队工作模式的转变

项目初始阶段，BIM 团队的配置是以华南理工大学建筑设计研究院设计 BIM 团队、中国建筑第八工程局施工 BIM 团队为主体组成。随着项目推进，各设计深化团队、施工分包团队也陆续加入，BIM 技术能力良莠不齐。

由于项目的特殊性，尽管各团队都拥有非常优秀的 BIM 队伍及相关经验，但在时间紧迫、外部条件不齐全且各专业同步调改设计的情况下，内部配合好已经非常不易，更别提有余力主动做 BIM 团队之间的沟通与交底。

虽然业主设计管理部门与全过程咨询方有较强的工程经验，但同样苦于 BIM 各团队无法统筹，无法将力量整合以适配项目的实际需求与进度，进而充分发挥 BIM 价值。

经过多方沟通，决定在设计 BIM 团队完成阶段性工作后，团队内部分化出一支 3～5 人小组，担任白云会堂项目的咨询 BIM 团队，负责统筹各团队 BIM 工作，并与设计管理部门共同负责项目推进与审查工作。

决策之初，各方疑虑在于咨询 BIM 与设计 BIM 同属设计院，存在既是裁判员又是运动员之嫌，能否顺利推进相关工作？实际上，无论是从两方的专业背景还是设计阶段的工作内容，都有着相对更高的科技含量和信息含量，这一阶段的 BIM 工作将决定项目全生命周期的信息化水平。而实践结果也证明，正是由于上述关系，咨询 BIM 团队能够更加准确地判断设计 BIM 团队的工作进展，有效且无障碍地推行与本项目适配性极强的实施计划，并有机会以咨询的身份与业主方及施工单位展开管理及技术上的沟通。

随着咨询 BIM 与设计 BIM 工作的整合，本团队也逐步从单一的技术应用视角转向管理与应用的多重视角。在项目中期与业主方一起总结梳理出项目级 BIM 管理体系；各方 BIM 团队也在技术对口的咨询 BIM 团队统筹下，开始逐条逐项落实 BIM 应用，形成一套符合项目实际情况、不浮夸的 BIM 应用体系。

2 BIM 管理体系

BIM 技术在国内兴起之初就伴随着各种应用，主要集中于设计与施工团队内部，用于辅助各自工作。但偏技术层面的应用在设计管理部门看来却不那么关键。

回看 BIM 中的"I"是"Information"信息的缩写，而"M"指代的"Modeling"也将模型的演变用现在分词的形式展示出来。而动态的信息变化，通过模型直观呈现恰恰是管理团队的刚需。

本团队在项目过程中与业主设计管理部门一起，尝试发掘 BIM 技术在设计管理方面的潜力，好的工具要有好的管理措施与之相对。为充分发挥 BIM 效应，经参建各方集思广益，对项目 BIM 工作的开展共提出了"八项管理措施"：建纲领、控进度、强沟通、严过程、审成果、统例会、促巡场、齐交付（图2）。

(a)建纲领　(b)控进度　(c)强沟通　(d)严过程　(e)审成果　(f)统例会　(g)促巡场　(h)齐交付

图 2　BIM 管理体系（图片来源：作者自绘）

3 BIM 应用体系

以 BIM 管理体系为纲，落实各团队 BIM 应用是本研究模式的关键步骤。近十年来，由于 BIM 技术的普及，其在项目中的作用逐步增大，相关奖项设立日渐完善。参建各方也拥有一定的 BIM 知识储备，但存在对于贯穿全流程的"土建碰撞""管综协调"等常规应用不重视的现象。认为要应用 BIM 技术就一定要新奇和抓眼球，但恰恰是最基础的应用最成熟，也最能给项目带来效益。本团队利用咨询 BIM 的身份在项目之初就避免了"常规应用不重视，创新应用不踏实"的情况。

而针对一些各专业相对成熟的管理与设计流程，BIM 团队仅提供三维与全专业信息做支持，不做过多硬性干预。在满足设计深度应用需求的前提下，选取较低等级的几何表达精度，将有限的人力投入常规且大量的基础应用中，项目重难点应用、特殊应用在此基础上层层深入并适当创新，过程中配合设计巡场与检查验收。

3.1 常规应用

项目基于多软件协同的 BIM 工作流，整合了土建、钢结构、机电、幕墙、室内、装配式、景观七大类工程模型，基础建模复查的常规应用也基于这些模型展开（图 3）。

3.2 重点应用

重点应用是在常规应用的基础上进行的。白云会堂对于净高要求极其严格，BIM 团队经过设计阶段净高梳理、深化阶段多轮净高细化、实施阶段每周净高实测、复盘阶段净高复测最终保证所有净高大小面域均高标准满足使用需求。（图 4）

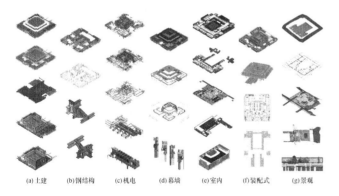
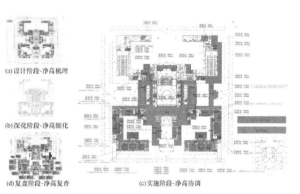

图 3　BIM 七大类工程模型　　　　　　　　　　图 4　净高过程文件梳理——以首层为例
（图片来源：郑昊鑫，刘子洋）　　　　　　　　　（图片来源：作者自绘）

3.3 特殊应用

特殊应用是指根据项目实际需求，发现 BIM 技术能够辅助设计的应用。在原成熟的设计施工流程中，寻找切入点是关键。

3.3.1 案例一：幕墙"正向设计"

抛开"正向设计"一词本身的悖论不谈，在设计开展和推进的过程中，BIM 工作同步展开或以稍晚的进度跟进展开并不容易。行业内都在呼唤和期待"正向设计"的到来，也普遍认为其是 BIM 技术的高阶应用。但对于"正向设计"的 BIM 应用在项目中往往被确定为"是或者否"的二分，而这样的二分似乎也没有明确的定义和应用标准，项目也时常根据需要"模拟"出正向的应用过程，也就是行业内的"假正向"现象。

项目初期的设计团队与 BIM 团队并未达到完全同频，但对于设计决策，从空间高度到采光模拟等，BIM 团队从初步设计阶段就开始介入。而在项目中期，在咨询 BIM 团队的协调下，并未花精力去弥补 BIM 正向应用大而全的空缺，而是集中人力在本项目的重点专项——幕墙设计。组织 BIM 团队与幕墙设计、施工总包、幕墙分包、生产厂家等进行模型定位及参数调整（图 5）。

利用 BIM 技术的信息参数化特点，深化幕墙开料模型，实现与生产厂家的三维信息传递，有效解决异形构件对接生产的难题，确保各类特定异形构件生产加工的精确性。

3.3.2 案例二：地下室管线综合视觉效果修正

地下室是管线综合的重要应用区域，本项目对于地下室管线综合提出了进一步的视觉要求，不仅要求在机房等相对标准的空间中达到视觉效果，还需要在较大范围的地下室裸顶无顶棚的停车区域提供机电管线的良好观感。得益于笔者所在的咨询 BIM 团队成员均有设计背景，本团队在原有管线综合原则的基础上，增加了关于管线底标高取平、行车轨迹留白，不一味追求局部区域的净高，而聚焦于最不利点视觉效果的优化等原则（图 6）。

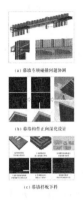

图 5　幕墙设计生产流程
（图片来源：林颖群，刘子洋）

图 6　地下室管线综合视觉优化过程文件
（图片来源：作者自绘）

4 "四种模式"探讨与对比

综上所述，根据项目实际情况，产生了咨询 BIM 与设计 BIM 工作结合的需求，并在项目中起到积极正向的作用，辅助并调动各专业对设计管理、设计精度及施工完成度进行有效提升。基于"咨询及设计一体化"的模式，发散讨论"咨询及施工一体化""咨询与业主管理一体化"等模式；最后结合项目中BIM 工作展开与决策的实际过程，提出"BIM 咨询小组"模式以寻求现阶段更广泛项目应用的可能性。

4.1 咨询 BIM ＋设计 BIM

以设计效果为主要导向，正常项目流程中设计先行。一旦项目体量偏大，多单位多工种交叉的情况下，问题在所难免，此时厘清问题尤为关键，是普遍问题还是特殊问题？在什么阶段产生等？也比较容易判断责任方。

BIM 专业先天拥有多专业视角，三维空间弱化了问题的理解难度，面对问题更有潜力给出较为综合的判断。此潜力在 BIM"咨询设计一体化"模式下更能得到充分发挥。

4.2 咨询 BIM ＋施工 BIM

以施工效率为主要导向，利用 BIM 技术加持成熟施工工艺，提升施工效率，控制施工成本。

有利于设计阶段的 BIM 成果直接沿用至施工阶段；有利于项目施工阶段 BIM 技术的持续输出，避免在变更多、工期快的阶段，BIM 专业与项目脱节的情况；有利于施工措施，设计调整、变更修改的量化；有利于项目竣工阶段，同时编制竣工模型与竣工图纸。

4.3 咨询 BIM ＋业主

以工程管理为主要导向，咨询业务本就是业主管理决策的延伸，二者的工作绑定对于工程各阶段的管理都非常有利。

以本项目的业主方为例，其已经开始着手搭建自己的 BIM 管理平台，并尝试链接已有的内部管理系统，尝试简化繁琐的内部审批手续。同时积极推进 BIM"正向设计"，希望在工程管理中能够伴随式地使用 BIM 技术，逐步达到信息化、可视化与动态化。

4.4 BIM 咨询小组

基于上述三种模式，以及本项目中各类尝试的管理方法，为了适配不同体量、不同类型项目的 BIM

管理及应用方式。避免在管理上出现"没摸清情况—上来就大投入必定会出现产出在数量和时间上都不能满足预期的问题，从而影响企业整体经营水平，成为企业在决策和管理层面的真正风险"的情况，提出了BIM咨询小组的模式。

BIM咨询小组是指以业主、设计及施工三方为主体，按需配合全过程咨询、监理等团队所成立的BIM特种小组。

（1）项目前期：能较快地评估项目整体BIM能力与团队质量；对于BIM管理及应用有预期，避免好高骛远、计划落不了地。

（2）项目中期：遇见问题，此小组可综合各团队意见，基于三维模型直观讨论。以BIM模型与数据为基础，以项目实际问题为起点，快速判断BIM技术能否帮助解决问题？能帮助多大程度？有无更直接的流程方案等？快速准确决策。

（3）项目后期：保证BIM模型及数据能够有效传递，组内可随项目不断纳入各团队各阶段BIM及信息化负责人，直至项目运维乃至使用后评估阶段。

咨询BIM小组的模式，能够比较全面且快速地在项目阶段内培养行业各方人员的BIM能力与意识，为新技术普及、管理类似大型项目等积累经验。

5　结论

综上所述，本研究基于广州白云国际会议中心二期项目的建设过程，提出"咨询及设计一体化"的BIM管理及应用模式，并由此展开潜在模式可能性的讨论。

白云会堂项目有其自身特殊性，项目中的BIM实践不能完全覆盖所有应用场景。"咨询及设计一体化"的BIM管理及应用模式也尚未在更多项目中得到尝试，但不妨碍其呈现项目级BIM技术探索的一个侧面。

目前，国内BIM生态体系逐步完善，工程管理及技术人员大多不再"无用化"和"妖魔化"BIM技术，以更健康、更全面的视角才能推进BIM技术平稳落地，有效向前。

参 考 文 献

[1] 吴润榕，张翼. 精细度管控——美标LOD系统与国内建筑信息模型精细度标准的对比研究[J]. 建筑技艺，2020(6)：103-109.
[2] 张翼，张诗奕，鲍戈平. 漫谈BM及其他——BIM之于绘图术[J]. 建筑技艺，2015(10)：38-49.
[3] 梁昊飞，刘禹岐，吴润榕，等. 眼界与路程——华南理工大学国际校区EPC项目的BIM实施案例与国际惯例的比较研究兼谈中国建筑信息化的国际化进程[J]. 建筑技艺，2020(3)：112-119.
[4] 杨荣华，张翼. 中国式BIM悖论——谈谈"正向设计"[J]. 建筑技艺，2020(12)：88-93.
[5] 何关培，邱勇哲. BIM技术发展与推广中的思考[J]. 广西城镇建设，2017(12)：40-48.

技能型社会背景下高职技能型 BIM 教师团队建设研究

林建昌，何振晖，吴晓伟，林江富，陈莹昀

（漳州科技职业学院，福建 漳州 363202）

【摘　要】 在技能型社会建设背景下，产业对高素质技术技能人才的需求日益增长，高职教育是培养高素质技术技能人才的重要主体，高职技能型教师团队的建设是促进技术技能人才高质量发展和培养符合产业需求人才的关键。从技能型社会对高职教育的新要求出发，聚焦建筑产业 BIM 技术技能人才的培养，分析构建技能型 BIM 教师团队的价值，探讨构建技能型 BIM 教师团队面临的挑战，研究构建技能型 BIM 教师团队的主要策略，促进高职院校 BIM 教师团队的可持续发展和专业成长，为高职院校 BIM 教师团队的建设提供理论指导和实践参考。

【关键词】 技能型社会；高职教育；技能型；BIM 教师团队

1　前言

2021 年 10 月，中共中央办公厅、国务院办公厅印发《关于推动现代职业教育高质量发展的意见》，明确提出"到 2035 年，职业教育整体水平进入世界前列，基本建成技能型社会，职业教育供给与经济社会发展需求高度匹配"。BIM 技术作为建筑产业的核心技术之一，其在项目规划、设计、施工和管理等方面的应用越来越广泛，对相关专业人才的能力和素质提出了更高的要求。高职教育作为培养技术技能人才的重要基地之一，其教师团队的建设尤为关键。高职院校 BIM 教师团队的建设不仅关系到土建类专业教学质量的提升，更直接影响土建类专业学生的实际操作能力和未来就业竞争力。因此，高职技能型 BIM 教师团队的建设成为提升教育质量和满足行业需求的关键。通过文献综述，本文首先分析了技能型社会的特征及其对高职教育 BIM 技术人才培养的影响，探讨当前高职院校 BIM 教师团队建设面临的主要问题，分析高职技能型 BIM 教师团队建设价值以及建设策略，包括教师专业能力提升的需求、产教融合的深化、课程体系与教学方法的创新等。探讨通过系统化、科学化的管理，培养出一支结构合理、专业水平高、教学能力强的 BIM 教师团队，为技能型社会培养更多高素质的技术技能人才，推动职业教育的改革与发展。

2　技能型社会背景下高职 BIM 技术人才培养的现状

技能型社会是以人的全面发展、技能提升为中心，从学习者的技能学习出发，强调技能的形成过程，以技能习得求发展，构建国家重视技能、社会崇尚技能、人人学习技能、人人拥有技能的社会。我国经济已由高速增长阶段转向高质量发展阶段，新一轮科技革命和产业变革深入发展，产业结构变化必将促进就业结构变化，进而带来人才结构变化，从而迫切需要大量高层次、复合型技术技能人才。根据《中国建筑业 BIM 应用分析报告（2021）》，BIM 人才缺乏已经成为制约企业发展的首要因素，缺乏 BIM 人才占比高达 61.91%。为促进 BIM 技术人才的培养，国家及地方政府出台各项政策促进 BIM 技术应用，在

【基金项目】 漳州科技职业学院校级科研项目（SK202307）；漳州科技职业学院校级科研项目（ZK202405）。
【作者简介】 林建昌（1995—），男，教师/讲师。主要研究方向为 BIM 技术应用与教学。E-mail：1198969667@qq.com

人才培养上，2019年人力和社会保障部发布新职业——建筑信息模型技术员；2019年4月，教育部、国家发展改革委、财政部、市场监管总局联合印发了《关于在院校实施"学历证书＋若干职业技能等级证书"制度试点方案》，"1＋X"建筑信息模型（BIM）职业技能等级证书为首批试点证书；2023年教育部办公厅发布《全国职业院校技能大赛执行规划（2023—2027年）》，技能大赛包括建筑信息建模和建筑信息模型应用等竞赛，高校通过开设BIM建模课程、建设BIM实训室等方式促进BIM技术人才的培养。由此可以看出，政府、企业、高校等通过技能认证、竞赛、培训开课等方式进行BIM人才培养，但目前BIM人才缺乏完善的职业通道，没有形成标准化的培养体系，培养散点状，没有形成政府、企业、高校贯通式一体化培养。

3 技能型社会背景下高职技能型BIM教师团队建设价值

技能型社会建设是推动经济社会发展的基础保障，其动力源于产业转型迭代升级对技能人才培养所提出的更高要求。2020年住房和城乡建设部等13部委联合推出《关于推动智能建造与建筑工业化协调发展的指导意见》，智能建造与建筑工业化协同发展是未来建筑行业发展的重要趋势，BIM技术作为建筑业数字化转型的核心技术之一，其与智能建造、建筑工业化是相辅相成的关系。培养符合建筑业数字化转型需求的BIM技术技能人才，是推动建筑业智能化、工业化发展的重要保障。作为高职教育，构建符合建筑产业需求的人才培养方案、课程体系、教师团队等，对建筑转型升级具有重要意义，对实现职业教育供给与经济社会发展需求高度匹配具有重要价值。

3.1 嫁接校企，促进产教深度融合

技能型BIM教师团队是连接教育与产业的桥梁，通过与企业的紧密合作，确保教学内容与行业需求同步更新，提高教育的针对性和实用性。教师团队通过参与企业实际项目，能够将最新的行业技术和管理经验带回课堂，使学生能够在学习过程中直接接触到真实的工作场景，从而提升学生的职业技能和就业竞争力。

3.2 促进"双师型"教师建设，推动教师专业发展

技能型BIM教师团队注重"双师型"教师的培养，即教师既要具备扎实的理论知识，又要有丰富的实践经验。通过校企合作培训基地和企业实践机会，教师可以在实践中提升自己的职业技能和教学能力，从而更好地指导学生。技能型BIM教师团队的建设注重教师的个人发展和团队协作能力的培养。通过制定个人发展规划、组织专业培训、鼓励参与科研项目等方式，促进教师不断提升自身的专业技能和教学水平。同时，通过团队内部的协作和交流，教师能够相互学习、共同进步，形成良好的专业发展氛围。

3.3 提高教学质量，促进创新型技术技能人才的培养

技能型BIM教师团队通过不断的教学改革和创新，采用项目教学、情境教学等多样化教学方法，提高课堂教学的互动性和实践性。通过模块化教学设计和实施，教师团队能够更好地根据学生的特点和需求进行个性化教学，从而提升教学质量和学生的学习效果。技能型BIM教师团队通过创新教学模式和方法，激发学生的学习兴趣和创新潜能。教师团队通过引入新技术、新工艺、新规范等内容，培养学生的创新思维和解决问题的能力，为社会输送具有创新精神和实践能力的高素质技术技能人才。

3.4 强化社会服务能力，增强可持续发展能力

技能型BIM教师团队通过参与社会服务项目，将专业知识和技术应用于解决实际问题，提升社会服务能力。教师团队能够为企业提供技术支持和咨询服务，促进产学研用的结合，为社会经济发展做出贡献。技能型BIM教师团队通过推动绿色建筑和可持续发展教育理念的融入，培养学生的环境保护意识和可持续发展能力。教师团队通过参与相关研究和实践项目，探索建筑行业的可持续发展路径，为建设生态文明和实现可持续发展目标作出贡献。

3.5 推动职业可持续发展，形成示范效应和辐射作用

技能型BIM教师团队通过构建终身学习体系和职业发展路径，支持学生和教师持续学习和成长。教

师团队通过提供继续教育课程、职业资格认证等服务，帮助学生和教师适应快速变化的职业环境，实现职业生涯的持续发展。优秀的技能型BIM教师团队不仅能够提升本校的教学质量和学生培养水平，还能够通过与其他院校和行业的交流合作，分享成功的教学经验和管理模式，形成示范效应，对周边乃至全国的职业教育改革和发展产生积极的辐射作用。

4 技能型社会背景下高职技能型BIM教师团队建设挑战

4.1 BIM师资队伍培养不足，教师团队结构有待优化

高职院校在BIM师资队伍的培养上存在诸多问题，教师缺乏BIM企业应用能力要求，导致其缺乏BIM相关的知识和技能，对BIM课程的重要性认识不足，缺乏专业团队支撑和系统化的教育体系。根据漳州科技职业学院2023年年度质量报告，2022~2023年，学校共有专任教师531人，占比88.72%；双师型教师170人，占比32.02%；博士2人，占比0.38%；硕士88人，占比16.57%；本科424人，占比79.83%，可以看出整体师资结构有待提升，高职院校BIM教师团队在结构上存在不合理之处，如专兼职教师结构、职称学历结构、能力结构和规模结构等问题，限制了教师团队的整体效能和教学质量，导致BIM技术在高职院校的应用和推广受到限制，影响了BIM技术人才培养的质量。

4.2 产教融合不够深入，政策支持和经费投入不足

产教融合是高职教育的重要方向，但在BIM教师团队建设中，校企合作的深度和广度仍有待提高。需要通过建立校企合作培训基地、推动企业参与教学改革等方式，加强产教融合，提升教师的实践教学能力和学生的就业竞争力。政府政策和经费投入对高职院校BIM教师团队建设至关重要。目前，一些地区和院校在政策支持与经费投入上存在不足，限制了教师团队建设和发展的潜力。

4.3 课程体系与教学方法创新不足

BIM教师团队在课程体系和教学方法上创新不足。在授课过程中单一强调软件的基础操作，忽视BIM课程与其他课程的关联性，例如可以通过BIM模型让学生更加直观地感受建筑构造；缺乏与其他课程的融通，需要通过在现有专业课程中融入BIM内容、采用项目化教学和模块化教学等方法，提高教学的实践性和针对性。

4.4 团队内部治理和合作机制不健全，团队目标定位和发展规划不明确

高职院校BIM教师团队在内部治理和合作机制上存在不足，如团队规范化管理程度不够、考核激励机制不健全、专业带头人作用发挥不足等。这些问题影响了教师团队的合作效率和整体合力。高职院校BIM教师团队在目标定位和发展规划上存在不明确的问题，这导致团队建设和发展的短视与功利性，影响了团队的长远发展和教师的职业规划。

4.5 BIM实训室建设滞后，BIM软件配置较低

BIM实训室是培养学生实践能力的重要平台，目前高职院校在BIM实训室的建设和管理上相对滞后于企业需求，根据《中国建筑业BIM应用分析报告（2021）》，目前企业BIM软件应用涵括工具类、管理类、平台类软件，同时在国家政策驱动下，通过调研，企业在条件允许情况下更倾向于使用国产类软件，占比53.62%，但通过调研2024年福建省职业院校技能大赛建筑信息模型与应用赛项参赛院校，大部分机房只预装了Autodesk Revit国际主流软件，影响了学生的实践教学和技能培养。

4.6 教师专业发展和终身学习体系不完善

在终身学习体系建设上，高职院校BIM教师团队需要建立完善的专业发展和终身学习体系，以适应快速变化的行业需求和技术进步。但教师终身学习平台建设、培训考核制度等还不完善，教师专业发展支持和终身学习机会仍需加强。

通过上述分析，高职技能型BIM教师团队建设面临的问题涉及师资培养、产教融合、课程体系、团队结构、内部治理、政策支持、实训室建设、专业发展和目标定位等多个方面。解决这些问题需要政府、学校、企业和教师共同努力，形成合力，推动高职技能型BIM教师团队建设和高职教育质量的提升。

5 技能型社会背景下高职技能型 BIM 教师团队建设策略

根据 BIM 技术人才培养现状及当前 BIM 教师团队建设存在的问题，在技能型社会背景下，高职技能型 BIM 教师团队的建设策略，以双师型教师建设为契机，加强教师能力建设，完善教师考核激励机制，建立多维协同机制，让教师教学能力和职业技能认证互通发展，以确保教师团队能够有效地培养出符合行业需求的高素质技术技能人才。

5.1 强化 BIM "双师型" 教师培养，推进教学能力和职业技能融通发展

2022 年 10 月，教育部印发《教育部办公厅关于做好职业教育 "双师型" 教师认定工作的通知》，首次明确提出了职业教育 "双师型" 教师认定的基本标准。在技能型社会背景下，开展职业教育 "双师型" 教师认定工作，推动职业教育以技传志、以技传道、技以载伦的 "双师型" 教师队伍建设，要重视 "双师型" 教师的培养，通过校企合作、专兼结合的方式，组建高水平的 BIM "双师型" 教师团队，提升教师的教学能力，实现 "经师" "技师" 的互通发展，增强教师实践指导能力和技术技能积累创新能力。

5.2 建立 BIM 团队建设协作共同体，促进教师共同发展

2022 年 12 月，中共中央办公厅、国务院办公厅印发的《关于深化现代职业教育体系建设改革的意见》提出，支持龙头企业和高水平高等学校、职业学校牵头，组建学校、科研机构、上下游企业等共同参与的跨区域产教融合共同体。2023 年黎明职业大学牵头成立智能建造产教融合共同体，切实推进智能建造领域产教融合新形态。2019 年 6 月，教育部印发的《全国职业院校教师教学创新团队建设方案》提出，高职院校可以建立教师团队协作共同体，促进团队建设的整体水平提升。由若干所立项院校建立协作共同体，完善校企、校际协同工作机制，推进专业设置与产业需求对接、课程内容与职业标准对接、教学过程与生产过程对接。在 BIM 行业产教融合共同体的基础上，推进 BIM 教师创新团队建设，促进教师共同发展。

5.3 构建对接职业标准的课程体系，实现 "课岗" 互通

高职院校与企业共同研究制定人才培养方案，按照 BIM 职业岗位的能力要求，制定完善 BIM 课程标准，基于职业工作过程重构课程体系。研究制定专业能力模块化课程设置方案，开发专业教学资源，推动课堂教学改革。

5.4 加强教师能力建设，完善教师考核激励机制

加强团队教师的能力建设，完善团队建设方案。整合校内外优质人才资源，支持教师团队成员定期到企业实践，提升教师的实习实训指导能力。建立完善的教师考核激励机制，确保教师团队成员能够感受到公平的发展机会和资源配置。通过物质、精神、专业发展等不同层面的激励机制，提高教师的工作积极性和团队的凝聚力。

5.5 建立多维协同机制，促进教师专业发展和团队建设的协同

建立促进主体、组织、平台、制度、文化等要素的多维协同，确保教师专业发展与教学创新团队建设在目标和任务上的一致性。保证团队内不同教师在专业发展规划上的错位性和个性化，确保教师个人发展规划与团队规划、团队中教师个人发展规划之间的协同。通过团队为教师个人赋权，使团队成员在平等对话中自我设定发展目标，建立真正的专业自信和发展自觉。

6 结语

在技能型社会背景下，高职院校技能型 BIM 教师团队的建设对于提升教育质量、满足产业发展需求、促进学生就业具有重要意义。首先通过深入分析和探讨，强调构建多阶段、多层次的融会互通 BIM 能力培养体系，这不仅有助于激发学生的学习兴趣和自主性，还能满足不同层次学生的发展需求。其次，深化产教融合，加强校企合作，是提升教师团队实践教学能力和学生就业竞争力的有效途径。再次，优化教师团队结构，建立合作与交流平台，也是提升团队整体效能的关键措施。最后，高职院校应当在政策支持、经费投入、制度建设等方面为 BIM 教师团队建设提供有力保障。通过系统化、科学化的管理，高

职院校可以培养出一支结构合理、专业水平高、教学能力强的 BIM 教师团队，为技能型社会培养出更多高素质的技术技能人才。高职技能型 BIM 教师团队建设是一个长期、复杂且充满挑战的过程，要根据社会发展需求和教育改革方向，不断探索和实践，以期在技能型社会背景下为 BIM 教育事业的发展作出更大的贡献。

参 考 文 献

［1］ 霍丽娟．技能型社会建设的内涵特征、测度模型及路径优化研究［J］．中国职业技术教育，2023(13)：68-77．
［2］ 刘英霞．技能型社会背景下技术技能人才要素模型与培养路径［J］．教育与职业，2022(10)：62-65．
［3］ 《中国建筑业 BIM 应用分析报告（2020）》编委会．中国建筑业 BIM 应用分析报告（2020）［M］．北京：中国建筑工业出版社，2021．
［4］ 周平红．1＋X 证书制度下高职工程测量技术专业人才培养改革探讨［J］．现代职业教育，2021，(13)：108-109．
［5］ 邵建东，徐珍珍，孙凤敏．高职院校专业教师团队建设的影响因素、现实困境及对策研究［J］．中国高教研究，2022(1)：102-108．
［6］ 李国良，王斌．技能型社会背景下"双师型"教师认定指标体系与成长路径［J］．职业技术教育，2023(25)：50-56．

BIM 技术在绿色建筑设计中的应用

路焊铎，杨国威

(兰州博文科技学院，甘肃 兰州 730101)

【摘　要】BIM 技术在绿色建筑设计中可以帮助设计师实现绿色设计理念，达到建筑节能减排、环保可持续性发展的目标。BIM 技术可以在能源利用率、供暖、通风等方面进行数据分析，在设计之初评估节能措施的适用性及各设计方案的节能性能。BIM 技术在绿色建筑设计中有着重要的应用价值，在建筑物设计、建设全生命周期应用均存在显著优势，可以有效避免设计缺陷，降低返工率。通过 BIM 技术的应用，绿色建筑的设计逐步达到可持续性，为节能环保奠定了基础。

【关键词】BIM 技术；节能减排；能源分析

1　BIM 技术和绿色建筑概述

BIM 作为一种前沿主流技术，是指数字化建筑设计与建造技术，通过三维建模、参数化设计以及信息共享等方式，实现了建筑设计、施工、维护和运营等不同阶段的全面管理，充分提高了建筑设计和施工工作的效率和准确性，为建筑设计提供可靠数据支持和合理决策依据。

绿色建筑作为行业的主流趋势，是一种可持续性的建筑设计与建造方式，通过在建筑物的整个生命周期中减少对环境的负面影响，促进人与自然之间的和谐发展。绿色建筑注重建筑物能源的高效利用，采用生态友好型环保材料，设计出最优的节能措施和低碳排放策略，同时提高了室内空气质量和空间舒适度。绿色建筑是未来可持续发展的重要方向之一，得到全球越来越多的重视和应用。

BIM 技术和绿色建筑的结合可以实现全方位的可持续性建筑管理，既能提高建筑设计和施工效率，又能增强建筑能源利用率和环保性，还能够很好地推动相关产业与技术的发展。

2　BIM 技术在绿色建筑中的意义分析

绿色建筑是指在建筑工程设计和施工中，把环保理念融入其中，促使建筑与自然环境相结合，在满足建筑工程质量的同时，达到减少资源消耗和环境污染的目的，迎合建筑行业主流发展趋势。BIM 技术与绿色建筑的融合可以提高建筑的绿色性能，增强其可持续性，并为绿色建筑管理提供实时、准确、系统的信息支持，为建筑管理和运营提供技术保障，有助于推动绿色建筑技术的发展和普及。我国 BIM 技术起步相对较晚，未能有效地建立完善的标准体系，相比国外还有很大的发展空间。综上所述，在绿色建筑中全面使用 BIM 技术，对打造绿色建筑有着深远的意义。

3　绿色建筑设计与 BIM 技术融合的难点

纵观当下，绿色环保的理念已经深入人心，但从当前绿色建筑的设计现状来看，受传统观念的影响，绿色建筑设计还存在很多问题，导致绿色建筑设计的合理性不足，主要体现在以下几个方面。

3.1　我国绿色建筑工程体系建设及评估现状

随着我国经济的快速发展，基础建筑设施的建设速度超出预期，而对绿色建筑理念的提出是在 2005

【作者简介】路焊铎（2001—），男，本科。主要研究方向为建筑与环保发展。E-mail：2789278018@qq.com

年，起步较晚，这一问题制约了我国绿色建筑工程设计理念的推广。2013年以后我国推动绿色建筑发展的相关政策落地，开始在全国范围内推出绿色建筑实验点，各级政府不断出台绿色建筑发展的相关激励政策，使得全国范围内获得绿色标识的建筑数量呈现井喷式增长态势，如图1所示。绿色建筑的增长率在2010年达到峰值，随后开始逐步下降，这是由于2008～2011年是我国建筑行业快速发展的时期，随后基本呈现稳定增长阶段，因此2013～2015年呈明显下滑趋势，如图1所示。但部分企业忽视了绿色建筑所能带来的价值，盲目追求短期收益，极大地阻碍了绿色建筑的发展前景。现阶段我国出台了新的《绿色建筑评价标准》GB/T 50378—2019，在全国范围内推广实施，相关的政策法规也在不断完善和推广，以促进绿色建筑发展。

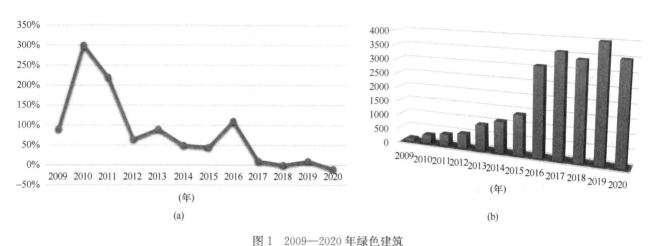

图1 2009—2020年绿色建筑
(a) 2009—2020年绿色建筑项目增长率；(b) 2009—2020年绿色建筑项目数量（单位：项）

3.2 绿色建筑地域分布不平衡

我国绿色建筑大多集中在北上广等经济发达城市，部分地区绿色建筑相对较少。绿色建筑地域分布不平衡的主要原因是不同地区的经济、文化、气候和建筑风格差异较大，导致应用绿色建筑技术的需求也不同。我国不同地区的经济发展水平差距较大，发达地区的企业和个人对于环保和绿色建筑投入的意愿更高，而欠发达地区的反应较冷淡。随着城市化进程的加快，城市地区的居民对于环保和绿色建筑的认识度也逐步提高，但是农村地区还未普及绿色建筑观念，导致绿色建筑应用的范围局限于城市地区。

3.3 国内大学开设绿色建筑相关专业较少

国内很多大学更多的是把绿色建筑作为建筑学专业的一门课程，仅有很少一部分本科重点高校开办绿色建筑相关专业，如图2所示，这对于我国绿色建筑的发展是非常不利的。绿色建筑是一门涵盖专业知

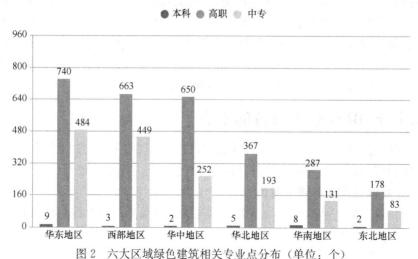

图2 六大区域绿色建筑相关专业点分布（单位：个）

识较广的学科,其中包括建筑设计、绿色建筑规划、结构设计、工程力学、机电设计、电气布局设计、环保化建筑设计等众多内容。虽然我国开设此类专业的大学很少,但将几个专业协同起来能够达到绿色建筑设计的目的,但是需要确保各专业之间的协同性和信息共建共享性,以达到推动绿色建筑发展的目的。

4 BIM技术在绿色建筑中的应用途径

BIM技术可以为绿色建筑提供从建筑设计、建设到运营管理的全生命周期数字化管理,包括定量分析、精细化建模、协同设计、数字化标准化管理等,提高建筑的品质和可持续性,减少建筑对环境的负面影响。

4.1 BIM在绿色建筑全生命周期的应用

详细设计—分析与模拟—出图阶段:BIM软件可以进行能源模拟,帮助设计师评估建筑的能耗并优化能源效率。用于评估建筑材料的可持续性,并提供材料数据库和属性信息,使设计师能够更好地选择环保材料并优化材料的使用。

施工—施工物流阶段:BIM模型可以帮助施工阶段的3D协调和碰撞检测,减少施工过程中的错误和冲突,提高施工效率。同时,BIM还可以跟踪和管理建筑废弃物的生成及处理,提供废弃物管理计划,优化废弃物的资源化利用手段。

运营维护阶段:BIM模型可以集成建筑设备的信息,帮助建筑物的运营团队进行设备管理、计划维护和优化运行,这有助于提高能源利用和操作效率。还可以与建筑物的监测系统集成,实时监测室内环境参数,如温度、湿度和空气质量等,实现室内环境的实时优化与调整,提供舒适健康的工作环境。

拆除与回收阶段:BIM模型可以进行拆除过程的模拟和规划,优化拆除策略并识别可回收资源,这有助于最大限度地减少建筑物拆除对环境的不利影响,并实现资源的高效回收利用。

综上所述,BIM技术的应用可以贯穿绿色建筑的全生命周期,如图3所示,实现建筑设计、施工和运营的综合优化,提高建筑的环境适应性和可持续性。

4.2 BIM技术对绿色建筑的可持续化设计

BIM技术对绿色建筑的可持续化设计起着重要的作用。通过BIM软件的能源分析工具,设计团队可以模拟建筑的能耗,评估不同设计方案对能源效率的影响,并优化建筑的能耗性能。

室内绿色优化方面:通过建立精确的室内建筑模型,BIM技术可以进行光照模拟、热负荷计算和风动模拟,从而优化室内照明、热环境和通风系统,提高能源效率和室内舒适度。此外,BIM技术还可以帮助选择环保材料和室内植物,以改善室内空气质量。

室外绿色优化方面:设计师可以模拟不同景观设计方案对环境的影响,例如风流模拟、太阳照射模拟和水文模拟。这样设计师可以优化景观设计,减少对自然资源的消耗,提高室外环境的舒适度。

室内与室外节能优化方面:通过BIM软件的能源模拟工具,设计师可以模拟建筑的能耗情况,并评估不同设计方案的能源效率。这有助于选择更节能和环保的设计方案,并在建筑全生命周期中进行能源性能的监测和优化。

综上所述,BIM技术在室内外绿色优化方面的应用可以支持可持续设计和建筑全生命周期管

图3 绿色建筑设计的全生命周期

理，如图 4 所示，优化室内环境和室外景观，实现节能和环保，提高建筑的可持续性能。

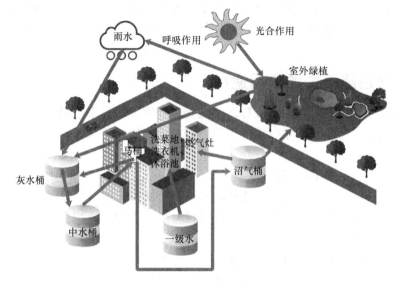

图 4 室内外绿色优化资源循环

5　结论

BIM 技术在绿色建筑方面的应用，有助于实现可持续设计和建筑全生命周期的高效管理。基于 BIM 技术，设计师可以进行室内外绿色优化、节能分析和优化，以及可持续性评估和认证，相关结果可以帮助技术人员优化建筑的能源效率、室内舒适度、室外环境，合理选择材料，从而实现绿色建筑的目标。BIM 技术不仅提供了全面的建筑数据模型，还帮助设计师进行可视化分析和决策，促进团队合作和信息共享。通过 BIM 技术，设计师可以在建筑的全生命周期中持续优化绿色建筑性能，实现可持续发展的目标。

参 考 文 献

[1] 赵国宾．探讨 BIM 技术在绿色建筑及装配式建筑设计中的应用［J］．大众标准化，2024(6)：175-177.
[2] 王峰．BIM 技术在绿色公共建筑设计中的应用［J］．佛山陶瓷，2024，34(3)：78-80.
[3] 彭奇佳．基于 BIM 技术在绿色建筑节能设计中的应用［J］．城市建设理论研究(电子版)，2024(6)：48-50.
[4] 张俊海，刘德成．BIM 技术在绿色建筑节能设计中的应用［J］．住宅产业，2024(1)：94-96.

参数化工程设计与绘图的一些体会

申 玮,王广坚,刘 涛

(北京盈建科软件股份有限公司,北京 100029)

【摘 要】结合笔者的软件研发实践,本文讨论参数化工程设计与绘图的一些体会,包括参数化设计的概念和基本问题、参数化设计的模型处理方法和参数化设计的绘图处理方法等方面。参数化设计是工程设计与绘图的一种计算机辅助设计思想,在实现时会有多种方案。针对不同的具体问题,参数化设计技术需要有不同的考量,本文对此进行了比较详尽的讨论和分析。最后分享了几个参数化设计与绘图的案例,对相关领域的研究和应用有一定的参考价值。

【关键词】参数化设计;CAD;BIM;几何造型;工程制图

1 引言

图纸是工程设计的重要辅助性手段。工程设计经历了无图纸、经验图、手绘工程图、计算机辅助绘制工程图、计算机根据模型自动出图等阶段。

本文根据笔者的实践,讨论现阶段受到广泛关注的工程设计与绘图的参数化设计技术,从参数化设计基本问题开始,依次讨论模型、图纸、计算机软件实践等。

2 参数化设计

参数化设计是当前受到广泛关注的一种工程设计和绘图思路。将设计目标抽象为以一系列参数控制的计算机模型,修改参数即可修改设计结果,为人机交互提供了基础。这种方式非常适合充分发挥计算机能力,帮助人们快速设计和出图。

参数化设计的重要目标场景是几何与形状设计。

2.1 计算机辅助参数化几何设计

现代 CAD 一般基于曲面的参数化方程表示理论,以便在计算机内记录曲面数据。因此,通过人机交互修改参数的方式,可实现交互编辑和修改复杂几何体的目的。

人们还在 CAD 系统中增加了几何约束,从而可以创造相互关联的几何体的联合体,并且实现更加灵活的交互设计与编辑。

2.2 计算机辅助变量化几何设计

变量化参数设计是更加自由的交互设计方式。

参数化设计仅可以改变尺寸,而变量化参数设计可以把形状本身也作为参数,从而改变几何体的形状和拓扑关系。比如,建筑的方案推敲就可能需要采用变量化参数原理。

【作者简介】申玮(1978—),男,工程师。主要研究方向为工程与建设领域的计算机辅助技术、装配式软件等。E-mail:shenwei@yjk.cn
王广坚(1992—),男,工程师。主要研究方向为工程与建设领域的计算机辅助技术、装配式软件等。E-mail:wangguangjian@yjk.cn
刘涛(1992—),男,工程师。主要研究方向为工程与建设领域的计算机辅助技术、装配式软件等。E-mail:liutao@yjk.cn

2.3 参数化设计成果的绘图

目前,图纸仍然是权威的设计依据。参数化设计的几何体在计算机中存储后,如何将几何体按照制图规则形成合乎规范的图纸是重要的一环。

一种思路是,图纸是参数化修改目标。设计过程就是绘制图纸中的各种图素。

另一种思路是,三维模型是参数化修改目标,图纸需要计算机生成。

第一种思路应用面广,第二种思路也有越来越多的实现,但第二种思路在实践中往往存在如何匹配用户制图规则的问题。

2.4 建筑物的参数化设计软件举例

在建筑与结构设计领域,参数化设计软件很多,其中代表性软件之一是 Revit。Revit 的思想是一切基于参数化数据,它的参数化数据称为族。参数化设计目标涵盖模型和图纸,一般首先针对建筑平面图进行设计。模型和图纸基于一个数据源。由于包括模型和图纸在内,一切细节均基于参数化,所以设计过程并不简单。

也有一些软件以图纸为参数化目标,同时在图纸之间实现关联,可以其中一套图纸为数据来源。如桥梁大师以绘图为基础,但是可以标准图的形式作为设计数据,实现各图纸随之联动。虽然设计目标是图纸,但是间接实现了隐含模型及其关联。

3 参数化设计中的模型

其实,无论是面向模型的参数化设计,还是面向图纸的参数化设计,都需要面对一个隐含的或者显式的三维模型。这个三维模型可能是直接目标,也可能从来不需要被看到,甚至不一定需要始终维护其完整性和正确性。

BIM 的思想强调图模一致,不过计算机的首要目标依然是辅助人们完成确定性任务。比如某张平面图、某张立面图等。图纸一致和图模一致可以理解为计算机的另一项确定性任务。

参数化设计面向的计算机模型可分为主体模型和内嵌子模型。

3.1 主体模型

从计算机处理问题的角度来看,三维主体模型也有不同的类型。以下把实践工作中曾涉及的工程归纳为如下四种类型:

第一种是规则形式。如住宅楼建筑一般比较规整。装配式高层住宅楼及其中的预制构件可理解为由不同截面形式的规则拉伸体组合而成。

第二种是相对不规则形式。如风机塔筒是弧形的,其中的预制构件也相应地成为弧形构件,拉伸路径成为弧线,而且截面也超出常规截面的范畴,不再是矩形,而是平行四边形。

第三种是特殊的规则形式。如相对建筑来说,桥梁构件数量少但是大。截面形式不同于建筑,变截面比较普遍,而且有可能需要处理复杂的拉伸曲线。

第四种是完全自由的形式。如在 3DS MAX 中,可通过交互构建和雕刻的方法,创造几乎任意形状的几何形状,堆叠拼凑形成一个模型。

针对以上四种模型,计算机参数化设计的思路不尽相同。用最通用的方法(如 3DS MAX)并不一定能够在特定领域取得最好的效果。

3.2 主体模型的内嵌子模型

实际工程设计中,模型处理面临的情况是很复杂的。除了单一模型之外,还有各种模型关联而成的复合体,另外还有内嵌于模型内的子模型。

对于内嵌于模型内的子模型,需要采用特殊的参数化设计方案。首先,子模型本身的几何信息可以参数化形式记录,也可以实体形式记录。比如混凝土结构中的钢筋。其次,子模型的位置信息可以相对于主体模型的方式记录,也可以绝对坐标的形式记录。最后,子模型与主体模型之间相互查找的关系,可以在各自内部记录指针,也可以不予记录,而在需要查找时根据几何对位进行匹配。

3.3 广义模型

参数化设计面向的对象并不仅是明确的三维几何模型。实际上，参数化设计也可以面向更广义的计算机数学模型。比如建筑学与景观学的空间设计，消防设计中的人流疏散数学模型，建筑结构设计中的力学分析模型等。

3.4 模型的参数化设计系统

针对三维模型的参数化设计系统有不同的设计思路与哲学。在笔者的实践工作中，主要涉及两种，一是记录形状的轮廓设计参数系统，二是记录过程的轮廓设计系统。无论哪种参数设计系统，设计师的交互方式都是多种多样的。

针对广义模型，参数的放开方案一般基于业务的具体需要确定。

4 图纸与模型关系的具体处理方式

图纸是否会消失是人们讨论的一个话题，意在用绝对精细的三维模型完全取代图纸。图纸存在的其中一个原因是一直以来没有一个能够包罗万象、足够细致并且可以方便查看各级尺度的模型。

但从另一个角度来看，其实模型与图纸并不是对立的两个事件。对于计算机来说，无论是处理图纸，还是处理模型，都是各具特色的参数化设计程序。

模型与图纸既可相互独立，亦可相融为一体，如何处理是程序哲学的范畴。BIM思想强调基于模型绘制图纸。

4.1 图纸绘制中的模型

参数化设计过程可以面向模型进行。在计算机中，模型既可以参数化设计结果的形式保存，也可以参数化设计时所用的参数的形式保存。

如果计算机采用后者，则绘图时可以即时根据参数通过计算得到每张图纸所需的线条。

如果计算机采用前者，则绘图时有两种选择，一是根据参数通过计算得到每张图纸所需的线条，二是由参数化设计结果直接绘制。

4.2 图纸绘制中的模型内嵌子模型

对于图纸绘制时需要处理的模型内嵌子模型的问题，同样可以用上节所述的两种处理方案。但具体含义略有不同。

模型内嵌子模型的设计参数往往不同于主体模型的设计参数。由于其内嵌的特点，参数中除了自身的特有参数以外，还有其在主体模型中的放置位置、其在主体模型中的排布方式等特殊参数。这类参数一般可以记录在主体模型内部。

与主体模型类比，内嵌子模型既可以参数化设计结果的形式保存，也可以自身参数加以上特殊参数的形式保存。

如果采用后者，则绘图时可以即时根据参数通过计算得到每张图纸所需的线条（以钢筋为例，可以根据参数计算根数和位置、角度，同时以此为依据，计算得到每张图纸所需的线条）。

如果采用前者，则既可以根据参数通过计算得到每张图纸所需的线条，也可以由参数化设计结果直接绘制（以钢筋为例，表现为取出单根钢筋直接绘制）。

4.3 从内到外的参数化设计

在土建行业的一些领域，装饰装修没有和结构设计相当的工作量，比如风电机组塔筒、道路桥梁、工业建筑的设计。这些领域的建筑设计并没有独立为单独的专业。结构即建筑。

在这些领域，设计过程可以理解为从内到外，先有骨架，后有建筑。即结构形式选择、结构构件选用和设计、附加于其上的装饰装修设计等。

因此，无论是参数化模型设计还是参数化绘图设计，计算机辅助方法均可采用从内到外的过程。即首先设计结构图纸，然后再设计其他图纸；或首先设计结构模型，然后再设计附加于其上的其他模型。目前一般会组合使用两个以上的软件。模型与图纸的关系可以采用参数传递方式。

总体来说，这种情况下的计算机辅助参数化设计采用了类似于自底向上的思路。

4.4 从外到内的参数化设计

在民用建筑领域，有着不一样的设计过程。首先由建筑师设计好建筑的最终效果，随后其他专业围绕建筑设计成果进行各自的设计工作。大致类似于从外到内的一个过程。由于相对其他领域来说，建筑设计有更加豪华的装修和包装，外观看到的效果往往会重重隐藏内部的承重体系。

相应地，计算机辅助设计也遵循基本一致的过程。专业之间往往需要进行模型或者参数数据的转换。而在专业内部，传统上以参数化绘图设计为主，一般内部隐含一定程度的三维模型信息。现在 BIM 技术成为主要发展方向，很多专业软件开始将其隐含三维模型置于绘图之前，并重点展示。

总体来说，这种情况下的计算机辅助参数化设计采用类似于自顶向下的思路。

5 参数化设计实践

5.1 装配式建筑的参数化设计与自动绘图

在盈建科内置装配式软件的开发中，参数化设计的目标有三个方面，一是基于结构模型的预制构件拆分方案，二是单个预制构件的细节设计，三是预制构件详图绘制。如图 1 所示。

图 1 预制墙的拆分方案参数化设计、细节设计参数化设计、参数化详图绘制

5.2 桥梁的图纸绘制参数化

目前，国内已经有成功的参数化桥梁绘图软件，如桥梁大师等。

笔者自主研发桥梁绘图软件时采用了自创的参数化协同开发方式，如图 2 所示，可理解为参数化思想从应用端延伸到开发端。

5.3 风机塔筒的参数引导图纸绘制

风机塔筒的组成部分是弧形构件，给笔者的开发带来挑战。在实践中，采用参数化信息序列化和参数化信息引导图纸绘制的思路。风机塔筒外形如图 3 所示。

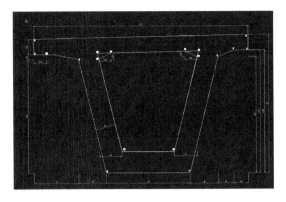

图 2　自主研发桥梁绘图软件的参数化协同开发

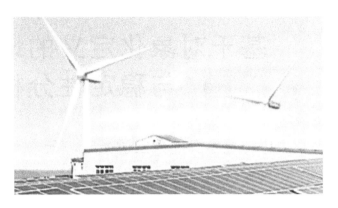

图 3　风机塔筒形状
（图片来源：木联能官网）

6　总结

本文从参数化设计基本问题开始，按照笔者在实践中的一些理解和体会，从模型、图纸等角度进行讨论，并且列举了一些实际开发的案例。

从字面上理解，参数化设计似乎是一件很容易理解的事情，即把目标用一系列参数来表示，但是在工程设计的实际应用中却发现其中有不少值得研究和学习的地方。

本文对过往的实践经验做了一定程度的总结，过去的实践虽然有成功之处，同时也有不足之处。比如装配式参数化设计软件开发中，目前还未有装修与空间设计的考量。

参数化设计既可以面向局部，也可以面向整体；既可以面向单体，也可以面向大量单体组成的复杂系统。针对不同的情况，具体的参数系统如何确定是一项相当关键的工作，因此有些软件把参数本身也放开，使用者根据自己的情况进行自主设定。

参数化设计的交互方式多种多样，本文仅讨论了基于对话框参数的形式，其他并未讨论。

参 考 文 献

[1] 古稀林，黄学良，陈钢，等. 面向现浇混凝土结构的三维分层参数化设计方法[J]. 计算机辅助设计与图形学学报.2020，22(12)：2147-2154.

[2] 陈柱瀚，黄惠. 全局结构引导的人造物体参数化基元检测[J]. 计算机辅助设计与图形学学报. 2023，35(11)：1769-1779.

[3] 刘光辉，占华，孟月波，等. 多尺度显著特征双线注意力细粒度分类方法[J]. 计算机辅助设计与图形学学报. 2023，35(11)：1683-1691.

基于对象化定义的地质块体三维建模与稳定性分析方法研究

魏志云[1,2]，王国光[1,2]，张家尹[1,3]，李小州[1,3]，赵杏英[1,2]

(1. 中国电建集团华东勘测设计研究院有限公司，浙江 杭州 311122；
2. 浙江华东工程数字技术有限公司，浙江 杭州 311122；
3. 浙江华东岩土勘察设计研究院有限公司，浙江 杭州 310030)

【摘　要】 工程岩体的地质块体稳定性分析是一项极为重要的工作内容，其目的是通过各种手段和途径，正确认识受力岩体的变形和破坏规律，判定岩体的稳定状况，为工程规划、设计、施工和加固等工作提供科学合理的建议和依据。本文将地质块体视为一个有机系统，对象化表达了地质块体的构成、属性和空间关系，判定岩体的稳定状况，计算其安全系数，为施工地质超前预报、设计支护参数调整提供科学依据，适用于岩土领域的岩质洞室、边坡和基坑等工程。

【关键词】 对象化定义；地质块体；三维建模；稳定性分析

1 引言

目前，地质块体稳定性分析方法主要有极限平衡法、差分法、有限元法、离散元法、边界元法、DDA法、块体单元法、非连续变形分析和数值流形法等。自然界发生的滑坡绝大多数呈三维状态，但是在块体稳定分析领域，二维极限平衡法仍是常用手段。越来越多的工程实际问题提出了建立三维块体稳定分析的要求。三维块体稳定性分析可以更加真实地反映边坡的实际状态，特别是当滑裂面已经确定时，使用三维分析可以恰当地考虑滑体内由于滑裂面的空间变异特征对边坡稳定安全系数的影响。尽管三维的地质块体稳定性分析具有重要意义，但大部分研究工作仅限于学术领域，实际工程中将地质块体稳定性分析与地质三维模型完全结合，建立从地质块体对象化定义到自动化建模、模型化分析的技术方法未见应用。然而一个大型边坡工程可能有数十个地质块体交叉出现，二维图和分析报告难以描述真实的岩体复杂状况和工程影响，人工的地质分析和资料整编工作量极大，且非常考验地质人员的空间分析和计算评价能力，地质块体稳定性分析成果质量、工作效率都难以提高。

2 技术方法

本文在块体理论的基础上，深入研究地质块体建模与稳定性分析理论，将地质块体视为一个有机系统，提出一种地质块体对象化建模分析方法。其方法原理是首先将地质块体视为个体或多个地质子块体构成的集合体，进行对象化定义；其次，通过概化延展地质结构面与自然临空面、人工开挖面将岩体划分成若干地质子块体，自动生成岩体的地质块体模型；最后，直接从模型上提取地质结构面的几何和力学参数，进行稳定性分析计算，输出评价报告、图表等。

2.1 对象化定义

在计算机中将地质块体对象化定义为一个或多个子块体组合的虚拟可视化模型，由至少一个地质结构面和临空面构成，模型的属性结构中一体化存储了地质结构面、临空面的图形属性、地质属性、工程

【基金项目】中国电建集团华东勘测设计研究院有限公司科研项目《新一代面向服务架构的三维地质系统研究与应用》（编号：KY2020-XX-12）资助

【作者简介】魏志云（1987—），男，高级工程师。主要研究方向为工程数字化。E-mail：wei_zy@hdec.com

属性；临空面为自然边坡或人工开挖面。该定义将模型属性结构作为树形结构，每个地质块体节点展开后为并行的地质结构面、临空面节点，每个节点根据类别记录不同的结构面或临空面编号、地质类型、图形属性、地质属性、工程属性。其中图形属性包括图层名称、线宽、线型、透明度、显示优先级、显示样式；地质属性包括编号、地质类型、发育特征、性状描述、结合关系；工程属性包括分析评价、工程影响、工程措施岩体抗剪强度、地质结构面抗剪强度指标 C（内摩擦角）和 φ（黏聚力）。该定义为地质块体的虚拟可视化模型衍生了原生模型、切割模型和概化模型三种可视状态，分别表示岩体的原生状态、潜在风险地质块体的实际状态和推测滑移发生时的破坏状态。

2.2 自动化建模

在地质三维模型中选择一定空间范围内的地质结构面、临空面，通过将这些面延展、剪切、组合、封闭，自动化创建所定义的地质块体模型。地质块体自动化建模，是将所有地质结构面按照其产状趋势延展重构得到其概化面，由地质结构面的概化面、临空面相互切割、组合成空间封闭的实体，得到地质块体的概化模型；从地质块体的概化模型中，隐藏地质结构面的延展部分，得到地质块体的切割模型；在地质块体的切割模型中，将地质结构面、临空面被切割掉的部分还原，得到地质块体的原生模型。

2.3 模块化分析

根据所创建的地质块体模型，从地质块体模型中一次性获取地质结构面、临空面的全部属性数据，采用一种或多种理论计算方法，进行地质块体稳定性分析计算和成果输出。

地质块体模型化分析，是以地质块体的虚拟可视化模型作为唯一输入，从概化模型获取潜在风险地质块体的棱边长、滑移面面积、体积方量，从切割模型获取地质块体滑移面中地质结构面实际所占面积，为潜在滑移面抗剪强度加权计算提供参数；最后将采用一种或多种理论计算方法的计算过程参数、稳定性评价、分析报告记录到地质块体的属性结构中。地质块体稳定性分析报告为电子文稿，附有描述信息、概化模型视图、编号标识、计算方法、计算过程参数、稳定性系数、稳定性评价内容。

3 工程应用

3.1 工程概况

本文以白鹤滩水电站左岸边坡稳定性分析为例，该边坡在大规模断层以及错动带等地质结构面的切割作用下，边坡内不稳定块体分布广、规模大，属于典型的结构面控制问题。

该大型水电站左岸边坡分布的 1 号块体主要结构面有以下三组：J110、f114 和 LS337。J110 为后裂面，卸荷破碎带 10～30cm，形成空缝或充填架空岩块，有岩屑、次生泥。f114 为侧裂面，有碎裂岩、角砾、断层泥，逆冲擦痕，错距 40cm。LS337 为底滑面，面平直，局部段呈波状，在洞顶处见分支，带内岩石呈强风化，呈半胶结状；沿带接触面上分布 1～2mm 厚的次生泥，带内连续分布 2～3mm 厚的次生泥，沿带渗水、滴水。

3.2 选用平台

本文选用中国电建集团华东勘测设计研究院有限公司（以下简称华东院）自主研发的地质三维系统 GeoStation 作为地质块体原生模型、概化模型、切割模型创建及分析的三维平台。GeoStation 是由基于统一勘测数据库开发的勘察外业数据采集系统、勘察数据管理与分析系统、三维建模与出图系统、勘察项目生产管理系统、汇建云平台"四系统一平台"组成。其融合了数十项国家、行业技术标准，拥有内外业协同编录与分析、数据驱动自动建模、基于三维模型自动出图与更新、自动/半自动建模与分析、枢纽地质协同分析、多源数据融合、BIM+GIS 集成应用等创新技术，率先形成了国内勘测行业从移动端数据快速采集、客户端建模分析、Web 端业务流程监控、云端模型汇聚与应用的全业务流程解决方案。

3.3 对象化定义参数设置

在 GeoStation 中将拟构建的地质块体对象定义为一个或多个子块体构成的集合体虚拟可视化模型，每个地质子块体又由至少 1 个地质结构面和 1 个临空面构成。虚拟可视化地质块体模型中一体化存储了地质结构面、临空面的图形属性、地质属性、工程属性。地质块体对象化定义的参数设置界面如图1所示。

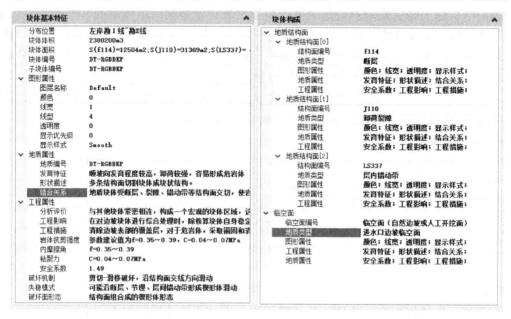

图1 地质块体对象化定义的参数设置界面

3.4 地质块体模型创建

在地质三维模型中，选择一定空间范围内的地质结构面、临空面，通过自动化软件工具将面延展、剪切、组合、封闭，创建定义的地质块体模型。首先将所有地质结构面按照其产状趋势延展重构得到其概化面，如图2(a)所示。由地质结构面的概化面、临空面相互切割、组合成空间封闭的实体，得到地质块体的概化模型示意图，如图2(b)所示；从地质块体的概化模型中，隐藏地质结构面的延展部分，得到地质块体的切割模型示意图，如图2(c)所示；在地质块体的切割模型中，将地质结构面、临空面被切割掉的部分还原，得到地质块体的原生模型示意图，如图2(d)所示。

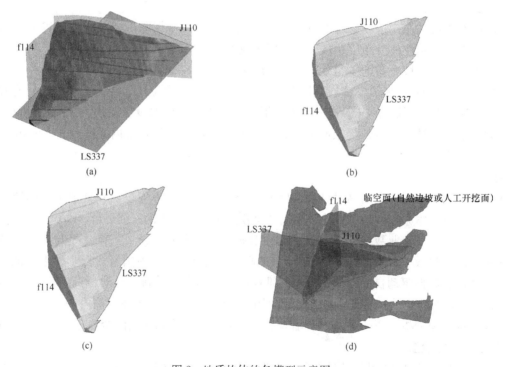

图2 地质块体的各模型示意图
(a) 概化面；(b) 概化模型；(c) 切割模型；(d) 原生模型

3.5 稳定性分析评价

通过结构面参数等数据对地质块体进行分析评价，具体分析内容包括块体的几何特征和稳定性评价等。

以地质块体的虚拟可视化模型作为唯一输入，从概化模型获取潜在风险地质块体的棱边长、滑移面面积、体积方量，从切割模型获取地质块体滑移面中地质结构面实际所占面积，为潜在滑移面抗剪强度加权计算提供参数。在地质块体稳定性分析结果中，以原生模型和概化模型的两个视图分别表示岩体的实际状态和可能发生破坏的状态；采用地质块体稳定性计算方法，包括楔形体滑动分析、圆弧形滑面分析、平面型滑面分析、折面型滑面传动系数法、折面型滑面等 Fs 法、折面型滑面 Sarma 法、倾倒破坏分析法等极限平衡法，点击块体分析工具界面上的分析按钮，即可得到地质块体稳定性分析的结果。将地质块体稳定性计算结果作为地质块体的部分属性，与其他图形属性、地质属性、工程属性一起在块体分析工具界面上显示，操作界面如图 3 所示。

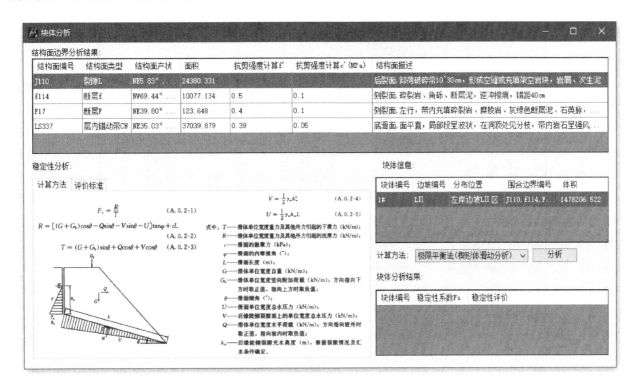

图 3　地质块体稳定性分析工具界面

通过块体分析信息表输出工具可以读取块体的地质属性和体积属性，以及构成块体的结构面地质属性和面积属性，将这些信息一并输出到块体信息模板中，完成块体分析报告的输出，如图 4 所示。采用楔形体滑动分析的极限平衡法，计算的稳定性系数为 1.49＞1.0，则判定该块体处于稳定状态。

4　结语

本文通过定义地质块体对象及其原生模型、切割模型和概化模型，实现地质块体模型的自动化创建，并基于该模型进行块体稳定性分析验算，可真实展现地质块体的空间位置关系，正确认识受力岩体的变形和破坏规律，能快速、全面地对块体稳定性进行分析，为施工地质超前预报、设计支护参数调整提供科学合理化建议和参数依据，具有重要意义。

块体编号	DT-RGBDKP	分布位置	左岸勘I线～勘X线		
构成边界及特征	边界编号	结构面特征		抗剪断强度参数建议值	
				f'	C'(MPa)
	f_{114}	断层，N55°～65°W，NE∠84°，宽10～30cm。碎裂岩、角砾、断层泥。（概化产状N62.79°W，NE∠83.48°）		0.50	0.10
	J_{110}	卸荷裂隙，(N10°W～N5°E) 近⊥。带宽10～30cm，形成空缝或充填架空岩块，岩屑，次生泥。		—	—
	LS_{337}	层内错动带，N20°～45°E，SE∠20°～30°，宽20～50cm。边坡部位为泥夹岩屑型。上接触面见有1mm厚的次生泥，下接触面石英脉宽2～5cm，石英脉在上接触面为断续分布。（概化产状N36.05°E，SE∠26.08°）		0.38	0.07

块体几何特征	边长 (m)	控制点高程 (m)		面积 (m²)	体积 (×10⁴m³)	块体稳定性系数
	AB=97.6	点号	高程			
	BC=255	A	874.57	$S(f_{114})$=13232		
	CG=86.7	B	826.18	$S(J_{110})$=31369		
	AD=328.5	C	644.64	$S(LS_{337})$=50716	238.02(其中岩体232.93；覆盖层5.27)	1.49
	DE=371.4	D	784.59	S(临空面(自然边坡或者人工开挖面))=71238		
	EF=194	E	702.38			
	FG=80.4					
	GD=487.3	F	601.56			
	BE=125.6					
	CF=20.1					

图 4　地质块体稳定性分析报告

参 考 文 献

[1] 陈祖煜. 土质边坡稳定分析——原理、方法和程序[M]. 北京：中国水利水电出版社，2003.
[2] Seed, R. B., Mitchell, J. K., Seed, H. B. Kettleman hills waste landfill slope failure. II[J]; Stability Analyses, Journal of Geotechnical Engineering, 1990，116(4)：669-689.
[3] 李元亨，陈国良，刘修国，等. 主TIN模式下面向拓扑的三维地质块体构建方法[J]. 岩土力学，2010，31(6)：1902-1906.
[4] 杨洋，潘懋，吴耕宇，等. 三维地质结构模型中闭合地质块体的构建[J]. 计算机辅助设计与图形学学报，2015，27(10)：1929-1935.
[5] 卓胜豪，王国光，金仁祥，等. 地质三维系统（GeoStation）在边坡块体分析中的应用[J]. 水力发电，2014，40(8)：86-89.
[6] 王国光，魏志云，徐震，等. 岩土地层三维模型自动建模方法研究[J]. 地理空间信息，2022，20(6)：149-153.

BIM 软件全生命周期研发效能提升的研究

蔡永健[1,2]，牛家宝[1,2]，张家尹[2,3]，邓新星[1,2]，杨 帆[1,2]，唐海涛[1,2]

(1. 中国电建集团华东勘测设计研究院有限公司，浙江 杭州 311122)
2. 浙江华东工程数字技术有限公司，浙江 杭州 311122
3. 浙江华东岩土勘察设计研究院有限公司，浙江 杭州 310030)

【摘 要】近年来，在推动企业数字化和国产化 BIM 软件的进程中，随着软件功能日益丰富，研发效率的逐渐降低成为一个凸显的问题。面对这一挑战，提升 BIM 软件的研发效能成为软件国产化进程中的关键任务。本文从 BIM 软件全生命周期的编码侧、编译侧、部署侧、运行侧及安全侧出发，提出了一系列提升研发效能的方法，并结合实践在软件研发过程中提升了 BIM 软件的研发效率和研发质量，保障了 BIM 软件的平稳运行，为 BIM 软件国产化迭代提供了技术支撑。

【关键词】BIM 软件；研发效能；DevOps；三位一体；监控告警平台

1 引言

随着建筑信息模型（BIM）技术的广泛应用和快速发展，BIM 软件在建筑设计、施工、运营管理等全生命周期阶段中扮演着越来越重要的角色。然而，随 BIM 技术的不断演进和市场需求的日益增长，BIM 软件的研发也面临前所未有的挑战。目前，在企业数字化及 BIM 软件国产化的进程中，很多企业都存在研发效能不足的问题。特别是由于 BIM 软件研发过程缺乏自动化的能力而导致存在大量费时且重复性的工作，致使研发进展缓慢。另外，随着 BIM 软件研发的深入，履约过程中也面临越来越多的安全挑战，黑客和网络犯罪分子可能会利用 BIM 软件中的漏洞进行攻击，导致数据泄露和安全威胁。因此，提升 BIM 软件研发效能已成为企业数字化及 BIM 软件国产化进程中需要研究的一个重要课题。

BIM 软件研发效能的提升，不仅关乎软件本身的功能完善和性能优化，更涉及研发流程的优化、技术创新的推动等多个方面。一个高效的 BIM 软件研发过程，能够更快速地响应市场需求，提供更优质的用户体验，从而推动整个建筑行业的数字化转型和智能化升级。本文的目的是探讨如何从技术层面提高 BIM 软件的研发效率。文章将从优化研发流程和推动技术创新等多个方面出发，深入分析当前 BIM 软件研发中遇到的问题，在此基础上提出切实可行的解决方案和建议。通过实施这些措施，旨在全面提升 BIM 软件的研发效能，为建筑行业的持续发展作出贡献。

2 BIM 软件研发效能提升剖析

在 BIM 软件的全生命周期中，编码侧、编译侧、部署侧、运行侧及安全侧都存在制约软件研发效能的因素。

在编码侧，由于团队编码风格、编码水平的差异，导致源代码存在代码异常、低级安全漏洞等问题。如果能提前发现并修复问题，可在一定程度上增加 BIM 软件的健壮性和可维护性，对加速 BIM 软件版本迭代起到促进作用，可提升 BIM 软件的研发效能。

在编译侧，受限于自动化工具的应用，BIM 软件往往是在本地编译，由于 BIM 软件的体量较大，编译时长往往比较久。如果采用自动化编译，通过分布式编译或多线程编译的方式提升 BIM 软件的编译速度，可提升 BIM 软件的研发效能。

在部署侧，通过持续集成和持续部署，基于预定义部署脚本或 API 接口，完成 BIM 软件的自动化部署，提高 BIM 软件打包的质量和效率。

在运行侧，通过获取 BIM 软件运行时所在网络设备硬件层的运行日志、所在服务器操作系统层的资源使用日志，以及 BIM 软件应用层的交互访问日志，进行三位一体的态势感知平台，通过监控预警提升 BIM 软件运行的可靠性以及用户体验；与此同时，通过数字孪生技术，在虚拟空间中对实体设备进行映射，并将故障点在虚拟空间系统中进行显示，直观可见，可帮助运维人员快速解决问题，即从运行侧提升 BIM 软件质量。

在安全侧，进行供应链安全检测，通过自动化检查编码过程中引入的依赖项，检查是否存在已知的、公开披露的漏洞，并基于检查结果升级迭代 BIM 软件，规避严重风险的漏洞，提升 BIM 软件安全性。

3 BIM 软件研发效能提升探究

3.1 DevOps 自动化流水线

在 BIM 软件制品生成前，构建 DevOps 研发运维一体化工具链流水线，如图 1 所示。包括 BIM 软件源代码静态分析流水线、BIM 软件源代码依赖项安全漏洞检查流水线、BIM 软件自动化编译流水线和 BIM 软件自动化部署流水线。流水线基于 GitLab ＋ Jenkins ＋ SonarQube ＋ Dependency-check。

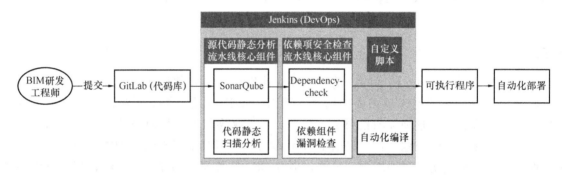

图 1　DevOps 自动化流水线

其中，BIM 软件源代码静态分析流水线用于分析 BIM 软件编码过程中的编码规范问题及潜在的安全风险。在 BIM 软件研发阶段尽早发现问题并及时更正，通过提升 BIM 软件的代码质量为 BIM 软件的健壮性提供保障。

BIM 软件源代码依赖项安全漏洞检查流水线用于检测 BIM 软件引用标准库组件安全，通过自动化检查编码过程中引入的依赖项，检查是否存在已知的、公开披露的漏洞，及时在版本迭代过程中修复安全漏洞，提升 BIM 软件的安全性能。

BIM 软件自动化编译流水线用于 BIM 软件的编译，通过分布式编译和/或多线程编译的方式，提升 BIM 软件编译速度。分布式编译是将 BIM 软件编译任务分布至流水线集群各计算节点上，通过并行处理减少 BIM 软件的编译时间；多线程编译模式是利用流水线集群服务器的多核处理器同时编译，通过单台服务器实现并行编译来减少 BIM 软件的编译时间。同时在 BIM 软件编译出现问题时，摘取报错信息，利用研发运维大语言模型，将报错信息作为大语言模型的输入，快速获取解决方案，作为反馈内容反馈至研发或运维工程师，便于快速解决问题，提升研发效能。

BIM 软件自动化部署流水线用于 BIM 软件的上线，通过持续集成和持续部署技术完成 BIM 软件的自动化部署，提高 BIM 软件的迭代更新频率，加速 BIM 软件研发进度。

3.2 BIM 软件运行态势感知

在 BIM 软件上线后，建立基于网络设备硬件层、服务器操作系统层、BIM 软件应用层三位一体的态势感知平台。通过三位一体的监控告警，提升 BIM 软件运行的可靠性以及用户体验。

首先，获取 BIM 软件运行时所在网络设备硬件层的运行日志、所在服务器操作系统层的资源使用日志，以及 BIM 软件应用层的交互访问日志，通过关键字、状态码清洗过滤日志并存储至时序数据库。

其次,通过自研日志分析算法,分别进行特殊字符分析、状态码异常分析以及BIM软件服务间连通性分析,实现对BIM软件运行的监控和预警,具体流程如图2所示。

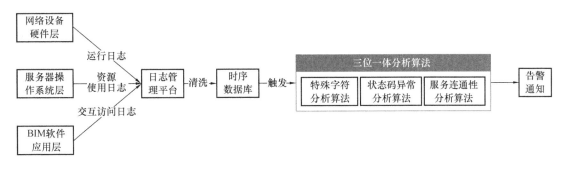

图2 三位一体告警分析算法

(1) 特殊字符分析

特殊字符包括出现于网络硬件设备层断连的特征值connection refuse、connection timeout等,服务器操作系统层资源剩余占比率Free disk space is less than 10%等Warning信息特征值,PING指令及TELNET指令"请求超时"等。如果分析检测到出现以上特征值的日志信息,即判定异常及确定对应的异常节点并作出告警。

(2) 状态码异常分析

状态码异常是指出现非20X HTTP状态码信息,包括状态码为491(Request Pending)和493(Undecipherable)的告警信息、状态码为404的告警信息、状态码为401的告警信息以及状态码为5XX的告警信息。

若分析检测到异常状态码信息为491或493,则判定请求被安全设备拦截,进行告警通知;若异常状态码信息为404,则判定发生网站页面丢失,将对应URL作为告警信息进行告警通知;若异常状态码信息为401,则遍历查询BIM软件后端服务组件与数据库的连通性信息,获取异常信息;判断异常信息中是否包括数据库不可达或者统一认证AD域不可达,若不包括数据库不可达或者统一认证AD域不可达,则判断用户密码输入错误,否则将分别对应数据库不可达或者统一认证AD域不可达的异常信息进行告警通知;若异常状态码信息为5XX,则判定系统服务端错误,进行告警通知。

(3) 服务连通性分析

根据BIM软件应用层定时heartbeat check(心跳检测)的日志数据,若心跳检测日志数据中断连接次数超过预设定阈值,则判断BIM软件服务间连通性为断开并进行告警通知。

3.3 数字孪生可视化展示

基于三维可视化数字孪生机房平台,对BIM软件运行状态进行展示,辅助排查定位故障点。平台预设BIM软件服务信息,包括预设物理设备信息:设备编号ID、设备名称、设备负责人(姓名、联系方式、邮箱)、设备物理位置、设备运行状态(0为正常状态,1为告警状态,初始化状态为0)、设备静态IP地址,以及预设BIM软件服务信息:存储BIM软件部署服务信息,包括服务名称和服务运行时所在服务器静态IP地址,其中同一节点的服务器静态IP地址和设备静态IP地址相同,通过IP地址的匹配可将BIM软件与物理设备之间进行一一对应。基于数字孪生技术,通过上述物理设备信息构建数字孪生机房三维模型,在虚拟空间中对物理设备进行映射,直观性强。

根据三位一体告警分析获得的异常节点的IP地址在数字孪生机房三维模型中进行高亮显示。具体包括根据异常节点IP地址确定其在数字孪生机房中的位置并显示;然后通过预设信息库中的信息标注告警位置并发送告警或建议等信息。例如,在数字孪生机房三维模型可视化平台中高亮闪烁故障点,便于直观快速地定位问题,并推送消息至负责人,通过负责人表单信息发出告警信息,问题解决后,设备故障状态将会复位,如图3所示。

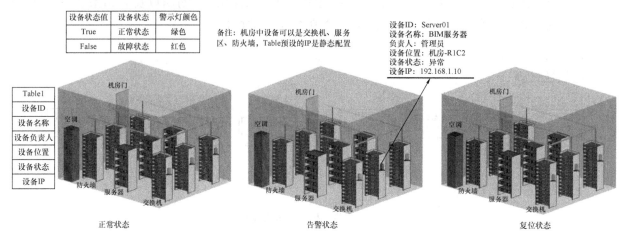

图 3 数字孪生机房可视化

4 结束语

本文从 BIM 软件全生命周期的编码侧、编译侧、部署侧、运行侧及安全侧出发，提出了一系列提升研发效能的方法，为 BIM 软件研发阶段研发效率、软件健壮性及 BIM 软件版本的高效迭代提供了技术保障。此外，通过构建一个集成监控、告警和分析功能的 BIM 软件运行监控平台，结合数字孪生机房技术，可以更快速、准确地定位问题。这不仅能够显著提升 BIM 软件的稳定性，还能有效提高用户的满意度和信任度。基于以上研究，可发现 BIM 软件全生命周期中存在多个提升研发效能的阶段，未来可通过大语言模型及低代码平台更进一步提升 BIM 软件的研发效能，为公司及行业的新质生产力发展提供助力。

参 考 文 献

[1] 赵杏英，易思蓉，宋迪，等. 工程数字化 BIM 关键技术研究[J]. 智能建筑与智慧城市，2023(2)：108-111.

[2] 张家尹，王国光，魏志云，等. 基于 GeoStation 的城市片区地质三维建模技术研究[J]. 地质与勘探，2021，57(2)：413-422.

[3] 叶文超. 平台先行、制度推动、组织文化转型紧随传统大型 IT 企业的研发效能提升及敏捷转型[J]. 通信企业管理，2023(10)：35-37.

[4] 吴浩. 数据泄露防护(DLP)分域安全技术分析[J]. 信息与电脑(理论版)，2019，31(20)：197-198，201.

[5] 邢翔. 大规模应用软件系统编译过程的并行算法设计与优化[D]. 长沙：国防科学技术大学，2016.

[6] 周起如，眭小红，赵瑜，等. 基于 Tekton 的容器云持续集成和部署平台研究[J]. 电脑编程技巧与维护，2022(12)：91-93.

[7] 罗珊珊，冷佳. 基于数字孪生机房的三维可视化监控系统的设计与实现[J]. 计算技术与自动化，2021，40(1)：135-139.

[8] 夏懿航，张志龙，王木子，等. 基于依赖关系的容器供应链脆弱性检测方法[J]. 信息网络安全，2023，23(2)：76-84.

[9] 唐松强，蔡永健，唐海涛，等. DevOps 建设研究和实践[J]. 计算机时代，2021(4)：13-17.

[10] 孙丽. 源代码检测分析技术与应用研究[J]. 无线互联科技，2023，20(8)：158-161.

[11] 蔡永健，路云菲，邬远祥，等. 基于 Jenkins 和 Docker 容器技术在数字化电站项目自动化部署的研究及应用[J]. 计算机时代，2020(2)：77-80.

[12] 裴丹，张圣林，孙永谦，等. 大语言模型时代的智能运维[J]. 中兴通讯技术(6)：1-11.

[13] 夏梦鹭，沈嘉诚. 网络访问控制下的分组式自适应失效检测算法[J]. 工业控制计算机，2024，37(3)：97-99.

基于BIM技术及"2-4"模型的综合交通枢纽工程安全管理研究与应用

吴玉敏,伍锦鹏,姜同兴,赵文哲

(北京建工土木工程有限公司,北京 100015)

【摘 要】本文强调了综合交通枢纽工程安全管理的重要性,以及如何整合BIM技术和"2-4"模型来提高安全管理水平。首先介绍BIM在设计、施工、维护和培训阶段的应用以及BIM在安全管理中的挑战。其次详细分析了"2-4"模型在组织层面和个人层面的应用并强调安全文化及管理体系的关键性。最后通过整合BIM和"2-4"模型总结了BIM与"2-4"模型的协同作用,强调了其在综合交通枢纽工程安全管理中的互补性,为提高安全管理水平提供新思路。

【关键词】BIM;"2-4"模型;交通枢纽;安全管理

1 引言

综合交通枢纽工程的安全管理是与城市发展密切相关的重要议题。在城市化迅速发展的时代,综合交通枢纽工程规模和复杂性不断增加,带来涵盖设计、施工、维护和应急响应等多方面的安全管理挑战。使用BIM数字化工具可以提高建筑模型的细度和精度,BIM实时平台有助于提高施工效率。然而综合数据和实时信息支持的提升也带来一系列挑战,包括数字化工具整合、城市环境复杂、人为因素和文化问题、应急响应时效性、法规和标准升级等。整合BIM和"2-4"模型为综合交通枢纽工程安全管理提供了新思路,通过数字化工具和现代管理理念的结合,更全面、高效地提升综合交通枢纽工程的安全管理水平,确保城市居民的生命和财产安全。

2 BIM实践应用

建筑信息模型(Building Information Modeling,BIM)是一种应用于建筑工程设计、建造、管理中的全周期数据化工具。BIM技术是一种为提高项目效率、协作和可持续性,将建筑物、结构和设备的几何形状、空间关系、信息属性和数量等项目信息转化为数字形式的集成过程。项目参与方利用BIM技术可实现共享一致信息模型,优化资源利用,提高质量,并在整个建筑生命周期中更优地管理和决策。BIM技术的实施涉及特定软件工具和标准,可逐步应用于项目的设计、施工和维护过程,提供更具一体化的方案。

星火站交通枢纽工程(以下简称星火站)位于铁路朝阳站西侧,总建筑面积13.3万 m^2,地上建筑面积3.1万 m^2,地下建筑面积10.2万 m^2,是一座集高速铁路、轨道交通、城市公交、出租车等多种交通方式于一体的综合交通枢纽。BIM技术在工程的设计过程、施工过程、维护过程、培训过程以及合规性等方面均可发挥作用。

2.1 设计过程BIM应用

设计阶段BIM技术主要体现在数字化建筑模型、实时协同设计工作两个方面。

利用BIM技术创建包含建筑结构、设备、管道等关键信息的高精度详细数字建筑模型。星火站中通过DYNAMO可视化编程技术整合多个地层表面形成地层实体模型用以编制土方开挖方案,利用Revit组织土方一体化筹划,通过软件交互进行动画制作渲染,输出参数信息明细表用于辅助工程量计算与调整土建模型进而合理组织施工。

BIM 技术可促进不同团队之间的实时协同工作，提高沟通效率，减少设计和施工阶段的误差。星火站枢纽大厅钢结构屋盖的多专业协同设计体现在采用 ABAQUS 软件分析稳定性、建立 MIDAS 模型交互导入 Revit 模型和 Rhino 模型。在此过程中，设计师、结构工程师和施工团队可以同时访问及编辑共享的 BIM 动态数字模型，确保设计一致性，各成员可在模型中添加注释、标记使得任何设计变更都会立即体现在整个模型中。BIM 技术可促进在不同团队间实时协同工作，提高沟通效率，减少设计和施工阶段的误差，通过 BIM 模型实现共同决策，为工程项目的高效管理提供支持。

2.2 施工过程 BIM 应用

施工阶段 BIM 技术主要体现在施工模拟、材料和资源管理两个方面。

BIM 技术进行施工过程模拟，识别潜在的安全风险并帮助规划施工步序以减少事故风险和对现场人员的潜在危险。此外，BIM 通过数字化建筑模型可实现材料和资源的追踪与管理。每个构建元素都与特定的材料和资源关联，BIM 模型中嵌入材料属性、供应商信息和成本数据等详细信息。团队能够实时监测材料的使用情况，预测项目的资源需求，并优化材料采购和库存管理。在星火站的施工阶段中，复杂深基坑邻近既有结构施工、大跨度钢结构网壳屋架施工、TOD 模式枢纽地铁一体化施工均体现出 BIM 技术的实践应用。

2.3 维护过程 BIM 应用

维护阶段 BIM 技术主要体现在维护计划和记录、数据驱动的决策两个方面。

BIM 模型存储了建筑及设备的详细信息，支持维护计划的制定。维护人员可通过模型精准定位设备、查看历史维护记录，提前识别潜在的结构或设备问题，提高计划的准确性和执行效率。BIM 通过实时收集设备运行数据、维护成本等信息，管理者可以基于真实实时数据制定决策，优化资源分配，延长设备寿命，提高维护效果，使维护工作更智能、可追溯，为建筑设施提供可持续的管理手段。BIM 技术在星火站的智慧工地平台、塔式起重机监测预警、塔式起重机工效分析、吊钩可视化等方面均有体现。

2.4 培训过程 BIM 应用

培训阶段 BIM 技术主要体现在事故模拟和应急预案两个方面。

工作人员能够通过 BIM 技术创建虚拟培训环境，熟悉建筑结构和设备，BIM 技术对紧急事故进行模拟，评估风险并改进应急预案，可规划紧急撤离的逃生路线。参与者可以通过移动设备扫描相关二维码，或使用 AR（虚拟现实）、VR（增强现实）设备，随时随地了解施工进度和专业技术，实现沉浸式学习，减少逆反心理。这样的培训方式为应对紧急情况提供了更实际有效的应对手段。在星火站中 BIM 技术体现在通过北京建工土木安全云平台，实现对机械设备远程开锁及通电管理、机械操作人员线上安全教育培训。

2.5 BIM 技术的合规性

BIM 技术的合规性体现在满足建筑行业法规和标准的能力上，确保数字模型和数据的安全性、隐私保护，以及对可访问性和共享性的有效管理。合规性要求 BIM 技术的应用符合国际和地区相关法规，保证数据完整性和透明度，同时促使业界采取最佳实践以确保信息安全和合法使用。

2.6 BIM 在安全管理中的挑战

BIM 在安全管理中的挑战主要体现在技术难题、文化变革、培训普及上。BIM 技术在安全管理中面临数字模型整合、信息共享标准化，以及软硬件兼容性等技术挑战。在建筑行业文化中，BIM 技术在起到促进协作创新角色的同时可能面临如团队合作习惯的改变、技术接受度等文化挑战。为确保 BIM 技术在安全管理中的有效使用，需要推动广泛的培训，提高从业人员对 BIM 技术的理解和应用，促使业界普遍采用 BIM 技术，加速行业文化转变，以实现更安全、高效的建筑环境。

3 "2-4" 模型的实践应用

行为安全"2-4"模型是傅贵提出的一种系统性方法，将事故致因因素分为组织层面和个人层面，同时对每个层面进行更详细的分析，涵盖了直接、间接、根本、根源等不同层次的原因。这一模型强调了在事件分析中关注人的行为和心理因素的重要性，同时也把组织管理和文化因素纳入考虑。

3.1 组织层面分析

"2-4"模型在综合交通枢纽工程安全保障中组织层面分析包含两个关键因素，即组织安全管理与安全文化。组织安全管理关注企业安全体系与流程，包括风险评估、培训、监督等。安全文化则关注员工对安全的态度与信念，涵盖安全意识、沟通、领导风格等。星火站的安全管理体系主要建立在智慧工地管理平台的人员、机械、材料、质量和环境等各模块。借助视频等监测辅助手段，高效开展日常巡检工作并制定全面的安全策略和程序，确保风险评估、培训和监督措施得以充分实施。星火站开展北京土木建工安全云学院平台以及持续线下定期培训和教育活动，提高作业人员对安全的理解和重视程度，培养员工的安全意识。星火站的领导层在安全事务中营造积极的安全文化氛围，推动全员参与安全文化建设。同时建立透明沟通反馈机制，确保信息流通畅，鼓励员工提供安全问题反馈报告和处理机制，及时传达安全信息和解决潜在风险，定期审查和改进安全管理措施。

3.2 个人层面分析

"2-4"模型分析综合交通枢纽工程安全保障的个人层面因素，强调个体的能力和动作，具体包括人的安全知识、意识、习惯和心理，物的状态等。星火站较为注重员工的安全培训，定期开展安全宣传和教育活动，形成佩戴个人防护装备、正确使用设备的良好习惯，重视培养个体的安全责任感以提升整体安全水平。同时星火站通过云平台设置机械设备远程开锁与通电管理、对特种设备开启安全智能化应用模块，如安装识别、防碰撞、可视化装置以及损伤监测等，对超大规模危险性较大的分部分项工程实施在线监控并设置环境管理模块以保障安全物态。

致因因素和事件都有正负两面，图1为实现安全业绩的正效应事件"2-4"模型。

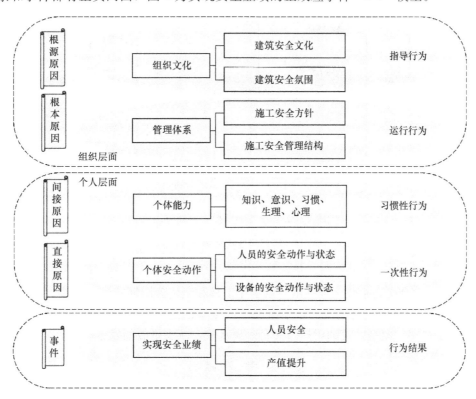

图1 安全业绩"2-4"模型

4 BIM 与"2-4"模型的协同应用（图2）

4.1 数据整合

BIM 和"2-4"模型的数据整合可体现为数字建筑模型的细化，确保 BIM 数据能完整对接到"2-4"

模型，使安全相关数据能够被纳入事故分析。

4.2 协同设计和工程协作

BIM 和"2-4"模型的协同设计和工程协作可体现为安全管理信息的整合，将安全管理信息嵌入 BIM 中，使得协同设计和施工过程中的安全因素得到全面考虑。

4.3 施工阶段的模拟与优化

利用 BIM 技术模拟综合交通枢纽工程施工过程，关注安全风险的模拟。将"2-4"模型应用于施工阶段，分析人为因素、安全意识等对施工安全的影响。可使用"2-4"模型分析综合交通枢纽工程安全的组织层面，包括安全文化和管理体系的评估，探讨 BIM 如何支持建立和维护安全管理体系，提高整体组织的安全水平。可利用"2-4"模型分析综合交通枢纽工程安全的个人层面，包括安全知识、意识、习惯等，探讨如何利用 BIM 技术进行个人安全培训，提高从业人员的安全意识。

4.4 互补作用

综合分析 BIM 与"2-4"模型在综合交通枢纽工程安全管理中呈现的互补作用，基于综合分析提出具体改进和预防措施，以及技术、管理和文化方面的建议，拓展应用领域。

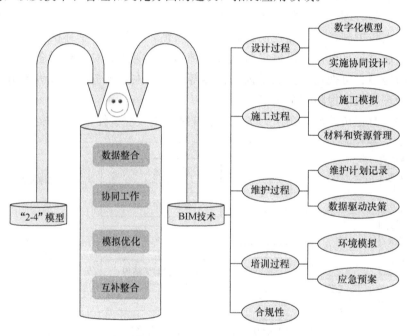

图 2 BIM 与"2-4"模型协同应用

5 结束语

基于 BIM 技术的综合交通枢纽工程提供了数字化工具和全生命周期管理，利用"2-4"模型结合工程实际情况具体分析有助于深入挖掘事故的根本原因，以更全面的视角制定预防措施及改进策略。在工程中整合 BIM 技术与"2-4"模型，有助于提高安全管理水平，减少事故的发生。

参 考 文 献

[1] 袁需龙，刘渊博. 基于 BIM 技术的高层住宅建筑质量安全管理研究[J]. 建筑经济，2023，44(S1)：301-304.
[2] 姜同兴，伍锦鹏，白磊，等. 星火站交通枢纽工程 BIM 技术应用[J]. 建筑技术，2023，54(15)：1850-1852.
[3] 傅贵，陈奕燃，许素睿，等. 事故致因"2-4"模型的内涵解析及第 6 版的研究[J]. 中国安全科学学报，2022，32(1)：12-19.

用户体验支持平台在 BIM 图形引擎中的应用

陈雪江，邓新星，杨 帆，唐海涛，刘秋燕

(中国电建集团华东勘测设计研究院有限公司，浙江 杭州 311122)

【摘 要】近年来，华东院 BIM 业务持续蓬勃发展，先后承接百余项大型 BIM 项目，充分涵盖 BIM 业务领域内多行业多场景的情况，拥有丰富的 BIM 技术与经验沉淀，在工程企业 BIM 方面持续发挥行业标杆引领作用。本文详细阐述了用户体验支持平台的设计体系和功能简介，并将用户体验支持平台成套精致的界面设计、舒适易用的交互体验应用到 BIM 图形引擎中，提升 BIM 图形引擎的市场竞争力。

【关键词】图形引擎；用户体验；UI 框架；BIM

1 引言

随着国家数字经济对经济社会的创新引领作用不断增强，数字化产品可谓日新月异，研发目标也从"功能先行时代"逐渐进化至"体验为王时代"。用户面对百家争鸣的软件产品，除了实用增效的产品功能外，用户体验越来越成为影响用户决策的重要因素，将精致成套的界面设计、舒适易用的交互体验应用到 BIM 图形引擎中，提升了 BIM 图形引擎的市场竞争力。

2 用户体验设计体系

用户体验设计体系由华东数字 UED 团队通过多轮实践检验、多方参照循证，总结提炼归纳形成，主要包含产品 Web 端、移动端以及可视化在内的共计 3 套视觉设计规范。

2.1 设计指南

（1）颜色：一个系统应该要有一套完整的色彩体系，以保证页面和组件之间的视觉一致。华东数字色彩体系中包含有基础色板、品牌色（主色）、中性色、功能色、图表色、遮罩色 5 个部分。

（2）字体：字体是系统界面中最基本的构成之一，字体系统的建立主要实现内容可读性和信息的表达，同时选择不同的字体传达不同的设计风格。通过定义字体的使用规则在设计上达到统一性和整体性，从而在阅读的舒适性上达到平衡。

（3）圆角：圆角是用一段与角的两边相切的圆弧替换原来的角，在界面设计中，适当的边角不仅可以反映产品的调性，还提供更友好的视觉体验。在一套系统中，为避免圆角数值过多，选择 6px（最小数值）、10px、15px 作为主要圆角数值。

2.2 交互原则

（1）高效：一致、简约、重点突出的设计高效而直观，能够使用户快速理解产品使用逻辑，降低用户学习成本。

【作者简介】陈雪江（1988—），男，工程师，主要研究方向为前端框架和库，E-mail: chen_xj7@hdec.com
邓新星（1982—），男，高级工程师，主要研究方向为工程数字化及 BIM 图形引擎
杨帆（1982—），男，正高级工程师，主要研究方向为工程数字化及 BIM 图形引擎
唐海涛（1982—），男，正高级工程师，主要研究方向为工程数字化及 BIM 图形引擎
刘秋燕（1988—），女，高级工程师，主要研究方向为工程数字化及 BIM 图形引擎

(2)准确：交互逻辑顺畅，内容无歧义，符合用户的操作习惯与基本认知。

(3)友好：通过容错性提升、引导提示的优化、情感化设计等打造用户友好型设计。

(4)美即好用：当界面被设计得足够美观时，用户往往会容忍一些较为轻微、影响较小的可用性问题。

(5)对齐：任何元素都不能随意安放，在页面上都应与某个内容存在视觉联系。将元素对齐，使页面整洁度有所提升，同时建立内容之间的视觉联系，引导用户视觉走向，对用户接收信息的行为进行有效引导。

3 用户体验支持平台

3.1 系统架构（图1）

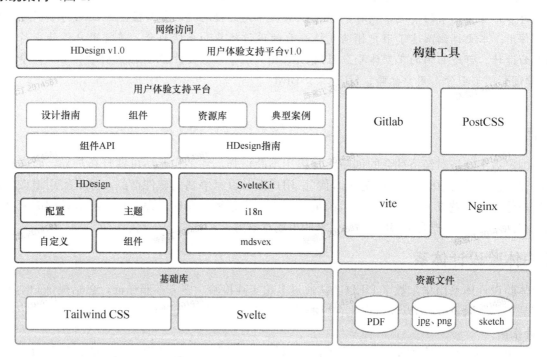

图1 系统架构图

3.2 系统主要功能

用户体验支持平台主要是由设计指南、HDesign指南、组件及组件API、资源库和典型案例组成。

设计指南包含产品—设计—研发全流程展示、中后台、移动端与可视化的初设原则（价值观）、基础设计语言，统一实现HDesign设计价值观，为设计体系中具体现状问题提供理论指导。

HDesign指南、组件及组件API是基于HDesign统一的设计语言建立的标准化组件库，主要包含基础组件与业务组件，支持在线预览与代码一键复制。

资源库包含HDesign在应用输出层面的设计类资源，主要包括标准化组件UI-Kit、图标库等，支持一键下载。

典型案例遵循HDesign统一的设计价值观与设计原则（设计指南），使用统一的基础组件与业务组件，同时基于数字化业务需求，提供丰富的中后台、移动端、可视化的在线展示与配置示例，典型示例满足个性化主题配置等需求，为用户决策提供有力参考。

3.3 主题生成器（图2）

用户体验支持平台原生支持很多精美制作的主题，可以直接获取使用，也可以自定义地编写相应主题内容，并且可以查看定义的颜色影响组件外观的变化。

图 2 主题生成器

4 BIM 图形引擎及其用户体验

在数字化建筑领域中,建筑信息模型(Building Information Modeling,BIM)技术的普及和应用对于提升设计、施工和管理的效率至关重要。而 BIM 图形引擎作为 BIM 技术的核心组成部分,是一种专为处理、展示和交互 BIM 数据而设计的软件技术。其伴随 BIM 技术的发展而迅速发展,通过将复杂的建筑信息模型数据转换成可视化的二维或三维图像,辅助设计师、工程师、施工人员和业主等项目参与方进行沟通、协作和决策。中国电建集团华东勘测设计研究院有限公司(以下简称华东院)提供的 BIM 图形引擎为 CyberTwin BIM Engine,简称 CBE 引擎。

CBE 引擎界面的美观程度不仅影响用户的直观感受,更是衡量软件质量和专业性的重要标准。一个美观的 BIM 图形引擎界面,能够为用户带来愉悦的使用体验。精心设计的界面布局、色彩搭配和图标元素,能够减少用户的视觉疲劳,提高操作效率。同时,美观的界面还能够增强数据可视化的效果,使用户更快速、准确地捕捉和理解建筑信息,为项目的顺利进行提供有力支持。

4.1 界面风格(图 3)

通过用户体验支持平台主题生成器功能,CBE 引擎界面风格可支持品牌色、辅助色、功能色以及弹窗的不透明度和边框色。品牌色(主色)是代表品牌产品对外形象以及视觉识别的主要视觉元素之一,主要用于功能键选中、主按钮、弹窗、高亮状态、模型背景等突出产品特征的地方。辅助色在界面中起到平衡主色和突出重点信息的效果,主要用于标签、测量 icon 颜色等地方。功能色在界面中主要起到传递功能信息、代表某种状态等作用,主要用于测量绘制线的地方。

4.2 场景融合(图 4)

通过用户体验支持平台组件库各个组件,包括按钮、文字输入框、对话框弹窗、自定义样式和自定义主题配置实现场景融合模块功能界面。CBE 引擎在创建场景融合项目后,首先要创建主场景,主场景创建成功后就可以在主场景上创建标绘与之相关联的场景,然后可以选择在已经创建的场景上创建标绘,周而复始,这样就形成以主场景为根节点的树形结构的跳转链。

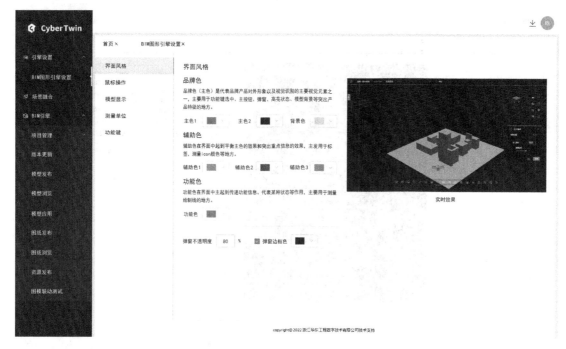

图 3 界面风格

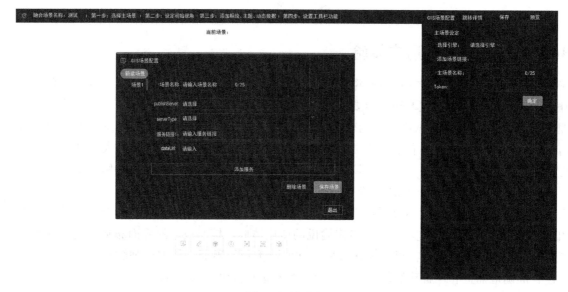

图 4 场景融合

4.3 模型浏览（图 5）

通过用户体验支持平台交互设计理念实现 CBE 引擎模型浏览界面。CBE 引擎系统中，用户在发布成功后，可以从模型发布页面点击发布成功的版本名称进入模型的浏览页面，也可以从模型浏览子页面（点击左侧导航栏，展示的右侧浏览页面）点击图片进入模型的浏览页面。进行一次模型浏览后，模型发布页面可以查看版本缓存文件的大小，模型浏览子页面能够查看模型的缩略图。

首先介绍模型浏览页面中的标签、组管理、路径漫游。标签功能是为模型上某个具体的位置添加能持久化的标记功能。目前 CBE 引擎支持给模型添加文字、距离、面积、角度、位置、高程等标签。通过 Delete 键也可以一键删除所有标签。

组管理的功能是为相应的构件添加组的功能，为构件添加组，可以统一导出。主要功能是添加组、删除组、导出组。为组添加构件，更改组名与备注名。点击导出组可以把构件组信息导出到 Excel 中。组管理信息需要持久化，通过相应接口进行信息保存。

路径漫游，是漫游中的一个子功能。CBE引擎中漫游功能能移动视角，通过键盘移动视角浏览模型。路径漫游是以固定的路径、固定的速度去移动视角。点击漫游选择路径漫游可以添加路径。输入路径名称和路径描述，选择路径经过点，选择路径漫游速度，添加完路径后就可以点击路径名使用路径漫游功能。路径漫游也需要持久化，通过接口对相关信息进行保存。

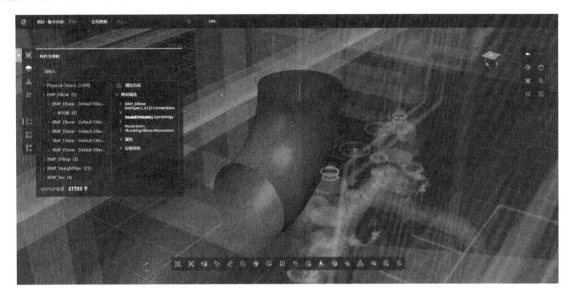

图 5　模型浏览

5　结论

用户体验支持平台在 BIM 图形引擎中的应用非常有效地提升了用户体验，用户能够更直观、便捷地操作 BIM 模型，高效获取准确信息，直观感受数据变化，从而提高工作效率和满意度，提升 BIM 图形引擎的市场竞争力。

参 考 文 献

[1]　刘叶，韩帆. 极简主义风格在 UI 设计中的应用[J]. 美术教育研究. 2022(14)：63-65.
[2]　王萍利. 基于 HTML5 的 Web 前端框架设计及研究[J]. 电脑编程技巧与维护. 2021(12)：10-12.
[3]　赵维，茅坪，沈凡宇. 下一代三维图形引擎发展趋势研究[J]. 系统仿真学报，2017，29(12)：2935-2944.
[4]　晏四方，郭亮，粟桔桐，等. 二三维一体化的城市三维仿真应用系统设计与实现——以琶洲为例[J]. 测绘与空间地理信息，2018，41(4)：69-71.

数字化技术在景观人行天桥建设中的应用

李 振[1]，邹淑国[2]，孙钦利[1]，王晓宁[1]

（1. 青岛第一市政工程有限公司，山东 青岛 266000；
2. 青岛市市政工程设计研究院有限责任公司，山东 青岛 266000）

【摘 要】 在立体过街设施被赋予城市重要形象展示、地标性城市景观功能的发展趋势下，作为工程的规划建设者，需要克服工程建设周期紧张、工程实施调流困难、异形结构计算复杂、二维图纸难以表达等问题。BIM 数字化技术作为贯穿工程建设全生命周期的重要技术手段，可有效解决方案设计阶段多方案比选、施工图阶段多样化表达、建设阶段预制化拼装等重要难题。本文以青岛中学人行景观天桥为例，深入探索了数字化技术在景观人行天桥建设中的应用。

【关键词】 BIM；全过程；参数化；协同；数据传递

1 引言

青岛中学人行景观天桥工程所处地理位置、服务人群具有特殊性，同时对城市景观、产业发展的特色体现等建设意义重大，因此工程的设计和建设对总体方案、景观协调、产业融合、特色体现等均提出了较高的要求。

工程总体方案寓意为"海上日出"，利用简洁的线条，意象化海上日出之光的形态，整体风格现代简约，外观颜色以海盐白为主，为红岛地域海盐文化传承，象征高新区的发展是海上之光的美好寓意。方案平面采用工字形布置，在满足各个方向的人行过街需求的同时，平面达到最简。桥梁整体造型追求简约，结构线条一气呵成，并结合青岛海上元素，打造简单的海浪流线，桥上视角简化为海浪翻涌的形态，流线感顺畅。

2 应用需求及技术路线

针对人行景观天桥规划建设的造型方案新颖、异形结构复杂、低影响开发建设等新的变化需求，项目规划建设提出了以下数字化技术应用需求：

（1）方案设计阶段需借助参数化拓扑技术、可视化协同技术及 VR 虚拟现实技术等，实现对方案的优化及直观表达，满足业主的快速、精准、合理决策。

（2）施工图设计阶段需实现拆解深化异形结构图纸、解决异形结构计算、实现工程量统计、碰撞检查、多样化图纸表达等一系列应用。

（3）工程施工阶段需通过 BIM 模型的数据传递，实现可视化施工模拟、三维技术交底以及异形拱、柱、铝单板装饰的工厂预加工，满足现场拼装快速化施工要求，降低施工影响，加快工程建设速度与提高工程质量。

结合以往天桥的设计及 BIM 应用情况，本项目选用 Rhino＋Grasshopper＋Revit 的平台，应用技术路线如图 1 所示。

3 方案阶段的 BIM 技术应用

（1）借助 Rhinoceros 的 NURBS、SubD 建模和参数化技术，自由地进行造型创建，同时可直接从桥梁方案库中检索方案及构件参数库、景观库等资源，快速生成初始方案。

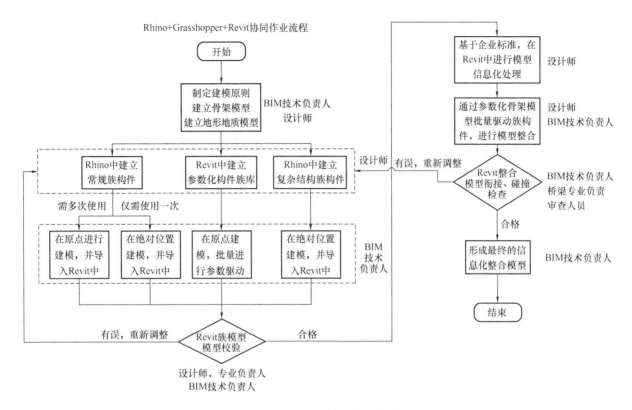

图 1 项目 BIM 应用技术路线

（2）借助参数化拓扑技术，通过优化二维建筑纹理、形态演化、机械拓扑和仿生造型设计，丰富桥梁方案创作的手段。

（3）利用 Rhino SubD 参数化曲面细分命令，在方案设计中可以自动优化曲面，使设计方案更加美观、生动（图2）。

（4）利用 FuzorBIM 对方案可行性进行协同可视化设计模拟（图3），考虑设计方案的可实施性及落地性，采用 BIM 协同可视化查看设计效果，实时观察方案效果，做到及时调整，加快工作效率。

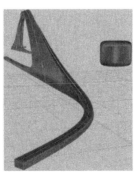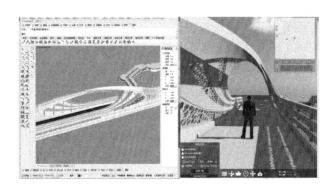

图 2 参数化曲面细分自动优化曲面　　　　图 3 协同可视化模拟

（5）利用 BIM 模型＋倾斜摄影＋Lumion＋720 云等，根据距离远近观察天桥方案的可视度，进行天桥方案的适应性分析，确保天桥方案与周边环境相协调。

4 施工图设计阶段的 BIM 技术应用

（1）通过 Rhino SubD、Grasshopper 拆解深化异形拱图纸、参数化进行表皮纹理设计，将海盐晶格造型融于设计之中，提高设计方案的随意性与合理性（图4）。

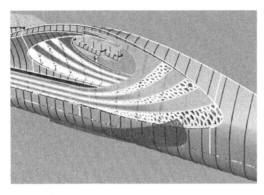

图 4 参数化进行纹理设计

(2) 犀牛导出 CAD 线形，导入辅助结构计算软件 Midas 建模，解决异形结构计算难题（图 5）。

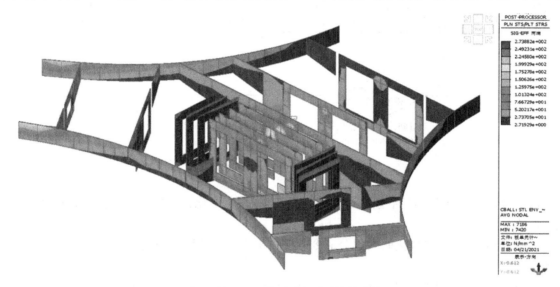

图 5 利用 BIM 模型进行异形结构计算

(3) 利用 AR（增强现实）技术三维结合二维出图的表达方式，提升设计效率与质量。
(4) 利用参数化模型快速完成工程量统计，指导后期施工物料准备与造价编制。
(5) 利用 FuzorBIM 对设计模型进行监控安装位置的模拟，指导后期监控安装，规避视野盲区部分，选择合适的监控位置。
(6) 针对本项目地下管线复杂，依托物探资料及现场情况，利用路易、管立得进行建模，实现地下管线专业与天桥结构、道路专业三维模型的整合，直观地进行碰撞检测，体现天桥下部结构的实施影响，确认管线迁改范围。
(7) 利用 BIM 模型在 Lumion 中进行灯光模拟，助力照明最优设计方案的选择。

5 施工阶段的 BIM 技术应用

(1) 设计阶段模型精细度达到 LOD3.0，精细化的模型可以直接指导施工和模型数据流转，提高工程建设的效率（图 6）。
(2) 由于项目工期紧张，施工企业利用 BIM 模型拆分异形拱图纸，仅需一天即可高精度展开异形拱图纸，直接提供给钢结构厂家进行数控切割加工，提高加工精度（图 7）。
(3) 利用模型拆分异形拱、造型柱图纸，可高精度展开异形拱/柱并进行编码、数控切割加工，解决异形拱/柱的加工问题（图 8）。应用过程中对异形双曲面加工进行数据流转的应用对比：Tekla 双曲面建造工艺需要设计单位提供 CAD 三维线形，钢结构加工厂利用 Tekla 进行重构模型，然后摊平每一块板，

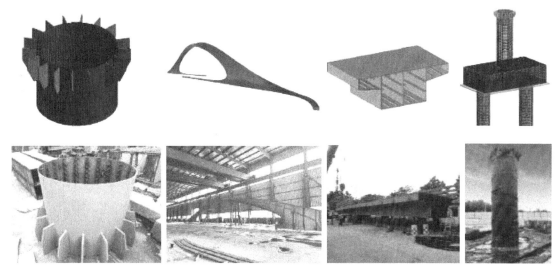

图 6 模型与施工照片对比

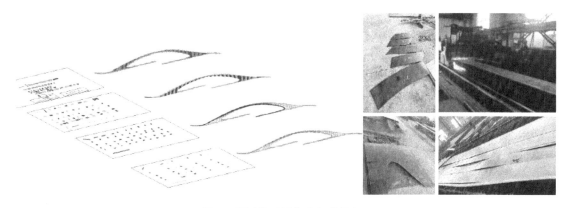

图 7 利用模型拆分进行数控加工

再导出 1:1CAD 拆分图直接进行数控加工;而 Rhino 可直接在原模型上摊平铝板,相比二次建模摊平,源数据丢失更少,数据更加准确。

图 8 拆分模型进行异形柱加工

(4) 钢结构加工制作过程中,主次梁连接节点、异形拱、铝单板外包面均存在加工制作难题,施工企业利用 BIM 模型协助加工制作,解决钢结构复杂节点及异形曲面的建设难题(图 9)。

图 9 利用模型进行复杂节点加工

（5）钢结构加工厂利用机器人全站仪对模型进行放样，解决主次梁连接节点、异形拱及转弯梯道精度要求高的难题。

（6）利用 BIM 模型对厂家提供的样板进行颜色及样式模拟，有利于整体效果的把控，并在现场形成样品库，支持业主决策。

（7）借助 BIM 模型的数据传递，铝单板装饰厂家及钢结构加工厂在工期紧张的情况下同时深化模型，加快了工厂预制加工的进度，模型精细度达到 LOD4.0，并且为每一块铝单板编号，在后期生产中添加二维码以用于维护。

（8）钢结构厂家对钢结构主体进行 Tekla 模型深化，可直接用于生产。

（9）利用 AR+VR 等多种技术手段，多维度展示设计方案，无论是前期汇报还是施工技术交底，使设计意图更加直观，更容易指导施工（图 10）。

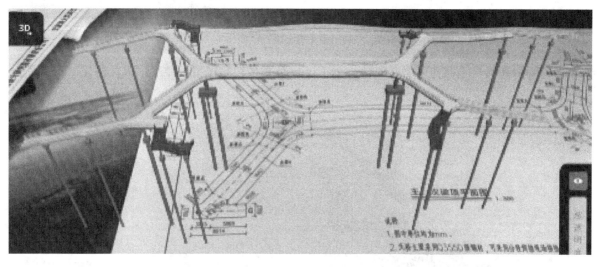

图 10 工程 AR 图纸

6 结语

（1）基于 Rhino+Grasshopper+Revit 平台，将 BIM 模型的可视化、参数化、信息化和一模多用的特点应用于工程建设的各个阶段，形成一套桥梁工程师主导景观桥梁、全过程建设数字化的解决方案。

（2）利用平台可视化编程的特点，低成本、高效率地按桥梁设计思维重构异形模型，解决了设计及施工难题。

（3）通过该项目积累并总结了异形双曲面钢结构的设计和智慧建造的数字化经验，实现了三维图纸与二维图纸结合表达形式的落地。

（4）通过该项目总结的数字化及参数化技术路线，在解决异形结构及景观结构的建模、设计、验算、数据延伸等中得到很好的验证。

参 考 文 献

[1] 林本芳. 基于参数化建模柱面网壳结构拓扑优化设计[D]. 济南：山东建筑大学，2010.

[2] 康师表，陈凯旋，白炜，等. BIM 技术在市政天桥建设中的应用——以上海市徐家汇空中连廊一期工程为例 [J]. 城市道桥与防洪，2019，(12)：184-185，20.

从深化设计视角思考现浇混凝土结构工程施工 BIM 应用的问题与发展路径

余芳强[1,2]，曹 盈[2]，许璟琳[2]

(1. 上海建工集团股份有限公司，上海 210013；
2. 上海建工四建集团有限公司，上海 210013)

【摘 要】 现浇混凝土结构工程在我国建筑工程中应用十分广泛，但目前其 BIM 应用水平相较于预制混凝土、钢结构、机电等专业工程较低，从而导致施工总承包 BIM 应用内在动力大幅下降。本文通过调研分析现浇混凝土工程 BIM 应用存在的问题和原因，通过对比研究提出现浇混凝土工程施工 BIM 应用的发展路径，并以二次结构工程为例验证发展路径的可行性。应用表明，研发基于 BIM 的高效、智能深化设计工具和基于 BIM 的数字施工设备对推动 BIM 应用具有重要意义。

【关键词】 混凝土工程；施工 BIM；场景挖掘；智能深化设计；二次结构

1 引言

现浇混凝土结构工程（以下简称混凝土工程）整体性好、可塑性强、成本低，在我国建筑工程中广泛应用。根据《建筑工程设计文件编制深度规定》等国家标准，目前设计院交付的施工图或施工图模型仍达不到施工班组直接使用的深度，因此深化设计成为复杂工程施工的前置工作。BIM（建筑信息模型）技术是对建筑及其物理特性的数字化表达，是数字化施工的重要支撑技术。目前 BIM 技术在装配式混凝土（以下简称 PC）、钢结构、机电、幕墙等工程施工中大量应用，有效提升了深化设计效率和质量。但大量调研表明，目前混凝土工程施工 BIM 应用总体水平远低于其他专业工程。根据工程总承包管理办法，混凝土工程必须由施工总承包自行施工，是施工总承包的主要工作和利润来源。这导致施工总承包企业推进 BIM 的内在动力逐步下降，特别是在当下施工行业利润普遍较低、技术人员配置普遍不足的情况下。由于混凝土工程是其他专业工程的基础，这也会影响建筑施工 BIM 应用的整体水平。虽然近年来 BIM 技术在多专业碰撞检测和协调优化等总承包项目管理方面体现出显著价值，但在混凝土工程深化设计、施工策划等实际应用中价值不显著。虽然已有学者开始研究基于智能算法的钢筋深化设计方法，但相关研究极少，仍未受到行业重视。考虑到基于 BIM 的正向深化设计（以下简称 BIM 深化设计）是形成高质量施工模型的必由之路，也是施工 BIM 应用的基础，本文从深化设计视角，调研当前 BIM 应用情况，分析当前存在的问题和原因，提出实现混凝土工程施工 BIM 应用的发展路径，并结合二次结构 BIM 深化设计实践，验证本文所提的发展路径。

2 混凝土工程 BIM 应用问题分析

2.1 问题调研

本文通过问卷和实地考察等方式，充分调研了某大型施工总承包企业 100 多个项目 BIM 应用情况。调研项目包括住宅、商业办公楼、文化场馆、医院、工业厂房等建筑类型，总包合同中均有施工 BIM 应用要求。调研对象主要是企业和项目 BIM 负责人。调研的主要问题包括：①混凝土工程模型主要来源是

【基金项目】 上海市 2022 年度"科技创新行动计划"项目（22dz1207102）
【作者简介】 余芳强（1987—），男，信息总监/正高。主要研究方向为数字建造和智慧运维。E-mail：yufq@scg.cn

哪里，模型和设计图纸是否一致；②存在图纸变更情况时，是否在实际施工前及时完成混凝土工程BIM建模；③是否使用BIM技术进行混凝土工程深化设计；④使用BIM软件进行混凝土工程深化设计效率是否比使用CAD软件高。调研的结论如下。

（1）混凝土工程模型来自设计院或业主的项目占比超过60%，由施工企业（或委托的咨询单位）自行建模的比例不到40%；但设计院或业主交付的模型与施工图普遍存在空间划分、楼面标高、结构构件尺寸等信息不一致的问题，施工企业检查和修改的工作量仍不少。

（2）混凝土工程图纸变更后，由于建模工作量大、工期紧张，在实际施工前完成BIM建模工作的项目占比低于30%。

（3）约70%的项目尝试使用BIM技术进行混凝土工程深化设计，但最终全面使用BIM技术进行深化设计的项目占比不到20%。

（4）综合考虑BIM建模、审核、修改的时间，约60%的项目认为使用BIM技术进行深化设计的效率比CAD低，主要原因是BIM质量不高和BIM软件不成熟。

2.2 问题及其原因分析

结合调研结果，对比混凝土工程和PC、钢结构、机电、幕墙等专业工程施工特点，本文分析得出混凝土工程BIM应用水平不高的主要原因有以下方面：

（1）模型质量不高，难以满足施工应用需求：虽然大部分项目有设计院或业主提供的模型，但模型与图纸的几何信息一致性不高、配筋等属性信息缺失等问题，导致深化设计人员难以使用BIM进行模板和钢筋翻样等工作。相对而言，为保证模型质量，钢结构、机电等专业工程大多由施工企业自行建模，由此可见推动设计向施工的模型传递仍任重而道远。

（2）施工工期紧张，图纸变更后施工准备时间不足：混凝土工程一般处于关键路径，施工工期紧张；设计图纸变更后，总包单位从拿到施工蓝图到实际施工往往只有不到1个月的准备时间。这导致深化设计、施工策划等准备工作难以等待BIM建模完成，特别是委托外部单位进行BIM建模的项目，更难以保证及时更新模型。而机电、幕墙等工程可以多楼层交叉施工，各项工作不一定在关键路径上，施工准备时间比较充足，因此一般可以在施工前完成BIM建模。

（3）现有BIM软件不成熟，BIM建模效率低：从深化设计视角，现有BIM软件并不能支持参数化、智能化地完成混凝土工程的模板翻样、钢筋翻样、二次结构深化设计和砌体排布等工作，仍依赖人工经验进行深化、建模和出图，效率往往比不上使用CAD。相比而言，PC、钢结构、机电、幕墙分别有Allplan、Tekla、Revit、Richo等参数化深化设计工具，有效提升了深化设计效率。

（4）施工作业主要依赖人工，深化设计结果落地应用难：混凝土工程主要依靠木工支模确定造型，依靠钢筋工绑扎安装钢筋，依靠质量员目测检查质量，工业化和数字化程度低。这导致BIM深化设计成果仍要转化为图纸才能用于交底、放样和质量验收等工作。相比而言，PC、钢结构、幕墙等专业工程，深化设计成果可以交付到工厂数字化加工设备，深化设计成果落地应用相对容易。

3 混凝土工程施工BIM应用发展路径

针对混凝土工程BIM应用存在的问题，借鉴PC、钢结构、机电、幕墙等专业工程BIM应用经验，本文提出施工总承包企业推动混凝土工程BIM应用的技术路线，包括场景挖掘、智能深化设计工具研发、数字化施工装备研发和应用推广等工作。

（1）高价值BIM应用场景挖掘

混凝土工程工业化和标准化程度低，常规的BIM应用场景存在性价比不高的问题，因此施工企业要结合各个项目的实际需求梳理高价值的BIM应用场景，包括以下内容：

① 几何造型复杂构件的深化设计，包括梁柱交叉节点、包含多种标高的基坑和基础底板、曲面屋顶、楼梯和坡道等构件。

② 场地加工部品的深化设计，包括场外加工的钢筋、异形模板、混凝土砌块等。

③ 设计深度较低构件的深化设计，包括构造柱、圈梁、导墙等二次结构，墙面砌体排布，屋面防水节点构造，屋面排水系统构造等。

④ 复杂构件的施工过程模拟与分析，包括梁柱交叉节点钢筋绑扎过程模拟与可施工性分析，屋面复杂防水构造的施工过程模拟，楼梯坡道模板安装过程模拟等。

⑤ 高质量要求构件的数字化验收，包括有质量创优目标的剪力墙、二次结构墙体，机房隔墙的预留洞口，屋面排水沟等。

（2）智能 BIM 深化设计工具研发与应用

通过深化设计快速创建施工模型是施工 BIM 应用的基础，而参数化、智能化的 BIM 深化设计工具可有效提升工作效率。但目前市场上缺乏成熟的混凝土工程智能深化设计工具支持模板和钢筋翻样、二次结构布置和砌体排布等工作。因此，施工企业应该联合软件企业，针对 BIM 应用场景，研发专业的深化设计工具。专业工具研发首先需要有经验的工程师梳理深化设计工艺流程，并形成对工艺流程的数字化描述，简称工艺数据链。然后交付软件开发工程师，联合研发相关的算法和程序。其中，工艺数据链包括工艺流程步骤信息和步骤前后顺序关系；步骤信息包括各个步骤的名称、需要输入的数据、受到的约束条件、输出的成果和工艺优化的指标等。准确、完整的工艺数据链是智能算法研发的重要依据，否则研发的算法可能不满足实际需求。根据工艺优化指标和问题复杂度，智能算法可以选择图搜索算法、遗传算法、蚁群算法和模拟退火算法等，快速搜索到最优的深化设计方案。

（3）数字施工设备研发与应用

为了推动深化设计模型的落地应用，可以针对混凝土工程研发钢筋、模板和砌块等材料的数字化加工装备，支持根据深化设计模型快速完成材料加工，并通过场外集中加工和材料使用优化技术，减少材料消耗，提升加工质量。另外，还可以结合混凝土工程质量验收需求和精度，研发基于 BIM 的数字验收设备，提升施工质量。

（4）应用示范与推广制度建设

应用示范是验证新工具、新设备实用性和价值的重要过程，并可以根据应用反馈，不断迭代优化新工具和新设备。在应用示范成功后，应建立推广制度，加快新工具和新设备的应用推广。

4 二次结构 BIM 应用实践案例

为了验证本文提出的技术路线，本研究以二次结构为案例进行应用验证。二次结构是在一次结构（承重混凝土构件）施工完后施工的非承重结构，包括构造柱、圈梁、导墙、过梁、女儿墙和填充砌体等构件。二次结构也是混凝土工程的一部分，一般由施工总承包企业完成施工。

（1）应用场景挖掘

根据《建筑工程设计文件编制深度规定》，施工图中二次结构的设计深度较浅，一般只给出构造柱、圈梁、导墙的布置原则，图纸中没有明确各个构件的位置。施工企业需要根据施工图及相关规范要求进行深化设计，并绘制构造柱和圈梁导墙布置图及砌体排布图。因此，二次结构深化设计工作量巨大，智能深化设计是普遍需求，是高质量的 BIM 应用场景。

（2）BIM 智能深化设计工具研发

针对二次结构深化设计场景，本研究首先梳理了工艺流程，如图 1 所示。随后与 BIM 软件企业合作研发了基于 Revit 的二次结构智能深化设计插件，包括构造柱布置、抱框柱布置、圈梁导墙布置、过梁布置、排砖（砌体排布）、砌体统计和生成深化设计图纸等功能，如图 2 所示。应用本工具可以在设计模型基础上，快速完

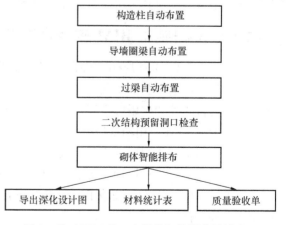

图 1 基于 BIM 的二次结构智能深化设计流程

成构造柱、圈梁、导墙和砌体的布置，智能生成深化设计模型，并导出深化设计图纸，如图 3 所示。以构造柱布置为例，根据设计图中建筑隔墙的位置和边界，依据构造柱的布置原则（例如墙端部、交叉部位必须布置），在规范要求的约束条件下（例如，构造柱间距不应大于 8m），以材料使用最少、施工最便捷等为目标，采用 A*算法快速搜索最优的二次结构深化设计方案，并输出模型和图纸。

图 2　基于 BIM 的二次结构智能深化设计功能

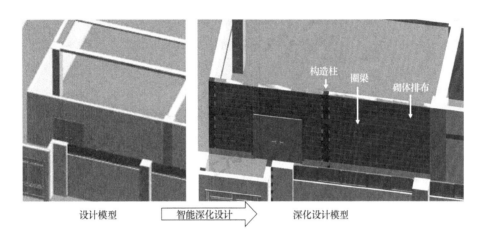

图 3　基于 BIM 的二次结构智能深化案例

（3）数字化验收设备应用

为了提高深化设计成果的落地应用，本研究引进 AR（增强现实）设备，支持质量员现场使用 AR 设备基于模型进行二次结构质量验收。如图 4 所示，通过模型与实体的直观对比，检查构造柱位置、圈梁导墙的高度、预留洞口位置和尺寸以及砌体排布的误差。应用表明，AR 设备的测量误差小于厘米级别，能够满足二次结构的质量验收需求，可以提高质量验收效率，推进深化设计成果落地应用。

（4）应用示范与制度建设

二次结构智能深化设计与质量验收技术在上海机场联络线、瑞金医院北院、东航金叶苑、张江实验室研发大楼等数十个项目中进行了应用示范，如图 5 所示。实际应用表明，构造柱、抱框柱、圈梁、导墙等构件布置准确度大于 98%，可节约 50% 左右的深化设计时间，减少约 5% 的砌体消耗。为了进一步推广智能深化设计工具，施工总承包企业制定了相关制度，明确要求有评选优质结构目标的工程必须使用该工具进行二次结构深化设计，要求 90% 以上墙体必须出具深化设计图纸，并要求使用深化图纸对施工班组进行交底和质量验收，保障施工质量。

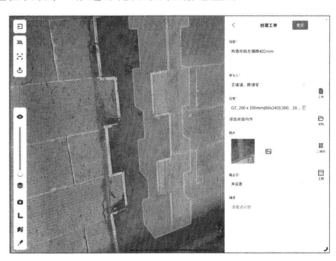

图 4　应用 AR 设备进行二结构质量验收

图 5　现场使用深化设计图纸进行二次结构施工

5　结论

本文通过混凝土工程 BIM 应用问题分析与应用实践，得出以下结论：

（1）由于 BIM 深化设计软件不成熟、工期紧张等原因，目前混凝土工程施工 BIM 应用总体水平相比 PC、钢结构和机电等专业工程总体水平低。

（2）由于混凝土工程工业化程度低、造型简单等原因，应围绕造型复杂、场外加工和设计深度较低的构件，挖掘 BIM 深化设计应用场景；围绕复杂施工工艺和高质量构件验收等，挖掘 BIM 施工策划和管控应用场景。

（3）深化设计是施工 BIM 应用的基础，施工总承包企业应从实际需求出发，联合研发混凝土工程智能深化设计工具。应用智能深化设计工具不但可以提高 BIM 建模效率和模型质量，还可以提升深化设计效率和质量。

（4）研发和应用数字化加工与质量验收等施工装备，可以推动深化设计模型的落地应用，提高 BIM 应用价值。

参 考 文 献

[1] 刘晨，彭琨. 现浇混凝土结构碳排放估算研究[J]. 建筑结构，2023，53（S2）：1243-1247.
[2] 付立斌，屈敏杰. BIM 技术在建筑工程中的应用研究综述[J]. 价值工程，2022，41（30）：163-165.
[3] 赵玉博. 我国施工企业 BIM 技术应用研究文献综述[J]. 建筑科技，2022，6（3）：161-163.
[4] 陶桂林，马文玉，唐克强，等. BIM 正向设计存在的问题和思考[J]. 图学学报，2020，41（4）：614-623.
[5] 陈芊茹，彭阳，余芳强. 基于 BIM 的低碳建筑研究与应用综述[J]. 建筑科学，2024，40（4）：66-74.
[6] 李毅旭，黄志强，黎永辉，等. BIM 技术在建筑行业的应用初探——基于文献综述[J]. 科技创新与应用，2020（24）：180-181.
[7] 齐宏拓，伍洲，周绪红，等. 基于模型预测控制的多钢筋并行排布智能深化设计方法[J]. 计算机工程，2024：1-12.
[8] 王荣桂，支小刚，李强. 土建 BIM 模型审核注意要点——以鄂州花湖机场转运中心工程为例[J]. 城市建设理论研究（电子版），2024（4）：98-100.
[9] 付照祥，许子龙，郭向辉，等. 基于 BIM 技术的二次结构深化设计应用[J]. 中国住宅设施，2023（6）：148-150.
[10] 曹盈，余芳强，谭欣诚，等. 基于 BIM 和解析算法的砌体结构自动排砖及应用[J]. 建筑结构，2023，53（S2）：2111-2121.

BIM 技术在施工动画领域的应用研究

孙 源，赵杏英，林 武，杨 宇，刘甫晟，任国鑫

(中国电建集团华东勘测设计研究院有限公司，浙江 杭州 311122)

【摘 要】 随着科技的飞速发展和建筑行业的不断进步，传统的建筑施工方式已经无法满足现代建筑工程的需求。为了提高建筑施工效率，减少资源浪费，降低安全风险，BIM 技术应运而生。其中，BIM 施工动画模拟作为一种重要的应用手段，在建筑施工过程中发挥着越来越重要的作用。本文将深入探讨 BIM 施工动画模拟的实用性，基于 BIM 仿真系统搭建更加完备的 BIM 施工动画流程体系，并结合实际案例进行全面分析，以期为相关从业者提供有益的参考和借鉴。

【关键词】 BIM 技术；施工动画模拟；建筑施工；实用性分析；全面应用

1 引言

工程施工是一个复杂而繁琐的过程，涉及多个专业和环节的协同工作。在传统的施工管理方式下，由于信息沟通不畅、预见性不足等问题，往往导致施工效率低下、资源浪费严重以及安全风险增加。建筑信息模型（Building Information Modeling，BIM）技术通过数字化的方式，将建筑物的物理和功能特性进行表达，为建筑施工提供了全新的管理方式。而 BIM 施工动画模拟则能够进一步帮助施工人员理解和掌握施工流程，提高施工效率和质量。

目前已有众多研究人员对 BIM 技术在虚拟施工动画上做了不少工作，涉及施工动画使用过程中的模型建模、轻量化处理、模拟主体的抽象与表达、数据管理、模型信息显示等方面，以及对专业模型的处理工作。例如，孙源在轻量化体系上进行了研究；陈庆财等对 BIM 模型数据设计了轻量化的文件格式（LBSF），并设计了轻量化的数据格式；郭红领等对施工过程智能化模拟的主体进行了抽象与可视化表达方法的研究；蒋爱明、赵勇等在分析 BIM 技术的过程中，对 BIM 虚拟施工技术在工程管理中的应用提出了几点促进方法。4D BIM 在 3D 模型的基础上增加了一个新的维度：时间，这允许实施日历和网络规划，制定工作计划，并动态查看施工过程，对施工动画的利用有了进一步探索。张栢瑞针对在施工动画中融入 VR（增强现实）做了应用探索。再后来，在 5D BIM 中，项目本身及其任何部分的成本计算都被添加到模型中，这有助于形成价格和规范的基础，进行更准确的成本估算。5D BIM 不仅提供了建筑项目的几何和时间信息，还整合了数值数据，使项目团队能够在设计和施工阶段进行更有效的成本控制，如何将此类信息加入施工动画领域成为新的研究方向。尽管已经有大量相关行业研究人员在 BIM 施工动画方面做出了工作，但如何在其研究基础上搭建更加完备成熟的 BIM 施工动画体系尚未研究成熟。

本文基于自研 BIM 仿真系统平台，将从以下方面对 BIM 施工动画模拟的实用性进行深入分析探索，并通过实际案例探讨其在建筑施工中的全面应用。首先，介绍 BIM 技术及施工动画模拟的基本原理和特点；其次，分析 BIM 施工动画模拟在建筑施工中的实用性，包括提高施工效率、优化资源配置、降低施工风险等；再次，基于 BIM 仿真系统并结合实际案例，详细阐述 BIM 施工动画模拟在不同类型工程项目中的应用；最后，总结 BIM 施工动画模拟的优点与缺点，并提出改进策略和发展建议。

【基金项目】 中国电建集团核心攻关任务项目（DJ-HXGG-2021-03）
【作者简介】 孙源（1998—），男，BIM 仿真系统研发工程师。主要研究方向为计算机图形学，虚拟施工。E-mail：sun_y20@hedc.com

2 应用现状

BIM 技术在施工动画领域的应用现状可以划分为目前已展现出来的优势和在应用推广过程中所面临的劣势。其中，优势包含：①直观展示，BIM 施工动画可以直观地展示施工部署、施工方案、施工进度和资源管理等内容。②可持续利用价值，BIM 施工动画模拟所使用的模型在项目实施各个环节中都能实现再利用，如用于碰撞检查、进度管理、材料管理、成本控制等。③模块化与低成本，BIM 施工动画的制作采用模块化运营，使制作成本相对较低。使用 BIM 模型数据无需额外建模，这显著降低了制作成本。④提高沟通与合作效率，通过三维可视化和时间维度的结合，BIM 施工动画模拟能够打破设计、施工和监测之间的传统隔阂，实现多方无障碍的信息共享。⑤数值数据可视化，BIM 技术结合数值数据分析，通过将不直观的数据结果借助动画模拟标注标签，帮助团队减少对数据理解的偏差，有利于降低沟通成本，提前避免数据理解偏差带来的损耗。

劣势包含：①技术要求高，BIM 施工动画模拟需要使用专业的建模软件和技术，对设计师和项目参与者的技术要求较高。对于缺乏相关技术知识的人员来说，上手和使用可能会有一定的难度。②数据管理挑战，BIM 涉及大量的数据管理工作，数据输入、更新、共享和存储等环节如果处理不当，可能会导致数据的丢失、错误或不一致，影响项目的质量和进度。③持续支持需求，BIM 需要设计师和项目参与者的持续支持与合作。在工程设计阶段使用 BIM 需要投入较大的时间和精力，需要高度的合作和配合才能发挥其最大优势。④软件与硬件要求，BIM 施工动画模拟对计算机的硬件要求较高，提高了技术门槛。同时，目前主流的 BIM 软件大多是由国外公司开发的，存在版权费用和使用习惯上的问题。

3 方法与设计

3.1 关键方法

方法的选择致力于深入挖掘以动画为核心的 BIM 技术应用潜力，构建一个功能丰富、操作便捷的 BIM 动画展示、分析与决策支持平台。为实现该平台的全面性和实用高效性，综合选用了多种前沿技术与方法，并进行深度的整合与创新。

首先，在动画制作方面，采用传统的相机动画、节点动画，还引入了批注动画等多元形式。相机动画通过设定不同的相机路径和视角，展示建筑或项目的整体外观和内部结构。在制作时，也可设置动画路径和视角，以呈现更佳的视觉效果。节点动画针对建筑中的特定节点或构件制作的动画，如梁、柱、楼板等，通过展示这些构件的动态变化和相互作用，展示建筑的结构和设计细节。批注动画在 BIM 模型中加入批注、标签或说明文字，并以动画形式展示模型中的特定部分或功能，同时提供额外的信息和解释。

为了进一步增强动画的展示效果，通过整合多源异构 BIM 数据，包括建筑设计、结构设计、机电设计等多个专业领域的信息。再进行数据处理和整合，确保动画中信息的完整性和精准性，并提供全面的项目视角。同时，注重动画的流畅性和响应速度，采用先进的轻量化技术，对 BIM 模型进行优化处理，显著提升动画在大场景宏观展示与微观细节呈现之间的切换效率，以及达到更流畅的实时渲染效果。建立一套高效、稳定的数据管理系统，实现了对 BIM 数据的统一存储、快速检索、版本控制等功能，为动画制作提供了强大的数据支撑，确保动画内容的实时更新和准确性。引入交互式场景技术，赋予用户极高的自由度，使其能够在动画中自由探索、分析并修改模型。这种交互性不仅可以提升用户的使用体验，还可以促进团队成员之间的沟通与协作。为了进一步提升动画的实用价值，还将基于 BIM 的数值数据分析方法融入其中，这使用户能够进行项目成本分析、能耗模拟等复杂计算，依托施工动画进行展示，为项目决策提供科学的依据。

3.2 流程设计

基于自研 BIM 仿真系统平台，对施工动画的应用流程进行设计（图 1）。在实际应用过程中可根据实

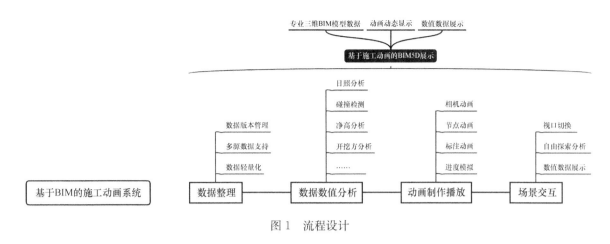

图 1 流程设计

际需求情况灵活组件化组合管理,从而更贴合需求。

在构建 BIM 动画展示、分析与决策支持平台的过程中,笔者首先进行数据收集与准备,确保所有相关信息齐全。随后进行 BIM 数据的整合,将多源数据进行统一处理,以确保信息的完整性和准确性。接下来对 BIM 模型进行轻量化处理,以提升后续动画制作的流畅性。之后利用处理后的模型进行动画制作,包括相机动画、节点动画、标注动画等,生动直观地展示设计方案。同时,利用 BIM 数据管理系统实现数据的统一存储、快速检索和版本控制,为团队提供高效协作环境。此外,通过集成交互式场景技术,增强用户在动画中的自由探索和分析能力。最后,结合基于 BIM 的数值数据分析,为用户提供科学的决策支持。

3.3 组件设计

在构建 BIM 动画展示、分析与决策支持平台的过程中,需要综合运用多种程序组件。BIM 建模软件,如 Autodesk Revit 或 ArchiCAD,用于精确创建和编辑 3D 建筑模型,并为模型注入丰富的信息和属性。自研 BIM 仿真系统平台则担当整合多源 BIM 数据的整合工具,确保数据的完整性和一致性,为后续流程奠定基础。此外,轻量化处理在减小模型大小和复杂性的同时,保留了足够的细节,以提升动画制作的流畅性和加载速度。

BIM 仿真系统平台中包含施工仿真及进度模拟功能,利用处理后的 BIM 模型制作高质量的动画,直观展示设计方案。同时,BIM 仿真系统平台作为一个集中化的平台,实现了数据的存储、检索、更新和版本控制,促进团队间的数据共享与高效协作。最后,交互式场景探索与分析工具以及数值数据分析软件,分别为用户提供了直观的设计方案探索、分析和科学决策支持,共同推动建筑行业的数字化转型。

4 应用案例

为了更具体地说明 BIM 施工动画模拟的实用性,本文选取了多个实际工程案例进行分析。这些案例涵盖交通建筑、公共设施等不同类型的建筑项目,旨在全面展示 BIM 施工动画模拟在不同场景下的应用效果。

4.1 罗田水厂项目案例

工程规模:总规模 100 万 m^3/d,一期工程规模 20 万 m^3/d。罗田水厂一期工程建成后,燕罗街道、松岗街道、沙井街道及福海街道将由罗田水厂和五指耙等水厂联合供水。

在本项目中,项目团队利用 BIM 技术建立了详细的建筑信息模型,并通过施工动画模拟对整个施工过程进行演示。在实际施工中,项目团队按照模拟的施工顺序和流程进行操作,确保施工进度的顺利进行。项目团队利用 BIM 施工动画模拟对复杂的施工过程进行了可视化展示(图 2)。

(1)可视化沟通:通过直观的方式展示项目的模型和数据,有助于不同利益相关者之间的沟通和理解。设计师、业主、承包商和其他团队成员可以更容易地共享设计意图和项目细节。

(2)设计决策支持:用于模拟不同设计方案,帮助团队评估各种设计决策的效果,包括空间规划、

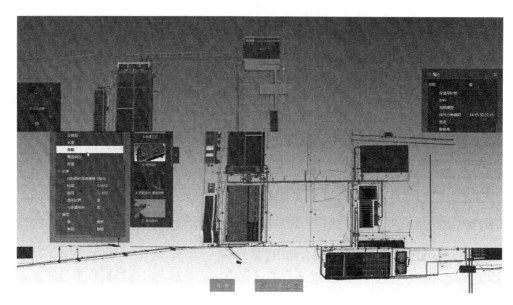

图 2　罗田水厂属性及施工动画展示

材料选择和施工方法，以便做出更明智的决策。

（3）项目展示和讨论：提供了引人瞩目的项目演示工具，可用于向业主、监理、施工等单位展示项目的技术和特点，提高了项目展示的效率和质量。

4.2　青银高速增设唐山路青互通及连接线工程

本项目是青岛市中心城区道路网规划和"东岸城区规划"中"唐山路—世园大道"快速路的一部分。本项目为"唐山路—世园大道"重庆路—青银高速段，全长约 3.3km，作为高速公路互通连接线，属于公路兼城市快速路性质。

项目团队利用 BIM 施工动画模拟对施工过程进行精细化控制和管理。通过模拟分析，项目团队发现了原设计方案中存在的多处碰撞问题、设计问题，并及时进行调整。同时，根据模拟结果制定了合理的施工计划和资源配置方案。通过模拟分析，项目团队预测了各个施工阶段的材料、设备和人力需求，并制定了合理的采购计划和施工计划。在实际施工中，项目团队按照模拟的施工方案进行操作，确保施工进度的准确性和高效性。同时，利用 BIM 技术对施工质量进行实时监控和管理，提高建筑的整体质量水平。唐山路二、三维比对见图 3。

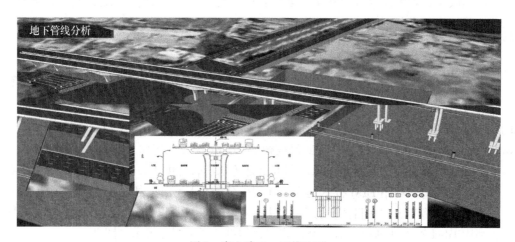

图 3　唐山路二、三维比对

5　BIM 施工动画模拟改进建议

总体来说，通过综合运用动画制作、数据整合、轻量化处理、数据管理、交互式场景技术以及数值数据分析等一系列关键方法，成功构建了一个功能全面、操作便捷、高效实用的 BIM 动画展示、分析与决策支持平台。该平台不仅为用户提供了生动的动画展示效果，还为其在实际工程中提供了强大的辅助决策工具，从而极大地推动了 BIM 技术在建筑行业中的广泛应用与深入发展。同时，这一平台展示了 BIM 技术与动画制作相结合的巨大潜力，为未来建筑行业的信息化、智能化发展指明了方向。

尽管 BIM 施工动画模拟在建筑施工中展现出诸多优势，但仍存在一些问题和挑战。为了充分发挥 BIM 施工动画模拟潜力并推动其在建筑行业的更广泛应用，本文提出以下改进策略和发展建议：加强技术研发与创新，持续投入研发资源，推动 BIM 技术和施工动画模拟技术的不断创新与发展。关注行业动态和技术趋势，及时引入新技术、新方法和新工具，提高模拟的精度和效率。完善标准与规范体系，建立健全 BIM 技术和施工动画模拟的标准与规范体系，加强与国内外相关机构的合作与交流，推动标准的统一和互认。加强人才培养与普及教育，加大对 BIM 技术和施工动画模拟技术人才的培养力度，提高建筑行业从业人员的技能水平。推动相关课程纳入高等教育和职业教育体系，加强普及教育力度。拓展应用领域与合作交流，积极探索 BIM 施工动画模拟在更多领域的应用。加强与国内外同行的合作交流，分享经验和技术成果，推动技术的全球化发展与应用。

6　结论与展望

本文通过对 BIM 施工动画模拟的实用性进行深入分析，并结合实际案例探讨了其在建筑施工中的全面应用。结果表明，BIM 施工动画模拟在提高施工效率、优化资源配置、降低施工风险等方面具有显著优势，为建筑施工行业的创新发展提供了有益参考。随着技术的不断进步和行业需求的持续增长，BIM 施工动画模拟仍面临诸多挑战和机遇。

展望未来，笔者将继续关注 BIM 技术和施工动画模拟技术的最新发展动态，积极探索其在建筑施工领域的更广泛应用。通过不断加强技术研发与创新、完善标准与规范体系、加强人才培养与普及教育，以及拓展应用领域与合作交流等方面的努力，有望推动 BIM 施工动画模拟在建筑施工行业的更深入发展，为行业的转型升级和可持续发展作出积极贡献。同时，期待更多的建筑企业和从业者能够认识到 BIM 施工动画模拟的实用价值，积极引入并应用这一先进技术，共同推动建筑施工行业的进步与发展。

参 考 文 献

[1]　孙源，王国光，赵杏英，等．BIM 模型轻量化技术研究与实现[J]．人民长江，2021，52(12)：229-235．
[2]　陈庆财，冯蕾，梁建斌，等．BIM 模型数据轻量化方法研究[J]．建筑技术，2019，50(4)：455-457．
[3]　郭红领，任琦鹏．施工过程智能化模拟主体及基础活动研究[C]//中国图学学会 BIM 专业委员会．第二届全国 BIM 学术会议论文集．2016．
[4]　蒋爱明，黄苏．BIM 虚拟施工技术在工程管理中的应用[J]．施工技术，2014，43(15)：86-89．
[5]　赵勇，谢金荣，袁伦文．基于 BIM 技术的医疗建筑施工仿真模拟的应用与研究——以深圳新华医院项目为例[J]．绿色建造与智能建筑，2024(2)：34-37．
[6]　张栢瑞．基于 BIM 与 VR 的桥梁施工风险管理与安全仿真研究[D]．石家庄：石家庄铁道大学，2023．
[7]　廉兴康．波形钢腹板连续梁桥施工监控 BIM 平台的设计与应用[D]．石家庄：石家庄铁道大学，2023．
[8]　解佳媛．超大跨鱼腹式索桁架结构施工关键技术研究[D]．北京：北京建筑大学，2023．
[9]　刘小玲，艾婷，李安强，等．BIM 技术在地下综合管廊中的应用研究[J]．四川建筑科学研究，2023，49(1)：98-106．
[10]　王天兴，张继勋，任旭华，等．基于 BIM 技术的水工隧洞施工进度仿真研究[J]．长江科学院院报，2020，37(11)：149-155．
[11]　马跃强，施宝贵，武玉琼．BIM 技术在预制装配式建筑施工中的应用研究[J]．上海建设科技，2016(4)：45-47．
[12]　陈钦元．基于 BIM 技术的建筑钢结构施工仿真可视化研究[J]．湖北工程学院学报，2019，39(3)：99-103．

西丽水库至南山水厂原水管工程 BIM 全过程咨询管理实践

刘增强[1]，褚　丽[1]，胡永华[2]，刘瑾程[1]

(1. 黄河勘测规划设计研究院有限公司，河南　郑州　450003；
2. 黄河养护集团有限公司，河南　郑州　450003)

【摘　要】 全过程工程咨询项目为我国工程建设健康发展提供了前所未有的机遇，BIM 咨询作为全过程工程咨询的重要专业之一，在信息技术迅猛发展的时代，为工程的智慧设计、智慧建设及未来的智慧运维提供了强有力的技术支撑，也让 BIM 技术在工程建设各阶段发挥了其应有的价值。在西丽水库至南山水厂原水管工程 BIM 咨询管理实践中，尽管有各种各样的问题不断出现，但 BIM 咨询管理工作始终攻坚克难，为后续 BIM 全过程工程咨询管理工作提供了很好的经验借鉴。

【关键词】 全过程；工程咨询；BIM；西丽水库；管理实践

1　引言

全过程工程咨询属于工程咨询的范畴。根据住房和城乡建设部最新修订的《工程咨询行业管理办法》，工程咨询是遵循独立、公正、科学的原则，综合运用多学科知识、工程实践经验、现代科学和管理方法，在经济社会发展、境内外投资建设项目决策与实施活动中，为投资者和政府部门提供阶段性或全过程咨询和管理的智力服务。

近年来，我国工程咨询服务市场发展迅速，对综合性、跨阶段、一体化的咨询服务需求日益增强。2019 年 3 月，国家发展改革委、住房和城乡建设部联合发布了《关于推进全过程工程咨询服务发展的指导意见》，指出推行全过程工程咨询服务是提升固定资产投资决策科学化水平，完善工程建设组织模式，提高投资效益，保证工程建设质量和运营效率的需要。

中国工程咨询协会水利专业委员会组织起草了中国工程咨询协会首个团体标准《水利水电工程全过程工程咨询服务导则》T/CNAEC 8001—2021（以下简称《导则》），提出了水利水电行业全过程工程咨询服务的内容、标准、收费等规范性要求，对工程咨询企业从事水利水电工程全过程工程咨询业务，加强工程建设科学管理和可持续发展，建立工程咨询市场公平竞争秩序，促进行业工程咨询健康持续发展具有开创性指导意义。传统工程建设模式弊端日益显现，一些有实力的工程咨询企业开始借鉴国际经验，整合产业链上下游资源，逐步扩展服务范围，培养全过程工程咨询服务能力。

《导则》指出，BIM 咨询管理是全过程工程咨询专项咨询之一，设置 BIM 咨询负责人，对项目负责。BIM 咨询可以包括制定 BIM 应用总体方案、编制 BIM 标准体系、BIM 标准体系宣贯、BIM 模型及相关数据审查、建设期 BIM 培训服务、施工 BIM 应用咨询服务、运维 BIM 应用咨询服务等。同时，咨询单位应适当应用 BIM、大数据、物联网、AI 等信息技术和信息资源，搭建 BIM 协同与管理平台等，实现建设单位可实时掌握项目全过程的信息化技术，对工程进度、造价、质量、安全等目标在项目全生命周期实施有效控制管理，提升项目投资效益、工程质量和运行效率。同时，在 BIM 技术应用方面代表建设单位行使相关技术权限。

【作者简介】 刘增强（1979—），男，陕西蒲城人，正高级工程师，主要研究方向为水工及信息化设计。

2 工程概况

深圳西丽水库至南山水厂原水管工程(以下简称西丽水库工程),为深圳市南山水厂及其扩建工程提供原水,可满足南山水厂 120 万 m^3/d 的供水规模(图1)。作为深圳市 2020 年度重大项目,既是深圳市水利系统第一个全过程工程咨询项目,也是行业内率先采用全专业全流程 BIM 正向设计的引水工程。工程主要由取水口、输水隧洞、三座竖井、提升泵站及其附属建筑物组成,输水线路总长 5.327km,总投资约 12 亿元,工期 36 个月。BIM 咨询管理采用以全过程工程咨询单位为主导,各参建单位参与的 BIM 组织架构,实施工程全过程 BIM 技术创新应用工作。

图 1 项目总布置示意图

3 BIM 咨询管理策划

全过程工程咨询是近年来国家新提倡的咨询形式,西丽水库项目部作为"第一个吃螃蟹的人",没有经验可以借鉴,没有捷径可以通行,只能"摸着石头过河",在失败中收获经验。该项目技术难度较大,边界条件复杂,存在与地铁、高速、广铁、电力等的交叉,而且需要实现全生命周期 BIM 应用,加上社会关注度高、业主要求严,全过程工程咨询业务涉及面广,工作难度极大,任务极其繁重。

为推动水务工程高质量发展,深入开展水务工程高质量建设管理工作,打造平安、优质、生态、快速、智慧水务优质精品工程,BIM 咨询管理团队大胆创新,结合深圳市水务局水务工程建设管理要求及西丽水库项目 BIM 技术应用需求,编制了内容全面、针对性强、可操作性强的《西丽水库至南山水厂原水管工程全过程咨询 BIM 管理工作手册》(以下简称《BIM 管理工作手册》),内容包含 BIM 管理组织机构、管理目标、工作范围(图2)、工作要点和基本流程等,直接决定了后期咨询工作质量和效率。

《BIM 管理工作手册》提出 BIM 咨询管理工作要点主要包括:

(1) 将 BIM 等信息化技术应用于工程全生命周期:

①设计期,采用 BIM 技术进行全专业正向协同设计。

②建设期,实施基于 BIM 的进度、质量、安全及费用智慧管理。

③运维期,基于竣工 BIM 形成运维 BIM,融合云、大、物、移、智等信息化技术,实现精细可视化管理。

一、BIM总体管理				
序号	工作内容	全过程工程咨询单位	设计单位	施工单位
1	BIM总管理（包括质量、进度、安全、成果审查验收等），BIM管理体系	总负责	执行	执行
2	各参建单位BIM应用情况考核及评价	总负责/执行	配合执行	配合执行
3	《BIM技术总体应用规划BIM实施规划方案》	审核	执行	执行
4	各阶段BIM技术应用系列标准	—	执行	执行
6	各阶段、各专业《BIM实施管理细则》	编制	执行	执行
7	各阶段、各单位招标文件BIM技术要求文件	编制	—	—
8	《智慧工地总体应用方案》	审核	编制	执行
9	BIM各参建单位、各阶段实施成果及文档管理、检查、归档与提交	总负责	执行	执行
10	BIM奖项申报	组织策划	执行	执行
11	负责与机关处室BIM工作对接	总负责	执行	执行
12	专项技术培训	批准/考核	执行	执行
13	制作BIM宣传视频、按需制作漫游视频	审查	执行	执行

图 2　BIM 工作范围界定（局部阶段）

（2）提出智慧工程咨询招标方案；编制 BIM 招标书；审查勘察设计单位及施工单位编制的 BIM 方案和各专项实施方案；规范 BIM 实施的软硬件环境。

（3）获得全国性 BIM 大赛奖项 1 项及以上。

在做好整体工作策划的同时，在勘察设计单位确定后，会同项目组共同制定完善的前期设计交底策划文件，针对设计阶段 BIM 总体及各分项实施方案、智慧建造设计方案、初步设计阶段及施工图设计阶段 BIM 模型、BIM 技术实施总结、BIM 宣传视频、专项技术培训及奖项申报等提出质量标准及交付时间等具体要求。

4　BIM 咨询管理实施

为了做好咨询服务，全过程工程咨询单位结合企业 BIM 技术优势，同步创建基于 3DExperience 平台（以下简称 3DE）的工程 BIM 设计，由各相关专业 20 余人全程参与实施，为提供更全面、更直观、更高效、更科学的咨询服务提供技术支撑。

BIM 咨询中，由 BIM 咨询管理负责人带领水工、地质、建筑、测绘、施工、水机、暖通、电气、金结和安监等各专业，优化工作流程，按照制定的咨询工作思路，依据《BIM 管理工作手册》，高质量完成项目 BIM 成果咨询工作。在实施过程中，为了不影响工作进度，咨询方通过视频会议、视频培训等各种信息化手段，保证了咨询工作的持续进行，为项目早日开工建设降低风险。

期间，因为勘察设计单位与全过程工程咨询单位 BIM 平台不同（图 3），要有效融合不同设计平台之间的数据，对勘察设计单位的 BIM 模型进行全面审查，团队进行了大量测试研究探索，通过优化组合解

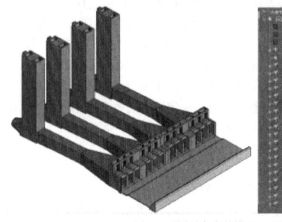
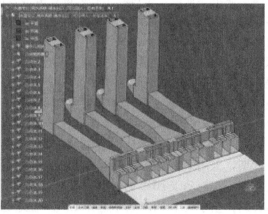

图 3　不同平台中的模型（左侧 Bentley，右侧 3DE）

决了边缘锯齿抖动闪烁、模型拼合异常、缺少结构树、几何位置变动、模型严重变形、修复量大等多种问题，最终采用不同专业不同格式导入方式（地形体采用 STL 格式，土建结构采用 DGN 格式，机电采用 IFC 格式），但依然存在优化空间。

设计单位完成 BIM 模型和相关图纸后，基于交付的轻量化模型及图纸，全过程工程咨询单位采用前述的逆向建模和正向模型审核两种方式，对设计单位完成的成果进行全面审核。其中正向模型审核借助 Bentley Navigator，对所有设计成果进行仔细圈阅批注，并编写了翔实的 BIM 成果审核咨询报告；通过逆向建模方式，进一步验证 BIM 模型与图纸之间的一致性、模型设计的合理性及正确性。

咨询期间想业主所想，针对 BIM 应用标准先行，先后对项目级 BIM 标准《深埋输水隧洞工程信息模型成果技术标准》《深埋输水隧洞工程信息模型数据编码标准》提出咨询审查意见；对项目区块链技术试点应用提出技术和工作两个方面的建设性实施意见，共同促进项目在智慧应用方面的进一步深化。

为努力打造智慧水务工程，从项目启动那一刻就进入项目策划、实施、交流和咨询等全方位立体工作状态。紧紧围绕合同要求，全面梳理本项目 BIM 管理工作内容，加强与参建各方的技术沟通与协调，先后审查完成勘察设计单位编制的 BIM 总体及专项实施方案、BIM 全专业正向设计模型、智慧工程相关专题报告、工程宣传视频及正向设计视频等成果；积极与深圳市水务局科信中心对接 BIM、智慧工地及区块链等技术，为本项目 BIM 及智慧工程等方面建言献策，提出了建设性咨询意见或建议，为初步设计成果顺利通过审查提供了应有的技术支撑，促进工程信息化、智慧化向更好的局面不断发展；同时，为本工程施工招标、施工图设计及施工阶段提供更优质的 BIM 咨询服务奠定了坚实的基础。

5 BIM 咨询管理成果

按照合同要求，BIM 咨询管理部先后咨询多项成果，主要包括项目级标准 2 册、BIM 实施方案 4 册、初设阶段 BIM 模型文件 100 多个、专题报告 2 册、工程视频 2 个等。交付 18 项咨询成果，咨询 19 轮次，交付咨询意见 600 多条，相关单位采纳意见 540 多条。

同时，为方便咨询工作开展，在数字化、科学服务及智慧管理方面，BIM 咨询管理团队自行建立项目电子档案管理体系、项目基于 BIM 的建设管理平台、项目管理 APP（图 4）等。

在争优创新方面，项目组进行了前瞻性的组织策划，与业主、勘察设计单位联合申报并一举获得 2020 第三届"优路杯"全国 BIM 技术大赛金奖（图 5）；设计单位独立申报获得第四届中国电力数字工程（EIM）大赛非电工程组第二名，为西丽水库至南山水厂原水工程整体申报"大禹奖""鲁班奖"等奖项奠定了坚实的基础。

图 4 项目管理 APP　　　　　　　　图 5 "优路杯"获奖证书

6 总结及展望

6.1 经验总结

全过程工程咨询作为国际通行的项目管理模式，将成为我国勘察设计企业的主要业务发展方向之一。BIM 咨询管理是全过程工程咨询管理非常重要的一环，通过 BIM 咨询管理团队努力及联合参建各方，为业主及项目本身带来的社会效益及经济效益不可估量，具有非常好的辐射效应和标杆示范作用。咨询中应注意以下几点：

（1）BIM 咨询策划及实施应始终紧紧围绕合同内容开展；BIM 咨询人员要充分掌握国家、地方或行业相关政策、标准，结合业主实际需求，对咨询内容能够做出科学、正确、全面的判断，并识别出咨询工作重点和技术难点，提前做足准备，制定有效的实施方案。

（2）项目咨询全过程中，应积极借鉴成功工程经验，提出富有建设性、创新性的咨询意见，为工程经济效益和社会效益发挥作用，不断提高咨询技术管理水平和咨询成果质量。

（3）针对全过程工程咨询单位与设计单位基础平台的差异，需要进行全面的评估和事先策划，形成统一的数据格式，加速双方的技术沟通与衔接。

（4）目前《导则》提出，各专项咨询服务费宜按现行概（估）预算编制办法在相应条目中列支，项目管理费用在建设管理费中列支。期望我国尽快出台 BIM 咨询管理独立费用的政策文件，使全过程工程咨询健康可持续发展。

（5）拥有 BIM 及专业设计的复合型人才队伍是做好 BIM 咨询管理的最根本条件，人才应具备战略思维、合同思维和具体的技术实施能力，建议行业或勘察设计企业加大相关人才培养和人才储备力度。

6.2 展望

通过本项目的系统实践，培养了一批行业政策把握准、业务能力强、技术过硬的技术团队，为后续开展类似工程的 BIM 全过程工程咨询管理工作积淀了丰富且极为珍贵的经验。

BIM 技术是勘察设计企业新兴业务拓展的重要保证。企业应加强技术创新，积极应用 BIM、大数据等新兴技术，提高项目管理质量和工作效率。在创新的同时注意加强经验总结，通过实践逐步形成全过程工程咨询的 BIM 项目管理方法、制度和流程，通过实践不断创造项目价值，不断提升综合服务能力，力争成为业主不可或缺的合作伙伴，为我国 BIM 全过程工程咨询管理技术良性、健康发展提供高质量的智力服务。

重庆轨道交通工程施工总承包数字化建设管理平台研究

姜洪福

(中电建重庆勘测设计研究院有限公司,重庆 400000)

【摘　要】 为了提高轨道交通工程施工总承包的效率和管理水平,本文以重庆轨道交通工程为研究对象,探讨了数字化建设管理平台在施工总承包中的应用及效果。通过对相关理论的归纳总结和实地调研,分析了数字化建设管理平台在重庆轨道交通工程施工总承包数字化管理平台建设情况,总结了关键技术和应用效果,并提出相应的结论和展望,旨在为重庆轨道交通工程的数字化建设管理提供参考和借鉴。

【关键词】 重庆轨道交通工程;施工总承包;数字化建设管理平台;管理水平

1　引言

随着城市化进程的加快,轨道交通作为城市交通的重要组成部分,对于缓解交通压力、提高出行效率具有不可替代的作用。重庆作为中国西南地区的重要城市,其轨道交通工程的发展经过了数十年的历程,从最初的规划设想到如今的规模化建设,都体现了重庆城市发展的活力和潜力。在这一过程中,施工总承包数字化建设管理平台的应用,为轨道交通工程的高效、安全、质量可控提供了有力保障。

2　重庆轨道交通工程的发展背景与现状

重庆,因其地形复杂、山地众多被誉为"山城"。其特殊的地理环境对轨道交通的建设提出了更高的要求。特别是成为直辖市以来,重庆轨道交通工程迎来了快速发展的机遇期,多条线路相继开工建设,为城市的发展提供了有力支撑。

目前,重庆轨道交通已经形成较为完善的线网结构,涵盖地铁、轻轨、市郊铁路等多种类型。运营里程持续增长,线网覆盖范围不断扩大,为市民提供了便捷、高效的出行方式。同时,重庆轨道交通工程建设也呈现出高标准、高质量的发展趋势,不仅注重线路的规划和设计,更在施工技术、工程管理等方面不断创新和突破。

在工程施工总承包方面,积极研发数字化建设管理平台,实现了对工程建设全过程的数字化管理和监控。通过该平台,可以实时掌握工程进度、质量、安全等关键信息,有效提升了工程管理的效率和水平。同时,数字化建设管理平台还促进了工程数据的共享和协同,提高了工程建设的整体效益。

尽管重庆轨道交通工程取得了显著成就,但在施工过程中仍面临诸多挑战,如地形复杂、施工难度大、环境保护要求高等。同时,随着轨道交通工程的不断发展,对工程管理的要求也越来越高,需要不断提升数字化建设管理平台的功能和性能,以应对日益复杂的工程管理需求。

然而,这些挑战也为重庆轨道交通工程带来新的机遇。一方面,通过加强科技创新和技术研发,可以不断提升施工技术和工程管理水平,推动轨道交通工程的高质量发展。另一方面,随着数字化技术的不断发展和应用,可以为轨道交通工程建设提供更多的智能化、信息化解决方案,进一步提升工程建设的效率和效益。

【作者简介】 姜洪福(1981—),男,高级工程师。主要研究方向为BIM、数字化。E-mail:jiang_hf2@hdec.com

3 数字化建设管理平台的构建

3.1 总体架构

轨道交通工程数字化基础云平台为重庆轨道交通供货数字化建设管理平台研发提供硬件、技术基础平台及工程能力服务，并配以理论和方法的支持，整个平台体系按照"一个基础平台＋N个业务系统"的架构思路，移动互联、数据共享、平台共建、自主可控。轨道交通工程数字化建设管理系统针对轨道交通建设期间管理问题，辅助业主数据决策，如图1所示。

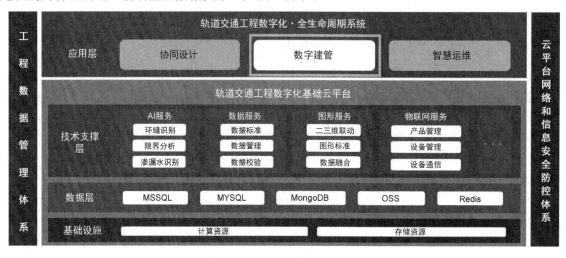

图1 总体架构图

3.2 技术架构（图2）

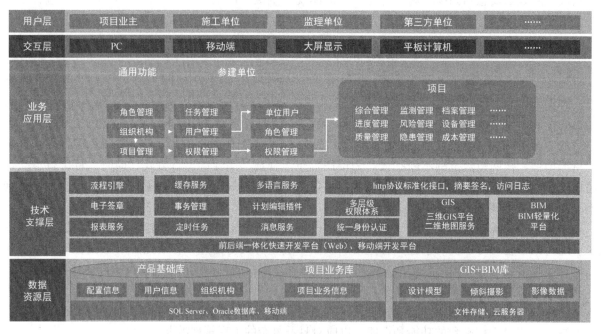

图2 技术架构图

3.3 主要功能模块

（1）基于GIS＋BIM＋IoT技术的大屏指挥中心

利用自主研发的统一图形引擎服务（CFW）和工程物联网平台（云鹏物联网）等系列组件服务，通过建设管理平台集成开发利用GIS＋BIM＋IoT技术对在建项目与周边各类数据进行多层次的综合展示，提供线网、线路、工点三级管控方式，实时掌控工程状态等信息。以二维GIS为入口开展业务管理，包括工程进度及质量验收状态查询、安全监测预警状态及信息查询、视频监控查看。以三维GIS为载体，将工程测绘信息模型、三维地质模型、市政管线模型、周边建筑环境模型等基础信息模型与轨道交通项目不同阶段的施工信息模型进行总体展示，如图3所示。

图3 重庆建设管理驾驶舱

（2）基于BIM模型的进度、成本、质量一体化融合管理

基于BIM模型的数据载体特性，将工程建设中的进度、质量、安全、成本等信息与BIM模型结合，实现业务信息可视化填报、流转与应用。与传统项目管理系统相比，项目管理与BIM模型结合程度更高，充分发挥BIM模型信息载体作用，基于BIM的可视化操作能有效减少沟通成本，提高沟通效率，解决了要素数据可视化、地下工程感知、实时数据动态分析、跨终端应用等需求问题。

（3）盾构管理

基于BIM+IoT的实时数据可视化分析技术研究，通过统一图形引擎服务、工程物联网平台和集成开发，实现盾构统计、盾构机实施监测、盾构机管理、盾构施工形象进度展示，如图4所示。

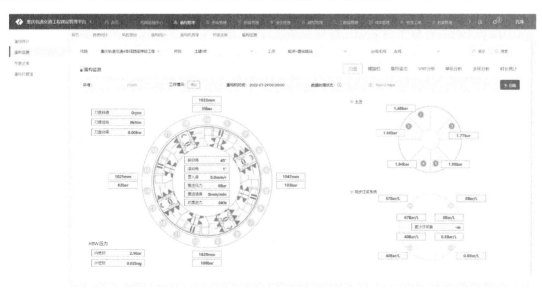

图4 盾构机实施监测

（4）监测管理

监测管理通过实时获取监测与预警信息，展示安全监控系统海量的工程监测信息、智能统计分析结

果和趋势预警，对提高轨道交通工程建设期间安全管理水平、大量减少施工风险有着重要的意义。

（5）移动端项目管理

基于BIM+GIS移动化技术，实现移动端快捷加载和操作大、小场景模型功能，为施工现场移动办公、技术交底、指挥调度等工作提供可视化手段。

4 关键技术

4.1 统一图形引擎服务

GIS图形引擎可以提供拆迁、交通疏解需要用到的空间分析和网络分析等GIS分析功能，BIM图形引擎可以实现高精度渲染、低延迟加载的服务，可为基于模型的业务管理提供高可用、精美的图形体验。通过从底层代码改造，全面融合GIS和BIM两套图形引擎，实现了DGN、RVT、SKP、FBX、IFC等多种格式模型的统一上传、类型转换、坐标转换、坐标设置、模型轻量化、模型服务发布、服务启停等一站式功能。

4.2 工程物联数据集成

轨道交通工程建设过程中采用的多种物联网设备，接入方式主要分为物联网协议接入和云平台方式接入。例如，盾构机系统以远程物联形式进行数据接入，视频摄像头可采用运营商云平台的方式接入。通过这两种接入方式，兼容HTTP协议与物联数据自动抓取，满足市场大多数数据接入形式。

4.3 系统集成开发

通过数据集成的方式集成了统一图形引擎服务，可从建设管理平台实现BIM引擎和GIS引擎两种模型的上传、类型转换、坐标转换、坐标设置、模型轻量化、模型服务发布、服务启停服务，以及为了提升模型响应性能对模型服务启停服务进行了改造和优化；通过API控制集成的方式集成了工程物联网平台，并对知物云、Ai Box等云平台以及盾构系统等数据源统一配置、管理和监测点映射，从而完整实现了多源异构模型的整合管理以及多协议、跨平台物联网设备数据的全面打通。

5 实施过程与应用效果

重庆轨道交通工程施工总承包数字化建设管理平台的实施，经历了需求分析、系统设计、开发部署等多个阶段。首先，通过对工程施工总承包业务流程的深入分析，明确了平台的功能需求和性能要求。其次，结合重庆轨道交通工程的实际情况，设计了平台的技术架构和功能模块。在开发部署阶段，采用先进的技术手段和工具，确保平台的稳定性和可靠性。

在平台实施过程中，特别注重数据的集成和共享。通过建立统一的数据标准和接口规范，实现了各个业务系统之间的数据互通和协同工作。同时，平台还提供了丰富的数据分析和可视化功能，使工程管理人员能够直观地了解工程进度、质量、安全等关键信息。

5.1 提高工程管理效率

数字化建设管理平台的应用，使工程管理人员能够实时掌握工程进度、人员配置、材料使用等关键信息，从而更加精准地进行决策和调度。通过平台的自动化和智能化功能，大大减少了人工操作和纸质文档的使用，提升了工程管理的效率和响应速度。

5.2 提升工程质量水平

平台通过对施工过程的全面监控和数据分析，能够及时发现和解决潜在的质量问题。同时，平台还提供了质量追溯和反馈机制，使质量问题能够得到及时处理和改进。这些措施有效提升了轨道交通工程的质量水平。

5.3 强化安全管理能力

安全管理是轨道交通工程施工总承包中的重要环节。数字化建设管理平台通过实时监测施工现场的安全状况，及时预警和处置潜在的安全隐患。同时，平台还提供了安全培训和知识共享功能，提高了施工人员的安全意识和操作技能。这些措施有效降低了安全事故的发生率，保障了施工人员和市民的生命财产安全。

5.4 促进信息共享与协同

平台打破了信息孤岛，实现不同部门、不同单位之间的信息共享和协同工作。这使得各部门能够更好地配合与协作，提高了整个工程的运行效率。

6 结论与展望

通过对重庆轨道交通工程施工总承包数字化建设管理平台的研究，可以得出以下结论：

（1）数字化建设管理平台在重庆轨道交通工程施工总承包中的应用效果明显，能够提高施工效率，优化资源配置，提升管理水平。

（2）在数字化建设管理平台的应用过程中仍然存在一些问题，如信息沟通不畅、数据管理不规范等，需要进一步改进和完善。

（3）为了更好地发挥数字化建设管理平台的作用，需要加强人员培训，提高操作技能，建立健全管理制度和规范。

综上所述，数字化建设管理平台对于提升重庆轨道交通工程施工总承包的管理水平和效率具有重要意义。今后，笔者将进一步深化研究，完善数字化建设管理平台，为重庆轨道交通工程的建设和管理提供更好的支持和保障。

参 考 文 献

[1] 吴冰，邱运军，曾晓超，等. BIM 技术在城市轨道交通工程施工中的应用和研究[J]. 现代城市轨道交通，2022(S1)：126-129.

[2] 《中国建筑业 BIM 应用分析报告》编委会. 中国建筑业 BIM 应用分析报告(2021)[M]. 北京：中国建筑工业出版社，2021.

[3] 黄锰钢，工鹏翊. BIM 在施工总承包项目管理中的应用价值探索[J]. 土木建筑工程信息技术，2013(5)：88-91.

基于 BIM 和 UE5 的桥梁健康监测系统

刘 发

(上海市建筑科学研究院有限公司,上海 200030)

【摘 要】本文主要叙述了基于实时渲染三维游戏引擎 Unreal Engine 5 开发平台,运用建筑信息模型技术,可视化展示桥梁健康监测的数据,并且做到数据驱动 BIM 模型。结合病害数据库的大数据算法,实现桥梁预测性维护。在大体量桥梁 BIM 模型、倾斜摄影实景模型下,系统能做到加载快速、运行流畅;运用 Unreal Engine 5 可视化编程蓝图系统进行数据仿真模拟,实现桥梁健康状况三维可视化。该系统的创新和实用性,对桥梁管理和维护具有重要意义。

【关键词】建筑信息模型;虚幻引擎;数字孪生

我国市政轨道交通事业高速发展过程中,受所处环境和气候改变的因素影响,桥梁结构和使用材料被逐渐腐蚀,在长期的静、动力荷载(桥梁自重、车辆行驶、雨雪荷载等)作用下,使桥梁强度和刚度随着时间推移而逐渐降低,极大地影响了车辆行驶安全,缩短桥梁的使用寿命。桥梁日常运营管理的重要工作就是对桥梁结构的健康状况进行监测和检测,基于监测和检测的数据,对桥梁安全性能进行评估,以保证桥梁运行安全。建筑信息模型(Building Information Modeling,BIM)技术最大的亮点就是从传统二维转变为三维,使建筑信息更加全面、直观地展现出来。通过对桥梁进行 BIM 建模,构建基于实时渲染三维游戏引擎 Unreal Engine 5(UE5)的监测系统,可进一步提高桥梁管理的精细化水平。本文基于上海济阳路高架 2 公里试验段健康监测系统,详细地描述了 BIM 结合 UE5 在桥梁健康监测管理中的实践应用。

1 主要技术理论

建筑信息模型,以建筑工程项目规划、设计、施工、维护的各项相关信息数据作为基础,以三维建筑模型为手段,通过计算机技术汇聚建筑物全生命周期的各项信息。具有可视性、出图性、模拟性等特点。在桥梁运营维护阶段,管理者可依照本身的需求,对桥梁 BIM 模型内信息进行开发,包括维护信息、资产信息、空间信息等,协助桥梁未来的维护管理活动。

Unreal Engine 5 是美国 Epic Game 游戏公司研发的一款实时渲染三维游戏引擎,占据全球商用游戏引擎市场主要份额。1998 年发布第一版,经过不断的发展,2022 年已发布虚幻引擎第五版本,即 UE5。UE5 已经成为游戏行业运用程度较高、运用范围较广的一款游戏引擎。UE5 采用基于物理的材质系统(PBR)、虚拟微多边形几何体技术(Nanite)、全动态实时光照(Lumen),完美解决了桥梁模型叠加实景模型后模型三角面数量巨大的问题,并且系统运行流畅不卡顿。

像素流送(Pixel Streaming),跨平台交互式实时内容发送系统,对主机服务器的图形流送信息进行编码,通过 WebRTC 协议将其发送给位于用户端的浏览器和设备。通过在高性能主机系统上运行交互式内容包,用户能在所有终端设备上享受到与主机相同的画质,并且能体验到所有的交互功能。在桥梁健康监测系统中采用 Pixel Streaming,在稳定带宽环境下,用户无需配备较高硬件环境,在计算机(PC)端和移动端即可享受平台在主机服务器中的稳定体验。

【作者简介】刘发(1994—),男,工程师。主要研究方向为数字孪生、智慧城市。E-mail:liufa@sribs.com

2 桥梁三维模型获取

桥梁工程是市政轨道交通工程中系统较为复杂的一种专业工程。考虑到桥梁工程的曲线要素和多变的结构形式，本项目选用的 BIM 建模平台是 Autodesk 的 Revit 与 Dynamo，Revit 建模平台制作桥梁构件参数化族，并利用 Dynamo 节点程序读取桥梁设计数据，控制自适应点，进行构件族放置。

Dynamo 是基于 Revit 的参数化、可视化节点编程系统，用于辅助设计建模，在复杂场景下能弥补 Revit 建模功能的不足。基于 Dynabridge 建模节点包，输入桥梁平面高程、横截面、道路中心线、桥梁各构件定位等 Excel 信息，联动 Revit 参数化桥梁构件族库，实现桥梁自动化 BIM 建模。本项目 Excel 汇总建模数据见图 1，Dynamo 节点程序见图 2，BIM 模型见图 3。

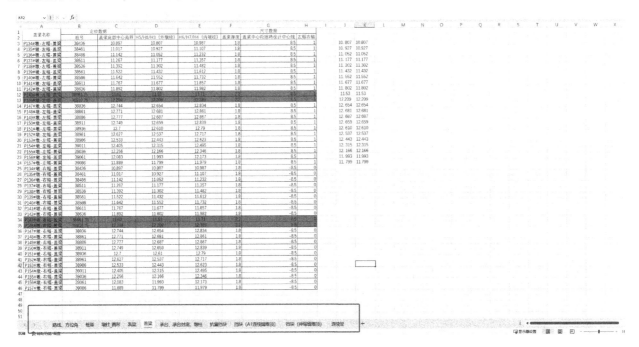

图 1　Excel 汇总建模数据图

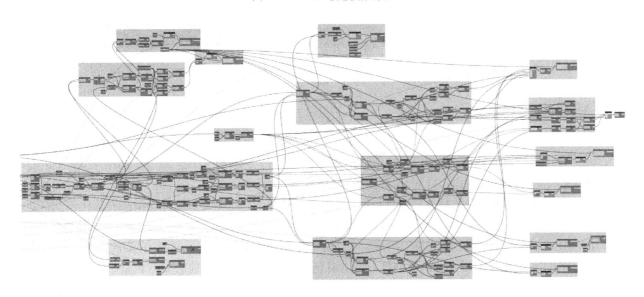

图 2　Dynamo 节点程序

采用无人机搭载多镜头传感器进行倾斜摄影，获取高分辨桥梁现状纹理影像数据。要求实景模型精细度达到桥梁表面病害缺陷级别，倾斜摄影精度要求：地面影像分辨率达到 0.05m 以下；空三计算要求：

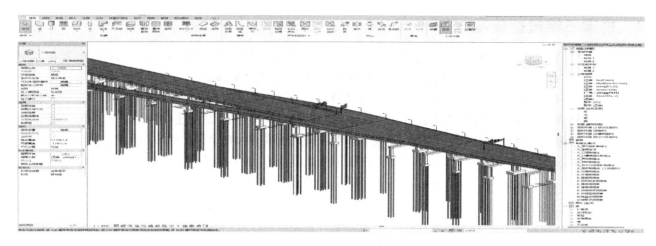

图 3 BIM 模型

空三加密基本定向点平面位置残差低于 0.2m，检查点平面位置误差低于 0.3m，高程误差低于 0.2m。

采集符合精度要求的影像数据，基于 ContextCapture Center 进行空三计算，生成桥梁实景模型，桥梁实景模型见图 4。

图 4 桥梁实景模型

3 系统平台搭建

3.1 BIM 模型导入

为保证 BIM 属性信息的完整性，采用 DataSmith 插件将桥梁 BIM 模型与实景模型汇总融合在 UE5 平台，做到兼顾模型轻量化的同时，无需数模分离操作，简化了工作流程。

利用 UE5 Visual Dataprep 模型预处理系统，自动化处理桥梁 BIM 模型的材质贴图、几何体网格、碰撞：

（1）将 Revit 模型默认的材质替换为 UE5 渲染使用的高质量 PBR 材质，提升渲染效果。

（2）识别并清除场景中不必要的几何体；合并几何体，减少场景中单独对象的数量。

（3）创建细节层级，更高效地渲染复杂几何体；为需要碰撞网格体以提供运行时体验的对象（例如模拟汽车在高架行驶）创建碰撞。

Visual Dataprep 界面见图 5，UE5 渲染效果见图 6。

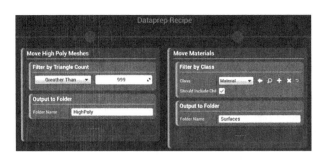
图 5 Visual Dataprep 界面

图 6 UE5 渲染效果

桥梁 BIM 模型轻量化处理,采用 UE5 虚拟微多边形几何体技术,采用全新的内部网格体格式和渲染技术来渲染像素级别的细节以及海量对象,Nanite 采用高度压缩的数据格式,支持具有自动细节级别的细粒度流送。以本项目桥墩为例,项目桥墩 BIM 模型未处理前,三角面总数 272015;Nanite 启用后,三角面总数 2466。桥墩三角面数对比见图 7。

图 7 桥墩三角面数对比

3.2 基于 BluePrint 可视化编程系统的功能实现

UE5 蓝图(BluePrint)是一个完整的可视化游戏脚本系统,通过基于节点的界面自由创建三维交互元素。该系统使用灵活且功能强大,蓝图运行在蓝图虚拟机中,蓝图节点修改后无需重新编译,只要重新生成蓝图字节码即可立即运行交互功能,随见即所得。

(1)高架路面交通模拟

从时间和空间两个维度,对路面车辆运动状态进行跟踪,仿真模拟不同交通现象,在模型中映射真实世界的交通状况。结合 AI 监控大数据算法分析,针对危险车辆(例如油罐车),系统预警,提示桥梁管养人员。使用 UE5 样条线系统模拟危险车辆的运行轨迹,风险预判。交通模拟界面见图 8,交通模拟蓝图见图 9。

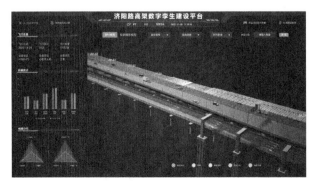
图 8 交通模拟界面

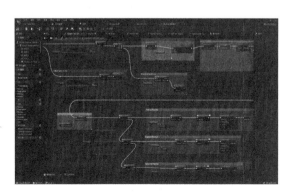
图 9 交通模拟蓝图

（2）无人机病害巡查

采用无人机病害巡查，处理分析影像数据，统计桥梁病害类型以及病害部位。例如，桥面铺装有无严重裂缝（龟裂、纵横裂缝）。病害部位在 BIM 模型上映射，通过 icon 撒点，直观反映病害位置。融合高精度实景模型，查看病害高清影像，建立桥梁养护维修数据库。病害巡查界面见图 10，病害 icon 映射蓝图见图 11。

图 10　病害巡查界面

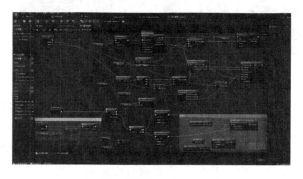
图 11　病害 icon 映射蓝图

（3）桥梁实时校验系数

梁体上布设传感器，如位移计、加速度计和应变计，用于监测桥梁的健康状况信息，包括挠度、拉索/吊杆索力、主梁震动、结构温度等。传感器数据通过无线通信技术（如 LoRaWAN 或 NB-IoT）传输到数据中心。在数据中心，使用数据处理和分析手段对收集的传感器数据进行二次加工处理和分析。通过分析数据，可以实时评估桥梁的健康状况，并预测潜在的结构问题。将处理后的数据传输到 UE5 中，实时更新桥梁模型的状态。以本项目为例，针对每片梁的挠度校验系数、应变校验系数，在不同类型车辆行驶下，以热力图形式在 BIM 模型上可视化。响应云图界面见图 12，热力图模拟蓝图见图 13。

（4）监控视频融合

三维模型视频融合技术，采用深度学习算法，将高架路面真实的监控影像资料叠加到 BIM 模型上，画面虚实融合，为养护人员提供基于真实地理位置的沉浸式查看体验。视频融合界面见图 14，视频融合蓝图见图 15。

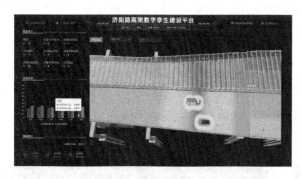
图 12　响应云图界面

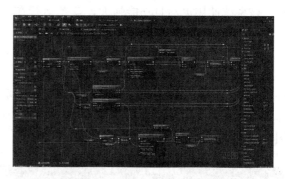
图 13　热力图模拟蓝图

图 14　视频融合界面

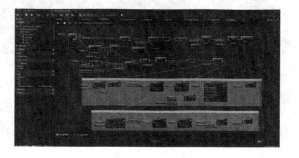
图 15　视频融合蓝图

3.3 系统部署

综合考虑基于 BIM 的桥梁健康监测系统需实现两大基本业务需求，即大体量桥梁 BIM 模型属性数据的接入、存储、管理和大规模健康监测点位数据的接入、存储、管理。系统采用 B\C 架构，UE5 程序部署在主机服务器，使用像素流（Pixel Streaming）将服务器 GPU 渲染的复杂桥梁 BIM 场景在浏览器界面实时高效更新。在该流程中，GPU 渲染三维场景内容，并以视频像素流作为输出，服务器通过 Pixel Streaming 插件实时地捕获和转发，用户端实时地接收视频流解码，该方法可快速实时地更新浏览器操作界面上的内容，可以让桥梁管理人员在浏览器网页上实时地查看桥梁 3D 渲染内容。系统部署架构见图 16。

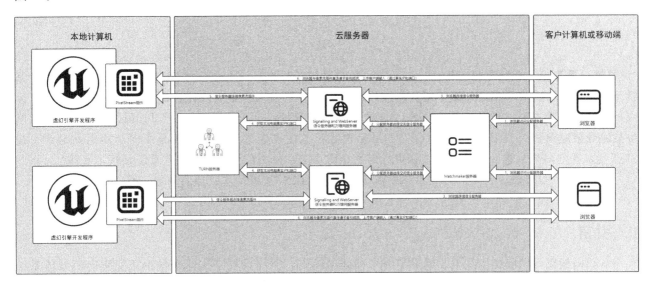

图 16　系统部署架构

4　结语

该系统具有以下特点：①实时监测：通过梁体上布设的大量传感器实时监测桥梁的健康状况。②数据可视化：监测数据在 UE5 中实时驱动更新桥梁 BIM 模型，帮助桥梁管理人员直观地了解桥梁的健康状况。③预测性维护：对监测数据进行二次处理分析分析，基于大数据算法预测桥梁的潜在健康问题。④实时三维可视化体验：利用 UE5 引擎实时渲染技术、虚拟仿真，直观快速地呈现桥梁的结构和健康状况。⑤协同合作：该系统可以方便地与其他 BIM 应用程序和桥梁维护系统集成，实现跨部门、跨专业的协同工作。

基于 BIM 和 UE5 的桥梁健康监测系统可以帮助桥梁管理人员实时了解桥梁的健康状况，及时发现和处理潜在的结构问题，提高桥梁的安全性和使用寿命。

参 考 文 献

[1] 张亮，崔立超. 公路桥梁养护管理的现状及对策. [J]. 工程建设与设计，2020(9)：282-284.
[2] 王译. BIM 技术在建筑工程管理中的应用. [J]. 科技创新与应用，2022(12)：177-180.
[3] 陈根土，钟娟娟. 基于 UE4 的 Web 三维可视化研究. [J]. 现代信息技术，2021(23)：17-20.
[4] 刘笃兴，吴思洁，吕君毅，等. Dynamo 在预应力连续箱梁参数化快速建模中的应用. [J]. 建筑技术开发，2021，48(13)：67-68.
[5] 马绍江. 基于 UE4 蓝图编程的建筑结构可视化交互应用设计研究. [J]. 计算机技术及应用，2020，46(10)：197-198.
[6] 宁泽西，秦绪佳. 基于三维场景的视频融合方法. [J]. 计算机科学，2020，47(S2)：281-285.

BIM技术在空间桁架拱骨架膜结构工程中的应用路径研究

刘晓翠，高　铁

（沈阳城市学院，辽宁　沈阳　110000）

【摘　要】 以某钢铁公司烧结厂烧二车间料场全封闭工程为例，本文针对BIM技术在空间桁架拱骨架膜结构工程中的应用路径进行了研究，包括BIM数据信息的流动和集成设计、工程建设各阶段BIM技术应用路径设计等内容，研究形成了GIS+3D3S+Tekla+Revit+Lumion/Fuzor+Trimble Connect 的空间桁架拱骨架膜结构工程BIM技术全过程应用管理路径，实现了工程各阶段各专业间的沟通及协调，使BIM技术在空间桁架拱骨架膜结构工程中得到充分的应用，为工程全生命周期建设提供技术支持。

【关键词】 BIM技术；空间桁架拱骨架膜结构工程；BIM数据信息；协同管理

1　引言

空间桁架拱骨架膜结构是工业建筑中的一种新型结构，空间桁架结构体系是由正交双向桁架体系结合合理的钢结构支撑体系，在各种荷载及组合下受力分布合理清晰，具有良好的受力性能及稳定性；建筑专业由PE膜材作为围护结构，具有轻质高强、保温隔热、抗冲击性能好、使用寿命长等优点，具有显著的优势和发展前景。但在空间桁架拱骨架膜结构工程建设过程中，存在各专业协同设计效率低，跨度大、施工难度高、工期要求紧的问题，从而导致进度、质量、安全等方面得不到保障。

近年来随着信息化的不断发展，BIM技术已经应用在许多行业，如建筑、基础设施建设、水利设施建设等，并获得丰硕的成果。韩同银等人运用BIM技术，以装配式建筑中存在的传统问题为解决对象，证实了运用BIM正向设计能够有效进行成本管理，显著节约工程项目成本；赵文超等人虽完成了GIS+BIM信息数据的传递与集成，但在此过程中存在属性和几何数据缺失、语义不准确等问题，顾浩声等人提出了BIM正向设计的定义及特点，结合真实装配式工程，证实以此方法及流程能够显著提高设计及施工阶段的效率与质量。从国内外学者对BIM技术应用以及对整个工程项目全生命周期的探索应用得出，BIM技术在不同领域的应用是推动行业发展的助推器，而空间桁架拱骨架膜结构作为具有发展前景的新型结构，因其结构类型的特殊性，设计特征及设计模式相对其他工程具有一定的差异，使用于其他领域的BIM技术无法直接套用在此类工程中，这就需要对其BIM技术应用路径进行深入研究，因此提出适用于空间桁架拱骨架膜结构工程的BIM技术应用路径具有重要意义。

2　项目背景

2.1　工程概况

工程名称：某钢铁公司烧结厂烧二车间料场全封闭工程。

工程地点：厂区内三烧东路以西，现用料场以东，2号竖炉以北，230m² 烧结机以南原2×96步进式

【基金项目】辽宁省教育厅科研面上项目（LJKMZ20221962）
【作者简介】刘晓翠（1993—），女，工程师。主要研究方向为工程管理。E-mail：1962226574@qq.com
　　　　　高铁（1991—），男，高级工程师。主要研究方向为土木工程。E-mail：386491582@qq.com

烧结机区域。

该料场封闭为异形封闭形式，采用桁架结构，内弦支撑，全密封，最大跨度 145m，总建筑面积约为 2.89 万 m^2。封闭后的料场内根据建设单位需要架设雾化喷淋设施，并保证采光充分、照明充足、室外排水、物流方便有序、安全可靠、美观经济、消防规范等，平面示意图如图 1 所示。

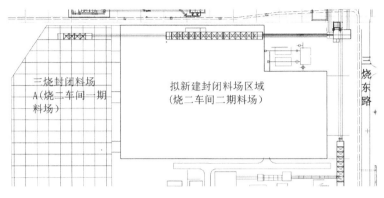

图 1　平面示意图

2.2 BIM 技术应用的必要性

（1）本项目需将施工场地原有建筑物拆除后新建，因原有场地情况较复杂，存在规划设计周期较短、涉及范围广、设计工程量大等困难。利用无人机倾斜摄影技术创建施工场地实景模型，包括现场地形，现场原有建筑物、构筑物、设施设备等信息数据，设计人员根据实景模型可以快速了解现场情况，各专业设计人员以实景模型提取信息数据为设计依据，如图 2 所示，从而增加设计的合理性及设计效率，并以实景模型为依据进行施工场地的精确布置及施工机械的模拟。

（2）建设单位要求在施工过程中不影响物料的存储及运输，需要利用 BIM 技术模拟堆料位置、工程施工现场环境部署，模拟规划合理的施工车辆路线。实施中结合 BIM 技术进行预演，模拟料场封闭工程各实施阶段平面规划布置和物料输送的路线设计如图 3 所示，辅助料场封闭工程施工过程中不影响物料的运输和存放，为施工阶段信息化技术模拟监控施工场地和物料运输流线提供依据。

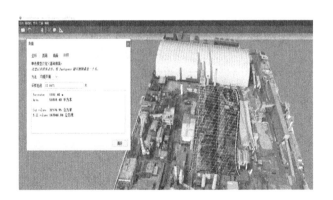 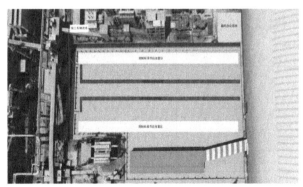

图 2　实景模型计算　　　　　　　　图 3　施工场地规划

（3）由于设计要求高、协调难度大、审批严格，迫切需要采用 BIM 技术开展三维设计。如图 4 所示，采用 BIM 技术进行钢结构设计。各专业间为了达到高效率配合的目的，设计人员应用了 Trimble Connect 系统实现协调控制，如图 5 所示，并在设计协调、成果校审、进度管理、质量管理、效果展示等方面充分发挥 BIM 技术的优点。

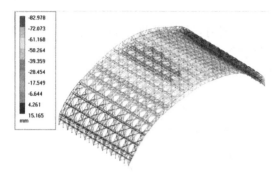
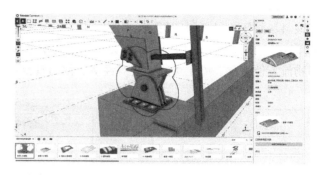

图 4　结构设计—位移图　　　　　　　　图 5　Trimble Connect 平台 TODO 事项

3　BIM 技术应用路径研究

3.1　BIM 数据信息的流动和集成设计

在 BIM 技术应用过程中，不同阶段各专业存在无法高效协同、数据无法有效整合、无法生成统一的 BIM 模型等问题，因此在工程全生命周期中，模型与其包含的数据信息无法进行传递、共享和分发，导致在施工过程中要进行 BIM 技术的应用，不得不进行重新翻模，进而造成多方面的数据孤岛。通过对 BIM 数据格式进行总结和研究，力求使模型及其包含的信息数据可以实现一模到底，模型应用可以贯穿空间桁架拱骨架膜结构工程的全生命周期，从而实现数据模型的传递和集成。统一的 BIM 数据模型可满足规划、设计、施工的数据需求，实现数据信息的交换与共享，为 BIM 技术的应用提供基础数据支持，是实现协同管理、提高效率的重要保障。本文对 BIM 软件及数据格式进行了整理，如表 1 所示。

BIM 软件及数据格式　　　　　表 1

软件名称	导入数据格式	导出数据格式
ContextCapture	jpg	3ms/mxb/s3c/osgb/obj/fbx/kml
3D3S	3ds/sat/fbx/dgn/3dm/dwf	ifc/dwf/dgn/fbx
Revit	rvt/rfa/rvg/ifc/dwg/dxf/dgn/sat/skp/3dm/xml \ 图像文件（bmp/jbg/jpeg/png/tif）	dwg/dxf/dgn/sat/fbx/ifc/avi/jpg/html
Tekla Structures	SACS/SDNF/dwg	dwg/dxf/ifc
Lumion	dwg/dxf/dae/fbx/skp/max/3ds/obj	图片：jpg/bmp/png/tga 视频：mp4
Fuzor	skp/fbx/3ds/	图片：png 视频：mp4
Trimble Connect	skp/ifc/dwg/dxf/pdf	—
Adobe After Effects	mp4/mov/m4v/avi/tif/jpg/png/psd/mp3	mp4/aiff/avi/jpeg 序列/mp3/wav
Adobe Premiere	avi/mp4/gif/tif/xml/png/jpg/bmp/mp3/xml	mp4/avi/aif/jpeg/mp3
Adobe Photoshop	jpg/png/bmp/jif/gif	jpg/gif/pdf/png/tif

3.2　空间桁架拱骨架膜结构工程各阶段应用路径

3.2.1　规划阶段方案可视化应用路径

根据三维实景模型提供的拟建场地数据，以及通过建筑专业与工艺专业确定后的建筑平面、预留洞口位置等数据信息，进行结构专业初步方案设计，创建钢结构三维模型。随后为建筑专业设计人员提资，将结构模型提供给建筑专业设计人员，运用 BIM 技术进行建筑专业初步方案设计从而得到建筑专业三维模型，此阶段模型精度为 LOD200。运用虚拟现实平台，将建筑、结构三维模型与 GIS 实景模型进行整合,进行规划阶段方案可视化应用。图6为空间桁架拱骨架膜结构工程规划阶段方案可视化应用流程,图7为空间桁架拱骨架膜结构工程规划阶段方案效果图。

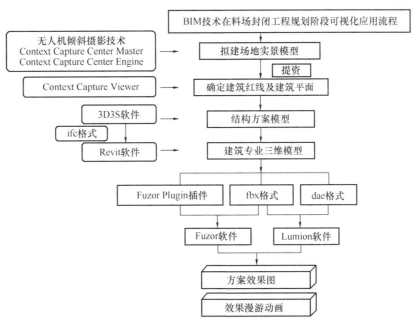

图6 可视化应用流程

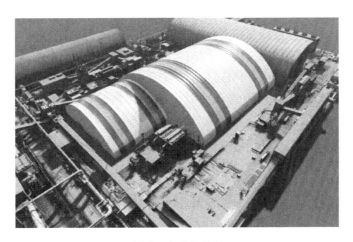

图7 方案效果图

3.2.2 各专业BIM正向设计应用路径

现阶段依然存在很多项目先进行传统的项目设计及施工图输出,再以此为依据创建三维模型,进行BIM技术的应用,这种方式不能完全发挥BIM技术的优势,难以实现全生命周期的BIM应用。BIM正向设计是指从方案初步设计阶段,到施工图输出交付全部以BIM三维模型为依据进行,并在此过程中根据自动生成及录入的数据信息生成所需要的图纸、文档,并可进一步将模型数据信息共享与传递,真正做到一模到底。

BIM正向设计过程中创建的BIM三维模型及数据信息应作为主导,贯穿于工程建设各阶段。运用BIM技术进行设计工作,通过BIM模型进行相关数据信息的传递,最终达到在设计方案决策、投标、深化设计、出图、下料、施工指导、运维等阶段进行全流程的BIM技术应用。在推动建筑数字化进程中,BIM技术已经成为至关重要的部分。根据空间桁架拱骨架膜结构工程工作划分,各专业BIM正向设计应用路径如图8所示。

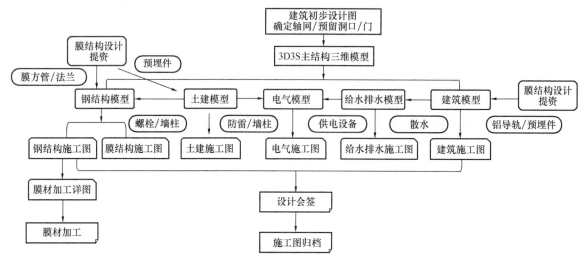

图 8　各专业 BIM 正向设计应用流程

3.2.3　施工阶段 BIM 技术应用点

(1) 施工场地规划——解决以二维图纸为依据进行场地布置难以满足需求的问题

空间桁架拱骨架膜结构施工过程中，运用 Fuzor 软件将拟建场地三维实景模型与料场建筑、结构专业模型整合。三维实景模型能够完整地还原施工场地信息，是实现运用 BIM 技术进行施工场地规划的基础。采用 BIM 技术，可以从时间及空间上对空间桁架拱骨架膜结构工程施工场地进行规划，从而达到施工场地布置可视化、合理性、高效率的动态规划管理的目的。

(2) 施工进度管理——解决进度管理扁平化，不够科学、合理的问题

现阶段 BIM 技术的发展及应用经验表明，BIM 技术在项目进度管理中的应用已成为趋势。基于 BIM 技术可视化的特点，在进度管理过程中，将进度计划与三维 BIM 模型进行关联，实现 4D 施工进度计划编制，生成 4D 可视化虚拟建造演示，可以直观地看出施工计划的不合理之处，有利于施工阶段的进度管理。

(3) 施工可视化技术交底——解决施工队伍缺乏经验、口头交底存在弊端的问题

对于施工过程中的复杂节点、大型构件吊装、先进的膜材安装等施工工艺，现场缺乏有施工经验的操作人员不在少数，同时口头交底存在较大的弊端。通过使用 BIM 技术，对工程施工过程、施工工序等需要重点注意事项进行可视化模拟，可有效避免施工人员对图纸理解不到位、工艺流程不明确的情况发生，从而提高施工效率，保证施工质量。运用 BIM 技术制作工艺工序的演示动画视频，可有效避免传统技术交底弊端，提高技术交底效率，从而有效提升项目精细化管理水平，提高工程建设效率，保证工程质量。

(4) 施工机械模拟——解决料场封闭工程大跨度钢结构吊装施工难度大、存在安全隐患的问题

钢结构预制标准节段的吊装是施工安全风险管控的重点，而吊装风险评估缺乏时效性，往往依靠施工作业人员经验进行判断。运用 BIM 技术进行施工现场吊装机械，模拟吊装过程，实现三维空间施工机械布置规划、吊装过程模拟等可视化操作，从而实现大型预制钢结构构件的虚拟拼装过程，实现现场机械施工的精细化管理，有效提高施工机械的吊装效率，杜绝了施工现场安全隐患。

4　结论

基于 BIM 技术，在空间桁架拱骨架膜结构工程应用路径研究过程中，形成了 3D3S＋Tekla＋Revit＋Lumion/Fuzor 的空间桁架拱骨架膜结构工程 BIM 技术全过程应用路径，结合 Trimble Connect 平台实施内容和管理的应用路径研究，实现工程各阶段各专业间的沟通及协调。BIM 软件及数据的流动与集成研究，使 BIM 技术在空间桁架拱骨架膜结构工程中得到充分的应用，有效提高了工程的设计及施工管理效

率，提升信息集成化程度，从而达到降低空间桁架拱骨架膜结构工程的建设成本、提高项目质量与效益、推动行业转型、降低工程建设风险的目的，为工程全生命周期建设提供技术支持。

参 考 文 献

[1] 韩同银，杜命刚，尚艳亮，等.产业化趋势下装配式建筑发展策略研究[J].铁道工程学报，2020，37(7)：106-112.
[2] 赵文超.大跨度工业厂房BIM技术应用[J].机电安装，2022(1)：49-52.
[3] 顾浩声，王光辉.装配式建筑BIM正向设计应用研究[J].建筑结构，2020.50(S1)：645-648.
[4] 学位论文：范亚威.基于BIM技术的装配式建筑设计研究[D].西安：西安工业大学，2018.
[5] 李天华，袁永博，张明媛.装配式建筑全寿命周期管理中BIM与RFID的应用[J].工程管理学报，2012，26(3)：28-32.
[6] 纪颗波，周晓茗，李晓桐.BIM技术在新型建筑工业化中的应用[J].建筑经济，2013(8)：14-16.
[7] 唐芳.BIM技术在全装配式混凝土剪力墙结构工程中的应用[J].混凝土施工，2020(7)：109-113.
[8] 周文波，蒋剑，熊成.BIM技术在预制装配式住宅中的应用研究[J].施工技术，2012(41)：72-74.

基于 BIM 技术的主被动防船撞设施研究

吕 哲，胡 北，李晓飞，苗博宇，曹宇东

(大连海事大学，辽宁 大连 116026)

【摘 要】 航运业的迅猛发展与海上交通的日益繁忙，导致船桥碰撞事件频频发生，造成了巨大的经济损失和人员伤亡，降低船桥碰撞的风险成为一个亟待解决的问题。本文将 BIM 技术与主被动结合的防撞装置一并研究，基于深度学习图像识别算法对船舶识别检测，设计 BIM＋主动预警系统并对其可行性进行探讨，研究 BIM 技术在防撞设施施工阶段的作用。本文不仅改善了船桥碰撞事件发生的概率，减少了船桥碰撞造成的损失，而且为实际的防撞装置安装提供了理论依据。

【关键词】 BIM 技术；船桥碰撞；主动预警系统；防撞设施；深度学习

1 引言

桥梁是国家基础设施不可或缺的一部分，且对国家的经济发展、交通便利、社会发展等方面起到非常重要的作用。近年来，国家经济迅猛发展，航运业的需求也与日俱增。一方面，我国大中小桥梁不断建立；另一方面，海河中的船舶及其航行次数越来越多，船桥碰撞的次数也不可避免地增加。船桥碰撞往往会带来不可预估的后果，轻则损坏桥梁，造成交通隐患；重则造成巨大的经济损伤与人员伤亡，船与桥的矛盾已然达到不可不解决的地步。

研究以往发生的船桥碰撞事故可以发现，主动预警系统大多数采用 AIS 检测方式，此预警方式手段单一，且预警提醒手段无法达到预期要求。除此之外，普遍存在检测精度不高、环境影响等外界因素。BIM（建筑信息模型）技术通过数字工具创建虚拟且详细的三维模型，不仅可以用于设计和施工阶段，也能在运营和维护阶段发挥作用。利用 BIM 技术的可视化特点，将 BIM 技术与主动预警系统进行融合，建立船舶通航数据库，设置预警标准，完成主动预警系统的信息化建设和管理，同时将深度学习图像识别技术加入"BIM＋主动预警系统"中，解决了检测精度不高、手段单一等问题。在安装防撞装置时，会遇到一些不便与困难，防撞装置的安装通常需要水下施工，施工过程具有一定的风险和复杂性，通过 BIM 技术制定详细的防撞设施安装方案，可以提前采取安全措施以确定施工人员安全，并且可以采取保护措施，使周围环境不被破坏。本文将 BIM 技术分别与主动预警系统和被动防撞设施结合，设计"BIM＋主动预警系统"，对主被动防撞装置的可视化及信息化管理进行研究。

2 船桥碰撞主动预警系统设计

根据研究表明，大多数船桥碰撞事故的原因是由于船舶工作人员的操作不当，若船舶工作人员能被提醒，则会大大降低船桥碰撞发生的可能性。因此，我国对于主动预警系统进行研究的重要性不言而喻。

【作者简介】 吕哲（1996—），男，硕士研究生。主要研究方向为 BIM 技术在船桥碰撞中的应用。E-mail：lvzhe815@dlmu.edu.cn

2.1 BIM+主动预警系统框架

与国外比，我国的主动预警系统起步相对较晚，且一直缺少相应规范。传统的船桥碰撞使用的主动预警系统采用单一的检测手段，常见的有 GPS、AIS、VHF 无线电通信、摄像头监控等，主动预警系统的研发面临巨大的挑战。本文在摄像头监控模块引入深度学习算法 yolov5s，大大提高了识别船舶的精度和响应速度。BIM+主动预警系统通过对船舶数据的采集与传输，预测可能的碰撞风险，传递预警信息，通知管理人员与应急管理方，从而达到将 BIM 技术与船桥碰撞主动预警系统进行结合，实现信息化管理与可视化分析。本系统的框架示意图如图 1 所示。

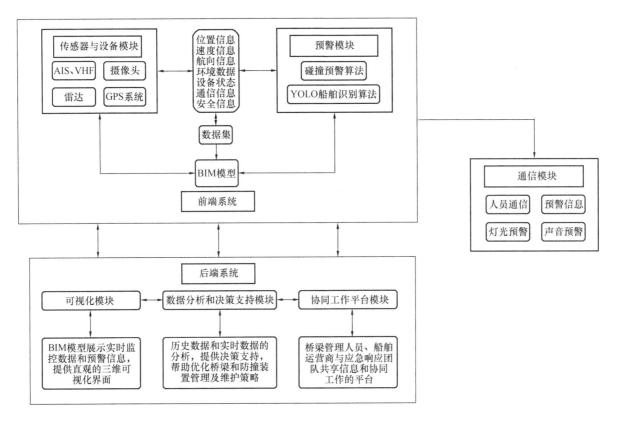

图 1 BIM+主动预警系统框架图

2.2 YOLOv5 目标检测算法

YOLO 算法作为一种出色的实时目标检测模型，在计算机视觉算法领域迅速崛起，它的本质是将目标检测任务看作单个回归问题。本文采用 YOLOV5s 版本，此版本具有速度快、轻量化和高精度的优点。因为速度快的特点，它更适用于需要快速反应的船桥碰撞场景，既能保证检测的及时性，精度也符合检测的要求。本文将已准备好的 2000 张船舶图片数据集使用 Labelimg 软件进行标定，通过 YOLOV5s 的训练后，将训练好的 YOLOV5s 目标检测模型融合到主动预警系统中，并设计了可视化页面。图 2 为 YOLO 画面。

2.3 BIM 模型及数据分析

数据实时采集与传输在整个主动预警系统中起到核心作用，其具有及时性，可以迅速获得当时的情况，帮助工作人员快速做出正确的决策，降低船桥碰撞风险。本文基于实时数据采集，提供了一个高精度、多模态的检测方式。一方面，传感器（如摄像头、雷达等）所收集的数据传递给 BIM 模型，BIM 技术可以实现周围环境的静态三维建模并且展示到可视化页面中。另一方面，通过传感器（如 GPS、VHF、AIS 等，见图 3、图 4）检测到的船舶信息（如航速、航向、船舶位置、船舶大小等）实时更新到 BIM 模型中，可以提供动态的可视化展示，为桥梁管理人员、船舶运营商、航道管理方提供了一个信息共享和协同工作的平台。

图 2 YOLO 识别页面

图 3 VHF 无线电台　　　　　图 4 船用 AIS 系统

3 船桥碰撞防撞装置

3.1 桥梁与防撞装置模型

Revit 是一款常用于建筑信息设计的三维建模软件，本文以斜拉桥为例，通过 Revit 建立桥梁与防撞装置模型，因为防撞装置没有自身可以用的系统组和内建族，所以自主建立防撞装置相应的可载入族，设置可载入族的大小、外观、材料等参数。图 5 为桥梁与防撞装置模型。

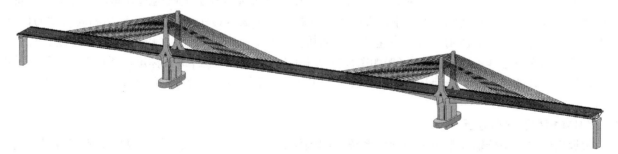

图 5 桥梁与防撞装置模型

3.2 BIM 技术在防撞装置施工中的运用

防撞装置的安装在实际操作中充满了难点，一方面，由于防撞装置的安装大部分在水上，安装过程具有一定的危险性和不便性；另一方面，防撞装置的造价比较昂贵，若出现安装不当或操作失误，必然会带来不小的经济损失，所以 BIM 技术在防撞装置施工安装阶段显得尤为重要。在项目施工阶段，通过

BIM 技术的可视化显示，可以实现对施工人员的管理，提高施工效率；预先模拟出可能出现的难点，在一定程度上缩短了工期，减少了工作量。

4 基于 BIM 技术的主动预警系统模型

本文为了验证上文中的理论分析，以 Revit 桥梁模型为基础模型，搭建实验室缩尺模型，通过 Revit API 二次开发功能，创建出用于实验室缩尺模型的船舶碰撞主动预警系统，将船舶模型实时检测数据与 BIM 技术进行结合。在 YOLOv5s 的基础上，使用双目摄像头模拟传感器，采集船舶模型行驶数据后形成数据库并保存在 BIM＋主动预警系统模型中。

4.1 硬件设备

本实验所采用的硬件设备有便携式计算机（笔记本电脑）、Intel RealSense D435i 双目摄像机（图 6、图 7）UNO 单片机（图 8）、LED 灯、蜂鸣器。双目摄像机用于模拟主动预警系统摄像头设备，包含 RGB 相机、2 个红外相机和 1 个红外发射器，其中单片机、LED、蜂鸣器用于模拟通信模块，系统中其他模块集成在笔记本电脑中。

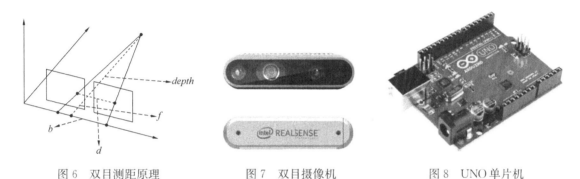

图 6　双目测距原理　　　　　图 7　双目摄像机　　　　　图 8　UNO 单片机

在图 6 中，b 为左右相机两个中心点之间的距离，即基线长度；d 为物理世界中的坐标点在左右相机镜面上成像后，左右相机两成像点之间的距离，即视差；f 为镜面到中心点的距离，即焦距长度；$depth$ 为物理世界中的坐标点到相机中心点之间的距离，即要通过计算得到的深度。

4.2 软件设备

本系统使用的软件包括 PyCharm、Revit、ArduinoIDE，其中 PyCharm 是使用 Python 语言开发的工具，Arduino IDE 用于烧录单片机。首先使用 YOLOv5s 作为检测工作，当双目摄像头捕捉到船舶模型后 YOLOv5s 进行计算，若达到报警阈值，灯光与声音预警模块开始工作，并保存检测到的船舶模型信息，信息包括对象的类别、置信度、距离、速度，然后在 Revit 中使用 API 进行导入，实现了主动预警系统对于船舶信息的可视化与信息化管理。如图 9、图 10 所示。

图 9　检测结果

图 10　主动预警系统模型数据库

其中 a1.mp4 是实时检测的结果视频，txt 格式所保存的是每帧的目标信息，第一列为物体编号，第二列为置信度，依次为边界框位置（$x_{\min}$，$y_{\min}$，$x_{\max}$，$y_{\max}$）、物体距离（m）、物体速度（m/s）。

5 总结与展望

本文在 Revit 基础上，通过二次开发，引用深度学习图像识别算法和数据集，将 BIM 和主动预警系统相结合，设计了一个多模态检测的"BIM＋主动预警系统"平台。此平台实现了船只通航的可视化和信息化管理，提高了船舶检测的精准度和应急救援的响应速度，也保障了航行安全和桥梁结构的长期健康。

船桥碰撞往往发生在一瞬间，本平台通过 Revit 进行三维建模实现了周围环境的还原，利用传感器收集船舶模型信息，完成了动态与静态的结合。动静结合的特点既满足主动预警系统所需的时效性，又达到其对于精准度的要求，并为实际工程提供了理论依据。

参 考 文 献

[1] Luo W，Xia Y，He T. Video-based identification and prediction techniques for stable vessel trajectories in bridge areas [J]. Sensors，2024，24(2)：372.
[2] 韩越. 三峡升船机信息化系统及基于 Revit 的 BIM 管理平台建立可行性分析[J]. 现代工业经济和信息化，2021，11(11)：187-188，191.
[3] 刘家兵. 基于大数据的船舶多源信息识别模型研究[D]. 大连：大连海事大学，2021.
[4] 王华，王龙林，杨雨厚. 桥梁主动式防船撞预警平台研发与示范运用[J]. 中国公路，2023(7)：68-71.
[5] 张来斌，刘国明，刘勇，等. 多种技术融合的智慧施工管理平台研究[J]. 智能城市，2024，10(5)：75-77.
[6] 柯斌，李倩莹，唐耀伟，等. BIM 技术应用现状研究[J]. 四川建材，2023，49(9)：51-52，55.
[7] 周珂. 基于双目视觉的目标测距和三维重建研究[J]. 信息技术与信息化，2023(6)：68-71.

基于 BIM 的道路工程项目应用实践

吴建明[1]，张国军[1]，杨文广[2]，刘 宴[3]，陈旭洪[3]

(1. 深湾基建（深圳）有限公司，广东 深圳 518000；
2. 蚂蚁科技集团股份公司，浙江 杭州 310000；3. 柏慕联创（深圳）建筑科技有限公司，广东 深圳 518000)

【摘　要】通过在某实际道路工程项目开展 BIM 关键技术应用，包括技术路线选型、道路工程全专业建模，本文对地形地貌、地质模型、道路路面工程模型、土方算量等重难点技术进行逐项突破，并通过已有 1∶1 模型开展各类项目管理应用，达到预期的效果，取得一定的经济效益，实现了项目 BIM 应用目标。由此总结提炼出一整套技术解决方案，相比传统二维模式具有显著的优势。

【关键词】BIM；道路工程；建筑信息模型；地形地貌模型；土方算量

1 引言

从全国范围来看，我国的道路建设正在快速发展。随着城市化进程的加快和人们生活水平的提高，公路交通需求不断增长，道路工程项目建设迎来快速发展的机遇。政府对道路桥梁的建设项目投入加大，基础项目和高端项目开工众多，这推动了道路工程项目的持续发展。

根据交通运输部的统计数据，2024 年全国新建公路总里程达到 3000km，同比增长 15％。其中，高速公路的建设取得重大突破，新建里程超过 1000km。这些新建和改造升级的公路项目不仅提升了我国公路网的覆盖范围和通行能力，也为经济发展和人民群众出行提供了有力支持。

从整体来说，此类项目施工管理难，实施工程中的痛点主要体现在以下几个方面：

（1）项目一般里程长、覆盖区域广、工作面分散、周期长、影响因素多，项目领导层缺少可靠、直观的数据来做重大事项决策和规划，管理被动。

（2）地质条件复杂：地质条件的复杂性是道路类线性工程施工中的一大难题。

（3）成本管理问题：道路工程施工过程中土方量计算难度大。

针对上述痛点和难点，传统粗放式的管理模式已不能满足现场施工需要，国内外同行渴望找到一种更先进的技术路径。20 世纪初，大数据、物联网、BIM 等先进技术概念不断涌现，给建筑和基础工程施工行业带来新的思考，通过某工程的实践，本文对基于 BIM 道路工程项目实施进行了验证，抛砖引玉，供大家参考。

2 项目应用实施目标

组建项目专业 BIM 团队，通过 BIM 技术的深入应用实现全过程精细化高水平设计。高效创建线性工程地形地貌高精度还原模型、路面工程模型、安装工程模型、交通安全工程模型、园林绿化工程模型，并拟用基于整合的 BIM 模型进行辅助项目管理，探索线性工程设计和项目管理新模式。

3 实施技术路径

目前国内道路工程采用的 BIM 技术软件有三大类，即 A（Autodesk）、B（Bently）、C（Catia）。其中 Bentley 和 Catia 软件在 BIM 建模、协同设计、性能分析、施工模拟等方面功能模块生态齐全，不用来

【作者简介】吴建明（1984—），男，高级工程师。主要研究方向为交通基础设施建设以及行业数字化相关领域。E-mail：851585890@qq.com

回切换软件和格式转换,即可完成大多数关于道路工程的 BIM 应用工作任务,内部兼容性较高,效率高。但因为其生态相对封闭,国内本土化较弱,对应提效插件较少,学习难度较高,学习成本相对较高,且软件售价普遍偏高,对于中小企业来说性价比不高,在国内市场的占有率较低。

Revit 作为 Autodesk 公司推出的一款三维设计软件,自推出以来在建筑行业中得到广泛应用和认可。其强大的建模能力、灵活的参数化设计、建筑各专业协同设计以及与其他 BIM 类软件的良好兼容性,使其在建筑设计、施工和运营阶段都能发挥重要作用。软件版本的持续更新和技术迭代,使其成为全球 BIM 行业的主流软件之一,售价比较亲民,性价比高,国内市场占有率常年高居榜首。

综上所述,从软件成熟度、应用广度角度、性价比来看,采用 Autodesk 公司自有系列软件作为技术实践软件是比较理想的。完整的技术实施路径拟考虑:以 Revit 作为基础的建模软件,建立通用常规模型,包括道路工程中的各类基础构件如各类管道、路面、路灯、路牌、路标等,用 Revit 插件 dynamo 实现批量构件的快速、自动建模,提升项目实施效率,采用 Civil3D 软件实现项目周边环境、地形地貌的高精度还原模型,并通过 Excel 软件进行模型数据处理和输出。

4 实践应用

4.1 地形地貌地质模型创建

道路工程地上地形地貌特点复杂多样,如平原、丘陵、山地、河流等,跨度大,覆盖面积广,勘探时间长。地下部分复杂的地质基础资料由勘察单位提供,其传统地质勘探后的输出成果文件仅有一堆数据和平面图纸,无法直观了解真正的地质实质性情况。如何将地形地貌地质专业的数据转化成三维可视化模型,利用虚拟模型的可视化特点,为设计、施工提供所见即所得的直观感受和即剖即得的数值数据,是 BIM 技术应用价值体现的突破口。

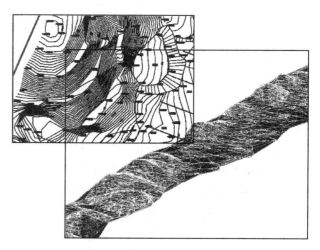

提前收集项目周边区域的地形地貌及等高线数据资料,进行数据预处理,整理后形成 Civil3D 软件可直接读取的数据格式,通过软件内部优化算法,生成整个区域内的地上部分的地形地貌高精度还原模型,如图 1 所示。

图 1 节点等高线生成的局部地形地貌模型

通过整理勘察报告中的每个钻孔柱状图中各岩土层、起始标高、断裂层等数据,形成可被软件识别的标准表单格式,导入 Civil3D 中,经过匹配和运算,自动生成 BIM 三维地质模型,完成二维数据的三维转换,如图 2 所示。

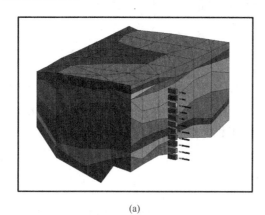
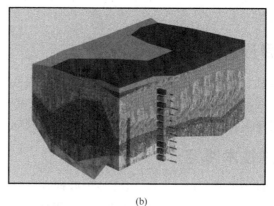

(a) (b)

图 2 BIM 三维地质模型
(a) 局部地质模型;(b) 局部地质模型渲染图

利用已有的各类桩的勘探设计数据，在已有的地质模型基础上，结合地上地形地貌，通过 dynamo 软件批量化生产各类桩。整合地形地貌、地质、各类桩三维模型后，无缝导入 Revit 软件，利用其即时的任意剖切、任意标记标识的功能，可直观地体现各个坐标点位下的岩土层地下空间分布，如岩层断裂、孤石区域等，同时结合设计持力层对每根桩的设计桩长是否达到入岩深度要求进行比对，验证设计的可靠性，为现场土石方和桩基工程提供形象可靠的数据参考，如图 3 所示。

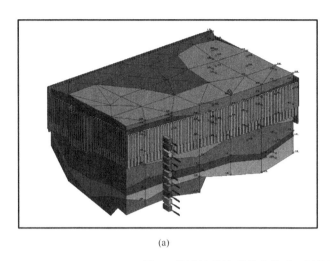 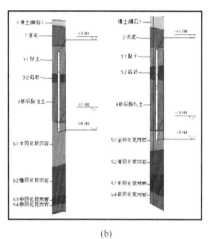

(a) (b)

图 3　设计桩及地质整合模型、局部模型剖切及标注

(a) 设计桩及地质整合模型；(b) 局部模型剖切及标注

表 1 为钻孔数据。

钻孔数据（单位：m） 表 1

×××项目数据一览表

工程名称：×××项目

钻孔编号	坐标		孔口高程	孔深	土层	岩层	强风化
	X	Y			层底高程	层底高程	层底高程
ZK1	203.59	−51.78	269.13	28.33	268.13	240.80	266.33
ZK2	192.49	−39.92	268.43	27.50	267.23	240.93	265.43
ZK3	181.37	−28.04	267.94	27.20	267.04	240.74	263.94
ZK4	159.15	−4.28	266.90	25.80	265.90	241.10	263.60
ZK5	140.97	15.16	266.38	25.60	263.98	240.78	262.88
ZK6	118.84	38.82	266.50	25.87	263.30	240.63	261.50
ZK7	102.82	67.29	261.51	20.57	259.71	240.94	258.71
ZK8	78.44	81.99	261.63	20.85	257.73	240.78	256.23
ZK9	50.67	111.69	261.62	21.25	260.72	240.37	259.82
ZK10	26.95	131.61	261.60	18.85	260.60	242.75	259.60
ZK11	19.22	139.88	261.57	16.05	260.07	245.52	258.67
ZK12	10.83	148.84	261.56	18.85	259.76	242.71	257.66
ZK13	−8.13	173.47	261.50	11.00	258.40	250.50	255.50

表 2 为设计桩长及 BIM 桩长分析表。

设计桩长及 BIM 桩长分析表（单位：m）　　　　表 2

桩类型	桩号	设计桩长参考值	BIM 桩长参考值	差值
XZ-10	X10091	23	21	2
XZ-10	X10092	24	22	2
XZ-10	X10093	22	21	1
XZ-10	X10094	28	27	1
XZ-10	X10095	28	27	1
XZ-10	X10096	28	25	3
XZ-10	X10097	25	24	1
XZ-10	X10098	25	24	1
XZ-10	X10099	25	25	0

4.2 路面工程模型创建

道路工程一般里程长、面层有起伏、构件尺寸多，基于 Revit 的常规思路建模工作量大、定位难，效率极其低下，难以满足现场实施进度要求。针对此类空间曲面工程，采取 dynamo 可视化编程工具，高效实现模型的搭建，其步骤如下：

（1）首先整理设计图纸，保留道路中心线和桩号坐标、标高信息，删除无关信息。
（2）将处理好的 CAD 设计图纸导入 Revit 软件。
（3）导入设计道路断面层。
（4）按模型创建逻辑和软件既定规则编制 dynamo 程序。
（5）拾取桩号、坐标、标高、中心线、断面层作为程序启动的初始条件，自动生成空间道路模型，如图 4 所示。

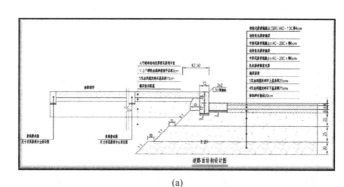

(a)

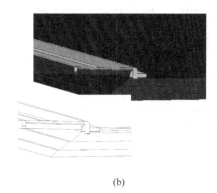

(b)

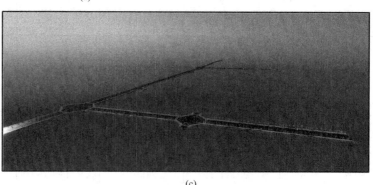

(c)

图 4　道路面结构设计图、剖切面图纸及模型
（a）道路面结构设计图；（b）设计道路剖切面图纸及模型（局部）；（c）整体道路路面模型

4.3 综合管廊及路面交通工程、地上绿化工程创建

此三类工程均为基于道路面层空间曲面的三维构件布置，由于其构件种类多样，定位困难，且Dynamo现有打包节点已不适用，本项目首次采取C♯编程，运用Revit宏程序解决快速建模难点，效率提升50%以上，如图5所示。

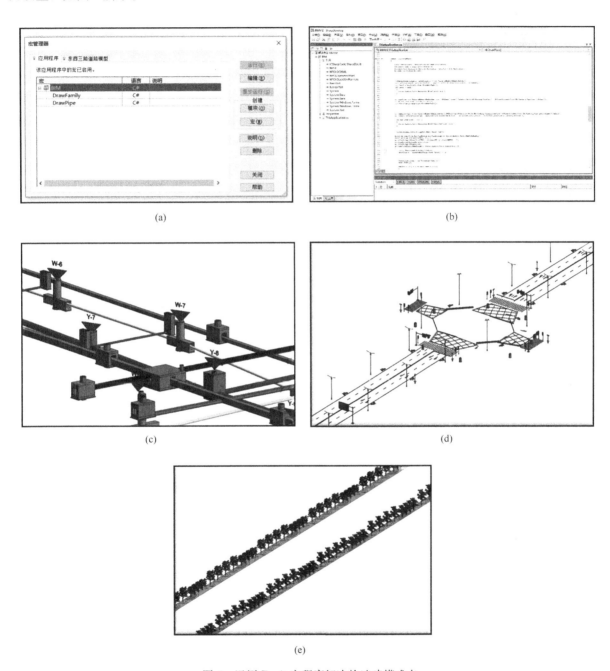

图 5 运用 Revit 宏程序解决快速建模难点
(a) C♯语言脚本及宏命令1；(b) C♯语言脚本及宏命令2；(c) 地下综合管廊模型（局部）；(d) 地上交通工程模型（局部）；
(e) 地上园林绿化工程模型（局部）

对于模型中的标准化构件，可以快速输出表单，输出工程量特征清单，为项目成本预算相关人员提供参考借鉴。表3为各类检查井工程量表单。

各类检查井工程量表单　　　　　　　　　　　　　　　　　　　　表3

工程量名称	单位	模型量（BIM）	招标清单量
混凝土污水检查井 1500×1100(040504002076_20)	个	0	6
混凝土污水检查井中 1000h＝3.0－5.0(040504002076_18)	个	21	10
混凝土污水检查井 1100×1100(040504002076_19)	个	0	6
C250 型球墨铸铁可调式防沉降井盖(040504002076_22)	个	7	8
D400 型球墨铸铁可调式防沉降井盖(040504002076_21)	个	14	14
检查井加强井圈、井座(040504002082_5)	座	14	14
钢筋混凝土污水承插管道铺设 d400 Ⅱ级(040501001073_2)	m	400	401
钢筋混凝土污水承插管道铺设 d1000 Ⅲ级(040501001075_22)	m	0	248
钢筋混凝土污水承插管道铺设 d800 Ⅲ级(040501001075_21)	m	0	34
钢筋混凝土污水承插管道铺设 d500 Ⅱ级	m	245	0

表 4 为各类行道树灌木绿植工程量表单。

各类行道树灌木绿植工程量表单　　　　　　　　　　　　　　　　表4

工程量名称	单位	模型量（BIM）	招标清单量	图纸工程量
栽植天竺桂(050102001013_2)	株	80	40	40
栽植桢楠(050102001013_3)	株	96	48	48
栽植小叶黄杨(050102008051_1)	m²	362.32	180	180
栽植红花继木(050102002030_1)	m²	321.46	156	156
栽植小叶女贞(050102002027_1)	m²	369.05	180	180
铺种草坪(050102012062_1)	m²	1807.83	2486	231

4.4 模型整合应用
4.4.1 土方量计算

道路工程土方量计算的难点在于施工场地周边地形地貌的多样性。场地形状复杂和不规则时，人工进行土方测量精度不能保证，测量难度非常大。

通过 1∶1 建立地上地下模型，真实还原现场地形地貌和地质情况，整合道路实体模型，结合周边放坡形式，进行模型间的三维布尔运算，快速、高效、准确地完成各区段土方工程量统计，为项目土石方工程管理提供决策依据，如图 6 所示。

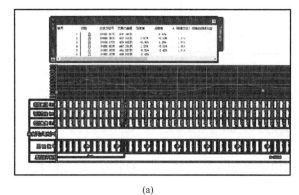
(a)

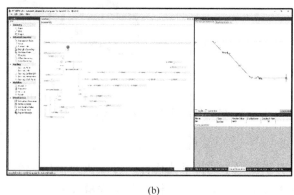
(b)

图 6　各区段土方工程量统计
(a) 道路设计路线坐标及标高；(b) 放坡形式（局部）

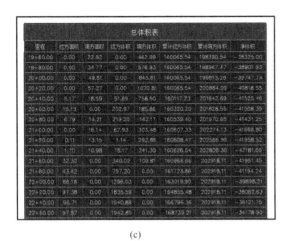
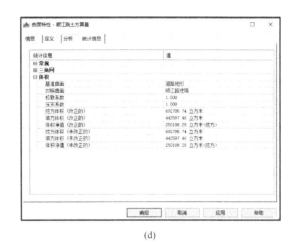

(c) (d)

图 6 各区段土方工程量统计（续）

(c) 总量统计；(d) 土方量表单统计

4.4.2 电子沙盘

把 Civil3D 或 GIS 地形地貌模型、Revit 道路路面工程模型、地下综合管廊模型、路面交通工程模型、园林景观模型，导入轻量化软件平台（InfraWorks）进行整合，实现项目全景的虚实结合，形成电子沙盘，为项目各类管理决策提供可视化模型支撑。如土方转运、施工部署、场地策划、进度演示模拟、拆迁范围确定、地下管道地上电线电缆改迁等，如图 7 所示。

图 7 电子沙盘及应用展示

5 结束语

综上所述，通过基于三维 BIM 软件的道路工程施工实践，本文从地形地貌、地质工程到路面工程、交通工程、综合管廊、绿化、标识工程等的模型及应用，验证了一整套道路工程全专业 BIM 解决方案的可行性。同时，在土方算量、电子沙盘、构件工程量计算应用方面进行了全面的实践探索，为项目精细化管理提供了一定的基础数据，为项目重点决策提供可靠的参考和支撑，一定程度上解决了道路工程项目施工覆盖面积广、环境复杂、数据收集难、项目管理决策难、管理难的行业痛点，提升了项目施工效率，降低了实施成本。

但整合模型上的应用点还较少，不够深入，如何结合工程实际挖掘更深层次应用场景和提供更准确、可靠的数据，为项目提质增效是下一步要做的工作。

参 考 文 献

[1] 何关培. BIM 和 BIM 相关软件[J]. 土木建筑工程信息技术, 2010, 2(4): 110-117.

[2] 汪斌. 基于 BIM 技术的道路三维设计方法研究[D]. 兰州: 兰州交通大学, 2018.

[3] 喻沐阳，斯文彬．基于BIM技术的公路工程信息模型参数化构建及应用[J]．交通科技，2020(1)：40-44，72．

[4] 黄赢海．基于建筑信息模型(BIM)的可视化编程与二次开发在桥梁工程上的应用[D]．广州：华南理工大学，2020．

[5] 孙建诚，朱双晗，蒋浩鹏．BIM技术在公路边坡的应用探究[J]．重庆交通大学学报(自然科学版)，2019，38(9)：63-67．

[6] 程盛，毛阿立，李婷，等．高速公路BIM正向设计技术体系研究及应用实例[J]．公路工程，2023，48(4)：91-97．

BIM 技术在超高层建筑深基坑施工中的应用

王克慧，毕晓波，张洪宽

(中建八局浙江建设有限公司，浙江 杭州 310000)

【摘 要】随着城市的不断发展，地标性超高层建筑越来越多，超高层建筑大多处于城市核心地区，共性特点是场地狭小、地下室基坑超深、施工难度大。在闹市区紧邻地铁基坑开挖过程中地铁变形要求高，对基坑开挖有着巨大的挑战。如何做好超高层项目深基坑施工是施工质量得以提升的关键。本文通过BIM技术在超高层建筑深基坑施工中的应用展开一系列的探索，从BIM应用流程、深基坑施工及安全创新应用等方面做详细的介绍，有利于提升超高层建筑深基坑的施工质量。

【关键词】BIM技术；超高层；深基坑；施工应用

1 引言

在当今城市化进程不断加速的背景下，超高层建筑作为城市天际线的标志性存在，其建设不仅代表着技术与艺术的完美融合，更是对工程技术极限的不断挑战。其中，深基坑施工作为超高层建筑基础施工的关键环节，其安全性、效率与成本控制直接关系整个工程的成败。面对深基坑施工中复杂的地质条件、高难度的降水与支护要求以及紧张的施工周期，传统的设计与施工方法已难以满足日益增长的需求与高标准的质量控制。

在此背景下，BIM（建筑信息模型）技术以其强大的信息集成能力、三维可视化展示等特性，逐渐成为推动超高层建筑深基坑施工技术革新的重要力量。BIM技术通过构建精确的三维建筑信息模型，实现了从设计到施工、运维全生命周期的数据共享与管理，为深基坑施工提供了前所未有的技术支持与决策依据。

2 项目概况

某超高层项目由1幢40层的办公主楼、4层商业裙楼及地下室（地下4层，局部地下2层）组成（图1）。总建筑面积162553m^2，其中地上建筑面积109988m^2，地下建筑面积52565m^2。基坑紧邻地铁盾构隧道，外边线距离区间隧道水平最近净距约11.1m，基坑北侧属于地铁保护范围，开挖过程中对地铁保护要求高。基坑开挖深度最深处为23.9m，地铁侧需要分坑开挖，施工周期长。

3 BIM 应用流程

在施工前期，应用BIM技术将整个地下室主体结构、基坑支护体系之间的位置关系直观且清楚地呈现出来。

通过模型整合及复核，及时发现图纸及碰撞问题，避免后期施工过程中的返工，同时能为整个施工过程中的技术方案提供强有力的数据支撑，从而有效提升整个工程的实施质量及进度。

BIM应用流程如图2所示。

【作者简介】王克慧（1998—），女，助理工程师。主要研究方向为建筑工程信息化。E-mail：2944934520@qq.com

图 1 项目效果图

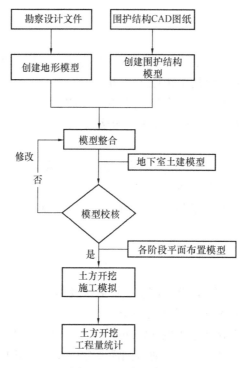

图 2 BIM 应用流程

4 深基坑施工中的 BIM 应用

4.1 模型的创建

BIM 技术在深基坑施工中的首要应用是创建三维模型。通过 Revit 等 BIM 软件，可以根据设计图纸和地质勘察资料快速准确地建立基坑及地下室的三维模型。该模型不仅包括基坑的几何形状和尺寸，还包含材料属性、施工进度等信息。模型的创建为后续施工模拟、平面管理、工程量计算等提供了基础数据。

在模型创建过程中，BIM 技术具有以下优势：

（1）可视化：BIM 模型以三维形式呈现，使得施工人员能够直观地了解基坑的结构和布局，提高施工效率。

（2）准确性：BIM软件可以根据设计图纸和地质勘察资料快速创建高精度模型，减少人为因素引起的误差。

（3）可编辑性：BIM模型可以根据施工进度和实际情况进行实时更新和调整，保证模型与实际工程的同步性。

在Navisworks软件中进行整合。运用软件的碰撞检查功能，找出围护结构模型（图3）和地下室模型的碰撞点，及时反馈给设计单位进行优化。

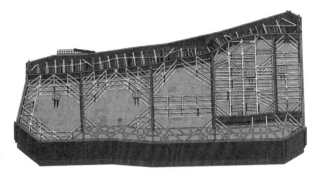

图3　围护结构模型

4.2　土方开挖施工模拟

土方开挖过程中容易受到施工技术和施工机械设备的影响，从而导致施工质量降低。在深基坑施工中，土方开挖是一个关键环节。通过BIM技术可以对土方开挖过程进行模拟，预测可能出现的问题和风险，提前制定应对措施。

土方开挖施工模拟不仅考虑基坑的长宽以及深度，更结合了基坑的具体地理坐标，还包括具体施工过程中的各种细节，如机械设备之间的协调工作，施工车辆的调度、土方挖运的先后顺序等施工环节。与真实施工过程紧密联系，将项目中复杂的空间立体关系通过3D动态可视化技术形象地展现；将不同的进度计划与模型匹配，形成4D施工模拟，展示不同方案的效果；随后还将根据现场环境布置临时设施，形成三维综合施工现场模型。通过土方开挖施工模拟（图4），可以实现对施工过程的全面掌控，降低施工风险，提高施工效率。

图4　土方开挖施工模拟

4.3　平面管理

在施工前通过BIM技术绘制各阶段平面位置，将安全防护、材料堆场、机械设备、安全文明标准化等结合施工现场实际尺寸做成标准化族库。对整个场地内的道路、堆场等进行合理的布置，同时综合考虑各阶段的场地转换，并结合绿色施工中节地的理念优化场地，避免重复布置，通过三维模型可以更直观地展现施工现场布置情况，使建设用地得到充分的利用（图5）。

通过BIM技术三维可视化的特点可以进行方案比选，对局部不合理的位置在前期进行修改，避免后期因为材料堆放位置不合理而造成人工及机械资源的浪费。在绘制各阶段平面布置模型时也要体现安全文明施工，例如临边洞口位置要搭设防护等。

4.4　土方开挖工程量的计算

通过BIM技术可精确地模拟复杂场地的地形并计算土方开挖工程量，为土方开挖施工方案提供数据

图 5 施工场地布置

支撑。以 Revit 软件为例，详细地介绍 BIM 技术在土方开挖工程量计算中的应用。

通过 GPS（全球定位系统）、全站仪对场地现状标高进行测量，将生成的坐标数据导入 Revit 软件进行地形的创建。根据 CAD 图纸中的标高信息，进行分步开挖示意（图 6）并统计土方工程量，第一次大面开挖至地下室底板垫层底，第二次土方开挖至承台、集水井及电梯基坑垫层底。通过原始地形与开挖完成后模型的量差计算出土方开挖的总量。

通过 BIM 技术进行土方开挖工程量的计算，具有以下优势：

（1）准确性高：BIM 软件可以自动计算土方开挖工程量，避免人为计算引起的误差。

（2）效率高：BIM 软件可以快速完成土方开挖工程量的计算，提高了工作效率。

（3）可视化：计算结果以表格或图表形式呈现，方便施工人员和管理人员进行查看和分析。

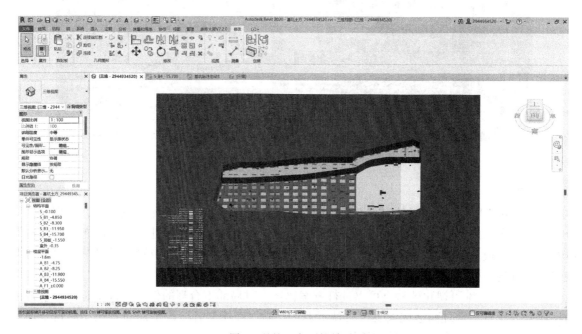

图 6 基坑土方开挖效果

5 安全创新应用

基坑需进行分坑分阶段开挖,基坑开挖深度最深23.9m,同时地上主体结构与地下室开挖存在同步施工,工况复杂。深基坑施工中的安全管理至关重要,现场人员众多且分散,传统管理方式难以实时掌握每个人的具体位置。智能安全帽的GPS定位系统使管理人员可以即时在平台上查看每位工人的位置(图7),以BIM模型为载体,打造数字化场景,有效监控施工进度,确保人员分布合理,避免人员集中带来的安全风险。

智能安全帽的预警功能包括主动报警、坠落报警、静止报警、危险预警,能够在潜在危险发生前或发生时立即发出警报,提醒工人注意并采取相应措施,有效预防事故的发生。通过实时位置信息,管理层可以更加精准地调度施工人员和物资,确保施工资源的有效利用。特别是在多任务并行、交叉作业的超高层项目中,智能安全帽的应用有助于避免施工冲突,提升整体施工效率。

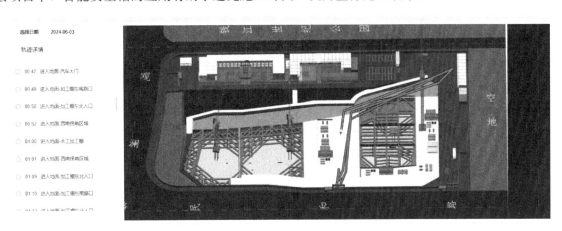

图7 人员实时定位

6 结论

综上所述,BIM技术在超高层建筑深基坑施工中的应用,不仅是对传统施工模式的革新,更是提升项目施工效率、保障施工安全、精准控制工程质量的重要手段。通过BIM技术的三维建模、可视化仿真、碰撞检测、进度模拟及数据集成等功能,实现了对深基坑施工全过程精细化管理和优化。从设计阶段到施工阶段,BIM技术帮助项目团队提前识别并解决潜在的设计冲突与施工难题,有效降低了施工风险。同时,BIM技术的精准模拟与数据分析能力,显著提高了施工效率和工程质量。此外,BIM技术结合智能设备,在安全管理方面的创新应用进一步增强了施工现场的安全保障能力。因此,BIM技术在超高层建筑深基坑施工中的广泛应用,对于推动建筑行业技术进步、提升项目综合管理水平具有重要意义。

参 考 文 献

[1] 张学峰. BIM技术在超高层建筑深基坑施工中的应用浅析[J]. 中国设备工程,2021(9):21-22.
[2] 刘赛. BIM技术在超高层建筑深基坑施工中的应用[J]. 智能建筑与智慧城市,2021(12):97-98.
[3] 徐路. 高层建筑深基坑土方开挖技术探讨[J]. 现代制造技术与装备,2022,58(4):127-129.
[4] 梁照文,许多文. BIM技术在施工现场总平面布置中的应用[J]. 江西建材,2020(11):96,98.
[5] 温幸科,刘铭飞,蔡向阳,等. BIM技术在建筑工程土方计算中的应用及分析[C]//《施工技术》杂志社,亚太建设科技信息研究院有限公司.2022年全国土木工程施工技术交流会论文集(上册).2022:461-463.

BIM 技术在三面临水项目中的施工应用

敖成雄，李 波，宗春伟

(中建八局浙江建设有限公司，浙江 杭州 310000)

【摘 要】本研究旨在深入探讨建筑信息模型（BIM）技术在三面临水项目中的应用及其对施工效率、成本控制和风险管理的影响。本研究聚焦于三面临水项目的特殊性，分析了这类项目在施工过程中面临的主要挑战，如水文地质条件复杂、施工安全风险高等。本文以江河汇 31 地块项目为分析案例，通过对比分析 BIM 技术与传统施工方法的差异，评估了 BIM 技术在提高施工效率、降低成本和增强项目可持续性方面的实际效果，总结了 BIM 技术在三面临水项目中的应用经验和教训，提出了针对性的改进建议，并对未来研究方向进行了展望。

【关键词】BIM 技术；基坑施工；三面临水；施工应用

1 引言

随着全球气候的变化和城市化进程的加速，三面临水项目在现代城市建设中占据越来越重要的地位。这类项目不仅涉及复杂的水文地质条件，还面临严格的环境保护要求和多变的自然环境挑战。传统的施工方法在这些特殊环境下往往效率低下，成本高昂，且存在较大的安全隐患。

BIM（建筑信息模型）技术作为一种集成化的设计和施工管理工具，已在建筑行业中显示出其革命性的潜力。BIM 技术通过创建数字化的三维模型，实现了设计、施工和运营全过程的信息共享与协同工作，极大地提高了工程项目的管理效率和质量。在三面临水项目中，BIM 技术的应用可以显著提升施工规划的精确性，优化资源配置，减少现场冲突，缩短工期，降低成本，并增强项目对环境变化的适应能力。

因此，研究 BIM 技术在三面临水项目中的应用，不仅具有重要的理论价值，也具有显著的实践意义。通过深入分析 BIM 技术在这些项目中的应用效果，可以为类似项目提供可行的技术路径和管理策略，推动建筑行业的技术进步和可持续发展。

2 工程概况及重难点

2.1 建设规模

本项目位于浙江省杭州市江干区钱塘江北岸与京杭运河汇流处，是对标北京三里屯、成都太古里，目前杭州市规模最大的商业综合体项目。

本项目占地面积约 3.4 万 m^2，建筑面积 14.08 万 m^2，结构形式为框架结构，地下室 3 层，地上 4 层，基坑平均开挖深度在 14.81～20m。

2.2 工程重难点

项目基坑深度局部超 20m，为超深基坑。三面临水，地下暗河交汇。基坑边紧贴用地红线，场地小。底板为水平非对称结构，换撑包含型钢、混凝土、钢管等类型，换撑难。基坑南侧博物馆正在施工，东侧、北侧京杭运河桥梁施工，周围单位多，协调难度大。项目为港资业主，定位高，需要保证项目高品质。基坑南侧紧邻之江路隧道，基坑变形控制严格。

【作者简介】敖成雄（1995—），男，助理工程师。主要研究方向为 BIM 技术应用。E-mail：472926532@qq.com

3 BIM 技术在施工中的基础应用

3.1 图纸会审

BIM 技术在图纸会审中的应用显著提升了图纸会审的深度和效率，为建筑项目的成功实施奠定了坚实的基础。在传统的图纸会审中，参与者往往需要通过二维图纸来理解设计意图，不仅耗时且容易产生误解。而随着 BIM 技术的引入，通过其强大的三维可视化和数据集成能力，为图纸会审带来革命性的变化。

首先，BIM 模型使所有参与者能够在一个共享的虚拟环境中查看和分析建筑设计。在图纸会审过程中，可以轻松地旋转、缩放和剖切模型，以检查建筑的各个部分，包括结构、机电、管道等系统的布局和相互关系。

其次，BIM 模型的数据集成功能使图纸会审更加全面和深入。模型中不仅包建筑的几何信息，还包括材料、尺寸、性能等详细属性。这意味着在图纸会审中参与者可以直接查询和验证这些信息，确保设计的准确性和合规性。此外，BIM 模型还可以集成来自不同专业的设计数据，使跨专业的冲突和协调问题能够在早期被发现和解决。

最后，BIM 技术支持实时协作和问题追踪，极大地提高了图纸会审的效率。通过 BIM 协作平台，团队成员可以在图纸会审过程中实时共享和编辑模型，标记问题，并分配责任。这种实时协作确保了图纸会审中提出的问题能够被及时记录、跟踪和解决，避免了信息传递的延迟和误解。

3.2 场地布置

BIM 技术通过创建精确的三维模型，可以帮助项目团队在施工前进行详细的场地规划。在三面临水项目中，BIM 模型可以集成地形数据、水文数据和气象数据，帮助规划人员更好地理解施工现场的环境条件。通过 BIM 模型，可以模拟不同施工阶段的场地布局，包括临时设施的设置、施工道路的规划、材料堆放区的安排等（图 1）。这种预先规划可以有效避免施工现场的混乱和冲突，确保施工活动的顺利进行。

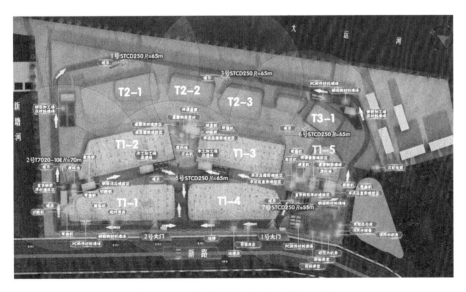

图 1 BIM 技术在施工场地布置的应用

3.3 方案模拟

在施工过程中，不同施工活动之间可能存在空间和时间上的冲突。BIM 技术可以帮助项目团队在施工前检测这些潜在的冲突。通过 BIM 模型，可以模拟施工现场的动态变化，识别不同施工活动之间的冲突点。例如，在三面临水项目中，BIM 模型可被用于检测施工设备与周围环境（如水体、桥梁等）之间的安全距离，确保施工活动的安全进行，如图 2 所示。

图 2　基坑开挖方案 BIM 模拟机现场施工

3.4　幕墙深化

幕墙施工涉及多个专业和工种的协调，包括结构、机电、装饰等。BIM 技术通过提供一个共享的模型平台，帮助不同专业的工程师和施工人员在同一模型上进行工作，确保各专业之间的协调一致。在三面临水项目中，BIM 模型可被用于模拟幕墙与其他建筑组件的接口，如与主体结构的连接、与窗户系统的配合等，提前发现并解决可能存在的冲突和问题，减少现场施工的变更和返工，如图 3 所示。

图 3　BIM 技术在幕墙深化中的应用

4　BIM 技术在三面临水工况下的应用

4.1　复杂环境下的深基坑施工

（1）基坑概况

项目三面临水，南侧临隧道。基坑大致呈矩形，面积约 32850m²，周长约 770m，长约 260m，宽约 135m。基坑开挖深度为 15.35～20.05m；坑中坑高差为 3.20m。

（2）之江路隧道保护

建立有限元模型，对基坑及隧道进行受力分析，提出分块开挖+增设板带方案，有效减小最后一层土方开挖引起的基坑围护结构及运河之江隧道的变形。基坑施工前对隧道进行全面检查，保留隧道基坑施工影响范围内隧道现状，随后布设监测点，在施工过程中对基坑及隧道变形进行实时监测，确保隧道变形可控（图 4）。

（3）三新路道路保护

项目西侧紧邻道路，红线位置与三新路人行道紧贴，且人行道下方存在各种类型管线，错综复杂。采用地质雷达探测技术，对三新路及场内相邻区域进行雷达探测，发现地下脱空区域及钢筋混凝土板障碍物（图 5）。随后召开三新路保护专项会议，决定采取双液浆对管线保护加固，人工破除柱墩后水锯切割混凝土板处理障碍物。应用 BIM 技术提前发现问题并保障了道路安全。

（4）支撑围护变形监测

除了外部构筑物的保护，基坑本身的变形控制也是重中之重。项目建立有限元模型，分析基坑变形

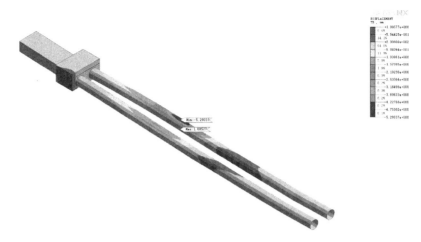

图 4 隧道有限元水平位移分析

图 5 地质雷达现场探测及探测结果

情况，在不利位置设置监测点，施工过程中实时监测，如图6所示。在相邻江河布设物位计，实时监测水位情况。同时，现场实施每日基坑巡查制度，检查基坑变形情况，保证基坑安全。

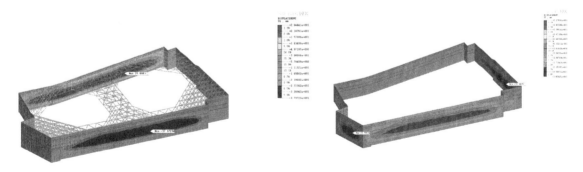

图 6 基坑围护有限元计算变形云图

4.2 自适应式伺服钢换撑深化设计

（1）图纸深化

项目紧邻江河与隧道，对基坑的支撑要求比较高，故在拆除混凝土支撑前先安装钢支撑进行换撑，避免基坑变形隐患。

项目在原本设计提资的基坑围护图纸基础上进行钢换撑深化设计，形成深化设计图以及BIM模型，指导现场施工，如图7所示。

（2）多工序拆换撑协同施工

钢换撑施工过程中，需要与地下结构施工相互穿插。本项目对工况进行建模模拟分析，提前规划各

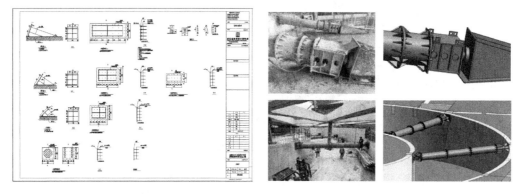

图 7 钢换撑图纸深化及施工实模对比

工序穿插节点，确保施工平稳有序，如图 8 所示。

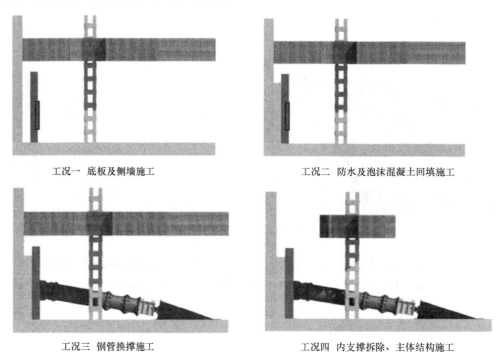

图 8 钢换施工工序模拟

4.3 倾斜摄影

利用无人机进行倾斜摄影影像采集，使用 ContextCapture 进行空三计算并生成三维模型和点云模型（图 9）。模型导入 ReCap 软件内，对点云模型进行距离、坐标以及标高测量，为场地规划提供切实有力的现场实际数据，减少人工测量的成本。另外，还可以导出为 Revit 可链接的 RCS 和 RCP 的点云文件，作为场布模型参照。

5 结语

随着建筑行业的不断发展，BIM 技术已成为推动建筑项目高效、精确和可持续发展的关键工具。在幕墙施工这一高度专业化和复杂化的领域中，BIM 技术的应用不仅提升了设计和施工的质量，还极大地优化了项目管理和成本控制。通过精确的三维建模和模拟，BIM 技术使幕墙施工的每一个环节都能得到细致的规划和监控，从而确保施工过程的顺利进行和最终建筑质量的卓越。

在三面临水等特殊环境下的建筑项目中，BIM 技术的应用更是显示出其无可比拟的优势。它不仅帮助项目团队克服了复杂环境带来的挑战，还通过提前预测和解决潜在问题，减少了施工风险和成本超支

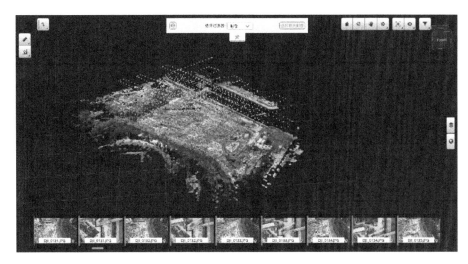

图 9 点云模型生产

的可能性。此外,BIM 技术的集成化特点也促进不同专业和团队之间的有效沟通和协作,这对于确保项目按时按质完成至关重要。

展望未来,随着 BIM 技术的不断进步,其在建筑行业的应用将更加广泛和深入。从设计到施工,从管理到维护,BIM 技术将继续推动建筑行业向着更加智能化、集成化和可持续化的方向发展。

参 考 文 献

[1] 柳娟花. 基于 BIM 的虚拟施工技术应用研究[D]. 西安:西安建筑科技大学,2012.
[2] 周春波. BIM 技术在建筑施工中的应用研究[J]. 青岛理工大学学报,2013,34(1):51-54.
[3] 杨东旭. 基于 BIM 技术的施工可视化应用研究[D]. 广州:华南理工大学,2013.
[4] 隋振国,马锦明,陈东,等. BIM 技术在土木工程施工领域的应用进展[J]. 施工技术,2013,42(S2):161-165.
[5] 朱建国. BIM 技术在施工阶段的应用策略研究[J]. 建筑施工,2013,35(7):665-667.

BIM 技术在商业综合体的施工应用

王祥祥，林春尧，陈祎飞，李 广，胡香港，倪忠伟，张洪宽

(中建八局浙江建设有限公司，浙江 杭州 310000)

【摘 要】 随着建筑行业的不断发展，商业综合体项目日益增多。本文深入探讨了BIM技术在商业综合体施工中的重要应用，包括设计协调、深化设计、受力和仿真模拟分析、场布优化等方面。同时，将BIM技术结合物联网、无人机、3D扫描、红外热像，伺服系统接入智慧工地平台，助力施工现场数字化管控。通过实际案例分析，展示了应用BIM技术的显著优势，以及其对提升施工效率和质量的重要意义。

【关键词】 BIM技术；仿真模拟分析；数字化管控

1 引言

随着BIM技术的广泛应用，其在工程建设中的价值逐渐显露。但部分工程应用BIM技术方向较为单一：进行机电管线综合优化，从而达到节约工期和成本的目标。而工程全方面应用BIM技术，才能体现BIM技术更大的价值。杭州嘉里城市之星项目BIM技术应用主要体现在包括机电图纸深化在内的施工阶段多个方面：土建专业图纸深化，临建办公楼正向设计，场布精细化，BIM技术结合Midas、Plaxis和Ansys等软件、物联网、无人机、红外热像，伺服系统接入智慧工地平台。项目BIM技术的应用，有效提高了设计质量，节省了施工成本，解决了工期紧的问题，同时响应了国家绿色、环保、低碳的号召。BIM技术在基坑支护体系、桩基础、主体结构、机电安装及临建布置等方面取得的效益，对场地小深基坑项目具有一定的参考价值。

2 工程概况

2.1 建设及设计概况

杭州嘉里城市之星项目坐落于杭州市地铁5号线杭氧站上盖，紧邻杭钢工业历史文化园，距浙江省政府及西湖景区仅4km。占地面积2.9万m^2，总建筑面积19.27万m^2，合同额14.58亿元，业态涵盖高端商业、精品酒店和甲级办公楼。包含地下4层，其中地下一层与地铁5号线连通，地上由1栋10层办公楼、1栋19层酒店裙楼及2座跨街天桥组成。其中，4号地块商业裙房地上6层，设计高度33.00m；5号地块商业裙房地上4层，设计高度22.40m，裙楼结构形式均为框架—剪力墙结构。4号地块酒店主楼地上19层，设计高度84.20m；5号地块办公楼主楼地上10层，设计高度52.25m，结构形式均为框架—剪力墙结构。

2.2 项目重难点

本项目BIM技术应用重难点主要为：

深基坑：本工程地下4层，基坑开挖深度-20.45m，对变形控制要求高，施工难度大，安全风险高，需用软件进行数值分析。

邻地铁：项目紧靠地铁5号线，最近处距离地铁仅19.2m，基坑抗变形要求高，需用软件进行数值分析。

【作者简介】 王祥祥（1991-09），男，中级工程师。主要研究方向为BIM技术应用。E-mail：278367751@qq.com

图纸粗糙：本项目地下建筑面积大，约 11 万 m²，机电管线错综复杂，设计工期紧，设计图纸不够详细，需要借助 BIM 技术进行图纸深化。

跨街天桥：本项目包含 2 座跨街天桥，保证桥下亚运会主干道施工不断流，使用 BIM 技术模拟施工和受力分析，保证安全顺利施工。

场地小：使用 Revit 综合布局，解决因项目场地有限造成的项目部办公楼设置在基坑角落上方，施工现场布置、材料运输困难等问题。

3 BIM 技术基础应用

为实现 BIM 技术应用的落地，解决现场施工问题，加快施工进度，业主每周组织各专业 BIM 工程师参加 BIM 协调例会，解决本周需协调事项。

3.1 土建专业深化

项目各部位施工前 1 个月完成模型优化，由于设计图纸粗糙，建模过程中发现图纸问题共 1420 处（其中图面问题 412 处，单专业问题 408 处，专业碰撞问题 600 处），形成图纸问题报告反馈设计，为项目顺利施工保驾护航。

由于图纸图层问题，翻模软件精度无法满足要求，项目人员采用 Revit 手动建模，通过 Navisworks 进行碰撞检查修改，统计土建专业图纸问题并反馈设计，根据设计回复更新模型。将修改后的模型提交 BIM 顾问，BIM 顾问通过 Navisworks 对模型进行审核并给出建议。最后根据 BIM 顾问及设计建议进一步完善模型，同时对管理人员交底，确保现场施工顺利进行。

3.2 机电专业深化

（1）各专业建模

严格按照建模流程和合同要求进行各专业的建模，自我检查并保证本专业模型无问题和碰撞。

（2）碰撞检查

在管线路由优化后的基础上，通过 Navisworks 软件对各专业之间做碰撞检测，各专业管线之间要做到零碰撞，仅地下 4 层已解决碰撞问题 3000 余项。

（3）净高分析（图 1）

通过 Navisworks 检测各区域净高是否满足业主要求，对不满足的净高区域编制净高分析报告，请各单位协调解决。

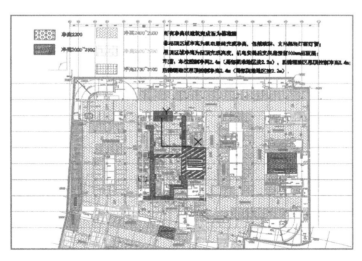

图 1　净高分析

（4）专业深化

在机电管线深化过程中对风机风阻进行计算，并出具风力计算书，经业主及设计认可后，确定最终优化管线方案。

(5) 支吊架布设

项目综合管线采用共用支架，并进行支吊架受力验算以保证管线的整体排布，减少支架的设置数量，达到节约成本、室内空间和美观的效果。

(6) 图纸输出

将机电模型深化并提交，经业主及 BIM 顾问审核通过后，出具各专业 BIM 深化图。

(7) 施工效果（图 2）

图 2 模型与施工对比图

3.3 综合布局创场布精细化

项目红线内用地紧张（基坑边距红线最大距离 4.2m，最小距离 1.9m），为保证加工场地在场内合理布置，项目基坑工程分为三个批次进行施工，现场总平面将经历三次变化，故总平面策划时充分考虑了永临结合的原则，将使用周期长的功能区或临建设施布置在基坑外，避免第二阶段小基坑开挖时频繁搬迁。利用 BIM 技术的可视化、综合协调性优势，将各阶段道路、临水临电、堆场及大型机械合理化布局。项目临建布置经过 9 次大改，60 余次小改，形成最终临建布置模型，实现场布精细化。

(1) 首层加强板面积优化设计

结合场地使用功能，在投标基础上优化设计首层加强板，优化减少面积 2200m^2，减少立柱桩 68 根。

(2) 办公楼多方案对比选址

为便于现场管理，同时节省用地及场外租地费用，临建办公楼设于场内。项目红线内用地紧张，基坑外无临建办公区建设用地，考虑实用性、施工难易性、环境等多重因素，经 4 次反复设计推敲，最终选址于场地西南角，布局在基坑内侧、塔楼外侧，挑高坐落在第一道水平支撑角撑之上，攻克难题，如图 3 所示。

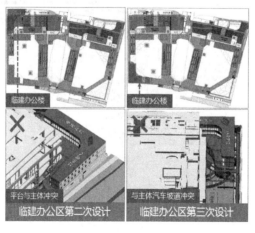

图 3 办公楼多方案对比选址

运用 BIM 技术综合场布，确定办公楼具体位置和外轮廓，可确保临建办公楼选址与 5 号地块塔楼无碰撞，仅需考虑其对地下室顶板施工的影响。

对地下室顶板施工的影响分析：该临建办公楼首层结构顶标高为+0.55m，比该处地下室顶板顶标高−0.90m高出1.45m，扣减掉一层钢结构层高0.76m（按一层最大钢梁650mm计算），仍能保留0.69m结构板工作面。

3.4 Revit 正向设计临建办公楼

项目前期租赁5户三室一厅解决项目管理人员住宿问题（450元/户·d），租赁5间办公室办公（950元/d），每日成本（3200元/d）压力巨大，管理成本1.5万元/d临建办公楼的完工显得尤为重要。

项目运用Revit对临建办公楼进行正向设计，在建模过程中解决各类问题。

最终，BIM正向设计助力临建办公楼如期完成，节约工期11 d，节约成本＞3.52（租赁）+16.5（管理）=20.02（万元）。现场呈现效果达到预期，获得业主和外界的广泛认可。

4 BIM 技术创新应用

4.1 Midas/Plaxis/伺服系统应用

（1）立柱桩优化

基坑最近处距地铁仅19.2m，基坑深−20.45m，设计要求"基坑变形报警值为4mm"。项目通过Revit模型转换，导入Midas和Plaxis进行有限元分析，分析深基坑施工对地铁及周边环境的影响并优化立柱桩，尽量减少自有立柱桩数量、钢筋、混凝土投入等，降低桩基投入成本，如图4、图5所示。

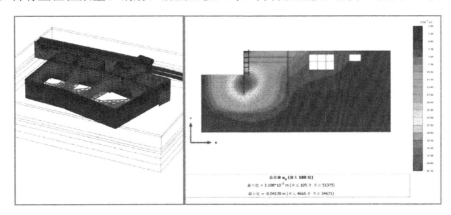

图4 Plaxis基坑位移分析

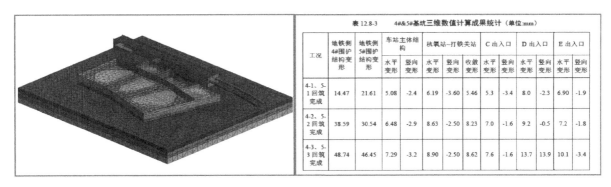

图5 Midas三维数值分析

（2）混凝土支撑优化

在Midas和Plaxis分析基坑施工对地铁及周边环境影响的基础上，在保证基坑受力稳定的前提下运用PKPM对基坑混凝土支撑进行受力验算并优化：①将交叉斜梁优化为长方形布置支撑梁。②化繁为简，增加部分梁截面及配筋。③受力小的支撑梁减少配筋。

（3）伺服系统应用

由于基坑深，第四道支撑使用时间短且为规避深层钢筋混凝土支撑的弊端：①下层土质差，需额外投入垫层等措施。②降效严重，钢管、模板等材料浪费风险变高。③拆撑时多工序交叉，降效且隐患增多。④拆撑耗时长。项目采用钢支撑结合伺服系统将大基坑第四道支撑优化为预应力钢支撑。

项目采用钢支撑结合伺服系统，通过手机终端对现场钢支撑轴力进行 24h 在线监控。计算机端对支撑轴力进行适时自动补偿，有效地控制基坑围护结构的变形，满足现场安全及"基坑变形报警值为 4mm"的高要求。同时，将伺服系统接入智慧工地平台，可使项目全员实时了解基坑、轴力及加压情况。

使用可周转的钢支撑代替混凝土支撑，减少了模板、钢筋和混凝土等材料的浪费。

4.2 钢连桥仿真模拟分析

杭州市政府要求 72m 的跨街天桥施工时，天桥下亚运会主干道不断流。项目通过 Revit 模型转换，导入 Ansys、Midas 等软件对钢连桥提升过程受力变形、提升支架受力变形、提升吊具变形等进行仿真模拟分析，确保不断流施工的安全进行。利用现有钢连桥模型制作施工模拟动画，对现场施工及管理人员做好不断流施工交底，确保跨街天桥顺利施工。

4.3 BIM＋3D 扫描

项目针对冷却塔、制冷机房、消防泵房等大型机房的安装情况，采用 3D 扫描仪将机房数字化，与 BIM 模型进行对比，并对模型进行微调，确保模型管线与现场安装情况一致。

4.4 BIM＋物联网

项目施工现场运用互联网技术，将压力机数据上传平台，让一线施工人员更好地采集、计算、存储混凝土强度数据，以文件、图片形式存储的数据可以共享给项目部和企业所有管理人员，提高现场质量管控力度。

通过物联网技术改造传统地磅设备，准确、快速地自动记录每一车过磅车辆的重量，并利用计算机客户端记录材料信息，最后计算同一过磅车辆的进出场重量偏差，实现对进出场材料"量"的精细化管控和大数据分析，最终为"按实结算"提供有力支撑。

4.5 BIM＋无人机

通过无人机红外热像法，分析外立面保温材料的温度信息，精确定位质量缺陷位置。如图 6 所示，R1 为上下层保温板交接处，或存在保温板间隙填充不均情况，也可查看外墙保温钉数量是否符合要求，从而为工程质量提供保障。

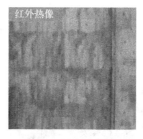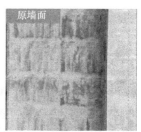

图 6　红外热像图

6　总结

通过案例项目中的应用实践，BIM 技术在场平布置、缩短工期、安全施工、降低成本、提高工程质量等方面发挥了重要作用，充分展现了 BIM 技术在工程施工中的价值。

参 考 文 献

[1]　蔡财敬. 建筑机电设计与管线综合优化研究[J]. 洁净与空调技术，2022(2)：48-58.
[2]　高一凡. BIM 技术对建筑设计施工过程的优化拓展研究[J]. 智能建筑与工程机械，2022(3)：19-21.
[3]　曾洁颖. BIM 技术在建筑工程项目中的应用价值[J]. 中华建设，2011，41(10)：140-142.

大体量商业综合体施工阶段 BIM 应用优化

沈凯凯，郑启炜

(中建八局浙江建设有限公司，浙江 杭州 310000)

【摘 要】在大体量商业综合体施工阶段，本文通过 BIM 技术的应用提出相关的优化方法，解决项目施工过程中的一系列难题。商业综合体作为复杂的建筑项目，其施工阶段面临许多挑战，包括技术难点、协调管理、进度控制等方面的问题。BIM 技术具有可视化和模型化等优势，为解决上述问题提供了新的途径。本文通过深入研究大体量商业综合体施工阶段的 BIM 应用实践，为提高工程质量、降低成本、提高管理效率提供了实用的经验和方法。

【关键词】BIM；商业综合体；可视化；协同管理；信息共享

1 大体量商业综合体施工阶段的挑战

1.1 技术管理挑战

大体量商业综合体是集购物、办公、娱乐、住宿等多种功能于一体的综合体项目，其建筑结构复杂，造型多变，施工较为困难。机电系统涵盖给水排水、空调、电气等多个系统，强调跨专业协同作业，确保高效运行。同时，智能化系统的融入进一步提升了技术难度，要求施工团队具备高超技术实力与丰富实战经验。

1.2 协调管理问题

大体量商业综合体项目汇聚多方参建单位，如总包、分包及监理等单位，协调管理面临重大挑战。其关键在于建立高效沟通机制，保障信息畅通与决策迅速。施工现场需精细化管理，合理安排人员与机械作业，避免交叉冲突。同时，材料供应与设备调配亦需周密组织，以确保施工顺利推进。

1.3 进度管理难题

大体量商业综合体项目施工周期较长，进度控制是确保项目按时交付的关键。首先，需要制定详细的施工进度计划，明确各阶段的施工任务和时间节点。其次，实时跟踪施工进度，及时发现和解决施工中的问题。最后，强化与业主、设计、监理等单位的沟通，确保其对进度有共识与预期，以保障项目按时交付。

2 BIM 技术应用

2.1 施工方案模拟与优化

大体量商业综合体项目施工阶段，往往会出现建筑结构造型复杂、施工困难等难点，项目团队通过 BIM 技术对施工方案进行模拟和优化，包括施工顺序、施工方法、材料运输等，如图 1 所示，有助于施工人员更好地理解施工步骤和顺序，预测可能出现的问题和风险，为项目管理人员提供科学依据。

同时，BIM 技术创建多个不同的施工方案模型，并对每个方案进行模拟。通过模拟，评估每个方案在施工效率、成本、工期、安全性等方面的表现。项目团队根据模拟结果，对不同方案进行综合比较，选择最优的施工方案。

【作者简介】沈凯凯（1994—），男，BIM 主管/工程师。主要研究方向为施工阶段 BIM 的应用。E-mail：1615234060@qq.com

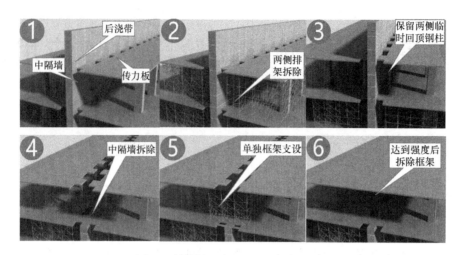

图 1　拆换撑、中隔墙施工方案模拟

项目原设计中钢筋和型钢柱连接为接驳器连接，通过 BIM 模拟发现施工中翼缘板上接驳器角度因焊接无法控制导致最终接驳器角度不标准，钢筋与接驳器连接较为困难，返工率较高。通过 BIM 模拟、进行三维化对比展示，优化技术方案，最终确定采用搭筋板连接方式，降低施工难度，同时提高了施工的连接质量，如图 2 所示。

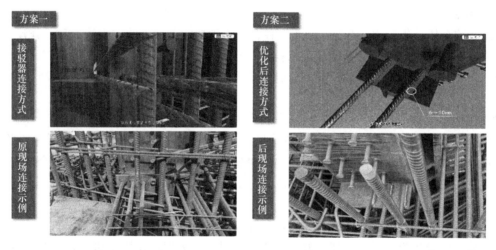

图 2　钢筋与型钢柱连接方案对比

项目中一般存在较多圆弧墙体，施工人员手艺参差不齐，砌块位置难以确定，对圆弧墙施工质量难以把控。同时，砌体切砖随意，返工率较高，材料浪费严重。项目团队利用 BIM 技术与 Dynamo 和 Python 的结合，实现对圆弧墙体模型的识别，并生成适应不同墙体高度、墙体弧度和砌块宽度的圆弧墙砌体排砖方案。通过不同方案的三维可视化展示对比（图 3），最终选出最优方案，将最优方案模型对施工人员进行三维可视化交底，降低砌筑难度。同时，利用 BIM 技术生成切砖大样图、砌体平面布置图、砌体材料数量表等，定点定量预定砌块数量，减少材料浪费，保证施工质量。

2.2　碰撞检测

项目施工过程中，地下室、商业裙房设备多，机电管线较为复杂，同时对检修空间和标高排布要求较高，超高层中避难层及转换层管线复杂，各专业管线碰撞较多，施工比较困难。

针对这一难题，项目团队通过构建三维模型，模拟出建筑物的详细结构和组件布局，进行三维模型的碰撞检测，将建筑物的各个部分、系统和专业（如结构、电气、暖通等）的模型集成，利用 BIM 软件对上述模型进行自动比对和碰撞，迅速识别出不同专业之间的设计冲突、构件间的空间碰撞以及施工过程中的潜在风险，从而避免在后期施工中出现返工、延误和成本增加等问题，如图 4 所示。

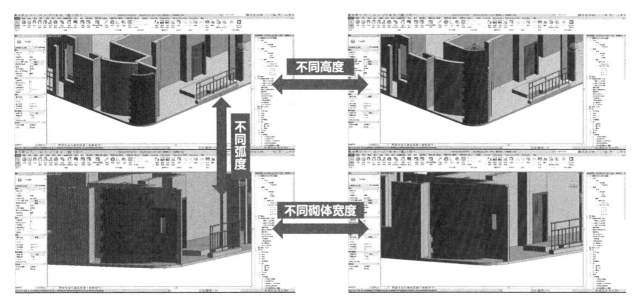

图 3　圆弧墙砌体方案对比

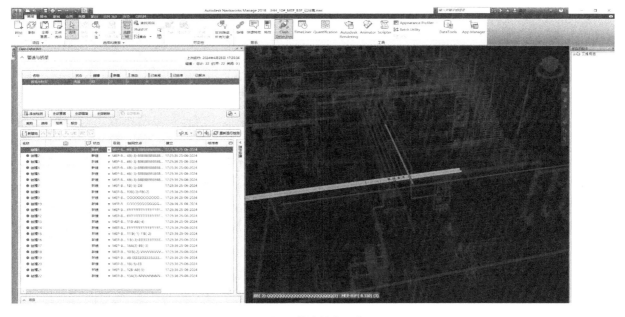

图 4　管线综合碰撞

2.3　协同工作

大体量商业综合体项目汇聚多方参建单位，协调管理至关重要，通过 BIM 数字化协同工作平台可以建立高效的沟通机制，保障信息畅通与决策迅速，从而极大地提升项目管理的效率和精度。

通过协同平台，各方实时查看模型中的信息，包括构件尺寸、材料属性、施工进度等，发现各类图纸问题，通过平台，交流，业主和设计方批注回复，从而快速响应图纸和现场问题，如图 5 所示，项目团队在 BIM 建模过程中发现图纸问题，及时上传至工作平台，设计方迅速回复，提高沟通效率，为工程项目的顺利进行提供有力支持。

2.4　施工进度管理

BIM 技术在施工进度管理中发挥着关键作用，实现了施工进度的实时跟踪，为项目管理团队提供精确且即时的进度数据。项目团队通过 BIM 模型进行 4D 进度模拟，如图 6 所示，能清晰掌握各施工区域的进展状况，迅速识别进度延误问题，并据此制定有效的调整策略。同时，BIM 技术对施工进度的预测与

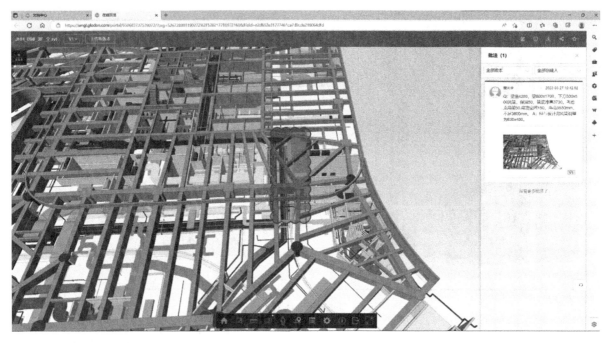

图 5　BIM 数字化协同工作平台

图 6　4D 进度模拟对比

模拟，为项目管理提供科学依据，优化进度管理方案。

2.5　施工质量控制

BIM 技术在施工质量控制方面也发挥着重要作用。通过 BIM 三维信息模型，清晰、准确地表达施工项目的各项要求和技术要求。同时，BIM 技术帮助项目团队在模型中设置关键的质量检查点，确保这些点符合设计要求和相关标准。BIM 模型中的质量检查点涵盖从基础施工到装饰装修的各个阶段，确保施工过程中的每一环节都经过严格的检查，如图 7 所示。通过 BIM 模型与现场实际进行比较，检查现场施工情况，发现潜在质量问题并及时采取措施进行整改，保证项目质量。

2.6　绿色建筑

随着绿色建筑理念的普及，BIM 技术在绿色建筑设计方面的应用也日益广泛。通过 BIM 模型，详细记录了绿色建材的采购、使用及剩余情况，实现材料使用的精确控制，从而避免材料浪费和过度消耗。

同时，BIM 技术有助于绿色建筑的性能监测和维护管理。通过 BIM 模型，施工企业实时了解建筑在运行过程中的能耗、空气质量等关键指标，及时发现问题并采取相应的措施，如图 8 所示。

图 7 施工质量检查

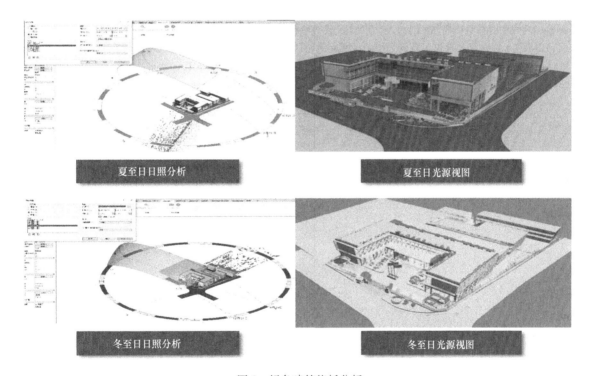

图 8 绿色建筑能耗分析

3 BIM 应用优化策略

3.1 加强 BIM 标准与规范建设

在施工阶段，强化 BIM 标准与规范建设是保障 BIM 技术高效有序应用的核心，旨在统一 BIM 模型的数据格式、命名准则及信息分类体系，确保跨软件、跨团队的数据无缝交换与共享。构建一个统一协调的 BIM 应用生态，推动 BIM 技术在施工阶段的普及与深化，进而提升施工效率，缩减成本，并为建筑行业的可持续发展奠定坚实的基础。

3.2 提升 BIM 技术应用能力

在施工阶段,提升 BIM 技术应用能力对优化流程、提质增效至关重要。强化 BIM 技术培训,使团队精通软件操作。通过案例学习与经验分享,深化 BIM 施工应用理解。激励团队参与 BIM 技术创新,促进技术升级。构建 BIM 应用评价体系,定期评估效果,总结经验,为未来应用提供指导。这些措施将显著提升 BIM 应用水平,保障工程顺利实施。

3.3 BIM 技术应用流程

为实现 BIM 技术的有效应用,需完善 BIM 技术的应用流程。明确应用目标,制定实施计划,构建 BIM 模型,执行碰撞检测,优化施工方案,并贯穿于施工管理中。此流程确保 BIM 技术在施工阶段各环节得到充分应用与发挥。

4 结论

本文通过对大体量商业综合体施工阶段 BIM 应用的深入研究,明确 BIM 技术在提高施工效率、降低成本、优化管理过程中的巨大潜力,提出了针对性的优化策略。随着技术的不断进步和应用范围的扩大,BIM 将在建筑行业中发挥更加重要的作用。我们期待 BIM 技术在大型商业综合体施工阶段的应用能够进一步优化和完善,为建筑行业的可持续发展贡献力量。

参 考 文 献

[1] 丁智平. 大型商业综合体的空间特征与演变[J]. 建筑科技,2024,8(5):39-41.
[2] 陈乘. BIM 技术在装配式建筑工程管理中的碰撞检测与冲突解决[J]. 工程与建设,2023,37(5):1582-1584.
[3] 曾维林,何继鹏. 现代绿色建筑节能设计的发展及运用探究[J]. 智能建筑与智慧城市,2024,(6):124-126.
[4] 曾祎. 基于 BIM 的智慧园区建设协同工作管理平台研究[J]. 智能建筑与智慧城市,2023,(10):68-71.

基于 BIM 技术复核梁底净空的研究与应用

郑启炜,沈凯凯

(中建八局浙江建设有限公司,浙江 杭州 310000)

【摘 要】梁底净空是设计和施工阶段的重点关注对象之一。为保证机电管道的正常安装,借助可视化编程软件 Dynamo 开发相应分析程序并与现场实测数据结合,快捷、高效地输出梁底净空分析成果。依托某大型商业综合体工程进行梁底净空方法研究,结果表明该方法具有一定的通用性和可推广性,为 BIM 技术辅助复核梁底净空方法提供了有益参考。

【关键词】梁底净空分析;BIM 技术;Dynamo

1 引言

机电管线深化是根据图纸标准尺寸进行排布,现场施工误差会影响机电管线安装,若误差较大会导致管线无法排布,影响现场施工进度,增加施工成本。所以在主体结构完成后,机电管线安装前会进行现场复核,测量梁底净空,计算与图纸的误差,保证机电管线安装顺利进行。传统方法是先测出现场实际数据,然后利用图纸根据各层标高计算标准数据,将这两组数据进行比较,得出误差。但此方法费时费力且容易出错。本文主要研究基于 BIM 技术的参数化特性,利用 Dynamo 开发分析程序,得出可快速、准确输出梁底净空误差的方法,并在实际工程中推广应用。

2 模型准备

2.1 建立参数化模型

首先需要建立一个精确、详细的参数化模型(图 1)。为了实现这一目标,笔者选择使用 Revit 软件进行模型的创建和编辑工作。

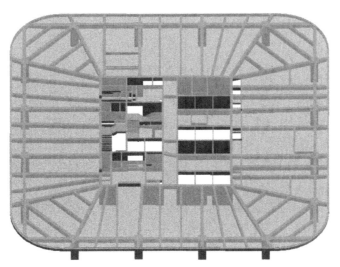

图 1 建立参数化模型,为后续数据处理提供基础

【作者简介】郑启炜(1998—),男,BIM 工程师。主要研究方向为 BIM 应用。E-mail:1256765117@qq.com

在建立模型的过程中，严格遵循工程结构形式，确保每一个构件的位置、高度以及材质命名都符合实际设计和施工要求。这意味着，需要细致地核对设计图纸，将图纸上的信息准确无误地反映到模型中。同时还需要制定一套统一的标准，用来规范构件的命名和分类，以便于后续的数据管理和分析。

此外，还需确保模型与图纸之间的高度一致性。任何模型中的修改都应当能够追溯到相应的设计变更，反之亦然。这种双向追溯性是确保项目顺利进行的重要保障。

2.2 模型处理

模型建立完毕后，需处理模型，为提取参数做好准备。首先进入三维视图—新建三维视图—重命名为净高复核。然后点击 ViewCube 导航工具的"上"进入俯视视角，锁定该视图。利用可见性/图形替换对话框隐藏楼板等不相干构件。新建混凝土矩形梁参数族，添加参数"净高偏差""模型地面高程""模型梁下净高""模型梁底高程""现场地面高程""现场梁下净高""现场梁底高程"。将新建矩形梁参数族导入模型中替换原矩形梁族，梁属性中就会出现新建参数，如图2、图3所示。

图 2　新建梁参数族，添加相应参数　　图 3　梁族属性栏新增参数，可输入数据

3 载入 Dynamo 程序

3.1 编写程序

利用可视化编程平台 Dynamo 编程自动化提取"模型梁底高程"以及"模型梁下净高"的程序（图4）。首先，通过"Category"创建一个对象，随后使用"SetParameterByName"方法为该对象设置参数值。接着使用"GetParameterValueByName"方法获取该对象的参数值。把模型里面每个梁的"梁底高程"（Revit自带的）数据，赋值给"模型梁底高程"（自己做的参数）。运行该程序就可快速提取整个模型每根梁"模型梁底高程"，简便快捷，大幅度减少工作量，提高效率。

3.2 色块图

在大型商业综合体项目中，总建筑面积达到 48 万 m^2，结构复杂，构件繁多。对于机电安装单位来说，逐一测量每根梁下的净高是一项极其繁重的工作，并非所有的梁下都有管线布置。为了优化这一工作流程，机电安装单位采用色块图解决这一问题。

根据相关的规范要求和业主的具体需求制作色块图。这种色块图通过不同的颜色来标示不同净高要求的区域（图5）。例如，红色表示净高受限，需要特别注意的区域；黄色表示有一定限制，需要关注的区域；而绿色表示没有特别限制的区域。这样，色块图就能直观地展示出哪些区域有净高要求或管线覆盖，从而指导后续的工作。

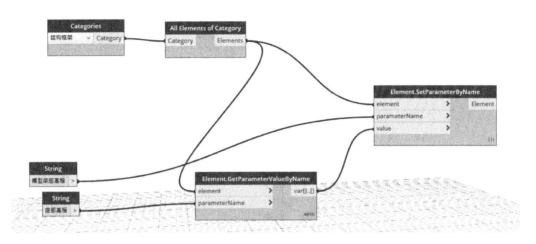

图 4　自动化提取相应参数的 Dynamo 程序

接下来，将这些色块图与结构图进行叠图处理。通过这种方式可以清晰地看到哪些区域的梁下净空是需要复核的，因为这些区域会被特定的颜色所覆盖。例如，如果红色表示需要复核的区域，那么在叠图后，所有被红色覆盖的梁就是需要重点关注的。

最后，为了在实际工作中更加便捷地进行管理和沟通，会在 BIM 模型上使用红色标注出需要复核的梁，所有相关人员可以直观地在模型上看到这些梁的位置和数量，从而有针对性地进行现场复核和调整，不仅提高了工作效率，还确保了项目的顺利进行，如图 6 所示。

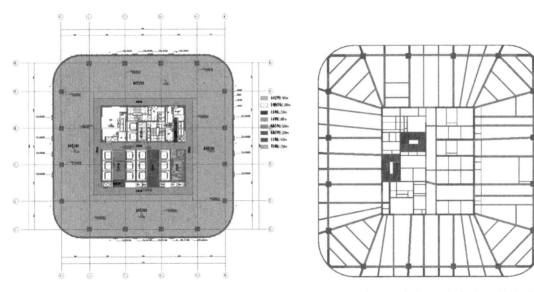

图 5　不同颜色区分不同净高要求的色块图　　　图 6　需复核区域梁用红色表示（图示深色）

3.3　标注出图

利用 Revit 软件的标注功能标注出需要复核的梁的相关信息。在 Revit 软件中，可以轻松地为模型中的每个构件添加标签，包括梁的"模型梁底高程"和"模型梁下净高"等关键数据。通过这种方式，可以确保所有复核信息都清晰、准确地呈现在模型中，方便参考和检查。

完成标注后，为了便于与其他团队成员或相关方共享这些信息，将三维模型导出为 CAD 二维图纸格式。Revit 软件支持多种导出格式，如 .dwg 和 .dxf 等，这些都是常见的 CAD 文件格式，可以确保导出的文件能够在其他 CAD 软件中打开。导出完成后，将这些二维图纸用 A3 纸进行打印。如图 7 所示。

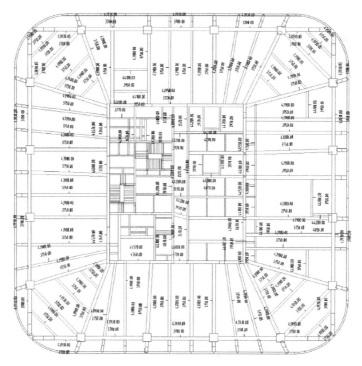

图 7 为需复核梁添加标签，标注出图

4 现场实测

需要准备塔尺、激光水平仪、铅笔等工具。将水平仪架好，以每层楼的结构标高为基准，将水平仪激光与标高线对齐。将塔尺底部对齐梁底，保持塔尺与梁垂直，激光扫中塔尺位置进行读数。用该层结构标高＋塔尺读数即为该梁"现场梁底高程"，在图纸相应位置进行标注记录。为了保证数值的准确性，每根梁取 3 个点进行测量，以数值最低的为准，如图 8 所示。

图 8 利用塔尺、水平仪测量现场梁底净高

5 数据处理

5.1 导入现场实测数据

根据记录表将实测数据输入 BIM 模型的"现场梁底高程"中（图 9），程序会自动计算现场与图纸的净高偏差。

尺寸标注	
净高偏差	-7.00
模型地面高程	26880.00
模型梁下净高	3750.00
模型梁底高程	30630.00
现场地面高程	26880.00
现场梁下净高	3743.00
现场梁底高程	30623.00
长度	11800.00
体积	2.977 m³
顶部高程	31330.00
底部高程	30630.00

图 9 将现场测量数据导入梁属性中

5.2 制作明细表

利用 Revit 明细表功能进行净高偏差统计，视图—明细表—选择结构框架。明细表字段按顺序选择"族与类型""模型地面高程""模型梁底高程""现场地面高程""现场梁底高程""模型梁下净高""现场梁下净高""净高偏差"。利用过滤器筛选，筛选条件为"现场梁底高程"大于 0，即可筛选出需复核的梁的"净高偏差"，如图 10 所示。

<9-T1-6F净高复核>

A	B	C	D	E	F	G	H
族与类型	模型地面高程	模型梁底高程	现场地面高程	现场梁底高程	模型梁下净高	现场梁下净高	净高偏差
砼矩形梁: KL2-5	26880.00	30580.00	26880.00	30577.00	3700.00	3697.00	-3.00
砼矩形梁: KL3-5	26880.00	30630.00	26880.00	30623.00	3750.00	3743.00	-7.00
砼矩形梁: KL4-5	26880.00	30630.00	26880.00	30623.00	3750.00	3743.00	-7.00
砼矩形梁: LLK2	26880.00	30950.00	26880.00	30953.00	4070.00	4073.00	3.00
砼矩形梁: KL6-2	26880.00	30650.00	26880.00	30654.00	3770.00	3774.00	4.00
砼矩形梁: KL7-5	26880.00	30630.00	26880.00	30620.00	3750.00	3740.00	-10.00
砼矩形梁: KL8-5	26880.00	30630.00	26880.00	30618.00	3750.00	3738.00	-12.00
砼矩形梁: KL8-5	26880.00	30630.00	26880.00	30643.00	3750.00	3763.00	13.00
砼矩形梁: KL9-5	26880.00	30580.00	26880.00	30580.00	3700.00	3700.00	0.00
砼矩形梁: KL9-5	26880.00	30580.00	26880.00	30580.00	3700.00	3700.00	0.00
砼矩形梁: KL12-	26880.00	30630.00	26880.00	30621.00	3750.00	3741.00	-9.00
砼矩形梁: KL12-	26880.00	30630.00	26880.00	30630.00	3750.00	3750.00	0.00
砼矩形梁: KL13-	26880.00	30630.00	26880.00	30620.00	3750.00	3740.00	-10.00
砼矩形梁: LLK1-	26880.00	30600.00	26880.00	30635.00	3720.00	3755.00	35.00

图 10 根据筛选数据自动生成净高偏差明细表

6 数据分析

根据《混凝土结构工程施工质量验收规范》GB 50204—2015 的相关规定，现浇混凝土结构截面尺寸允许偏差为"+8，-5"mm，即正偏差不超过 8mm，负偏差不超过 5mm。在这个范围内的偏差不会影响机电管线排布。机电安装单位结合净高复核明细表，重点核查超过误差的梁。若梁的尺寸偏差太大，则需要采取补救手段，一是重新排布管线，二是进行剔梁来保证现场管线正常施工。

7 应用效果和结论

通过BIM三维模型,使梁下净高的分析更加直观和清晰。结合Dynamo程序快速处理数据,形成报告明细表,节省人力和时间成本。本研究经过大型商业综合体实践检验,节省工期8d,节省资金25万元,避免了大量重复性工作,证明其具有可实施、可推广性,为BIM技术辅助复核梁底净空提供参考。

参 考 文 献

[1] 王译梵,侯振斌,戴小罡,等. 基于BIM技术与等距划分原理的梁底净空分析方法研究[C]// 中国图学学会建筑信息模型(BIM)专业委员会. 第九届全国BIM学术会议论文集. 2023:5.

[2] 黄亚斌,徐立兵,周星星. Revit基础教程[M]. 北京:中国水利水电出版社:201702.

[3] 郝小杨. 基于Dynamo参数化BIM实际工程应用研究[D]. 呼和浩特:内蒙古农业大学,2021.

[4] 李新星. 浅论工程测量在建筑施工中的应用[J]. 安徽建筑,2019,26(3):174-175,181.

[5] 刘敏. BIM技术在机电安装工程中的应用分析[J]. 工程与建设,2023,37(5):1565-1567.

水利工程项目设计阶段中 BIM 技术的应用探讨

王小龙

（中国电建集团华东勘测设计研究院有限公司，浙江 杭州 311122）

【摘 要】本文旨在探讨 BIM 技术在水利工程项目设计中的应用，重点关注其在设计阶段的优势与挑战。其中，在水利工程初步设计阶段，根据创建的三维地质与地形模型、工程总体布置与水工结构 BIM 模型展开设计方案的比选与工程方案整体展示；在水利工程施工图设计阶段，BIM 技术的主要应用点为多专业三维协同设计，基于 BIM 模型的施工图快速输出与审查以及基于 BIM 模型的工程算量。通过分析相关的研究论文和案例实践，总结了 BIM 技术在水利工程项目设计阶段带来的效益和改进，并针对目前存在的问题提出了未来发展的展望。

【关键词】BIM；水利工程；设计

1 引言

随着信息技术的快速发展，建筑行业正经历着从传统模式向数字化、智能化的转变。建筑信息模型（Building Information Modeling，BIM）技术作为这一转变的核心驱动力，已经在全球范围内得到广泛应用。BIM 技术作为一种数字化工具，已在工业与民用建筑和市政交通领域得到广泛应用。然而在水利工程项目中，BIM 技术的应用尚处于初级阶段。当前，水利工程规划设计主要是以二维 CAD 制图为主体进行设计和交付，仅依靠此种方式不利于水利项目设计人员对设计方案的深度理解，影响设计质量。本文旨在深入研究 BIM 技术在水利工程项目设计阶段中的应用，以进一步推动其在该领域的应用。

2 BIM 技术在水利工程设计阶段的应用

2.1 BIM 技术在水利工程初步设计阶段的应用

在水利工程初步设计阶段（以下简称初设阶段），设计师可以借助 BIM 技术的工程可视化优势将水利工程的不同部分和功能以高度真实的三维模型展示，帮助项目团队更好地理解项目的整体设计思路，提高方案阐述的效率，方便进行方案比选工作。下面将阐述 BIM 在初设阶段的几项应用点。

首先，BIM 在初设阶段应用中最重要的工作之一，是集成建筑相关的勘测及测绘数据创建项目所在地的地质和地形三维模型。根据地质及地形三维模型可以协助设计人员进行项目的选址并且与建筑物三维模型进行组合形成项目的精确三维展示模型，辅助设计人员进行结构选型、合理布局与计算，提高项目初设阶段的整体设计效率。当前用于水利项目的地质相关三维建模软件主要有 AutoDesk 公司的 Civil 3D、Bentley 公司的 PLAXIS 以及基于 Bentley 二次开发的 GeoStation，其中以中国电建集团华东勘测设计研究院有限公司（以下简称华东院）开发的 GeoStation 使用更为广泛。使用 GeoStation 进行设计阶段工作的整体工作流程如图 1 所示，其中勘测数据到地质建模以及数据的延伸应用为初设阶段的主要应用点，可以帮助设计人员快速完成从勘测数据到三维地质模型的创建，为下游设计专业提供高质量、高精度的勘测数字化成果。

其次，完成地质、地形模型创建后，结合勘测数据与工程要求完成水利工程的总体布置，包括确定工程位置、水工建筑物布置方案以及结构设计。利用 BIM 技术将水利工程项目中的各个组成部分快速创

【作者简介】王小龙（1988—），男，项目经理/工程师。主要研究方向为工程数字化。E-mail：wang_xl8@hdec.com

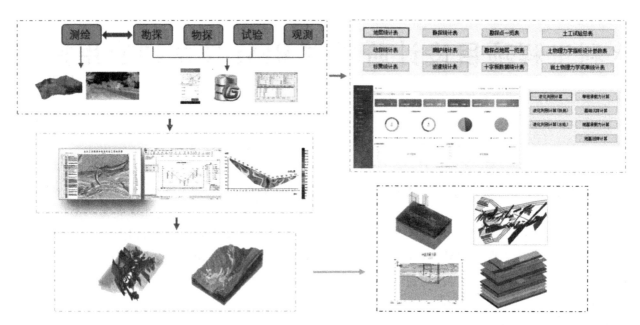

图 1 GeoStation 在水利工程设计阶段的工作流程

建集成物理属性、材料信息、施工工艺等信息,同时又可以展现真实几何形状和空间位置的三维 BIM 模型,包括水坝、泵站、挡墙、闸室、底板、箱涵等水利工程常见结构类型。建立的 BIM 三维模型除了可以用于可视化展示外,还可以导入 CAE 系统中进行有限元分析,弥补常用有限元软件如 Ansys、Abaqus 的三维模型建模能力较弱的缺陷,分析结果可即时反馈给工程设计人员用来指导、修改、优化设计方案。在此三维 BIM 模型创建过程中,常用的软件有 AutoDesk 公司的 Revit、Dassault 公司的 Catia 以及 Bentley 公司的 OpenBuildingsDesigner(以下简称 OBD),在水利工程中更为常用的是 OBD 以及基于 OBD 进行二次开发的水利水电项目三维设计软件。

工程总体三维 BIM 模型创建完成后,便可以进行设计方案的比选与工程方案的整体展示。根据创建完成的项目三维 BIM 模型,从布置合理性、结构性能、工程量等多方面进行对比分析,以获得最佳的设计方案。充分运用三维场景的可视化功能实现项目设计方案决策的直观和高效。设计方案比选的主要成果应包括方案比选报告和设计方案模型。工程方案的展示基于已固化的 BIM 模型,结合先进的视觉展示技术,以直观地向工程参建各方展示工程方案。常用的视觉展示技术包括虚拟现实(Virtual Reality,VR)和增强现实(Augmented Reality,AR)技术。

以上便是 BIM 技术在水利工程初设阶段的主要应用,包括根据集成的项目勘测与测绘数据创建三维地质与地形模型、工程总体布置与水工结构三维 BIM 模型创建以及基于 BIM 模型的设计方案比选与工程方案整体展示。

2.2 BIM 技术在水利工程施工图设计阶段的应用

在水利工程施工图设计阶段,BIM 技术的主要应用点为多专业三维协同设计、基于 BIM 模型的施工图快速输出与审查以及基于 BIM 模型的工程算量。

基于 BIM 的多专业三维协同设计已经在工业与民用建筑领域实现了成熟应用,在水利项目中主要应用在闸室、泵站等结构体中的建筑专业、结构专业、水机专业、金结专业、电气专业之间的协同设计。在各专业开展 BIM 协同设计前,项目需要建立 BIM 实施管理组织,指导工程项目按照 BIM 协同设计流程开展工作。协同设计流程包括:项目总体策划、项目策划、专业策划、模型创建、模型总装、模型固化、模型出图以及产品归档。利用 BIM 技术进行多专业之间的协同设计可以提高各专业之间的沟通效率,通过附加于三维模型的提资信息可视化展示各专业需求,同时也可以提前发现施工过程中可能产生的问题,在设计阶段针对可能存在的问题进行有效处理,有效提升设计阶段的整体质量,减少由于设计缺陷导致的施工环节中产生的偏差,减少人力、物力和财力的消耗,降低项目成本。

基于 BIM 模型的施工图与工程量快速输出，可以帮助设计人员利用初设阶段的模型进行后续的结构详细设计。比如基于固化的三维混凝土模型进行三维钢筋设计，然后基于三维钢筋模型输出钢筋施工图与工程量。在水利工程项目中常用的三维钢筋设计软件为华东院开发的混凝土三维配筋系统 ReStation，可以实现水利项目中非标构件的参数化三维配筋设计、一键输出钢筋图纸与钢筋工程量。基于 BIM 模型的二三维图纸输出可以极大地提高施工图设计阶段的效率与质量，帮助设计人员理解结构细节部分可能存在的问题。同时，由于工程量统计所需信息已经挂载在 BIM 模型中，基于 BIM 模型的工程量一键输出在提升工程量统计效率的同时，减少了传统工程量统计中可能出现的人为误差，且工程量可追溯性强。

3 实际案例展示

3.1 工程概况

某排涝及配套工程的建设任务是以排涝为主，兼顾改善区域水生态环境，主要建设内容包括湖泊整治工程、河道整治工程和闸站工程。本次 BIM 的应用主要集中在各连接处的新建水闸 13 座，总净宽 270m；新建闸站 4 座，总净宽 110m，总排涝流量 60m³/s，总引水流量 30m³/s。以其中的闸站为例，阐述 BIM 技术在水利工程设计阶段的应用。

3.2 三维地质模型

利用三维地质软件 GeoStation 完成闸站所在地的三维地质模型建模，整体工作流程如图 2 所示。该流程实现了从源数据到线框模型、表面模型和地层模型的三维模型建立亦可直接从元数据自动生成三维底层模型，模型可继续用于后续地质剖面图、钻孔柱状图和地质平切图的自动绘制。同时，三维地质模型直接移交给下游专业进行后续的结构设计。

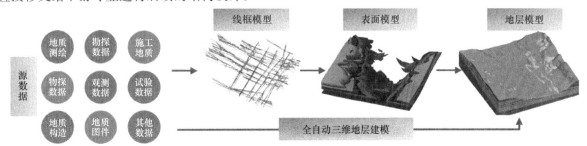

图 2 三维地质建模工作流程

3.3 多专业三维协同设计

利用 Bentley 的 OpenBuildingsDesigner 进行建筑、水工、金结和水机专业三维模型创建，同时使用 ProjectWise 进行整个项目的各专业协同。项目成立专门的 BIM 应用小组，确定项目开展三维设计的范围和深度、各专业三维建模次序、各专业对其他专业的建模框架性技术要求；制定三维设计工作计划，明确各专业三维模型完成时间、三维集中办公时间、三维模型固化时间等。各专业的部分建模成果如图 3~图 6 所示。

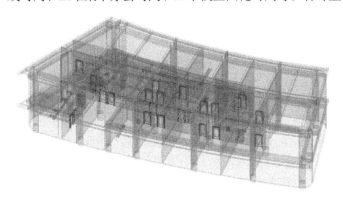

图 3 某闸室建筑专业 BIM 模型（部分）

图 4 某闸室水工专业 BIM 模型（部分）

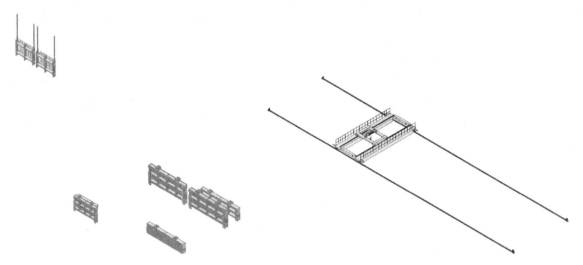

图 5 某闸室金结专业 BIM 模型（部分）　　　　图 6 某闸室水机专业 BIM 模型（部分）

3.4 三维配筋模型

在施工图设计阶段，使用混凝土三维配筋系统 ReStation 对水工结构进行三维配筋设计、钢筋出图与算量工作。现以其中一段闸室的底板和墩墙为例展示三维配筋过程。

（1）根据已经固化的三维结构模型，使用 ReStation 的模型管理器将配筋所需属性附加到三维结构模型上，如图 7 所示，包括混凝土等级、环境等级、抗震等级。

（2）使用大体积通用配筋功能完成 4 个中墩、2 个边墩以及底板的三维配筋，生成的三维钢筋模型如图 8 所示。

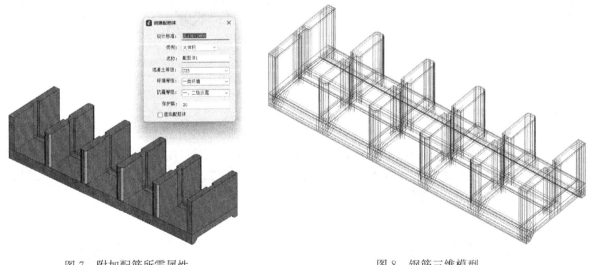

图 7 附加配筋所需属性　　　　　　　　　　　图 8 钢筋三维模型

（3）钢筋自动编号与钢筋工程量一键输出，输出的钢筋报表如图 9 所示。

（4）使用钢筋抽图功能完成二维钢筋图纸的一键输出，钢筋标注会自动输出到图纸中，部分二维钢筋图纸如图 10 所示。

（5）最后可以将生成的钢筋工程量表格与抽出的二维钢筋图合并为图纸。同时，ReStation 提供了专门的钢筋审校工具，可以帮助审校人员基于三维模型进行审校工作。

钢筋表

编号	直径	钢筋形式(mm)	单根长度(mm)	根数	总长(m)	重量(kg)	备注
1	Φ18	740 28022 740	29502	45	1327.6	2655.2	
2	Φ18	28040	28040	16	448.6	897.3	
3	Φ20	5670 443 1511	7624	32	244.0	602.5	
4	Φ20	1230 443 1511	3184	248	789.6	1950.4	
5	Φ20	2080 443 1511	4034	4	16.1	39.9	
6	Φ18	740 655,849 740	2135,2329	8	17.9	35.7	
7	Φ18	740 7922 740	9402	54	507.7	1015.4	
8	Φ20	5670 730	6400	12	76.8	189.7	
9	Φ20	5321,5519 730	6051,6249	8	49.2	121.5	
		730					

工程量汇总表

直径	总长(m)	重量(kg)
Φ18	5999	11997
Φ20	6414	15843
总计		27.84(t)

混凝土方量377.6m3，混凝土含钢量73.7kg/m3，混凝土强度等级C35，抗冻等级F***，抗渗等级W*

图 9　钢筋工程统计（部分）

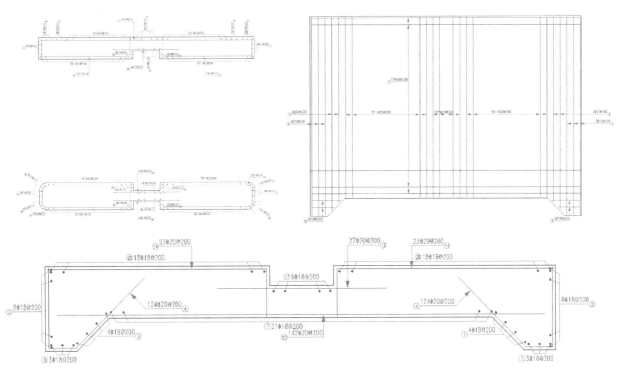

图 10　闸室部分二维钢筋图

4 BIM 技术在水利工程项目中的挑战与未来展望

4.1 BIM 技术在水利工程项目中的挑战

通过上文的论述与实际案例的应用,虽然 BIM 技术在水利工程项目设计阶段的应用有着明显的效率与质量提升的作用,但是实际情况中应用 BIM 技术依然存在一些挑战和限制:

(1) 技术复杂性:水利工程项目通常规模庞大、结构复杂,对 BIM 技术的要求更高。建立水利工程项目的 BIM 模型需要处理大量的数据和信息,对计算机硬件和软件的要求也很高。

(2) 数据互操作性:在水利工程项目中,BIM 模型需要与多个参与方和系统进行数据交换与协作,包括设计、施工、监理、供应商等。不同参与方可能使用不同的 BIM 软件和标准,导致数据互操作性成为一个挑战。

(3) 缺乏标准化:目前 BIM 技术在水利工程领域还没有统一的标准和规范,导致不同项目之间的 BIM 模型难以共享和复用。缺乏标准化也增加了数据交换和协作的复杂性。

(4) 培训和人才缺乏:BIM 技术需要专业的技术人员进行操作和管理。目前,水利工程领域缺乏熟练掌握 BIM 技术的人才,培训和人才引进成为一个挑战。

(5) 初始投资成本高:引入 BIM 技术需要购买高性能计算机、专业软件和硬件设备,以及进行人员培训等,初始投资成本较高。对于一些小型或预算有限的水利工程项目来说,可能难以承受这一成本。

(6) 法律法规支持不足:缺乏支持 BIM 技术的法律法规和政策,可能导致 BIM 技术在水利工程项目中的应用受到限制。

4.2 未来发展方向

结合近期 BIM 技术的发展与国家政策的调整,对未来 BIM 技术在水利工程项目的发展有以下几点展望:

(1) 标准化和协同发展:未来,随着行业对 BIM 技术的认知深入,有望形成统一的标准和规范,这将加强不同项目之间 BIM 模型的共享和复用,提高行业整体的协同效率。

(2) 智能化和自动化:BIM 技术可能会与人工智能、大数据等先进技术更深度地融合,实现更高程度的智能化和自动化。例如,通过机器学习算法,BIM 模型能够自我学习和优化,提高设计效率和准确性。

(3) 全生命周期管理:BIM 技术有望从设计阶段扩展到水利工程的全生命周期,包括施工、运营和维护阶段。这将有助于实现工程信息的持续更新和共享,提高工程管理和运营效率。

(4) AR 和 VR 的融合:BIM 模型可以与 AR 和 VR 技术相结合,提供更直观、更真实的工程展示和体验。这将有助于改善工程沟通,提高决策效率。

(5) 云计算和云服务:云计算的发展将可能推动 BIM 技术向云端转移,实现随时随地访问和处理 BIM 模型。这将大大提高工作效率和协作效果。

(6) 跨学科集成:水利工程项目不仅涉及水利工程学,还与环境科学、地质学等多个学科紧密相关。未来 BIM 技术可能实现跨学科集成,构建一个更全面、更综合的项目管理系统。

5 结论

BIM 技术在水利工程项目中具有广泛的应用前景和重要的作用,可以提高项目效率、管理水平和整体质量。然而,面临的挑战和限制也不可忽视。未来需要加强标准化与规范化工作,并结合其他前沿技术的发展,进一步提升 BIM 技术在水利工程项目中的应用水平。

参 考 文 献

[1] 谢迩鑫. 中小型水利工程设计中 BIM 技术的应用探讨 [J]. 中文科技期刊数据库(全文版)工程技术, 2023(7): 52-55.
[2] 孙宁, 郝梦茹. BIM 技术在水利工程设计中的应用初探[J]. 居舍, 2022(5): 106-108.
[3] 黄霄, 李志红. BIM 技术在水利工程规划设计中的应用[J]. 中国资源综合利用, 2021, 39(2): 23-24.

[4] 王超,王福良,荣钦彪,等.中小型水利工程设计企业BIM技术应用探讨[J].水利水电快报,2022,43(S2)82-84.
[5] 陆益挺.BIM技术在水利工程设计行业的应用[J].科学技术与创新,2019(30)130-131.
[6] 王欣垚.BIM技术在水利工程设计中的运用分析[J].科技咨讯,2023,21(6)79-82.

一种高效的 BIM 模型轻量化技术及应用

张家尹[1,2]，董大銮[1,2]，李小州[1,2]，李星开[1,2]，沈俊喆[1,2]

(1. 浙江华东岩土勘察设计研究院有限公司，浙江 杭州 310030；
2. 中国电建集团华东勘测设计研究院有限公司，浙江 杭州 311122)

【摘 要】 本文提出了一种高效的 BIM 模型轻量化技术，首先以 OSGB 数据格式为基础，将模型元素进行几何提取与变换，主要包括提取整个模型空间几何信息以及对模型元素顶点进行坐标系变换。其次，采用顶点加索引的方式对模型进行重映射。再次，通过八叉树算法对模型节点列表中的每一个节点进行空间划分。然后，采用二次误差度量算法对模型的几何元素的顶点进行简化。最后，将成果分层输出为 3D Tiles 轻量化数据格式。本文通过以上步骤形成的完整 BIM 模型轻量化流程，在提高模型处理效率、优化数据存储和传输、保持模型精度和完整性等方面具有明显优势，能够满足现代建筑信息模型技术对于高效率和高性能的需求。

【关键词】 BIM 模型；轻量化；顶点映射；空间划分；瓦片化

1 引言

BIM（建筑信息模型）技术在建筑、工程和施工（AEC）行业中起着至关重要的作用，它通过创建和使用数字信息模型来支持建筑物、基础设施和城市的设计、建造和运营。然而，BIM 模型通常包含大量的几何和非几何数据，这导致模型文件体积庞大，给数据的存储、传输和处理带来挑战。尤其是在不同平台间进行数据交换或是在资源受限的终端设备上进行模型浏览和操作时面临诸多问题，如加载速度慢、渲染效率低、占用大量系统资源等，这些问题极大地限制了 BIM 技术在实际应用中的效能。

为了克服这些问题，BIM 模型轻量化技术应运而生。轻量化技术旨在减少模型的存储空间需求，优化数据的传输效率，并提升模型在终端设备上的渲染和显示性能。这包括对模型数据进行高效地压缩、采用流式传输技术以及开发适应不同显示需求的渲染策略。通过这些技术，可以在保持模型精度和完整性的同时，实现模型的快速加载和流畅交互，极大地扩展了 BIM 技术的应用范围和灵活性。此外，随着 BIM 技术在工程项目管理中的深入应用，更复杂的应用场景、更庞大的 BIM 模型数据以及更多的业务场景交互操作对于能够支持大体量模型轻量化处理的技术需求不断增长。如何在支持大体量模型处理效率的同时保持模型精度和完整性，是当前 BIM 模型轻量化技术的研究方向，对于推动建筑行业信息化、数字化转型具有重要意义。

基于此，本文提出了一种高效的 BIM 模型轻量化技术，首先以 OSGB（Open Scene Graph Binary）数据格式为基础，将模型元素进行几何提取与变换，主要包括提取整个模型空间几何信息以及对模型元素每一个顶点进行坐标系变换。其次，采用顶点加索引的方式对模型进行重映射。再次，通过八叉树算法对模型节点列表中的每一个节点进行空间划分。然后，采用二次误差度量算法对模型的几何元素的顶点进行简化。最后，将成果分层输出为 3D Tiles 轻量化数据格式。本文通过以上步骤形成的完整 BIM 模型轻量化流程，在提高模型处理效率、优化数据存储和传输、保持模型精度和完整性等方面具有明显优势，能够满足现代建筑信息模型技术对于高效率和高性能的需求。

2 技术手段

2.1 几何提取与变换

高效的数据存储与传输以及模型的渲染和显示，是 BIM 模型轻量化技术研究的重要内容。国内外研究学者基于 IFC 或者 WebGL 标准中的 Three.js 框架等研究了模型轻量化技术，取得了较好的研究成果。但是面对繁杂的业务场景、庞大的模型数据，轻量化后的 BIM 模型渲染效率和渲染质量都有提高的空间。

OSGB 数据格式，是一种用于三维地理空间数据的高效存储和传输格式。该格式由英国国家测绘机构 Ordnance Survey 开发，旨在优化三维模型的存储效率和渲染速度，同时保持数据的可扩展性和互操作性。在 OSGB 数据格式中，三维模型被分割成多个网格（Meshes），每个网格由顶点（Vertices）、面（Faces）和纹理坐标（Texture Coordinates）组成。OSGB 格式支持高度压缩的纹理映射技术，以及对多级细节（Level of Detail，LOD）的支持，这使得在不同视图距离和角度下，模型可以根据需要动态调整细节级别，从而优化渲染性能。OSGB 数据格式的另一个重要特点是其对多分辨率数据的支持，即在不同的缩放级别下，可以展示不同精度的数据，从而在保持渲染效率的同时提供必要的细节信息。BIM 模型轻量化的数据格式选择和轻量化技术的应用，旨在实现模型的高效传输、快速加载和高质量渲染，同时考虑模型的保真度和细节特征的保留。采用 OSGB 作为基础数据格式，可以充分利用其在数据压缩、存储结构优化和复杂场景支持方面的优势。

首先，通过专用的转换插件将多种格式的 BIM 模型数据转换为 OSGB 数据格式，BIM 模型数据格式包括但不限于 DGN、RVT、IFC、STP 和 FBX 等三维模型文件。在 OSGB 数据结构中，节点以树形方式组织，有助于高效管理和渲染三维场景。

其次，对模型元素的几何信息和属性信息进行提取，所提取的信息主要包括顶点、顶点索引、法向、颜色、UV 坐标以及材质等关键数据。具体的几何信息提取方法是：首先初始化一个空的矩阵栈，并在栈中放入一个单位矩阵。接着从模型元素的根节点开始，递归地处理每一个子节点。当遇到 Group 节点时，算法会继续递归处理其子节点；对于 MatrixTransform 节点，算法会取出矩阵栈顶的矩阵，与 MatrixTransform 节点的矩阵相乘，然后将结果压入矩阵栈，并递归处理其子节点，处理完毕后将矩阵从栈中弹出；在处理 Geode 节点时，算法会取出矩阵栈顶的矩阵，并对该节点下的每一个几何节点的顶点和法向进行矩阵变换，从而得到新的坐标值。该过程的流程图如图 1 所示。

最后，对提取的几何信息进行坐标系转换，即将 Geode 列表中每个顶点的坐标统一转换为 WGS84 坐标系。这一转换过程是通过使用开源的地理空间坐标转换库 Proj.4 来实现的。Proj.4 是一个功能强大的开源地理空间坐标转换库，支持超过 100 种地图投影系统，并兼容多种编程语言，使其能够在不同的平台上广泛应用。它遵循国际标准，如 OGC 和 ISO，确保了坐标转换的准确性和可靠性。另外，Proj.4 能够处理包括椭球体和球体大地测量数据在内的复杂计算，适用于 GIS、遥感、地图制作和导航系统等领域。

2.2 顶点重映射

模型的几何数据表示方法是建模和渲染领域中的基础概念，计算机图形学中常用来描述三维物体的形状和结构的方法有仅用顶点表示、顶点＋索引表示、半边数据结构、BSP 树、Octree 等数据结构。

其中仅用顶点表示的方法中，每个顶点的位置信息被直接记录下来，如果一个三维模型由 N 个顶点构成，则会列出所有 N 个顶点的坐标（通常是三维坐标 x, y, z）。对于简单的几何体或者不需要考虑面的信息时，可以使用这种表示法。如果模型包含很多重复的顶点，此方法会导致数据冗余，增加存储空间需求和处理复杂度。顶点＋索引的方式是一种更为高效的数据结构，广泛应用于现代图形处理中。顶点信息被存储在一个列表中，每个面或图元（如三角形）则是通过引用顶点列表中的索引来定义，而不是重复存储顶点坐标。这种方式大大减少了存储空间的需求，并且可以通过硬件加速来有效提高渲染效率。半边数据结构主要用来高效处理模型的拓扑关系，BSP 树、Octree 等数据结构来主要是优化空间分割和碰撞检测等。但就基本的几何模型表示而言，顶点＋索引的方式因其高效性和灵活性成为主流选择。

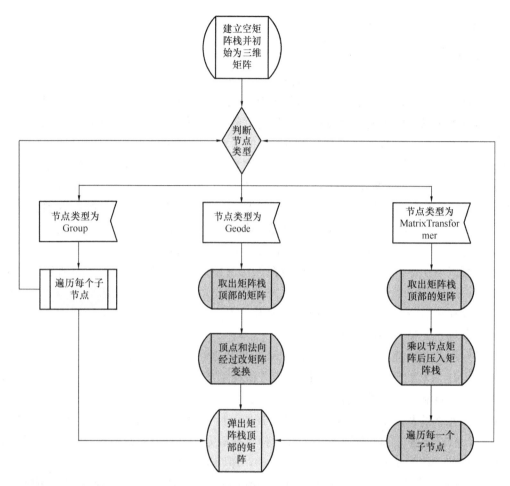

图 1 模型元素的几何信息提取流程图

下面以图 2 中三棱柱模型为例来说明仅用顶点表示的方法和使用顶点+索引表示方法的区别,该模型一共有 3 个三角形,分别是三角形 ABO、BCO、CAO。假设各个顶点坐标分别为:$A(0,5,0)$、$B(-3,0,0)$、$C(3,0,0)$、$O(0,3,0)$。

如果仅用顶点表示,则每一个顶点有 3 个浮点数表示三维坐标,一个三角形有 3 个顶点,一共 3 个三角形,则用顶点表示该模型需要的顶点为 $(0,5,0)$、$(-3,0,0)$、$(0,3,0)$、$(-3,0,0)$、$(3,0,0)$、$(0,3,0)$、$(3,0,0)$、$(0,5,0)$、$(0,3,0)$,其中 1 个浮点数占用 4 个字节,所以该模型一共占用 $4\times3\times3\times3=108$ 个字节。

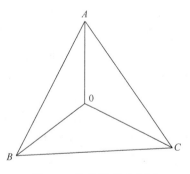

图 2 三棱柱模型示意图

如果采用顶点+索引表示方法来表示以上模型,4 个顶点共占用 $4\times3\times4=48$ 个字节。如果以单字节表示索引,索引占用 $3\times3=9$ 个字节;如果以双字节表示索引,索引占用 $3\times3\times2=18$ 个字节;如果以四字节表示索引,索引占用 $3\times3\times4=36$ 个字节,因此这种表示方法最大占用空间 $48+36=84$ 字节。当数据量大的情况下,采用顶点+索引的方式占用的空间将会明显低于仅采用顶点表示的方式。故本文采用主流的顶点+索引的表示方式来表达模型几何元素。

采用顶点+索引的形式表达模型几何信息,具体步骤为:①创建索引数组;②初始化有效索引变量值;③构建 Hash 表以及迭代处理重复顶点。创建索引数组具体步骤为,如果模型没有索引则建立一个空的索引数组(orgIndex),数组大小为模型的顶点数量,赋初始值为 0,1,2,3,4…;初始化有效索引变量值具体步骤为,建立一个目标索引数组(dstIndex),其长度等于模型元素的顶点索引数量值,数组中每一个元素的初始值赋为 -1,同时创建下一个有效索引值 nextIndex,其值为 0,表示下一个有效索引值。构建 hash 表以及迭代处理重复顶点具体步骤为：首先建立一个 hash 数组，数组大小不小于模型顶点数组的数量，数组内所有元素初始值赋为 -1；其次定义一个循环使用的变量 i，从 0 开始循环遍历至原模型顶点索引的最大值，每一次循环中取当前索引值 index = orgIndex [i]，以及当前顶点值 vertex = verties [index]。再次对当前顶点值取一个 hash 数，并在 hash 数组中查找该 hash 对应的项 entry，如果 entry 值为 -1，则表示新的索引，将该 entry 的值赋为 index，目标索引设置为 index，同时 nextIndex 加 1。如果 entry 值不为 -1，则表示已有相同的索引，目标索引设置为 entry 值。然后将目标索引数组大小设置为 nextIndex。最后将目标索引赋值给模型。该过程即实现通过计算顶点 hash 值的方法来判断顶点值是否相等，对于 hash 值相同的顶点索引进行合并，达到充分减少模型索引数量的目的。

2.3 空间划分

本文按照空间八叉树算法将模型范围内的元素进行空间划分，得到空间分层信息。具体为：创建模型范围内根节点立方体、构建根节点立方体编号和索引、划分更深层次的空间立方体、根据每个立方体中 Geode 阈值递归处理每一个空间立方体，得到按照空间八叉树算法构建的空间分层信息。

这里以 3 层空间为例阐述具体过程：首先，取整个模型的包围盒中长、宽、高三个值中最大值组建一个立方体，此时模型元素的所有 Geode 都在此立方体内，将其这个作为第 0 层（即顶层）；然后，对该立方体八等分操作，可以得到 8 个小立方体，遍历每一个 Geode 的包围盒的中心点，判断其落在哪个小立方体内，并对 8 个小立方体分别进行编号，例如 0，1，2，…7，该编号表示第 1 层的 8 个小立方体；最后，对上一步骤得到的每一个立方体继续进行八等分操作，每个小立方体又可以得到更小的 8 个小立方体。分别编号为 0-1，0-2，0-3，0-4…7-6，7-7，表示第 2 层的 64 个小立方体。最终结果空间划分得到每一层每一个 Geode 所属的小立方体，如图 3 所示。

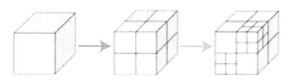

图 3　3 层空间划分示意图

2.4 几何简化

本文采用二次误差度量算法（QEM）对模型几何元素的顶点进行缩减。从构建的空间八叉树最小单元开始，逐层采用二次误差度量算法（QEM）缩减模型顶点数量。具体算法过程如下：首先计算每一个顶点的 Q 矩阵，即它相邻的所有三角面的 K^p 之和。然后预处理出所有的合法点对，求得收缩后的点坐标与对应的误差度量，放到堆里。对于每次迭代，选择堆顶的点对（v_1, v_2）进行弹栈，网格上进行收缩操作。最后更新堆中所有涉及 v_1，v_2 的点对，这里需要更新的值为：计算更新 $\bar{v}$ 的 Q 矩阵为 $Q^1 + Q^2$，将所有（v_1, u），（v_2, u）等点对修改为（$\bar{v}$, u），并修改误差代价和最优点。

2.5 瓦片化输出

按照空间分层信息遍历模型元素，以瓦片化的形式输出 3D Tiles 数据格式的轻量化文件。具体为：首先对模型数据进行分析，获取每个小立方体中的 Geode 数量和它们的属性。其次进行数据合并，按照特定合并规则合并顶点、索引等数据并根据合并后的顶点数生成批次号。再次，创建 b3dm 文件和描述性 JSON 文件。然后对几何数据和纹理图片进行压缩。最后根据 3D Tiles 规范创建表示根节点层所在位置及包围盒的 tileset.json 文件。以 3 层空间划分为例阐述该过程：从最高层到第 0 层，根据层号建立文件夹并以数字命名该文件夹，建立的文件名字分别为 2、1、0。遍历每层空间的每一个小立方体：如果小立方体里无 Geode，则继续遍历，如果存在 Geode，则将该层内所有 Geode 的顶点、法相、索引、UV、颜色按材质进行分组合并，并生成批次号。这里以 3 个顶点数分别为 1000、2000、3000，索引数分别为 3000、4000、5000 的 Geode 为例。新的顶点坐标、法相、UV、颜色为对应的所有数组相加而成。以顶点坐标为例，比如最后得到的一共 6000 个顶点，前 1000 个是第一个 Geode，第 1001 到 3000 为第二个 Geode，剩下为第三个 Geode。新的索引一共有 12000 个，前 3000 个为原第一个 Geode 的索引值，3001 到 7000 为原第二个 Geode 的索引值加 3000（即原索引为 0，现在改为 3000），7001 到 1200 为原第三个 Geode 的索引值加 7000。批次号的长度同新顶点的长度，即一共 6000 个元素，前 1000 个元素值都为 0，表明这 1000

个顶点是第一个 Geode；1001 到 3000 值都为 2，表明这些顶点是第二个 Geode，剩下值都为 2。将生成得到的新的顶点、法向、索引、UV、颜色、批次号生成一个 b3dm 文件和对应的描述 json 文件，如 1-6.b3dm，表明是第 1 层第 6 个小立方体生成的模型文件；对于纹理图片，则放到根目录下 textures 文件夹中。这样不同模型引用相同的纹理时仅需要记录相对路径，图片只有一份而不需要保存多份。对数据压缩操作，如果是几何数据，采用 Draco 或者 MeshOpt 算法进行压缩；如果是纹理图片，则采用 webp 格式保存。生成 tileset.json，表明第 0 层所在的位置及包围盒等信息。

3 应用案例

为了验证和展示本文提出的方法的有效性和实用性，笔者将其集成至一个自主开发的软件平台中，该软件被命名为天问简构，旨在提供一种高效且直观的工具，以解决 BIM 模型轻量化过程中遇见的挑战，软件的操作界面如图 4 所示。本文以三种不同格式的 BIM 模型为测试用例，分别为某建筑模型（.rvt 格式）、某机电模型（.ifc 格式）、某体育场模型（.fbx 模型），用天问简构软件进行轻量化操作，得到可以在浏览器中加载的轻量化文件。

图 4　天问简构操作界面

其中某建筑模型（.rvt 格式）的文件（图 5）是由 Revit 建模软件创建的，原始的文件以参数化方式存储模型数据，其初始大小为 27MB，涵盖了总计 5790 个组件。利用 Revit 插件将此模型导出为 OSGB 格式。转换后的某建筑模型文件大小为 322MB，内部结构复杂度大幅提高，具体包括 18013 个 Geode、37210 个 Geometry，以及近 400 万的顶点数和约 248 万的 primitives。这一模型的渲染帧率在 osgViewer 软件下仅能达到 16fps 左右。随后，笔者采用天问简构的轻量化技术对模型进行了深度优化。轻量化后的模型文件大小缩减至 23MB（图 6），实现了约 14 倍的数据量缩减，显著提升了存储效率并降低资源消耗。轻量化后的模型被分割为 31 个 b3dm 文件，其中最大的单个文件控制在 2MB 之内。使用 CesiumJS 加载时，笔者发现整个模型能够在 2s 内完成加载并展示，同时在操作过程中实现了流畅的 60fps 帧率，且整个轻量化流程仅耗时 3s，展现了天问简构在模型优化领域的优秀性能。

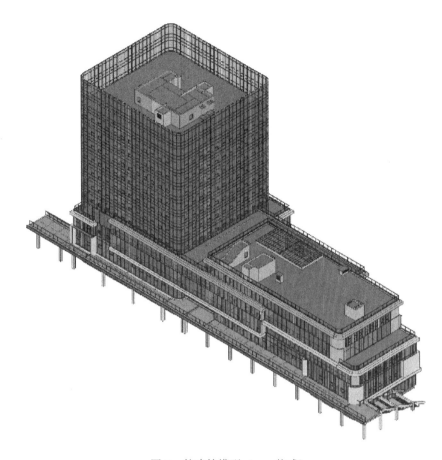

图 5 某建筑模型（.rvt 格式）

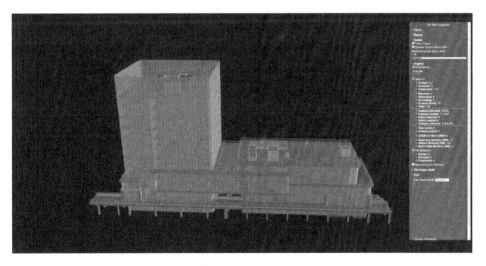

图 6 某建筑模型轻量化后显示效果

某 IFC（Industry Foundation Classes）格式的机电模型初始文件（图 7）大小为 151MB，该模型包含机电专业详细的信息。通过插件将包含复杂信息的 IFC 模型转换为 OSGB 格式。这一过程减少了模型的复杂度，保持其几何精度，最终生成的模型拥有 44400000 个顶点和 18030000 个 Primitives（基本图形元素）。采用自主研发的天问简构轻量化工具对该 OSGB 模型进行深度优化，轻量化后的总文件大小增加为 692MB（图 8），但整个轻量化过程仅耗时 50s，渲染加载效率高效。在 BIM 仿真平台中进行测试时，即使在经过裁剪以适应特定视角或场景需求的情况下，模型依然能够以稳定的 32fps（每秒帧数）流畅运行，证明优化策略是有效性的。

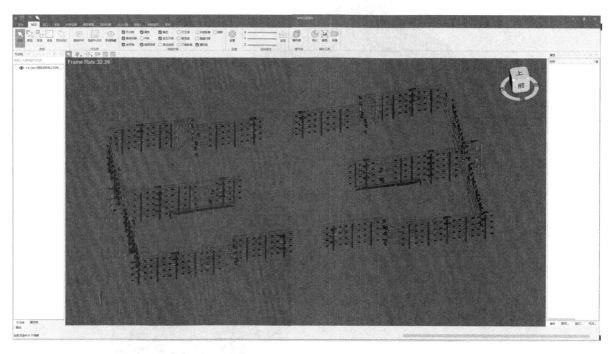

图 7 某机电模型（.ifc 格式）

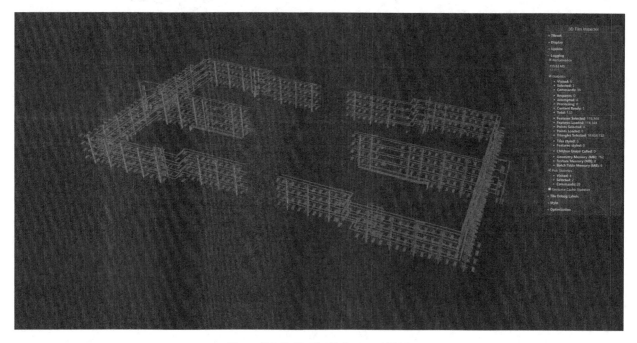

图 8 某机电模型轻量化后显示效果

某体育场模型（.fbx 模型）的初始文件（图 9）大小为 34MB，包含丰富的纹理和结构信息。首先采用插件将其转换为 OSGB 格式，这一转换过程重构了模型的数据结构，还引入一系列针对实时渲染优化的算法，转换后的模型文件大小增长至 148MB。采用天问简构轻量化方案后，模型的总文件大小被压缩至 6.99MB（图 10），轻量化后的模型不仅大幅减少了对存储空间的需求，还极大地缩短了加载时间，可确保用户在各种应用场景下都能获得无缝的交互体验。

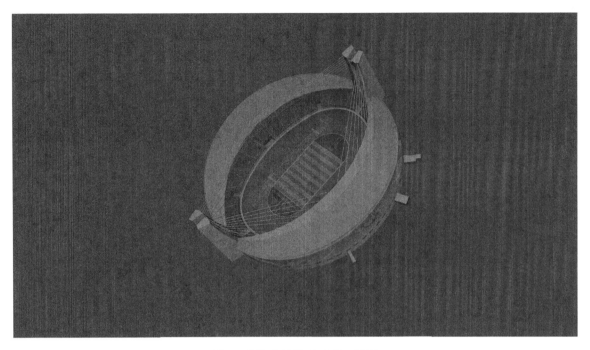

图 9 某体育场模型（.fbx 模型）

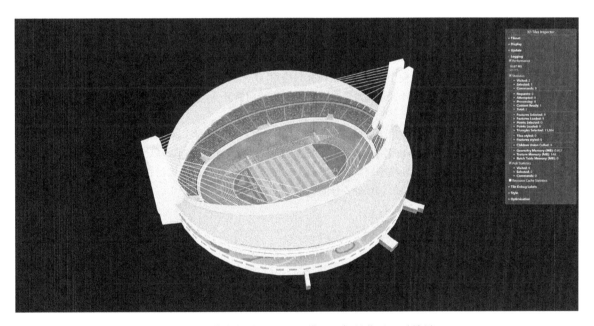

图 10 某体育场模型（.fbx 模型）轻量化后显示效果

4 结论

本文提出的 BIM 模型轻量化技术，通过一系列步骤有效解决了传统 BIM 模型在处理效率、数据存储和传输方面面临的问题，为现代建筑信息模型技术的应用提供参考。首先，以 OSGB 数据格式作为基础，该技术能够精确提取模型的几何信息，并对每个顶点进行坐标系变换，确保模型在不同系统间的准确表示。其次，采用顶点加索引的重映射方式，进一步优化了模型的数据结构，提高了模型的解析速度和内存利用率。再次，通过运用八叉树算法对模型节点进行空间划分，该技术实现了对模型复杂结构的有效管理，便于后续的层次化显示和动态加载，显著提升了模型的交互性和响应速度。在此基础上，二次误差度量算法被应用于模型顶点的简化过程，能够在保持模型精度的前提下，大幅度减少顶点数量，有效降低模型的复杂度和数据量。最终，经过上述优化处理的模型成果，被高效地分层输出为 3D Tiles 轻量化数据格式，这一格式不仅支持流式传输，还允许按需加载特定区域的模型数据，极大地减少了网络带宽的占用，同时也方便了模型的跨平台共享和应用。

本文中的 BIM 模型轻量化技术被集成在自主研发的软件平台（天问简构）中，并在三种不同数据格式的 BIM 模型中测试，结果显示该 BIM 模型轻量化技术通过从几何信息提取到数据格式转换的全流程优化，不仅显著提高了模型处理的效率，还优化了数据的存储和传输，同时在保持模型精度和完整性方面表现出色，充分满足了现代建筑信息模型技术对于高效率和高性能的要求，可为 BIM 技术在建筑工程等领域的广泛应用提供强有力的技术支撑。

参 考 文 献

[1] 郑华海，刘匀，李元齐. BIM 技术研究与应用现状[J]. 结构工程师，2015，31(4)：233-241.
[2] 纪博雅，戚振强. 国内 BIM 技术研究现状[J]. 科技管理研究，2015，35(6)：184-190.
[3] 何清华，钱丽丽，段运峰，等. BIM 在国内外应用的现状及障碍研究[J]. 工程管理学报，2012，26(1)：12-16.
[4] 张家尹，王国光，魏志云，等. 基于 GeoStation 的城市片区地质三维建模技术研究[J]. 地质与勘探，2021，57(2)：413-422.
[5] 刘金泉. 基于 WebGL 的 BIM 模型轻量化研究与实现[D]. 兰州：兰州交通大学，2023.
[6] 金拯昱. 基于 BIM+GIS 技术的三维场景构建与应用分析[D]. 赣州：江西理工大学，2023.
[7] 熊天海. 基于 Cesium 框架的 BIM 轻量化管理平台设计与实现[D]. 北京：北京建筑大学，2023.
[8] 李大平，田华，肖子沐. 基于 WebGL 的 BIM 模型轻量化解决方案[J]. 施工技术（中英文），2023，52(17)：21-26.
[9] 代进雄，杨晓蕾，李大可，等. BIM 轻量化技术在水利工程中的应用[J]. 人民黄河，2024，46(3)：121-125.
[10] 张少锦，张惠宇，王晓晶. BIM 轻量化管理技术研究综述[J]. 土木建筑工程信息技术，2023，15(6)：117-122.
[11] 王欣亮. 建设工程机电安装中的 BIM 协同与轻量化应用[J]. 中国建设信息化，2023(21)：74-78.
[12] 裴冠翔. 基于 QEM 算法的 BIM 模型轻量化方法研究与应用[D]. 兰州：兰州交通大学，2023.
[13] 熊天海，王亮，张瑞强，等. BIM 轻量化管理平台工程量统计功能开发与实现[J]. 土木建筑工程信息技术，2023，15(2)：31-36.
[14] 刘洋. 基于 WebGL 的 BIM 模型轻量化展示应用研究[D]. 太原：中北大学，2021.
[15] 佘宇深. 基于 BIM 技术的桥梁参数化建模及轻量化研究[D]. 北京：北京交通大学，2021.
[16] 孙源，王国光，赵杏英，等. BIM 模型轻量化技术研究与实现[J]. 人民长江，2021，52(12)：229-235.
[17] 张家尹，陈沉，徐震，等. 基于 BIM 仿真平台的数值计算模型一体化研究[J]. 人民长江，2021，52(S2)：320-325，334.

基于顺序无关的深度权重半透明的改进半透明渲染方法

金人笑

(1. 中国电建集团华东勘测设计研究院有限公司,浙江 杭州 311122
2. 浙江华东工程数字技术有限公司,浙江 杭州 311122)

【摘 要】高效且准确的实时半透明渲染,一直是游戏、建筑可视化等应用领域中普遍的需求。如何同时兼顾高效和准确,一直是半透明渲染的重要研究方向。本文提出了一种基于顺序无关的深度权重半透明的改进半透明渲染方法。该方法通过结合多种半透明渲染方案的思路,在保持渲染效率的同时,改进了深度权重半透明渲染技术在颜色准确性方面的不足。

【关键词】半透明渲染;深度权重;三维模型;颜色准确性;实时渲染

1 引言

1.1 背景和意义

在游戏、建筑可视化等领域,对半透明渲染有着广泛的需求,尤其是在 BIM 应用中,半透明渲染发挥着重要的作用。例如在可视化案例中,能更好地展示建筑的内部结构和系统,如管道、电缆和机械设备。这有助于设计师和工程师更直观地理解建筑内部的复杂关系。

1.2 半透明算法现状

实时半透明渲染方案中,广泛使用的有以下几种:

(1)深度排序的半透明渲染,该方法的优点是颜色准确,实现起来简单。缺点是复杂场景下对大量模型进行深度排序时,效率非常低下,且出现模型互相包含的情况时,依旧会出现覆盖顺序错误而导致的颜色不准确。

(2)深度权重的半透明渲染,其优点是不需要对模型进行排序,效率较高,但因为其本质是对各层半透明颜色用概率统计的方式进行混合,并没有精确地对半透明覆盖关系进行还原,所以颜色准确性并不高。

(3)深度剥离半透明渲染,该方法的优点是颜色准确性最高,但是性能表现差,在场景复杂的情况下,对显存的开销非常大。

1.3 本文的主要工作

针对顺序无关的深度权重半透明所存在的缺点,即颜色准确性相对较低问题,本文提出一种基于顺序无关的深度权重半透明的改进半透明渲染方法,该方法对半透明模型用着色器进行抽壳处理,抽出前壳、后壳作为近图层和远图层,抽壳后剩余的部分就是内部模型,内部模型用深度权重半透明处理后作为中间图层,三个图层按近、中、远的顺序依次用半透明值进行混合。做抽壳相当于给模型的表层做了一次深度剥离,所以模型表层的半透明颜色可以准确还原,提升了主体颜色的准确性。

【作者简介】金人笑(1988—),男。主要研究方向为图形渲染。E-mail: jin_rx2@hdec.com

2 实现方法

2.1 基本原理

图 1 表示抽壳后各图层的相对位置关系。

不透明模型（近）图层：不透明模型经过标准深度测试后保留的 frame buffer，是最远的图层。

半透明模型（远）图层：经过深度测试后保留的 frame buffer，保留深度最大的片元。

半透明模型（近）图层：经过深度测试后保留的 frame buffer，保留深度最小的片元。

半透明累加图层：半透明模型（远）和半透明模型（近）之间的半透明片元按公式累加的结果。

图 2 是纹理引用和渲染管线的关系图。不透明模型（近）的深度纹理给半透明模型（近）和半透明模型（远）使用，颜色纹理给"纹理渲染组合"使用，以此类推。

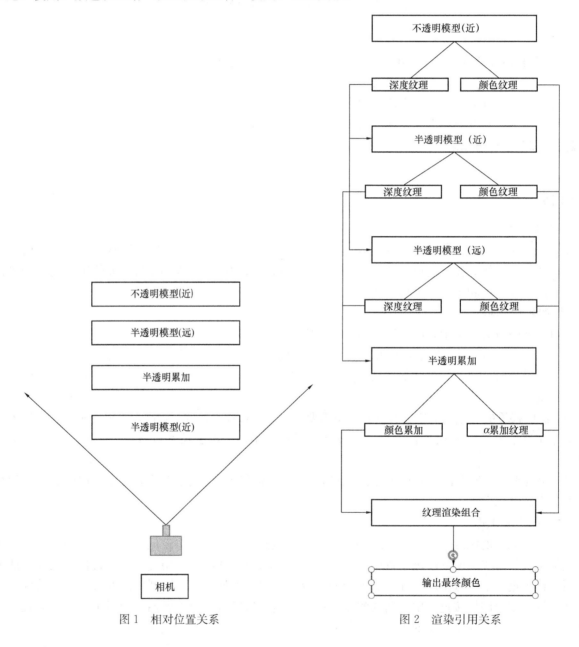

图 1　相对位置关系　　　　　图 2　渲染引用关系

2.2 具体实施方法

该技术方案是将权重半透明和传统排序半透明相结合，如图 1 所示，其中"半透明模型（近）""半透明累加""半透明模型（远）""不透明模型（近）"四层图层是按传统半透明的方式进行混合的，而"半透明累加"内部是用权重半透明进行混合的。

半透明模型（近）：是半透明模型靠相机最近的图层，半透明模型提交渲染后，经过深度测试后得到并保存到图层中，这是可见物体的最表层，因为这是相机最先看到的颜色，决定了模型颜色的主基调。

半透明模型（远）：是半透明模型靠相机最远的图层，半透明模型提交渲染后，经过深度测试后得到并保存到纹理中，这是半透明物体可见物体的最外层，因为在最远端，权重很小，所以对这部分需要单独处理，让"不透明模型（近）"可以更多地获得颜色权重，也可以直接对"不透明模型（近）"进行操作实现这一目的。

半透明累加：是半透明模型内部颜色累加得到的图层，是把大于"半透明模型（近）"片元和小于"半透明模型（远）"的片元按照一定的权重累加后得到的图层。半透明模型提交渲染后，经过多次深度比较后再进行权重累加并保存到图层中。这部分颜色非常重要，清楚地反映了模型内部的层级关系，辅以"半透明模型（近）"保留颜色主基调，得到比单纯半透明累加更准确的颜色结果。

不透明模型（近）：是不透明模型靠相机最近的图层，不透明模型提交渲染后，经过深度测试后得到并保存到图层中，这是不透明物体的最表层。不透明模型是一个整体，半透明模型是另一个整体，两个整体之间再通过混合公式进行融合。

2.3 实施步骤

步骤 1，使用图形 API 的渲染到纹理功能，渲染"不透明模型（近）"图层，渲染时设置深度测试为保留最小深度，并附加深度纹理和颜色纹理到帧缓存，渲染后得到不透明模型的深度纹理 Dopacity 和颜色纹理 Copacity，着色器代码示例如下：

```
if(color.a < 0.999)
    discard;
out accumColor = color;
out accumColor.a = 1;
```

步骤 2，使用图形 API 的渲染到纹理功能，渲染"半透明模型（近）"图层，设置深度测试为保留最小，关闭深度写入，并附加不透明模型的深度纹理 Dopacity，渲染时只保留深度小于 Dopacity 的片元，获取深度纹理贴图 DtransMin 和颜色纹理贴图 CtransMin，着色器代码示例如下：

```
if(color.a > 0.999)
    discard;
color.rgb *= color.a;
float w = weight(gl_FragCoord.z, color.a);
out accumColor = vec4(color.rgb * w, color.a);
out accumAlpha = color.a * w;
```

步骤 3，使用图形 API 的渲染到纹理功能，渲染"半透明模型（远）"图层，设置深度测试为保留最大，关闭深度写入，并附加不透明模型的深度纹理 Dopacity，渲染时只保留深度小于 Dopacity 的片元，获取深度纹理贴图 DtransMax 和颜色纹理贴图 CtransMax，着色器代码示例如下：

```
if(color.a > 0.999)
    discard;
color.rgb *= color.a;
float w = weight(gl_FragCoord.z, color.a);
out accumColor = vec4(color.rgb * w, color.a);
out accumAlpha = color.a * w;
```

步骤 4，使用图形 API 的渲染到纹理功能，渲染"半透明累加"图层，设置颜色通道和透明通道为不同的混合公式，颜色通道混合公式为 glBlendFunci（0，GL_ONE，GL_ONE），即源通道和目标通道 1 比 1 累加，透明通道混合公式为 glBlendFunci（1，GL_ZERO，GL_ONE_MINUS_SRC_ALPHA），即目标通道的透明度的累加。按照设置渲染一次透明模型到纹理，附加深度纹理 DtransMin 和 DtransMax 到着色器，渲染时废弃深度值与 DtransMin 和 DtransMax 相同的片元，计算出 α 权重累加纹理 αaccum 和颜色权重累加纹理 Caccum，伪代码示例如下：

```
Caccum = vec4(Ci * w(zi, ai), ai);
Aaccum = ai * w(zi, ai);
```

步骤 5，使用图形 API 渲染到屏幕，使用覆盖屏幕的矩形作为模型，用正交投影渲染把渲染好的颜色纹理 Copacity、CtransMin、CtransMax、Caccum 附加到着色器，然后在片段着色器按公式组合，使用的公式如下：

$$w(z,\alpha) = \alpha \cdot \max\left[10^{-2}, \min\left[3 \times 10^3, \frac{10}{10^{-5} + (|z|/10)^3 + (|z|/200)^6}\right]\right] \quad (1)$$

$$C_0 = C_{\text{opacity}} \cdot (1-\alpha) + C_{\text{transMax}} \cdot \alpha \quad (2)$$

$$C_f = \frac{\sum_{i=1}^{n} C_i \cdot w(z_i, \alpha_i)}{\sum_{i=1}^{n} \alpha_i \cdot w(z_i, \alpha_i)} (1 - \prod_{i=1}^{n}(1-\alpha_i)) + C_0 \prod_{i=1}^{n}(1-\alpha_i) \quad (3)$$

$$C_p = C_f \cdot (1-\alpha) + C_{\text{transMax}} \cdot \alpha \quad (4)$$

式（1）～式（3）使用了 McGuire 和 Bavoil 在《Weighted Blended Order-Independent Transparency》中提出的方法，着色器代码示例如下：

```
vec4 accum = texelFetch(Caccum, ivec2(gl_FragCoord.xy), 0);
float r = accum.a;
accum.a = texelFetch(αaccum, ivec2(gl_FragCoord.xy), 0).r;
vec4 color = vec4(accum.rgb / clamp(accum.a, 1e-4, 5e4), r);
color.rgb = pow(color.rgb, vec3(1.0 / 2.2));
vec4 opaque = texture(Copacity, gl_FragCoord.xy).rgba;
vec4 transMin = texture(CtransMin, gl_FragCoord.xy).rgba;
vec4 transMax = texture(CtransMax, gl_FragCoord.xy).rgba;
vec3 C0 = opaque.rgb * (1.0 - transMax.a) + transMax.rgb * transMax.a;
vec3 Cf = mix(color.rgb, C0, color.a); vec3 Cp = Cf * (1.0 - transMin.a) + transMin.rgb * transMin.a;
```

2.4 整体逻辑

本文方法分三个核心步骤：步骤一，用类似深度剥离算法的思路，抽出"半透明模型（近）"图层和"半透明模型（远）"图层两个壳，这两个图层是模型最外层的颜色，因为只需剥离最外层，所以没有太大的性能开销。

步骤二，按照深度权重半透明的方法，把模型内部的颜色渲染到"半透明累加"图层。

步骤三，把模型的外层颜色（壳图层）和模型的内部颜色（半透明累加图层）用传统的半透明方法进行混合，从而同时保留模型的外部特征和内部细节。

3 测试与结果

3.1 测试

本文测试了 3 种方法做对比，以验证本文方法的有效性：

方法一：使用传统的半透明方法进行渲染，不对模型进行深度排序。
方法二：使用深度权重半透明方法进行渲染，不对模型进行深度排序。
方法三：本文方法，使用改进后的深度权重半透明方法进行渲染，不对模型进行深度排序。

3.2 结果

方法一（图3）：使用传统的半透明方法进行渲染，在没有对模型进行深度排序的情况下，无法正确显示内部的半透明物体，内部模型产生缺失。

图3 方法一：传统半透明渲染方法

方法二（图4）：使用深度权重半透明方法进行渲染，正确地显示出内部的半透明物体，但无法准确显示原本的颜色，尤其是模型外立面丢失了大量的细节，外部物体和内部物体区分不明显。

图4 方法二：深度权重半透明渲染方法

方法三（图5）：本文方法，使用改进后的深度权重半透明方法进行渲染，正确地显示出内部的半透明物体，模型外立面的颜色依旧准确且保留了细节，外部物体和内部物体区分明显。

图 5　方法三：本文方法

4　总结

本文提出的基于顺序无关的深度权重半透明的改进半透明渲染方法，通过结合多种半透明渲染方法，在保证方法高效性的同时，正确地显示出内部的半透明物体，模型外立面的颜色依旧准确且保留了细节，外部物体和内部物体区分明显。相较于原本的深度权重半透明方法，本文方法能够显著提升半透明效果的真实性。

参 考 文 献

[1]　何援军. 计算机图形学[M]. 2版. 北京：机械工业出版社，2009.
[2]　LIU F, HUANG M C, LIU X H, et al. Efficient depth peeling via bucket sort[C]//Proceedings of the Conference on High Performance Graphics 2009. 2009.

BIM 技术在兰州中川国际机场三期扩建钢结构工程中的应用

柳 娜，李宇星

(中交一公局第三工程有限公司，北京 101100；中交三公局第二工程有限公司，天津 301800)

【摘 要】 兰州中川国际机场三期扩建工程空管工程总建筑面积 29000m²，包括塔台工作区和空管工作区。项目采用 BIM 技术和智慧工地系统，实现从设计到施工的全过程管理，提升信息化水平和工程效率。BIM 应用达到 A 级标准，参与多个 BIM 大赛并获奖。智慧化工地建设目标包括提升管理水平、辅助高效工作、设备集成管理、数据支持决策等。技术创新应用涵盖塔台区钢结构外框体系深化设计、明室全玻璃幕墙设计施工一体化，以及塔台核心筒多专业协同工作。

【关键词】 BIM 技术；智慧工地系统；钢结构外框体系

1 工程概况

1.1 工程总体概况

本项目位于甘肃省兰州市兰州新区中川镇中川机场内，总建筑面积 29000m²，分为塔台工作区和空管工作区。其中塔台工作区邻近机场 T3 航站楼西南角，空管工作区位于东航站区主进场路西侧，飞行区围界南侧。塔台建筑高度 99.9m，建筑面积共计 5050m²，主要由塔台及附属技术用房，油机房，门卫室组成。

1.2 钢结构设计概况

塔台工作区：分为塔台及附属技术用房、塔台油机房、塔台门卫等，其中塔台及附属技术用房部分含钢结构（图1），该建筑地下 1 层，地上为 15 层，局部出屋面设备层层高 1.6m，房屋高度 99.3m，结构类型为钢结构斜交网格外框+钢筋混凝土核心筒。结构整体用钢量 1316t。

首层、2 层为各类机房、值班室、员工餐厅以及附属业务用房；3~9 层为垂直交通核，无使用功能；10~15 层依次为休息室、会议室、设备夹层、机坪管制室、明室层和指挥室；外框只到达 12 层，顶部三层无外框包裹，采用带有中心支撑的钢框架结构体系，斜柱采用钢管混凝土柱。核心筒和外框之间采用钢梁进行拉结，增强整体性，通过 V 形柱将外框的竖向荷载传递至裙房顶部。

2 重难点分析

2.1 重难点分析

（1）钢结构深化难度大：深化设计工程量大，深化难度大，人员组织要求高。

① 本工程包含多个结构单体，且钢结构用量显著，构件数量众多，涵盖柱梁刚性连接和铰接等多种连接形式，需要进行周密的规划以确保深化设计成果的精准性。

② 钢结构深化时间限制严格且任务负担沉重。

③ 工程涉及钢结构、混凝土、幕墙、综合管线等多个专业，各专业工种紧密相关，存在大量的交叉

【作者简介】 柳娜（1992—），女，副经理。主要研究方向为智慧建造
李宇星（1993—），女，主管，主要研究方向为BIM项目管理

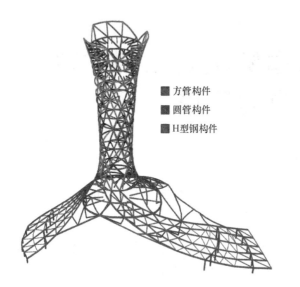

图 1 塔台钢结构三维分布图及钢结构现场施工图

施工,各专业的配合难度大。

(2) 钢结构施工难度大:不同专业穿插作业,施工配合要求高。

① 塔台区域钢结构主要分布于核心筒内部劲性柱及外围斜交网格管结构,钢结构与土建施工联系紧密。

② 钢筋桁架楼承板紧随钢框架施工,幕墙专业、机电、金属屋面等专业需要土建及钢结构专业的工作面,因此在钢结构制作加工、现场安装过程中,与其他专业施工关系紧密,需要互相配合。

(3) 爬模施工难度大:核心筒弧形外墙,结构形式复杂,模架体系多变。

① 核心筒外圆结构形式,整体弧形外墙,整体爬升模架体系需依据建筑结构的特点设计相应的机位,配置合理的模板结构。

② 核心筒结构地下一层～3层,截面为东西(左右)两侧弧形墙结构,南北(上下)两侧水平墙面,爬升至4层南北两侧增设弧形梁、弧形墙。

③ 结构 10～13 层外墙内收,截面宽度由 450mm 变为 350mm,暗柱 10 层、11 层不变,12 层变宽至 600mm。

2.2 应对措施

(1) 本工程深化以 Tekla 为主,辅助 AutoCAD 的方式,同时在深化时执行和考虑以下技术细节:
① 设计总说明和施工蓝图技术细节要求。
② 确定构件分段定位,坡口设计,焊缝收缩、安装变形量化补偿。
③ 与现场拼装焊接的图纸配合,如坡口方向、连接板等。

(2) 在劲性钢骨柱的节点连接设计中,普遍采用钢筋与连接板的搭接焊接方式,根据钢筋的具体布局,将连接板和套筒整合进劲性钢结构模型中,以确保钢筋施工的顺利进行。必须迅速完成工作面的交接,并加强对土建工程中混凝土成品的保护措施,以确保后续施工工序的顺利启动。

(3) BIM 模型动态模拟爬模施工,合理设计符合结构形式的爬模体系:
① 针对增设弧形梁、弧形墙的结构层,提出弧形梁边墙处理方案。
② 针对截面变化区域,模板背楞断开采用异形芯带连接调节弧度,并绘制模板改制施工拼装图进行交底。

3 塔台区钢结构外框体系深化设计—加工—施工一体化

本工程钢结构体系复杂且不同结构形式之间相互组合制约,施工顺序对结构安全稳定性及使用安全有重要影响。针对此施工难点,利用 BIM 信息化技术实施钢结构深化设计、加工、施工安装全过程动态管理。

3.1 塔台区钢结构外框体系深化设计及数字化加工

（1）BIM辅助招标

通过BIM前置，提前对钢结构进行专业班组的招标。确定钢结构专业班组后，钢结构部和技术部协同商务部门编制钢结构招标定标说明，明确钢结构班组深化设计工作内容，以及与幕墙等专业班组的深化设计协调要求。

（2）BIM辅助图纸会审

通过BIM三维模型辅助图纸会审，对图纸碰撞问题直观显示，有效解决土建专业与钢结构专业图纸的碰撞问题，提高图纸准确性，为项目顺利开展打好基础。

（3）BIM辅助深化设计

钢结构深化设计人员包括项目部钢结构工程师和钢结构专业班组。

根据设计提供的初步设计钢结构模型和图纸，专业班组搭建Revit或者Tekla模型，深化钢结构连接节点、塔台区控制室斜柱模型、钢结构和幕墙模型合模，解决碰撞问题和连接节点。明确钢结构与结构连接节点、缝隙处理、外观效果、安装方式等，生成深化设计图纸、零构件材料清单、零构件加工图。钢结构深化设计模型及资料报经项目钢结构部初步审核后，报设计单位审核确认后形成深化设计文件。经设计审核通过后签字、下发蓝图，加工厂根据深化图纸加工钢结构构件。

（4）BIM辅助钢结构构件加工（图2～图4）

利用BIM深化设计模型生成深化设计图纸、零构件材料清单、零构件加工图及切割程序代码，导入相贯线切割机进行钢结构构件的加工。

根据Tekla深化模型导出CAD三维模型，导入钢管下料切割系统，提取加工参数，生成GCD切割文件，自动切割执行。

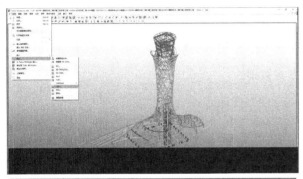

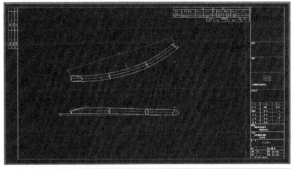

图2 输入相应的钢管切割参数

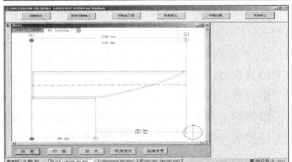

图3 根据程序自动生成杆件下料图

（5）BIM辅助钢结构构件运输

利用二维码扫描技术对钢结构构件的生产质量检验、出厂、运输以及现场进场等环节进行全面的追踪管理。利用BIM+物联网技术，能够提前规划好运输路线，优化进场验收流程，提升钢结构构件运输、仓储管理效率，同时使钢结构构件更有可追溯性。

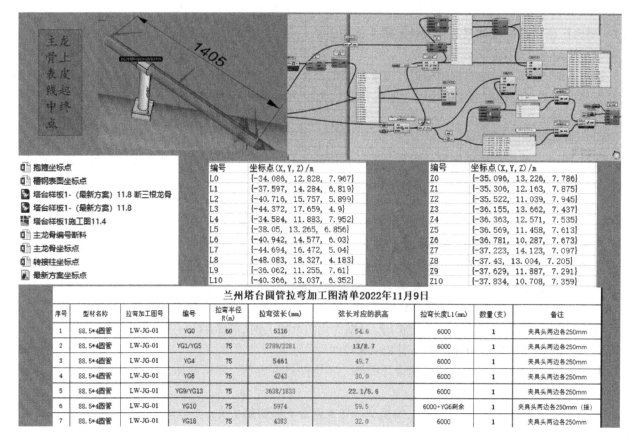

图 4 圆管提料

3.2 BIM 辅助钢结构施工组织策划及现场施工

（1）BIM 辅助钢结构构件安装

① 主要利用 BIM 技术辅助钢结构场地布置和吊装方案策划。

总体施工思路：

结合钢结构分布特点，钢结构及外围护架的施工整体围绕核心筒的施工进行，主要分为核心筒钢骨部分施工、28.1m 以下部分外框斜交网格钢结构施工、28.1m 至 13 层斜交网格及外围护架钢结构施工，以及塔冠钢结构施工，总体上分为四个大流水进行自下而上的递推式施工，直至最终钢结构施工完成。

28.1m 标高以下部分主次结构的吊装采用 120T 汽车式起重机吊装；28.1m 以上部分钢结构的安装全部用 XGT7020 塔式起重机进行高空分段吊装。

② 通过模拟钢结构安装方案，提前发现并解决隐蔽焊缝问题，进一步深化钢结构安装模型。根据方案中的安装方法深化钢结构胎架、吊点等，完成钢结构安装方案深化设计模型。

塔台施工阶段划分：

根据施工部署并结合结构情况，现将塔台钢结构施工分为两个阶段，第一阶段为外框钢结构施工配合土建安装，第二阶段为内框钢结构安装。

利用 BIM 技术进行钢结构模拟，预知安装难点，选择最优的吊装方案。实施过程中将 Revit 等模型导入 Lumion 等动画制作软件，进行安装模拟并导出视频。

（2）BIM 辅助现场管理

① BIM 技术辅助钢结构施工交底。

由于空间钢结构施工理解难度大、施工工艺复杂，现场管理人员与班组管理人员可能会对图纸、安装工艺存在理解偏差。施工前利用 BIM 技术进行地面拼装、吊装方案动画模拟，有针对性地对复杂节点和整体施工过程进行全方位展示，消除钢结构施工交底理解偏差。

② BIM 移动终端辅助钢结构施工安全质量管理。

施工时现场管理人员手持移动终端查看钢结构拼装、吊装和焊接工艺，并利用移动终端辅助现场施工。质量安全管理人员在施工现场对钢结构动火焊接安全、铸钢节点安装质量、焊缝饱满度等进行检查，通过移动终端通知责任人整改，形成安全质量管理闭合。

（3）BIM 三维扫描辅助安装精度校核

借助 BIM 三维扫描创建点云模型，将点云模型与 BIM 钢结构模型进行整合，偏差较大的区域能够直观显示，确保单个构件加工质量及安装质量的精度要求，进行过程质量控制，确保整体质量。

4　应用效果总结

通过 BIM 全流程运用，实现了本项目的效益提升，实现了建筑外观和结构的突破创新。在满足基本功能需求的同时，实现了内部空间利用最大化。工程量核算效率提升 5%；钢结构预制率 100%；钢结构模数化提升 10%；塔式起重机定位及附墙定位节约成本 50%。

参 考 文 献

[1] 李强，张薇. BIM 技术在钢结构工程管理中的应用研究[J]. 工程管理学报，2021，35(2)：123-132.
[2] 王磊，赵红，李明. 基于 BIM 的钢结构深化设计方法[J]. 建筑科学，2020，36(8)：74-81.
[3] 刘波，陈楠. BIM 技术在钢结构施工协同工作中的应用[C]//中国建筑学会建筑信息模型学术会议. 北京：中国建筑工业出版社，2019：201-208.
[4] 孙涛. 钢结构工程中 BIM 技术应用的优化研究[D]. 上海：同济大学，2022.
[5] 周杰，吴亮. 探索 BIM 在钢结构桥梁设计中的应用[J]. 桥梁建设，2018，48(3)：44-49.

基于云渲染技术的云端 CAD 系统及其关键技术研究与应用

王志宁，董大鳌，陈 鑫

（中国电建集团华东勘测设计研究院有限公司，浙江 杭州 311122）

【摘 要】 本文分析了当前 CAD 软件的现状以及缺陷，研究了基于云渲染技术的云端 CAD 系统，指出其中涉及的关键技术，以及如何构建基于云渲染技术的云端 CAD 系统。最后，本文成功将该研究应用于生产实践，研发了华东数字 CyberStation 云端三维设计平台 V1.0，并取得良好的效果。事实证明，本研究是一个行之有效的云端 CAD 系统解决方案。

【关键词】 云端 CAD；云 CAD；云渲染；在线设计；在线建模

1 引言

计算机辅助设计（Computer Aided Design，CAD）是现代工业软件的基础核心，美国 Autodesk 公司在 1982 年率先推出了第一款桌面端二维 CAD 软件——AutoCAD，使设计人员摆脱了手绘图纸这一原始的生产手段。此后，随着计算机图形学、几何造型等理论与技术的发展，出现了诸多三维 CAD 软件，如 Rivet、CATIA、Microstation 等，经过几十年的发展已日趋成熟。

然而，传统的桌面端软件在协同、数据流转等方面有着天然的劣势，在互联网时代下尤为突出。随着网络技术的高速发展，人工智能、大数据、云计算等技术的异军突起，让学者们意识到将传统桌面端 CAD 软件迁移到云端的可能性，产生了大量关于云架构 CAD 的研究，同时各大厂商也推出了各自的云端 CAD 平台，如 OnShape、Fusion 360、3DEXPERIENCE 等。而对云端 CAD 的研究与应用，仍有相当大的空间。

在现有云端 CAD 研究中，主要以 C/S 和 B/S 架构为主。C/S 架构的 CAD 平台主要是以桌面端 CAD 软件为基础，辅以文档管理系统，即将程序的文档存置于云端，但仍然难以解决客户端过重的问题。而 B/S 架构的 CAD 平台，则可以有效解决桌面端的问题，也是研究较为集中的领域，主要包括：①对于格式交换以及一些周边应用的研究；②对于通用平台的研究。通用平台主要技术路线分为几种：①后端计算＋前端渲染，以 WebGL 技术为代表，胡焕叶基于 WebGL 技术和中间格式 obj 研究了在线的模型浏览，解决了三维模型 Web 显示的插件依赖问题和跨平台显示问题。Sheng B 等基于 WebGL 技术实现了在线 3D 建模，并通过改进 Phong 反射模型、CSG 树和三角形补丁交叉测试和分割算法，进一步丰富了 3D 建模功能和渲染效果。②前端计算＋前端渲染，以 WebAssembly 结合 WebGL 的技术路线为代表。以上两种解决方案都可以实现免安装客户端，通过后端服务将所需数据下载至本地，通过浏览器以及 WebGL 等技术实现在线显示和交互，但浏览器可承载模型体量有限，无法适应大模型应用场景。③后端计算＋后端渲染，以云渲染技术为代表，梅敬成等提出一种基于服务器端的云架构 CAD 平台实时渲染系统及方法，充分利用云端的算力，客户端只需要完成视频解码播放，对客户端设备要求大大降低。但是，其研究将各个模块服务化，单独部署，分别调度，存在 BRep 数据和可视化数据桥接的问题，会增加一些额外

【作者简介】 王志宁（1992—），男，数字工程研究院（华东数字）二级专家/工程师。主要研究方向为 BIM 基础平台及其云化技术。E-mail: wang_zn@hdec.com

的负担。

综上所述，目前CAD技术领域仍存在一些问题，本研究采用文档服务+后端服务+云端渲染+Web端显示的技术方案，将传统CAD重客户端的能力迁移至云端，由云端完成计算和渲染，再将结果传送到Web端，可以有效解决目前存在的问题。

2 研究架构

本研究整体架构采用基于云渲染的云原生架构，利用服务器集群完成CAD主要计算和渲染，利用数据库和网络存储技术实现CAD数据的读写，利用视频编解码技术将CAD显示结果序列化，再通过WebRTC技术将CAD的显示结果实时传递给客户端，并在客户端和服务端建立点对点的连接，实现前后端数据的传递与同步。整体架构如图1所示。

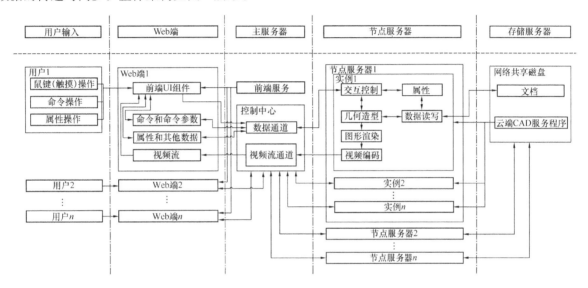

图1 云端CAD系统整体架构图

3 关键技术

3.1 云渲染

（1）图形渲染

CAD技术已从最初的二维绘图发展到三维建模，由于目前的主流显示设备为平面显示器，而模型空间却是三维的，所以需要利用计算机图形学的理论和技术将三维模型空间转换为二维图像，这个过程称为图形渲染。较为常见的图形渲染API有DirectX、OpenGL、Vulkan等。

由于CAD软件中的模型为精确模型，一般有精确的数学表达，特别是曲线、曲面，而计算机无法直接渲染曲线、曲面，只能通过"以折代曲"的近似方法渲染，所以在CAD中通常会将曲线、曲面离散为折线、多边形，为了使曲线、曲面在极限放大后仍不显示出折线的特征，需要进行LOD操作，这样可以提升渲染的性能，如图2所示；除了LOD，还需要进行深度剔除、不可见面剔除等操作，以保证模型空间动态浏览时的流畅。

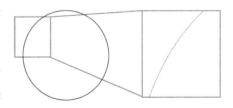

图2 曲线的显示

（2）视频编解码技术

为了使图形渲染的结果可以实时传输到客户端，需要采用视频编解码技术。视频编解码技术是一种用于对视频数据进行压缩和解压缩的技术，其核心在于减少视频数据中的冗余信息，同时保留足够的信息以保证重构的视频质量。通过该技术可以提高视频传输的效率，减少网络带宽的消耗，并提高视频播放的稳定性和质量。目前用于传输的主流视频编码有H.264、H.265、AV1等，其中H.264格式应用最为广泛，且可以直接被浏览器支持。

（3）集群技术

本研究将所有计算和渲染置于云端，故对于服务端性能要求较高，尤其是在高并发情况下，所以采用服务器集群的方式应对。服务器拓扑结构如图3所示，由调度服务管理各个节点，当客户端发来一个启动请求，调度服务根据每个节点机的状态选择一台作为该启动请求的服务器。当用量有变化时，可以根据实际情况适当增减节点机。

3.2 通信

（1）WebRCT技术

WebRTC是一项实时通信技术，能实现点对点的连接，从而进行低延时的数据传输。

由于云端CAD系统对于响应时间要求较高，即要求迅速地将用户的操作传回服务器，再将服务器响应的画面传到客户端，这个传输过程需要极其低的网络延迟才能满足需求，而WebRTC技术因其点对点连接、低延时传输等特性，成为云端CAD实现的关键性技术。整个服务过程如图4所示。

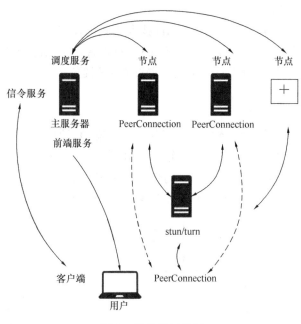

图3 服务器拓扑图

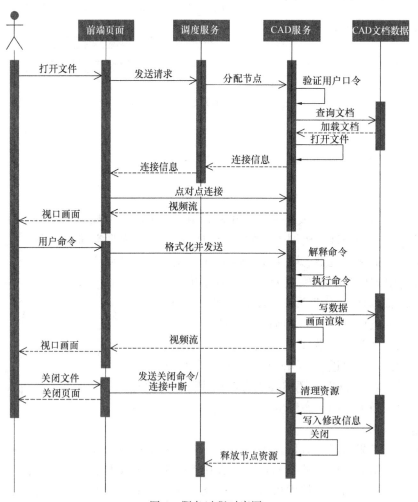

图4 服务过程时序图

（2）WebSocket 技术

WebSocket 是一种建立在 TCP 连接上的全双工网络通信协议。由于云端 CAD 系统中前后端需要建立点对点的连接，所以在连接建立前有较多信息交换过程，即前后端之间的连接信息（如 ICE 信息等）同步，所以需要一个建立连接后可以双向通信的信令服务，前端连接到信令服务后，由信令服务来分配后端和转发后端的消息，直到前后端建立起点对点的连接。

3.3 数据存储

数据采用集中存储的方式保存在各个节点机都能访问的网络位置，当用户打开设计文档，其数据按需加载到对应节点机的内存中，然后由 CAD 服务进程对其进行增删改查等操作。

3.4 前端页面

前端页面用于显示 CAD 图形和交互数据，以及接收用户操作。主要包括分区域配置的视频流播放组件、命令交互组件、属性组件、消息显示组件以及菜单和工具条组件等，其中命令交互组件分为常驻式（活跃于整个程序运行期）和唤起式（活跃于命令运行期）。如图 5 所示。

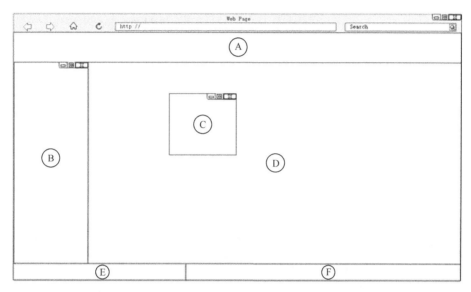

图 5　前端页面区域分布

3.5 后端 CAD 服务

前端和后端 CAD 服务后端保持点对点连接，以进行命令和数据交互。前端 UI 组件响应用户操作生成用户操作指令，并封装为特定格式的消息通过数据通道发送到云端 CAD 服务，云端 CAD 服务接收并解析响应消息，将响应结果转发至前端 UI 组件进行显示，其中逻辑如图 6 所示。

4　应用实例

本研究成功应用于实践，研发了华东数字 CyberStation 云端三维设计平台 V1.0，整体界面如图 7 所示，其主要能力包括：①支持全量的云端二三维设计与建模，同时提供全面、开放的二次开发接口，以支撑领域业务应用扩展；②支持基于角色、项目、组织权限的云端文档管理与分享，实现了云端 CAD 文档实时共享，能提供全流程 CAD 数据应用的基础；③支持可扩展的云端构件库的构建与共享，其中，构件包含几何信息、参数信息、属性信息等全量信息，以提高设计成果复用的能力。

5　结语

本文对基于云渲染技术的云端 CAD 系统及其关键技术做了深入研究，给出了云端 CAD 系统的解决方案，在企业内部研发了相应产品并上线应用，取得了良好的效果。云端 CAD 系统能极大地提升生产效率，改变传统设计方式，促进行业数字化转型，助力数字经济发展，对推进行业数字化转型和传统桌面

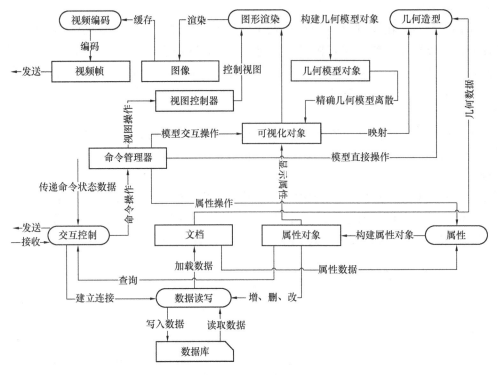

图 6　后端 CAD 服务逻辑

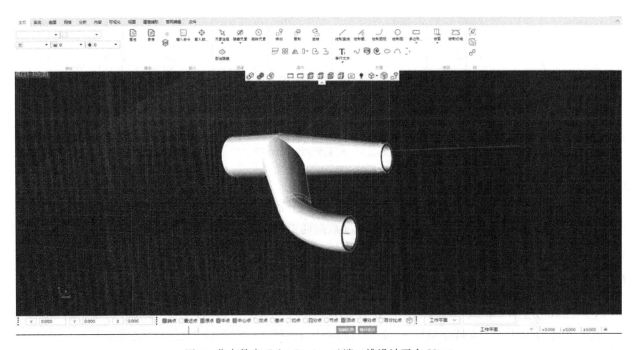

图 7　华东数字 CyberStation 云端三维设计平台 V1.0

端 CAD 软件 SAAS 迁移具有重要意义,为面向全生命周期的数字孪生提供技术基础。

参 考 文 献

[1] 刘晓冰,高天一. CAD技术的发展趋势及主流软件产品[J]. 中国制造业信息化,2003(1):41-45.
[2] 童秉枢,孟明辰. 现代CAD技术[M]. 北京:清华大学出版社,2000.
[3] 赵飞宇. 云架构CAD软件及其关键技术与应用综述[J]. 计算机集成制造系统,2022,28(4):959-978.
[4] Hyun-Tae, Hwang, Nyamsuren, et al. A web-based 3D modeling framework for a runner-gate design[J]. International

Journal of Advanced Manufacturing Technology, 2014.

[5] Purevdorj, Nyamsuren, Soo-Hong, et al. A web-based revision control framework for 3D CAD model data[J]. International Journal of Precision Engineering & Manufacturing, 2013.

[6] 胡焕叶. 面向 Web 的 CAD 模型跨平台显示浏览系统研究[D]. 武汉：华中科技大学, 2015.

[7] Xie X L X. A cloud service platform for the seamless integration of digital design and rapid prototyping manufacturing [J]. The International Journal of Advanced Manufacturing Technology, 2019, 100(5a8).

[8] Wu Y, He F, Chen Y. A Service-oriented secure infrastructure for feature-based data exchange in cloud-based design and manufacture[J]. Procedia CIRP, 2016, 56: 55-60.

[9] 金克勤. 基于 WebAssembly 的可读写网页 CAD 平台：CN202111657789.4[P]. 2022.

[10] 梅敬成, 苏新新, 武伟, 等. 一种基于服务器端的云架构 CAD 平台实时渲染系统及方法：CN202110925531.1 [P]. 2021.

基于大模型的 BIM 三维建模技术架构研究

张启迪[1,2]，顾丹鹏[1,2]

(1. 中国电建集团华东勘测设计研究院有限公司，浙江 杭州 311122；
2. 浙江华东工程数字技术有限公司，浙江 杭州 311122)

【摘 要】随着大模型技术的不断发展和普及，通过大模型优化现有生产方式已成为各行业的新趋势。BIM 三维建模涉及多个工程阶段和专业领域，具有知识密集和多学科交融的特点，因此结合大模型技术优化 BIM 三维建模具有较高的实现难度。本文通过分析现有相关技术研究，提出了一种基于大模型的 BIM 三维建模架构，详细探讨了该方法的可行性、存在的技术难点及其解决方案。该架构具有完整的逻辑结构和技术链路，对相关领域的研究和实践工作具有一定的参考价值。

【关键词】BIM；三维建模；大模型；技术架构

1 前言

建筑信息模型（Building Information Modeling，BIM）的核心应用场景之一在于通过三维数字技术集成建筑项目的各种相关信息。由于大型复杂项目涉及多专业的设计、施工数据，依赖于手工操作的传统 BIM 建模过程往往工作量极大，当项目设计变更频繁时，更容易出现人工错误且耗时巨大，难以确保模型的精度和完整性。提升 BIM 三维建模自动化、智能化程度的需求逐渐提升。

大型语言模型（Large Language Model，LLM）（以下简称大模型）技术的引入，为这一领域带来新的可能性。2023 年被称为大模型元年。大模型的快速发展正在深刻改变许多传统行业的面貌。包括金融、制造、法律、医疗等在内的诸多行业都在借助这些先进技术加速数字化转型。在工程行业，探索 AI＋BIM 和 AI＋工程已经成为行业内的焦点话题。大模型在自然语言处理和图像识别等领域的成功应用，展示了其强大的数据处理和分析能力。能否通过该技术提升 BIM 三维建模的效率和精度也已成为许多学者和相关从业人员研究的方向。

基于以上背景，本研究将分析现有的大模型辅助 BIM 建模技术研究情况，提出一种基于大模型的 BIM 三维建模技术架构，进一步讨论通过生成式大模型和 AI Agent 优化 BIM 三维建模技术的可行性和难点。

2 相关研究综述

在人工智能尚未出现大模型"涌现能力"时，已有一部分深度学习的研究成果在 BIM 三维建模领域上进行探索和尝试。MeshCNN 是一种基于图卷积的神经网络，专门用于处理三维网格数据。它通过定义在网格上的卷积操作，实现对三维形状的高效处理和特征提取。Stanford University 综合设施工程中心（CIFE）曾使用 MeshCNN 来优化复杂建筑结构的设计。AtlasNet 通过学习一组参数化的表面元素来表示三维形状，并将这些表面元素拼接成完整的三维网格，常被用于在自动驾驶项目中模拟周围环境的结构。PointNet 和 PointNet＋＋ 是两种广泛应用于三维点云数据处理的神经网络模型，它们能够直接处理点云数据，高效地进行三维形状分类、分割和配准等任务。斯坦福大学的 2D-3D-Semantics 项目和一些城市规划的研究中都使用该技术对建筑物和基础设施进行三维建模协助规划管理。

【作者简介】张启迪（1996—），男，硕士。算法工程师。E-mail：zhang_qd1@hdec.com

近年来，大模型、多模态等技术发展迅猛，大模型技术正在为 BIM 三维建模技术发展带来新契机。MeshGPT 是一种基于 Transformer 架构的三维网格生成技术。它通过图卷积网络提取网格面特征，并通过自回归生成高质量的三角网格序列，如图 1 所示。PivotMesh 采用层次化解码策略，从面级别到顶点级别逐步生成网格结构。通过选择关键顶点（枢纽顶点）减少计算复杂度，实现更高的网格生成精度和表面连续性。MeshXL 使用神经坐标场来生成高质量的三维网格。它通过对大规模数据集的预训练，生成具有高度细节和准确性的三维模型，具有很强的泛化能力，能够处理非常复杂的几何形状和拓扑结构。

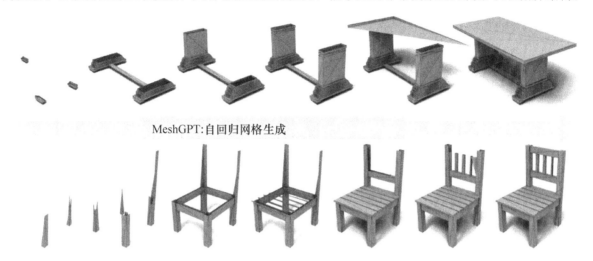

图 1　MeshGPT 生成三维模型（引自 Siddiqui et al.，2023）

新涌现的技术方法在成熟性和稳定性上存在许多短板。由于自回归生成的特性，MeshGPT 生成长序列时速度较慢，并且训练和推理过程需要大量的计算资源。PivotMesh 模型性能高度依赖训练数据的质量和多样性，对于不规则或复杂形状需要更多的特定数据来训练，并在选择关键顶点时，PivotMesh 可能会出现过拟合现象。MeshXL 由于需要处理大规模数据，训练过程同样需要大量的计算资源和时间，带来许多项目难以接受的高额资源投入。

3　技术架构研究

本文提出一种基于大模型的 BIM 三维建模的技术架构，分为"数据采集""数据预处理""模型生成""结果输出"四个主要环节，各个环节之间的关系如图 2 所示。其中，"数据采集""数据预处理"与常规语料采集处理过程基本一致，目的是帮助大模型理解和使用正确的信息。"模型生成"是最为关键的环节，主要分为大模型直接生成三维模型和大模型生成传统软件建模脚本两种方式。下文将对这两种方式展开更为深入的介绍。

传统软件进行三维建模需要准确的参数数据，大模型的训练同样需要高质量的语料。无论是通过大模型直接生成三维模型的方式，还是由大模型生成传统软件建模脚本参数的方式，都对训练数据的质量有着非常高的要求。数据的获取方式可以分为直接获取和间接获取，直接获取是指从数字化的电子文本或文件中通过数据传输、格式转换等操作直接获取其中的信息。间接获取是指图纸文件由于加密、厂商限制等原因无法直接交互，或信息载体尚未数字化，导致参数据无法直接获取，需要通过 OCR 等技术间接获取。目前先进的 OCR 技术的提取效果和准确度非常高，而 GPT-4o 等主流大模型也已扩展了多模态能力，支持图片、视频形式数据信息的提取。因此在"采集数据"上现有技术已能较好地满足需求。

然而，获取的数据往往不能直接用于大模型训练或作为引导大模型进行输出的上下文。其中，通过直接获取方式获得的数据由于经过本身生产环节的检验，质量相对较高。而通过 OCR 方式等间接获取的数据信息质量则参差不齐。以图纸为例，即使 OCR 完整准确地识别出所有图形及参数，但数据与图形之间的对应关系也常常丢失。以现有大模型的认知水平，很难准确判断出特定参数指向的几何对象。并且由于制图人员制图习惯存在差异，即使为大模型提供较好的模板和示例，仅靠机器从复杂的数据中提取

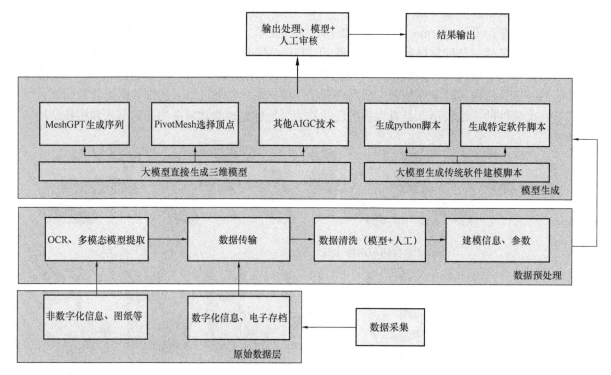

图 2　技术架构图

有效的参数与几何对象等进行关联的效果并不理想，可能需要人工介入以提升质量，才能用于后续的"模型生成"环节。

4　直接生成三维模型

目前大多数主流的大模型都采用 Transformer 架构。这类大模型的生成效果完全依赖于本身的能力。下文将对"大模型直接生成三维模型"这一环节中如何较好地利用 Transformer 架构和如何提高大模型能力这两个核心问题进行介绍。

4.1　Transformer 架构

Transformer 架构是由 Vaswani 等人提出的一种深度学习模型，主要用于处理序列数据。其核心创新是自注意力机制，使模型能够有效地捕捉序列中各个位置之间的依赖关系。Transformer 架构包括编码器和解码器两个部分，每个部分由多个堆叠的相同层组成。每一层包括多头自注意力机制和前馈神经网络。传统的 Transformer 主要处理一维序列数据。如何将架构扩展到三维空间表达，进一步处理和生成复杂的三维结构成为大模型三维建模研究的核心和难点之一。

在此以 MeshGPT 为例说明一种通过 Transformer 架构实现三维网格数据信息提取的方法。MeshGPT 对自注意力机制进行了扩展，使其能够处理网格顶点及其邻域关系。这种扩展使模型能够捕捉网格中不同顶点之间的空间关系。由于传统 Transformer 架构处理一维序列数据，MeshGPT 提出了一种与传统序列位置编码类似的三维空间位置编码来对 Transformer 架构进行扩展。它提出一种三维点位置的约定方式，从位置最低的顶点开始以 $z-y-x$ 的顺序（z 为垂直于水平面的坐标轴）对所有点的坐标信息进行排序，由于一个三角格网的表达需要 3 个顶点位置信息，因此一个 N 面的结构将被描述为一个 9N 长度的一维序列编码。该长度对于一般大模型的上下文窗口是不可接受的，且无法提取到充足的空间特征信息，导致大模型并不能很好地理解编码序列中的空间信息。因此，该研究又提出从三角网格集合中学习几何嵌入，利用一种在瓶颈处具有残差矢量量化的解码架构在网格面上使用图卷积，使得每个面形成一个节点，邻近面通过无向边连接。输入的面节点特征由其顶点的九个位置编码坐标、面法线、边之间的角度和面积组成。通过对这些特征的特殊处理，从而提取每个面的特征向量来获取尽量丰富的几何特征。

4.2 大模型能力

除了更好地发掘如何使用 Transformer 架构外,还需要关注大模型本身的能力水平。主流大模型已经在各类资格考试中展示出接近甚至超越技术人员的知识水平和思维能力。但是在私域知识和高度专业化聚集的工程领域,大模型的表现距离行业专家依旧有着明显的差距。想要通过大模型实现高质量 BIM 三维建模,首先要让大模型理解工程、理解 BIM。因此如何提升大模型有关工程的知识储备和能力水平是至关重要的一环。

众所周知,基于 Transformer 架构的大模型性能往往与其参数量成正相关关系,除了 OpenAI 尚未公开 ChatGPT 的参数量,其他主流领先大模型包括谷歌的 PaLM2、xAI 的 Grok-1.5 以及国内优秀的大模型,如 Qwen、GLM、Baichuan 等,它们的参数量都达到上百亿甚至千亿级。庞大参数量代表海量的算力和硬件资源需求。出于公司和项目的预算考量,直接训练或者微调该量级模型的效率和性价比都是非常低的。轻量级、专业化程度更高的垂直领域大模型才是行业内普遍认可的解决方案。

提升大模型专业认知水平的核心在于数据。大模型训练过程中所使用的数据集质量会极大地影响模型的表现。想要通过大模型推进 BIM 三维建模的效率和精细度,首先需要构造出高质量数据集。在该理想数据集中,应该包括工程领域相关概念和知识作为垂域模型的通识。此外需要将建模的标准如 IFC 标准等加入数据集中。通过对目前主流模型的测试,笔者发现较新的大模型几乎都具有关于 IFC 标准的基本概念,有些甚至已经形成对该标准的准确认知和理解。然而由于项目和地方标准的不同,导致一些类似概念或标准出现细微区别,而这一部分区别对于大模型来说是极具误导性的,会导致大模型无法在对应的场景下使用最合适的标准,因此生成的三维建模对象也无法达到较高的可用性。数据集中还应当包含模型可识别的三维建模数据。比较有名的数据集包括 ShapeNet、Objaverse 等。事实上更多宝贵的数据资源还沉淀在实际业务和项目中,通过将项目积累的数据、各类私域数据构成高质量数据集,会成为大模型能力提升的优质燃料。

通过大模型直接进行高质量 BIM 三维建模需要大模型能力和 Transformer 架构研究的同步推进,尽管目前仍未有足够成熟的技术和应用出现,但其潜力不可忽视。

5 生成传统软件建模脚本

BIM 三维建模发展至今,已经形成一套成熟的专业体系并出现很多优秀的、使用范围广泛的专业工具和软件。除了通过大模型直接生成 BIM 三维建模数据外,研究如何通过大模型来更好地配合技术人员或直接使用行业内高性能工具和软件也是值得深入挖掘的技术领域。AI Agent 是指人工智能代理(Artificial Intelligence Agent),即对大模型扩展使用工具的能力构造出执行特定操作的助手。AI Agent 可以通过 API 接口与 BIM 软件进行深度集成,利用软件本身提供的 API 对 BIM 模型数据进行访问和操作,进而实现建筑设计图纸数据的读取、模型创建、修改和更新。以图 3 为例,提出一个 AI Agent 实现自动化的建模流程的架构。首先,文档助手通过数据接口或 OCR 技术读取建筑设计图纸的数据,这些数据包括平面图、剖面图、立面图及相关设计参数。随后,解析助手利用机器学习算法对图纸数据进行解析,识别出关键建筑元素如墙体、门窗、楼梯等,并将二维图纸数据转换为三维建模所需的几何和属性数据。

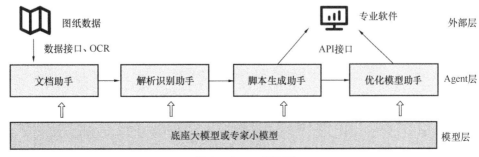

图 3 Agent 架构图

在此基础上，脚本生成助手根据解析后的数据编写专业软件可执行的建模脚本，并通过调用 BIM 软件的 API 接口生成初步模型；优化模型助手结合优化算法，对模型进行实时调整和优化，例如通过遗传算法优化结构布局，通过拓扑优化减少材料使用量，或通过机器学习模型预测并减少潜在设计冲突。

其中 AI Agent 编写脚本是实现这一流程的关键。代码等结构化文本使大模型可以生成高质量内容，由于其结构化、模板化的特征，该类生成内容往往比文学创作类生成内容更具有可靠性。大模型通过各类 API 接口也可以验证、执行所生成的代码内容。在此以 Dynamo 脚本为例。Dynamo 本质上是一个基于图形界面的可视化编程工具，但其底层逻辑仍然依赖于编程语言。Dynamo 脚本主要支持两种语言：Dynamo Visual Programming Language（基于图形化节点的可视化编程语言）和 Python。目前 GPT-4o、BERT 等通用能力较强的大模型以及 CodeX、StarCoder 这类专门针对编程进行大量优化工作的大模型，在代码编写上已展现出较强的能力，也存在 AutoGPT 等能完成基本代码开发流程的 AI Agent。无论是通过能力较强的大模型构建助手还是使用已有的 Agent，都能生成具有较高质量的代码。并且可以通过多次迭代的方式让大模型自行核验、完善代码，GPT 在这一方向的表现非常出色。在大模型已经具有一定代码生成能力的前提下，高质量的规则模板可以进一步优化该过程。由专业人员通过预先定义一些规则模板作为大模型生成 Dynamo 脚本的参考。模板可以包括几何规则、参数关系、设计约束等，这些模板可以重复使用和调整，以适应不同的设计需求，再通过提示词工程让大模型学习理解规则模板，生成符合需求的脚本。

6 总结

大模型已经引发传统行业智能化转型的浪潮。本文通过分析现有大模型结合 BIM 三维模型设计的相关研究，提出了一种基于生成式大模型进行 BIM 三维建模的架构设计，并着重分析了大模型直接生成 BIM 三维模型和通过 AI Agent 调用传统 BIM 工具进行建模这两种技术方向的可行性和技术难点，对该方向的研究和工作具有一定的参考意义。

参 考 文 献

[1] Hanocka R, Hertz A, Fish N, et al. MeshCNN: a network with an edge[EB/OL]. arXiv preprint, arXiv: 1809.05910, 2018.

[2] Groueix T, Fisher M, Kim V G, et al. Atlasnet: a papier-mâché approach to learning 3D surface generation[EB/OL]. arXiv preprint, arXiv: 1802.05384, 2018.

[3] Qi C R, Su H, Mo K, et al. Pointnet: deep learning on point sets for 3D classification and segmentation[EB/OL]. arXiv preprint, arXiv: 1612.00593, 2017.

[4] Qi C R, Su H, Mo K, et al. Pointnet: deep learning on point sets for 3D classification and segmentation[C]//Proceedings of the IEEE Conference on Computer Vision and Pattern Recognition (CVPR), 2017: 652-660.

[5] Siddiqui Y, Alliegro A, Artemov A, et al. MeshGPT: generating triangle meshes with decoder-only transformers[EB/OL]. arXiv preprint, arXiv: 2311.15475, 2023.

基于改进退火算法的综合管廊传感器监测网络节点优化方法

王杜鑫，徐　照

（东南大学土木工程学院，江苏　南京　211189）

【摘　要】本文提出了一种基于改进退火算法的三维无线传感网络覆盖优化方法，以提升综合管廊监测系统的传感器节点部署效率。通过在 Rhino 和 Grasshopper 中建立简化的综合管廊模型，分别对视频监控和球形监测传感器的节点布设进行优化。结果表明，该方法能显著提高传感器网络覆盖率，减少重复覆盖，节约资源并降低运维成本。该方法不仅适用于综合管廊，还可推广至其他复杂空间的传感网络优化设计，具有广泛的应用前景。

【关键词】综合管廊；传感网络；改进退火算法；节点优化

1　引言

综合管廊作为城市的重要基础设施，其运行的安全性和高效性对城市发展及居民生活质量至关重要。然而，综合管廊的空间复杂性使传感器节点的部署和优化面临巨大挑战。传统的二维节点部署模型无法有效覆盖综合管廊的三维空间，因此需要研究一种新的优化方法来提高监测覆盖率和精度。

为了应对这一挑战，本文提出了基于改进退火算法（Simulated Annealing，SA）的传感器节点部署优化模型。退火算法通过模拟物理退火过程中的温度变化，逐步引导搜索全局最优解。改进后的退火算法通过自适应冷却策略和自适应扰动策略，使其在初期快速搜索全局最优解，后期精细搜索局部最优解。这种机制通常能大幅减少算法的运行时间，尤其是在搜索空间复杂度较高的情况下。本文将该算法应用于综合管廊三维无线传感网络的节点部署优化，旨在提高传感器网络的覆盖率和监测精度。通过对传感器节点的优化部署，本文希望为实现传感器的高效利用提供技术支持。

2　研究方法

2.1　节点部署优化模型

传感网络的最优覆盖方案的最终目标是找到一组节点使得覆盖率（CoverRatio）最大，即 MAX (CoverRatio)。然而在实际管廊空间中，为了保证人员活动的流畅性，一般将传感器布网限制在施工空间的顶端和两个侧面。以此为限制，研究综合管廊的空间最优覆盖。

在确定传感器节点的"双侧面＋顶面"布置方案后，为了实现三维层面的监测，需要计算传感器网络布置方案在空间中的应用范围，并计算整体空间中的最优覆盖率。

（1）视频监控节点的部署优化模型

假设在综合管廊监测区域内布置 N 个传感器节点，对节点的位置坐标进行初始化赋值。考虑到常规视频监控的视场形状特殊性，将其抽象为四棱锥。设定视频监控节点 P_i 的感知区域以 (x_i, y_i) 为顶点，底面矩形长宽为 (a, b)，底面矩形到顶点的距离为 h 的四棱锥 V_i。传感器节点集表示为：

【基金项目】国家自然科学基金资助项目（7207010715）
【作者简介】王杜鑫（2001—），男，研究生。主要研究方向为土木工程建造与管理。E-mail: wangduxin@seu.edu.cn

$$\text{Node} = \{V_1, V_2, \cdots, V_N\} \tag{1}$$

在模拟计算中,判断是否覆盖主要依据点是否在传感器监测区域体积内。区域覆盖率定义为传感器节点集的覆盖体积$\sum V_i$与所需监测体积V_0之比,即:

$$\text{CoverRatio} = \frac{\sum V_i}{V_0} \tag{2}$$

针对视频监控的特殊性,且考虑到安全和易于管理,视频监控的安装位置限制在管廊顶面上,其可变参数为顶面上的位置(x_i, y_i)、水平角α、俯仰角φ。

(2)其他传感器节点的部署优化模型

假设在综合管廊监测区域内布置N个传感器节点,对节点的位置坐标进行初始化赋值。已知传感器节点V_i的感知区域是以(x_i, y_i, z_i)为圆心,以R为感知半径的球形。在模拟计算中,判断空间中的点是否被覆盖的主要依据是该点是否在传感器监测区域体积内,计算方式与视频监控相同。

一般传感器的安装位置可以在管廊顶面和双侧面上,其可变参数包括在管廊中的位置(x_i, y_i)(顶面)、(x_i, z_i)(双侧面)。

2.2 优化设计步骤

为了优化综合管廊中传感器节点的部署,首先结合实际监测需求和综合管廊的空间布局,选用合适的传感器并确定其布设区域。然后通过模拟和优化计算确定传感器的最佳位置,利用退火算法调整每个节点的参数以达到最大覆盖率。整个过程包括多个迭代步骤,直到覆盖率达到设定要求。最终根据优化结果将传感器布置在三维空间中,以确保高效的监测覆盖,如图1所示。

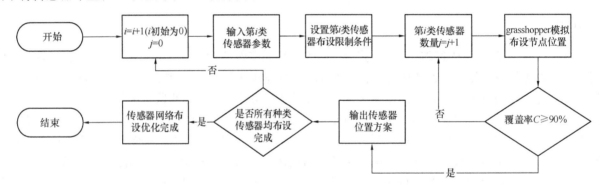

图1 传感网络布置流程图

2.3 改进退火算法描述

退火算法是一种基于物理退火过程的全局优化算法,通过模拟物质在高温下加热然后缓慢冷却的过程,使其达到最低能态。退火算法的核心在于引入随机扰动和逐步降温,初期通过高温跳出局部最优解,随着温度降低,搜索范围逐渐缩小,最终接近全局最优解。其主要优势在于强大的搜索能力和避免陷入局部最优的特点,特别适用于大规模和复杂的优化问题。该算法首先设定初始温度并生成初始解。然后在每个温度下多次迭代,通过随机扰动生成新解并计算能量变化。如果新解优于当前解,则接受新解;否则以一定概率接受新解。每当达到平衡或完成预定迭代次数后,按照温度下降函数降低温度。当温度降至预设阈值或达到最大迭代次数时,算法停止并输出最优解。然而初步应用在本研究模型中的结果表明,原始退火算法的收敛速度较慢,优化效果不理想。

为了进一步提升退火算法的性能,本文引入自适应机制。自适应冷却策略根据当前解的质量动态调整冷却速率,使算法在初期快速搜索全局最优解,后期精细搜索局部最优解。而自适应扰动策略则根据当前解的质量动态调整扰动幅度,确保搜索的有效性。通过上述改进,算法的收敛速度和优化效果均得到显著提升。实验结果表明,改进后的退火算法在覆盖率和计算效率方面均有显著提升,使其在复杂的综合管廊传感器节点部署优化中表现更加出色。

3 应用实例

为验证所提方法的可行性，本文以苏州城市综合管廊为例进行实验与分析。监测区域采用分仓设计，包括水信仓、电力仓、燃气仓和热力仓，其中水信仓最大。由于四个仓室空间独立，模拟优化相互之间没有影响。本文以水信仓为例，建立简化后的Rhino模型进行优化，避免过于精细的模型导致运算资源浪费，如图2所示。

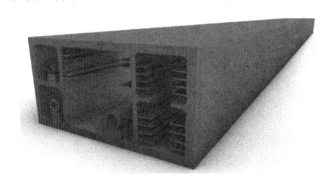
综合管廊分析案例Rhino模型

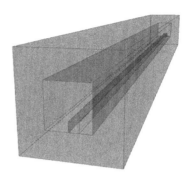
简化后的主仓室Rhino模型

图 2 综合管廊 Rhino 精细模型与简化后的主仓室模型

利用 Rhino 和 Grasshopper 建立模型，验证改进退火算法的三维无线传感网络覆盖优化。苏州城投管廊发展有限公司调研的管廊最大仓室长宽均为 4.5m，因此主仓室简化为长宽均为 4.5m 的正方形截面区域，模拟长度为 100m。在该区域内，分别在顶面和双侧面上部署传感器节点。

尽管监测系统中有多种类型的传感器，但除视频监控外，其他传感器基本属于球形监测空间传感器，其布设方法相同。本文选取视频监控和球形监测空间传感器进行布设。

3.1 实验结果展示

（1）视频监控优化结果

针对综合管廊空间的管状特征，采用长焦视频监控。视频监控的感知范围为正四棱锥，底面为边长 8m 的正方形，高为 20m。对简化后的主仓室区域进行视频监控范围的覆盖优化，通过调整每个视频监控在顶面上的位置、水平角 α、俯仰角 φ，并逐步增加传感器数量进行迭代优化，得到最优覆盖率，如图 3 所示。

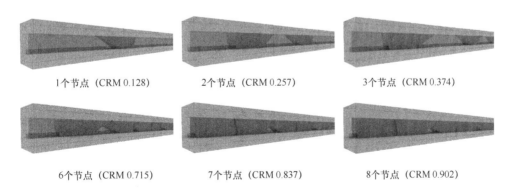

图 3 不同节点数量下的视频监控节点最优覆盖模拟

（2）球形监测空间传感器优化结果

管廊中大多数传感器监测空间形状为球形。本文选取某种常用的温湿度传感器，其监测半径为 5m，对简化后的主仓室区域进行覆盖优化，通过调整传感器在管廊中的位置，并逐步增加传感器数量进行迭代优化，得到最优覆盖率，如图 4 所示。

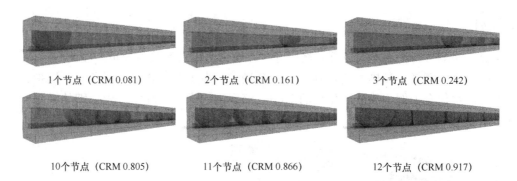

图 4 不同节点数量下的球形监测空间传感器节点最优覆盖模拟

3.2 实验结果分析

为了全面评估传感器节点布设的优化效果,本文对比了几种不同布设方法和改进前后的退火算法性能。具体数据如表1所示。

不同布设方法与退火算法性能对比 表1

传感器类型	节点数量（个）	布设方法	覆盖率	平均单个节点覆盖率损耗	迭代次数（次）	运行时间（s）
视频监控	8	等距布设	82.1%	2.54%	—	—
	8	退火算法	90.1%	1.54%	19021	1898
	8	改进退火算法	90.2%	1.53%	12485	832
球形监测空间传感器	12	等距布设	81.7%	1.30%	—	—
	12	退火算法	91.5%	0.48%	10098	1487
	12	改进退火算法	91.7%	0.46%	7453	743

综合以上结果,改进后的退火算法在覆盖率和运行效率方面均表现出显著优势。与等距布设方法相比,改进后的退火算法显著提高了传感器网络的覆盖率,同时减少了节点的覆盖损耗。以视频监控为例,单个节点的最大覆盖率为12.8%,而8个节点时的覆盖率从等距布设的82.1%提高到90.2%。球形监测空间传感器的优化结果也显示出较低的单个节点覆盖率损耗,覆盖率从81.7%提高到91.7%。此外,与未改进的退火算法相比,改进后的退火算法在保持高覆盖率的同时,通过引入自适应机制能够在初期快速搜索全局最优解,后期精细搜索局部最优解,从而显著提高算法的收敛速度和计算效率。这些改进使得改进后的退火算法在复杂的综合管廊传感器节点部署优化中表现更加出色,显著缩短了运行时间并减少迭代次数,验证了其在实际应用中的有效性和优越性。

4 结论

本文针对综合管廊灾害风险监测中传感器节点部署的优化问题,提出了一种基于改进退火算法的三维无线传感网络覆盖优化方法。结果表明,改进后的退火算法能够有效提高传感器网络的覆盖率,显著减少传感器节点的重复覆盖,节约资源并降低运维成本。此外,改进后的退火算法显著缩短了运行时间并减少迭代次数,使其在复杂的综合管廊传感器节点部署优化中表现更加出色。通过引入自适应机制,改进后的退火算法在实际应用中展现出优越的性能和有效性。该方法不仅适用于综合管廊,还可以推广应用于其他复杂空间的传感器网络优化设计,具有较高的实用价值。

参 考 文 献

[1] 李玉增,张雪凡,施惠昌,等. 模拟退火算法在无线传感器网络定位中的应用[J]. 通信技术,2009,42(1):211-213.

[2] 朱颢东,钟勇. 一种改进的模拟退火算法[J]. 计算机技术与发展,2009,19(6):32-35.

基于国产平台的水土保持三维设计建模技术研究

郑建华[1,2]，陈　妮[1]，王天骄[1]

(1. 中国电建集团华东勘测设计研究院有限公司，浙江　杭州　311122；
2. 东慧(浙江)科技有限公司，浙江　杭州　311122)

【摘　要】 本文探讨了用参数化组件定义水土保持措施横断面，提出基于参数化组件建立水土保持措施BIM模型的方法。实践表明，使用该方法准确有效，水土保持措施BIM模型考虑了最小开挖等优化目标，极大地提升了水土保持设计的质量和效率，对方案设计、环境影响评估、施工优化、工程造价等方面有着极大的意义。

【关键词】 水土保持；三维设计；参数化组件；BIM；国产平台

1　引言

基础设施建设是社会经济发展的重要支撑，近三十年我国对基础设施建设的成效特别突出，包括水利、水电、公路、铁路等，工程挖方、施工废水废料的处理及其对环境的破坏影响正逐渐被我国所重视。然而传统水土保持采用二维设计的手段，无法很好地满足对环境的最小开挖破坏和最大保护等目标，甚至仅是示意性设计，由施工方根据现场情况自行决定施工措施。因此，建立一套完善的水土保持BIM模型在方案设计、环境影响评估、施工优化、工程造价等方面显得十分必要。

我国水利部印发的《水土保持"十四五"实施方案》提出，推动数字水保、智慧水保建设，加快数字信息技术与水土保持业务深度融合。在国家政策的引导下，国内的工程设计院和科研机构已经开始了相关的应用研究和探索，如梁燕迪基于Autodesk公司的Revit软件二次开发，实现布设水土保持措施、设计出图、计算工程量；贾兴斌、陈万宝等人基于Autodesk公司的Civil 3D软件，分别研发了弃渣场设计软件，实现装配方式的挡渣坝设计、出图算量等功能；莫奎等人基于3DE平台研发了施工总布置渣场设计系统，实现优化渣场设计范围、创建三维渣场模型等。与国内情况不同，国外在水土保持方面的发展更为先进，许多国家已经将BIM技术广泛应用于工程的设计、施工和运营管理等环节，特别是在美国、欧洲等发达国家，水土保持BIM技术的应用已经取得较为成熟的经验。

目前国内在水土保持BIM技术方面还存在一定的不足，主要是技术水平和应用深度等方面仍有待提高，且大多使用国外的BIM平台。随着国外对我国技术封锁越来越严的发展趋势，以及国家基础设施信息安全等方面的考虑，使用国产BIM平台进行工程设计成为迫切的需求。中国电建集团华东勘测设计研究院有限公司成立了东慧子公司并致力于国产基础研发平台东慧鸢图EWCAD的研发。EWCAD具备成熟完备的数字地表DTM、几何造型等基础功能，能够实现mesh、solid建模，完全满足水土保持BIM建模要求的规则截面沿线拉伸、地形开挖、混凝土体建模、回填体建模等接口和功能。

本文基于EWCAD平台，提出通过定义参数化组件的方式快速建立水土保持措施BIM模型的通用建模方法，建模过程充分考虑最小开挖等优化目标，大大提高了水土保持设计的质量和效率。

2　关键技术

水土保持三维设计BIM建模工作的关键，不仅要求快速建立符合设计要求的BIM模型，而且能够方便修改和准确统计工程量，本文的主要技术路线如图1所示。首先建立若干参数化标准库，包括沟渠断面、盲沟断面、沉砂池、挡墙；其次进行排水线路优化，保持纵坡；然后按照排水线路放样参数化断面、沉砂池、挡墙，同时执行开挖回填；最后按照建立的BIM模型快速准确地统计工程量。

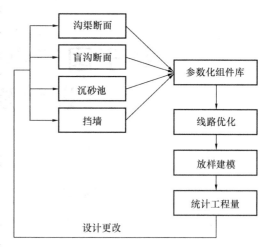

图1 技术路线

2.1 参数化组件

横断面可理解为形状集合，即点集构成边集，边集构成多个形状，若干个（包括一个）形状即可定义为一个组件，若干个（包括一个）组件定义成一个横断面。

其中形状根据其首尾是否闭合，可以分为闭合形状和非闭合形状两类。非闭合形状常用于表示沟渠挖坡等截面边界长度不确定的对象，闭合形状常用于表示混凝土体、垫层等截面边界按参数确定的对象。闭合形状还存在被挖空的情况，如截面中盲沟混凝土管内圈线，可以单独设置其为挖空属性，以便和外圈线组合成一个对象。一个横断面可存储用户自定义参数，用于参数化定义组件参数。横断面需要指定一个基准点，其他点集均是与基准点的相对坐标，相对坐标根据用户自定义参数中的几何参数计算得到。以图2矩形水沟横断面为例，其参数包括总高度、底部宽度、壁厚、沟渠底部厚度、垫层厚度共5个参数，按本文提出的规则可以拆解为10个点、11条线和2个形状（图3）。如在渣体左侧边坡沿排水线布置水沟，需指定右角点P6为基准点，即P6点通过排水线，则根据尺寸参数计算其他所有点坐标。

水土保持横断面的截面组成包括挖坡、垫层、混凝土体、回填等，可以将其按类别拆分为多个组件，对每个组件进行参数化设置，拼装形成水土保持横断面。用户输入横断面设计参数后，系统内部自动计算组装生成设定尺寸的横断面，对横断面沿着路径拉伸形成最终的水土保持排水BIM模型。

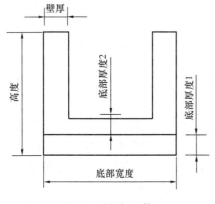

图2 形状与组件

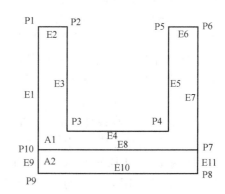

图3 边构成形状图

（1）截水沟断面（图4）

截水沟一般为梯形断面，沿着边坡布置，要求左右侧沟壁均贴合地表面。截水沟断面可拆解为挖坡组件、垫层组件、混凝土组件等，其中挖坡组件、混凝土组件与地面的起伏保持一致。

（2）盲沟横断面（图5）

盲沟一般为倒梯形断面，沿着地表挖深0.5m布置，浇筑混凝土管基础和铺设混凝土管后回填渗水材料。盲沟断面可以拆解为挖坡组件、管基组件、混凝土管组件、回填组件、覆盖层组件等，其中仅挖坡组件与地面的起伏保持一致。

（3）沉砂池（图6）

沉砂池一般先以矩形为基础底部开挖，四周挖坡，然后浇筑混凝土沉砂池，最后回填沉砂池外侧。

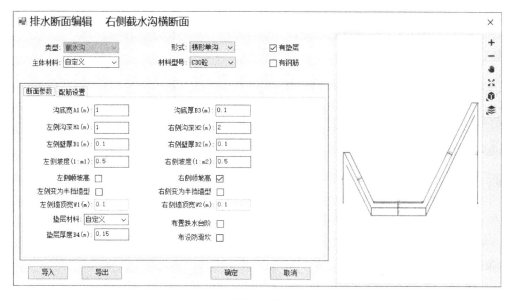

图 4　截水沟横断面设计

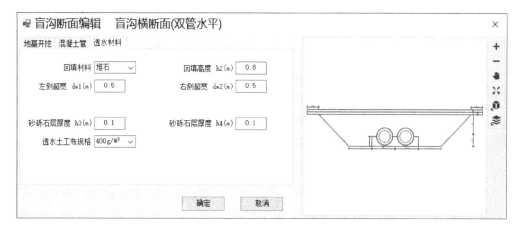

图 5　盲沟横断面设计

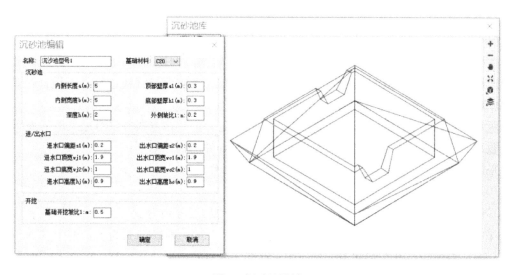

图 6　沉砂池设计

沉砂池的特殊性无法用一个横断面表达，但是可以用三维组件表达，即可以拆解为挖坡组件、混凝土组件、回填组件、进出口组件等，其中仅挖坡组件、回填组件与地面的起伏保持一致。

（4）渣体挡墙（图7）

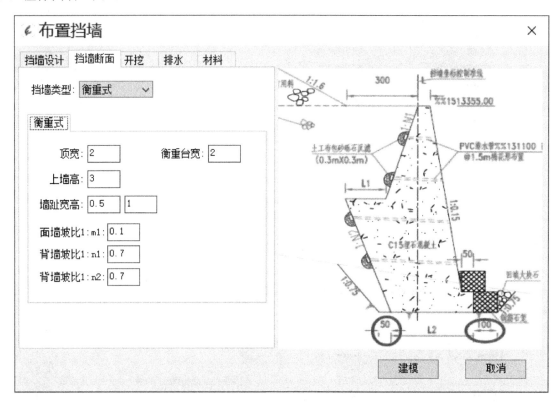

图7　渣体挡墙设计

渣体挡墙一般事先确定好挡墙轴线和墙顶高程，沿挡墙轴线展开地形地质纵断面，在纵断面上设计出挡墙底部台阶状折线，即要求开挖到全风化层以下。以此折线为挡墙底部在垂直轴线方向开挖，然后浇筑混凝土挡墙，最后回填大块石和钢筋石笼。渣体挡墙可以拆解为挖坡组件、混凝土组件、回填组件等，其中仅挖坡组件、回填组件与地面的起伏保持一致，排水管、钢筋石笼独立建模。渣体挡墙由于其底部高程的变化，无法用一个固定参数横断面表达，但是按照水平分段和台阶长度细化分段考虑，各个小分段内参数可固定。

2.2　线路优化

水土保持排渗系统一般为线状工程，即沿着某一个固定线路开挖排水沟渠。为了减少开挖量，要求该路线贴着地形表面。此外，在平缓地段为了满足排水纵坡，还需要对路线进行微调设计，满足2%左右的均匀排水坡降比。

如图8所示，初始排水线路从1到2走向已经大致确定，但是排水线并没有贴着地形表面，排水纵坡不均匀。一般采用从终点反推排水路线，一直到起点为止，算法描述如下：

输入：平面点集合 $P=\{p_1, p_2, \cdots, p_m\}$，地形点集合 $dtm=\{v_1, v_2, \cdots, v_n\}$。

输出：$P'=\{p'_1, p'_2, \cdots, p'_m\}$。

步骤1：平滑曲线，取集合 P 中间的任何一点 p_i，其前后点分别为 p_{i-1}、p_{i+1}，如果 p_i 在 $p_{i-1}p_{i+1}$ 上的投影点 p_t 在线段之外，则去掉 p_i 点；如果 $\angle p_{i-1}p_ip_{i+1}<120°$，则修正 p_i 为 p_ip_t 的中点。

步骤2：从 p_m 开始枚举两个相邻点 p_{i-1}、p_i，垂直于两点的水平向量为 V，在点 p_{i-1} 处沿着 V 构造射线，与 dtm 相交的最近一个点为 p'_i-1。其中为了避免奇异值出现，计算水平向量使用修正前的旧值。

步骤3：重复执行步骤1、步骤2过程2~3次，直至集合 P' 趋于稳定收敛，且满足圆滑贴坡的要求。

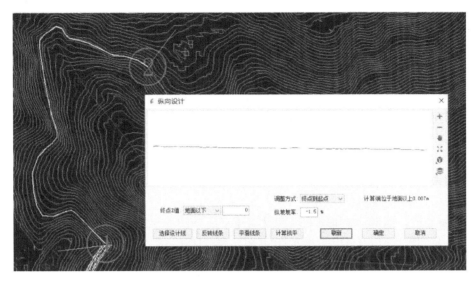

图 8 纵坡设计

2.3 BIM 建模

水土保持措施 BIM 建模需要沿着排水线扫掠横断面得到各个组件 BIM 模型，在 BIM 模型上挂载专业信息。

扫略算法描述如下：

输入：平面点集合 $P=\{p_1, p_2, \cdots, p_m\}$，地形点集合 $\text{dtm}=\{v_1, v_2, \cdots, v_n\}$，参数化组件 $S=\{s_1, s_2, \ldots, s_k\}$。

输出：法向量集合 $V=\{V_1, V_2, \cdots, V_m\}$，截面集合 $SP=\{sp_1, sp_2, \cdots, sp_m\}$。

步骤1：从集合 P 中枚举每个点 p_i，其前后点分别为 p_{i-1}、p_{i+1}，p_i 到 $p_{i-1}p_{i+1}$ 的投影点为 p_t，则根据 p_ip_t 构造水平法向量 V_i。如果 p_i 为端点，则取所在线段的水平垂线为 V_i。

步骤2：从集合 P 中枚举每个点 p_i，参数化组件 S 分别以 p_i、V_i 为控制点、切向量构造一个截面实例 sp_i，其中各个组件点包括与地形相关组件全部重新计算。

步骤3：从 sp_1 开始枚举两个相邻截面 sp_i、sp_{i+1}，两个截面中相同位置的组件点采用直线相连，构造成该组件代表的对象，如挖坡面、混凝土体、回填材料等。

最后根据模型边界对地形裁剪，即可得到最终的水土保持 BIM 模型，最后统计准确的挖方、材料等工程量。

3 应用示例

本文选取某工程项目弃渣场作为案例（图9），该弃渣场设计为 20 万 m³ 土石弃渣场，堆高为 70m，填埋 2 个自然山沟，挡墙结构采用衡重式挡墙，设排水管，截水沟、跌水沟挖坡坡比取 1:0.5。

基础数据准备：

（1）地形整理。地形采用平台自带的 DTM，需要检查有无异常值，尤其是在排水线部位需要平滑地形。

（2）沉砂池选址。在渣场挡墙左右两侧下游方向各存在一个沉砂池，其位置要求地势较为平坦，挖方量适中。

（3）获取渣面马道线。渣面马道内侧线，延伸到渣周线。

（4）获取渣周线。其中渣周线为渣面与地形交线外扩 2m 得到，渣周线被马道线分割，从上到下为平台截水沟线、陡坡截水沟线。陡坡截水沟线分左右，末段跌水线与沉砂池相连，平台截水线按中间分

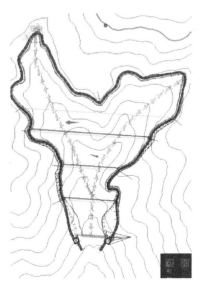

图 9 某弃渣场地形

为左右两段。

(5) 确定盲沟线。盲沟线在渣场底部，沿自然沟走向，上部在渣体边缘出露，下部从挡墙穿出。

(6) 定义断面库。根据实际工程需要定义所需尺寸的排水横断面、盲沟断面、沉砂池库、挡墙库等。

(7) 截水纵坡设计。对左右平台排水线按设定纵向坡率进行贴坡、圆滑等修正。

(8) 沟渠建模。包括截水沟建模、跌水沟建模、盲沟建模等。沿着排水线路拉伸参数化断面内的每个组件每个形状构建成 mesh 体或面，对于挖空的情况，预先查找外部形状和对应的挖空内部形状，再构建 mesh 体，挖坡组件延伸到地表构建成开挖 mesh 面。建模结果包括开挖、垫层、沟渠主体、排水管等。如图 10、图 11 所示。

(9) 沉砂池建模。依据来水线确定进出水口方向，建立沉砂池组件模型，包括开挖、回填、沉砂池主体、出口引水渠。如图 12 所示。

(10) 渣场挡墙建模。依据挡墙轴线和纵向分段建立渣场挡墙模型，包括挡开挖、回填、墙主体、排水管、接缝材料、盲沟出口等。如图 13 所示。

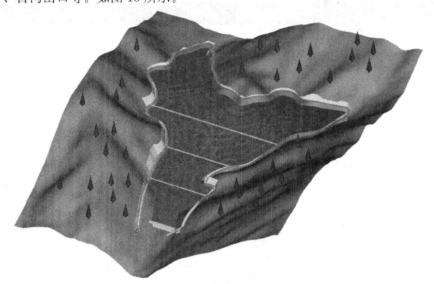

图 10 某弃渣场整体 BIM 模型

 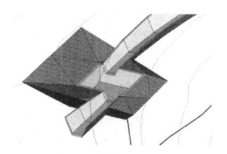

图 11 某弃渣场截水沟和跌水坎　　　　图 12 某弃渣场沉砂池

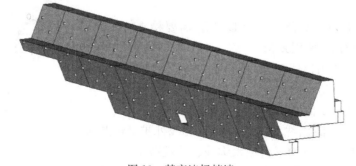

图 13 某弃渣场挡墙

结果表明，本文提出的建模方法可以建立水土保持渣体设计所需的全部 BIM 模型，开挖边坡与地形紧密结合，开挖尽量做到优化，沟渠分段自然衔接，满足精度要求，进一步统计得到准确的工程量和造价信息。与二维设计数据对比，发现有一半以上工程措施的工程量存在严重多算或少算的情况。

4 结语

水土保持设计在工程项目中具有其独特性，工程效率要求使其快速优化设计难度极大。本文结合工程实际，提出基于纵向线路和参数化组件化的方法建立水土保持 BIM 模型，根据地形适配组件，实现水土保持最小开挖等优化设计目标，有效指导施工，并给出准确的工程量。

此外，所有 BIM 模型都存储了设计信息，为后续的施工、运维等提供了信息完备的 BIM 模型，对于推动智能设计和智慧工程向数字化方向的转型也具有深远的意义。

参 考 文 献

[1] 梁燕迪. 基于 BIM 技术的水土保持措施设计研究[D]. 郑州：华北水利水电大学，2022.
[2] 贾兴斌. 基于 Civil 3D 的铁路隧道弃渣场三维设计软件研究[J]. 铁道标准设计，2022，66(6)：105-109.
[3] 陈万宝，张嘉明，马天皓，等. 基于 Civil 3D 的弃渣场二三维一体化设计平台研究[J]. 人民长江，2023，54(4)：177-182.
[4] 莫奎，黄昌龙，杨玉川，等. 基于 3DE 二次开发下的水利水电工程渣场三维正向设计研究[J]. 四川水力发电，2023，42(6)：120-123.

基于国产平台的交通隧道三维设计建模技术研究

邬远祥[1]，郑建华[1,2]，张茂亦[1]，曾 敏[1]，陈佳乐[3]

(1. 中国电建集团华东勘测设计研究院有限公司，浙江 杭州 311122；
2. 东慧（浙江）科技有限公司，浙江 杭州 311122；
3. 博彦科技股份有限公司，浙江 杭州 311122)

【摘 要】本文基于 EWCAD 平台提出了按参数化组件和内外组合方式定义隧道断面，并进一步建立隧道洞身、洞口 BIM 模型的通用建模方法，在洞身分段、洞口开挖充分考虑最优化设计等目标。实践表明，该方法的快速建模出图实现了快速优化设计，而且准确统计工程量，能够有效指导施工，对提高工程项目设计和施工质量及效率具有重要的意义。

【关键词】交通隧道；三维设计；参数化组件；国产平台；BIM

1 引言

我国陆路交通发展迅速，交通隧道是不可或缺的一部分，但是隧道在信息化、数字化、智慧化等方面仍十分欠缺，首要问题是缺少一个集设计、施工、运维多种信息于一体的隧道 BIM 模型。

我国在公路、铁路隧道 BIM 三维建模技术方面已经有了众多的研究。田明阳等人基于 Bentley 公司的 OpenRoad Designer 平台研发铁路隧道洞身 BIM 软件，实现纵断面设计、附属洞室优化等；董凤翔、李君君等人基于 CATIA 平台分别研发了铁路隧道三维设计系统，实现了发现设计问题并优化设计；张轩、马腾基于 Bentley 公司 OpenRail Designer 平台分别研发了铁路隧道 BIM 正向设计系统、铁路隧道洞口设计软件，实现了隧道洞身洞门参数化建模、二三维联动等，解决洞口选择、洞口边界线、洞口工程量等难题；上海同豪基于自主平台研发了公路工程隧道 BIM 设计系统，实现了快速纵断设计、洞口设计等。国外 Bentley 公司专门研发了 OpenTunnel Designer，是一款隧道建模和设计专用软件；瑞典软件公司研发了 IDA RTV，主要模拟公路隧道的通风、污染物扩散、火灾等工况。

目前国内隧道建模软件还存在不足，如基于国外设计平台、建模自由度不高、复用性不强等问题，国外隧道软件又存在交互操作繁琐、本土化不足等多方面的问题。随着国外对我国技术封锁越来越严的发展趋势，以及国家基础设施信息安全等方面的考虑，使用国产 BIM 平台进行工程设计成为迫切的需求。中国电建集团华东勘测设计研究院有限公司成立了东慧子公司并致力于国产基础平台东慧鸢图 EWCAD 的研发。EWCAD 具备成熟完备的数字化地模 DTM、网格 mesh、几何造型等基础功能，完全满足各专业 BIM 建模设计要求。

本文基于 EWCAD 平台提出了按参数化组件和内外组合方式定义隧道断面，并进一步建立隧道洞身、洞口 BIM 模型的通用建模方法，在洞身分段、洞口开挖充分考虑最优化设计等目标，大大提高了隧道设计的质量和效率。

2 设计关键技术

隧道三维设计 BIM 建模工作的关键，不仅要求快速建立符合设计要求的 BIM 模型，而且能够方便修改和准确统计工程量，本文的主要技术路线如图1所示。

2.1 内轮廓设计

一个隧道的断面随着沿线围岩等级的不同，衬砌支护也不同，但是内轮廓是基本固定的，一般存在标准段内轮廓、左停车带内轮廓、右停车带内轮廓三种。内轮廓包括内轮廓线、内部构造两大部分：内轮廓线即二衬（或初衬）的内边界线，其形状一般为三心圆、单心圆、城门洞等，由建筑界限限制尺寸和具体形状；内部构造包括路基、路面、边沟、盲沟、排水沟、管沟等建筑对象形状。

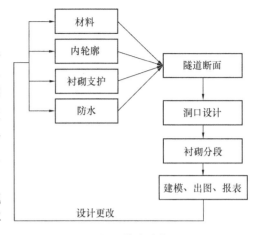

图1 技术路线

内轮廓可理解为形状集合，即点集构成边集，边集构成多个形状，若干个形状即可定义为一个组件，若干个组件再组合成一个内轮廓。内轮廓内各个形状一般是首尾闭合的，但闭合形状还存在被挖空的情况，如内轮廓中盲沟盲管内圈线，可以单独设置其为挖空属性，以便和外圈线组合成一个对象。

一个内轮廓可存储用户自定义参数，用于参数化定义组件参数，其中所用各种材料均从材料库中选择。内轮廓需要指定一个基准点，即路线穿过点，其他点集均是与基准点的相对坐标，相对坐标根据用户自定义参数中的几何参数计算得到。内轮廓设计如图2所示。

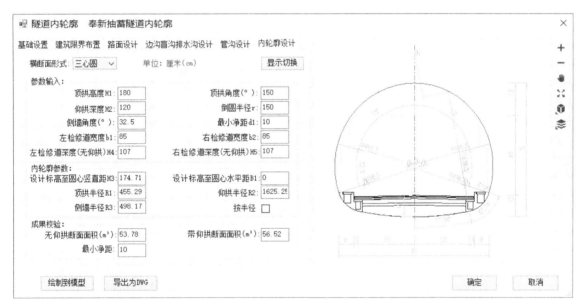

图2 内轮廓设计

2.2 衬砌断面设计

隧道从入口到出口沿线围岩等级一般从V级过渡到II级，再过渡到V级，每一种围岩等级都根据需要对应设计初衬、二衬、钢架、钢筋、锚杆等参数，其中所用各种材料均从材料库中选择（图3）。支护设计选用一种内轮廓则组合为一种衬砌断面，支护设计与内轮廓设计可以自由组合为多种衬砌断面。

钢架设计需要考虑每一段钢架的重量，以便能够人力搬运和拼装。本文按照角度划分和字母组合的方式成功实现了钢架合理分段，这里以三心圆内轮廓为例，顶弧、左弧、右弧、仰弧分别编为A、B、C、D，左右直线段分别记为Z1、Y1，对各弧的划分记为A1-An等。划分结果自动按照逗号排列，以分号作为分段标记，如Z1，B1；记为完整一段。如图4所示。

支护措施还包括防水板、土工布、排水管、排水盲管等防排水设计。

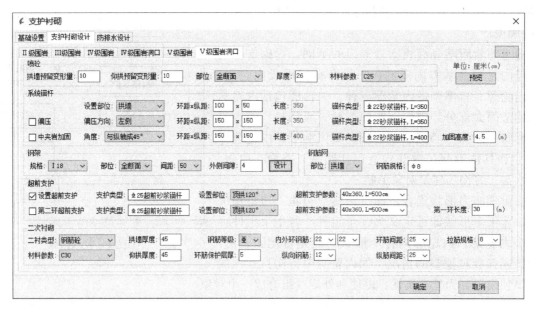

图 3 衬砌断面分级

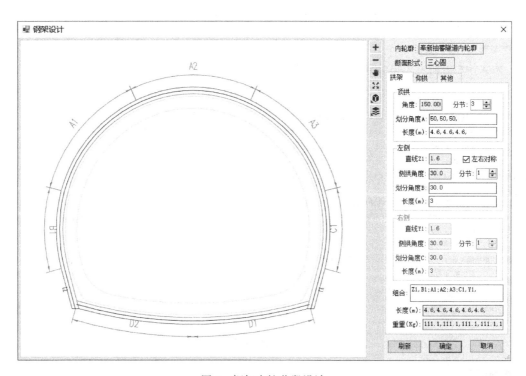

图 4 钢架支护分段设计

2.3 洞口桩号设计（图 5）

二维设计确定洞口桩号一般采用等高线方式，反复多次在预设洞口区间点绘横纵特征断面，以便从中选取理想桩号。此方式十分低质低效，洞口位置是否合理与特征断面的取样位置和取样数量有很大关系，如果选位不合理会给施工带来严重的问题。确定一个双洞隧道 4 个洞口桩号一般耗费 2~3 个工日，如果线路变化，则需要重新确定进出洞桩号。

本文根据 DTM 地模、线路、衬砌断面拼装，改变取样桩号，则纵断面和横断面同步显示，这样仅需几步简单的尝试，即可快速确定合理的洞口桩号。根据洞口地形情况，如果洞口仰坡位置地势陡峭或容易发生地质灾害，则加设明洞。如果明洞一侧是陡崖，还可以考虑使用偏压明洞。

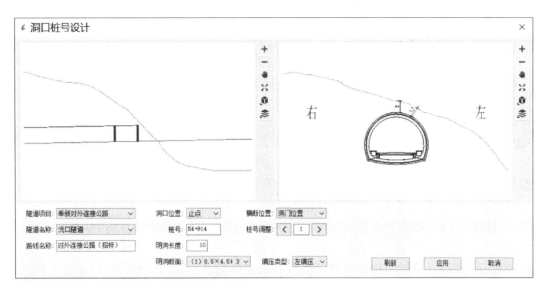

图 5 洞口桩号设计

2.4 洞身衬砌分段设计

隧道沿线围岩等级会不断发生改变，还可能存在断层等地质情况，不同地质情况需要采用对应的衬砌参数。根据交通隧道规范要求，长隧道每隔 500m 设置一个紧急停车带，则在停车带区间需要设置特定的停车带衬砌断面。此外，停车带区间要避开断层等地质情况。如图 6 所示。

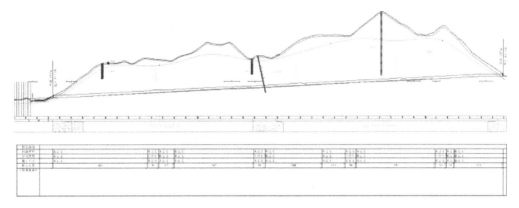

图 6 衬砌分段及设置停车带

本文参照隧道地质纵断面，并导入隧道围岩信息表，同时将隧道沿线拉直，三者拼接在同一个图面上。在表格中可以根据围岩情况分段和桩号取整，并设置衬砌断面及对应的分级，自动布置停车带位置，并可拖动避开断层等不利地质情况。

3 建模关键技术

3.1 洞身建模

洞身建模采用扫略方法，即在每个围岩分段内沿着线路扫略对应的参数化断面组件得到各个组件 BIM 模型，在 BIM 模型上挂载专业信息。

扫略算法描述如下：

输入：平面点集合 $P=\{p_1，p_2，\cdots，p_m\}$，参数化组件 $S=\{s_1，s_2，\cdots，s_k\}$。

输出：法向量集合 $V=\{V_1，V_2，\cdots，V_m\}$，截面集合 $SP=\{sp_1，sp_2，\cdots，sp_m\}$。

步骤 1：从集合 P 中枚举每个点 p_i，其前后点分别为 p_{i-1}、p_{i+1}，p_i 到 $p_{i-1}p_{i+1}$ 的投影点为 p_t，则根据 p_ip_t 构造水平法向量 V_i。如果 p_i 为端点，则取所在线段的水平垂线为 V_i。

步骤 2：从集合 P 中枚举每个点 p_i，参数化组件 S 分别以 p_i、V_i 为控制点、切向量构造一个截面实例 sp_i，其中各个组件点全部重新计算。

步骤 3：从 sp_1 开始枚举两个相邻截面 sp_i、sp_{i+1}，两个截面中相同位置的组件点采用直线相连，构造成该组件代表的对象，如初衬、二衬、垫层、路基、路面、边沟、盲沟、排水沟、管沟、排水管等。

对于钢架、钢筋、锚杆、排水管无法采用扫略方式建模，采用在区间线路的初衬、二衬模型上按照横纵间距独立建模的方法。

3.2 洞口建模

隧道洞口是隧道工程的重要组成部分，隧道洞口设计需要根据地形、地质情况对洞口场地进行开挖并设计坡面防护措施，最后设计与地形匹配的洞门结构形式。传统二维设计时隧道洞口刷坡线无法在平面准确确定，只能示意绘图，洞口工程量更是粗略估算。

本文对洞口建模分为开挖边坡参数、洞门参数、支护参数，即可快速计算得到示意图（图7），可进一步一键开挖建模（图8）、布置支护模型（图9）。

边坡参数采用斜坡+马道的结构，最后一级直接刷坡到坡顶，其中左坡、右坡挖坡参数要与道路挖坡参数保持一致。仰坡与左右坡采用圆弧面过渡能够大大减少开挖量，同时增加边坡稳定性。

端墙参数按路线左右分左轮廓、右轮廓，轮廓参数采用斜线折线结构（图10），即如果"坡比（1∶m）"参数为 0，表达为一段宽为 x、高为 y 的直角折线，否则表达为一段高为 y、斜率为 1∶m 的线段。在偏压明洞情况下，偏压一侧的轮廓不设参数。

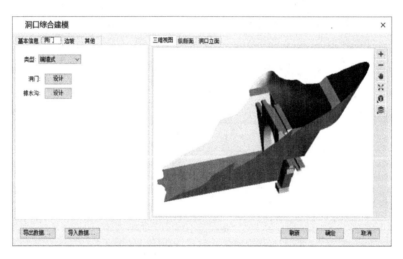

图 7　洞口挖坡与端墙示意

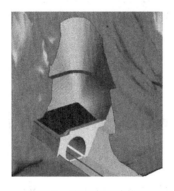 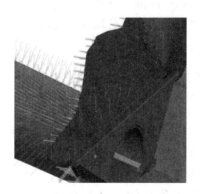

图 8　偏压明洞建模　　　　图 9　洞口边坡支护

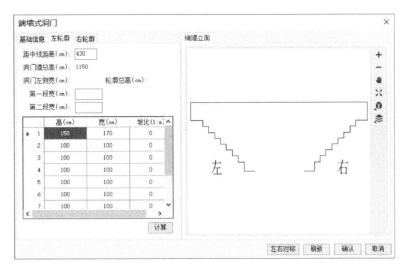

图 10 端墙式洞门参数

4 应用示例

本文选取浙江省某地隧道工程作为案例，工程线路全长约 1993m，主线为双向四车道规模，设计车速 60km/h，为城市主干路（图 11）。其中隧道分左右线同时开挖，长约 1500m。隧道下穿某景区水库，地质勘探发现有断层等不利地质因素。

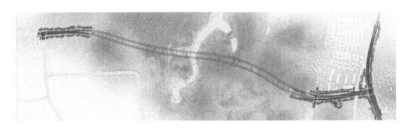

图 11 某隧道概览

工作次序：

（1）从上游专业获取地形、地质、线路等资料，其中地质资料需要包括隧道地质纵断面图。

（2）根据工程项目要求，建立候选材料库，如混凝土、钢筋、钢架、锚杆等型号库。

（3）根据规划确定建筑界线，进一步确定隧道标准段内轮廓、停车带内轮廓，其中选用混凝土、路基路面等材料。

（4）根据地质勘探情况设计不同的支护衬砌分级，其中选用混凝土、钢筋、钢架、锚杆等材料。

（5）确定左右线隧道进出口桩号，左右线隧道进口位置一致，进出口位置地形、地质情况均良好，均不设置明洞。隧道进出口模型如图 12、图 13 所示。

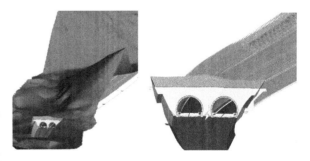

图 12 隧道进口

（6）根据地质勘探情况对隧道洞身做衬砌分段，包括停车带分段，并快速建立洞身模型和支护模型。

（7）建立 4 个洞口综合模型，其中左右边坡、仰坡开挖坡率均为 1∶0.5。

（8）统计工程量，出图。

结果表明，本文提出的建模方法可以快速准确地建立隧道三维设计所需的 BIM 模型，开挖边坡与地形紧密结合，尽量做到优化设计。快速建模、出图和工程量统计，不仅节省了大量的人力和时间，也使

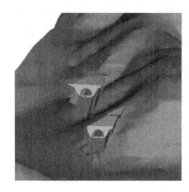 

图 13　隧道出口（直角、圆角开挖对比）

快速准确统计隧道工程量成为可能，杜绝施工作假，有效提升了工程质量。

5　结语

由于隧道的复杂性，传统设计无法全面有效地准确表达，导致设计和施工部分脱节，而工程效率要求使其快速优化设计难度极大。本文提出一种基于参数化组件建模的方法快速建立隧道 BIM 模型，实现了部分优化设计目标，通过统计准确的工程量能够有效指导施工，对提高工程项目设计和施工的质量及效率具有重要的意义。

远期隧道设计可以结合三维地质模型，对于确定洞身衬砌分段、洞口位置选型更有指导意义。

参 考 文 献

[1]　田明阳，曾昊，汪明，等．基于 BIM 技术的铁路隧道洞身设计与应用方法研究[J]．铁路技术创新，2021(1)：84-89.
[2]　董凤翔，田明阳，曾昊，等．BIM 技术在铁路隧道设计优化中的研究与应用．铁路技术创新[J]．2022(1)：47-52.
[3]　李君君，李俊松，王海彦．基于 BIM 理念的铁路隧道三维设计技术研究[J]．现代隧道技术，2016，53(1)：6-10.
[4]　张轩．基于 Bentley 平台的铁路隧道 BIM 正向设计研究[J]．铁道标准设计，2023，67(6)：153-158.
[5]　马腾．基于 BIM 技术的铁路隧道洞口设计软件研究[J]．铁道标准设计，2023，67(7)：113-117.

基于国产平台的地质地层线自动生成技术研究

郑建华[1,2]，张家尹[1,3]，陈 沉[1,2]

(1. 中国电建集团华东勘测设计研究院有限公司，浙江，杭州 311122；
2. 东慧（浙江）科技有限公司，浙江，杭州 311122；
3. 浙江华东岩土勘察设计研究院有限公司，浙江，杭州 310030)

【摘 要】本文探讨了基于国产平台 EWCAD 的平原地区地质地层线自动绘制的技术及应用，综合钻孔网络构建技术、地层信息的补全技术、地层线连接与尖灭优化方法和地层线正确性检验等多个技术手段，提升了工程勘察工作的效率与准确性，基于同一个平台极大地方便了下游专业 BIM 设计工作。实际案例表明，这些技术极大地缩短了人工绘图时间，为地质三维模型的建立提供了坚实的数据支撑，对于推动智能设计和智慧工程向数字化方向的转型具有深远的意义。

【关键词】地层线；钻孔连线；地质剖面；钻孔；平原地区

1 引言

随着国家"新基建"战略的全力推进，工程行业对智能设计、智慧工程等数字化水平提出了更高更快更准确的要求。在基建工程中，地质勘察工作为后续的专业设计提供依据和咨询服务，因此，能够更准确、更迅速地反映地质 BIM 信息对于工程来说极为关键。平原地区地质勘察通常通过在工程区域内实施钻探、物探和试验等方法来获取关键地质数据。这些数据用于界定不同地层的分布情况，并据此绘制地质剖面图或构建地质三维模型。这些成果随后为工程的二维和三维设计以及 BIM 模型的进一步应用提供了必要的地质数据支持。虽然可以通过地质三维模型剖切获得地质剖面图，但是对于平原地区短平快的地质勘察工作来说，快速绘制二维地质剖面图仍然是新时代地质勘察领域获取地质信息必不可少的手段。

地质剖面图最主要的数据来自钻孔地层数据，地质剖面图复杂之处在于地层与地层之间的连线方法，国内外多人对此进行了深入研究，尤林奇等人通过地质、BIM、GIS、监测等二三维工程资料数据融合，实现动态查看任意 BIM 模型所处位置的地质剖面信息，有利于工程管理人员进行安全生产和数字化管理。李峰等人基于 AutoCAD 采用自动区域生成算法得到地质剖面图，并最终实现商业化应用；王黎黎等人研究了基于知识的剖面器和面向特征的数据模型，实现了剖面图生成；田甜通过人工交互方式判断地层缺失、透镜体问题；周良辰通过添加虚拟钻孔技术解决了地层尖灭问题；赵杰等人基于 netDxf 对工程地质剖面绘制过程中的各种模式进行了模型梳理，建立了地层连线的程序判别准则；孔得雨等人基于 Arc GIS 提出了一种基于点、线、面、链、链组的五级矢量数据模型及对应的拓扑结构，实现了航道地质剖面自动成图的算法。

目前国内的地质剖面图自动化技术还存在一定的不足，如脱离于 BIM 平台，就不能很好地服务于后续各个专业的三维设计，更谈不上智能设计、智慧工程。随着国外对我国技术封锁越来越严的发展趋势，以及国家基础设施信息安全等方面的考虑，使用国产 BIM 平台进行工程设计成为迫切的需求。中国电建集团华东勘测设计研究院有限公司成立了东慧子公司并致力于国产基础研发平台东慧鸢图 EWCAD 的研发。EWCAD 具备成熟完备的 mesh、几何造型等基础功能，完全满足各专业 BIM 建模设计要求。

本文基于 EWCAD 平台提出了综合采用钻孔组网、钻孔地层补齐、地层线最优连接及尖灭等技术手段，快速得到高质量的地层连线和地质剖面图成果，最大限度地减少人工绘图工作，后续专业基于同一个平台能够直接参考地质勘察信息，进而提出特定的地质勘察要求，显著提高了勘察工作的效率和质量。

2 关键技术

如何在保证地质剖面符合地质规律的同时还能清晰美观是生成地质剖面的关键，本文生成地层线的主要技术路线如图 1 所示。首先梳理分析钻孔中各个地层数据，得到标准地层，对未揭穿的钻孔进行地层虚拟补齐；然后对相邻钻孔之间进行地层连线操作；最后将所有钻孔间地层连线首尾相接，根据地质规律进行尖灭、透镜体、圆滑、标注等处理，即得到地质剖面，可以是纵断面或者横断面。

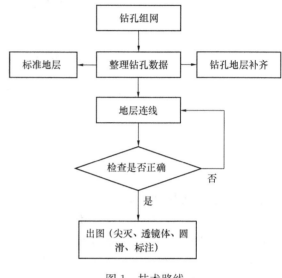

图 1　技术路线

2.1 钻孔组网

本文对相邻钻孔进行三角形连网操作，三角网中描述了每个钻孔与其周边钻孔的联系情况，如果一个钻孔深度不够可以借助其周边钻孔虚拟补齐地层。三角网中每个边对应两个钻孔，这两个钻孔的地层连线即可反映当前边的地质地层变化情况。如果当前边所处的三角形狭长，或者当前边长度十分大，则认为当前边处的地层连线代表性很差，或者说两个钻孔之间关联性很弱，需要删除。

最终钻孔组网变为若干三角形网片和钻孔之间的单连线，即没有任何一个钻孔是孤立的，如图 2 所示。

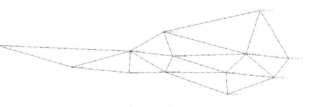

图 2　钻孔组网

2.2 标准地层

本文在地质数据库中检查钻孔数据，钻孔中各个土层严格遵循揭露地层的新老先后顺序，反映在其地质属性上即为主、亚、次编号，标准地层的分层示意如表 1 所示。一个钻孔中每个土层的主亚综合值 Z 应该大于或等于其上部的土层的主亚综合值，否则认为是错误，需要对土层的主亚地质属性重新赋值。土层的主亚综合值用以下公式表示：

$$Z = 1000 \times 主 + 亚 \tag{1}$$

标准地层　　表 1

主层	亚层	次亚层	岩土层名称
1	1	0	填土
2	1	0	粉质黏土
3	1	0	淤泥质粉质黏土
4	2	0	粉土
4	3	0	淤泥质粉质黏土
4	4	0	粉质黏土
4	4	1	粉土
6	1	0	粉质黏土
6	1	3	粉质黏土

2.3 钻孔地层补齐（图3）

实际勘探过程中，某些点位可能勘探深度较浅，没有达到最后一个标准地层的深度，某些点位末端地层未充分揭穿，这些都可以认为是不完整钻孔。对这些情况如果不做处理，会导致地层线形状不够理想，甚至错误。

本文对照标准地层表，选取一个和多个勘探深度达到最后一个标准地层深度的钻孔，枚举其周边钻孔参照进行补齐，先延长未揭穿末端地层，后追加地层。其中当前钻孔追加地层规则如下：

(1) 末端地层 A，在标准地层表中排序为 S。

(2) 从相邻完整钻孔处查找到具有相同地质属性的地层 A1 的下方紧邻地层，如果查找不到则比较相邻完整钻孔处各个地层的标准地层排序值，截取排序值大于 S 者。统计所有相邻完整钻孔得到地层集合 B1、C1…，挑选一个分布范围大者，加权计算其厚度后作为新地层追加到当前钻孔下方。

(3) 重复执行（1）直至达到标准地层表最后一个为止，其中需要排除已经存在的同主亚属性地层。

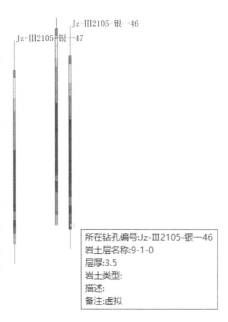

图 3　钻孔地层补齐

2.4 钻孔地层连线（图4）

本文在钻孔组网中枚举每一个边，即两个相邻钻孔（分别命名为ZK1、ZK2）连线。ZK1、ZK2 均有众多地层，将相同地层直线相连，缺失地层使用尖灭线，即可得到钻孔间的地层线。然而实际钻孔中地

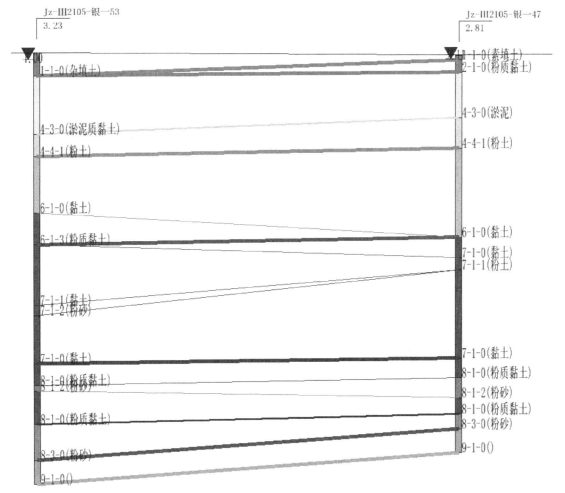

图 4　钻孔地层初步连线

层情况十分复杂，如经常出现重复地层、透镜体地层等情况，导致连线存在多种选择，从而使得钻孔地层连线变得极度复杂。

根据上文设定的规则，钻孔中各个土层严格遵循揭露地层的新老先后顺序，即一个钻孔中每个土层的主亚综合值应该大于或等于其上部的土层的主亚综合值。因此可以首先枚举 ZK1、ZK2 中各个地层出现的主亚值，得到一个主亚列表，本列表各个主亚综合值逐渐变大。枚举每一组主亚（假设其值分别为 zhu、ya），在钻孔中选取对应的地层准备连线，会存在以下两种情况：

（1）ZK1（或 ZK2）中没有主亚值分别为 zhu、ya 的地层，则 ZK2（或 ZK1）中对应主亚值分别为 zhu、ya 的地层全部尖灭，即从地层底部出发直线连接到 ZK1（或 ZK2）上一次连接地层线的底部。

（2）ZK1、ZK2 中均有一个或多个主亚值分别为 zhu、ya 的地层，则可以有多种方式进行连线，如次层值为 0 者优先从上到下相连、有多个 0 次层选择厚度大者优先相连、次层规律相同者优先相连，在已经连线之间的未连线地层直接采用尖灭连线方式。在多个连接方式中进一步选取最优连接方式，即存在尖灭线最少的方式最优。

2.5 地层尖灭线

在钻孔之间的尖灭线反映了一种地层从 ZK1 出发到 ZK2（或反之）逐渐变薄为 0 的过程，变薄为 0 的地方即为尖灭点。上文所述尖灭线假定一种地层直到钻孔处厚度才变为 0，即尖灭到钻孔，这其实是不合理的，需要对其修正，即分别修正其水平尖灭位置、Z 向尖灭位置。

尖灭点的水平位置由尖灭比例 J 控制，地层线的水平长度 L_1 由以下公式表示：

$$L_1 = L \times (1-J) \tag{2}$$

其中，L 为钻孔 ZK1、ZK2 的水平长度；J 取值范围为 [0, 1)。为了地层线平滑起见，可令 J 取值 [0, 0.4]，J 取 0 则强制认为地层线尖灭到钻孔，不需要修正，可以每一种标准地层设置不同尖灭比例。

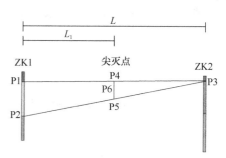

图 5 地层尖灭示意

尖灭点的 Z 向位置则需要根据其上部相邻地层线来决定，在尖灭点处做铅垂线，分别与上部地层线、当前尖灭线有 P4、P5 两个交点，分别叫作上部尖灭点、下部尖灭点，P4、P5 中点 P6 称为中部尖灭点。上部尖灭即将上部地层线修正为 P1P5P3 连线；下部尖灭即将尖灭线修正为 P2P4 连线；中部尖灭即将上部地层线修正为 P1P6P3 连线，并且尖灭线修正为 P2P6 连线。如图 5、图 6 所示。

图 6 尖灭方式（上部尖灭、下部尖灭、中部尖灭）

实际工程中一般采取从上到下建立地层线，如果采用单一的下部尖灭的方式，会导致地层线上凸严重，不够美观。地质为了保证主层、主亚层地层分界的平直和地层线的平顺，约定主层线、主亚层线、主亚次层线的级别逐渐递减，主层线、主亚层线尽量不被尖灭修正其形状。这样就可以根据上部地层线、当前尖灭线的级别设定规则，即：当前尖灭线级别小于上部地层线级别，则采用下部尖灭修正当前尖灭线；当前尖灭线级别等于上部地层线级别，则采用中部尖灭，同时修正上部地层线和当前尖灭线；当前尖灭线级别大于上部地层线级别，则采用上部尖灭修正上部地层线。

钻孔地层尖灭连线如图 7 所示。

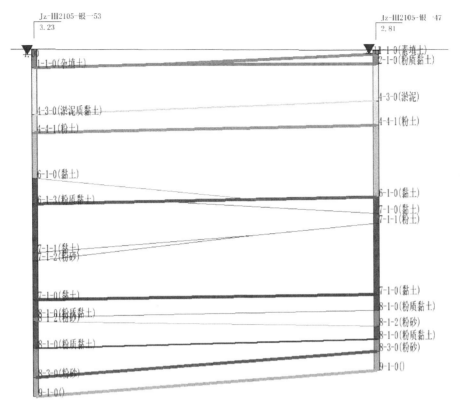

图 7 钻孔地层尖灭连线

2.6 透镜体线

透镜体线本质上是一种特殊的地层尖灭线，对于透镜体情况本文遵循如下处理准则：

（1）对于一个钻孔中出现 A1BA2、A1BCA2、A1BCDA2 等类似情况的地层，如果 B、C、D 地层均出现了尖灭情况，且 A1、A2 至少有一个出现了尖灭情况，那么认为 B、C、D 地层均是透镜体。

（2）对于 A1BA2 情况合并 A1 的地层线和 B 的地层线，修正形状为尖锥，尖灭比例取 0.75，尖灭点高度与透镜体中心齐平。

（3）对于 A1BCA2 情况类似合并 A1 的地层线和 B 的地层线并修正形状为尖锥，修正 C 的地层线连接到尖锥尖点。

（4）对于 A1BCDA2 情况类似合并 A1 的地层线和 B 的地层线并修正形状为尖锥，修正 C、D 的地层线连接到尖锥尖点。

2.7 地层线正确性检查

上文采取尖灭线最少的地层连线方式只是在单个二维剖面角度查看时最优，即局部最优，实际上在三维全局上看也有可能不是最优，甚至是错误的。如图 8 所示，有钻孔 ZK1、ZK2、ZK3，ZK1、ZK2 均含有两段地层 A（红色所示，分别记为 A11、A12、A21、A22），ZK3 中含有一段地层 A（记为 A3）。分别对 ZK1ZK2、ZK2ZK3、ZK1ZK3 之间做地层最优自动连线，按照地层 A 出发终止顺序，可能得到 A11-A3-A22-A12 的错误连接，即地层线从钻孔出发回绕到出发钻孔的上部或下部，这种现象称为地层线绕圈。

为了解决这个问题，本文采用网片检查的策略，即通过每一个钻孔地层为节点，对同一种地层线尽可能进行连接成网，如果发现一个网片内出现同一个钻孔的两个或多个地层，则报告问题信息。找出所有问题点后人工辅助修正，再次进行检查，直至没有问题为止。对于图 9 所示问题，需要修正 ZK1-ZK3 的地层线，即让 A11 尖灭，A12 与 A3 相连。

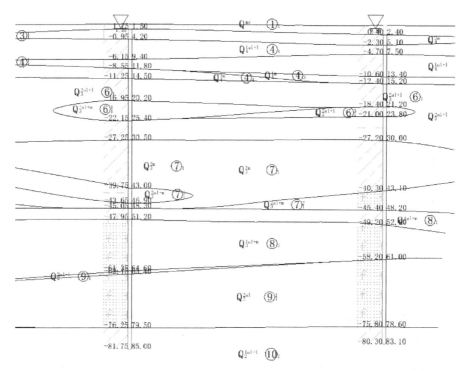

图 8 透镜体线

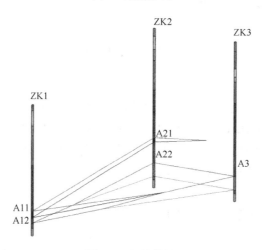

图 9 地层线绕圈

3 工程应用

3.1 工程概况

某城际铁路线路全长 65km，其中桥梁约 48km、矿山隧道约 5km、城市地下线约 12km，共设车站 11 座，平均站间距约 6km，其中地上站 7 座，地下站 4 座。本工程大部分地区为平原区，少部分为低矮山区。根据勘察报告显示，有超过 300 个钻孔，揭露淤泥、黏土、粉土、粉砂、粗砂、泥岩、灰岩、砂岩、破碎带等地层类型，如果使用人工进行钻孔数据分析出图，会是一个巨大的工作量。

本文取某沿线长度 10km 长度的平原区作为应用案例（图 10），通过本文成果的自动化处理，基本在 10min 之内就可以完成工点内地质数据分析出图的主要

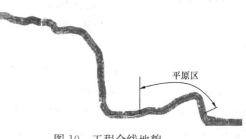

图 10 工程全线地貌

工作。

3.2 准备工作

首先建立工点范围，此处取路线 K244+900 到 K254+000 区间路线左右各 200m 宽的范围；然后根据工点范围从数据库筛选范围内的钻孔，设定每一个标准地层颜色（图11）；依据勘测数据建立高精度地表面；对钻孔进行组网，移除不合理的连线（图12）；对浅钻孔进行地层补齐。

图 11 标准地层配置

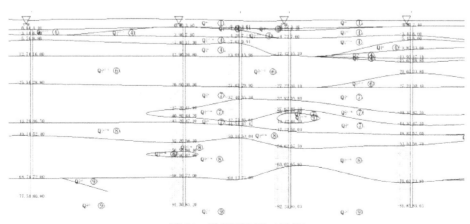

图 12 钻孔及组网

3.3 地质出图

使用本文成果分别进行快速高效纵断面、横断面出图。其中全线纵断面自动计算列出路线附近钻孔地层线，耗时约 3min，如图 13 所示；路线横断面出图按 200m 间隔次第出图，耗时约 2min，如图 14 所

图 13 纵断面出图（局部）

示。经过与以往耗费巨大工作量的人工绘制的横纵断面成果图对比发现，地质软件横纵断面出图除了少部分地层线线条不够柔和、标注文字有重叠外，其他仅需做极少量的人工检查调整工作。

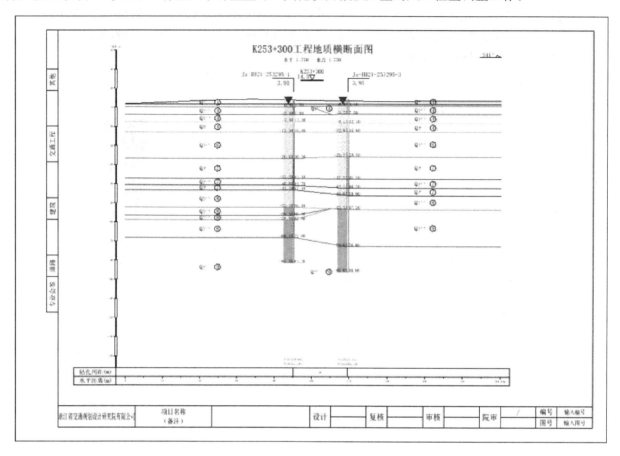

图 14　横断面出图

4　总结

平原地区地质条件的独特性和复杂性，以及工程效率的要求使得其地质剖面图中快速实现地层连线技术难度极大，工作人员需要很好地解决钻孔未揭穿、地层线尖灭、地层线圆滑连接、连接正确性判断等问题。本文结合工程实际，研究出一套针对平原区钻孔数据进行地质剖面自动连接地层线并出图的技术，通过软件开发成自动出图工具，能够很好地服务实际工程项目的各个专业。

工程实践证明，这套技术不仅能够快速满足地质剖面图的制作标准，还极大地缩短了人工绘图时间，为地质三维模型的建立提供了坚实的数据支撑。研究成果对于推动智能设计和智慧工程向数字化方向的转型具有深远的意义。

参 考 文 献

[1] 王建翔，胡蔚. BIM技术在智慧城市"数字孪生"建设工程的应用初步分析[J]. 智能建筑与智慧城市，2021(1)：94-95+98.
[2] 李德仁，姚远，邵振峰. 智慧城市中的大数据[J]. 武汉大学学报(信息科学版)，2014，39(6)：631-640.
[3] 许庆瑞，吴志岩，陈力田. 智慧城市的愿景与架构[J]. 管理工程学报，2012，26(4)：1-7.
[4] 尤林奇，蔺志刚，刘瑾程，等. 数字孪生体系下长线水利工程可视化模型和地质剖面图信息联动展示研究及实践[J]. 水电能源科学，2023，41(9)：207-210.
[5] 李锋，胡维平. 剖面图中分层区域自动生成的计算机实现[J]. 岩土力学，2001(1)：117-120.
[6] 王黎黎，赵永兰. 基于知识的地质剖面图生成系统研究和实现[J]. 测绘与空间地理信息，2005(4)：88-90.

[7] 田甜,潘懋,陈雷,等.基于空间语义的地质剖面自动连接算法[J].地理与地理信息科学,2008(6):54-56.

[8] 周良辰,林冰仙,闾国年.虚拟钻孔控制的地质剖面图构建算法与实现[J].地球信息科学学报,2013,15(3):356-361.

[9] 赵杰,马文琪,相诗尧.基于netDxf的工程地质剖面自动绘制研究[J].电脑知识与技术,2020,16(1):274-276.

[10] 孔得雨,潘锡山,李兰满.基于矢量数据模型实现航道地质剖面图的自动生成[J].江苏科技信息,2022,39(10):56-59,64.

BIM 协同平台的 Bridge 自动更新系统设计

赵寅军，王　昊，张文东

(东慧（浙江）科技有限公司，浙江　杭州　311122)

【摘　要】 Bridge 是 Bentley 公司提供的一款用于把 DGN 和 RVT 等格式三维模型文件转换成 BIM 格式三维模型文件的软件程序。传统 Bridge 更新已无法满足多客户端更新需求，且极易产生更新错漏。本文结合 Bridge 注册更新逻辑，集 Bridge 扫描发现、版本比对、云存储、任务管理、更新失败检查及重试和告警通知等模块于一体，设计并实现了 Bridge 自动更新软件。通过软件在企业内模合协同管理平台的实际运行效果显示，采用此软件后 Bridge 更新时间从每台 1h 缩短为 20min 内所有客户端并发完成更新，可为 Bridge 更新的快速性和正确性提供基础保障。

【关键词】 Bridge；Bridge 自动更新；模合协同平台

1 引言

Bentley 的 Synchronizer 服务器会不定期发布最新 Bridge 安装包。模合协同平台根据 Bridge 版本进行客户端更新。Bridge 是 Bentley 公司提供的一款用于把 DGN 和 RVT 等格式三维模型文件转换成 BIM 格式三维模型文件的软件程序，Bridge 版本对于 DGN 和 RVT 等格式三维模型文件转换的成功率有着直接影响，因此会比较频繁地对客户端的 Bridge 进行更新操作。

目前 Bridge 更新流程主要以手动为主，更新频次及完成过程都是人为干预、手动修改。在客户端数量达到数十台、数百台，甚至成千上万台时，手动更新的代价就呈几何倍数上升，耗时也将不可估量。本文在之前更新工作的基础上提出 Bridge 自动更新方案，并在此基础上编写 Bridge 自动更新业务运行软件，将之前数天的 Bridge 更新流程从数天缩短为几分钟，为 Bridge 更新的快速性提供保障。

2 Bridge 自动更新流程的建立

在 Bridge 人工更新流程的基础上，建立 Bridge 自动更新流程，包括 Bridge 的自动发现和文件上传、Bridge 更新任务下发及状态更新、Bridge 更新失败检查及重试和告警通知四个部分。

2.1 Bridge 的自动发现和文件上传

Bentley 的 Synchronizer 服务器会不定期发布最新 Bridge 安装包，Synchronizer 客户端会自动将最新 Bridge 下载到本地，通过定时扫描本地目录，实现 Bridge 的自动发现与文件上传。如图 1 所示，主要过程包括：一是获取 Bridge 类型、Bridge 安装包文件和 Bridge 版本号；二是读取云服务器版本库中 Bridge 版本号；三是比对两个 Bridge 版本号，一致无需更新，否则将新 Bridge 安装包文件上传至存储中心，并记录状态信息。

2.2 Bridge 更新任务下发及状态变更

Bridge 安装包上传至存储中心，且将客户端需要更新的 Bridge 版本信息录入版本库后，需要后续做一些 Bridge 更新任务创建和下发，以及任务状态变更操作。可以定时扫描版本库，实现 Bridge 更新任务下发及状态变更。

如图 2 所示，主要过程包括：一是定时扫描版本库，读取所有未更新软件版本；二是任务库中记录任

【作者简介】 赵寅军（1986—），男，软件研发/工程师。主要研究方向为 BIM 协同设计软件研发。E-mail：zhao_yj6@hdec.com

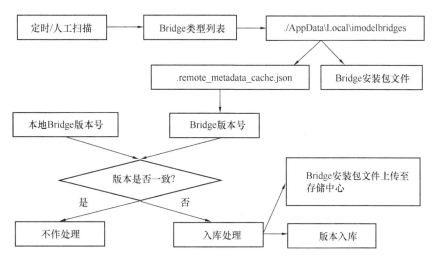

图 1 Bridge 的自动发现和文件上传

务信息,并以 MQ 形式向客户端发送 Bridge 更新指令;三是客户端接收服务端指令后,获知更新的 Bridge 类型及版本和安装包路径;四是从存储中心下载对应 Bridge 类型和版本的安装包文件,并更新到客户端本地 Bridge 目录下;五是更新 Bridge 注册信息,并以 MQ 形式向服务端发送 Bridge 更新完成指令;六是服务端接收到客户端发送的 Bridge 更新完成指令后,将任务信息状态改为已执行。

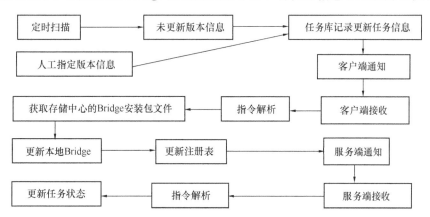

图 2 Bridge 更新任务下发及状态变更

2.3 Bridge 更新失败检查及重试和告警

Bridge 更新过程中会因为一些不确定因素导致更新失败,因此后续需要做一些更正和告警措施,以避免一些偶发因素的干扰。可以定时扫描任务库,实现 Bridge 更新失败检查及重试和告警。如图 3 所示,主要过程包括:每日 2 时扫描任务库,读取所有状态为未执行的任务信息;针对上述每一条任务信息,判断是否超时且超过重试次数,其中超时时间和重试次数在配置中心事先定义;如果超时且重试次数已超过设置次数,则将任务状态更新为执行失败,并通过邮件、短信和 MQ 形式告警通知负责人,其中通知形式以及邮件服务、短信服务和 MQ 服务在配置中心事先定义;否则将任务重试次数加 1,并且以 MQ 形式向客户端发送 Bridge 更新指令;客户端接收到服务端发送的 Bridge 更新指令后,对指令进行解析,获知更新的 Bridge 类型及版本和安装包路径;从存储中心下载对应 Bridge 类型和版本的安装包文件,并更新到客户端本地 Bridge 目录下;更新 Bridge 注册信息,并以 MQ 形式向服务端发送 Bridge 更新完成指令;服务端接收到客户端发送的 Bridge 更新完成指令后,将任务信息状态改为已执行。

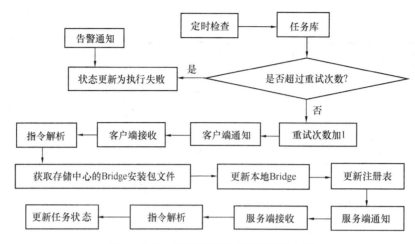

图 3 Bridge 更新失败检查及重试和告警

3 Bridge 自动更新软件

3.1 Bridge 自动更新软件框架

根据 Bridge 自动更新流程，编写 Bridge 自动更新软件。具体包括扫描器、客户端和服务端。扫描器实现定时扫描本地路径、读取 Bridge 版本，并与最新版本比对，不一致时将安装包上传至存储中心。客户端实现 Bridge 更新，将安装包解压到 Bridge 安装目录下，同时更新注册表信息，并通过 MQ 与服务端实现信息交互。服务端实现 Bridge 维护、任务创建、派发和纠错等，具体包括配置中心、监控中心和存储中心，软件框图如图 4 所示。

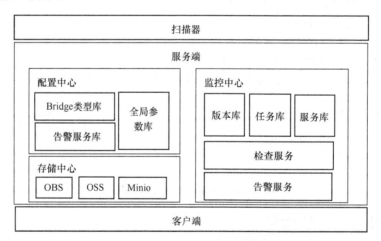

图 4 Bridge 自动更新软件框图

配置中心模块是用于存储 Bridge 类型和告警服务，以及超时、重试次数等参数的。存储中心模块是用于 Bridge 安装包文件的云存储。监控中心模块用于 Bridge 安装包的发现、存储、任务派发、重试和告警。包括版本库、任务库、服务库、检查服务和告警服务。版本库维护 Bridge 版本信息，任务库维护 Bridge 更新任务信息，服务库维护客户端服务信息，检查服务实现任务创建、派发和重试的功能，告警服务实现以邮件形式告警通知。

软件数据库采用 MySQL，数据表包括文件表、版本表、任务表和服务表。其中文件表字段包括主键、文件名、存储路径等；版本表字段包括主键、Bridge 类型、版本号和更新状态等；任务表字段包括主键、版本主键、服务主键和执行状态等；服务表字段包括主键、服务名和服务地址等。

3.2 Bridge 自动更新软件

Bridge 自动更新软件是以云服务平台为中心，配套 Bridge 扫描程序和 Bridge 客户端更新程序。云服务平台包括 Bridge 类型配置界面、告警和存储服务配置界面、Bridge 版本操作界面、轻量化服务配置界面和更新任务操作界面。

（1）Bridge 类型配置界面实现 Bridge 类型信息的维护。

（2）告警和存储服务配置界面实现邮件服务和文件存储服务配置。云服务平台通过配置的邮件服务向责任人发送告警邮件。扫描器会将 Bridge 软件发送到配置的文件云服务中进行存储，Bridge 客户端更新程序会从文件云服务中下载 Bridge 软件。

（3）Bridge 版本操作界面实现 Bridge 软件版本信息的维护。

（4）轻量化服务配置界面实现 Nacos 服务注册名、服务请求地址和 RabbitMQ 消息队列路由名称等轻量化服务基本信息的维护，云服务平台会依据配置中心的服务信息，通过回调函数或消息通知的方式向客户端发送更新指令。

（5）更新任务操作界面实现 Bridge 版本更新任务的维护，云服务平台定期扫描 Bridge 版本信息表中未更新状态版本信息，为每一个轻量化服务创建一个更新任务，并设置状态为未开始。云服务平台定期扫描 Bridge 版本信息表中未开始状态任务信息，并下发指令到客户端。若客户端返回失败或超时未收到客户端消息，云服务平台会再次下发更新指令，当重试次数超过 3 次后，云服务平台会发送告警信息给责任人。

Bridge 扫描程序和 Bridge 客户端更新程序没有可视化操作界面。Bridge 扫描程序和 Bridge 客户端更新程序是基于 Java 的 SpringBoot 框架实现，并打成 JAR 包直接运行。

3.3 软件运行示例

本文以模合协同平台产品组使用 BIM 协同平台 Bridge 自动更新软件的运行效果与之前 Bridge 手动更新流程进行对比。为了验证 Bridge 自动更新软件的运行效果，针对 Bridge 更新的各个环节建立如表 1 所示结果对比。

Bridge 自动更新流程与原人工更新流程对比 表 1

更新流程	软件发现及上传		客户端更新软件		客户端回退版本		是否记录更新版本
	时效	方式	时效	方式	时效	方式	
手动更新	1d	人工	1 周	人工	1d	人工	无
自动更新	1h	自动	1h	自动	10min	自动	有

具体对比结果如下：

（1）软件发现及上传。产品组之前是每天上午 9 点人工登录 Synchronizer 客户端，并将最新版本 Bridge 下载到本地路径，然后手动将最新版本 Bridge 压缩，并上传到共享文件存储系统，其时效为 1d。产品组现在是应用自动更新软件定时扫描本地目录，发现文件自动上传，其时效主要取决于上传速度。

（2）客户端更新软件。产品组之前是登录每一台客户端，依次执行 Bridge 更新流程，时效较低。产品组现在是应用自动更新软件实现自动下载、自动解压和自动注册，具有更高的时效。

（3）客户端回退版本。产品组之前是对指定客户端的指定 Bridge 类型安装指定版本。产品组现在是应用自动更新软件实现自动下载、自动解压和自动注册，具有更高的时效。

（4）是否记录更新版本。产品组之前是没有记录 Bridge 变更信息。产品组现在是应用自动更新软件在云服务中心数据库中记录了 Bridge 变更信息，使之后客户端的 Bridge 更新有据可循。

从对比结果可以看出，采用 Bridge 自动更新软件后，产品组将原来繁琐的 Bridge 更新流程进行了系统的自动化整合，有效提升了 Bridge 的更新速度与准确性，大大缩短了 Bridge 的更新周期，为 Bridge 最新版本在轻量化服务器上的及时更新提供必要保障。

4 结论

为了缩短 Bridge 的更新周期，保证 Bridge 更新的及时、快速，本文在借鉴之前 Bridge 人工更新流程的基础上，提出了 Bridge 自动更新流程，并在此基础上编写 Bridge 自动更新软件，具体结论如下：

（1）对 Bridge 更新的各个环节提出自动化方案，包括 Bridge 的自动发现和文件上传、Bridge 更新任务下发及状态更新、Bridge 更新失败检查及重试和告警通知负责人。

（2）根据 Bridge 自动更新业务方案编写的 Bridge 自动更新软件，简化了 Bridge 更新的流程，缩短了 Bridge 更新的周期，将原来数天的更新周期缩短至 20min 以内，同时增加了 Bridge 变更的记录流程，使 Bridge 的变更有迹可循，为 Bridge 的快速更新提供了保障。

参 考 文 献

[1] 张志强，叶松涛，孙超. 全球台站信息自动更新软件设计与实现[J]. 计算机应用，2013，33(S2)：276-278，317.

[2] 顾希，曹鸣. 软件自动更新的两种方法[J]. 医疗卫生装备，2005，26(2)：38-39.

[3] 朱建凯，郑洪源，丁秋林. 基于 VISUAL C++客户端程序自动更新的应用研究[J]. 计算机应用与软件，2010，27(2)：172-173.

[4] 熊天海，王亮，张瑞强，等. BIM 轻量化管理平台工程量统计功能开发与实现[J]. 土木建筑工程信息技术，2023，15(2)：1674-7416.

[5] 周子航. 一种基于物联网和 BIM 的工程全过程管理系统架构[J]. 计算机时代，2023（3）：47-51.

[6] 余荣华，吕维先. 基于 HTTP 协议的嵌入式应用程序通用自动更新平台[J]. 计算机与现代化，2009(3)：46-48.

[7] 华俊文，王友隆，罗印，等. 基于 Windows 注册表的环境变量操作软件的设计与实现[J]. 造纸装备及材料，2020(4)：116-117，174.

[8] 刘江苏. 浅析 Windows 系统注册表的使用[J]. 重庆航天职业技术学院学报，2014(1)：60-63.

[9] 周世杰，刘锦德，秦志光. 消息队列技术研究综述与一个实例[J]. 计算机科学，2002，29(2)：84-86.

[10] 成兆金，庄立伟，张媛媛，等. RabbitMQ 消息队列技术在农业测报业务系统中的应用[J]. 农业工程，2022（3）：52-55.

[11] 董纯铿，耿煜，刘志军. 消息队列消息推送引擎流量控制设计[J]. 深圳信息职业技术学院学报，2023（6）：16-24.

[12] Jeff Prosise. Programming Windows with MFC，Second Edition[M]. [S. l.]：Microsoft Press，1999.

在地下工程中利用 BIM 技术
精确计量方法的研究

刘甫晟，刘一宏，吴 三

(中国电建集团华东勘测设计研究院有限公司，浙江 杭州 311122)

【摘 要】随着国家经济建设的发展，地下空间的开发、利用已成为解决建设资源节约型和环境友好型社会的重要途径。地下工程计量采用断面法结合现场勘察进行。但二维图纸难以对复杂异形的地下工程结构进行精确计量，施工方提交的工程量清单存在超报现象，在 EPC 模式下这种问题更加突出。本文对比分析了传统工程计量方式与基于 BIM 的计量流程，研究在地下工程中利用 BIM 技术精确计量石方开挖量的方法，分析 BIM 技术在工程结算过程中的效益。

【关键词】BIM 技术；精确建模；EPC 模式；地下工程

1 引言

工程实践中一般采用按月进度付款，由承包人进行计量，建设单位代表复核确认。这种传统方式存在测量工作量大、工程量测量误差大、复核确认流程长的缺点。究其原因，采用二维图纸难以对复杂异形构件进行精确计量，施工方提交的工程量清单存在超报现象。DB 模式（Design-Build，即设计完成施工图后交由施工单位实施）下，业主方对这种现象进行精细管理的能力有限，超报部分往往成为施工单位的利润点；而 EPC 模式（Engineering-Procurement-Constructing，设计采购施工总承包）下，超报部分将成为 EPC 总包单位的利润损失点。

BIM 技术（Building Information Modeling，建筑信息模型）广泛应用到大型建设工程项目中，其有助于提高造价管理精细化程度并不断改善管理方的造价控制能力也被各位学者所认同。目前大部分 BIM 计量研究集中在房建、市政桥梁等领域，这类工程建设周期相对较短，构件单元几何形状规整。地下工程建设周期长，计量次数多，复杂异形构件多，施工单位管理粗放。文献资料中缺少将 BIM 技术应用于地下工程结算计量的应用案例，而地下工程单位造价高，计量工作不精确容易造成确认工作久拖不决，提高工程造价。

本文从上述现象出发展开分析及应用研究：对比分析传统工程计量方式与基于 BIM 的计量流程；提出实现 BIM 计量流程的技术保障；以浙江永嘉抽水蓄能电站通风兼安全洞工程为例，提出基于 BIM 技术精细化建模、计量的解决方案；并从提高计量管理效率、为项目管理提质增效的角度分析 BIM 技术的效益。

2 基于 BIM 的计量流程及技术保障

2.1 传统工程计量方式

传统的工程计量是承包人在实施工程时，按照合同约定的程序，由承发包双方或者双方的代表，对实际发生的工程数量进行实地测量用于确定工程的支付价值。

根据《建设工程价款结算暂行办法》第 13 条规定，工程量计量的程序如图 1 所示。在 EPC 模式下，

【作者简介】刘甫晟（1995—），男，BIM 应用工程师。E-mail：liu_fs@hdec.com

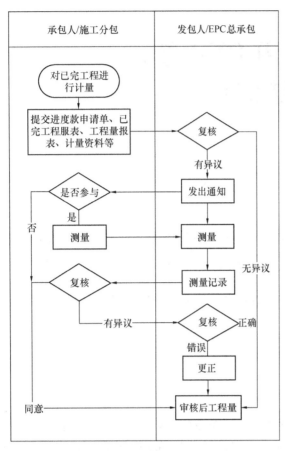

图 1 工程计量流程图

由施工分包单位提交已计量工程量，EPC 总包单位对工程量中合格的量进行确认，并剔除由承包人自身原因产生的多余工程量。同时，工程量的审核必须是承发包双方共同完成，由发包人或其代表签发已审核工程量报表，用于申请进度款。

采用二维图纸难以对复杂异形构件进行精确计量，施工方提交的工程量清单存在超报现象。浙江永嘉抽水蓄能电站项目实践中，施工单位提交第一版工程量，采用传统断面法计量，计量方式如图 2 所示。将辅洞断面延伸至交叉点，不考虑结构重叠，不考虑转角圆弧等，与设计图纸相比，第一版工程量误差极大。

EPC 总承包单位对断面法计量的工程量存在异议，现场放样必将超挖量计入结算工程量，第一期结算拖延数月。如果无法提出令双方都认可的工程量计算方法，结算工作将举步维艰，研究新的计量方法迫在眉睫。

2.2 基于 BIM 的计量流程

钟炜等人提出基于 BIM-5D 平台的月度计量支付流程，为业主与承包商建立了相互沟通的平台，计量方式如图 3 所示。首先由 EPC 总承包单位根据设计图纸创建精细化模型，施工单位核对模型信息的准确性，将双方认可的施工图模型版本固化。在计量工作开展前，施工单位将进度信息上报总承包单位，待 EPC 总承包单位审批通过后，计算出该月已完工工程量，向施工分包单位支付工程进度款。

2.3 实现 BIM 计量流程的技术保障

笔者根据公路及水利水电项目中地下工程实践经验，提出应将月度计量支付工作拆解为以下几个工作：

（1）完善知识系统。建模人员应学习造价计量知识，对于建模的依据，计量工程的时间节点、计量精度，甚至施工现场签证签单等计量凭证都应有所了解。

（2）精细化的模型。BIM 计量的准确性与模型的精细化程度有着密不可分的联系，模型的精细度越高工程量的计量越准确。

（3）可视化模型查阅。进行计量的一方，需将计算范围、计算规则、计量过程、计量结果和计量模型等信息发布至可视化平台，生成网页链接，供相关方查阅。采用可视化平台发布的原因有：不需要相关方安装专业 BIM 软件，降低了操作门槛；发布过程中可进行版本固化，避免因版本不同产生的信息不匹配，便于竣工阶段资料整理；可分发网页链接，便于现场查看移动端模型。

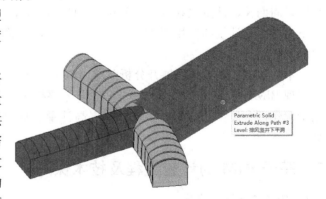

图 2 施工单位提交的第一版工程量计量方式

（4）制度及合同约束。国内尚未出台权威的 BIM 应用标准，为保证项目中 BIM 应用的开展，由项目利益方共同商讨并探索出包括工程计量在内的 BIM 应用制度，包括 BIM 建模标准、工程量确认流程、工作协作要求及说明等。

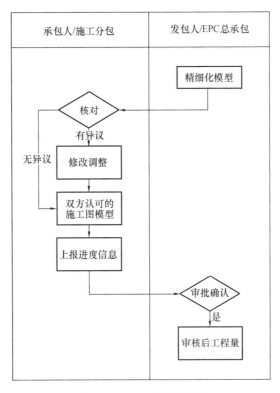

图 3 基于 BIM 的计量流程

3 精确计量 BIM 建模案例

笔者参与浙江永嘉抽水蓄能电站 BIM 建模工作，完成月进度结算工程计量工作。本章介绍排风竖井下平洞、主变排风洞与通风兼安全洞三隧洞交叉节点 BIM 精细建模的方法。三隧洞基本信息及计算范围桩号见表1。

三隧洞基本信息及计算范围桩号　　　　表1

洞身名称	开挖断面	控制点	控制桩号
通风兼安全洞	8m×7m	TF6 点后退 5m	TF 1+062.178
		配电房扩挖段起点	TF 1+105.872
主变排风洞	7.5m×7m	主变排风洞分标界点	BP 0+030
排风竖井下平洞	16.5m×7m	变截面起点	PFX 0+045.5

3.1 工程概况

浙江永嘉抽水蓄能电站位于浙江省温州市永嘉县境内，电站总装机容量 1200MW（4×300MW），建成后主要承担浙江电网的调峰、填谷、储能、调频、调相和事故备用等任务。枢纽工程主要由上水库、下水库、输水系统、地下厂房和地面开关站等建筑物组成。

项目采用 EPC 总承包模式，华东勘测设计院是项目 EPC 总包方，对项目设计、施工、采购进行统一管理。

3.2 项目地下工程概况及计算范围

地下厂房位于输水线路的中部，通风兼安全洞从厂房右端墙进入主副厂房洞。通风兼安全洞桩号 TF 1+085.872 处与排风竖井下平洞、主变排风洞平面相交。

根据设计图纸信息，确定交叉部位计算范围，如图4所示。划分的主要依据是交叉部位结构加强范围及施工标段。

3.3 精确建模过程

1. 建模思路

建模过程需要几款软件协同完成：由 OpenRoadDesiger（简称 ORD，用于线性工程建模）绘制三维

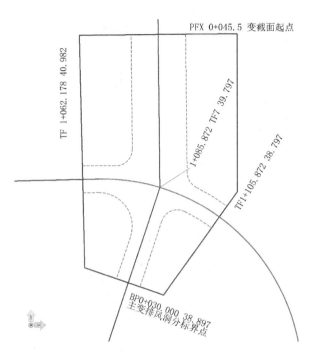

图 4 交叉部位计算范围及隧道边线截图

控制线，由三维控制线制作成截面扫略路径，截面的拱顶圆弧、底面线段分别扫略出上下表面，用 GeoStation（由华东院自主开发的地质建模软件）围合成体并统计工程量。

2. 绘制三维控制线

ORD 中，通过"局部路段等距偏移"工具，偏移隧洞中心线绘制出控制线的平面位置；通过"基于参照坡度按固定坡度绘制纵断面 Profile By Slope From Element"工具绘制边线纵断面；"插入过渡纵断面 Quick Profile Transition"工具绘制过渡圆弧纵断面，以上均为 ORD 精细建模相关操作，不再赘述。

需要注意的是，应分别创建上下表面的控制线，如图 5 所示，便于后续操作。

3. 上下表面

复制 ORD 绘制的三维控制线，将隧洞截面复制到三维控制线端部。

将交叉部位分成 4 个象限，如图 6 所示，目的是将上表面拆分成 8 个子区域进行操作，简化操作。绘制过渡拱顶曲线，如图 7 所示，过渡拱顶曲线是根据现场踏勘，比较接近现场空间高度的一条过渡圆弧，目的是控制中部拱顶高度避免后续延展操作错误。将三维控制线打断重新组合，作为延伸操作的轨迹导线。

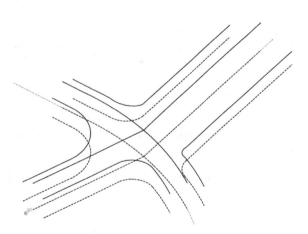

图 5 三维控制线（实线：上表面控制线，粗虚线：下表面控制线，细虚线：隧洞中心线）

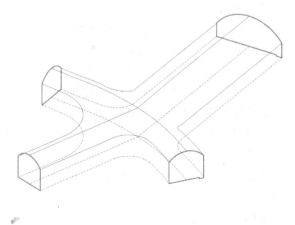

图 6 定位端部截面（实线：上表面控制线，虚线：下表面控制线，粗实线：隧洞截面）

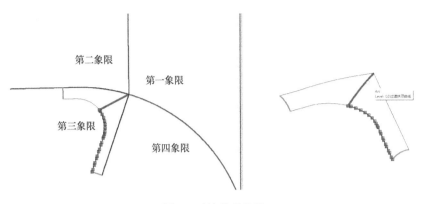

图 7 过渡拱顶曲线

延展操作。选择"延展 Sweep"-"沿两轨迹延展两轮廓 Sweep Two Along Two"工具,将两条三维控制线作为轨迹导线,端部拱顶曲线、过渡拱顶曲线作为轮廓线。延展操作过程截图如图 8 所示。

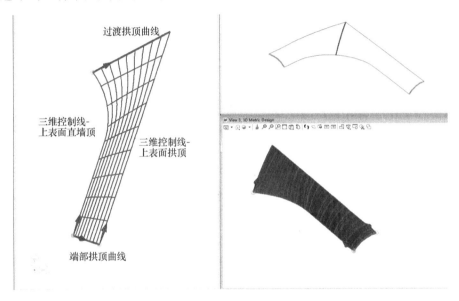

图 8 延展操作过程截图

图 9 用于统计的构件

4. 围合成体

GeoStation 是华东院自主开发的地质软件，取地质的英文"geology"前三字母命名，其中的专业工具模块提供丰富的线串、Mesh 等元素处理工具。使用"专业工具-网格实体-围合成体"工具，分别制作出上下表面与基准平面的围合体，两者相减即为需要统计的开挖量。用于统计的构件如图 9 所示。

需要注意的是，如果将上下表面直接围合，存在两个问题：（1）上下表面并非一个整体元素，而是根据设计图纸中高程不同分块创建，上下表面的划分规则不同，上下表面两两围合增加操作量；（2）上下表面均不是平整的面，两个复杂的表面进行围合，容易出现逻辑错误。

构件的体积、面积等信息，还需要经过简单归集统计才能用于计量工作。统计成果表如图 10 所示。

	统计项目	象限1-1	象限1-2	象限2-1	象限2-2
面积 m²	拱顶面积	79.99	423.512	395.802	94.036
	侧墙面积	223.969		194.389	
	底板面积	69.821	369.353	350.257	83.645
体积 m³	上表面-基准面体积	545.119	2955.17	2797.164	742.432
	下表面-基准面体积	88.322	882.67	713.043	217.005
	区域体积	456.797	2072.5	2084.121	525.427
	统计项目	象限3-1	象限3-2	象限4-1	象限4-2	总计
面积 m²	拱顶面积	109.501	137.533	123.36	80.846	1444.58
	侧墙面积	190.005		197.401		805.764
	底板面积	103.294	125.454	108.793	73.263	1283.88
体积 m³	上表面-基准面体积	909.544	999.766	850.506	567.993	10367.694
	下表面-基准面体积	258.688	191.914	154.057	98.915	2604.614
	区域体积	650.856	807.852	696.449	469.078	7763.08

图 10 统计成果表

3.4 偏差分析及改进措施

计算过程中，发现前后两次建模统计结果不同，经过几次试验最终获得各方认可的模型。偏差的原因及改进措施可以总结为以下几点：

（1）建模范围需提前确定。项目智慧化团队利用 BIM 技术解决交叉口工程计量，管理团队解决常规段隧洞工程计量，BIM 团队需提前与管理团队讨论计算范围分界点及计算规则，减少后期修改工作。

（2）上下边线未对齐，导致上下围合体边缘不在同一垂直面上。解决方法是基于统一平面线制作上下控制线，分别赋予不同纵断信息。

（3）延展操作的表面不平顺。原因是左右两条轨迹导线节点分布不均匀，节点分布密集的部位容易出现此类问题。解决方法是使用 GeoStation 专业工具中的线串工具，线条加密或线条抽稀。

4 总结与展望

4.1 效益分析

项目初期采用传统工程计量流程，由施工单位申报，再由 EPC 总包确认支付。复杂节点传统方法无法计算清晰，出于自身利益考虑，施工单位存在超报现象。EPC 总包方如果无法提出更加精确且让各方都认可的工程量计算依据，工程计量支付将受到很大影响，可能造成工程款损失。

（1）与传统工程计量流程相比，浙江永嘉抽水蓄能电站 EPC 总承包利用 BIM 技术对地下工程复杂节点进行建模计量，避免了各方反复确认，简化工程量确认流程，为计量支付工程顺利进行提供了数据支持。

（2）节约工程款方面，以本文中介绍的交叉部位为例，与施工单位提交的第一版工程量相比，洞身开挖核减 500 余立方、喷射混凝土核减 50 余平方，挂网钢筋核减 2 吨，节约工程款 14 余万元。

（3）人员投入方面，初次建模投入约 20 人/日，总结经验提高效率后，一个复杂节点投入约 3 人/日。

4.2 经验总结

本文探讨对地下工程复杂节点精确计量的方法，与以往BIM计量方法存在两个明显区别。以往BIM技术注重设计阶段的应用，本项目将BIM计算工作至施工阶段，在项目管理中利用BIM技术获得不错的经济效益。以往BIM计量关注房建领域，建设周期较短，构件单元几何规整；水利水电项目建设周期长，计量次数多，复杂异形构件多。

需要注意的是，BIM虽强，但受限于现有软件功能，精确建模需要大量手动操作，同时对人员要求高，实际建模计量过程中，应"详略得当"——常规段用传统断面法计量，复杂岔口由BIM精细建模解决。一线管理人员应充分认识到现有技术条件下，两种计量方法应协调一致，综合利用，不可有"BIM解决一切"的认知。

参 考 文 献

[1] 孟宪海，次仁顿珠，赵启. EPC总承包模式与传统模式之比较[J]. 国际经济合作，2004(11)：49-50.
[2] 何清华，钱丽丽，段运峰，等. BIM在国内外应用的现状及障碍研究[J]. 工程管理学报，2012，26(1)：12-16.
[3] 胡秀茂，肖丽萍. 基于BIM的工程造价管理应用研究[J]. 工程造价管理，2016(5)：89-92.
[4] 李贺. 工程量清单计价模式下工程价款的形成与实现研究[D]. 天津：天津理工大学，2013.
[5] 钟炜，张友栋. BIM-5D技术对提高EPC工程价款精准支付的应用研究[J] 工程造价管理. 2018(5)：18-24.

基于 BIM 的综合医院手术部智能化设计

张　威，齐玉军，宋忠正

（南京工业大学土木工程学院，江苏 南京 211816）

【摘　要】随着现代医疗技术的发展和医疗服务质量的提升，对手术室的设计和建设提出了更高的要求。本文提出以医疗工艺流程设计为导向，将 BIM 技术与医疗建筑建设结合，对手术部流程设计建立涵盖功能分区、流线设计、相关专业设计等信息要素的设计信息参数集，基于大语言模型和人工拆解对手术部规范条文进行结构化处理，并通过 SQL Server 数据交互进行条文信息管理，基于 Revit 二次开发完成手术部智能化设计，并在实际案例中应用验证。

【关键词】BIM 技术；功能分区；流线设计；大语言模型；手术部智能化设计

1 引言

随着医疗卫生事业的快速发展，导致医院建筑的新建和改扩建项目增多。个性化医疗的兴起提高了对医院建筑的期望，特别是综合医院的建设标准变得更复杂。手术部作为医院的核心，其设计需在功能条件、综合布局和工艺流程等方面达到高标准，以提高医院工作效率和现代化水平。现代手术部设计需要有效整合医疗资源，提升诊疗效率，并注重用户体验。

本文结合 BIM 技术和综合医院手术部智能化医疗工艺流程设计的现状，以医疗工艺流程设计为导向，将 BIM 技术与医疗建筑建设结合，建立涵盖功能分区、流线设计等信息要素的设计信息参数集，基于大语言模型和人工拆解对手术部规范条文进行结构化处理并通过 SQL Server 管理条文信息，基于 Revit 二次开发完成手术部功能分区智能化设计。研究内容包括总结医院规范中的手术部设计要求，创建手术部设计规则库；分析手术部功能组成和平面布局；划分手术部洁净和非洁净区域，设计平面布局；利用 RevitAPI、SQL Server 数据库和 C#语言开发基于 BIM 的手术部智能化设计插件，并在实际案例中应用验证。

2 方法

2.1 手术部设计要素分析

手术部的关键部分涵盖急诊手术室、门诊手术室、日间手术室、中心手术室以及某些专科手术室，麻醉后恢复区包括复苏室和恢复室，直接辅助用房包括麻醉准备室、快速病理切片室、中心控制室和器械准备室，而间接辅助用房则分为医护和患者通道，包括换鞋区、更衣室、浴厕、值班室、医护办公室以及换床区、家属等候区、谈话签字室和卫生间等。

合理的布局，是手术室净化工程高效运行的保障；不合理的布局，易形成气体涡流、增加人员移动距离和物品运输距离。概括有五种手术室典型布局方式，如表 1 所示。

手术室典型布局方式　　　　表 1

布局方式	内容	优点	缺点
单向流型	严格按照洁污分流原则，确保病人、医务人员和无菌物品单向流动，互不逆流	1. 防止洁污交叉，保证洁净度 2. 成本较低，适应性强	随着手术室数量增加，布局和设计变得复杂

续表

布局方式	内容	优点	缺点
单走廊型	手术后设备和废弃物包装后移出，需要消毒物品在现场消毒后运出，配备前室对医疗物品进行消毒处理	1. 防止污物扩散 2. 前室消毒有效	1. 需要额外的前室进行消毒 2. 污物包装后移出增加步骤
双走廊型（污物型）	手术后的器材和废弃物通过外侧走廊移除，其他器材、医护人员和患者通过内侧走廊进出	1. 有效预防交叉感染 2. 器材和废弃物处理便捷	1. 设计较复杂，成本较高 2. 占用较多空间
双走廊型（清洁型）	手术前清洁器材和医生通过洁净走廊进入手术室，术后医生从清洁走廊离开	1. 术前清洁器材和医生进出方便 2. 术后医生和器材分流处理	1. 设计复杂，成本较高 2. 需要更多空间
中央岛型	无菌物品通过电梯送达后，经由中央清洁通道分配至各个手术室，术后物品通过外部通道移出	1. 无菌物品分配便捷 2. 术后物品处理高效 3. 洗手设施便于使用	1. 设计复杂 2. 成本较高 3. 对建筑结构要求高

2.2 手术部规则库设计

本研究对《综合医院建筑设计规范》GB 51039—2014 和《医院洁净手术部建筑技术规范》GB 50333—2013 中有关手术部设计的条文进行了整理，其中强制性规范 89 条。本文运用大语言模型和人工拆解对手术部规范条文进行结构化处理并写入 SQLserver 数据库，形成手术部设计规则库，以反作用于 Revit 软件数据的交互功能。通过调用 GPT-4 的 API 创造人机交互环境，并通过少样本提示词设计进行规范拆解，提示词设计如图 1 所示。

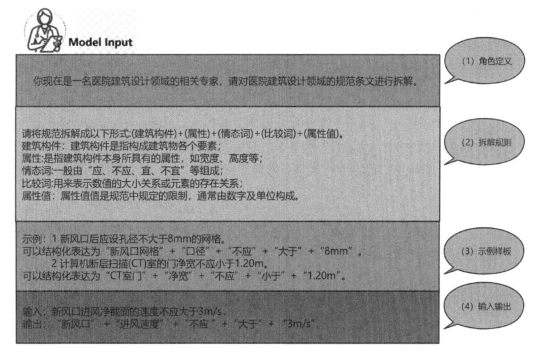

图 1 提示词设计

将 GPT-4 生成的结果与人工解译规范的结果进行对比，GPT-4 能准确将简单句输出为结构表达式，复杂句的输出结果存在差异，重新进行设计提示词，添加人工解译的例子让 GPT-4 学习，进而迭代出下一组结果，直到 GPT-4 输出的结果正确或是修改提示词也无法使其输出正确结果后，将输出的结果与人工拆解的条文整合，让 GPT-4 输出为数据库代码后进行存储。

本文使用的是 SQLserver 数据库，客户端是 Navicat Premium 16，所建立的手术部设计数据库主要用于存储规范条文数据、医疗设备参数、设计经验等知识，后续二次开发将通过调用规范数据库中的数据，来实现智能设计应用程序的编写。

运用 Navicat Premium 16 客户端新建查询按钮，将上述的 SQL 代码输入，创建一个名为"手术部设计规则库"的数据库表，其中包含建筑构件、属性名称、情态词、动词和属性值这些字段，如图 2 所示。

图 2 新建数据表

2.3 手术部智能化设计

本章节借助 Revit 二次开发技术，将手术部设计规则库中的规定数值嵌入程序，确定房间单元体之间的限制条件，在规范范围内进行布置，以约束所建立的手术部信息模型，从而实现综合医院手术部的智能化设计。

采用编程工具 Visual Studio 2019，基于 .NET4.7.2 进行编译环境搭建，安装开发辅助插件 AddinManager、Revit Lookup 以及 RevitSDK。新建命名空间，引用 RevitAPI.dll、RevitAPIUI.dll，实现程序与 Revit 软件之间的信息访问及功能设计，命名空间内新建实现各项功能的类进行编程，生成 .dll 文件在 AddinManager 插件中加载并生成 .addin 文件。该插件功能主要包括三个模块：数据管理模块、方案开发模块、结果输出模块。

1. 数据管理模块

该模块主要是将综合医院建筑设计规则、手术部智能化设计规则存入数据库，可将手术部信息模型信息可视化，将模型信息均存储在数据库中，以便后期 RevitAPI 的调取。

2. 方案开发模块

此模块根据二级医疗工艺流程设计，其核心就是对手术部按照合理的医护、患者、消毒品和污物四大动线流程进行综合医院手术部平面布局的设计。通过手术部设计规则库来确定房间单元体之间的限制条件。主要分为两大板块，一个是方案设置板块，另一个是方案布置板块，主要包括洁净区和非洁净区的分区，房间和内部构件的布置，四大动线流程的标识，完成对综合医院手术部智能化设计方案。

3. 结果输出模块

结果输出模块主要是负责手术部设计完成后相关结果的输出，可以通过 Excel 表格的形式，输出设计所用的构件清单，并通过 BIM 三维模型或是 CAD 二维图纸的形式，将最终设计结果进行导出。

3 实例验证

项目选自南京市溧水区中医院,一期医疗综合楼主体 23 层,建筑面积 100001.67 m^2。新建的手术部综合楼位于四层,手术中心建筑面积约 1841m^2。手术部所在楼层及轮廓形状为矩形。

将开发完成的综合医院手术部智能化设计插件安装至 Revit 软件中,对该应用案例医院的第四层手术部进行平面布局设计。

(1) 方案设置

在进行方案布置时首先需要导入手术部所在楼层及轮廓形状。接着在平面布局中选择平面布局型式。平面布局型式有"双走廊型(污物型)"和"双走廊型(清洁型)"等五种型式,选择以"双走廊型(清洁型)"为例进行手术部平面布局。分别设置了 6 间标准手术室、2 间特殊手术室和 2 间复苏室。第二部分功能是设置手术部的直接辅助用房,选择全部。第三部分功能是设置手术部的间接辅助用房,同样选择全部。

(2) 方案布置

根据医院手术部的设计流程,确定房间单元体之间的限制条件,首先需要完成洁净分区的设计,然后再对各个分区的医疗设施和功能设施进行相应的布置。

如图 3 所示,根据设计规则库中的洁净分区要求,完成洁净分区和非洁净分区的设计。通过 API 设置楼板、墙、门和窗,实现清洁区和非清洁区的分区:青色部分为清洁区,紫色部分为非清洁区,蓝色外墙为清洁区外墙,橘色外墙为非清洁区外墙。使用设计规则库中对各个房间的要求和参数,自动布置洁净区的标准手术室、特殊手术室、复苏室、医护更衣室和刷手间。同样,根据规则库,布置非洁净区的药品库、器械室、办公室、谈话签字室和家属等候区。通过 Revit API 进行各个区域内所有内部构件的自动布置,确保符合规范。规则库中的所有规定数值和参数通过 SQL Server 与 Revit 二次开发程序进行数据交互。在程序中调用规则库中的参数,自动应用于设计过程。

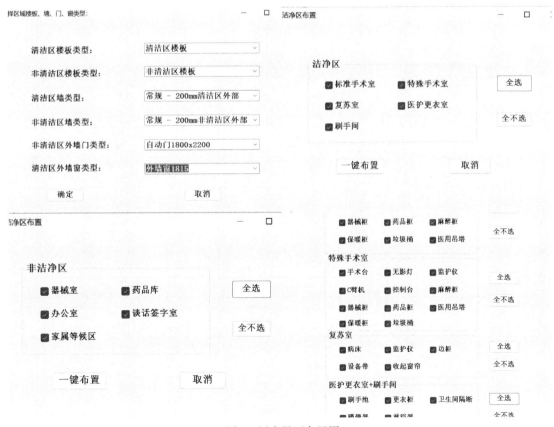

图 3 用户界面布置图

(3) 结果输出

输出设计结果并输出设计所用的构件清单，如图4、图5所示。

图4 生成结果布置图

	A	B	C	D
1	构件类别	构件名称	构件Id	构件标高
2	墙	常规 - 200mm清洁区外部	1236690	标高 1
3	墙	常规 - 200mm清洁区外部	1236691	标高 1
4	墙	常规 - 200mm清洁区外部	1236692	标高 1
5	墙	常规 - 200mm清洁区外部	1236693	标高 1
6	楼板	清洁区楼板	1236726	标高 1
7	楼板	非清洁区楼板	1236733	标高 1
8	楼板	非清洁区楼板	1236740	标高 1
9	墙	常规 - 200mm非清洁区外部	1236744	标高 1
10	墙	常规 - 200mm非清洁区外部	1236745	标高 1
11	墙	常规 - 200mm非清洁区外部	1236746	标高 1
12	墙	常规 - 200mm非清洁区外部	1236747	标高 1
13	墙	常规 - 200mm非清洁区外部	1236748	标高 1
14	墙	常规 - 200mm非清洁区外部	1236749	标高 1
15	墙	常规 - 200mm	1238109	标高 1
16	墙	常规 - 200mm	1238110	标高 1
17	墙	常规 - 200mm	1238111	标高 1
18	墙	常规 - 200mm	1238112	标高 1
19	墙	常规 - 200mm	1238113	标高 1
20	墙	铅防护3mm	1238114	标高 1
21	墙	铅防护3mm	1238115	标高 1
22	墙	铅防护3mm	1238116	标高 1
23	墙	铅防护3mm	1238117	标高 1
24	墙	幕墙	1238118	标高 1
25	墙	铅防护3mm	1238119	标高 1
26	墙	铅防护3mm	1238120	标高 1
27	墙	铅防护3mm	1238121	标高 1
28	墙	幕墙	1238164	标高 1
29	墙	幕墙	1238166	标高 1
30	墙	幕墙	1238168	标高 1
31	墙	幕墙	1238170	标高 1
32	墙	幕墙	1238172	标高 1
33	墙	幕墙	1238174	标高 1

图5 构件清单图

以溧水中医院手术部楼层平面布局设计为验证案例，进行了对该医院第四层手术部的一键设计。验证结果表明，本文对于综合医院手术部智能化设计二次开发的插件通过方案设置、方案布置和结果输出三大功能板块实现了对手术部平面的一键设计，验证了该应用的可行性与有效性。

4 结论与展望

本文结合我国现阶段大力推广建筑信息模型（BIM）技术背景和开展综合医院手术部医疗工艺流程设计的现状，基于 Revit 二次开发完成手术部功能分区智能化设计应用，并通过实际案例验证了其有效性，可以满足手术部平面布局和空间设计的需求，极大程度上解决了传统二维设计效率低的问题。

本文在拆解医疗建筑设计规范中，提出基于大语言模型的规范拆解方法，并使用了少样本提示词技术提高其准确率。但是其仍然具有一定的局限性，在后续的研究中，可以通过引入知识库的方式或大语言模型微调的方式，提高其拆解规范条文的准确率，从而减少人工拆解工作，得到全面的医疗建筑设计规范数据库。

参 考 文 献

[1] 罗曦. 当代综合医院中心手术部设计策略研究[D]. 广州：华南理工大学，2019.
[2] 克里斯托弗·纽曼. 医疗工艺设计"三段论"[J]. 中国医院建筑与装备，2012(6)：22-25.
[3] Eastman C M. BIM handbook：a guide to building information modeling for owners，managers，designers，engineers and contractors[M]. New York：John Wiley & Sons，2011.
[4] Zhang J，El-Gohary N M. Semantic NLP-based information extraction from construction regulatory documents for automated compliance checking[J]. Journal of Computing in Civil Engineering，2016，30(2)：4015014.
[5] 魏然，舒赛，余宏亮，等. 自然语言建筑设计规范条文的规则表达式自动提取方法[J]. 土木工程与管理学报，2019，36(1)：109-114，122.
[6] 清华大学软件学院 BIM 课题组. 中国建筑信息模型标准框架研究[J]. 土木建筑工程信息技术，2010，2(2)：1-5.
[7] Lin Y，Chen Y，Yien H，et al. Integrated BIM，game engine and VR technologies for healthcare design：a case study in cancer hospital[J]. Advanced Engineering Informatics，2018，36：130-145.
[8] Hongling G，Yantao Y，Weisheng Z，et al. BIM and safety rules based automated identification of unsafe design factors in construction[J]. Procedia engineering，2016，164：467-472.

基于BIM+海上风电建设管理平台的研究与应用

武海洋，寇泽瑞，邓阳杰

(中电建华东勘测设计研究院（郑州）有限公司，河南 郑州 450000)

【摘　要】针对海上风电项目建设期间施工窗口期难预测、施工组织难协调、质量安全难控制等问题，在海上风电工程建设管理核心要素的基础上研发基于BIM+海上风电建设管理平台。该平台以BIM为核心，并结合华东院自研的凤翎架构体系，构建了全面涵盖工程进度追踪、质量管理以及安全保障等多维度管理决策平台。本文以山东能源渤中海上风电B场址项目为例，剖析项目管理者借助该平台实现现代化海上风电场建设新模式的实施过程，为未来项目提供借鉴。

【关键词】海上风电；BIM；建设管理；管理决策平台

1 引言

近年来，我国能源结构转型步伐加快，节能减碳成果显著，能源变革取得重大成果。在"四个革命、一个合作"能源安全新战略、"双碳"目标以及"十四五"规划中现代能源体系构建等方针政策引领下，新能源产业正处于并将继续保持强劲增长态势。特别是海上风电，作为可再生能源发展的新兴板块和风电产业升级的关键方向，其具有容量大、资源丰富、环境影响相对较小等特点。在全球能源结构中，海上风电的地位越来越突出，其发展潜力巨大。

《全球海上风电产业链发展报告》显示，我国已形成完整的海上风电产业链，并成为全球海上风电累计装机规模最大的国家。截至2023年底，我国海上风电累计并网装机容量已达3650万kW，同比增长19.8%，占全国风力发电总装机量的8.5%。全球风能理事会（GWEC）预测，到2030年我国海上风电累计装机量将达到60GW左右。然而随着海上风电产业迅猛发展，其规模化开发所带来的挑战尤为突出，建设施工期的安全管理和复杂工序问题日渐显现。在此背景下，深入剖析我国"十四五"规划建设中五大海上风电基地之一——山东能源渤中海上风电B场址项目的实际建设管理经验，特别是其在大规模一次性建设并实现当年批复即并网过程中遭遇的挑战与应对策略。这一实践总结不仅能够助力解决大型海上风电项目快速高效建设中的难题，而且对于引导我国海上风电行业在新发展阶段实现高质量、跨越式发展具有重要启示意义。

2 工程概况

2.1 项目规模

山东能源渤中海上风电B场址工程项目位于山东省东营市北部海域，装机容量为399.5MW，场址面积38.5km²，布置47台8.5—230型风力发电机组。风电场场区水深17～19m，场址中心离岸距离19km左右，配套建设一座220kV海上升压站。

风电机组发出电能通过35kV集电海底电缆接入海上升压站，升压后通过2回220kV海底电缆在登陆

【基金项目】中电建华东勘测设计研究院（郑州）有限公司2023年度科研项目（编号：ZKY2023-ZZ-02-01）
【作者简介】武海洋（2000—），男，产品经理。主要研究方向为海上风电。E-mail: wu_hy9@hdec.com

点转为陆缆，沿已有电缆沟敷设接入山东能源渤中海上风电 A 场址陆上集控中心。

2.2 项目建设管理难题

（1）施工窗口期难预测。本项目风电场水深较深、海况复杂，施工窗口期难预测。海上恶劣天气的不可预测性尤为显著，短时间内即可出现剧烈变化的风暴、强风、浓雾等极端天气，因而难以实现对施工现场长期且精准的气象预报，对施工计划的制定与执行造成较大影响。

（2）施工组织难协调。本项目在施工进程中面临的施工组织与协调工作尤为错综复杂，工程现场集成了基础沉桩、风机安装、海缆敷设等多个精密且相互依赖的作业模块，这些模块不仅工艺要求高精尖，且彼此在时间轴与空间上的交织布局更是错综复杂，要求在有限的海域作业平台上实现无缝对接，避免冲突与延误，同时协调不同参建单位的工作面移交与衔接也是一大难点。

（3）进度质量难控制。本项目风电场场区水深 17～19m，场址中心离岸 19km 左右，该处海域宽阔，为无遮蔽近海海域，建设所需要的重型材料与大型设备的海上运输亦面临波涛汹涌的考验，物资补给链路长且易受天气影响。此外，该海域的广阔无垠给测量作业与通信信号传输构成障碍，需要依赖先进的远程通信技术和高精度的卫星导航系统以确保施工精度与现场信息及时传递。尤其在冬季，频繁的东北风加剧了施工难度，不仅影响海上作业的稳定性，还可能导致有效施工窗口期的大幅缩减，增加了工程进度安排的不确定性。

（4）施工作业安全难防范。本项目风电场内海域地质复杂，海域内部硬土层与软弱土层交错分布，同时在建设过程涉及大量超大、超重构件的吊装作业，其作业难度与安全风险管控等级极高，任何微小的操作失误或环境变化，都可能引起不可预料的后果，使得施工安全管控成为整个项目管理中最为关键且敏感的一环。

3 海上风电项目建设管理平台研究

3.1 建设目标

为解决上述项目建设管理中存在的难题，本项目在海上风电工程建设管理核心要素基础上研发基于BIM＋海上风电建设管理平台，通过规范管理流程、建立预测预警机制、AI 终端信息采集、可视化数据交互、智能决策分析模型，实现海上风电场各个建设环节业务融通，全面打造集约化、信息化、智能化的安全、透明、高效的现代化海上风电场建设模式。

3.2 BIM＋海上风电建设管理平台体系架构

为充分满足项目的建设目标，本项目使用 BIM、IoT、AI 算法、GIS、大数据等核心技术，独立开展基于 BIM＋海上风电建设管理平台的研究与应用推广，建立起一个"多端多门户"的"多方"应用平台，平台架构如图 1 所示。

图 1 BIM＋海上风电建设管理平台架构图

平台研发基于 Java 8 的 Spring Cloud 微服务架构和 Vue.js 前端，采用 B/S 分层结构设计，通过微服务架构技术实现服务代理、服务注册、负载均衡及统一网关，涉及多系统互联、数据及时交换共享，采用消息中间件实现对信息的智能路由和传递。

基建层：基建层是整个平台的"基石"，是指支撑整个平台运行的基础设施和技术设备，其为平台的数据采集、传输、显示及安全管控提供了必要的硬件支持。这一层包括覆盖海上风电场区域的无线网络；部署在关键位置的视频监控摄像头；大屏幕显示系统，可以展示三维模型、施工进度、气象数据以及视频监控画面等信息；为现场工作人员配备的人员定位终端，通过 GPS 或其他定位技术实时跟踪人员的位置信息；以及通过感应装置监测越界行为的电子围栏，防止未经授权的人员或物体进入危险区域。

数据层：数据层负责收集、存储和处理所有与海上风电项目相关的数据，以支持项目的高效管理与决策制定。数据层集成了工程数据、业务数据、终端数据、气象数据、AIS 数据以及其他相关数据，这些数据涵盖了从设计、建造到运维全过程的信息，包括三维模型、施工图纸、合同文件、预算成本、采购订单、进度计划、人员位置信息、气象预测与实测数据、船舶跟踪信息等。

业务层：业务层是整个平台的核心组成部分之一，主要包括进度问题、安全管理、海上智能化施工安全管控、数字孪生风场、移动应用等功能模块，为项目管理者提供了一个全面的管理框架。

交互层：从"多端"角度出发，系统建设计算机（PC）端、移动端和大屏端，三端数据来源统一，保证系统用户多角度把控海上风电项目建设。

4 海上风电项目建设管理平台应用

4.1 施工窗口期预测

针对本项目在建设过程中存在施工窗口期难预测这一难题，本平台引入国家海洋气象中心的数据，并进行加工处理，为施工现场提供了一幅及时且精细的气象图谱，如图 2 所示。平台基于不同工序进行差异化动态分析，形成了适用于不同工况的窗口期气象预测模型，利用历史气象数据与实时监测信息，结合复杂的海洋气象模型，能够实现对未来 7×24h 内可能影响海上作业的关键气象要素的高精度预测。通过精准的气象预测模型，平台能够识别出未来一周内最适宜施工的时间段，即"施工窗口期预测"，如图 3 所示，识别率高达 95% 以上，并且由于能够提前预测天气变化，平台能够依据不同施工工序特定要求，精准判定在未来一周内哪些时段最适宜开展特定类型的工程作业，如沉桩施工、套笼安装或主机吊装等，使得施工计划的调整频率减少了约 40%，有效提高了施工效率。通过对施工窗口期的精准预测，系统会自动调度资源，包括调配施工船只、吊装设备以及专业人员，施工船只利用率提升了 20% 以上，吊装设备使用效率提高了 15%，极大优化了资源调度配置。

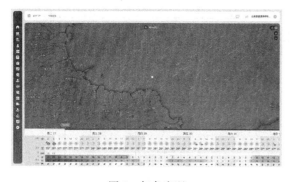

图 2 气象实况

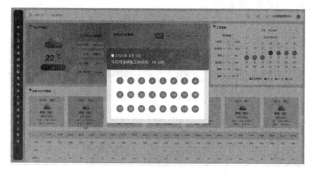

图 3 施工窗口期预测

4.2 施工组织管理

针对本项目存在的建设周期短，参与方多以及施工组织难协调等难题，构建了如图 4 所示的工程建设指挥中心，图中央展示了三维 BIM 模型，色彩编码以区分不同施工阶段和结构部件，包括对项目风机、升压站、集控中心、海缆等风场对象的 BIM 建模，如图 5 所示，直观反映整个风电场的建设状态，通过点击模型中的具体组件，可以直接跳转查看该部分的详细进度信息、所需材料、人力配置及任何潜在冲突，实现从宏观到微观的全方位进度可视化。通过系统与现场 IoT 监测设备的实时数据互联，以及施工队伍的实时数据输入，该看板全面汇总并展示了项目运行的各方面关键指标，清晰反映出海上施工现场的各项状态与核心数据，实现了对施工进度、工程质量、安全控制等核心要素的深度分析与多维度透视。指挥中心不仅能够满足项目日常的业务管理需求，也可以直观地了解到海上施工作业面所发生的预警情况，精确的人力配置，降低了约 15% 的人力成本，有效提升了项目的管理效率。

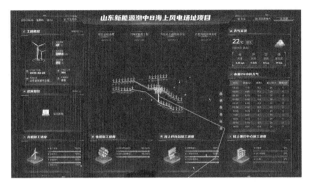

图 4　工程建设指挥中心

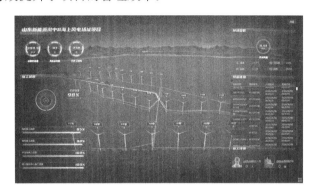

图 5　风场对象的 BIM 模型

4.3　进度管理

本项目施工工期十分紧张，工期节点要求较高，传统的依赖纸质或手绘形式的进度追踪手段不仅在展现项目进度全貌上显得模糊不清，难以直观体现任务间的逻辑依赖和时间序列（即紧前紧后关系），而且在面对突发状况需要迅速调整计划或发出预警时，无法实现及时反应。因此平台中内置了进度管理功能模块，包含有进度编制和进度可视化面板，实现对施工过程中进度的精细化、动态化管控。其中进度编制模块如图 6 所示，允许项目团队记录每个任务的关键信息，包括任务名称、类型、计划开始与完成日期、计划工期、计划完成数量和相对权重，这些信息被实时收集和更新，确保所有相关人员都能获取到最新且最准确的信息。如图 7 所示，进度可视化面板提供了施工过程中各阶段的实时视图，帮助项目管理者更好地理解任务间的逻辑依赖和时间序列，面板通过图表、甘特图等形式展示关键工序的进度，例如风机安装、套笼制造、单桩制作以及塔筒制作等。通过实施进度管理模块，项目整体施工进度偏差减少了 40% 以上，并且一旦发现进度出现偏差，平台可以立即触发预警机制，使响应时间缩短至 2h 内，而传统方式下可能需要几天的时间。

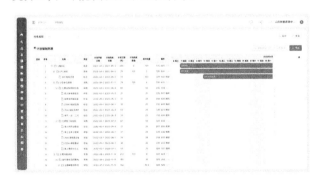

图 6　进度编制

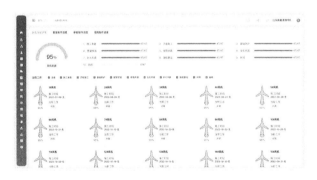

图 7　进度综合看板

4.4　安全管理

本平台还内置了安全风险统计分析模块与安全风险管控模块如图 8、图 9 所示，通过集成关键指标、预警指标、项目进度风险分析、风险排序、风险事故占比和风险占比等多个维度，构建了一套全面且精细的安全监控体系。该模块不仅密切追踪一级风险、二级风险等各级直接影响安全绩效的核心指标，还通过预警系统前瞻性地识别潜在风险趋势，如失控风险、预警风险以及待监控风险，使得潜在风险趋势的识别时间提前了48h，确保了提前干预。此外安全风险管控模块通过高度组织化的框架，系统性地涵盖了风险识别与控制的各个方面。其首先将风险划分为明确的类别，接着在细分的辨识单元中精确定位风险点，提高了风险点识别的效率，风险点定位时间缩短了30%。该模块深入剖析第一类危险源，明确列出危险有害因素，并归类主要事故类型，精确到风险所在的地理位置，评估可能产生的事故后果，以及预测风险存在的具体时段，使得风险时段预测的准确性达到了85%，且为制定干预措施赢得了至少24h的提前准备时间。

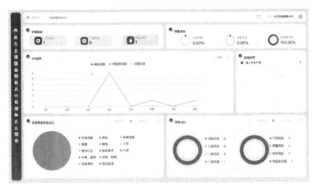

图8　安全风险统计分析

图9　安全风险管控

5　结论

本文通过将华东院承建山东能源渤中海上风电B场址工程项目实际应用为例，深入探讨了如何运用先进的BIM技术结合定制化的海上风电建设管理平台，解决了本项目在实际建设中遭遇的多重问题，如施工窗口期的不确定性、施工组织与协调的复杂性、进度与质量控制的问题，以及施工作业中的安全风险等问题，充分证实了该平台在优化建设管理流程、提升项目执行效率和安全性方面的显著成效。

参 考 文 献

[1] 寇伟. 在贯彻"四个革命、一个合作"能源安全新战略中体现国网担当——写在习近平总书记提出"四个革命、一个合作"能源安全新战略五周年之际[J]. 中国电业，2019(7)：6-7.

[2] Yan J，Li G，Liu K. Development trend of wind power technology[J]. International Journal of Advanced Engineering Research and Science. 2020，7(6)：124-132.

[3] 纪宁毅，尹杰. 海上风电场建设施工期风险点的识别与控制[J]. 机电设备，2019，36(3)：40-43.

[4] 韩鑫，张家豪. 海上风电EPC建设模式中的风险防范研究[J]. 水电与新能源，2021，35(9)：32-34.

引调水工程多层级模型可视一体化研究

张善亮，黄 晓，冯 斤，田继荣

（中国电建集团华东勘测设计研究院有限公司，浙江 杭州 311122）

【摘 要】 深圳市东江水源工程为已建引调水工程，尚未构建工程三维模型。为提升引调水工程运行管理水平，实现高效安全运行，需系统全面开展工程可视化模型建设。根据不同工程对象特点及资料情况，选择性采用集成复用、无人机倾斜摄影、激光点云扫描、电子图纸三维建模等技术。通过以上方法，开展多层级模型可视一体化建设，为更好地完成引水工程任务提供技术支撑。

【关键词】 引调水工程；可视化；倾斜摄影；激光点云

1 引言

在探讨已建成引调水工程信息化系统现状时，尽管多数工程已配备较为完善的信息化基础设施，但在迈向全面数字化、智能化的道路上，特别是在利用 BIM（建筑信息模型）技术和 VR（虚拟现实）等前沿科技实现深度可视化与交互体验方面，仍存在显著的提升空间。具体而言，如曹阳等在福建北线引水工程左干渠项目中，已经规划并尝试构建渠系综合自动化系统，旨在通过网络化手段优化渠系的运行与管理效率，但在实现数字孪生平台所需的高精度、多维度可视化效果上仍显不足。

在 BIM 技术日益广泛应用的背景下，BIM 与 GIS（地理信息系统）的深度融合正逐步成为促进引调水工程建设与业务管理迈向精细化、智能化的关键驱动力。李献忠等在这一领域作出了重要贡献，他们开发的 GIS+BIM 长距离引调水工程管理系统，不仅开创性地构建了大尺度空间三维可视化交互环境，极大地增强了工程项目的直观性与互动性，还为管理者提供了前所未有的决策支持工具。然而该研究在探讨如何构建可靠且准确的 3D BIM 模型方面，其论述尚显不足。为进一步完善这一研究领域的理论与实践，我们有必要深入探讨 BIM 模型构建的核心要素与关键技术，以确保所建模型能够真实、精确地反映引调水工程的实际情况。在探索三维建模技术的边界与创新的道路上，杨明珠的研究展现了一项重要的技术突破，利用激光点云数据进行逆向工程，成功构建了三维房屋模型。通过一系列精细的数据处理步骤，包括数据的均匀采样、有效精简以及高效去噪，不仅显著提升了建模的效率，还确保了模型的高精度。这一方法尤为适用于结构相对规则、表面平滑的建筑物，为快速、准确地获取建筑物三维信息提供了新的视角。然而，值得注意的是，当面对表面形态复杂、不规则的自然或人造实体时，该方法可能仍需依赖一定程度的人工干预，以弥补自动化建模过程中的局限性。与此同时，李策的研究则给三维建模领域带来了另一种创新的思路，他提出了倾斜摄影与地面激光点云融合建模的新方法。这种方法充分利用了倾斜摄影技术能够捕捉建筑物多视角影像的优势，以及地面激光点云数据在精确测量方面的卓越性能，两者相结合，实现了更为精细化的三维建模。这种融合技术不仅丰富了建模数据的维度与精度，还为复杂场景的建模提供了强有力的支持。然而，对于大范围区域的测量而言，这一方法涉及的工作量较大，对数据处理能力、计算资源以及时间成本有着更高的要求。在探讨长距离引水工程复杂而精细的建设与管理流程时，文雯提出利用 GIS+BIM 技术，搭建三维可视化管理平台，为长距离引水工程建设管理提供实时高效的决策支持，将信息化建设与工程建设同步并行，最大限度地监管和控制管理工程建设

【基金项目】 深圳市智慧水务一期工程项目（2019-440304-65-01-104004）
【作者简介】 张善亮（1981—），男，正高级工程师。主要研究方向为水利规划和水利信息化。E-mail：zhang_sl@hdec.com

期和运维期,给引水工程提供安全和质量保障,实现全生命周期管理,全方位风险预判和全要素智能调控。

综上,基于已建工程条件、现有技术水平和数字孪生建设思路,为实现"更透彻的感知、更全面的互联互通、更科学的决策、更高效能的管理",开展了工程可视化及相应业务场景等方面的建设实践和探索。

2 项目背景

深圳市东江水源工程东起惠州,西至深圳市宝安区,干线全长106km,以"长藤结瓜"的形式横穿深惠两地,一期工程于2001年通水,二期工程于2010年建成。东江水源工程主要包括17条主干隧洞、4个支洞、6个泵站、1个水库。然而,值得注意的是,在工程建设初期,数字孪生这一前沿理念尚未被广泛认知和应用,导致工程在可视化、智能化管理方面存在一定局限性。为弥补这一遗憾并推动工程管理向更高水平迈进,构建多层级一体化的BIM(建筑信息模型)+GIS(地理信息系统)可视化模块显得尤为重要。BIM+GIS可视化模块的构建,将为东江水源工程业务管理实现"可视、可知、可控、可预测"的目标奠定坚实基础。通过这一平台,管理者将能够全面掌控工程运行态势,精准预测未来发展趋势,为工程的长远规划与可持续发展提供有力保障。

3 研究方法

在深圳市各区协同推进的东江水源工程全线大型水工建筑物管理中,将充分利用BIM技术生成的三维模型数据作为核心基础,深度融合惠州段基础地理信息模型及高精度倾斜摄影技术,构建了一个全方位、高精度的东江水源工程全线三维可视化场景。这一创新举措不仅极大地丰富了工程管理的信息维度,还针对不同工程结构的特点,探索并实施了多样化的可视化建模方法,以确保每一环节都能得到精准、高效的呈现与管理。

3.1 倾斜摄影

倾斜摄影技术通过从垂直、前后左右倾斜等五个不同角度同步采集影像,获取到丰富的建筑物顶面及侧视的高分辨率纹理,相较于传统三维建模方式,倾斜摄影技术能够大幅提升建模效率,降低建模成本。

东江水源工程境内段位于深圳市,可以申请调用共享的"深圳市可视化城市空间数字平台"倾斜摄影服务,包括深圳市流域、河流、水利工程、监测站及地图影像等。境外段位于惠州市,无可复用倾斜摄影资源,同时由于东江、永湖泵站建设年度较久远,其中一期工程建成超过20年,工程资料多以纸质为主,翻模难度大,需通过无人机倾斜摄影获取泵站外部结构的三维模型(图1)。

图1 倾斜摄影三维建模

3.2 激光点云扫描

引调水工程主要的引水泵站安装在泵房内部,无人机难以拍取室内倾斜摄影数据,因此考虑采用适用于室内测量的激光点云技术，构建三维模型（图2）。激光点云技术通过向目标物体发射激光脉冲并测量其反射回来的时间，来获取目标物体表面离扫描仪的距离信息，进而构建出目标物体的三维点云数据。通过室内室外坐标配准，可以合成室内外一体的融合三维模型。

图2 泵房内部激光点云三维建模（实体＋虚拟镜像）

3.3 基于电子图纸的 BIM 建模

基于电子图纸的 BIM 建模是一种将 CAD 图纸转换为三维 BIM 模型的过程。这种技术极大地提高了建筑设计、施工和运维的效率和准确性。东江水源工程新建泵站具备完善的工程图纸，BIM 建模基础较好。该泵站建模主体工程包括输水隧洞、建筑、结构、水工、道路、水机、金结等类别。其中，输水隧洞、道路等线性类别用 Open Roads Designer 进行建模；建筑、结构、水工、水机、金结等类别则使用 Open Building Designer 进行模型创建。建模过程中，MicroStation CE 主要用于模型整合和成果发布（图3）。

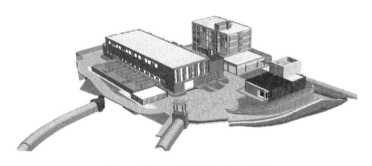

图3 基于电子图纸的 BIM 建模

3.4 模型轻量化发布

BIM 需要协同，即实现模型信息的数据共享，各方都可基于同一模型展开工作。由于 BIM 模型信息量大，对硬件配置要求高，各方应用时需要安装对应的 BIM 软件，数据传递和共享有一定困难。采用模型轻量化发布的方式，可简化产品数据模型，使数据交换文件更小，同时还保留了详细的几何模型信息，可实现产品数据的快速浏览和精确的几何信息查阅，便于未安装 BIM 软件的计算机直接查看三维模型。

模型轻量化工作主要包括模型在 BIM 软件平台（即 Bentley）上的轻量化以及在 GIS 软件平台（即超图）上的缓存文件生成。模型整合完成后，先发布 .i.dgn 文件，通过安装于 MicroStation 的超图插件发布 UDB 文件，然后在超图桌面端发布缓存，将轻量化模型上传至系统平台。

4 BIM 场景设计

在构建深圳市东江水源工程的全面可视化管理体系中，确立了以基础地理信息数据为核心的策略，旨在通过深度集成地质、水工隧洞、管线、箱涵、渡槽、交叉工程等多维度三维模型，实现工程全貌的精准再现与高效管理。这一策略不仅丰富了可视化分析的基础数据源，还极大地增强了分析结果的全面性与准确性。

4.1 全景一张图

实现泵站基于BIM模型及大场景GIS技术的智慧化管理，通过将关键业务数据与BIM+GIS模型深度融合，图形化展示泵站输水实时运行状态、管线安全情况、水泵机组运行状态（图4）、机电设备运行情况、闸门工况等信息，并列出各类告警事件、关键运行数据，从而总体展示泵站的工况和管理情况。

4.2 输水管线运行安全监测分析

将输水管线监测数据与BIM模型深度融合，结合安全监测数据，实现对输水管线运行工作状态的综合评价，及时发现线路病险情况，进行预警为决策提供支持。同时以BIM模型为可视化载体，实现基于BIM模型的输水管线运行安全实时监测分析（图5）。围绕工程安全相关的监测、现场检查、隐患记录工作，对工作过程进行管理，对工程成果数据进行分析挖掘，诊断工程安全状态。

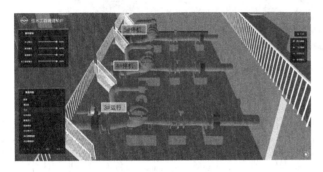

图4 基于BIM模型的泵站运行状态展示

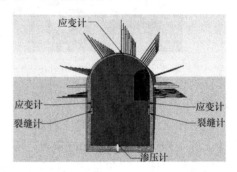

图5 输水管线监测布置

4.3 设备维护管理

通过接口调用的方式，实现对泵站内设备设施的"可视化"管理（图6），包括采购管理、设备设施台账、设备设施监测及预警、设备设施检修、备品备件台账、故障应急管理等。

4.4 VR检修培训

基于BIM+VR技术和规范化的设备检修作业流程，对部分构造复杂、检修难度大的泵站设备建立三维可视化的作业指导方案与标准知识库管理体系，帮助运维人员了解设备构造、装配流程、检修方法、工作内容、操作步骤要求等（图7），针对检修流程和故障处置流程提供三维虚拟仿真试题，检验员工对相关知识点的掌握情况。

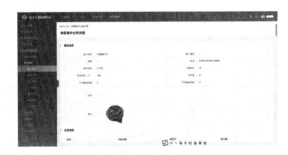

图6 备品备件台账展示叶轮激光点云模型

图7 设备结构仿真体验

5 建设路径探索

引调水工程可视化模块依托智慧水务框架体系，实现数据纵向层级贯穿和业务横向部门协同，其建设是否成功，取决于条块适度分割。

引水工程线路长达上百公里，引水泵站较分散，若整体建模数据体量将过于庞大，若对单体工程进行分散建模则会存在大量的拼接间隙，因此采用以区级行政为块进行范围切分是比较合适的。基于统一坐标体系构建水务条线工程项目BIM模型，初步搭建水务工程数字底板，逐步建立基于BIM技术的水务工程建设管理模式、运营维护模式，为涉水工程行政许可实现应用BIM模型审批打好基础，提升水务行业数字化管理能力。

6　结论

本研究聚焦于可视化模块的开发，成功实现了引水工程管线及泵站的精细三维可视化。针对建设历史超过二十年的老旧工程，其档案资料大多以纸质形式存在，这无疑给数字化翻模工作带来了巨大挑战。为解决这一难题，我们创新性地采用了多元化数据采集策略：对于室外环境，利用无人机进行三维倾斜摄影，通过高精度的影像处理技术，无缝合成出详尽的三维场景模型；对于室内空间，则部署了先进的手持激光点云设备，精准捕捉并生成三维点云数据。随后，通过精密的坐标配准技术，将室内与室外的三维模型完美融合，不仅极大提高了逆向建模的效率，还确保了模型的精准度与一致性。

对于近年来新建的工程项目，得益于其完备的电子图档资料，我们得以直接启动三维逆向建模流程，进一步简化了工作流程，加快了模型构建的速度。

基于上述工程资料完备程度不同，我们深入探索了 BIM 建模的多元化可行路径，针对不同建设时期的引水工程，量身定制了相应的三维工程模型构建方案。在此基础上，我们进一步集成了三维地表高程信息，并嵌入了物联网感知的动态数据，为用户构建了一个全方位、实时更新的工程运维可视化平台。这一平台不仅能够直观地展示工程的每一个细节，还能动态反映各部分的运行状态，极大地提高了工程管理的智能化水平和决策效率。

参 考 文 献

[1] 曹阳，秦雅岚，卢爱菊．福建省北溪引水工程左干渠综合自动化系统设计[J]．人民长江，2015，46(22)：62-66.
[2] 李献忠，张社荣，王超，等．基于 BIM+GIS 的长距离引调水工程运行管理集成平台设计与实现[J]．水电能源科学，2020，38(9)：91-95.
[3] 杨明珠，董燕．三维激光扫描点云数据处理及建模研究[J]．价值工程，2017，36(12)：117-119.
[4] 李策，吴长悦．倾斜摄影与地面激光点云融合精细化建模研究[J]．现代矿业，2019，35(5)：53-55，59.
[5] 文雯．长距离引水工程信息系统建设必要性的探索[J]．水利水电工程设计，2020，39(2)：53-55.
[6] 成建国．数字孪生水网建设思路初探[J]．中国水利，2022，950(20)：18-22，10.
[7] 赵洪丽，马吉刚，郭江．智慧水利泵闸站标准化建设规程研究[J]．水利水电技术，2020，51(增刊1)：221-226.
[8] 周勇，刘如飞，齐辉，等．基于无人机倾斜摄影和三维激光扫描的桥梁数字化建模方法[J]．公路交通科技，2022，39(8)：39-45.
[9] 陈婷婷，殷峻暹．基于 BIM 的水务工程全生命周期管理平台研究与设计[J]．水利信息化，2022，169(6)：20-25.

高速公路隧道 BIM 参数化建模与应用

王 波，韩英伟，杨晓超，崔勇骏

(辽宁省交通规划设计院有限责任公司，辽宁 沈阳 110000)

【摘 要】 在现代交通基础设施中，隧道工程扮演着重要的角色，而传统的建设与管理方法已无法满足信息化和数字化的要求。建筑信息模型（BIM）作为一种数字化建模技术，已经在建筑工程领域得到广泛应用，本文旨在探讨利用 BIM 技术进行公路隧道建模的方法研究与应用，来应对公路隧道在工程设计、建设管理中的挑战。

【关键词】 公路隧道；BIM；数字化；参数化

1 引言

近年来，随着数字化技术的快速发展，BIM 技术已被广泛应用于建筑领域，通过三维模型对工程项目的信息进行集成、协调和管理，从而实现项目全生命周期数字化资产的建立，进行可视化管理。传统的 BIM 建模手段显得冗杂，建模效率低下，而关于通过二次开发实现参数化建模的研究已相对较为成熟，但针对隧道模型快速建立的研究较少。通过对 Revit、Dynamo 在公路工程中的应用特点进行分析研究，表明了 Revit＋Dynamo 软件在公路工程的模型创建中有一定优势。BIM 技术通过建立数字化模型，运用绘图软件的参数化功能，建立设置几何参数约束的标准库，可以提高设计信息的准确性，减少设计阶段尺寸变更带来的重复劳动，有效提高实际工程的绘图效率，这对公路隧道项目中的应用具有重大意义。

2 隧道工程建模需求分析

在隧道工程的建设过程中，设计、施工不同阶段对 BIM 模型的需求各不相同。

2.1 设计阶段的需求

由于前期地质资料变动较大，在设计前期需要结合地质情况进行隧道方案的快速选型。因此，BIM 模型需要能够进行隧道三维方案模型的快速建模，快速对比不同设计方案的优劣。隧道机电工程与土建工程同属于线性工程，存在部分相似，但也有不同之处。设计阶段需要对隧道内部的设备布置和管线设计进行规划，BIM 模型需要能够集成设备和管线数据，并能够进行设备布置和管线连接的模拟分析。

2.2 施工阶段的需求

施工阶段需要针对重难点部位提前进行施工方案的仿真模拟，开展三维交底以便更直观地表达方案的各项技术措施。因此，BIM 模型需要极高的精准度和颗粒度，以便于模型构件能够对应到施工方案的每个技术措施上。为与建设管理平台接收的施工管理信息顺利对接，BIM 模型本身还应具有规则统一、身份唯一的构件编码，施工数据与 BIM 模型通过此唯一编码进行交互，有效保证施工数据与 BIM 模型的一致性。

【作者简介】 王波（1981—），男，正高级工程师。主要研究方向为智慧交通、数字化、智能化。E-mail：water102@163.com
韩英伟（1989—），男，工程师。主要研究方向为地铁、房建、隧道工程 BIM 技术的研发及应用。E-mail：286898324@qq.com
杨晓超（1989—），男，高级工程师。主要研究方向为桥梁设计、研发，BIM 技术应用与开发。E-mail：527255472@qq.com
崔勇骏（1990—），男，工程师。主要研究方向为市政道路、公路路线、立交设计，BIM 技术应用与开发。E-mail：463580614@qq.com

3 公路隧道 BIM 参数化建模方法

隧道结构的横断面是由多段圆弧相切形成的异形曲线，这种特殊横断面构造的参数化对于 BIM 建模软件来说是一个不小的难题，所有构件都要在此横断面的基础上进行参数化、延展、拉伸、放样、剪切等动作，才能保证最终创建的模型各构件能够浑然一体。

3.1 构件类型划分

从构件类型来看，隧道模型主要分为三类：一是隧道结构模型，主要包括支护、衬砌、防排水、强弱电沟、装修防火、路基、路面等；二是隧道机电模型，主要包括照明灯具、通风系统、消防系统、配电系统、监控系统等；三是隧道交安模型，主要包括安全警示标志、道路标线、指示标牌等。

从模型创建的方式来看，隧道模型主要分为两大类：一是直接类构件，主要包括锚杆、钢架、初支、防水、衬砌、装修、防火、盖板、路基、路面、标线、标志以及机电设备等；二是布尔类构件，主要包括仰拱、水沟、强弱电沟、挡头墙等。

3.2 参数化建模方法（图 1）

第一，开展隧道内轮廓参数化设计，根据隧道的内轮廓形式和尺寸，推导各参数之间的参照和函数关系，最终确定出设计参数、推导参数以及控制参数。

第二，以参数化内轮廓为基底，通过延展、拉伸、放样等动作创建直接类构件。

第三，以参数化内轮廓为基底，创建布尔类构件的基体，用基体与直接类构件进行布尔剪切创建生成实际的模型。

第四，根据设计参数和工况要求，通过调整参数值，实现隧道结构模型的尺寸调整和优化。

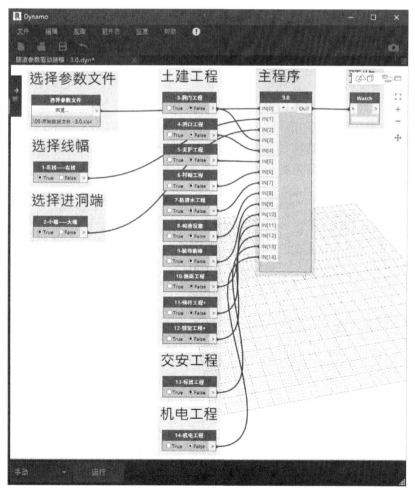

图 1 隧道参数化建模程序逻辑

3.3 参数化建模（图 2）

为提高工程师的编程效率，本项目通过可视化编程的方式进行公路隧道快速建模程序的开发。通过调用开发程序内置的基本功能代码块，并将其和用户自定义代码块进行组合，实现不同需求的建模功能，以参数化的方式自动创建项目不同阶段、不同深度的 BIM 模型。

图 2　隧道参数化构件模型

4　高速公路隧道 BIM 参数化建模的应用

沈山改扩建项目总里程 237.7km，其中主线段长度为 222km，双向 10 车道，设计时速为 120km/h，九门口副线段长度 15.7km，双向 6 车道，设计时速为 100km/h。九门口隧道位于辽宁、河北两省交界处，由辽宁、河北两省协作设计建造，限制因素多、协调难度大。

4.1 设计阶段建模应用

BIM 参数化隧道模型精度达到了毫米级，建模工期也从 7d/km 缩减到了 1d/km，不仅能独立拆分，还能进行无缝组装，给建设期的施工管理单元划分带来了很大的便利性和灵活性，对比传统手工建模方式，不仅精度方面有了很大提升，而且在提高建模效率方面有了质的飞跃。

本项目应用 BIM 技术自动创建的隧道主体结构主要钢筋模型，如图 3 所示，精准还原了配筋图纸的设计意图，而且以往需要几天才能完成的工程量计算，通过软件几秒钟就可以完成工程量自动统计，如图 4 所示，便捷高效。相较于手工算量的误差不超过 2%，精度满足设计深度要求。

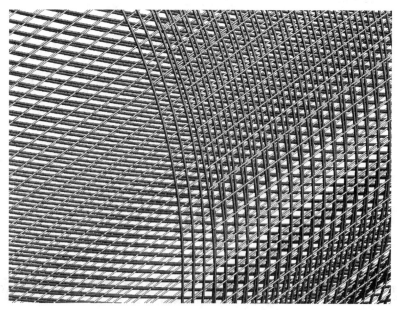

图 3　隧道主体主要钢筋模型

<直径22钢筋统计>				
A	B	C	D	E
族	钢筋直径	间距	钢筋长度	钢筋重
钢筋	22 mm	200 mm	<多种>	173975.773 kg
22 mm: 2412				173975.773 kg
总计				173975.773 kg

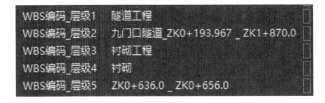

图 4　隧道主体主要钢筋用量统计

4.2　施工阶段建模应用

在进行参数化建模的同时，为每个模型构件分配了施工阶段和养护阶段两套编码接口。施工阶段的编码依据《公路工程质量检验评定标准第一册》中关于 WBS 分解的相关规定进行五级编码（图 5）；养护阶段的编码按照隧道养护板块划分和设备编号进行分类编码（图 6），实现了一套模型在不同阶段的不同应用。

WBS编码_层级1	隧道工程
WBS编码_层级2	九门口隧道_ZK0+193.967 _ ZK1+870.0
WBS编码_层级3	衬砌工程
WBS编码_层级4	衬砌
WBS编码_层级5	ZK0+636.0 _ ZK0+656.0

图 5　隧道施工编码接口

设备底高	0.9300
设备偏移	15.3000
有无灭火器	✓
构件编码	ZK076
设备编码	ZX-XH-12

图 6　隧道养护编码接口

利用无人机定期采集现场全景照片（图 7～图 10），将全景照片与 BIM 模型导入全景平台，通过实景融合技术进行施工现场与模型的一致性对比与分析，实现现场施工进度远程管控，为建设管理者提供了一个三维全景的进度、质量管理手段。

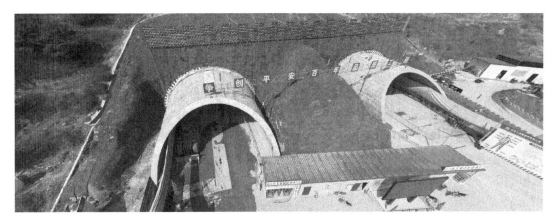

图 7　隧道洞口现场实景

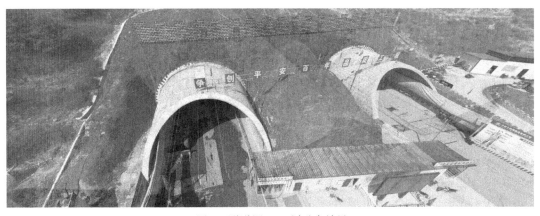

图 8　隧道洞口 25%融合效果

图 9　隧道洞口 50% 融合效果

图 10　隧道洞口 75% 融合效果

5　总结与展望

本文从 BIM 技术的基本概念和特点出发，探讨了 BIM 技术在建筑和基础设施领域的应用现状，随后又深入分析了隧道工程在设计、施工、运维等各个阶段的不同需求。针对这些需求，本文提出了一种基于 BIM 技术的隧道工程参数化建模方法，并通过工程实际案例详细描述了 BIM 参数化建模在公路隧道建设中的具体应用，展示了 BIM 参数化建模技术在隧道工程中的应用效果。对比传统建模方法，参数化建模技术在提高生产效率、提升建模精度等方面存在显著优势。

通过本文的研究，对于如何利用 BIM 技术进行公路隧道工程参数化建模有了更深入的理解，并为相关领域的从业者提供了一种新的思路与方法。

参 考 文 献

[1] 朱卓晖，赵伦，胡梓钰. 基于参数化技术的道路 BIM 模型快速生成系统研究[C]//中国图学学会土木工程图学分会，《土木建筑工程信息技术》编辑部.《第十届 BIM 技术国际交流会——BIM 赋能建筑业高质量发展》论文集. 中南建筑设计院股份有限公司；武汉大学城市设计学院；云南省设计院集团有限公司，2023：5.

[2] 张金瑞，张迅，姚昌荣，等. 基于 Revit＋Dynamo 模式的异形人行斜拉桥 BIM 参数化建模技术[J]. 土木建筑工程信息技术，2023，15(2)：6-11.

[3] 刘兆新，田斌华，陈元培，等. 基于 Revit 的新奥法隧道初期支护构件参数化建模研究[J]. 隧道建设(中英文)，2019，39(10)：1610-1619.

[4] 乔建博，关涛，诸进，等. 基于 Revit＋Dynamo 软件的公路工程 BIM 模型创建方法探讨[C]//中国图学学会土木工程图学分会，《土木建筑工程信息技术》编辑部.《第十届 BIM 技术国际交流会——BIM 赋能建筑业高质量发展》论文集.

中建一局集团建设发展有限公司；中国建筑一局(集团)有限公司，2023：5.

[5] 李永明，张恺韬，郭哲良，等. 基于CATIA软件的楔形盾构隧道管片参数化建模与排版[J]. 隧道建设(中英文)，2019，39(3)：391-397.

[6] 高健文，庄运超，钟一旻. 基于Revit+Dynamo的隧道机电系统建模方法研究与应用[J]. 安装，2022，(8)：48-51.

数字孪生平台在智慧社区建设中的应用

贺见芳

(上海市建筑科学研究院有限公司,上海 200030)

【摘 要】本文探讨了数字孪生平台在智慧社区建设中的应用,分析其关键技术与整体架构。研究表明,通过实时监测、数据分析及精细化管理,该平台显著提升了社区管理效能,促进了科学决策,推动了智慧社区的可持续发展。应用效果显示,该平台能够优化资源配置,增强应急响应能力,营造更加安全、便捷的生活环境,为未来智慧城市建设提供了新的方向。

【关键词】智慧社区;数字孪生平台;可视化交互

1 引言

随着城市人口的持续膨胀与城市化进程的加速推进,提升城市生活品质已成为不容忽视的社会需求,智慧城市的建设已成为当代城市发展的关键路径。在此背景下,社区作为社会基本单元,其现代化治理对智慧城市建设至关重要。如果没有现代社区治理,就无法推动智慧城市的发展。2022年,国务院发布了《国务院关于加强数字政府建设的指导意见》,意见中指出要探索城市信息模型、数字孪生等新技术运用,提升城市治理科学化、精细化、智能化水平,实施"互联网+基层治理",构建新型基层管理服务平台,推进智慧社区建设,提升基层智慧治理能力。数字孪生技术是智慧社区建设的关键技术,它融合了BIM、GIS、物联网、AI、大数据、区块链等先进科技,通过智能控制、系统仿真等手段,实现了模拟优化、预测预警、故障诊断维修及可视化公众参与,促进了社区管理的智能化、高效化及可持续性,为智慧社区建设全链条的解决方案提供了支持。

数字孪生的概念在学术界和工业界还没有达成共识,在科学文献中,数字孪生的定义和范围仍在不断发展和演变。不同行业和学术领域根据自身需求以多种不同的方式来界定数字孪生的概念。在学术界,迈克尔·格里夫斯(Michael Grieves)教授于2002年首次在美国密歇根大学的产品全生命周期管理课程上提出数字孪生的概念。自2017年开始,数字孪生领域的研究和应用受到了广泛的研究和关注,呈现迅速的发展趋势。在学术界方面,数字孪生的研究论文数量呈指数级增长,全球各大主要国家的高等学府和科研机构对其进行了广泛的研究和探索。陶飞等学者深入研究了数字孪生理论,提出了数字孪生五维模型,并基于该模型做了制造车间、智慧城市等十大领域的应用思路与方案研究。在工业界方面,西门子公司、PTC公司、达索公司等巨头企业以及空客集团、波音公司、特斯拉公司等知名工业公司都在积极寻找和研究数字孪生技术的应用。例如:新加坡政府与达索公司合作开发数字孪生城市模型,详细模拟从公交站台到建筑物等各种城市要素,以对创新构想进行实验验证。

本文聚焦于智慧社区数字孪生可视化平台,旨在深入剖析其核心技术构成与平台的整体架构设计,并详细阐述该平台在智慧社区建设中的实践应用价值。通过此探讨,期望能揭示数字孪生技术如何通过高度集成的可视化平台,为智慧社区的规划、管理与服务带来革新,进而为推动城市智能化转型提供理论依据与实践指导。

【作者简介】贺见芳(1999—),女,助理工程师。主要研究方向为数字孪生。E-mail: hejianfang@sribs.com

2 关键技术

2.1 信息化建模技术

信息建模是数字孪生技术的核心，通过对物理世界的数字化建模，将现实世界的实体、过程、关系等信息转化为数字形式，为后续的仿真和优化提供模型基础。

数字孪生建模方式包括 GIS 建模、航拍建模、BIM 建模和手工建模，不同建模方式对应不同应用场景和需求。不同建模方式的建模特点和应用场景见表 1。

建模技术的特点及适用范围　　表 1

建模技术	建模特点	适用范围
GIS 建模	通过 GIS 软件选定区域，然后拉伸模型得到基本白模，在此白模基础上贴图制作简模	适用于精度较低的场景
航拍建模	利用航拍设备和技术拍摄或扫描，将二维图片合成三维模型	适用于重点区域的整体性建模
BIM 建模	利用计算机辅助设计软件（CAD）或 Revit 等软件进行建模	适用于工程设计、建造、管理领域
手工建模	通过 3ds Max 等建模软件手工完成建模任务	适用于工业领域

BIM 建模技术是建筑信息的综合集成应用，可实现从建筑的前期规划设计到中期施工直至项目交付的全生命周期管理。BIM 模型包含了建筑的几何信息、物理信息、工料信息和进度信息等多元数据，使得各参与方能在同一平台上进行可视化的沟通交流和模拟分析，显著减少设计错误和冲突，优化施工方案，降低成本，提高质量和效率。在智慧社区建设中，BIM 技术还可作为物联网设备布局、智能系统集成的基础，帮助实现建筑的智能化管理和运维。

2.2 信息实时化技术

在数字孪生技术领域，信息实时性至关重要，确保了虚拟模型与现实世界实体之间的同步，可实现二者实时互动并反映彼此状态。此过程涉及三个关键步骤：数据采集、数据处理与数据交互，共同构建起数字孪生与现实世界之间高效、精准的信息通信桥梁。

首先，通过位置、速度、温度、压力和光照等传感器，数据采集阶段实现对物理实体状态的全面监测，将物理世界的变化转化为可量化的数据流。

接着，在数据处理环节，收集到的原始数据经过计算机系统的深度分析与算法处理，提炼为关键指标，确保数据的准确性和时效性，为决策制定提供基础。

最后，数据交互阶段基于处理后的数据，数字孪生模型动态模拟物理实体的行为模式，通过双向反馈机制，实现实体状态的实时调整与优化，达成闭环控制。

综上所述，信息实时性是数字孪生技术的核心，其不仅提升了模型的预测能力和响应速度，还为用户提供了深入理解物理实体运行机理的窗口。借助这一技术，智慧社区能够开展"假设-分析"型模拟，预见不同决策路径下的潜在影响，从而实现智慧社区的规划、管理与服务的持续创新与升级。

2.3 信息可视化技术

可视化是现代信息智能化发展的一大方向，将建筑信息和地理数据通过计算机处理转化为图像的形式，能够更加直观有效地把信息传递给用户。在目前的可视化技术发展中，可视化界面开发、结合 VR 或 AR 成为应用的热点。在智慧社区中，数字孪生平台提供了优质的可视化交互界面，给智慧社区的建设提供了支持。

可视化界面作为数字孪生系统与用户之间的交互界面，即用户界面，提供了直观、易用的操作和信息展示方式。其是人与电子计算机系统进行交互和信息交换的媒介，也是用户使用电子计算机的综合环境。目前，用户界面不仅包含人与机器交互的图形用户接口（GUI），从广义上讲，用户界面是用户和系统进行交互的各种方法和手段的集合。此处的系统不仅指计算机程序，还包括特定的机器、设备和复杂工具等。

可视化界面搭建的目的是使用户能够方便、有效地与特定的机器、设备或复杂工具进行交互，并能够迅速访问和处理内部信息。这一界面通过直观的图形和交互设计，增强了用户体验，提高了操作效率，促进了信息的高效传递和利用。

3 数字孪生平台的整体架构设计

数字孪生可视化测绘平台的基本架构将实时数据采集、数字孪生模型建立、数据融合与分析和可视化界面开发紧密结合，以提供用户友好的界面和功能，帮助用户更好地理解和管理现实世界中的物体和系统，平台的整体架构设计如图 1 所示。

图 1 数字孪生可视化平台总体架构图

数字孪生可视化平台的总体架构在智慧社区的安防与应急、经营管理、物业管理及能源管理等应用场景提供全面的技术分析，旨在达到数据化观、信息化管和智能化防三大核心目标。该架构主要分为孪生应用体系、智能运行中枢和新型基础设施三个层次。

首先，新型基础设施为平台的运行提供硬件和网络支持。智计算设施包括边缘计算、云计算、超级计算和 GPU 图形计算等，提供强大的计算能力和存储资源。网连接设施通过光纤网、5G 和感知专网等传输通信技术，实现高效的数据传输。端采集系统包括动态和静态数据采集设备，动态设备如视频、传感器和泛智能化数据部件，静态设备如新型测绘设备等。

其次，智能运行中枢是平台的核心，分为数据治理层、数据融合层和数据赋能层三部分。数据感知层是通过传感器数据采集，实现对社区的全面监测，并将数据传输到一个中央平台进行数据存储管理。数据融合层是通过融合社区数字孪生模型，包括模型建立、参数优化、模型轻量化等功能，提升了数字孪生技术在智慧社区复杂场景的适用度。数据赋能层提供各类应用开发组件支撑接口、数据库对接接口和定制接口等，为智慧社区后续运维管理的应用开发提供基础支撑。

最后，孪生应用体系涵盖了多个领域，包括智慧安防与应急、智慧经营管理、智慧物业管理和智慧能源管理等。这些场景通过实时数据的可视化展示、有效管理和监控以及智能化的防护和应急响应功能，最终实现智慧社区的数据化观、信息化管和智能化防的终极目标。

4 应用案例

4.1 项目概况

项目位于上海市临港产业区，打造"先租后售"性质公共租赁住房。该项目用地面积约 101540m²，建筑面积 260150m²，地上面积 191156m²，地下面积 68930m²，容积率 1.8，建筑密度 15.84%，绿地率

35%，建筑高度 55.8m，宜居住人数 5916 人。

4.2 智慧社区模型定制化

结合智慧社区管理特点，对智慧社区的数字孪生建模内容进行了针对性的研究，研究聚焦于模型的构建、优化与标准化，旨在提升智慧社区的可视化管理效率和精准度，其内容框架如图 2 所示。

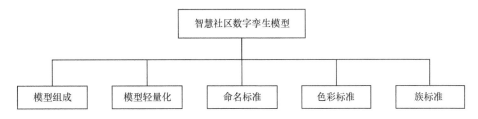

图 2　智慧社区数字孪生模型组成图

在智慧社区数字孪生模型中，模型组成的划分遵循专业导向的原则，即在建模过程中，依据不同的专业领域（如建筑、机电、景观等）进行模块化设计；模型轻量化是由项目中的各专业人员根据软硬件配置及具体项目需求，将整体模型拆解为多个独立但相互关联的子模型，使得模型能够适应不同场景下的应用需求；采用统一的标准命名体系，确保所有模型元素的命名清晰、规范，从而实现信息的有效分类与检索，提高工作效率；规定色彩的使用，为不同工程对象设置独特的颜色标志，并确保色级之间有显著差异，有效提高了信息传递的准确性和效率；族创建着重于参数化、准确性和可重用性三大原则，这项工作提高了模型构建的整体效率和质量。

4.3 智慧社区信息实时化

智慧社区的实时数据采集连接着物理世界与数字空间，使社区能够实现智能化决策与高效服务。主要采集设备运行数据、能耗数据、环境数据、安全数据、交通数据等实时数据，并将这些数据上传到数字孪生平台，结合先进的数据分析算法，对海量数据进行整合与深度挖掘，实现实时监测社区的运行状态，预测潜在问题，如设备故障预警、能耗异常检测等，提前采取措施，避免问题发生。同时，基于历史数据的趋势分析，为社区的长期规划提供决策支持，如资源分配优化、设施升级建议等。智慧社区的设备设施实时数据采集如图 3 所示。

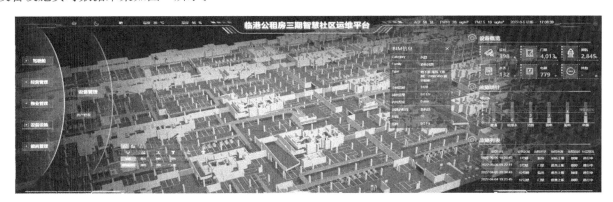

图 3　设备设施实时监测数据

4.4 智慧社区数字孪生可视化

智慧社区数字孪生平台的可视化界面以其丰富多样的功能与用户友好的设计，构建了一座连接物理世界与数字空间的桥梁，为用户提供了全方位、沉浸式的社区管理与服务体验。平台集成了社区商业活动的实时监测、物业管理的精细化调控（包括充电桩的智能管理）、能耗的可视化监控、人流与车流的动态分析，以及紧急情况下的即时响应与可视化指挥等功能，如图 4、图 5 所示。这些功能大幅提升了社区管理的智能化水平，为居民创造了安全、便捷、舒适的生活环境，标志着智慧社区建设迈上了新的高度。

图 4　应急可视化

图 5　能耗可视化

4.5　智慧社区平台应用效果

应用成果显示，数字孪生平台在提升社区管理效能方面取得了显著成效。具体表现为社区资源配置的优化、应急响应能力的增强、能耗管理的精确化，以及人流和车流的高效调控。通过对资源的精准调度，平台实现了社区内能源、设施与服务的合理分配。同时，在应急响应方面，平台能够实时监测潜在的安全隐患，迅速做出反应并提供可视化指挥，提高了处理突发事件的效率和准确性。

此外，能耗的可视化监控功能使社区管理者能够实时掌握能耗状况，及时调整策略，实现节能减排目标。这不仅降低了运营成本，还推动了社区的绿色可持续发展。人流与车流的动态分析功能则有效缓解了交通压力，改善了社区的交通环境，提升了居民出行的便利性与安全性。

平台的可视化界面提高了用户的参与度和满意度，居民可以通过直观的界面了解社区的运行状况，参与社区管理，提出建议和反馈，进一步促进了社区的和谐与发展。这种全新的互动模式不仅增强了居民的归属感和认同感，还为社区管理注入了新的活力和动力，推动了智慧社区建设的持续进步。

5　结语

数字孪生技术正引领智慧社区步入一个崭新的时代，其对社区管理与服务的深度变革至关重要。通过构建虚拟与现实交织的智慧生态，数字孪生平台不仅增强了管理者的洞察力和决策能力，也极大提升了居民生活的品质与安全性。随着技术迭代与跨界融合，数字孪生的应用边界将持续扩展，智慧社区的潜能将进一步释放，这一前沿科技将推动社区乃至城市向着更加智能、高效与可持续的方向演进。

参 考 文 献

[1] Chen H，Shao H，Deng X，et al. Comprehensive survey of the landscape of digital twin technologies and their diverse applications[J]. 工程与科学中的计算机建模（英文），2024，138（1）：125-165.

[2] Trauer J，Schweigert-Recksiek S，Engel C，et al. What is a digital twin? definitions and insights from an industrial case

study in technical product development[C]//Proceedings of the Design Society: DESIGN Conference. Cambridge University Press (CUP), 2020.

[3] 陶飞, 张贺, 戚庆林, 等. 数字孪生十问: 分析与思考[J]. 计算机集成制造系统, 2020, 26(1): 1-17.

[4] 陶飞, 黄祖广, 马昕, 等. 数字孪生五维模型及十大领域应用[J]. 计算机集成制造系统, 2019, 25(1): 1-18.

[5] Qi Q, Tao F, Hu T, et al. Enabling technologies and tools for digital twin[J]. Elsevier, 2021.

[6] 陈岩光, 于连林, 等. 工业数字孪生与企业应用实践[M]. 1版. 北京: 清华大学出版社, 2024.

基于 BIM 的高层建筑应急疏散优化研究

王 峻[1]，傅子尧[2]，杨京川[1]，党泽文[1]，孙有为[1]

(1. 大连交通大学 土木工程学院，辽宁 大连 116028；
2. 大连市沙河口区审计局，辽宁 大连 116028)

【摘 要】 高层建筑的应急疏散问题，是目前防灾减灾领域的重要研究方向之一。本文以某高层教学楼为研究对象，使用 BIM 完成 3D 建模，在此基础上，应用 PyroSim 对目标建筑中的突发火灾进行模拟，重点分析了温度、有毒烟气浓度、能见度的分布和变化。基于 BIM 模型和火灾模拟分析结果，利用 Pathfinder 对不同反应时间、优化出口等工况条件下的高层建筑人员疏散进行模拟分析。通过研究可以知道：在不改变现有结构的条件下，通过楼梯间增设交叉式楼梯、在适宜的建筑外部增设简易疏散楼梯、更多更详细的疏散预案和训练等，都可以有效提升高层建筑的应急疏散成功率。

【关键词】 BIM；高层建筑；火灾分析；疏散分析；疏散优化

1 引言

高层建筑是我国城市化进程中重要的建筑类型。高层建筑在火灾、应急疏散方面的特殊性，如"烟囱效应"、疏散通道长度过大等，会严重影响火灾防控、应急疏散等工作。在发生火灾等灾害时，极可能出现疏散通道失效、疏散困难、疏散效率低下、踩踏等情况，造成严重的人员伤亡事故。高层建筑的应急疏散问题，是应急研究领域的重点和热点。

近年来 BIM 技术的普及和不断发展，使其在高层建筑应急疏散方面呈现出多样的应用场景和显著优势。国内外的学者就 BIM 技术在火灾模拟及疏散中的应用做了许多研究。例如：利用 BIM 三维模型结合 FDS 和疏散模拟软件对地铁站、医院等一些大型公共建筑进行火灾场景模拟和人员疏散分析；基于 BIM 建筑信息，结合火灾风险评估模型来制定合理的疏散策略和应急响应规划、构建决策模型；针对 BIM 的二次开发和增强现实技术的应用，提出多种基于 BIM 的疏散模拟框架和方法，模拟不同场景下的火灾增长和疏散性能；利用融合 AR 的应用程序，构造沉浸式火灾疏散演练环境，提升应急管理人员和建筑使用者的疏散响应技能等。本文着眼于高层建筑的应急疏散问题，使用 BIM、PyroSim、Pathfinder 完成高层建筑的火灾应急疏散分析及优化的研究。

2 模型建立及转换

本文以某高层教学实验楼为研究目标，该高层建筑的建筑面积 25966m²，建筑高度 61.6m，地上 15 层，两层裙房高度 12m，长 50.4m，宽 29.9m。主楼核心筒结构基本对称，一层大厅和二层层高为 4.5m，三层以上层高为 3m。设有两个应急逃生楼梯间，一部二层通往一层大厅的楼梯，裙房二层报告厅外设有一部楼梯。根据建筑相关图纸等资料，使用 BIM 建立实验楼 3D 模型如图 1 所示。

模型建立后，以 IFC 标准为传输中介，实现从建筑模型到火灾模拟模型、疏散分析模型的转换。由于软件的兼容性问题，在转换过程中无法做到完整的信息耦合，还需对转换后的数字模型进行修正和丰富。例如：Pathfinder 可能会错误识别建筑构件，需经过修正确保疏散模拟结果的准确性；对 PyroSim 生

【基金项目】辽宁省教育厅科学研究项目（LJKMZ20220868）
【作者简介】王峻（1998—），男，硕士研究生，主要从事 BIM 与防灾减灾技术方面的研究。E-mail：namsey@yeah.net
【通讯作者】傅子尧（1998—），男，硕士研究生，主要从事 BIM 与防灾减灾技术方面的研究。E-mail：360435265@qq.com

成的火灾模型,添加材料类别并赋予到相应的建筑构件,楼层信息需要根据建筑图纸的标高、墙高和楼板厚度进行设置。对修正后的火灾、疏散分析模型进行火灾场景、疏散人员参数等设置,为后续火灾、疏散分析做好准备。

3 火灾模拟分析

将 Revit 模型导入 PyroSim 完成网格划分、建筑材料赋予和表面参数设置后,进行火灾场景的布置。如图 2 所示,把火源设定在二层的化学实验室中,火源尺寸为 1.5m×1.5m。因火源位置处于主楼二层,有毒气体和烟雾会迅速充满整个楼层并沿竖向扩散至更高层,此种情况相较于火源布置在高楼层的情况,对疏散成功率的影响更大,研究结果更具价值。本文着重考虑温度、有害气体和烟雾能见度对疏散的影响,在二层走廊以及三个楼梯口布置了温度、有毒气体和能见度监测点,来分析火灾扩散趋势。对建筑进行火灾模拟,模拟时间为 800s。

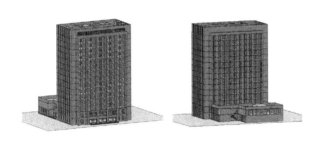

图 1 实验楼模型图

图 2 火源及监测点布置图

从得到的结果数据发现:模拟火灾产生的温度和有害气体的含量在设定的火灾模拟时间内对疏散效率的影响较小,而能见度对疏散效率影响较大,故以能见度为主要影响因素进行后续研究。查阅现有规范及相关研究可知,对于教学楼这种人员密集场所通常建议在火灾初期保持至少 10m 的能见度。因此在后续疏散研究中,如环境内能见度低于 10m,则视为不具备逃生条件。

根据监测数据绘制出能见度折线图,如图 3 所示,可以看出:火灾层的三个楼梯口分别在 14s、60s、140s 时能见度下降到 10m 以下;且在 500s 时楼梯间内能见度将降低到 5m 以下。当楼梯口处能见度下降到 10m 以下时,采取封闭楼梯操作,本层人员禁止再使用,另选其他逃生通道;当二层所有楼梯间内能见度到达临界值以下时,本层及上层人员视作逃生失败;最终逃生疏散模拟时间设置为 500s,表示建筑内部环境已经不支持人员逃生,疏散终止。

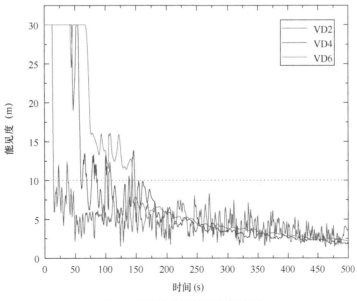

图 3 二层楼梯间能见度折线图

4 火灾条件下疏散结果分析

在转换得到的 Pathfinder 初始模型中，根据教学楼的功能设计和实际使用情况，将模拟的疏散人员模型布置到各个房间中。具体性别、年龄组成和比例按照实际情况设定，人员的身高、肩宽等设计参数参照《中国成年人人体尺寸》，移动速度根据《SFPE 防火工程手册》和其他文献，结合本模型综合取值，人员总数为 1857 人。具体数据见表 1。

人员属性定义表　　　　　　　　　　　　　　　　　　表 1

人员定义	身高（m）	肩宽（cm）	行动速度（m/s）	人数
学生（男）	1.75	42	1.30	1114
学生（女）	1.65	38	1.25	583
教师（男）	1.75	45	1.30	80
教师（女）	1.65	38	1.25	75
教师（老）	1.70	38	1.10	5

完成疏散人员布置后，基于火灾模拟结果，考虑到火灾初期的火焰和烟雾扩散速度相对较慢，建筑内有毒烟气含量较低，对人员逃生的影响较弱，若此时提供足够的反应和逃生时间，缩短人员暴露在有毒烟气内的时间，疏散效率将会大幅提升。因此在本文的火灾疏散模拟中添加了对火灾预警时间的设置，通过推迟火灾大范围扩散时间来模拟及时和准确的早期预警，分析不同预警时间下的人员疏散情况。研究共设预警时间 0s、30s、60s、90s、120s 五种情况，根据疏散结果统计出三个楼梯间封闭时刻的逃生人数，如图 4 所示。

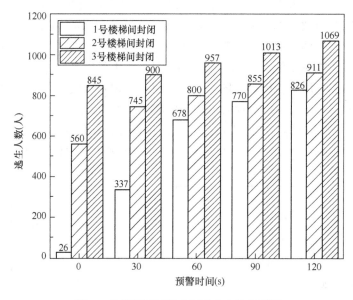

图 4　各楼梯间封闭时刻逃生人数柱状图

由图可以看出，火灾失控前 1min 内是人员逃生的黄金时期，充足的逃生时间和人员的迅速反应对于疏散效果影响较大。在 1 号楼梯间封闭前，无警报情况下只能顺利逃出 26 人。当人们有 30s 和 60s 的反应时间，可以在烟雾扩散到 1 号楼梯间之前分别成功疏散 337 人和 678 人。1 号楼梯间封闭后，未疏散人员会选择其他的路线继续逃生，导致 2、3 号楼梯间拥挤堵塞，疏散效率降低。所以在 2 号楼梯间封闭前，有 30s 和 60s 反应时间的情况下疏散成功的分别只有 745 人和 800 人，疏散效率提高并不明显。

另外，拥有 90s、120s 更多反应时间的人员逃生情况无明显好转，核心原因是高楼层人员的疏散通道有限，疏散效率低。在有 120s 的火灾预警时间的条件下，疏散模拟出成功逃生的总人数 1332 人，有 525 人未能疏散。最终疏散成功率为 71.7%，人员伤亡极为严重，因此要对疏散方案进行优化设计，提高疏散效率。

5 疏散方案优化及对比

从火灾疏散模拟的结果分析可知,疏散成功率低的主要原因是应急楼梯间的疏散压力过大,导致高层人员疏散困难。针对楼梯间疏散压力方面的优化,目前大多疏散研究仅就人员行为进行优化,本文采取了结构优化和人员行为优化两种方式,提高疏散成功率。

首先对建筑进行结构优化,因火源处在建筑二层,相邻层人员受到火灾扩散的威胁更大,在裙房一层两个报告厅中间的长走廊尽头设置了新的逃生出口,以及二层大报告厅一侧的室外逃生楼梯。并将建筑主体的两个应急楼梯间改成交叉跑楼梯,提供多个疏散方向,借此提高二层失火层人员的逃生效率,缓解应急楼梯间的疏散压力,便于高层人员逃生,结构优化如图5所示。

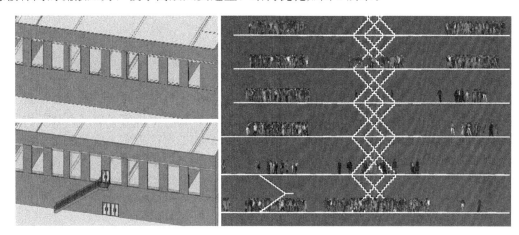

图5 建筑结构优化图

设定优化方案后,使用相同的初始条件,由 Pathfiner 模拟计算得出在 120s 预警时间情况下能够成功疏散的人员为 1510 人,相比未优化时多疏散近 200 人,但损失仍然惨重。

于是在结构优化的基础上采取人员行为优化的方式,模拟有预案的有序疏散。具体方式:将各层人员合理分配到不同的疏散通道,避免逃生出口使用不均匀;同时将楼顶视为临时避难场所,指定六层及以上人员前往,到达楼顶视为疏散成功,具体定义见表2。

定义行为人数统计表 表2

楼层		3F	4F	5F	6F	7F	8F	9F	10F	11F
1号楼梯间	xRUN1	50	50	50	20	15	4	4	5	21
	RUN2	50	49	50	30	15	6	6	5	24
2号楼梯间	RUN1	50	49	50	37	10	10	10	5	21
	RUN2	27	34	59	40	12	10	9	5	16
楼顶逃生					127	52	30	29	20	82

添加人员行为优化后,如图6所示,使用相同的初始条件,在 120s 预警时间情况下成功疏散 1824 人,有33人未能成功疏散,安全疏散率为 98.2%,相较于未优化时有了很大的提升。

6 结论

本文利用 PyroSim 对高层建筑进行了火灾模拟,通过结果分析可以发现,在高层建筑的低楼层发生火灾时,烟气造成的能见度下降对于安全疏散的影响,要大于温度和有毒烟气所带来的影响;火灾预警时间对高层建筑火灾的疏散有较大帮助,在火势大范围扩散之前 1min 内是逃生的黄金时期;火灾条件下的安全疏散,会因为过低的能见度不满足安全疏散条件而终止,进而造成未疏散人员的伤亡。

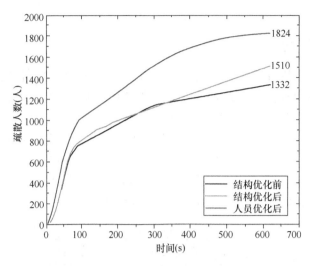

图 6 优化前后人员疏散曲线对比图

经过对优化前后的火灾疏散结果对比分析发现：高层建筑中人员分布较密集的低楼层逃生出口及室外疏散设施有助于提高疏散效率；交叉跑应急楼梯间的疏散能力相较于目前多数已有建筑内的平行双跑楼梯更利于高层建筑的应急疏散；有序疏散比无序疏散的安全疏散率高很多，应急疏散预案可以有效减少人员伤亡。建议在高层建筑的设计中，优先考虑交叉跑楼梯用于应急楼梯间。在日常工作中，要根据预案经常性地进行应急疏散演习，以确保发生紧急事件时，人员能够有序地逃生，最大程度减少人员伤亡。

参 考 文 献

[1] 陈远，任荣. 建筑信息模型在建筑消防安全模拟分析中的应用[J]. 消防科学与技术，2015，34(12)：1671-1675.

[2] 邢志祥，张莹，钱辉，等. 地铁车站火灾和人员疏散仿真模拟技术发展的新思路[J]. 安全与环境工程，2018，25(3)：130-135.

[3] 董心悦，祁云，汪伟，等. 高层建筑火灾人员应急疏散模拟研究——以医院场所为例[J]. 中国应急救援，2024，(2)：30-37.

[4] Marzouk M, AlDaour I. Planning labor evacuation for construction sites using BIM and agent-based simulation[J]. Safety science, 2018, 109: 174-185.

[5] Kanangkaew S, Jokkaw N, Tongthong T. A real-time fire evacuation system based on the integration of building information modeling and augmented reality[J]. Journal of Building Engineering, 2023, 67: 105883.

[6] Sun Q, Turkan Y. A BIM-based simulation framework for fire safety management and investigation of the critical factors affecting human evacuation performance[J]. Advanced Engineering Informatics, 2020, 44: 101093.

[7] 吕希奎，白娇娇，陈瑶. 基于建筑信息模型与Pyrosim软件的地铁车站火灾模拟仿真方法[J]. 城市轨道交通研究，2019，22(6)：5.

[8] 崔杨杨，吕品. 基于FDS和Pathfinder对人员安全疏散的研究[J]. 四川建筑，2017，37(1)：59-60.

[9] 杨立中. 建筑内人员运动规律与疏散动力学[M]. 北京：科学出版社. 2012.

[10] 王莉. 基于Pathfiner的公共场所人员疏散行为规律及仿真模拟[J]. 西安科技大学学报. 2017，37(3)：358-364.

BIM 技术在地质灾害领域的应用

党泽文[1]，李恒基[2]，晏　鹏[1]，王　峻[1]，孙有为[1]

(1. 大连交通大学土木工程学院，辽宁　大连　116028；
2. 大连交通大学一带一路研究院，辽宁　大连　116028)

【摘　要】本文在广泛查阅、收集相关文献、资料、研究成果的基础上，对 BIM 在地质灾害中的建模、应急疏散、多灾种的综合应对进行介绍。在此基础上，归纳了 BIM 在地质灾害中应用的问题并给出具有参考价值的建议。根据本文的研究，自行构建了基于 BIM 技术的地质灾害应对框架系统，为后续的相关研究提供支持。

【关键词】BIM 应用；地质灾害；应用现状

1　引言

我国是世界上地质灾害最严重、受威胁人口最多的国家之一，根据自然资源部发布的地质灾害通报，以我国地质灾害发生情况比较严重的 2020 年为例，绘制出图 1 灾害占比情况。通过统计图可以看出我国发生最多的地质灾害是占比 61.4% 的滑坡灾害，其次是占比 22.9% 的崩塌地质灾害和占比 11.4% 的泥石流灾害，地面塌陷、地裂缝、地面沉降地质灾害总共占比 4.2%。随着经济快速发展和城市化进程不断加快，中国的资源、环境和生态压力加剧，以滑坡和崩塌为主的各类地质灾害防范应对形势更加严峻。

针对频发的地质灾害，传统的地质灾害应对方法由于缺乏现代化的信息技术手段，在面对单一地质灾害实时监控或大范围复杂地质灾害发生等状况具有一定局限性，而 BIM 与其他地质软件结合能够

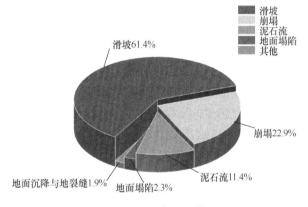

图 1　地质灾害占比状况

快速建立三维地质实体，直观展示空间地质条件，集成输出可视化地质灾害相关数据，利于设计人员更好地分析存在的工程地质问题。但在实际地质灾害应用中仍然存在数据交互、人才不足、平台不完善的问题。本文将根据收集的 BIM 应用实例进行研究分析，在此基础上分析判断，以解决目前 BIM 在地质灾害应用过程存在的缺陷，为进一步的框架构建提供支持。

2　BIM 在地质灾害中的应用

目前 BIM 技术在地质灾害领域各个阶段的应用趋于成熟。地质灾害建模应用方面，刘瑜等（2010）利用地质构造二维解译图与 CATIA 三维地质建模得到的剖面图作对比，验证了建模的可靠性。基于 CATIA 的三维地质建模与实际情况，表明 CATIA 在水利水电工程三维地质建模领域的广泛前景。而后武强等在矿山开发过程中将 BIM 概念应用到了建模方面，提出多源数据耦合，多种建模方法结合和多源

【基金项目】辽宁省教育厅科学研究项目（LJKMZ20220868）
【作者简介】党泽文（1998—），男，硕士研究生。主要从事岩土工程抗震方面的研究。E-mail：1124167246@qq.com
【通讯作者】李恒基（1998—），男，硕士研究生。主要从事岩土地震工程方面的研究。E-mail：1078894523@qq.com

数据分析的方法理论。地质灾害的监测方面，王朝阳提出滑坡预警预报模型的算法大多集中在时间预报模型的研究上，而对于滑坡报警阈值的设定大多使用经验类比法，合理地设置预警阈值。地质灾害施工管理应用方面，潘珂使用 Revit 与 Civil3D 共同建模，将结构化的支护方案和非结构化的不规则地质体整合到 BIM 模型中。随着工程开挖不断揭露新的地层不断更新 BIM 模型，进行数值分析。改进支护方案，实现了基坑开挖的动态设计和管理。同时加强了对突发事故的预防措施。BIM 技术在基坑开挖工程中的应用实现了工程信息化和自动化管理，提高了管理效率。以上为大量学者对 BIM 在地质灾害中应用的基础研究。为更加深入地对 BIM 应用过程存在问题进行分析，本文分三方面对 BIM 在地质灾害中具体的应用情况予以介绍。

2.1 BIM 在地质灾害建模中的应用

滑坡和崩塌具有类似的触发因素、次生灾害和相似的发生前兆，容易产生滑坡的地带也是崩塌的易发区，BIM 在两者的建模应用也是较为相似。以三峡库区土质滑坡三维地质建模工程为例，传统三维地质建模以钻孔信息为主、融合地形信息和剖面信息进行建模，由于三峡库区地质体空间分布复杂、原始地质信息获取艰难以及地质体属性不确定，传统三维地质建模不易清晰展示灾害体特征。使用 BIM 技术为基础建立的三峡库区土质滑坡三维模型，可以有效展示灾害体三维地质空间结构，还可以通过集成灾害体三维空间信息和治理工程，有效改善勘察、设计成果的可视化表达，更加高效地支持治理工程施工。但在灾害模型的后期深入应用过程中，由于缺少数据平台统一海量数据的标准，信息共享受到一定影响。其中钻孔信息、地质剖面、地震数据、等深图、地质图、地形图、物探数据、化探数据、工程勘察数据、水文监测数据等，均因为专业部门的独立性、不同地质情况数据的相对特殊性、不同领域人员技术习惯的相对差异性，在数据结合过程中无法达成一致。

2.2 BIM 在地质灾害应急疏散中的应用

部分地质灾害的发生往往是突发性的，导致逃生疏散成功的可能性很低。传统疏散方式难以模拟突发灾害的复杂性、动态性和不确定性。为尽可能地减少人员伤亡，利用 BIM 和相关软件预先对重要建筑和道路进行灾害逃生模拟计算，不断优化疏散方案，基于优化后的方案制定详细的逃生预案，对可能受影响的群众进行避险和疏散演练。以建筑物内人员的模拟逃生计算为例，首先就是要进行包含各类工况和算法建筑物建模。现存的逃生疏散模拟软件虽然都有独立的建模能力，但存在适用面受限、难以导入其他类型软件信息的问题。Revit 软件建立的模型适用面广泛，并且通过 Revit 建立的模型可以很容易导入其他支持 dxf 和 ifc 格式的软件中，大大减少了工作量。Revit 所建立出来的模型也更为精细化，更直观，也更符合审美。利用 BIM 和其他软件融合进行疏散分析的过程就是先将人员疏散模拟模块与建筑信息模型分离，提取人员疏散的建筑信息模型的信息，建立相应的人员疏散算法的数据信息库，转换格式后直接导入人员疏散软件中，进行人员疏散过程的数值计算。但 BIM 建模数据只能单独分析某一建筑物，所以结论只适用相似类型的建筑物，具有一定的局限性。

2.3 BIM 在地质灾害综合应对的应用

根据灾害的发生规律，一种灾害往往会引发一系列灾害的发生。以地震灾害为例，当地震发生后会诱发：滑坡→泥石流→新沟道发育→剧烈河床演变灾害链。这些灾害链式发生，最终导致大范围、多种类地质灾害同时产生，因此我们需要对这种复杂情况进行综合应对。以四川阿坝州九寨沟县发生 7.0 级地震为例，地震后传统的灾害应对方式由于通信技术和现场视频照片的局限性，灾害的损失评估和后期决策会受到部分限制。引进 BIM 技术后，BIM 技术人员可以通过获取震区数字高程（DEM）与 Google 影像，快速搭建震区三维 BIM 模型，方便相关人员快速进行损失评估和决策制定。对于交通不便的复杂地区，BIM 技术人员基于 WebGL 框架，以省测绘局提供的国家高分二号卫星震后影像和空军航拍影像等数据为基础，通过搭建私有云平台发布服务，实现网页端及移动端实时在线查看地形、影像及灾情，以协同工作模式及时更新灾情调查数据。通过收集灾区相关路网、地形图、地震垮塌工点、正射影像、震中位置、附近活动断裂带等相关资料，建立了包括灾区所有干线公路共 500 多公里的路网 BIM 模型，其中包括灾区相关路网、地震垮塌工点、震区周围重要建筑位置等信息。可以看出 BIM 在面临复杂的灾害情况需要结合其他领域软件和信息才能更好地发挥自身优势，但突发复杂情况下缺少提前构建的软件和数据，地震专业、影像专业、路网系统、卫星系统、地质专业等一系列技术人员很难同时提供技术支持。

3 BIM 在地质灾害中应用的问题和建议

根据前文对案例的介绍和分析发现，诸如三维建模过程存在不同领域数据交互问题，应急疏散过程存在大量不同类型的建筑模型无法存储完善，多灾害发生时没有提前进行各领域软件融合的相关问题。针对出现的问题根据查阅资料本文展开进一步分析，归纳总结有以下几个建议。

3.1 研发自主软件并建立协同合作平台

根据《建筑业发展"十三五"规划》要求，国内主要应用的 BIM 软件和系统基本都是国外 BIM 软件和在国外 BIM 软件上二次开发的插件，国产自主 BIM 软件比较缺乏。为防止国外利用版权问题对我国进行技术封锁，我国仍需加速建立并形成具有自主知识产权的 BIM 地质灾害技术软件，让 BIM 软件应用在地质灾害等更多的方面。

在研发自主软件的同时也需要一个针对地质灾害方面综合性的、功能完备的专业软件融合平台，集成各类 BIM 软件和地质类工具使其能够实现全方位的技术支持。同时在地质灾害来临时可以迅速根据工作人员提出的需求，提供相应已经存储融合好的地质类软件。为落实平台的构建，需要推动各个软件供应商和相关机构合作，加强各类软件平台之间的兼容性和数据交互，建立标准化的工作流程和使用规范，推动 BIM 软件融合平台的全面发展和不断完善。

3.2 建立自主数据资源共享平台

BIM 技术在地质领域应用过程所涉及的数据种类多、数量大，缺少统一存储的数据管理库，存储位置不同导致测量过的数据无法及时调用。没有统一管理测量数据会导致一组数据不同，使用者重复测量或都未进行测量，会导致资源浪费。为了方便 BIM 技术在多软件协同工作、多方参与的项目中，快速获取工程测量数据、地形图纸数据及相关资料数据来提高 BIM 应用的响应速度，有必要建立数据共享平台。

一个多功能的数据共享资源平台，可以完成目前各个地质、路网、建筑物等数据资源的录入，统一自动使用同一标准进行数据的交互，同时可以存储现有的地质案例数据结果，为同类型的案例提供参考。利用数据共享平台可以解决各专业部门数据交互性不足的问题，一定程度上加强了 BIM 技术在信息化集成与协同管理等方面的优势，有利于深化设计工作的顺利开展。想要完成地质等数据的录入、建立统一交互标准、分析结果，首先要通过对地质灾害有关的领域专家实例调查分析与数据统计描述，梳理实际应用中参数互联不畅的数据，针对难以交互的数据开发一个能快速互联交互功能，搭建信息的双向流通渠道，减少工程设计师在数据查找、转换与修改中的工作量，从而提高 BIM 技术在地质灾害方面的应用效果。

3.3 重视复合型人才培养

BIM 技术在地质灾害领域应用过程中涉及众多领域，在我国最早应用到的是建筑领域，BIM 相关技术人员多集中于建筑领域及相关方向，虽然熟练掌握 BIM 的理念和实际操作的工具，但对勘探类、监测类、治理类地质领域知识技能和专业工具熟练度不足。为快速按照实际需求制定 BIM 技术在地质灾害领域应用方案，需要考虑地质灾害方面复合型 BIM 人才的培养，来满足地质领域对 BIM 技术人员的需求。

培养 BIM 在地质灾害应用方面的人才，需要采取多项措施，目前国内 BIM 的宣传和教育已经普及，为继续推动地质灾害 BIM 技术人才培养，还需要不断更新地质灾害专业 BIM 技术人才培养模式、建立实践项目和实训基地来提高人才水平，通过与行业合作，设立各类实践项目和实训基地，为学生和从业人员提供参与实际工程项目的机会，培养他们的 BIM 技术在地质灾害应用方面的实践能力和经验。促进不同学科领域的交流与合作，推动灾害防治、地质学、建筑设计等领域的专业人士在地质灾害领域的应用研究和实践，来满足社会对地质灾害领域复合型 BIM 人才的需求。

4 构建 BIM 灾害应对技术框架

根据前文 BIM 在地质灾害中的应用问题和相关建议,并结合国内外研究的一些进展。本文构建了基于 BIM 技术的地质灾害应对技术框架。如图 2 所示,灾害应对技术框架共分为 4 部分,外围数据部分由各勘探、检测、治理等专业领域人才持续将各领域专业软件存储在软件平台,同时将所需大量地质数据存储在数据平台。软件平台部分由软件复合型人才采用 BIM 技术方法分析改造专业软件,然后将改造的软件打包存储。数据平台部分由数据复合型人才将数据分类然后统一数据的标准。最里侧数据结果计算部分由平台相互协作快速提供所需数据与软件进行计算。以滑坡灾害为例,输入滑坡灾害信号,信号同时传递到软件与数据平台,软件平台调用滑坡监测、勘探和治理等打包软件,数据平台就相应调出监测、勘探、治理等所需数据。使用者选择需要的数据和软件进行计算,得出结果后数据平台再进行存储。随着地质灾害防治项目的推进与深化,软件平台与数据平台各类信息也在不断地积累与更新,从而完善地质灾害应对框架。

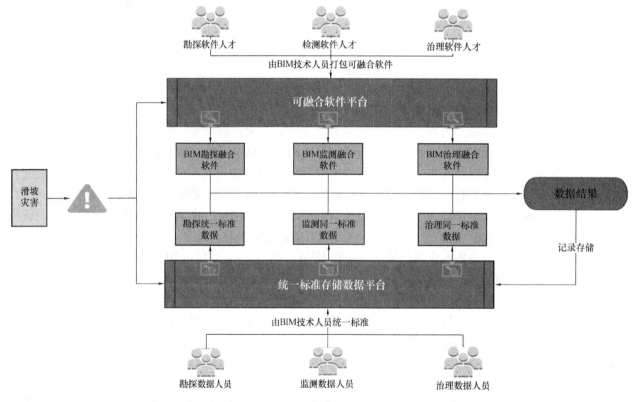

图 2 基于 BIM 技术的地质灾害应对技术框架(以滑坡为例)

5 结语

本文通过查阅整理 BIM 技术在地质灾害领域的应用实例,归纳总结目前 BIM 技术在地质灾害领域应用过程中依然存在的问题,对存在问题分析后提出了对应的建议。为进一步解决 BIM 应用过程中存在的问题,设计出基于 BIM 技术的地质灾害应对技术框架,实现了对地质灾害建模、监测、治理等阶段的快速响应,为进一步开发技术平台提供基础支持。随着无人机航测、遥感(RS)、GIS、VR、大数据、人工智能等技术的发展,本文为日后 BIM 技术在新的领域应用提供了借鉴。

参 考 文 献

[1] 刘瑜,胡纯,张琳,等. 基于 GPR 试验数据和 CATIA 的三维地质建模[J]. 武汉大学学报(工学版),2010(4):458-461.

[2] 杨林虎. 基础设施工程全生命周期 BIM 技术应用[N]. 中国信息化周报,2019-06-03(16).
[3] 武强,徐华. 数字矿山中三维地质建模方法与应用[J]. 中国科学:地球科学,2013(12):1996-2006.
[4] 潘珂. 基于 BIM 技术深基坑工程信息化施工管理平台研究[D]. 南宁:广西大学,2015.
[5] 王朝阳. 滑坡监测预报效果评估方法研究[D]. 成都:成都理工大学,2012.
[6] National Bureauof Standards.《NBS 国家 BIM 报告 2020》[R],London:NationalBureauofStandards. 2020.
[7] Enterprises R. NBS National BIM Report[R]. London:NationalBuildingSpecification,2015.
[8] 李宏程,韩兵康. BIM 技术在消防疏散系统中的应用[J]. 建筑技术开发,2017,44(1):1-2.
[9] 李娜,王自励. BIM 系统在楼宇自动化消防模拟中的应用[J]. 山西建筑,2017,43(28):231-232.
[10] 邓朗妮,刘晓风,陆云鹏. 基于 BIM 的火灾模拟与安全疏散研究[J]. 施工技术,2017,46(24):79-82.
[11] 陈华,王鹏凯,邓朗妮,等. 基于 BIM 数据库的施工信息管理[J]. 广西科技大学学报,2017,28(3):47-51.
[12] 殷茂源. BIM 技术在市政工程应用上的研究[J]. 工程质量,2020,38(9):113-116.
[13] 韩义哲,王玉娇. BIM 技术在地质灾害研究领域中的应用及前景[J]. 信息周刊,2019(26):9.
[14] 刘传正. 地质灾害防治研究的认识论与方法论[J]. 工程地质学报,2015,23(5):809-820.
[15] 孙瑞. 我国地质灾害现状及防治对策浅析[J]. 中国金属通报,2020(8):193-194.
[16] 黄超,姜楷,李亮,等. 矿山三维地质建模研究进展[J]. 四川地质学报,2020,40(2):323-326.
[17] 陈方吾. 边坡三维地质体快速建模及可视化系统研发[D]. 成都:成都理工大学,2020.
[18] 陈兵,朱泳标,张燕. 基于 EVS 的三维地质建模研究[J]. 高速铁路技术,2020,11(6):6-10,18.
[19] 吴春发,李星. 地质模拟中数据插值方法的应用[J]. 地球信息科学,2004(2):50-52.
[20] 贾永明. 帘式防护网在公路地质灾害治理中的应用[J]. 公路交通科技:应用技术版,2018(3):114-116.
[21] 张菖,陈志文,韦猛,等. 基于 BIM 的三维滑坡地质灾害监测方法及应用[J]. 成都理工大学学报:自然科学版,2017,44(3):377-384.
[22] 张欣,王运生,梁瑞锋. 基于 GIS 的小江断裂中北段滑坡灾害危险性评价[J]. 地质与勘探,2018,477(3):623-633.
[23] 杨南辉. 青云山特长隧道 F9 断层带涌水治理方案研究[J]. 铁道工程学报,2018,35(4):87-91.
[24] 何朝阳,巨能攀,赵建军,等. 基于 ArcGIS 的降雨型地质灾害自动预警系统[J]. 人民长江,2018,49(2):252-256,260.
[25] 王洪辉,卓天祥,魏超宇,等. 地质灾害监测 NB-IoT 数据传输系统研制[J]. 中国测试,2019,45(5):121-127.

辅助设计智能体技术研究与应用

陈肖勇,郑建华,何栓康

(中国电建集团华东勘测设计研究院有限公司,浙江 杭州 311122)

【摘 要】 本文探讨了基于大语言模型的智能体(AI-Agent)技术在工程设计中的应用,介绍了构建辅助设计智能体的方法,包括服务框架、提示词工程、工具参数设计和知识库增强等关键技术。以道路设计为例,展示了智能体在提高设计效率和准确性方面的潜力,并通过工程实践验证了其适用性和优势。该技术当前面临的挑战包括大模型能力限制和幻觉问题,可通过感知强化与反馈强化等方法进行改进。研究表明,该技术在辅助设计领域具有广阔前景。

【关键词】 人工智能;智能体;辅助设计

1 引言

近年来,以 ChatGPT 为代表的大语言模型(Large language Models,LLMs)及人工智能内容生成(AIGC)技术迅速崛起,在各行各业中展现出巨大潜力。基于大语言模型的智能体(AI-Agent)成为科技前沿领域的焦点,其不仅能够通过对话进行交互,还能执行复杂任务、进行逻辑推理,并展现一定的自治性。

这种先进技术为传统行业带来了转型和升级的机遇,尤其在工程设计领域引起广泛关注。工程设计作为一个复杂而具有创造性的领域,面临效率和创新的双重挑战。智能体在处理大量信息、快速迭代方案和优化设计参数方面的优势,与工程设计流程高度契合。

本文探讨在工程设计领域构建辅助设计智能体的可能性,聚焦于如何利用这一新技术协助设计人员实现设计建模流程的智能化,通过分析技术现状、探讨应用场景并剖析面临的挑战。本研究旨在为工程设计行业的智能化转型提供有价值的见解和实践指导。

2 智能体简介

2.1 智能体(AI-Agent)概述

宏观上讲,智能体(AI-Agent)是一种智能生命,是可以脱离人为控制,自主决策和执行任务的存在。在 LLM 的背景中,智能体可以理解为在大语言模型基础上,能自主感知、规划决策、执行复杂任务的智能体,其可以通过独立思考和调用工具逐步完成给定的目标,无需人类去指定每一步的操作。总结为 Agent=LLM+记忆+规划+工具使用,每一部分都是智能体必不可少的组件。通过这些组件,智能体可以自行感知环境,规划行动,并通过调用工具完成任务,达到目标。

2.2 单一智能体架构

单一智能体架构由一个大语言模型驱动,并将自行执行所有推理、规划和工具执行。智能体被提供系统提示和完成任务所需的任何工具。在单一智能体模式中,没有来自其他智能体的反馈机制;然而,可能存在人类提供指导智能体的反馈选项。单一智能体架构的优点在于其简洁和集中化,但也可能面临单点故障和灵活性不足的问题。

【作者简介】 陈肖勇(1988—),男,高级工程师。主要研究方向为软件工程、大数据、AI应用。E-mail:chen_xy6@hdec.com
郑建华(1981—),男,高级工程师。主要研究方向为水土结构工程、BIM工程及自动化。E-mail:zjh_1523@qq.com
何栓康(1995—),男,工程师。主要研究方向为计算机应用、人工智能。E-mail:he_sk@hdec.com

2.3 辅助设计智能体

辅助设计智能体是一种能够根据设计人员的自然语言指令，自主调用 CAD 相关工具，自主查询相关设计规范，并按要求完成设计方案绘制和调整的智能体系统。其可以协助设计人员高效完成设计任务，减少人工操作，提高工作效率。

3 辅助设计智能体构建

3.1 智能体服务框架

本文介绍基于工程设计软件客户端和智能体服务端的 CS（Client-Server，客户端-服务端）架构路线，其中客户端为基于国产基础平台东慧鸢图（EWCAD）的二次开发插件，服务端支持智能体的运行，并通过 WebSocket 协议接口与客户端互动。智能体服务框架如图 1 所示。

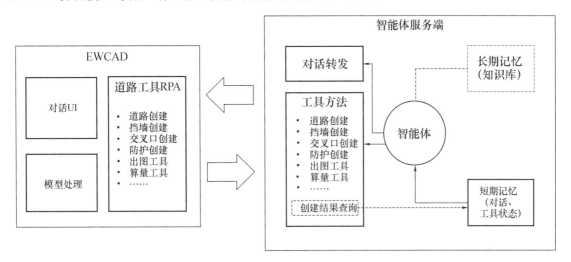

图 1 智能体服务框架图

3.1.1 服务端设计

服务端基于 Python 语言的 Langchain 框架实现。Langchain 框架提供较为自由的智能体开发框架、灵活的工具自定义组件和可替换的大模型接入组件，并支持各种主流的大语言模型开发框架扩展。服务端主要包括以下部分。

（1）智能体思维链路核心

基于 Langchain 实现，封装预设的系统级提示词和工具说明，并为每个用户 Session 单独生成对话记忆缓存，利用支持函数调用（Function Call）的大模型（LLM）驱动，响应输入的对话文本并自主决策和调用被提供的工具函数。

（2）自定义工具组

通过将客户端三维设计软件的一系列建模过程抽象成一个个可被调用的参数化工具，并在服务端映射为包含工具使用说明和参数详细说明的函数（Function），扩展利用 Langchain 的基础工具类（BaseTool），并在智能体思维链路核心注册工具说明，即可让智能体自主判断工具的使用时机。

工具组包含不同专业所需要的设计建模工具，本文以道路设计辅助工具组为例，设计开发了道路创建、挡墙创建、防护创建、交叉口设计、道路截面出图、工程量计算等工具。每个工具都经过精心设计，以满足特定的设计需求。工具组的详细展开参见本文 3.2 节。

（3）向量知识库记忆模块

智能体拥有知识库记忆和状态记忆能力，状态记忆由核心模块缓存实现对话历史记录的记忆。知识库记忆需要包括设计规范、工程标准和专家经验等信息，因此需要外部的向量知识库实现。同时，何时需要调用知识库记忆也由智能体自行决策，具体方式为将知识库检索制定成特殊的工具，并将合适的提示词提供给智能体思维链路。

(4) 通信接口模块

在通过 Langchain 实现智能体核心链路同时,通过 FastAPI 组件以 WebSocket 接口服务的方式,将智能体的语言对话和工具函数调用信息封装并和客户端实现交互。

3.1.2 客户端设计

智能体客户端基于东慧鸢图平台使用 C♯ 语言开发,智能体客户端不仅负责与服务端交互,也负责与 BIM 软件的调用和交互。智能体客户端主要包括以下组件:

(1) 对话交互模块

对话交互模块提供一个友好的用户对话交互窗口,设计人员可在此直接与智能体进行对话并给出操作指令,从服务端返回的智能体对话回复及 RPA (Robotic Process Automation,机器人流程自动化) 执行状态也会反馈并展示到对话界面。

(2) 数据处理模块

用户输入自然语言指令发送给服务端,智能体服务处理后分解为若干工作任务,每个工作任务的参数可以从指令中获取,通常参数简化、口语化,还需要将其转换为 BIM 软件所需要的对象,如将线路名称转换为线路对象,线路全线转述为线路起止桩号等。根据预设的规则,提前获取断面库、挡墙库等一系列专业组件模板信息。

(3) RPA 模块

与智能体服务端自定义工具组对应的,客户端将每个预定义的工具开发成 RPA 工具,可根据服务端回传的工具调用参数,进行数据加工丰富后自动调用当前专业的设计插件所对应的工具完成相应的三维建模、出图和算量等操作。

3.2 辅助设计工具集

3.2.1 提示词工程

提示词设计是智能体有效工作的关键,大模型需要精心设计的提示词引导其完成思考决策过程。除了 Langchain 框架本身对智能体思维链和反思逻辑提示,针对辅助设计任务,还需要设计角色系统层面的提示词和每个工具的说明提示。

本文介绍的道路设计专业辅助设计的系统提示见表 1。

道路设计专业智能体系统提示　　　　　　　　　　　　　　表 1

你是一个功能强大的 AI 助手,你接受用户指令并通过对话和查询知识库方式获取完整的参数,当参数齐全并获得用户确认时,调用相应的工具
你在接收到用户指令时,应当首先使用知识库工具 (knowledge_tool) 针对用户的指令或提问进行检索并获取参考信息,利用这些参考信息检查或补全需要调用的工具参数
对于存在可选项的参数,你被提供了与之对应的【选项列表工具】,你必须调用对应的工具获取可选项并让用户选择
同时,如果一次指令中存在多个要求,你必须根据序列依次通过对话和调用【选项列表工具】的方式补全参数,然后调用对应的工具,并且对于同样的参数,每个工具只需要成功调用一次,不要重复调用
所有【选项列表工具】返回的结果,在展示给用户和使用选项填入参数时都必须保持原始选项文本完整,不要省略重复的前缀
对于被提供的道路创建相关的工具组,你需要注意区分不同工具的说明及作用,不要混淆不同的专业概念,注意区分以下不同的概念:道路 (road)、防护 (protection)、挡墙 (barricade)
工具调用成功后,仅简单报告调用成功,不要复述参数信息,不要再次询问用户下一步操作

这组提示首先指定了智能体所需要扮演的角色,之后分情况说明了智能体需要遵循的工具调用规则。

针对每个可用的设计工具,也要分别配以说明提示,其内容包括该工具的适用场景、适用前提、返回结果方式及输入参数的要求。表 2 是两个典型的设计建模工具 (道路创建、道路横截面查询) 的说明。

创建道路工具和道路横截面查询工具说明 表 2

创建道路工具		
	name	create_road
	description	创建道路工具，仅当用户明确要求时调用，获取路线名称、起始桩号、结束桩号、横截面类型，如果用户要求创建道路全线，则忽略桩号 横截面类型需要调用 get_road_slice_type 工具查询列表，并由用户选择其中一项 请注意，对同样的参数组合，该工具仅需调用一次，不要多次调用
道路横截面查询工具		
	name	get_road_slice_type
	description	【选项列表工具】，用于获取道路横截面类型列表，给用户选择横断面类型选项

通过以上两个工具说明，结合系统提示词，智能体在接到"创建道路"任务时就能通过"道路横截面查询"工具，从客户端获取本地模型文件预设的道路横截面库中查询到实际可用的横截面类型名称列表，并展示给用户选择，形成完整的道路创建参数组后再调用"创建道路"工具。

3.2.2 工具参数设计

工具的参数设计包括其说明、约束和默认值设计，Langchain 框架提供了基础的 Schema 类型，针对每个工具扩展不同的参数档案，下文以"道路创建"工具的参数档案类为例进行说明，道路创建工具档案类源代码见表 3。

道路创建工具档案类源代码 表 3

源码语言	Python

```
class RoadProfile (BaseModel):
    operation_type: str = Field (description=" 操作类型，可选项包括：创建道路、更新道路", enum=[创建道路、更新道路])
    road_name: str = Field (description=" 路线名称，比如：主道路、支线道路、对外连接道路")
    start_label: str = Field (description=" 起始桩号，比如：K0+100.000")
    end_label: str = Field (description=" 结束桩号，比如：K10+300.123")
    slice_type: str = Field (description=" 横截面类型，包含若干可选项，具体的选项列表需要调用工具 get_road_slice_type 获取", default="")
    is_entire_line: bool = Field (description=" 是否全线，默认值为False，根据输入的起止桩号创建道路模型，如果为True 则创建被选择路线全线的道路模型，忽略起止桩号参数", default=False)
```

为使得智能体能够准确理解每个参数的传入方式和用途，除了类型定义（字符串、数值、布尔值）外，还需要简要准确的文字描述，对于仅包含几种枚举选项的参数（如操作类型），要通过 enum 明确枚举类型；对于有一定格式的参数（如桩号），要给出参考范例；对于需要交互查询获取的参数（横截面类型），需要详细说明；对于布尔值参数，要准确描述 True 和 False 代表的含义。

为尽可能避免因大模型本身能力问题导致的工具执行失败，除了用 Schema 约束传入参数外，工具的服务端执行体也需要在将执行指令传到客户端前对模型实际调用的传入参数进行检查，规避智能体的错误/不合法调用、重复调用等情况。

3.3 知识库增强

作为辅助设计的智能体，其经验和知识有很大部分是开发阶段直接赋予的专业相关基础设计知识、相关的工程规范标准、由人类专家提供的经验积累，这些知识性记忆以向量知识库方式存储并提供给智能体检索调用。具体的检索调用方式有两种，第一种是固定加入智能体的思维链，第二种是以工具的形式提供给智能体，由智能体自行决策调用。本文方案采用第二种方式。知识驱动、以大模型为核心进行任务分解、调用现有设计工具、辅助设计人员完成工程设计。智能体根据用户的输入自己去判断应该使用什么工具，然后去使用工具，最后满足用户需求。

4 辅助设计智能体实践

4.1 道路专业核心过程介绍

设计模型由前序完成道路基线，基于道路基线自动创建道路、挡墙、防护和附加设施，并完成横纵截面的出图和工程量的计算。基于此过程，用于道路专业的辅助设计智能体被提供针对性的道路专业工具组，详见表4。

道路专业工具组　　　　　　　　　　　　　　　　　　　　　　　　　　　表4

工具名称	工具参数	备注
知识库工具	查询文本	通过向量相似度匹配返回知识库文档片段
创建道路	路线名称、起始桩号、结束桩号、横截面类型	配套提供【道路横截面类型查询】工具
创建挡墙	路线名称、挡墙面类型	配套提供【挡墙面类型查询】工具
创建防护	路线名称、起始桩号、结束桩号、填挖选项、左右选项、防护类型	
创建交叉口	路线名称	
创建附属设施	路线名称	
生成截面图	路线名称、截面选项、出图规格选项	
工程量计算	路线名称、工程类型选项	

4.2 表现和效率提升

道路专业辅助设计智能体服务部署后，由相关专业设计人员使用体验。实验表明，设计人员通过文本对话框给智能体下指令，可实现以半托管方式由智能体完成设计建模，并支持根据结果以对话方式调整参数，实现快速的方案比对。对比设计人员手动选择不同设计工具，分别配置参数完成设计，由智能体辅助方式规避了设计工具的人工学习成本，也节省了一定的参数配置时间，部分建模过程可通过一次性给出详细指令实现近似完全托管的效果。结果表明，辅助设计智能体不仅减轻了设计人员的负担，还显著提高了设计效率和准确性。

4.3 工程实践和效果检验

完成相关实验验证后，笔者团队将道路专业辅助设计智能体客户端封装并经由东慧鸢图（EWCAD）的应用市场平台于企业内部上线。相关专业部门的一线设计人员安装后，仅需口头说明使用方法，不需要经过专门的培训即可上手使用。

实践过程中，几位一线设计人员实操通过与智能体对话给出操作指令，成功完成从创建道路模型到生成截面图七个主要步骤，如图2所示。对照采用原有BIM工具手动配置参数的方式，操作用时节省了10%~20%。

一线设计人员普遍认为，本辅助设计智能体工具可以帮助他们提高相关工作的执行效率，并且已经将其应用于实际生产过程中。其中，智能体通过对话上下文快速响应单个参数调整修改并重新执行BIM建模的能力表现最为突出。另外，设计人员也建议将一些操作流程固化，让智能体能够以一个简单指令就根据预设的标准和流程执行多项任务。

4.4 适用场景分析

根据现阶段辅助设计智能体的实际应用成果和设计人员的实际体验反馈，当前环境下辅助设计智能体适用于以下场景：

（1）前置条件容易变化：智能体可以快速适应变化的设计条件，提供相应的设计方案。

（2）存在多次调整修改：智能体可以自动记录和分析修改历史，提供优化建议。

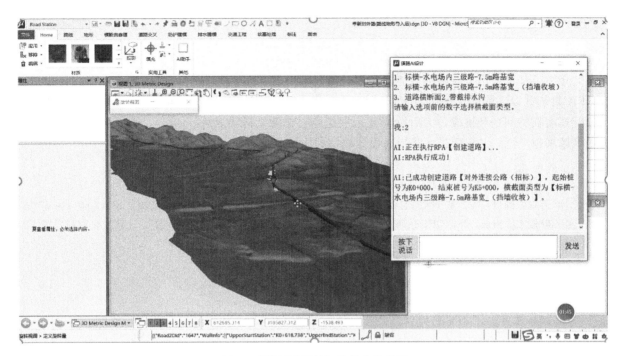

图 2　道路辅助设计智能体实践截图

（3）存在大量类似重复工作：智能体可以通过自动化处理，提高工作效率。

（4）工作流程固化、标准化：智能体可以按照预设的标准和流程进行设计，确保结果的质量和一致性。

5　辅助设计智能体的挑战

5.1　大模型能力与表现

实践当中，为保证智能体的行动稳定性，模型的预设温度参数（temperature）被设置为 0，尽可能避免随机影响智能体表现。但对比采用不同规模的大模型实际工作表现，笔者团队依然发现了一些待改进提升的问题，具体问题如下。

（1）指令遵循与工具正确调用：目前存在智能体对工具调用时参数不全、工具选择错误等问题。

包括中文语境下不同工具的概念混淆，例如上文所述的道路专业工具组中，对于挡墙和防护的概念无法明确区分，导致有概率出现工具选择错误；另一例子是对于中文"填和挖"的概念与工具参数 True 和 False 的映射，实践中多项任务同时处理时，有概率出现将该映射搞反的情况。

针对该类问题，主要解决和提升方式是通过额外的提示词进行指导，也可考虑采用针对性语料进行模型微调训练。

（2）大模型的幻觉问题：智能体可能擅自补充不在提示词和工具说明预设范围内的参数选项。

幻觉问题主要依赖人的反馈介入或设计额外的检查纠错机制，前者增加最终用户的交互负担，尽管人的介入能较好地完成纠错，但与智能体自主完成相关工作的目标相悖。因此基于知识库经验知识的检查纠错机制是后续主要研究的方向。

5.2　感知强化与反馈强化

为提升智能体的工作表现，除了用户的对话文本输入和工具调用时的返回信息，还需要扩展智能体的感知能力。

在 CS 架构下，客户端通过获取本地设计模型的变量和参数，重新组织成可供大模型理解的文本信息，并通过通信接口提供给服务端的智能体，以此强化智能体的感知能力。

另外，当智能体完成辅助设计任务后，除了用户文本输入的反馈，也可通过客户端获取本地设计模型的变更信息，强化反馈的内容。

6 结语

本文介绍了基于大语言模型的智能体技术在辅助设计领域的应用研究，提出了将三维设计软件部分功能 RPA 封装并以工具形式提供给智能体调用，以此提高设计人员的工作效率。探索并研究该技术路线，分析其面临的问题和挑战，为后续研究拓展道路。未来，随着技术的进步，智能体在辅助设计领域的应用将越来越广泛，并有望进一步提高设计效率和质量。

参 考 文 献

[1] 秦龙，武万森，刘丹，等. 基于大语言模型的复杂任务自主规划处理框架[J]. 自动化学报，2024，50(4)：862-872.

[2] 陈炫婷，叶俊杰，祖璨，等. GPT 系列大语言模型在自然语言处理任务中的鲁棒性[J]. 计算机研究与发展，2024，61(5)：1128-1142.

基于 Revit Model Checker 的 BIM 审查规则库构建与案例测试

曹心瑜[1]，逯静洲[1]，林佳瑞[2,3]

(1. 烟台大学土木工程学院，山东 烟台 264000；2. 清华大学土木工程系，北京 100084；
3. 住房城乡建设部数字建造与孪生重点实验室，北京 100084)

【摘 要】 BIM 审图在提高设计质量中起着关键作用，传统手工审图方法易错且低效，迫切需要自动化审图方法。然而，当前仍缺乏面向我国的自动审查规则库，并需对其应用效果开展进一步测试。本研究通过分析规范条文，基于 Revit Model Checker 插件构建了面向我国建筑规范的自动审查规则库，并在实际工程项目中进行了应用测试。研究结果表明，对于只涉及单一构件属性取值的规范条文，该插件可较好创建相关规则并实现自动检查，但对涉及空间关系或多构件关系特征的规范条文，仍难以高效实现规则的创建与审查。同时，本文提出的规则库在多项常规审查规则的自动化应用中展现了较高的适用性，但也对 BIM 模型的建模规范性提出了更高要求。

【关键词】 BIM；智能审图；Revit Model Checker；规范解译

1 引言

随着建筑信息模型（Building Information Modeling，BIM）技术的发展，建筑施工图的智能化审查逐渐成为行业研究的热点。传统的施工图审查方式存在诸多问题，如工作量大、效率低下、资源浪费等。基于 BIM 技术的智能化审查方式因其高效、准确和可视化的特点，逐渐被广泛应用和研究。

BIM 审查得到了国内外学者的广泛关注。霍春龙等人提出了一种适用于 BIM 数字化审图的 Revit 图纸输出系统，可以从 BIM 模型中导出符合审查要求的二维图纸，并满足不同地区审图规范的要求。李承明等人提出了基于 BIM 技术的混凝土框架结构施工图审查方法，改进了传统的二维平面审图模式，可直观发现和修改不合规的构件。Barki 等人提出了一种基于 Revit 的数字化绘图方法，研究开发了面向数字化审图的图纸输出系统。Wass 和 Enjellina 对 ArchiCAD 和 Revit 的比较分析表明，Revit 具备较强的集成功能和智能审图功能，更适用于复杂建筑项目的审查。刘红波利用 Revit 二次开发和深度学习技术，通过开发专用插件和算法，实现了钢框架节点的自动识别和审查。

然而，既有研究和成果仍以软件平台内置审查规则库为主，如何高效创建并复用相关审查规则仍是当前行业实践的关键难点。同时，了解有关 BIM 审查工具的规则支持能力与适用场景也是行业实践的迫切需求。

Revit 是当前建筑业常用的 BIM 软件之一，并被广泛应用，其内置了 MC（Model Checker）插件，可直接在 Revit 中实现 BIM 模型的合规性审查。如图 1 所示，本研究以 MC 为基础，构建了面向我国建筑结构规范的审查规则库，并结合案例测试分析了该插件的规则支持能力及其应用场景，为工程实践提供了有益的参考。

【基金项目】 国家自然科学基金面上项目（52378306）
【作者简介】 林佳瑞（1987—），男，副研究员。主要研究方向为智能设计、智能建造。E-mail: lin611@tsinghua.edu.cn

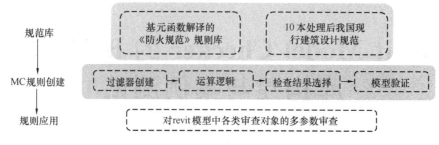

图 1 研究流程图

2 基于 Model Checker 的审查规则库构建

2.1 规范条文处理

Zhou 等人提出了基于深度预训练模型的规则解译方法,可以将复杂规范条文自动转换为规则检查树(RCTree),逯静洲等人建立了以《建筑设计防火规范》GB 50016—2014(以下简称《防火规范》)为主要内容的可解译条文数据库。在此基础上,本文对《住宅建筑规范》GB 50368—2005、《综合医院建筑设计规范》GB 51039—2014、《住宅设计规范》GB 50096—2011、《民用建筑设计统一标准》GB 50352—2019、《民用建筑通用规范》GB 55031—2022、《建筑与市政工程无障碍通用规范》GB 55019—2021、《无障碍设计规范》GB 50763—2012、《公共建筑节能设计标准》GB 50189—2015、《工业建筑节能设计统一标准》GB 51245—2017 共 9 本建筑规范条文进行了数据收集、整理、预处理和过滤。汇总以上 10 本规范的相关条文,我们构建了包括 150 余条的规范条文库,以支持基于 MC 的规则创建和合规性审查。

2.2 基于 MC 的规则构建

MC 插件一般通过组合多条过滤器以及规则审查结果的输出形式来实现规范条文相关审查规则的创建。

其中过滤器可以视为一个简单逻辑约束的表达,其通常包括运算逻辑、条件范围、属性、状态、值五部分。过滤器"条件范围"需要指定类别和参数等信息,其中类别主要指所需审查对象的类型,如 OST_ProjectInformation、OST_Windows、OST_Doors 等,而参数则可分为 BuildInParameter 和自设参数两种,Revit 中自带的 BuildInParameter 通常不能满足规则审查的需求。因此,针对项目、视图和构件审查,需要根据规范条文的审查内容自行创建相应属性,以实现在 MC 中的规则审查,具体自定义属性见本文 3.2.3 节。具体地,"属性"指参数中的名称,"值"为参数的数值或文字属性,两者通过运算的"状态"来连接,"状态"包括大于、等于、小于等关系。同时,不同过滤器之间可通过"and""or"和"except"等"运算逻辑"指定组合关系,从而通过组合不同过滤器实现规范条文中多个属性约束规则的创建。

MC 中对审查结果输出的设置可分为以下四种情况:"未找到匹配图元时不合格""找到匹配图元时不合格""仅匹配图元计数""匹配图元的计数和列表"。本文常用的设置为"找到匹配图元时不合格",此时,每个规范条文所对应的最后一个过滤器中的参数限值应取条文审查数值的补集,也就是说如果模型中能匹配到满足该条件的构件,则说明该构件违反了当前条文。

例如,规范条文中"耐火等级为一级的墙构件"可转化如图 2 所示两条过滤器内容。即,首先明确审查对象类别为"墙",再对其"耐火等级"参数进行过滤,从而筛选出模型中耐火等级为一级的墙。

运算逻辑	条件范围	属性	状态	Value
	类别	OST_Walls	包括	规则: 真
和	参数	耐火等级	=	规则: 一级

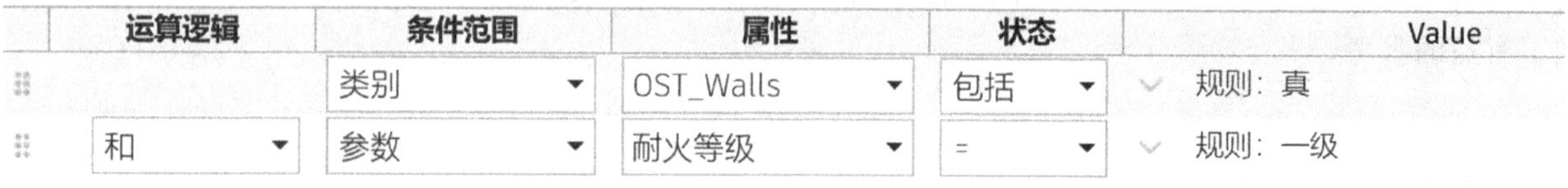

图 2 简单过滤器示意图

类似的,《防火规范》第 5.1.2 条规定,耐火等级为二级的非承重墙构件燃烧性能为不燃性,耐火极限不小于 1h,其可转成如图 3 所示规则。

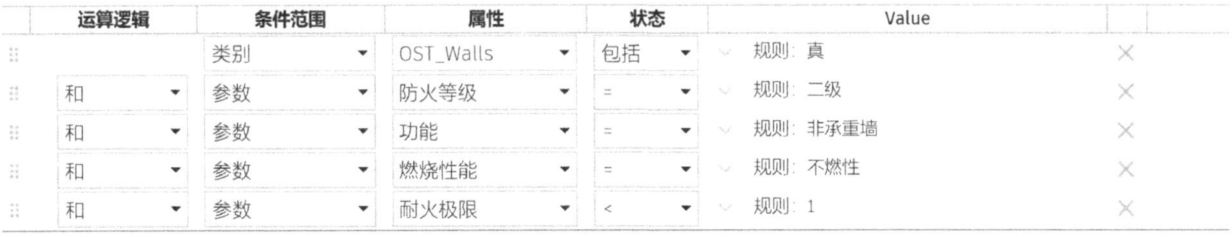

运算逻辑	条件范围	属性	状态	Value
	类别	OST_Walls	包括	规则: 真
和	参数	防火等级	=	规则: 二级
和	参数	功能	=	规则: 非承重墙
和	参数	燃烧性能	=	规则: 不燃性
和	参数	耐火极限	<	规则: 1

图 3 过滤器组合示意图

需注意的是,规范中要求构件的耐火极限不小于 1h,而过滤器在设置参数"耐火极限"时则是小于 1h,因此本条文的检查结果输出应设置为"找到匹配图元时不合格"。当该组过滤器在对模型中构件进行过滤时,若出现耐火极限小于 1h 的构件,则判定为不合格,恰好与规范条文的要求保持一致。

2.3 审查规则库构建结果

MC 插件可对模型中工程项目整体、视图、不同族类型等对象分别进行审查,确保模型中构件及其属性符合设计要求,减少设计错误和遗漏。

对于工程项目整体,我们实现了以下七类模型信息的审查:建筑类别和类型、不同类型建筑高度的合规性、不同类型和耐火等级建筑的建造层数的合规性、建筑的设计使用年限、建筑面积、不同面积建筑的体形系数的合规性,以及建筑抗震设防烈度的合规性。对于模型中不同视图、房间、构件等类别的具体审查方面及条文数量见表 1。

MC 规则库审查类型及内容 表 1

类别	检查内容	规则数量
工程项目整体 OST_ProjectInformation	检查项目建筑的类别、类型、耐火等级	15
	检查不同类型建筑的建筑高度	1
	检查不同类型、不同耐火等级建筑的允许建造层数	10
	检查建筑的设计使用年限	5
	检查建筑的建筑面积	4
	检查不同面积建筑的面积体系系数	2
	检查建筑内是否设置特定房间	4
	检查建筑的抗震设防烈度、安全等级	2
房间 OST_Rooms	检查不同类型房间在建筑内允许的布置层数	19
	检查不同类型房间的允许建造面积	5
	检查房间是否通至屋面	1
	检查不同房间的排水坡度	1
	检查坡道的坡度	10
	检查房间的面积、净高	20
	检查房间温度/供暖计算温度	4
墙构件 OST_Walls	检查不同耐火等级墙构件的燃烧性能、耐火极限	18
门构建 OST_Doors	检查门构件的耐火极限	1
窗构件 OST_Windows	检查窗构件的耐火极限	1
楼板 OST_Floors	检查楼板的燃烧性能、耐火极限	4

续表

类别	检查内容	规则数量
屋面 OST _ Roofs	检查屋面板的燃烧性能、耐火极限	6
	检查屋顶的类型	2
	检查屋面的坡度	1
楼梯 OST _ Stairs	检查楼梯的燃烧性能、耐火极限	4
吊顶 OST _ Ceilings	检查吊顶的燃烧性能、耐火极限	5
视图 OST _ Views	检查不同耐火等级建筑内防火分区的最大允许面积	3

有关条文的审查规则大致分为检查单一属性、检查多个属性、通过某属性 A 来检查属性 B 是否合规、检查模型对象是否存在等四类。其中检查单一属性的规则数量最多，共 70 条。从待检查元素的类别角度看，对工程项目整体和房间进行审查的规则数量最多，分别为 43 条和 60 条。

3 应用测试

3.1 测试思路

为验证本文提出基于 Revit MC 的 BIM 审图规则创建方法是否可行，本研究分析了 10 本我国现行建筑规范，并构建了相应规则库，通过选取某住宅工程 BIM 模型作为测试对象对其应用效果和适用性进行了验证。

鉴于不同建筑工程规范审查重点各有不同，为更好测试本文方法的效果，本研究首先创建了该工程的原始模型 K，并在此基础上对其不同视图、构件及其属性等人为设置一系列错误，形成针对不同规范特点的测试模型，以测试 MC 的性能表现。

具体的，模型 K 作为基准模型，未进行任何人为错误设置，用于验证 MC 在无错误情况下的准确性。由于《防火规范》条文的审查对象类型大多为墙构件，还有少数楼板、楼梯、屋顶等，而其余 9 本规范的审查对象则大多为房间，仅有少数涉及门、窗构件。因此，模型 A、B 分别针对《防火规范》和其余 9 本规范的条文特点进行了属性修改，O 模型则为所有属性修改的集合模型。

3.2 结果分析讨论

3.2.1 MC 模型审查结果

各模型的审查结果见表 2。

MC 各模型实例审查结果统计 表 2

模型	设置错误构件/条文	审查出构件/条文	未运行条文	合规率
K	0/0	0/0	3	100%
A	92/10	92/10	3	93%
B	368/9	368/9	3	94%
O	460/19	460/19	3	87%

由上表可见，所有人为设置的错误均被 MC 检查出来。未运行的条文是由于条文所涉及的建筑工程类型与案例模型不符，因此未进行审查。其中基准模型 K 没有人为设置错误，因此 MC 未识别出错误构件，其模型合规率为 100%；模型 A 包含 92 个错误构件、涉及违反 10 条规范条文，MC 可成功检出全部错误，其相关构件合规率为 93%；模型 B 设置了 368 个错误构件、涉及违反 9 条规范条文，MC 同样准确识别，其相关构件合规率为 94%；模型 O 设置了 460 个错误构件、涉及违反 19 条规范条文，MC 有效检测出所有错误，其相关构件合规率为 87%。由此可见，MC 可有效识别复杂模型中的不合规构件及所涉及的规范条文。

3.2.2 MC 支持/尚不支持的审查规则和场景

研究结果显示，MC 只能支持面向单一对象审查规则和规范条文，可实现该对象单个或多个属性的审查。同时，MC要求有关对象的属性名称和取值必须可通过Revit API提取。

当前，MC尚不支持对复杂属性计算以及空间位置、空间关系等涉及多个对象的规范条文和审查规则，需利用Revit API构建基元函数库并开发有关插件方可实现BIM审查。同时，若规范条文中涉及Revit建模无法创建或区分的对象，则也无法实现自动审查，详见《防火规范》第5.5.19条。

3.2.3 对BIM建模规范性的要求

测试表明，审查插件高度依赖BIM模型构件和属性的命名规则。不统一的命名规则可能导致审查结果的不准确和漏检。因此，在模型审查之前，需要确保BIM模型的属性命名规范统一，并与创建的规则库相对应，才能实现自动审查。部分BIM建模属性规范命名见表3。

BIM建模属性规范命名（部分） 表3

类别	属性	值
工程项目整体 OST _ ProjectInformation	耐火等级	二级
	类型	住宅
	类别	二类高层民用建筑
	建筑高度	54.8
	……	……
房间 OST _ Rooms	房间净高	2750
	房间名称	卧室
	房间人数	2
	是否通至屋面	否
	……	……

4 结论

针对当前BIM审查规则库不健全、插件适用性不明确的问题，本文首先基于Revit MC创建了一系列BIM审图规则，覆盖了BIM模型各类别对象的可审查内容，包括建筑类别、建筑高度、耐火等级、设计使用年限、建筑面积、体形系数和抗震设防烈度等不同方面。同时，通过实例测试，总结了MC支持的规则范围及适用场景。随后，针对审查过程中发现的问题，提出了BIM建模的相应要求和建议，为BIM智能审查的研究与工程实践提供了参考。

参 考 文 献

[1] 林佳瑞，周育丞，郑哲，等. 自动审图及智能审图研究与应用综述[J]. 工程力学，2023，40(7)：25-38.
[2] 林佳瑞，郭建锋. 基于BIM的合规性自动审查[J]. 清华大学学报（自然科学版），2020，60(10)：873-879.
[3] 霍春龙，丁峰，王建. 适应BIM数字化审图的Revit图纸输出系统研发[J]. 技术研究，2022，10(3)：29-32.
[4] 李承明. BIM技术支持下的混凝土框架结构施工图智能化审图方法[J]. 数字化与信息化，2021：93-94.
[5] H. Barki, F. Fadli, A. Shaat, et, al. BIM models generation from 2D CAD drawings and 3D scans: an analysis of challenges and opportunities for AEC practitioners[J]. Building Information Modelling (BIM) in Design, Construction and Operations, 2015, 149：369-380.
[6] L. Wass, Enjellina. Review of BIM-Based software in architectural design graphisoft archicad VS autodesk revit[J]. Journal of Artificial Intelligence in Architecture, 2022, 2(1)：14-22.
[7] 刘红波，杨智峰，周婷，等. 基于Revit二次开发与深度学习的钢框架节点智能审图[J]. 建筑结构学报，2024，45(7)：43-55.
[8] Zhou Y C, Zheng Z, Lin J R, et al. Integrating NLP and context-free grammar for complex rule interpretation towards automated compliance checking [J]. Computers in Industry, 2022, 142：103746.
[9] 逯静洲，曹心瑜，郑哲，等. 支持复杂规范条文解译的基元函数提取与分析[OL]. 工程力学，2024-3-21.

面向既有建筑安防运维的 BIM 模型精细度研究

隋新宇，李贞朔，班淇超

（青岛理工大学，山东 青岛 266033）

【摘　要】 随着我国城市化发展模式的转变，建筑信息模型（Building Information Modeling）技术在既有建筑运维中发挥着重要作用。本文针对高校智慧安防需求，探讨了需求与 BIM 模型精度的耦合关系，提出了一种基于智慧安防需求的建筑构件建模指南，并通过某高校智慧安防平台实践项目验证其应用价值。

【关键词】 建筑信息模型；既有建筑；智慧安防；建模指南

1　引言

随着我国城市化进程从增量扩展转向存量更新，建筑信息模型（Building Information Modeling）的应用范围逐渐扩展至建筑生命周期的各个阶段。在既有建筑的运维管理中，BIM 技术的融合应用面临图纸遗失、破损及实际施工情况与原设计不符等问题。这些问题增加了日常维护和管理的难度，也给运维管理平台的建立带来了诸多挑战。本文旨在探讨在智慧安防需求导向下的 BIM 模型精度问题，提出适当的建模精度以实现模型轻量化，提高运维平台效率，减少资源浪费。

2　运维阶段既有建筑 BIM 模型建模标准的现实需求

2.1　数字化运维的建模重点

面向既有建筑建立数字化管理平台，为积极应对建筑资料出现缺损不完整的问题，应在建立 BIM 模型之前，明确管理需求和目标，然后根据这些需求和目标进行建模，对后期可能出现的建筑资料变动进行规避。依据运维的需求逆向指导建模的思路有助于提高 BIM 模型的实用性和准确性，减少无效工作和资源浪费，提高项目的整体效率和效益。例如，在建筑运维管理中，可以先明确需求管理的关键设备和系统，如暖通、给排水、强弱电等，然后再根据这些需求建立相应的 BIM 设备模型，同时弱化建筑、结构等非重点展示模型在整体模型中的精细度和占比，突出运维系统重点。这样建立的模型中的信息可以直接用于可视化运维，提高运维管理的效率和效果，降低投入成本。

2.2　既有建筑与新建建筑模型信息的差异性

既有建筑的数据获取主要依赖现场测绘、激光扫描和现有图纸，数据获取复杂且可能不全或不准确；新建建筑则有详细设计图纸和施工记录，数据完整准确。既有建筑的建模精度需平衡数据获取成本与运维需求，实地采集高精度设备信息，以实现信息整合和提高运维平台效率，确保 BIM 模型内容与格式的轻量化。

2.3　建模标准的不足

目前，国内针对既有建筑展开的建筑运维项目越来越多，如上海临港桃浦智慧园区、青岛自贸片区、

【基金项目】 基于数据挖掘与即时反馈的医疗建筑循证设计信息技术开发研究（51908300）
【作者简介】 隋新宇（1999—），女，学生。主要研究方向为 BIM、数字建筑。E-mail：1245319096@qq.com
　　　　　　班淇超（1986—），男，副教授。主要研究方向建筑信息学、医疗建筑。E-mail：qichao.ban@qut.edu.cn

中德生态产业园智慧园区、佛山美的工业城零碳智慧园区等。在这些项目的实践过程中，BIM 建模指南可作为实现运维阶段需求的重要技术支撑。然而，国内现有的既有建筑相关建模指南和标准相对较少，除少数企业拥有内部模型建模指南外，目前公开发布的指南仅有深圳市在 2021 年发布的《深圳市既有交通基础设施建模交付技术指引》。这一现状反映出，尽管 BIM 技术在国内的应用已经取得了长足的发展，但既有建筑运维阶段的具体建模标准和指南仍然不足。考虑到我国未来巨大的存量更新和数字化转型市场的需求，制定和完善运维阶段的建模指南显得尤为迫切。

3 既有建筑运维阶段 BIM 建模原则及方法

3.1 建模原则

为更好地满足既有建筑的实际情况及需求，通过对模型所承载和传递的信息进行分类描述，统一 BIM 模型中所包含的基本内容。既有建筑 BIM 应用过程中的模型深度应分为两个信息维度：几何深度等级与附加信息深度等级。

本文探讨高校既有建筑信息模型交付指南，目的是能够建立标准规范，去建立和检验能满足既有建筑主要应用需求的建筑信息模型。对建筑信息模型我们的思路应该是从建筑运维管理的主要应用需求出发，从而更好地确定模型的交付对象及内容信息。参考石盛玉在项目运维阶段以"按阶段分需求，以需求定标准"为原则制定基于项目管理的 BIM 建模标准，适度创建模型力求达到优化方案、提升效益的整体效果。

3.2 建模方法

基于需求的建模方法可分为三个阶段。阶段一以基础数据收集为主，汇总既有建筑的基础数据，收集各专业的纸质图纸，多方协同核对图纸与现场数据的匹配度，扫描图纸并转化为 CAD 电子档案。阶段二主要包括现场勘测及图纸深化。在现有数据的基础上，对现场进行实地勘察和重新测绘。对于图纸偏差较大、部分区域勘察困难等情况，制定针对性建模方案。阶段三重点进行 BIM 建模及模型校核，结合前期图纸和现场勘测数据，开展 Autodesk Revit 建模、楼层设备管路加载、碰撞测试和校准等工作，再结合模型与实际情况进行校核。校核确认后对模型进行精细化、轻量化和信息化处理。

4 安防需求与建模精度耦合关系

4.1 高校智慧安防需求分析

智慧安防通过多种技术措施预防和减少公共安全事故，保障师生安全，主要包括视频监控和报警系统。然而，由于部分高校既有建筑的建设年代较早以及改扩建频繁，导致建筑模型信息不全或缺乏互通，具体存在以下问题。

（1）传统安防系统的局限性。部分老校区多采用二维平面管理，难以适应扩建和日益丰富的教学活动，摄像头布置有限，难以准确定位意外事件。

（2）报警系统的信息整合与共享。报警系统依赖多环节数据共享，现有建筑安防设备信息孤立，导致使用和维护困难。

为解决上述问题，需要建立一个集成的三维建筑信息模型，不仅可以三维展示校园建筑环境，还能整合楼宇安防管理功能，统一管理设备信息，以提升校园的安全管理水平。

4.2 基于安防需求的 BIM 建模指南

高校智慧安防运维功能所需 BIM 模型主要分为两部分。第一部分是场地类构件建模，这部分构件只需要大致表示建筑物的轮廓和位置信息，无需材质的表达，以实现视频监控和报警系统的有效集成，确保监控的全面覆盖和高效监测。第二部分是建筑结构及设备建模，需要将时空、建筑、设备、人员、事件等进行数字化定义，在运维平台实现安全事件的预警、处置、调度和跟踪的实时化、可视化和联动化。因此，部分构件需要针对性提高建模精度。其中根据高校智慧安防的具体需求，可以将建模精度分为不同程度的模型等级（Level of geometric detail，用 G 表示）。

（1）低精度建模（G1级别）：主要用于表示建筑的基本轮廓和布局，适合需要快速、大范围监控的场景。

（2）中精度建模（G2级别）：主要用于表示建筑的结构和关键设备，适合需要较详细监控和报警系统的场景。

（3）高精度建模（G3级别）：主要用于表示建筑的所有细节，包括内部结构、设备和管线，适合需要非常精确的监控和管理场景。

4.3 建模精度对智慧安防需求建模的影响

在智慧安防系统中，建模精度的设定至关重要，但并不是建模精度越高越好，最关键的是按需建模。过高的建模精度会增加大量的工作量和成本，而不必要的细节可能并不会带来相应的管理效益。相反，适当的建模精度可以满足系统需求，同时保持成本和效率的平衡（表1）。

不同建模精度对智慧安防的影响　　　　　　表1

建模精度	细节展示	优点	缺点	适用场景
低精度建模	建筑基本轮廓和布局	工作量小、速度快	细节较少，难以精确定位安全事件	初步监控需求
中精度建模	建筑结构和关键设备	提供较详细信息	增加一定工作量和成本	详细监控和报警系统
高精度建模	全部细节（内部结构、设备和管线）	极高细节水平，精确反映监控点	工作量大、时间长、成本高	需要非常精确的监控和管理场景

5 某高校智慧安防平台实践案例

5.1 案例概述

以位于山东省青岛市的某高校办公楼为例，占地面积2000余亩。校方基于具体的安防需求，提出实现全校园智慧安防平台建设。本文以科技楼单体为例，探讨智慧安防需求导向下的既有建筑运维阶段BIM建模标准的实践意义。

5.2 基于BIM技术的运维模型构建与功能实现

科技楼始建于2002年，已有22年的历史，尤其是随着建筑物长期使用和维护，在2015年发生了多次改动和更新，导致建筑内部与现有图纸不一致。这种不一致涉及建筑结构等方面的变动及更新，而这些变动并未在原始的建筑图纸中完整记录。在实地调查和测量后，结合前文所提到的建模原则及方法，进行重新建模（图1）。对BIM模型进行轻量化处理后，将BIM模型、建筑设备信息及相关建筑资料等导入运维管理系统（图2）。

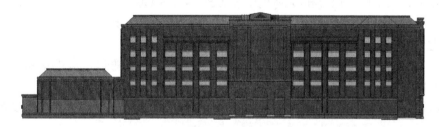

图1　科技楼BIM模型

图2　建筑可视化展示

5.3 基于建模指南的建模过程

在智慧安防系统中需要精确建模的构件包括外墙、内墙、柱子、楼板、楼梯及运输系统、阳台露台等。这些构件需要确保几何尺寸的准确，以便确定摄像头的视频监控系统能够覆盖其监控视野范围。在保持主要功能的前提下，可以简化内部非必要的细节，但关键结构必须准确反映。

对于其他构件，如室内装饰、家具、非关键管道和设备等，可以适当简化。这些部分虽然在建筑的整体呈现中具有一定的作用，但在智慧安防的实际应用中，其细节并不影响监控和报警系统的功能。因此，这些构件只需提供必要的几何信息和位置关系，不需要详细的材质和结构细节。

模型精度对比见表2。

模型精度对比　　表2

建模等级	建模细节	建模图例
低精度建模（G1级别）	用于科技楼外围轮廓	
中精度建模（G2级别）	对科技楼内部细节进行建模，包括墙体、楼梯	
高精度建模（G3级别）	对科技楼内部主要结构和设备进行建模，如暖通系统、消防设备	

基于建筑安防需求的BIM建模需要在精度和效率间平衡。在某高校办公楼的案例中，低精度建模（G1级别）适用于建筑基本轮廓，快速覆盖大范围监控，节省成本和时间。中精度建模（G2级别）适合关键建筑结构，提供详细位置，确保定位的准确性，兼顾成本和复杂性。高精度建模（G3级别）用于精细管理，尽管成本高，但提供全面准确数据，支持高风险区域基础设备的安防管理。模型精度对比见表2。

6 结论

本研究探讨了基于运维安防需求的既有建筑 BIM 建模指南，旨在通过逆向指导解决建模问题，制定适当的建模精度和方法，促进 BIM 技术在高校既有建筑中的应用。研究强调了 BIM 技术对建筑全生命周期的重要性，提出了新的建模思路以提高运维阶段的针对性和准确性。通过现场测绘和激光扫描等手段获取数据，并根据运维需求进行精简建模，确保模型兼顾监控和报警系统的集成，提高安全管理效率。某高校的实践案例验证了 BIM 建模指南的有效性，展示了 BIM 技术在实际运维中的应用效果，提高了校园安全管理水平和运维效率。本研究不仅为高校既有建筑的运维管理提供了理论支持，也为实践提供了具体的操作指南。

参 考 文 献

[1] 王深山，马小玲，刘海东，等．浅谈基于 BIM 技术的既有建筑改造[J]．建筑技艺，2022，(S1)：195-197.

[2] 汪再军，李露凡．基于 BIM 的既有建筑运维管理系统设计及实施研究[J]．建筑经济，2017，38(1)：92～95.

[3] 高崧，李卫东．建筑信息模型标准在我国的发展现状及思考[J]．工业建筑，2018，48（2）：1-7.

[4] 陈安惠，黄国怒．用于轨道交通运维 BIM 模型交付及应用[J]．低碳世界，2018，(1)：305-306.

[5] 石盛玉，马华明，戴晶，等．基于工程项目管理的 BIM 建模标准研究[J]．建筑施工，2019，41(5)：964-966，969.

[6] 解中赫．应用于建筑运维阶段的建筑信息模型(BIM)轻量化研究[D]．青岛：青岛理工大学，2023.

[7] 姚晶珊，侯占伟．既有医院建筑运维中 BIM 及 AR 应用实践——复旦大学附属华山医院老院区既有建筑信息化改造实践和探索[J]．中国医院建筑与装备，2023，24(7)：59-63.

[8] 徐瑞楠．基于 BIM 的校园基础设施运维管理的关键因素研究[D]．天津：天津大学，2019.

[9] 崔鑫，吴涛，陈勇，等．既有桥梁运维阶段 BIM 建模标准研究[J]．上海公路，2018，(2)：57-60，5.

俄罗斯 BIM 技术政策、标准与软件

张吉松[1]，任国乾[2]，任昭彦[1]，周笑竹[1]

(1. 大连交通大学土木工程学院，辽宁 大连 116028；
2. 同济大学 建筑与城市规划学院，上海 200092)

【摘　要】在中俄建交 75 周年的重要背景下，深入了解俄罗斯 BIM 发展现状，不仅可以促进"一带一路"倡议在中俄工程数字化领域的深度合作，而且对于支持中国建筑企业的国际化发展（"走出去"）具有重要参考意义。因此，本研究以 BIM 技术政策、标准体系、软件三个方面为切入点，全面解读俄罗斯 BIM 现状，分析当前面临的挑战并展望未来，旨在给对俄罗斯 BIM 现状感兴趣的研究人员提供一些有用的信息。

【关键词】俄罗斯；BIM；技术政策；标准；软件

1　引言

近十年来，俄罗斯的 BIM 技术取得了蓬勃的发展。尽管目前俄罗斯 BIM 应用各方水平差异较大，并处在 BIM 应用的不同阶段，但国家、企业和软件研发公司都在积极地寻找更好的解决方案。在技术政策方面，俄罗斯政府出台了一系列促进 BIM 技术发展的政策措施，为行业发展提供了政策保障和支持；在标准方面，俄罗斯出台了 3 本国家层面的 BIM 标准，以推动 BIM 技术在建筑行业的广泛应用；在软件方面，国家推动本土 BIM 软件的研发和应用，进口软件和国产软件共同生存与发展。因此，本研究从 BIM 技术政策、标准体系和软件三个方面对俄罗斯的 BIM 现状进行解读，旨在为中俄两国在建筑数字化领域深度合作提供技术参考。

2　发展历史

俄罗斯关于 BIM 的研究最早可以追溯到 20 世纪 70 年代末，当时在数学和软件方面都极具天赋的圣彼得堡大学数学教授 Samuel P. Geisberg（以下简称 Geisberg）移民美国后，在 Applicon & Computervision 软件设计公司从事软件设计工作。Geisberg 花了近十年的时间研发计算机辅助设计（CAD）和计算机辅助制造（CAM）软件，并在筹集到 15 万美元后，在 1985 年 5 月成立了参数化技术公司（Parametric Technology Corporation）并于 1988 年成功设计出 Pro/Engineer（以下简称 Pro/E）软件，该软件迅速被市场接受并在 1989 年销售额超过 1100 万美元，净收入超过 150 万美元。Pro/E 当时具有的很多特点，例如可以识别设计中单个变量的变化并相应地调整模型其余部分的能力（参数化设计），被认为是为 BIM 技术成熟和发展奠定了坚实的技术基础。

20 世纪 90 年代，受到政治经济的双重影响，俄罗斯 BIM 技术的研发与应用发展较为缓慢。2002 年，随着美国 Autodesk 公司在全球大力宣传和推广 BIM，俄罗斯 BIM 领域专家学者也重新加入认识、改造、研发 BIM 的队伍中来。与很多国家类似，俄罗斯 BIM 的研发与应用，在一开始也是由行业领域内专家和感兴趣学者发起，并未上升到国家战略层面。直到 2014 年 3 月 4 日，俄罗斯总统专家委员会通过了《为促进经济现代化与创新发展而制定并批准使用 BIM 的决议》，该举措标志着俄罗斯政府正式推动 BIM 技术在实施层面的应用。自 2014 年至 2024 年，俄罗斯在 BIM 领域的发展较快，无论是在技术政策、标准

【基金项目】辽宁省教育厅面上项目（LJKMZ20220868），大连市科技人才创新支持政策项目（2023RJ018）
【作者简介】张吉松（1983—），男，副教授。主要研究方向为建筑信息模型（BIM）。E-mail：13516000013@163.com

制定还是软件开发方面，均取得了显著的进展。以下将逐一进行详细介绍。

3 BIM技术政策（图1）

2014年12月，俄罗斯联邦建设和公用事业部批准了一项关于引入建筑信息模型技术在工业和民用建筑领域的计划。该文件是与俄罗斯国家标准委员会、俄罗斯联邦政府专家委员会及其他机构共同制定。根据计划，俄罗斯联邦政府专家委员会选择使用BIM技术进行"试点"项目，并根据试点项目的成果，制定或补充BIM相关的法律、法规和技术文件。2015年3月，俄罗斯建设部制定了选择BIM试点项目的标准，具体内容包括：（1）具有在项目实施中应用BIM技术的组织经验；（2）公司内拥有擅长BIM技术的专家；（3）具有明确信息建模流程的规范文件；（4）在项目的主要环节（例如建筑设计、预算等）应用统一的BIM模型；（5）拥有受控的、带有嵌套数据和一致数据合并的3D环境。

图1 近10年俄罗斯BIM技术政策

2017年4月，俄罗斯副总理德米特里·科扎克（Dmitry Kozak）签署了一份关于在建筑物全生命周期各阶段引入BIM技术的"路线图"。该路线图明确了在建筑物设计、施工、运营和拆除阶段制定国家BIM标准，以及将建筑领域使用的规范技术、造价标准及建筑信息分类与编码标准保持一致。该路线图还涉及扩大联邦国家建筑定价信息系统的范围，以便涵盖建筑设施的运营和拆除阶段，并要求国家预算资助的工程设计必须采用BIM技术。

2018年7月，普京总统指示俄罗斯联邦政府，为推动建筑行业向BIM技术转型创造条件。随后普京总统的指令被发布到俄罗斯工业家和企业家联合会技术监管委员会的官方网站上，引入BIM的目的被称为"促进建筑行业现代化"和"提高建筑质量"。2019年，BIM概念写入城市规划法典并通过了第151号联邦法，为俄罗斯推广和应用BIM技术提供了新的机会。

2020年10月，俄罗斯《统一信息建模系统——主要规定》制定工作启动。2021年12月，俄罗斯总理弥赛斯廷（Mikhail Mishustin）签署了第3719-p号法令，正式批准了BIM技术的"路线图"。"路线图"包括以下内容：（1）发展增材制造（3D打印）生产技术；（2）引入增强现实和虚拟现实；（3）使用无人机进行空中监测；（4）使用节能环保材料；（5）支持使用节能环保建筑材料的制造商和开发商。

2022年，市场研究机构"GuideMarket"的报告显示，俄罗斯BIM技术市场的规模达到101亿卢布，较2021年增长了14.4%。在2018年至2022年期间，市场规模翻了一番。报告还指出，2022年，BIM技术领域出现了几个主要趋势，包括：（1）越来越多的关注被放了人工智能的应用上；（2）数字孪生的应用越来越受欢迎；（3）BIM技术在全生命周期的不同阶段得到更广泛的应用；（4）云技术在BIM行业的发展。

2023年5月，俄罗斯国家层面BIM标准发布。2024年1月，俄罗斯住房和城乡建设部表示，一项关于住宅建筑的初步国家标准《数字信息模型要求》已获批准。该文件由住房领域发展研究所"Дом. РФ"于2023年编制，并在建筑部领导下的TK 505"信息建模"行业社区的审查中通过。另一个国家标准PNST 909-2024《非生产设施数字信息模型要求。第1部分——住宅建筑》将于2024年2月1日生效，有效期为三年。从 2024 年 7 月 1 日起，俄罗斯所有住房建设的新项目将被要求使用 BIM 进行。

4 BIM 标准

截至 2024 年，俄罗斯发布的国家层面的 BIM 相关标准有 3 本，分别是：

(1)《GOST R 10.0.06-2019》(System of standards on information modeling of buildings and structures. Building construction. Organization of information about construction works. Part 3. Framework for object-oriented information)；

(2)《GOST R 10.00.00.00-2023》(Unified Information Modeling System—Main provisions)；

(3)《PNST 909-2024》(Requirement for Digital Information Models of Non-Production Facilities. Part 1. Residential Buildings)。

从以上可以看出，这 3 本规范源于两个标准体系：GOST 和 PNST。GOST 代表 "Gosudarstvennyy Standard"，即 "国家标准"。GOST 标准体系是俄罗斯（以及其他一些类似国家）最重要的国家标准，旨在确保产品、服务和系统的质量、安全性和互操作性。GOST 标准是正式的国家标准，具有法律效力，必须严格遵守。GOST 标准覆盖了广泛的领域，包括工业、农业、建筑、交通、食品等，部分 GOST 标准与国际标准接轨，以确保俄罗斯产品和服务能够在国际市场上竞争。

PNST 代表 "Preliminary National Standard"，即 "预国家标准"。PNST 标准体系旨在迅速引入和测试新的技术标准，以应对快速发展的科技和产业需求。PNST 标准通常在正式国家标准（GOST）发布之前使用。PNST 标准的制定过程较快，以便及时应对市场和技术变化。PNST 标准通常是临时的，在一定时间内测试和应用，最终可能会转化为正式的 GOST 标准。由于是预标准，PNST 标准允许更多的灵活性和调整。

《GOST R 10.00.00.00-2023》标准提供了全面系统的 BIM 实施指南，适用于各类建筑项目，特别是大型项目和政府工程。其特点是系统化和强制性，强调数据互操作性。具体内容包括应用领域、参考规范、术语、一般规定、统一信息建模系统标准、统一信息建模系统标准的制定、统一信息系统的建立、附录等。其中，在统一信息建模系统标准中，详细介绍了建模对象、信息模型的分类和编码原则、建模对象及其要素信息的建模要求、空间规划对象及其要素信息的建模要求、统一信息空间要求、信息模型质量评估要求、应用信息模型确保模拟对象安全的要求等内容。

《PNST 909-2024》标准适用于住宅建筑的信息需求，适用于住宅建筑的数字信息模型，包括公寓楼、低层住宅区内的独立住宅楼和街区式建筑。标准规定了信息内容的规则和一般原则，以及对住宅建筑数字信息模型的形成和维护结果的要求，以形成本标准规定的信息建模技术应用场景，可成为确定在房屋建筑统一信息系统中使用的指定对象数字信息模型的信息交换要求。标准还制定了使用 IFC 数据格式进行数据交换的规则。标准具体内容包括适用范围、参考规范、术语与定义、缩略语、一般规定、对数字信息模型要素的要求、附录等内容。其中，第 5 章一般规定包括的内容较多，包括信息建模技术的应用方案、对模拟结果的要求、数字信息模型的构成、互操作性要求、对数字信息模型结构的要求、分类器的使用、确定数字信息模型的要素、数字信息模型要求等内容。

5 BIM 软件

与我国类似，俄罗斯国内常用的 BIM 软件分为进口软件和国产软件。进口软件包括美国 Autodesk、Bentley、德国 Allbau Allplan 以及匈牙利 Graphisoft 公司旗下的各种 BIM 软件；国产软件包括 ASCON、Csoft、Nanosoft 公司旗下的多款 BIM 软件。

国外软件中，Autodesk Revit 在俄罗斯主要使用的 BIM 软件中处于领先地位。为占领俄罗斯 BIM 市场份额，Bentley 旗下的 Bentley AECOsim Building Designer 软件，将俄罗斯 BIM 标准嵌入该软件中并采用俄语版本，以便满足用户使用需求。同时，联合使用俄语版本的 Bentley AECOsim Building Designer 和一个插件，可以将在该程序中创建的模型与 Autodesk Revit 模型相结合。另外，Autodesk Revit 库对

Bentley AECOsim Building Designer 的易用性良好，可以明显感觉到俄罗斯国外 BIM 软件市场的竞争日益激烈。国产软件中，俄罗斯应用较多的包括：Renga、KOMPAS-3D、Model Studio CS、nanoCAD、NEOLANT 以及 S-INFO，下面分别介绍。

5.1 Renga

作为俄罗斯本土第一家 BIM 软件开发商，Renga 软件由 ASCON 和 1C 两家公司合资开发，到 2023 年 10 月，已有 7 年的历史。Renga 软件面向建筑工程领域，可以简洁、直观地创建三维模型，并集成了建筑设计、结构设计和机电设计，旨在服务项目全生命期各阶段。Renga 可以根据不同需求导出多种格式，包括 C3D，JT，ACIS，Parasolid，STEP 等。同时，Renga 也可以根据用户的需求导出 IFC 格式，例如 BuildingSMART 模型视图——IFC 4 RV-1.2。Renga 易于上手，界面直观，支持协同设计，中小型设计公司中比较受欢迎，但也面临功能相对有限，不如一些国际大牌软件全面，用户社区和第三方插件支持较少等问题。据不完全统计，Renga 在俄罗斯的市场占有率为 15%～20%。

5.2 KOMPAS-3D

KOMPAS-3D 是 ASCON 公司在其经典的 KOMPAS-3D CAD 软件基础上开发的 BIM 模块。其集成了建筑、结构和机电设计功能，支持多专业协同设计。KOMPAS-3D 在保持传统 CAD 功能的同时，增强了 BIM 功能，提供了从概念设计到详细设计的完整解决方案。KOMPAS-3D 支持自顶向下和自底向上的设计方法，并提供了多个实用的工程计算功能，包括重心位置和惯性特性计算、强度分析、热导分析、液体和气体流动分析等。KOMPAS-3D 便于生成多种类型的文档，如图纸、规格和图表，也可以选择预设文档样式或创建自己的样式，在没有模型的情况下准备图纸。另外，为让 KOMPAS-3D 更易于使用，用户可以通过创建自己的工具栏和上下文敏感面板来定制其界面。除了在建筑工程中应用外，还支持在电气工程、电子、机械和设备等方面的建模与分析。

5.3 Model Studio CS

Model Studio CS 是俄罗斯 Csoft 公司开发的系列产品，据其官方网站的描述，Model Studio CS 系列产品能够完全取代外国开发商的工程软件，如 Autodesk、Bentley Systems 等。Model Studio CS 能够与任何 BIM 模型实现互操作性，并支持 IFC 格式，其应用范围包括机械制造和冶金厂、民用设施、空中和海上交通基础设施、矿业基础设施、石油和天然气综合体、化工和食品行业、特种设施、电力以及核电设施。Model Studio CS 具有国产软件注册、共享数据环境、丰富的组件库、三维模型关系简图、各专业产品线、以及适应企业标准能力的特点。Model Studio CS 软件本地化优势明显，符合俄罗斯标准，功能全面，覆盖多个设计领域，具有强大的兼容性和文件交换能力。但软件性能在大型项目中可能有所限制，用户界面较为复杂。Model Studio CS 在俄罗斯国内有较大的用户基础，特别是那些需要严格遵守本地标准的项目。

5.4 nanoCAD

nanoCAD 系列软件由俄罗斯 Nanosoft 公司开发，其功能适用范围广泛，从简单绘图的开发到在大型设计机构中的工业应用。nanoCAD 有着一系列解决方案，如 nanoCAD 平台、BIM Solutions、应用等。nanoCAD 平台包括 3D、"SPDS"、Mechanics、"Topoplan"、Raster、Organization 等模块；BIM Solutions 包括 Structures、VK、Ventilation、Heating、Electro、SCS、OPS 等模块。nanoCAD 支持多种 BIM 标准的文件格式，如 IFC、RBIM 等，方便与其他 CAD/BIM 解决方案进行集成。据官网报道，nanoCAD 系列软件有超过 150 万用户使用。

5.5 NEOLANT

NEOLANT 是 2010 年成立的俄罗斯信息建模技术的供应商，基于俄罗斯 CAD/IM/EDMS 技术为大型工业设施提供支持，覆盖设计、施工、运营和退役的整个生命周期。NEOLANT 是俄罗斯为数不多的进军美国、加拿大和拉丁美洲的软件开发商。NEOLANT 集成了 GIS 系统，研究面向智慧城市的建设，也编制了多本国家层面的智慧城市标准，例如 GOST P "Smart city. Reference structure of ICT—Part 1. Structure of business processes of the Smart city"、Part 2. A management structure knowledge of the Smart city、Part 3. The engineering systems of the Smart city 等。

5.6 S-INFO

S-INFO 是 2018 年成长起来的专注于俄罗斯联邦交通基础设施建设现场信息建模技术领域的技术公司。主要业务包括面向交通基础设施和资产的 BIM 软件和应用工具开发，以及对象信息模型在其整个生命周期各阶段的开发和维护。公司开发的软件被列入俄罗斯联邦电子计算机和数据库统一注册表，俄罗斯联邦政府机构推荐使用。S-INFO 软件系列包括 S-INFO Desktop、S-INFO Lite、S-INFO Web、S-INFO Web server 等。以 S-INFO Desktop 为例，其可以实现的功能包括信息模型的创建、将数据整合到信息模型中、组织和结构化信息、基于角色模型组织对当前信息模型及其数据的访问、交换信息消息、创建评论、发布任务和指示、项目聊天、基本的管理、监控、控制和调度工具，以及保存模型和数据更改历史等。

另外，据一份来自 Csoft 的调研报告显示，在 332 位受访者中，每四位受访者中就有 1 位（82 位受访者）表示他所在公司不使用俄罗斯的 BIM 软件。超过三分之一的调查参与者（34.1%）表示，选择外国产品是因为进口软件能够满足企业的需求。调查中有相当比例的受访者（23%）指出国内解决方案的功能不够完善。一些受访者报告称"有机会使用未经授权的软件"，而另一些人表示"国外合作伙伴不接受俄罗斯软件"。

6 结束语

在中俄建交 75 周年的大背景下，研究俄罗斯 BIM 技术不仅能够推动"一带一路"倡议在中俄工程数字化合作领域的深化，而且对中国建筑企业国际化战略的实施具有指导意义。本研究聚焦于俄罗斯 BIM 技术的技术政策、标准体系以及软件应用三大领域，旨在为对俄罗斯 BIM 有研究兴趣的学者和行业人士提供参考。

参 考 文 献

[1] 王浩杰，杨田植，李慧琴. BIM 技术在俄罗斯的应用现状及前景展望[J]. 中国工程咨询，2021，(12)：68-72.

[2] 梁成业，李港，张耐，等. 基于 BIM 技术的"一带一路"援外项目的数字化设计与协同建造管理应用实践[C]//中国图学学会. 2023 第十二届"龙图杯"全国 BIM 大赛获奖工程应用文集. 北京建工集团有限责任公司；北京六建集团有限责任公司；2023：12.

[3] Dmitrieva T L，Sheverova A O，Golovantseva A B. Analysis of BIM software systems used in the Russian market[J]. SiliconPV 2021, The 11th International Conference on Crystalline Silicon Photovoltaics，2022.

[4] Vishnivetskaya A，Mikhailova A. Employment of BIM technologies for residential quarters renovation: global experience and prospects of implementation in Russia[C]//IOP Conference Series: Materials Science and Engineering. IOP Publishing，2019，497：012020.

[5] Aleksandrova E，Vinogradova V，Tokunova G. Integration of digital technologies in the field of construction in the Russian federation[J]. Engineering Management in Production and Services，2019，11(3)：38-47.

[6] Kisel T. Dynamics of the level of BIM application in Russia in 2017-2019[C]//E3S Web of Conferences. EDP Sciences，2020，220：01025.

[7] Kisel T. Application of BIM technologies in construction in Russia[C]//E3S Web of Conferences. EDP Sciences，2019，110：02148.

[8] Nechaeva I. Building information modelling (BIM) in construction project management in Russia[J]. Project Management Development-Practice and Perspectives，2016，213.

[9] Kurilov R. Open BIM technologies in Russia: usage and development of Open BIM in Russia[J]. 2021.

[10] Потапов И В. Methodology for the Russian BIM standard development with account of the international experience[J]. Синергия Наук，2017 (11)：1020-1044.

[11] Turkova V N，Archipova A N，Fedorovna Z G. Digital transformation of the Russian construction industry[C]//IOP Conference Series: Materials Science and Engineering. IOP Publishing，2020，880(1)：012083.

[12] Yatsyuk T V，Alimgazin A S，Yavorovsky Y V，et al. BIM modeling for life cycle of building: modern realities and development demands in Russia[C]//AIP Conference Proceedings. AIP Publishing，2023，2701(1).

[13] Lyapina A R，Borodin S I. Use of building information modelling (BIM) in constuction: the state expert inspection of construction projects in Russia[J]. Известия вузов. Инвестиции. Строительство. Недвижимость，2018，8(2 (25))：11-17.

建筑机器人对工程计价影响研究

焦思佳,张吉松,张云国

(大连交通大学土木工程学院,辽宁 大连 116028)

【摘 要】 作为智能建造的重要组成部分,建筑机器人在解放劳动力、提高施工效率以及改善施工环境方面展现出很大潜力。然而,在施工中应用建筑机器人改变了传统的施工生产方式,其生产要素和组织方式均发生了变化,现有的工程计价标准难以满足新技术引入所带来的新需求。因此,本文通过调研五个省市的定额,剖析建筑机器人对工程计价的影响,并以细石混凝土找平层为例,对比了传统施工模式和建筑机器人模式下的影响因素并分析建筑机器人对直接费的影响机理。本研究旨在为建筑机器人消耗量标准制定和定额编制提供参考。

【关键词】 建筑机器人;工程计价;影响;智能建造;定额

1 引言

智能建造的兴起给建筑行业带来了新机遇,其能够在一定程度上提高效率、降低成本、提升安全性和质量、推动行业创新和变革、促进可持续发展和提升行业标准。智能建造可以广义理解为利用智能化技术,如人工智能(AI)、物联网(IoT)、机器人技术、建筑信息模型(BIM)等,在建筑工程的设计、生产、施工和运维等各个阶段实现更高效、更安全、更环保和更持续的建筑方式。智能建造涉及的新技术主要包括 BIM、IoT、AI、机器人、无人机和先进成像技术、云协同平台、AR、数字孪生等。目前,这些新技术在工程造价方面的计价标准尚未明确且统一规定,其对成本的影响仍需进一步研究。

建筑机器人作为智能建造的重要组成部分,自提出以来就一直被广泛关注。建筑机器人是专门应用于土木工程领域的机器人,其能够依据计算机程序或人类指令,自动执行简单且重复的施工任务。对建筑机器人的理解,我们可以从狭义和广义两个角度进行探讨。从广义上说,建筑机器人涵盖了与建筑物全生命周期相关的所有机器人设备;而从狭义上讲,则特指那些与建筑施工作业直接、密切相关,能够辅助或替代人工进行各种施工任务的机器人设备。建筑机器人更能适应建筑行业中恶劣、复杂的环境并且在一些简单重复的工作中展现出比传统工人更高的效率,节约了时间成本,在进行高危险性、重体力的外墙干挂石材安装作业和钢筋混凝土预制板铺设等工作中展现出其出色的能力。

尽管目前研发的建筑机器人种类丰富,但建筑机器人相关补充定额或消耗量也仅有苏州市、佛山市、重庆市、湖北省、浙江省五个省市(以下简称五省市)颁布,在已公布的建筑机器人定额中也仅有整平机器人、抹平机器人、喷涂机器人、腻子机器人、研磨机器人和墙板安装机器人等几种机器人在现浇混凝土工程、楼地面工程、室内装饰工程中的计价定额,通过查找文献发现,建筑机器人在工程计价中的量化及影响研究较少。

通过对五省市建筑机器人定额子目统计发现,这五个省市的补充定额项目种类繁多且定额中都包括了楼地面细石混凝土找平层,而人工、机械、材料的价格变化又是基价高低的重要原因。因此,本文采用内容分析法以楼地面细石混凝土找平层为例,对该子目下的人工费、机械费、材料费和基价的数据对比并对机器人施工模式下人、材、机消耗量的影响因素进行分析。

【基金项目】 辽宁省教育厅面上项目(LJKMZ20220868),大连市科技人才创新支持政策项目(2023RJ018)
【作者简介】 张吉松(1983—),男,副教授。主要研究方向为建筑信息模型(BIM)。E-mail:13516000013@163.com

2　国内外相关研究

随着建筑机器人的研发，传统的施工方式也逐渐发生改变。日本清水公司在20世纪研发出了世界上第一台用于建筑施工的耐火材料喷涂建筑机器人，并将其命名为SSR-1。此后，各国便纷纷开始重视建筑机器人的研究，其中典型的有麻省理工学院研发的用于内墙内部的trackbot和studbot、德国杜伊斯堡埃森大学研发的Robo Tab-2000石膏板安装建筑机器人。近些年，我国对建筑机器人的研发也在如火如荼地进行，目前能完成单一施工工序的自动化和半自动化的建筑机器人层出不穷，典型的有哈尔滨工业大学研发的能够在高层建筑瓷砖表面和玻璃幕墙进行清洗工作的爬壁机器人、河北工业大学研制的室内板材安装机器人，还有一些地砖铺贴、墙板搬运、室内喷涂等建筑机器人也已在我国房建项目施工中进行了测试。机器人走出实验室到施工现场，不仅依靠科研人员的研究，还有一些批量生产机器人的公司，目前国内有几十家建筑机器人的研发和生产商，例如博智林、蔚建等。随着机器人在建筑施工中的应用增多，建筑机器人的相关定额也广受关注。

建筑分部分项工程费主要由人工费、材料费、机械费、管理费、利润等构成，其中人工费、材料费及施工机具费是综合单价计算的基础。我国目前主要采用的工程量清单计价，是以定额为基础并考虑人工费、材料费和机械租赁费动态指数进行计价。建筑工程定额反映了当地生产建筑产品的平均消耗量和单价，为建设项目提供了可供参考的子目基价，建筑机器人在建筑造价行业的应用使人工、材料、机械等资源被重新规划和分配。以湖北省细石混凝土找平层为例，在传统施工模式下，基价2691.44元，其中人工费为956.95元，材料费为1037.43元，机具费为0元，费用为430.34元，增值税为266.72元；机器人施工模式下，基价2417.47元，其中人工费为601.79元，材料费为1041.78元，机具费为209.47元，费用为364.82元，增值税为199.61元。

3　建筑机器人对工程计价的影响

3.1　五省市机器人施工与传统施工模式计价数据对比

我国定额体系按照主管部门可分为全国统一定额、行业定额、地区定额，为具体研究机器人对计价的影响，本文调研了国家各省市的建筑机器人定额，确定以目前出台相关规定的五省市智能建造（建筑机器人）相关定额和这五个省市的建筑与装饰工程计价定额作为本文数据来源，如表1所示。通过对已颁布的五省市建筑机器人定额与同地区传统施工模式对比，直观比较基价中人工费、材料费、机械费的变化。五个省市定额分别从混凝土工程、楼地面工程、室内装饰工程等方面罗列了相关定额，本节以楼地面找平层为例分析五个省市的相关定额，如表2、表3所示，其中施工模式A代表机器人施工，施工模式B代表传统施工。

五省市定额对比　　　　　　　　表1

地区	建筑机器人补充定额	现行建筑与装饰工程定额
苏州市	《智能建造（建筑机器人）补充定额》	《江苏省建筑与装饰工程计价定额》（2014版）
佛山市	《首批智能建造（建筑机器人）定额子目》	《广东省房屋建筑与装饰工程综合定额（2018）》
重庆市	《重庆市智能建造（建筑机器人）消耗量标准》	《重庆市房屋建筑与装饰工程计价定额》CQJZZSDE—2018
湖北省	《湖北省智能建造（建筑机器人）补充定额》	《湖北省房屋建筑与装饰工程消耗量定额及全费用基价表》（2018版）
浙江省	《浙江省建设工程计价依据（2018版）综合解释及动态调整补充》	《浙江省房屋建筑与装饰工程预算定额》（2018版）

佛山市、浙江省、湖北省细石混凝土找平层基价对比　　　　表2

100m²

项目		佛山市楼地面细石混凝土找平层30mm		浙江省楼地面细石混凝土找平层30mm		湖北省楼地面细石混凝土找平层30mm	
定额子目编号		A1-12补-4	A1-12-9	ZZ-9	11-5	ZN-8	A9-4
施工模式		A	B	A	B	A	B
基价/元		1059.53	1043.23	2583.24	2729.57	2417.47	2691.44
其中	人工费/元	630.24	864.72	782.13	1327.58	601.79	956.95
	材料费/元	21.89	21.89	1275.80	1312.21	1041.78	1037.43
	机具费/元	251.13	2.81	525.31	89.78	209.47	0.00
	管理费/元	156.27	153.81	—	—	—	—
	费用/元	—	—	—	—	364.82	430.34
	增值税/元	—	—	—	—	199.61	266.72

重庆市、湖北省细石混凝土找平层消耗量对比　　　　表3

100m²

项目			重庆市细石混凝土找平层（机器人）		湖北省细石混凝土找平层（机器人）	
			厚度30mm		厚度30mm	
定额子目编号			BAL001	11-1	ZN-8	A9-4
施工模式			A	B	A	B
人工	抹灰综合工/工日	普工	3.120	6.943	1.582	2.516
		技工			3.213	5.109
材料	C20商品混凝土/m³		3.182	3.030	3.030	3.030
	素水泥浆普通水泥/m³		0.100	0.100	—	—
	水/m³		0.552	0.600	0.400	0.400
	其他材料费/元		72.970	72.97	—	—
	电（机械）		—	—	5.799	—
机械	地面整平机器人/台班		0.131	—	0.137	—
	地面抹平机器人/台班		0.110	—	0.123	—
	双锥反转出料混凝土搅拌机350L/台班		—	0.259	—	—

将以上数据对比发现，细石混凝土找平层子目在《江苏省建筑与装饰工程计价定额》（2014版）中未精准对应，不便将两种施工模式下的基价作对比，将余下四个省市的有效数据对比发现，两种施工模式下基价相差不多，机器人施工模式下人工费更少，材料费不变，管理费、利润、机械费增多。使用建筑机器人的成本优势不仅体现在直接建造成本上，还体现在时间成本、资金使用成本、环保成本和安全成本等方面，与传统建筑方式相比，机器人施工模式可能具有更高的效率、更快的施工速度和更好的环保性能。

3.2 建筑机器人对工程计价的影响

3.2.1 关键影响因素筛选方法

筛选关键影响因素的方法有很多种，如文献研究法、专家调研法、因素分析法、定性分析法等，本文通过因素场确定、因素初选、主要成因分析、因素筛选四个步骤，发现建筑机器人在工程计价中对机械费和人工费的影响较大，最终确定了人工费、材料费、机械费所属的直接费是最直接、最重要的影响因素。

3.2.2 基于直接费组成的成本影响因素分析

在颁布建筑机器人定额的五个省市中，仅有湖北省定额中罗列了当地施工机械台班的费用组成和单价，而人工、材料、机械的消耗量也直接决定了这三部分的费用和该子目的基价，所以本节以湖北省细石混凝土找平层（建筑机器人）30mm消耗量为例，重点对湖北省细石混凝土找平层人、材、机费用对比分析。

（一）人工费

湖北省细石混凝土找平层中，人工费包含普工和技工，每工日（八小时）单价相差五十元左右。普工主要从事技术含量较低的劳动，技工则是指掌握了一定的技术，能够解决技术问题的人。在传统施工模式下，普工主要负责对基层面进行清洁和湿润处理、搬运预拌混凝土，技工则是调节找平层的高度和厚度并对边缘进行修整。建筑机器人替代人工进行了整平和压实，根据表中数据可发现，机器人施工模式下人工费仅为传统施工模式的63%。通过调研发现，完成相同面积的楼地面细石混凝土找平，机器人施工速度是传统施工人工的3~5倍，提高了施工效率。

（二）材料费

根据表中数据发现，使用建筑机器人模式下，材料费中的预拌混凝土和水的消耗量没有变化，主要原因是材料费在施工项目中主要与具体工程量情况有关，与是否使用机械设备没有直接影响。在湖北省建筑机器人定额中，使用机械消耗的电量归为材料费，但调研其余省市定额发现机械用电不全被归为材料费，还有被归为机械费的情况。

（三）机械费

传统施工模式下的细石混凝土找平层施工步骤主要是：（1）基层处理；（2）湿润处理；（3）倒入预拌混凝土；（4）从低到高找平；（5）周边处理；（6）舒缓和压实；（7）养护。

细石混凝土找平层所用的建筑机器人主要工作内容为捣平、压实。其中整平机器人和抹平机器人在施工中多采用租赁的方式，每完成100m²整平机器人扣除燃动费的机械台班单价为806.78元，其中折旧费442.77元，检修费19.05元，维护费57.15元，安拆及场外运费3.81元，人工费284元，燃料动力费10.2元，其他费0元；抹平机器人扣除燃动费的机械台班单价为804.38元，其中，折旧费440.37元，检修费19.05元，维护费57.15元，安拆及场外运费3.81元，人工费284元，燃料动力费24元，其他费0元。机器人模式下的机械人工费是指操作人员年工作台班（机械台班定额是按照现行劳动制度年工作250工作日，每台班8小时计算的）以外的人工费，和基价中的人工费不同。传统施工模式下，采用人工利用刮板完成找平的施工方式，不产生机械费。

4 讨论

建筑机器人的兴起改变了传统的计价方式，本文通过对五省市细石混凝土找平层定额对比发现，在细石混凝土找平层中使用建筑机器人能够减少人工费，但机械费有了显著增加。从本文分析的数据范围来看，仅对五省市细石混凝土找平层子目进行了整理分析，并没有对建筑机器人补充定额中的其他子目数据分析，还存在一定的局限性。另外，未来在以下方面也值得关注。

（1）除了建筑机器人以外，智能建造的其他技术（例如BIM、人工智能等）对于成本的影响，以及工程造价方面的计价标准有待进一步研究。未来可以针对新技术的出现，设计新的计价方法，以便满足智能建造应用的新需求。随着科技的不断发展，建筑行业迎来新的变革时代，逐步由劳动密集型生产方式转变为技术密集型生产方式。通过深入研究智能建造技术在工程造价方面的作用，可以更好地应对未来建筑行业的挑战。

（2）尽管机器人技术取得了显著的进步，但在实际应用中，建筑机器人的适用范围仍然相对有限。建筑机器人的技术发展水平尚未达到全面替代人工的地步，在一些复杂的施工任务中，如高精度测量、复杂结构施工等，机器人往往难以胜任，因而限制了建筑机器人在这些领域的应用。随着人工智能、传感器技术和机器视觉等技术的不断发展，建筑机器人的技术水平将得到进一步提高，这将使得建筑机器人能够胜任更多复杂的施工任务，扩大其应用范围。

（3）目前，施工现场采用的建筑机器人大多采用租赁的方式，未来如果购入则需要考虑机械的长期成本和回报率。从机械费来看，随着设备制造工艺的改进、维护服务的优化、操作人员技能水平的提升和内部培养机制的完善等，建筑机器人的长期成本有望逐渐降低。这将有助于推动建筑机器人在工程领域的普及和广泛应用，并为建筑行业的智能化、自动化发展注入新的动力。

（4）随着建筑机器人技术的不断进步和应用场景的扩展，新的建筑机器人不断涌现。然而，目前建筑机器人的定额计算和应用标准尚未完善。尽管建筑机器人在提高施工效率、降低人工成本、提高施工质量等方面展现出巨大潜力，但缺乏国家层面统一的定额计算方法和应用标准，使得建筑机器人在市场推广和成本控制上面临诸多挑战。由于建筑机器人的种类和功能繁多，且在不同应用场景下的使用效率差异较大，现有的定额计算方法难以全面覆盖所有情况。

5 结束语

建筑机器人在工程中的应用一定程度上影响了施工子目中人、材、机费用的分配比例，随着技术的不断进步和应用的日益广泛，建筑机器人将在提高施工效率、降低成本、保障施工安全等方面发挥越来越重要的作用。同时，我们也需要不断调整和优化工程计价方法，以更好地适应建筑机器人的应用和发展。

参 考 文 献

[1] 马智亮．迎接智能建造带来的机遇与挑战[J]．施工技术，2021，50(6)：1-3．
[2] 刘占省，刘诗楠，赵玉红，等．智能建造技术发展现状与未来趋势[J]．建筑技术，2019，50(7)：772-779．
[3] 刘占省，孙啸涛，史国梁．智能建造在土木工程施工中的应用综述[J]．施工技术(中英文)，2021，50(13)：40-53．
[4] 陈翀，李星，邱志强，等．建筑施工机器人研究进展[J]．建筑科学与工程学报，2022，39(4)：58-70．
[5] 苏世龙，雷俊，马栓棚，等．智能建造机器人应用技术研究[J]．施工技术，2019，48(22)：16-18，25．
[6] 于军琪，曹建福，雷小康．建筑机器人研究现状与展望[J]．自动化博览，2016，(8)：68-75．
[7] 马智亮．智能建造应用热点及发展趋势[J]．建筑技术，2022，53(9)：1250-1254．
[8] 李丽红，李广新，雷云霞，等．人材机价格波动对装配式建筑构件造价的影响研究——以沈阳市为例[J]．建筑经济，2019，40(8)：81-84．
[9] 张顺善，尹华辉，张吉松．建筑机器人研究综述[C]//中国图学学会建筑信息模型(BIM)专业委员会．第九届全国BIM学术会议论文集．大连交通大学土木工程学院；2023：8．
[10] 韩靓．智能制造时代下机器人在建筑行业的应用[J]．建筑经济，2018，39(3)：23-27．
[11] 马宏，侯满哲，郭全花，等．关于建筑机器人的研究[J]．河北建筑工程学院学报，2015，33(3)：81-84．
[12] 李朋昊，李朱锋，益田正，等．建筑机器人应用与发展[J]．机械设计与研究，2018，34(6)：25-29．
[13] 林治阳．建筑机器人在我国建筑业企业中的应用障碍及对策研究[D]．重庆：重庆大学，2017．
[14] 李念勇．智能建筑机器人与施工现场结合的探讨[J]．建筑，2019，(1)：36-37．
[15] 杨冬．幕墙安装建筑机器人系统关键技术研究[D]．天津：河北工业大学，2013．
[16] 周炎生．建筑机器人发展与关键技术综述[J]．机电信息，2020，(8)：109，111．
[17] 徐笛，徐广舒．预制装配率对装配式建筑工程造价的影响分析[J]．南通职业大学学报，2024，38(1)：96-99．
[18] 底周阳．铁路工程建设全过程造价影响因素及造价体系研究[D]．石家庄：石家庄铁道大学，2023．
[19] 张红标，颜斌，陈南玲，等．关于新时期政府定额定位与作用的探讨[J]．工程造价管理，2020(3)：77-85．
[20] 王琼．面向人工智能的建筑工程造价计算性模式研究[J]．土木建筑工程信息技术，2021，13(4)：120-124．
[21] 弋理，袁春林，易水，等．建设工程定额的改进与完善研究[J]．建筑经济，2019，40(4)：73-78．
[22] 苏州市工程造价管理处．关于印发《智能建造(建筑机器人)补充定额》(试行)的通知[EB/OL]．(2023-03-15)[2024-5-21]．
[23] 佛山市建设工程造价服务中心．关于印发《首批智能建造(建筑机器人)定额子目(试行)》的通知[EB/OL]．(2023-05-04)[2024-5-21]．
[24] 重庆市住房和城乡建设工程造价总站．重庆市智能建造(建筑机器人)消耗量标准[EB/OL]．(2024-01-09)[2024-5-21]．
[25] 湖北省住房和城乡建设厅．湖北省智能建造(建筑机器人)补充定额（试行）[EB/OL]．(2024-02-27)[2024-5-21]．

[26] 王元鸶，蒋慧杰，吴海航．人工智能技术背景下建筑机器人对工程造价影响的研究[J]．工程造价管理，2024，35(1)：17-24．
[27] 莫智莉．新型建筑工业化转型背景下智能建造设备对项目人工的影响研究[J]．中文科技期刊数据库（全文版）工程技术，2023(1)：9-12．
[28] 李业．装配式建筑全面成本控制仿真及评价研究[D]．北京：北京交通大学，2023．
[29] 马明兴．装配式住宅成本影响因素分析与控制对策研究[D]．北京：北方工业大学，2021．
[30] 李坚，周杰，张成林，等．大面积混凝土地面移动式导轨找平施工技术[J]．施工技术，2016，45(12)：82-85．
[31] 陈珂，丁烈云．我国智能建造关键领域技术发展的战略思考[J]．中国工程科学，2021，23(4)：64-70．

路桥混凝土表面裂缝数据集研究综述

王　璐，张吉松，赵丽华

（大连交通大学土木工程学院，辽宁　大连　116028）

【摘　要】在计算机视觉领域，采用深度学习算法对路桥表面缺陷识别并取得良好效果的关键在于高质量且规模庞大的数据集。然而，如何快速获取高质量、公开且标记完善的数据集，是初涉该领域研究人员面临的一个难题。鉴于此，本研究综述了47个公开可用的混凝土表面缺陷数据集，从图像分类、目标检测、语义分割三个方面，对每个数据集的数据采集、增强、标注、对象、特征、架构等进行详细梳理与介绍，并给出下载地址。在此基础上，对数据集所面临的问题进行探讨。本综述旨在为初涉该领域的研究人员提供一些有用信息与帮助。

【关键词】数据集；研究综述；裂缝检测；深度学习

1　引言

土木基础设施检测和维护是保障公共安全的关键环节，长期使用以及受外部环境的影响导致结构性能退化，服役安全性降低，因此对其进行定期缺陷检测保证结构安全至关重要。目前，人工检测在基础设施维护中占主导地位，检查员记录缺陷位置及严重程度以评估结构健康状况。然而，传统的人工目视检查普遍存在效率低、耗时长、危险系数大等问题。

近年来，随着深度学习技术（Deep Learning）在计算机视觉领域的快速发展，诸多学者将其引入自动缺陷检测领域，使得缺陷检测的效率和精度大大提高。与自然语言处理、面部识别、无人驾驶等领域的成功相比，基于深度学习的缺陷检测研究仍然有较大提升空间。算法和数据集是影响深度学习缺陷检测模型性能的关键要素，其中缺陷检测算法的开发与改进已有大量研究，这对于提高检测效率和精度起到了重要的推动作用。然而目前缺乏有质量保证的、人工标注的、免费的、公开可用的缺陷数据集。由于数据的稀缺性，利用计算机视觉技术进行缺陷检测时，多数研究人员选择创建个人数据集，而收集、标注和处理数据占用研究的大部分时间。通常情况下，这些个人数据集不公开或者需要联系作者获取。为帮助研究人员快速获取高质量、公开且标记完善的数据集，本研究从图像分类（Image Classification）、目标检测（Object Detection）和语义分割（Semantic Segmentation）三个方面展开，对目前开源的路桥混凝土表面裂缝数据集进行详细整理和统计。

2　数据集

在图像识别和处理任务中，数据集对于模型的训练、验证和评估起着关键性作用。高质量且规模庞大的数据集提供丰富的样本数据，为推动计算机视觉和深度学习技术的快速发展奠定了重要基础。目前，土木工程领域数据集涵盖各种基础设施（道路、桥梁、建筑物、隧道、水坝等）、材料（混凝土、砌体、钢材、木材等）和缺陷（裂缝、坑洞、剥落、腐蚀等）。道路、桥梁作为主要的交通基础设施，长期使用过程中由于自然因素和人为因素的作用容易出现各种缺陷，其中裂缝是最常见最主要的病害，危及基础设施安全。因此本综述调研的数据集仅包括道路、桥梁，只考虑裂缝及包含裂缝在内的病害类型。在数

【基金项目】辽宁省教育厅面上项目（LJKMZ20220868），大连市科技人才创新支持政策项目（2023RJ018）
【作者简介】张吉松（1983—），男，副教授。主要研究方向为建筑信息模型（BIM）。E-mail：13516000013@163.com

据类型方面，光学图像（灰度图像和彩色图像）数据集可以检测结构的表面缺陷，而红外热成像（Infrared Thermal）图像、冲击回波（Impact Echo）信号和探地雷达（Ground Penetrating Radar）信号等其他无损检测数据可以显示结构亚表面缺陷。相比于光学图像，无损检测数据采集难度大、设备成本高且操作专业性强、适用场景有限，其相关数据集较少，因此本综述只包含视觉图像数据集，其他无损检测数据集不在本综述的范围内。

本文以英文关键词"dataset""crack detection""road""pavement""bridge""concrete""deep learning"等在文献检索平台 Web of Science（WoS）、Engineering Village、ScienceDirect 和 Google Scholar 查找近 9 年相关文献，并以"数据集""裂缝检测""道路""路面""桥梁""混凝土""深度学习"为中文关键词在中国知网（CNKI）查找相关文献。

基于以上关键词，按照以下流程对相关文献进行筛选：（1）标题、摘要、结论筛选；（2）数据集开源性检查；（3）全文筛选，提取数据集的关键特征。具体而言，本文详细介绍缺陷数据集的以下特征：数据采集、增强、标注、对象、特征、网络结构以及下载地址。在进行裂缝检测时，研究人员通常最关注这些特征。最终确定 47 个公开可用的路桥裂缝数据集作为本次研究的来源，其中包括 14 个分类数据集，17 个检测数据集和 16 个分割数据集。本文从特定的深度学习任务类别（图像分类、目标检测、语义分割）出发，对 47 个开源数据集进行总结和梳理，开源数据集统计如图 1 所示。

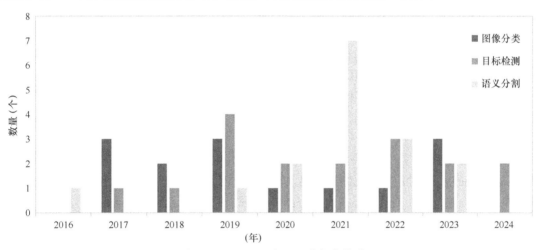

图 1　2016－2024 年开源数据集统计

2.1　面向图像分类的数据集

图像分类从图像中提取特征，回答"是什么"的问题，即判断图像目标的类别。在图像分类任务中，缺陷检测为图像或图像中的特定区域分配一个或多个预定义标签。鉴于模型对输入尺寸的要求以及计算效率的考量，多数研究人员在图像预处理阶段将原始图像裁剪为具有固定尺寸的图像补丁（image patch）。因此，用于分类的数据集在图像级（image level）或补丁级（patch level）进行标注，以便在不同缺陷类别之间进行多项分类，或者在裂缝和非裂缝之间进行二项分类。

目前公开可用的面向分类的路桥裂缝数据集见表 1。数据集汇总表的标题包括：年份、论文/数据集名称及作者、数据采集、数据增强、对象、数据特征、网络架构、下载地址。具体而言，"年份"选取 2016 年 1 月到 2024 年 4 月的相关文献按时间倒序排列，论文按年份在每个类别中分组说明。"论文/数据集名称及作者"标明名称及作者（如没有数据集名称，则标明数据集的相关论文名称）。"数据采集"包括自采集（如手持相机、车载相机、手机、无人机等采集工具）、在线数据挖掘（如 Google Image、Baidu Image 等图片搜索引擎）以及政府交通运输部门或其他检测机构提供。"数据增强"一般采用裁剪、旋转、翻转、放缩等几何变换方式。"对象"中包括材料（沥青、混凝土等）、设施类型（道路、桥梁等）和缺陷类别（裂缝、坑洞等）。"数据特征"概括数据集的特点，即图像数量和分辨率。"网络架构"阐述数据集验证过程中所采用的网络结构。"下载地址"提供数据集的下载网址，可直接访问数据集的具体信息。但这些数据集及论文中没有提及数据标注方式。

表1中有6个数据集的图像数量超过10000张。以SDNET2018数据集为例，作为一个开源的补丁级标注的基准（benchmark）数据集，其可用于评估不同裂缝检测模型的性能。数据集采集于美国犹他州立大学，共56092张图像，其中包含8484个裂缝图像补丁和47608个非裂缝图像补丁。除了足够的数据量外，该数据集提供了裂缝宽度范围（0.06~25mm）。裂缝图像涵盖混凝土桥面、道路和墙面等设施类型。在图像采集过程中，相机与拍摄对象保持500mm的固定距离，以便后续进行裂缝量化和评级。此外，图像中有意地融合阴影、污渍、边缘、空隙和接缝等各种噪声，有助于提高深度神经网络的鲁棒性和泛化能力。

2.2 面向目标检测的数据集

目标检测在图片中找到感兴趣区域（region of interest），回答"是什么？在哪里？"的问题，即判断目标类别并确定目标位置。在目标检测任务中，深度学习模型关注特定的物体目标，可以同时实现目标物体的分类及定位。因此，缺陷检测也可以通过目标检测来实现。通常情况下，基于目标检测的计算机视觉技术用于检测不同的病害，主要包括裂缝、坑洞、剥落等。利用计算机视觉技术进行裂缝检测研究时，通常采用YOLO、VGG、Alexnet、SSD及其他自定义网络架构。本小节的每个缺陷数据集在边界框级别（bounding box level）对裂缝图像进行标注，一般采用LabelImg、CVAT等标注工具。数据集的其他特征见表2。

表2中有6个数据集的图像数量超过10000张。以RDD系列数据集为例，RDD2018数据集是第一个规模庞大的、公开的、用于裂缝检测的道路病害数据集，采集于日本。

RDD2019数据集是RDD2018数据集的扩展，共13135张道路图像。为扩大数据集规模，Maeda等应用渐进式对抗网络（PG-GAN）生成具有"坑洞"损伤的合成图像，有助于提高道路病害检测和分类的准确性，但合成图像不包含在该数据集中。RDD2020数据集和RDD2022数据集提供更多的道路图像，与RDD2018数据集和RDD2019数据集不同，RDD2020数据集图像收集于三个国家（日本、捷克共和国和印度），共26336张道路图像。RDD-2022图像收集于六个国家（日本、印度、捷克共和国、挪威、美国和中国），共47420张道路图像。

2.3 面向语义分割的数据集

语义分割为图像中每个对象生成逐像素掩码（mask），从像素级别回答"是什么？在哪里？"的问题，即判断图像像素的类别。在语义分割任务中，将图像中每个像素标记为一组或一个病害，实现更精细化的裂缝检测。本小节的数据集在像素级进行注释，以进行裂缝分割。与目标检测相比，像素级标签能够更加准确、清晰地定位裂缝缺陷。目前公开可用的用于分割的路桥裂缝数据集见表3。其中，数据采集方式主要包括：自采集、在线数据挖掘、政府交通运输部门或竞赛提供。特别的，Ji等和Thompson等制作数据集时，除了自采集图片外，还整合了其他开源数据集。对于语义分割任务，数据标注一般采用Labelme、PhotoShop等工具。

与其他图像数据集不同，FIND数据集由四种不同的图像类型组成，包括二维图像（2D raw intensity image data）、三维图像（3D raw range image data）、三维滤波图像（3D filtered range image data）以及融合图像（fused raw image data）。为研究不同类型的图像数据对网络性能的影响，作者利用9个DCNN（Deep Convolutional Neural Networks）架构对FIND数据集进行验证。结果表明，使用融合图像进行缺陷检测可以获得最高的裂缝分割性能。

3 讨论

本文总结了47个公开可用的路桥裂缝数据集，用于分类、分割和检测任务。基于本文的回顾和分析，路桥裂缝数据集的主要发现和总结如下。

（1）数据集的样本数量：总结的开源数据集样本数量共54.80万张左右，其中用于分类、目标检测、分割的样本数量分别在22.76万张、26.02万张、6.02万张。制作分割数据集需要进一步的像素级标注，其花费的时间和资源最多，因此，分割数据集的样本数量远小于图像分类和目标检测数据集，目前没有大规模的公开的裂缝分割数据集。

表 1 面向图像分类的路桥裂缝数据集汇总

年份(年)	论文/数据集名称 作者	数据采集	数据增强	对象	数据特征	网络架构	下载地址
2023	Concrete Pavement Crack Dataset Oluwaseun Omoebamije	无人机、手机	—	混凝土建筑物、道路、涵洞裂缝	30000 张图像 (227×227)	—	—
2023	Deep Learning Method to Detect the Road Cracks and Potholes for Smart Cities Honghu Chu	车载手机、无人机	旋转、对比度增强	沥青道路裂缝、坑洞	6000 张图像 (256×256)	PCD	—
2023	RCCD Tianjie Zhang	FHWA、谷歌街景、ARAN 车辆	随机垂直、水平翻转	沥青道路裂缝	1600 张图像 (256×256)	AlexNet 等 14 种	—
2022	MIT-CHN-ORR datasetError! Reference source not found. Aravindkumar Sekar	手机	降噪、对比度拉伸	沥青道路裂缝	19300 张图像 (64×64) (256×256)	SGD-U-Network 等 5 种	—
2021	Crack recognition automation in concrete bridges using Deep Convolutional Neural Networks Hajar Zoubir	手持相机	裁剪	混凝土桥梁、涵洞裂缝	6938 张图像 (200×200)	VGG16、VGG19、InceptionV3	—
2020	KrakN Mateusz Żarski	手持相机	裁剪	混凝土桥梁裂缝(<0.2 mm)	16144 张图像 (224×224)	KrakN Net	—
2019	BCD Hongyan Xu	无人机	裁剪、翻转	混凝土桥梁裂缝	6069 张图像 (224×224)	Resnet50	—

续表

年份(年)	论文/数据集名称 作者	数据采集	数据增强	对象	数据特征	网络架构	下载地址
2019	CCIC aǧlar Flrat Özgenel	手持相机	裁剪	混凝土、道路、墙面裂缝	40000张图像（227×227）	AlexNet等7种	—
2019	GAPs-v2 Ronny Stricker	车载相机	旋转、平移偏移	沥青道路裂缝等多种病害	2468张图像（1920×1080）	ASINVOS Net等5种	—
2018	SDNET2018 Sattar Dorafshan	手持相机	裁剪	混凝土桥面、墙、道路裂缝	56092张图像（256×256）	AlexNet DCNN	—
2018	Structural ImageNet Yuqing Gao	NISEE、NEEShub、EERI、Google Image、Baidu Image	裁剪、放缩、平移、反射、旋转、颜色变化等	混凝土、钢材、建筑物、桥梁、变电站、铁路等裂缝等多种病害	36413张图像多种尺寸	VGG16 (Model D)	—
2017	CBID Philipp Huthwohl	—	—	混凝土桥梁裂缝等多种病害	1028张图像（299×299）	—	—
2017	GAPs Markus Eisenbach	车载相机		沥青道路裂缝等多种病害	1969张图像（1920×1080）	ASINVOS Net, ASINVOS-mod Net	—
2017	MCDS Philipp Huthwohl	手持相机、桥梁管理系统		混凝土、钢材、桥梁裂缝等多种病害	3607张图像多种尺寸	Inception V3	—

表 2 面向目标检测的路桥裂缝数据集汇总

年份(年)	论文/数据集名称 作者	数据采集	数据增强	数据标注	对象	数据特征	网络架构	下载地址
2024	ARSDD Tianxiang Yin	车载相机	—	Labelme	沥青道路裂缝等多种病害	2297 张图像（4000×3000）	Faster R-CNN＋FPN	—
2024	CQU-BPDD Wenhao Tang	车载相机	—	—	沥青道路裂缝	60056 张图像（1200×900）	IOPLIN	—
2023	IRRDDError! Reference source not found. Nima Aghayan-Mashhady	车载手机	—	LabelImg	沥青道路裂缝	25000 张图像（640×640）	YOLO v5	—
2023	LNTU RDD NCError! Reference source not found. 辽宁工程技术大学时空大数据研究中心	道路技术状况采集车	裁剪	—	混凝土道路裂缝	9801 张图像（3200×1800）	—	—
2022	Concrete Bridge Defects Identification and Localization Based on Classification Deep Convolutional Neural Networks and Transfer Learning Hajar Zoubir	手持相机	裁剪	—	混凝土桥梁裂缝等多种病害	6952 张图像（200×200）	VGG16	—
2022	RDD-2022 Deeksha Aryal	车载手机，相机，无人机	—	LabelImg、CVAT	沥青道路裂缝、坑洞	47420 张图像 多种尺寸	—	—
2022	Syncrack Rodrigo Rill-Garc'a	合成图像	—	—	沥青道路裂缝	500 张图像（480×320）	U-VGG19	—
2021	RDD-2020 Deeksha Arya	车载手机	—	LabelImg	沥青道路裂缝、坑洞	26336 张图像（600×600）（720×720）	—	—

265

续表

年份(年)	论文/数据集名称 作者	数据采集	数据增强	数据标注	对象	数据特征	网络架构	下载地址
2021	SDNET2021 Eberichi Ichi	NI-USB-4431、GSSI SIR-3000系统、GPR天线、无人机等	—	Autodesk Civil 3D、Agisoft photo scan、MATLAB	混凝土桥梁裂缝等多种病害	1936个IE信号,663102个GPR信号,4680680张IRT图像,1871张视觉图像	—	—
2020	CPRID Bianka Tallita Passos	NDTI、车载相机	—	—	沥青道路裂缝、坑洞	2235张图像(1024×640)	—	—
2020	PID Hamed Majidifard	网络搜索	—	—	沥青道路裂缝等多种病害	7237张图像(640×640)	YOLO v2、Faster R-CNN	—
2019	CODEBRIM Martin Mundt	手持相机、无人机	—	—	混凝土桥梁裂缝等多种病害	1590张图像(6000×4000)	Alexnet等12种	—
2019	DeepCrack: A deep hierarchical feature learning architecture for crack segmentation Yahui Liu	网络搜索	旋转、裁剪、水平翻转	—	沥青、混凝土道路裂缝	537张图像(544×384)	DeepCrack	—
2019	Original_Crack_DataSet_1024_1024 Liangfu Li	无人机	基于滑动窗口算法	—	混凝土桥梁裂缝	2000张图像(1024×1024)	DBCC	—
2019	RDD-2019 Hiroya Maeda	车载相机	PG-GAN泊松混合技术	LabelImg	沥青道路裂缝、腐蚀	13135张图像(600×600)	SSD with MobileNet、SSD with Resnet50	—
2018	RDD-2018 Hiroya Maeda	车载手机	—	LabelImg	沥青道路裂缝、腐蚀	9053张图像(600×600)	SSD with Inception、SSD with MobileNe	—
2017	CSSC Liang Yang	网络搜索	裁剪	—	混凝土道路、桥梁裂缝、剥落	44223张图像	FVGG	—

表 3 面向语义分割的路桥裂缝数据集汇总

年份(年)	论文/数据集名称 作者	数据采集	数据增强	数据标注	对象	数据特征	网络架构	下载地址
2023	LNTU RDD GS 辽宁工程技术大学时空大数据研究中心	车载测量系统	—	—	沥青道路裂缝等多种病害	—(3517×2193)	—	—
2023	SUT-Crack Mohammadreza Sabouri	车载手机	—	—	沥青道路裂缝	130张图像(3024×4032)	—	—
2022	Automated Crack Detection via Semantic Segmentation Approaches Using Advanced U-Net Architecture Honggeun Ji		旋转、镜像		沥青、混凝土道路、墙面裂缝	11449张图像(224×224)	VGGU-Net, ResU-Net, EfficientU-Net	—
2022	FIND Shanglian Zhou	测量车			混凝土、沥青桥梁、道路裂缝	2500张图像(256×256)	CrackFusionNet 等9种	—
2022	Pothole Mix Elia Moscoso Thompson	网络搜索、手持相机	裁剪	Photoshop	沥青道路裂缝、坑洞	797个视频片段(1920×1080) 4310张图像 多种尺寸	DeepLab V3+ 等7种	—
2021	BCL Xiaowei Ye	手持相机、手机、IPC-SHM			混凝土、砌体、钢材桥梁裂缝	11000张图像(256×256)	PCR-Net, VGG-based FCN, DeepLab V3	—
2021	CrSpEE Yongsheng Bai	网络搜索	albumentation	COCO Annotator	混凝土桥梁、建筑物裂缝、剥落	2229张图像 多种尺寸	APANet Mask R-CNN, HRNet Mask R-CNN, Cascade Mask R-CNN	—
2021	DCTCD Mingpeng Li	无人机	—	—	混凝土桥梁裂缝(>=0.1mm)	250张图像(512×512)	—	—

续表

年份(年)	论文/数据集名称 作者	数据采集	数据增强	数据标注	对象	数据特征	网络架构	下载地址
2021	GAPs-10m Ronny Stricker	车载相机	—	—	沥青道路裂缝等多种病害	20张图像 (5030×11505)	U-Net, U-Net (Xception)	—
2021	Highway-crack Zhonghua Hong	无人机	旋转、翻转	Labelme	沥青道路裂缝	5275张图像 (512×512)	U-Net, U-Net-light, U-Net-light-2	—
2021	LCW Eric Bianchi	VDOT	—	GIMP	多种材料桥梁裂缝	3817张图像 (512×512)	DeeplabV3+	—
2021	Tokaido Yasutaka Narazaki	自生成	—	Labelbox	混凝土、钢桥梁裂缝等多种病害	16638张图像 (1920×1080)	FCN58	—
2020	Crack500 Fan Yang	手机	裁剪	Sketchbook	沥青道路裂缝	500张图像 (2000×1500)	FPHBN	—
2020	EdmCrack600 Qipei Mei	车载相机	裁剪	Photoshop	沥青道路裂缝	600张图像 (1920×1080)	ConnCrack	—
2019	Automatic pixel-level multiple damage detection of concrete structure using fully convolutional network Shengyuan Li	手机	翻转、裁剪		混凝土裂缝等多种病害	1375张图像 (4032×3016)	FCN、SegNet	—
2016	CFD Yong Shi	手机			沥青道路裂缝	118张图像 (480×320)	CrackForest	—

（2）数据集的多样性：数据集的多样性在于基础设施、缺陷、材料类型和图像上下文信息（context）。本文审查的数据集基础设施类型仅包括道路或桥梁，只考虑裂缝及包含裂缝在内的病害类型，其他基础设施及病害被排除在外。在未来的研究中，搜索的开源数据集将会包括更多的基础设施、缺陷及数据类型，扩大其范围。此外，钢材、砖石和木材等材料类型、图像上下文信息的多样性也是必不可少的。

（3）数据采集方式的可操作性：在总结的47个裂缝数据集中，13个数据集是通过车载相机或智能手机采集，4个数据集是通过无人机搭载摄像头采集，9个数据集是通过手持相机或智能手机获取，其余数据集是由交通运输部门或其他检测机构提供、人工合成、整合现有数据集、互联网抓取或混合方式采集。地面车辆稳定性好、可达性好、持续时间长，是道路检测的首选采集方式。对于地面车辆无法抵达的桥梁或高层建筑，无人机操作系统是可行且经济的解决方案。手持相机或智能手机操作简单，但存在数据采集盲区，可能无法一次性捕捉到完整的场景或目标。

（4）数据集的可扩展性：几何变换（裁剪、旋转、翻转、平移、缩放）、颜色空间变换（如亮度、对比度、饱和度调整、灰度图转换、通道分离）是最常用的图像处理技术，可以有效扩展缺陷数据集的数据量，但生成图像与原始图像非常相似，容易产生过拟合（Overfitting）。而采用基于深度学习（对抗学习、迁移学习和对抗神经网络）的数据增强方法，在扩增数据集的同时增加训练样本，提高模型的泛化能力和鲁棒性。

（5）建立真实场景数据集的难点：大部分研究人员在实验室场景下创建数据集，用于特定的缺陷检测与识别。实际应用中，需要考虑环境（如阴影、光线、雨、雾等其他不利天气）、遮挡、杂物等干扰，为数据集提供真实的样本，但引入噪声会降低算法的精度和鲁棒性。为此，在实际场景中进行高效准确的缺陷检测是未来研究工作的重点。

4 结束语

公开可用的大型高质量数据集在路桥裂缝识别领域发挥着不可替代的作用。本文从计算机视觉任务层面对文献进行梳理，调研了47个公开可用的路桥裂缝数据集，用于分类、检测和分割任务。希望通过本研究的总结与论述，能够为路桥裂缝检测领域的研究人员和初学者提供一些参考。

参 考 文 献

[1] Chong W K, Low S P. Assessment of defects at construction and occupancy stages[J]. Journal of Performance of Constructed facilities，2005，19(4)：283-289.

[2] Chong W K, Low S P. Latent building defects：causes and design strategies to prevent them[J]. Journal of performance of constructed facilities，2006，20(3)：213-221.

[3] Gao Y, Mosalam K M. Peer hub imageNet：a large-scale multiattribute benchmark data set of structural images[J]. Journal of Structural Engineering，2020，146(10)：04020198.

[4] Yang L, Li B, Li W, et al. Deep concrete inspection using unmanned aerial vehicle towards cssc database[C]//Proceedings of the IEEE/RSJ international conference on intelligent robots and systems. 2017：24-28.

[5] Eisenbach M, Stricker R, Seichter D, et al. How to get pavement distress detection ready for deep learning? a systematic approach[C]//2017 international joint conference on neural networks (IJCNN). IEEE，2017：2039-2047.

[6] Stricker R, Aganian D, Sesselmann M, et al. Road surface segmentation-pixel-perfect distress and object detection for road assessment[C]//2021 IEEE 17th International Conference on Automation Science and Engineering (CASE). IEEE，2021：1789-1796.

[7] Dorafshan S, Thomas R J, Maguire M. Comparison of deep convolutional neural networks and edge detectors for image-based crack detection in concrete[J]. Construction and Building Materials，2018，186：1031-1045.

[8] Ren R, Hung T, Tan K C. A generic deep-learning-based approach for automated surface inspection[J]. IEEE transactions on cybernetics，2017，48(3)：929-940.

[9] Chow J K, Liu K, Tan P S, et al. Automated defect inspection of concrete structures[J]. Automation in Construction，2021，132：103959.

[10] Malik S, Jain S. Deep convolutional neural network for knowledge-infused text classification[J]. New Generation Computing, 2024, 42(1): 157-176.

[11] LeCun Y, Bengio Y, Hinton G. Deep learning[J]. nature, 2015, 521(7553): 436-444.

[12] Narazaki Y, Hoskere V, Yoshida K, et al. Synthetic environments for vision-based structural condition assessment of Japanese high-speed railway viaducts[J]. Mechanical Systems and Signal Processing, 2021, 160: 107850.

[13] Al Qurishee M, Wu W, Atolagbe B, et al. Creating a dataset to boost civil engineering deep learning research and application[J]. Engineering, 2020, 12(3): 151-165.

[14] Ali L, Alnajjar F, Khan W, et al. Bibliometric analysis and review of deep learning-based crack detection literature published between 2010 and 2022[J]. Buildings, 2022, 12(4): 432.

[15] 张锋. 基于计算机视觉的混凝土桥梁裂缝分级检测研究[D]. 南京: 南京林业大学, 2023.

[16] Yang G, Liu K, Zhang J, et al. Datasets and processing methods for boosting visual inspection of civil infrastructure: a comprehensive review and algorithm comparison for crack classification, segmentation, and detection[J]. Construction and Building Materials, 2022, 356: 129226.

[17] Omoebamije O, Omoniyi T M, Musa A, et al. An improved deep learning convolutional neural network for crack detection based on UAV images[J]. Innovative Infrastructure Solutions, 2023, 8(9): 236.

[18] Chu H H, Saeed M R, Rashid J, et al. Deep learning method to detect the road cracks and potholes for smart cities[J]. Comput Mater Contin, 2023, 75(1): 1863-1881.

[19] Zhang T, Wang D, Lu Y. Benchmark study on a novel online dataset for standard evaluation of deep learning-based pavement cracks classificationm models[J]. KSCE Journal of Civil Engineering, 2024: 1-13.

[20] Zoubir H, Rguig M, Elaroussi M. Crack recognition automation in concrete bridges using deep convolutional neural networks[C]//MATEC Web of Conferences. EDP Sciences, 2021, 349: 03014.

[21] Żarski M, Wójcik B, Miszczak J A. KrakN: transfer learning framework for thin crack detection in infrastructure maintenance[J]. arXiv preprint arXiv: 2004.12337, 2020.

[22] Xu H, Su X, Xu H, et al. Autonomous bridge crack detection using deep convolutional neural networks[C]//3rd International Conference on Computer Engineering, Information Science & Application Technology (ICCIA 2019). Atlantis Press, 2019: 274-284.

[23] Özgenel Ç F, Sorguç A G. Performance comparison of pretrained convolutional neural networks on crack detection in buildings[C]//Isarc. proceedings of the international symposium on automation androbotics in construction. IAARC Publications, 2018, 35: 1-8.

[24] Stricker R, Eisenbach M, Sesselmann M, et al. Improving visual road condition assessment by extensive experiments on the extended gaps dataset[C]//2019 international joint conference on neural networks (IJCNN). IEEE, 2019: 1-8.

[25] Dorafshan S, Thomas R J, Maguire M. SDNET2018: an annotated image dataset for non-contact concrete crack detection using deep convolutional neural networks[J]. Data in brief, 2018, 21: 1664-1668.

[26] Gao Y, Mosalam K M. Deep transfer learning for image-based structural damage recognition[J]. Computer-Aided Civil and Infrastructure Engineering, 2018, 33(9): 748-768.

[27] Huethwohl P. Cambridge bridge inspection dataset[EB/OL]. (2017-10-20)[2024-07-10].

[28] Hüthwohl P, Lu R, Brilakis I. Multi-classifier for reinforced concrete bridge defects[J]. Automation in Construction, 2019, 105: 102824.

[29] Lingxin Z, Junkai S, Baijie Z. A review of the research and application of deep learning-based computer vision in structural damage detection[J]. Earthquake engineering and engineering vibration, 2022, 21(1): 1-21.

[30] Yin T, Zhang W, Kou J, et al. Promoting automatic detection of road damage: a high-resolution dataset, a new approach, and a new evaluation criterion[J]. IEEE Transactions on Automation Science and Engineering, 2024.

[31] Tang W, Huang S, Zhao Q, et al. An iteratively optimized patch label inference network for automatic pavement distress detection[J]. IEEE Transactions on Intelligent Transportation Systems, 2021, 23(7): 8652-8661.

[32] Aghayan-Mashhady N, Amirkhani A. Road damage detection with bounding box and generative adversarial networks based augmentation methods[J]. IET Image Processing, 2024, 18(1): 154-174.

[33] Zoubir H, Rguig M, El Aroussi M, et al. Concrete bridge defects identification and localization based on classification deep convolutional neural networks and transfer learning[J]. Remote Sensing, 2022, 14(19): 4882.

[34] Arya D, Maeda H, Ghosh S K, et al. Rdd2022: a multi-national image dataset for automatic road damage detection[J]. arXiv preprint arXiv: 2209.8538, 2022.

[35] Rill-García R, Dokládalová E, Dokládal P. Pixel-accurate road crack detection in presence of inaccurate annotations[J]. Neurocomputing, 2022, 480: 1-13.

[36] Arya D, Maeda H, Ghosh S K, et al. RDD2020: an annotated image dataset for automatic road damage detection using deep learning[J]. Data in brief, 2021, 36: 107133.

[37] Ichi E, Dorafshan S. SDNET2021: annotated NDE dataset for structural defects[J]. 2021.

[38] Passos Bianka T, Cassaniga Mateus J, Fernandes Anita M, et al. Cracks and Potholes in Road Images [EB/OL]. (2020-07-22)[2024-7-10].

[39] Majidifard H, Jin P, Adu-Gyamfi Y, et al. Pavement image datasets: a new benchmark dataset to classify and densify pavement distresses[J]. Transportation Research Record, 2020, 2674(2): 328-339.

[40] Mundt M, Majumder S, Murali S, et al. Meta-learning convolutional neural architectures for multi-target concrete defect classification with the concrete defect bridge image dataset[C]//Proceedings of the IEEE/CVF Conference on Computer Vision and Pattern Recognition. 2019: 11196-11205.

[41] Liu Y, Yao J, Lu X, et al. Deepcrack: a deep hierarchical feature learning architecture for crack segmentation[J]. Neurocomputing, 2019, 338: 139-153.

[42] Li L F, Ma W F, Li L, et al. Research on detection algorithm for bridge cracks based on deep learning[J]. Acta Automatica Sinica, 2019, 45(9): 1727-1742.

[43] Maeda H, Kashiyama T, Sekimoto Y, et al. Generative adversarial network for road damage detection[J]. Computer-Aided Civil and Infrastructure Engineering, 2021, 36(1): 47-60.

[44] Maeda H, Sekimoto Y, Seto T, et al. Road damage detection and classification using deep neural networks with smartphone images[J]. Computer - Aided Civil and Infrastructure Engineering, 2018, 33(12): 1127-1141.

[45] Mohammadreza Sabouri, Alireza Sepidbar. SUT-Crack[EB/OL]. (2023-9-18)[2024-7-10].

[46] Ji H, Kim J, Hwang S, et al. Automated Crack Detection via Semantic Segmentation Approaches Using Advanced U-Net Architecture[J]. Intelligent Automation & Soft Computing, 2022, 34(1).

[47] Zhou S, Canchila C, Song W. Deep learning-based crack segmentation for civil infrastructure: Data types, architectures, and benchmarked performance[J]. Automation in Construction, 2023, 146: 104678.

[48] Thompson E M, Ranieri A, Biasotti S, et al. SHREC 2022: pothole and crack detection in the road pavement using images and RGB-D data[J]. Computers & Graphics, 2022, 107: 161-171.

[49] Ye X W, Jin T, Li Z X, et al. Structural crack detection from benchmark data sets using pruned fully convolutional networks[J]. Journal of Structural Engineering, 2021, 147(11): 04721008.

[50] Bai Y, Sezen H, Yilmaz A. Detecting cracks and spalling automatically in extreme events by end-to-end deep learning frameworks[J]. ISPRS Annals of the Photogrammetry, Remote Sensing and Spatial Information Sciences, 2021, 2: 161-168.

[51] Mingpeng Li. Concrete-crack-detection dataset[EB/OL]. (2019-06-26)[2024-7-10].

[52] Hong Z, Yang F, Pan H, et al. Highway crack segmentation from unmanned aerial vehicle images using deep learning[J]. IEEE Geoscience and Remote Sensing Letters, 2021, 19: 1-5.

[53] Bianchi E, Hebdon M. Development of extendable open-source structural inspection datasets[J]. Journal of Computing in Civil Engineering, 2022, 36(6): 04022039.

[54] Narazaki Y, Hoskere V, Yoshida K, et al. Synthetic environments for vision-based structural condition assessment of Japanese high-speed railway viaducts[J]. Mechanical Systems and Signal Processing, 2021, 160: 107850.

[55] Yang F, Zhang L, Yu S, et al. Feature pyramid and hierarchical boosting network for pavement crack detection[J]. IEEE Transactions on Intelligent Transportation Systems, 2019, 21(4): 1525-1535.

[56] Mei Q, Gül M. A cost effective solution for pavement crack inspection using cameras and deep neural networks[J]. Construction and Building Materials, 2020, 256: 119397.

[57] Li S, Zhao X, Zhou G. Automatic pixel-level multiple damage detection of concrete structure using fully convolutional network[J]. Computer-Aided Civil and Infrastructure Engineering, 2019, 34(7): 616-634.

[58] Shi Y, Cui L, Qi Z, et al. Automatic road crack detection using random structured forests[J]. IEEE Transactions on Intelligent Transportation Systems, 2016, 17(12): 3434-3445.

面向 BIM 模型自动更新的桥梁病害识别与管理

高 涵，张吉松，赵丽华

（大连交通大学土木工程学院，辽宁 大连 116028）

【摘　要】 为解决传统桥梁病害检测存在的桥梁裂缝识别效率低、效果不佳以及信息分散等问题，提出一种面向 BIM 模型自动更新的桥梁病害识别与管理方法。将 Unity 作为开发平台，搭建桥梁数字孪生场景，将 BIM 模型与关系数据库链接并动态获取现场桥梁病害数据，依据《公路桥涵养护规范》JTG 5120—2021 进行分级、判断并进行可视化展示，在此基础上构建桥梁病害信息管理系统。结果表明，提出的方法可提高裂缝识别准确性和自动化程度，为桥梁养护的可视化管理提供一种新思路。

【关键词】 BIM；桥梁病害；裂缝；Unity；可视化管理

1 引言

随着城市化进程的加速和交通运输需求的增长，桥梁作为城市重要的基础设施之一，承载着日益重要的功能和责任。然而，在外界环境和荷载共同作用下桥梁易出现损伤开裂，导致结构性能退化，这些问题的存在严重影响了桥梁的安全性和运行效率。传统的桥梁检测与维修方法往往依赖于人工检查和经验判断，难以满足对设计效率、信息共享和实时反馈的迫切需求。

近年来，面向信息化和自动化的桥梁监测与养护技术受到了广泛关注，但大多处于探索及尝试阶段，并存在如下问题：（1）三维场景可视化程度不高。现有桥梁监测系统普遍使用二维图纸查询传感器位置信息，其展示方式缺乏直观性；（2）养护数据的采集、传输、分析自动化程度低，交互性差。部分监测系统采集的数据精度低，或者无法对标养护标准导致易用性较差；（3）数字孪生模型与实际工程结合度低，更新不同步。很多工程结构损伤识别方法只停留在理论上的推演，缺乏与数字模型以及实际工程的深度融合。

鉴于此，本研究提出一种桥梁病害识别与可视化管理方法，将 Unity 与 BIM 结合，并将采集的桥梁病害信息结构化存储在关系型数据库中并与数字孪生模型链接，根据《公路桥涵养护规范》进行对标，开发桥梁病害信息管理系统并实现桥梁养护可视化管理。

2 研究方法

数字孪生是指通过虚拟模型实时反映、仿真物理实体的技术系统。其将物理实体与数字表示相结合，通过传感器、数据收集、实时分析和模拟等技术手段，实现对实体的监控、分析、预测和优化。BIM 模型可以作为数字孪生的基础，通过将 BIM 模型与实际建筑的实时数据集成，实现数字孪生的实时更新，还可以实现建筑物全生命周期的管理。最早的数字孪生概念模型由 Grieves 教授于 2003 年提出，直到 2011 年 NASA 在阿波罗计划中首次引入"孪生"概念，并详细定义了数字孪生的概念。目前已有研究将数字孪生技术应用在结构疲劳损伤预测、损伤监测、故障定位、三维立面重构、铁路 BIM 模型生成和更

【基金项目】 辽宁省教育厅面上项目（LJKMZ20220868），大连市科技人才创新支持政策项目（2023RJ018）
【作者简介】 张吉松（1983—），男，副教授。主要研究方向为建筑信息模型（BIM）。E-mail：13516000013@163.com

新有限元模型等方面。

本研究技术路线总体可分为两部分：（1）建立数字孪生模型。首先在施工场地进行现场勘测，得到平面地形图与三维地形数据，然后建立 BIM 桥梁模型并转换成 FBX 格式，保留模型的纹理信息、几何信息和属性信息，最后将模型导入 Unity 中，进行数字孪生模型与三维场景的搭建，实现现实场景与虚拟模型的转换；（2）三维可视化管理。首先将现场采集的病害数据（包括位置坐标、裂缝总条数、裂缝长度、裂缝宽度、裂缝深度等信息）存储在 MySQL 数据库中，利用 Navicat 实现数据库可视化，然后通过导入 dll 文件，使数据库信息与数字孪生模型进行连接，再依据《公路桥涵养护规范》JTG 5120—2021 和《公路桥梁技术状况评定标准》JTG/T H21—2011，利用 C#语言给桥梁模型建立脚本，实现病害记录管理，最后通过建立 UI 界面，完成桥梁病害的三维可视化管理，实现虚拟模型与现实工程的交互，具体技术路线如图 1 所示。

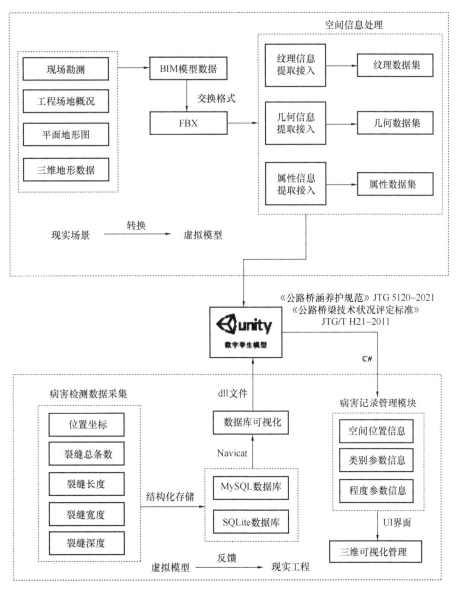

图 1　技术路线流程图

3　应用流程

3.1　三维场景的搭建

采用 Revit 软件进行建模，本设计选取预应力混凝土连续梁桥，全桥总长 112m，宽度 12.6m，梁体为单箱单室、等高度箱梁，在 Revit 中将桥梁模型导出 FBX 格式后导入 Unity 平台。通过 GIS 软件获取高程数据，将高程数据处理生成灰度图后赋给 Unity3D 中的地形，最后将相应的卫星遥感影像图片加载到地形上，如图 2 所示。

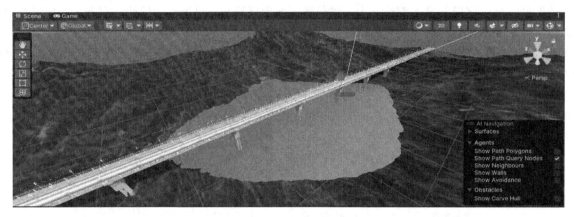

图 2 三维场景搭建

3.2 数据库链接

采用 Navicat 实现 MySQL 数据管理与可视化，并建立 MySQL 数据库与 Unity 的连接。同时在 Unity 中设置了转换接口，方便数据库的转换。图 3 显示了采集的桥梁病害数据存储到 MySQL 数据库的状态。

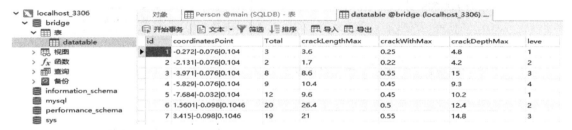

图 3 MySQL 数据库可视化

为了让数据库能在 Unity 中自由切换并执行自定义的数据处理逻辑，在 Unity 脚本中引入了数据库转换接口，这种模式可以扩展成更复杂的数据转换需求，例如将数据从内部格式转换为外部存储格式，或者执行其他自定义的数据处理逻辑。

3.3 界面设计

Unity 提供了事件系统和交互组件来处理用户输入和交互，其中 EventSystem 是管理 UI 事件的系统。其是一个基于 Input 的事件系统，可以对键盘、鼠标等自定义输入进行处理，负责将用户输入（如点击、悬停）传递给正确的 UI 元素。本设计以病害标记体作为信息入口，对病害信息进行查看、删除、属性修改以及位置移动等操作。通过射线投射，来显示单个桥梁病害信息和单击桥梁裂缝位置信息。根据《公路桥梁技术状况评定标准》JTG/T H21—2011 设计参数范围，构件根据损伤程度不同按照不同颜色显示，可以更直观地观察结构整体损坏情况。利用 C#语言对桥梁模型进行编程设计，并根据初始数据和规范标准实现改变桥梁病害处颜色，从而达到与 BIM 模型交互的目的。关键代码通过 bool 函数和 if 函数来实现，具体判定标准根据表 1 的定性描述与定量描述划分病害等级并显示到系统中。

设计参数范围与颜色应对规则　　　　　　　　　　　　　　　　表 1

评定标准	定性描述	定量描述
绿色	局部出现网状裂缝，或主梁出现少量轻微裂缝，缝宽未超限	网状裂缝累积面积≤构建面积的 20%，单处面积≤1.0m²，或主梁裂缝长度≤截面尺寸的 1/3
蓝色	出现大面积网状裂缝，或主梁出现较多横向裂缝，缝宽未超限	网状裂缝累积面积＞构建面积的 20%，单处面积＞1.0m²，或截面尺寸的 1/3＜主梁裂缝长度≤截面尺寸的 2/3

续表

评定标准	定性描述	定量描述
黄色	主梁控制截面出现较多横向裂缝,或顺主筋方向出现严重纵向裂缝,缝宽超限	主梁裂缝长度＞截面尺寸的2/3,间距＜20cm
红色	主梁控制截面出现大量结构性裂缝,裂缝大多贯通,且缝宽超限,主梁出现变形	主梁裂缝缝宽＞1.0mm,间距≤10cm

与数据库对接完成后,将表格中设计的参数范围与数据库中的参数进行比较,根据比较的范围结果,当桥梁模型出现多个病害时,颜色的展示逻辑为红色、黄色、蓝色、绿色,具体展示效果如图4所示。

图 4　系统中的病害展示

4　讨论

本研究通过对平台的开发,虽然能够满足用户对桥梁进行实时监测、辅助维护、可视化展示、系统化管理等需求,但也还有以下几个方面需要进一步改进和完善。

(1) 由于条件所限,外部采集的图片数据库需要转换成表格数据库的形式,并不能立刻读取图片数据库信息。

(2) 平台需要进一步优化桥梁维修建议的相关功能和数据内容。由于桥梁维修技术的不断进步,需要及时将最新的桥梁病害维修方案导入系统数据库。

(3) 本文采用单一的桥梁模型进行设计,具有很强的针对性,若出现模型众多,信息量大的情况,系统可能会伴随延时、卡顿等情况。

5　结束语

本文根据桥梁养护实际需求,利用Unity平台,将BIM模型与关系数据库链接并动态获取现场桥梁病害数据,提出了一种三维可视化的桥梁病害信息采集管理系统,提高了桥梁裂缝识别准确性和自动化程度。在后续研究中,将进一步深化可视化仿真技术对桥梁病害数字孪生应用的支撑能力,通过规范和约束三维可视化渲染与专业模型模拟推演过程的嵌入与整合逻辑,从现阶段以扩展和定制为主的专业模型库、知识库接入模式,逐步转换为标准化、流程化的底层嵌入模式,最终实现在不同桥梁数字孪生建设中的深入应用。

参 考 文 献

[1]　《中国公路学报》编辑部. 中国桥梁工程学术研究综述[J]. 中国公路学报,2021,34(2):97.

[2]　中国桥梁工程学术研究综述[J]. 中国公路学报,2021,34(2):1-97.

[3]　Ni Y Q, Wang Y W, Zhang C. A bayesian approach for condition assessment and damage alarm of bridge expansion joints using long-term structural health monitoring data [J]. Engineering Structures,2020,212:110520.

[4]　Xia Q, Xia Y, Wan H P, et al. Condition analysis of expansion joints of a long-span suspension bridge through meta-model-based model updating considering thermal effect [J]. Structural Control and Health Monitoring,2020,27:2521.

[5] 杜立婵，王文静，韦冬雪，等．基于 NB-LOT 的桥梁健康远程监测系统设计[J]．电子测量技术，2020，43(20)：155-159．

[6] 杨建喜，张利凯，李韧，等．联合卷积与长短记忆神经网络的桥梁结构损伤识别研究[J]．铁道科学与工程学报，2020 (8)：1893-1902．

[7] Zhang L，Wu G．，Cheng X．A rapid output-only damage detection method for highway bridges under a moving vehicle using long-gauge strain sensing and the fractal dimension [J]．Measurement，2020，158：107711．

[8] 张安安，邓芳明，吴翔．基于 DAE 和 SVR 的铁路桥梁损伤定位与识别技术 [J]．公路，2020，65(5)：111-116．

[9] Grieves M W．Product lifecycle management：the new paradigm for enterprises[J]．International Journal of Product Development，2005，2(1/2)：71．

[10] Tuegel E．The airframe digital twin：some challenges to realization[C]//53rd AIAA/ASME/ASCE/AHS/ASC Structures, Structural Dynamics and Materials Conference．Reston：American Institute of Aeronautics and Astronautics，2012：1812．

[11] Glaessgen E，Stargel D．The digital twin paradigm for future NASA and U. S. air force vehicles[C]// 53rd AIAA/ASME/ASCE/AHS/ASC Structures, Structural Dynamics and Materials Conference．Reston：American Institute of Aeronautics and Astronautics，2012：1818．

[12] Bazilevs Y，Deng X，Korobenko A，et al．Isogeometric fatigue damage prediction in large-scale composite structures driven by dynamic sensor data[J]．Journal of Applied Mechanics，2015，82(9)：091008．

[13] Liu H，Xia M，Williams D，et al．Digital twin-driven machine condition monitoring：a literature review[J]．Journal of Sensors，12 2022，2022：6129995．

[14] Zhao Yunpeng，Lian Likai，Bi Chunwei，et al．Digital twin for rapid damage detection of a fixed net panel in the sea[J]．Computers and Electronics in Agriculture，2022，200：107247．

[15] 魏征．车载 LiDAR 点云中建筑物的自动识别与立面几何重建[D]．武汉：武汉大学，2012

[16] Ariyachandra M，Brilakis I．Detection of railway masts in airborne LiDAR data[J]．Journal of Construction Engineering and Management，2020，146(9)：04020105．

[17] Tran-ngoc H，Khatir S，De roeck G，et al．Model updating for Nam O bridge using particle swarm optimization algorithm and genetic algorithm[J]．Sensors，2018，18(12)：4131．

[18] 朱然．基于 Unity 3D 的智能制造仿真系统的研究与设计 [D]．成都：西南交通大学，2018．

[19] 崔洋，贺亚苑．MySQL 数据库应用从入门到精通 [M]．北京：中国铁道出版社，2016．

[20] Karli Waston，Jacob Vibe Hammer，John D，et al．Benginning visual C# 2012 programming[M]．北京：清华大学出版社，2014．

[21] Fotachem M，Munteanua，Strimbeic，et al．Framework for the assessment of data masking performance penalties in SQL database servers．case study：oracle[J]．IEEE Access，2023，1：18520-18541．

[22] 杜国祥，石俊杰．SQLite 嵌入式数据库的应用 [J]．电脑编程技巧与维护，2010(14)：43-47．

[23] Li X Z，Guo Y Q，Zhi S Q．Structural health monitoring methods of cables in cable-stayed bridge：a review[J]．Measurement，2020，168．

[24] Liang X J，Sun Q Y，Huang X X．Static load test and evaluation of a separated interchange bridge[J]．IOP Conference Series：Earth and Environmental Science，2019，267(4) ：11-42．

[25] 杨天龙．基于 BIM 模型的桥梁可视化施工管理研究 [D]．西安：长安大学，2020．

[26] Wu H，Tao J，Li X P，et al．A collision avoidance system for dam concrete construction based on GPS and GIS[J]．Advanced Materials Research，2011，291-294：2805-2808．

[27] 韩博．基于 Unity3D 的综合管廊管理系统研究与实现 [D]．阜新：辽宁工程技术大学，2017．

基于 GIM 成果的正向出图系统技术研究与应用

洪翔宇[1]，李飞龙[2]，胡 婷[1]，余勇飞[1]

(1. 浙江华东工程数字技术有限公司，浙江 杭州 311122；
2. 浙江华云电力工程设计咨询有限公司，浙江 杭州 310000)

【摘 要】本文深入探讨了 GIM（Grid Information Model，电网信息模型）成果的正向出图系统技术研究与应用，针对当前 GIM 成果在跨平台、跨软件应用中的兼容性问题，创新性地构建了一套正向出图处理流程。首先，介绍了 GIM 模型的起源、发展及相关标准。通过对 GIM 数据解析完成基于 GIM 标准的 BIM 模型快速构建方法，并通过关键信息提取与配置以及出图方式配置实现自动化出图。本文的研究为 GIM 成果在设计阶段中的扩展应用提供了有效的技术支撑和解决方案。

【关键词】电网信息模型（GIM）；正向出图；三维设计软件；GIM 解析；材料统计；变电站

1 引言

2013 年，电网信息模型（Grid Information Model，GIM）的概念被首次提出，其主旨是以信息模型为载体，将电网的组成元素数字化，推出一种数字化交互标准格式，从而满足输变电工程三维设计成果在规划、设计、施工、运维等环节数据传递、共享的需要。2018 年发布的《输变电工程三维设计建模规范 第 1 部分：变电站（换流站）》QGDW 11810.1—2018，规定了 110（66）kV 及以上电压等级变电站（换流站）工程设计阶段三维模型构建的几何信息、属性信息的要求，明确了变电站（换流站）建模的详细要求。同年发布《输变电工程三维设计软件基本功能规范》QGDW 11811—2018，规定了设计阶段三维设计软件的基本功能。各个软件厂商及单位响应国网号召，按照国家电网公司系列规范的要求开发软件平台，如北京博超公司的数字化变电设计平台 STD-R、金曲公司的 GIM 建模软件、道亨公司的变电三维专业设计软件、Bentley 公司的 Substation 软件等。GIM 标准虽定义了变电站三维模型构建的几何信息、属性信息标准，限制于通用开源库及商用库的推广使用，GIM 格式文件无法被大多数 BIM 软件直接打开使用，故需基于国家电网 GIM 标准对其解析，并按照 BIM 软件模型构建规则进行重新构建后才能使用。各个软件平台基本都可实现基于自身平台的变电站三维设计及正向出图一体化设计，但针对别家软件形成的 GIM 成果时，无法完成正向出图、材料统计等后续成果应用，从而限制了 GIM 成果的多元应用。因此，本文通过对 GIM 成果的深入研究，系统性地梳理并构建了一套完整的正向出图全过程处理流程，旨在为 GIM 成果在设计阶段的广泛应用提供坚实有效的技术支撑。

2 系统关键技术研究

2.1 GIM 数据解析

《输变电工程三维设计模型交互规范》QGDW 11809—2018 中明确了输变电工程设计阶段三维模型文件的架构、存储结构等数据交互要求，其中电气设备及材料的模型采用基本图元进行构建和交互，变电工程土建及水暖系统的模型采用 IFC（Industry Foundation Classes，工业基础类）进行交互。

GIM 格式解析过程针对文件头和存储域进行详细分解与解析。其中文件头存储了模型文件的文件标

【作者简介】洪翔宇（1993—），男，浙江金华人，工程师。主要研究方向为电气专业工程数字化。E-mail：hong_xy1@hdec.com

识、文件名称、创建时间、版本号等元数据信息，确保模型信息的可追溯性与版本管理。存储域文件按照 CBM、DEV、MOD、PHM 四个目录结构进行存储。CBM 模块负责存储模型的层级结构、属性信息以及非电气相关数据，IFC 格式统一放置在 CBM 文件中；DEV 模块则聚焦于模型的设备设施及其属性数据的记录，是模型可视化管理的基本单元；MOD 模块专门保存模型的几何对象数据；PHM 模块则通过组合多个几何对象，形成更复杂的模型结构单元。

2.2 关键信息提取与配置

变电站 GIM 模型主要包含两大类：电气设备和土建设备。其中，电气设备主要采用参数化形式进行表达。对于某些特殊模型，则可通过链接外部 .STL 模型来实现表达。土建设备通过链接外部 IFC 模型数据进行表达。针对不同的数据形式，采用相应的模型解析策略，以达到较好的关键信息提取效果。

在 GIM 模型中，设备属性已根据相关规范进行了明确的定义和解析，因此软件能够完整地获取写在 GIM 模型中的所有属性。然而在出图过程中，需要展示的属性维度与 GIM 设备属性的全集并不完全一致，实际展示的是一组仅包含少量关键属性的组合属性。因此，需要对从 GIM 导入的属性进行识别与组合处理，以满足出图的需求。

3 系统设计流程

软件基于 Bentley 的 OPM 底层平台研发，系统设计流程如图 1 所示，由 GIM 文件导入及解析、剖切出图、设备规格配置、设备检查及分类、正向出图配置等功能组成。

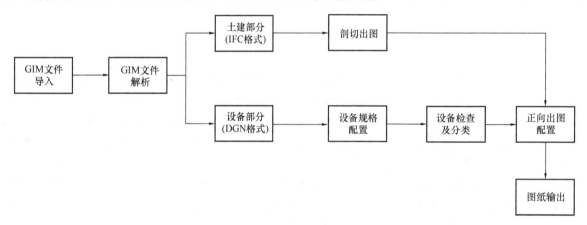

图 1 系统设计流程

3.1 GIM 文件导入及解析

由于 GIM 格式文件无法直接打开，因此软件需要对 GIM 文件解析并基于国家电网 GIM 标准快速构建 BIM 模型，以实现 GIM 模型与其他 BIM 软件进行数据流通与交换。针对设备参数化形式表达和土建部分链接外部数据 IFC 的数据表达要求，采用对应的模型解析方法，实现 GIM 文件导入及解析。

电气设备模型解析（图 2）：（1）基于国家电网 GIM 标准对 GIM 文件解析，提取得到 GIM 文件的属性参数、层级结构关系、图元几何参数。（2）基于提取的图元几何参数，调用 BIM 软件 API 完成 BIM 物理模型构建。（3）基于提取的层级结构关系，对所构建 BIM 物理模型进行层级结构构建。（4）将提取得到的设备、部件属性映射至构建出的设备、部件单元模型上，其中设备属性、部件属性以可编辑的方式分别存储至设备单元 Equipment、部件单元 SubEquipment 上，从而构建出满足国家电网 GIM 交互规范的 BIM 模型。

土建 IFC 解析：IFC 作为国际 BIM 标准，在 GIM 文件中详尽表达建筑、水暖等设施。鉴于 IFC 模型数据量大且层级复杂，本文聚焦于 IFC 内部实体模型的复用机制，旨在通过复用减少数据量，缓解可视化系统负担。利用 Xbim、IFCViewer 等开源工具解析 IFC 文件，深入剖析实体间关系，识别并优化模型复用路径。通过重构模型层级与实体关系，采用高效存储结构，显著降低了 IFC 模型的数据存储需求，

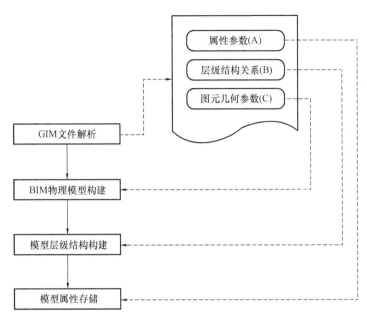

图 2 电气设备模型解析流程

提高了处理效率与可视化性能。

3.2 土建部分剖切出图

在 Bentley 三维设计软件中，已集成了高效的动态切图功能，旨在确保二维图形与三维模型间的实时联动性。通过 Clip Volume（剪切立方体）、Detailing Symbols（详细符号）、及 SavedView（保存的视图）等功能步骤，获得平面配置图、立面配置图、剖面图、轴测图等类型的二维图形，并实现了在三维模型发生变动时，自动更新相关二维图形，显著提升了设计流程中的出图效率与准确性。图 3 为剪切立方体功能。

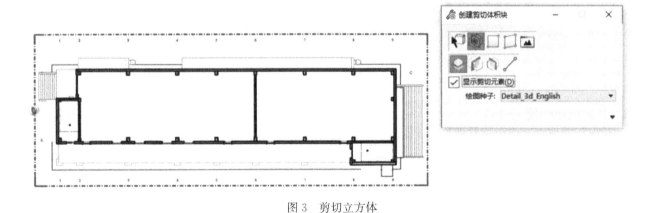

图 3 剪切立方体

3.3 设备规格配置

软件在此部分主要解决两方面的问题，一方面针对设备进行分类，另一方面进行各类出图关键信息的规格配置，其配置内容如图 4 所示。

3.4 设备检查及分类

考虑到 GIM 标准在实际推行中未对所有设备的属性字段作强制性要求，模型属性存在字段不统一的情况，因此从中获取字段存在一定误差性，导致按照型号或者名称等统计材料量出现偏差。因此软件研发设备检查及分类功能，保证 GIM 工程解析出的设备属性与设备规格配置一致，通过设备规格配置器（图 5）匹配后续正向出图功能要求。

图4 设备规格配置

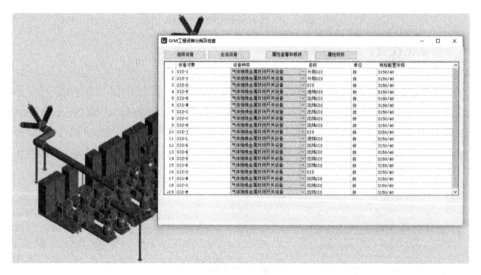

图5 设备规格配置器

3.5 正向出图配置（图6）

软件功能通过正向出图配置进行正向出图，其运行逻辑为电气专业选择需出图设备，并参考建筑底图、说明、图框及出图方向，软件自动组合出图功能，其中设备是以保存视角方式（非剖切方式）进行出图，更符合实际出图效果。

其组成部分如下：（1）自由选择：根据用户自由选择设备进行正向出图。（2）统计切换：可进行汇总版及单个版统计出图（主要影响出图材料统计及标注）。（3）标注：针对设备进行统一标注，可与材料表对应。（4）建筑底图：可选择建筑底图。（5）说明模块：联动典型库中的说明库进行选择。（6）选择图框：联动典型库中的图框库进行选择。（7）出图朝向：根据实际需求选择方向，可配合出平面布置图及剖面图。（8）轴网选择：可选择图纸或者参考图纸的轴网。（9）出图方式：可进行左右及上下出图排布方式出图。

4 成果展示

以清渭 220kV 变电站 GIM 成果为案例，使用软件完成 GIM 文件的解析，并实现基于解析成果的正向出图。通过全站导入功能，将清渭 220kV 变电站 GIM 成果进行解析重构生成 DGN 和 IFC 格式，并可

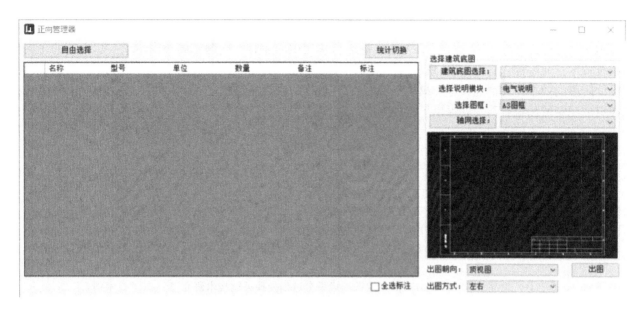

图 6　正向出图配置器

集成为一个工程，如图 7 所示。

在模型解析成功的基础上，完成图纸的生成，其中涵盖了建筑底图、设备标识、详细标注、材料表以及说明文档等多个关键组成部分。针对不同类型的内容，需采取相应的专业方法来确保图纸的准确性和完整性。建筑底图则采用剖切出图的方式生成，以清晰地展示出建筑的内部结构。设备部分则采用直接保存视角的方式，确保图纸中设备的呈现与实际应用场景保持一致。同时，图纸中还包括对设备的详细自动标注，包括设备名称、型号、规格等重要信息。在生成材料表时，直接读取材料库中的信息，以提高图纸的生成效率。最后，结合出图图框对图纸内容的空间限制，完成自动出图的生成，如图 8 所示。

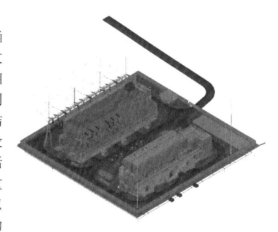

图 7　220kV 变电站

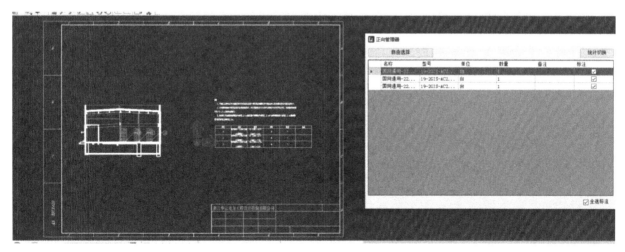

图 8　出图成果

5　结语

本文通过研究针对 GIM 成果在跨平台、跨软件应用中的兼容性问题，成功构建了一套高效的正向出图系统技术。通过深入解析 GIM 模型标准，实现了 BIM 模型的快速构建与自动化出图流程，极大地提高了设计阶段的效率与灵活性。这一成果不仅为 GIM 数据的广泛应用奠定了坚实的技术基础，也为 BIM 技术在更广泛领域的融合与发展提供了有力支持。

参 考 文 献

[1] 盛大凯，郄鑫，胡君慧，等. 研发电网信息模型（GIM）技术，构建智能电网信息共享平台[J]. 电力建设，2013，34(8)：1-5.

[2] Q1GDW 11809—2018. 输变电工程三维设计模型交互规范[S]. 北京：国家电网有限公司，2019，2.

[3] QGDW 11811—2018. 输变电工程三维设计软件基本功能规范[S]. 北京：国家电网有限公司，2019，2.

[4] 孙湛冬，董松，焦娇，等. 基于 BIMBase 技术的 GIM 模型数据轻量化方法研究[J]. 电力信息与通信技术，2023，21(4)：9-15.

[5] 王向上，李春林，徐鲲，等. 基于 GIM 的三维设计成果全过程处理关键技术研究[J]. 科学技术创新，2022，(1)：5-8.

[6] 张业星，胡婷，赵杏英，等. 一种基于国家电网 GIM 标准的 BIM 模型快速构建方法：202110854708[P][2024-07-09].

[7] 宋晓宁，杜宏. 利用 GIM 技术开展变电站施工方案推演的探索[J]. 科学技术创新，2020(28)：163-166.

科技购物中心机电安装施工全过程 BIM 技术深化应用

朱孝诚,梁智强

(中建八局浙江建设有限公司,浙江 杭州 311200)

【摘 要】在现代化机电安装施工全过程中,BIM 深化技术占比日益增高,所谓"施工未动,图纸先行",工序样板制作至关重要。通过应用 BIM 技术进行虚拟样板的制作及点评,提前发现图纸缺陷,三维展示安装效果,有效减少返工量,降低成本。本文以杭州萧山光环梦中心机电工程项目为背景,介绍 BIM 深化技术在机电安装施工全过程中的应用,总结机电安装的"MTFR"体系,助力高效机房落地实施,为同类项目提供了可借鉴的经验和方法。

【关键词】机电安装工程;BIM 深化;高效机房;"MTFR"体系

1 引言

传统深化设计是指施工阶段设计图深化,针对图纸中的密集管线综合(以下简称管综)与机房等复杂节点,施工单位利用 CAD 软件进行草图绘制,编制施工方案与施工部署。现代化深化设计利用 BIM 技术进行三维节点深化,将各阶段管线施工难点立体展示在三维模型中,因此通过 BIM 正向深化有效减少现场施工返工量,提高管线设备一次合格成优率。由于 BIM 技术的便利及优越性,无论是在各部位深化、各阶段深化,都可见到其身影。

2 绪论

国家节能环保的政策趋势日渐清晰,各行各业也在大力推动绿色、节能、低碳发展,建筑行业作为重点节能领域,转变发展方式势在必行。从 2019 年国家发展和改革委员会印发的《绿色高效制冷行动方案》到 2020 年在联合国大会上我国作出的郑重承诺,再到 2021 年十三届全国人大四次会议,节能、碳达峰、碳中和等字眼重点突出。

在机电安装全过程施工中利用 BIM 技术作为深化媒介,从机房、管井、楼层、屋面四个层面逐一进行细部深化,主要研究"MTFR"深化体系工作内容、高效机房的深化过程、多专业协同深化流程以及深化设计对于设备选型的方法。通过 BIM 技术在该项目的充分应用,降低施工成本,缩短施工工期,提高设备效率,为国家双碳事业助力。

3 工程概况

本项目位于杭州市萧山科技城核心区域,地下室两层共计约 8.88 万 m^2、其中人防共计约 1.2 万 m^2,地上集中商业 A 号楼、街区商业 B 号楼各四层,共计约 8.37 万 m^2,总建筑面积约 17.25 万 m^2,总占地面积约 5.58 万 m^2。项目鸟瞰图见图 1。

4 "MTFR"体系下机电全专业深化

"MTFR"指的是"M"机房深化、"T"管井深化、"F"楼层深化、"R"屋面深化四个方面,通过

【作者简介】朱孝诚(1999—),男,机电工程师。主要研究方向为 BIM 深化设计。E-mail:2428182742@qq.com

图 1 项目鸟瞰图

"MTFR"深化设计体系,对项目重点区域进行深化出图,全面优化机电管线。以机电专业为核心,关联其他专业进行协同深化设计。

4.1 "M"机房深化

结合项目实际运行所处工况,采集影响机房运行能效的数据,建立能耗模型,采用先进的性能化分析方法和行业领先的计算机软件对本项目全年能耗数据与全年逐时负荷进行数字化数值模拟分析,可系统性地对初始设计方案进行优化,满足 EER 值>5.0 以及冷机综合 COP≥6.3,最终确认冷机、冷却塔、水泵等设备参数。本项目应用模拟分析软件对 1 月 1 日~12 月 31 日总计 365 天上午 9 点至晚上 9 点每个小时冷负荷模拟,如图 2 所示,通过模拟结果,冷负荷较高主要集中在夏季 6 月~10 月,高峰期处于 7 月 22 日,冷负荷最高时为 14020.71kW。如图 3 所示,最终计算结果显示冷站年制冷量 268.7 万 kWh,冷站综合电量 330.4 万度电,冷站综合能效 EER=5.2,确认达到高效冷站要求(EER≥5.0)。

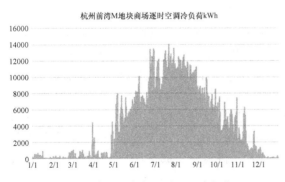

图 2 本项目全年逐时空调冷负荷

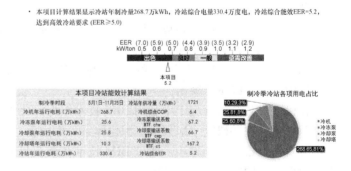

图 3 本项目能效模拟计算结果

4.1.1 制冷系统设备选型优化

根据软件模拟及分析结果,全年冷负荷最高时为 14020.71kW(3987RT)。考虑到超市影院区域冷源为 4 台风冷热泵,商业中央空调模拟总冷负荷为 12534.59kW(3564RT),考虑到外幕墙及墙体保温技术的更新迭代,与业主招商部门、顾问以及设计院充分沟通后,将设备总冷吨修改为 3400RT。结合设备选型基本要点及制冷系统整体运行要求,基于对各设备厂家的调研情况,对制冷机组、水泵、冷却塔等设备进行选型,达到系统内各设备运行平衡的效果。以冷水机组举例,原设计为三大一小(3 台 1000RT 定频冷水机组与 1 台 600RT 定频冷水机组)的四台冷水机组经过重新选型为 4 台规格型号一致的(850RT 变频)的制冷机组。

4.1.2 制冷机房低阻力深化

(1) 采用45°弯头、2D长半径弯头、顺水三通等不同类型管件进一步降低管网阻力损失；45°弯头局部阻力系数为0.5，90°2D弯头局部阻力系数为0.48，顺水三通局部阻力系数为0.5，都小于一般工艺采用的管道配件的局部阻力系数。

(2) 空调末端按照6/12℃供回水温差设计减小水泵扬程，流量与温差成反比，温差越大，流量越小，管网阻力进一步减小，对空调水泵扬程重新计算，原5台冷冻水泵扬程从36m降为30m，5台冷却水泵扬程从30m降低为28m，节约采购成本5万余元。

(3) 采用一体化泵组，通过采用角形整流近零阻力过滤器、近零阻力止回阀、取消冷却塔进水管上的手动蝶阀，减少管路的沿程阻力和局部阻力损失。

(4) 对机房设备整体布局进行深化，减少管道长度。深化模型如图4所示。

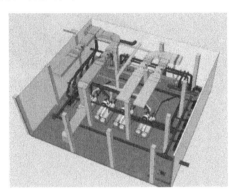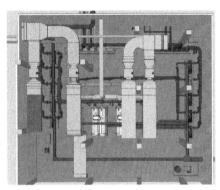

图4　高效制冷机房BIM深化模型

4.1.3 机房一体化施工

结合装配式机房施工理念，运用BIM技术对机房各焊接部件精准下料，采用自动焊接机器人提高焊接精度，结合构件物联网化管理进行全过程监控，在施工关键节点使用3D扫描技术对机房进行逆向建模，与初始模型进行比对及纠偏，确保施工精度。

4.2 "T"管井深化

管井深化过程中，遵循立管靠墙安装的原则，预留套管与支架空间，为保证管道后期施工的可行性，套管间距至少为50mm，套管与墙体间距至少为120mm，同时综合考虑支架空间与支架型式，为保证管道垂直度，采用带支腿的槽钢作为立管支架。电井深化过程中，做到竖井桥架避开电箱，穿越楼板处设置防火封堵，电箱统一为上平齐，电井圈设接地扁铁，电箱做好外壳接地。管井深化图如图5所示。

利用BIM技术解决管井施工问题，管井施工前，依照规范要求、公司亮点做法、现场实际情况，提前完成管井虚拟样板。实际样板施工中以虚拟样板指导现场施工，确保样板高质量、高标准完成。

4.3 "F"楼层深化

如图6所示，分析各楼层各区域净高，在净高要求基础上，充分提升净高空间，提升观感效果，根据技术规格书中深化要求及行业管线布置原则对楼层进行管线优化，过程中优化布局，联动业主与设计对深化图纸予以确认，最终指导现场施工。

施工过程中业主计划下发变更，配合其变更出具相应的BIM深化模型，用以商讨方案的可行性，确认方案能满足业主变更要求后，业主以BIM模型为基础，下发正式变更单。

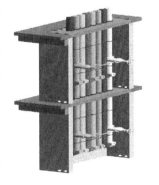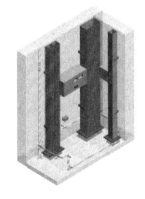

图5　管井深化图

4.4 "R"屋面深化

如图 7 所示，本项目楼层内无设备机房，油烟、空调、防排烟、通风等专业的大批量设备设置在屋面，管线排布与定位准确成为深化难点，在设备报审通过的情况下对屋面整体设备与管线进行三维深化，并结合顾问与设计意见出具深化图，报审通过后指导现场施工。

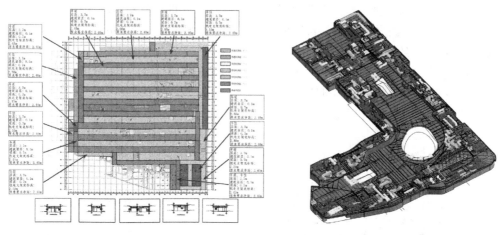

图 6 净高分析图　　　　　　　　图 7 屋面设备三维模型图

5 多专业协同深化管理

业主顾问组织各专业 BIM 交底，同时将搭建好的模型移交施工单位，施工单位进一步进行模型深化。业主组织召开 BIM 周例会，汇报各单位深化工作内容及进度安排并组织协调各专业间深化问题，在问题方案探讨完成后，及时出具图纸变更。当深化问题得到解决时，将其记录会议纪要，并及时落实方案，以解决现场实际问题。协同深化流程如图 8 所示。

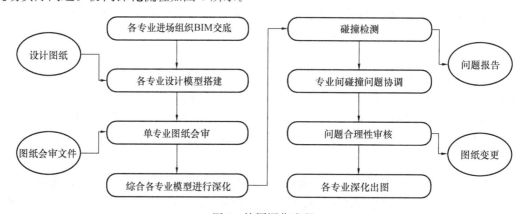

图 8 协同深化流程

6 机电管综深化

项目安装专业设备系统多，通过 BIM 深化对管综排布问题进行内部和现场审核，最终由设计师确定优化方案。应用 BIM 技术进行虚拟样板的制作，对虚拟样板进行点评，提前发现图纸缺陷，通过虚拟建造的手段检查安装效果。管综深化流程如图 9 所示。

7 综合支吊架深化

管综排布完成后，积极采用综合支架，一方面保证管线的深化落地，减少支架的设置数量，避免因管道重叠支架无法设置等情况的出现，节约室内空间；另一方面节约工程成本，降低工程造价，同时又能保证管线的整齐、美观。

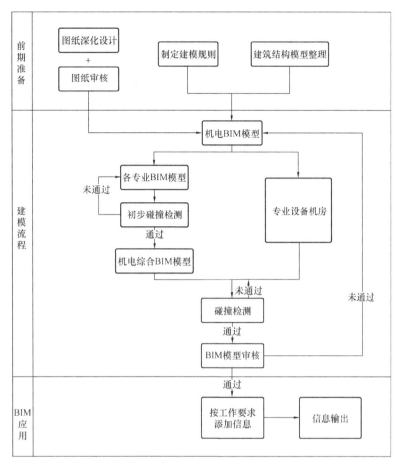

图 9 管综深化流程

在走廊、通道等狭小空间处，管线深化多采用分层布置，支架采用多层综合支架，在支吊架选型及深化完成后，对支架整体进行受力分析计算，出具各类支吊架剖面图，如图 10 所示，对劳务班组进行三维可视化交底。

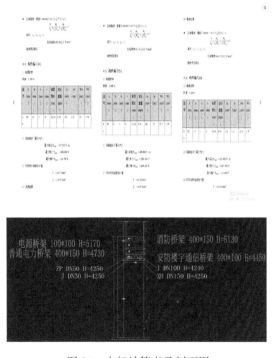

图 10 支架计算书及剖面图

8 专业设备深化

根据 BIM 深化重新对潜污泵进行细部分析，对其扬程计算并出具轴测图，完成地下室所有潜污泵复核计算并重新选型，如图 11 所示。根据选型与设计扬程对比，报审资料由设计师、顾问、业主审批。合理调整设备参数，保障了风机运行满足要求，同步联合厂家完成平衡阀水力计算、虹吸雨水深化计算、变频泵扬程校核计算、烟囱抽力校核计算等。

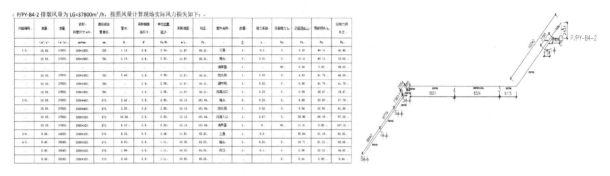

图 11　计算书及轴测图

9 结语

BIM 深化技术贯穿工程整个施工过程，各项工序开展均离不开 BIM 深化。本项目施工阶段通过机电 BIM 全过程应用，充分将 BIM 技术与深化设计相结合，摸索出一套 BIM 技术与深化设计并行的管理流程与方法，为项目高品质履约保驾护航。

参 考 文 献

[1] 马文钦．BIM 技术在建筑施工企业应用的风险评价研究[D]．郑州：郑州大学．2022(5)：13.
[2] 于晓龙, 丁天一．高效空调制冷机房关键技术研究与发展趋势分析[J]．建筑技术．2023, 54(14)：1745-1749.
[3] 张费．高端公共建筑中机电安装 BIM 技术全过程研究与应用[J]．工程建设与设计．2020(19)：178-180, 184.
[4] 周超．机电工程管线排布及综合支吊架应用探讨[J]．工程建设与设计．2018(10)：89-90.
[5] 王铮华．高效机房系统在某高端商业建筑中的设计、施工及调试应用研究[J]．中国建筑金属结构．2022(5)：63-65.

轻量化图形引擎在建筑 BIM 模型显示中的应用研究

杜伯沛，刘界鹏，齐宏拓，周俊文

（重庆大学土木工程学院，重庆 400045）

【摘 要】 BIM 技术在工程建设领域的应用越来越广泛，在数据管理和模型交付方面起着至关重要的作用，而当前研究通常采用商用 BIM 软件的 GUI 方式进行建模，模型数据协同困难且二次开发不便。本文基于 OpenGL 自主开发了一款轻量化图形引擎，通过解析读取 STL 文件数据，进行三维模型渲染显示并支持常用交互操作，如平移、旋转、伸缩，可有效实现建筑模型的数据解析和三维显示，为建筑领域的模型可视化和人机交互工作提供了一定的参考意义。

【关键词】 BIM；图形引擎；交互操作；建筑工程

1 引言

在工程建设领域，工程师常采用计算机进行信息存储和辅助设计，二维图纸被广泛应用于建筑结构的设计管理与方案交付中。虽然二维图纸能提供设计阶段的详细信息，但由于其二维特征，在可视化和信息协作共享方面存在一定的局限性。因此，实现建筑信息三维模型的高效显示尤为重要，有助于提高建筑结构的设计和信息协同效率。

近年来，BIM（Building Information Modeling，建筑信息模型）技术应运而生，其是一种数字化建筑设计、建造和管理的方法，利用三维建模技术和信息管理工具整合建筑项目的各个方面，通过输入与建筑对应的数据，生成建筑模型。与传统的二维 CAD 图纸相比，三维 BIM 模型在模拟性、可视化和交互性方面都具有明显优势。通过 BIM，用户可以在一个统一的平台上创建、管理和共享建筑信息，实现设计、施工和运营阶段的协作与优化。但是目前三维模型可视化主要是通过现有的软件，如 Revit、Blender 等，通常采用 GUI 方式建模，该过程高度依赖软件，二次开发具有技术壁垒，且存在模型数据存储占用容量大、数据协同变更困难等问题。此外，在数据安全方面，市面上大多数 BIM 模型的可视化平台服务器都在国外，BIM 模型显示系统的使用不可避免会出现数据泄露的问题。

因此，本文基于 OpenGL，针对建筑领域的 BIM 模型可视化，自主研发了一款轻量化图形引擎，可以实现 STL 数据文件的解析读取、三维模型的渲染显示，并支持一些常用的交互操作，通过 3 个不同复杂度的案例进行了验证。本文的创新之处在于：该图形引擎具有轻量化特性，通过优化渲染管线、精简图形处理流程，提供基本但高效的图形渲染功能，使其具备高效的资源利用和优化性能，即使针对复杂建筑结构仍能高效显示；其基于 OpenGL 和 C++语言自主开发，摆脱了软件依赖，便于进行二次开发和功能拓展，以应对更加复杂的建筑场景；其支持数据转换和人机交互，能够实现数据的高效协同，同时

【基金项目】国家自然科学基金资助项目（52308142），国家资助博士后研究人员计划（GZC20233334）
【作者简介】杜伯沛（2002—），男，硕士研究生。主要研究方向为智能建造。E-mail：20201824@stu.cqu.edu.cn
　　　　　　刘界鹏（1978—），男，教授。主要研究方向为智能建造。E-mail：liujp@cqu.edu.cn
　　　　　　齐宏拓（1982—），男，正高级工程师。主要研究方向为智能建造。E-mail：hitqht@163.com
【通讯作者】周俊文（1991—），男，助理研究员。主要研究方向为智能建造。E-mail：0zhoujunwen0@cqu.edu.cn

其文件存储占用量小。本文通过自主开发图形引擎，旨在为建筑模型的高效显示和数据管理提供参考。

2　研究现状

BIM 技术在国内外迅速发展，在数据组织管理和建筑项目生命周期中均有应用，已积累了大量研究成果。朱英姿采用 Revit 软件建立了装配式剪力墙结构预制构件的参数化模型；朱元飞采用 Revit 为建筑给排水设计可视化，并为推动施工优化过程的高效率及高质量发展提供了解决方案；Wang 基于 Revit 开发了一种建筑信息建模平台以解决单层钢结构厂房传统设计方法中的低数字化和高错误率问题，并采用模型可视化技术来提高设计过程中的精确性和效率；Tsay 采用 Revit 程序针对实际应用提出了一种最优结构体系设计流程，降低了建筑空间设计变更的可能性，通过模型的三维显示技术优化了结构设计流程，提升了设计的准确性并控制了成本；徐敬海通过融合 BIM 与实景三维模型实现了对建筑内部细节的展示和建筑与周围环境相互作用的分析；李烁将 BIM+GIS 三维协同设计系统应用于成渝改扩建高速公路项目中，提高了设计效率并提供了可靠保障；Ahmad 提出了一种为场地布置规划开发集成建筑信息模型和地理信息系统模型的方法，以模块化的形式设计，并为用户提供了 4D 可视化功能；Hunag 开发了一个 BIM 和物联网数据融合框架，为各种应用提供了合适的数据处理流程；陆宁、殷宪飞、Akinade、Luong 等人则分别研究了 BIM 技术在建筑工程运维、建筑垃圾处理、建筑能耗控制等不同方向上的应用，进一步提高了建筑项目整体效率、降低了成本和环境影响。由此可见，BIM 技术在建筑行业的设计方面至关重要，而大多仍需基于 Revit 软件实现建筑模型的可视化部分，通常采用 GUI 实现建模，但该方法存在软件依赖性强且二次开发不便、数据协同困难、模型数据存储占用容量大等问题。因此，针对建筑领域的模型可视化，自主开发一款图形引擎具有重要的价值和意义。

3　研究方法

本文基于 OpenGL 开发了一款针对建筑模型可视化的图形引擎，其主要功能有 3 个部分，包括 STL 文件数据的解析读取、三维建筑模型的渲染显示、基于键鼠的人机交互操作。

3.1　STL 文件数据的解析读取

三维实体模型表面的描述通常采用一系列三角形面片相连形成的网格结构来逼近。STL 文件是一种常见的三维模型文件格式，其用来存储三维模型显示所需的三角形面片数据，可以准确地描述一个物体的外形和几何特征，已成为 CAD 软件和 BIM 模型中一种常见的数据表达格式。STL 文件分为两种类型，分别是 ASCII 格式和二进制格式。

ASCII 格式的 STL 文件结构见图 1（a），第 1 行为文件头 Header，由关键词 solid 和模型名称 name 组成；第 2~8 行是三角形面片数据，包括法向量 normal 和位于循环 loop 中的顶点 vertex 的坐标。二进制格式的 STL 文件结构见图 1（b），第 1 行的 80 个字节为文件头，包含文件名或标识信息，用于识别文件；第 2 行的 4 个字节表示三角形面片数量；第 4~7 行为三角形面片数据，每 48 个字节表示一个三角形面片数据，包括法向量 normal 和顶点 vertex 的坐标；第 8 行表示每两个三角形之间用 2 个字节隔开。虽然二进制 STL 文件在传输和处理时更加高效，但由于其可读性差，难以手动编辑调试。故本文考虑对

```
1    solid(name)
2        facet normal -0.697 -0.442 0.564
3            outer loop
4                vertex -0.10570 4.53059 5.64392
5                vertex 0.06856 4.36891 5.73271
6                vertex 0.18583 4.45377 5.94408
7            endloop
8        endfacet
9        ...
10   endsolid(name)
```
(a)

```
1    UINT8[80]      Header
2    UINT32         Number of triangles
3    foreach triangle
4        REAL32[3]  Normal vector
5        REAL32[3]  Vertex 1
6        REAL32[3]  Vertex 2
7        REAL32[3]  Vertex 3
8        UINT16     Attribute byte count
9    end
```
(b)

图 1　STL 文件结构
(a) ASCII 格式；(b) 二进制格式

ASCII 格式的 STL 文件进行解析读取并用于渲染显示。

本文采用 C++编写 LoadStlFile（stlFileName）函数，通过逐行读取 ASCII 格式的 STL 文件内容，实现对其内容的解析和数据的读取，该函数的伪代码见图 2。该函数通过 lineno++过滤非关键的信息，即 outer loop 和 endfacet 语句，采用 if 判断语句和 sscanf_s 语句直接读取三角形顶点数据，并通过循环遍历将所有三角形数据存储于一个向量容器中，且在控制台输出三角形面片的数量，用于体现模型复杂度。此外，该函数还计算了模型的最大最小值，用于后续平移缩放等交互操作。

```
if (_strcmpi(str1, "solid") != 0)   //检测是否有 solid,如果没有返回错误
    return false;
while (fgets(buffer, length, file))
{
    lineno++;//记录读取的行数 加1跳过这一行
    if (开头为"facet normal")
        continue;
    fgets(buffer, length, file);//读取下一行
    lineno++; // 过滤掉 outer loop
    sscanf_s(buffer, "%*s %*s");
    fgets(buffer, length, file);//开始读取顶点数据
    ......
}
```

图 2　LoadStlFile 函数伪代码

3.2　三维模型的渲染显示

本文基于 OpenGL 的 GLUT 库实现对模型的渲染显示，可以在 OpenGL 环境中显示 3D 模型，该部分由绘制函数 Draw 和渲染函数 Display 组成。其中，Draw 函数伪代码见图 3（a），具体过程如下。

```
Procedure Draw(model)
    glEnable(GL_NORMALIZE) // 启用法线自动规范化
    PushMatrix() // 压栈保存当前模型视图矩阵
    CenterModelOnOrigin() // 平移模型到原点
    for (size_t i = 0; i < 三角形数量; i++)//循环所有三角形
    {
        glNormal3f(容器中的 Normal 向量);
        glVertex3f(容器中第一个顶点坐标);
        glNormal3f(容器中的 Normal 向量);
        glVertex3f(容器中第二个顶点坐标);
        glNormal3f(容器中的 Normal 向量);
        glVertex3f(容器中第三个顶点坐标);
    }
End Procedure
                    (a)
```

```
Procedure Display(model)
    //设置 LIGHT0 的光源属性
    EnableLight(GL_LIGHT0)
    glEnable(GL_LIGHTING)// 启用光照
    lightPosition0[] = {光源位置 (x, y, z, w), w=0 表示方向光};
    glLightfv(GL_LIGHT0, GL_POSITION, lightPosition0);
    // 设置环境光的颜色
    ambientLight[] = {环境光的 RGBA 分量 };
    glLightfv(GL_LIGHT0, GL_AMBIENT, ambientLight);
    Draw(model)// 绘制模型
    PopMatrix()// 恢复矩阵状态
    glutSwapBuffers()// 交换缓冲区显示绘制结果
End Procedure
                    (b)
```

图 3　Draw 函数和 Display 函数伪代码
(a) Draw 函数；(b) Display 函数

（1）采用 glEnable（GL_NORMALIZE）开启 OpenGL 的法线自动规范化功能，并压栈保存当前的模型视图矩阵。

（2）通过 glTranslatef（）函数进行平移操作，使模型的中心点位于原点。

（3）遍历所有三角形，采用 glNormal3f 和 glVertex3f 分别绘制每个三角形。

渲染函数 Display 伪代码见图 3 (b)，具体过程如下。

（1）采用 glEnable (GL_LIGHT0) 启用一个光源（此处以一个光源为例），并通过 glEnable (GL_LIGHTING) 启用光照功能。

（2）通过 glLightfv 设置光源位置和属性以及环境光的颜色，并采用 glPopMatrix () 恢复之前保存的矩阵状态，使得后续的绘制操作不受之前的变换影响。

（3）增加实时显示帧率的功能，用于评估模型渲染效果。

（4）通过 glutSwapBuffers () 交换前后缓冲区，显示绘制结果。

3.3 常用人机交互操作

本文基于 OpenGL 的 GLUT 库实现常用键鼠交互操作，如平移、旋转、伸缩，其通过监听键盘与鼠标事件，判断交互操作类型，由此计算模型的位移量或旋转角度或伸缩比例，并在每一帧更新模型位置，实现平滑的移动、旋转、伸缩效果。各交互操作如下。

（1）基于键盘的平移操作

通过 swich 语句设置不同方向的平移按键，并设置模型单次操作的位移量，采用 glTranslatef (m_tranlate [0], m_tranlate [1], m_tranlate [2]) 函数实现模型的平移，其中，m_tranlate 数组为模型在 x、y、z 方向的平移量。

（2）基于鼠标的旋转操作

判断鼠标左键是否按下，若按下则记录鼠标的坐标位置及其按下拖动后的位置，由此计算位移差值并转换为旋转角度，采用 glRotatef (m_rorate [0], 1, 0, 0) 函数完成模型的旋转，其中，m_rorate 数组为模型在 x、y、z 方向的旋转角度。

（3）基于鼠标的伸缩操作

设置初始伸缩比例 m_scale 为 1.0，判断鼠标滚轮滚动的方向，若向上滚动则每滚动一次 m_scale 加 0.1，向下滚动则减 0.1，如果 m_scale 小于 0.1 则维持其不变。通过 glScalef (m_scale [0], m_scale [1], m_scale [2]) 实现模型的伸缩，其中，m_scale 数组为 x、y、z 方向上的伸缩比例。

4 案例验证

4.1 案例介绍

本文通过不同建筑结构案例，对该轻量化图形引擎渲染显示效果进行测试。表 1 为不同建筑结构 STL 文件的三角形面片数量和文件大小。三角形面片数量与 STL 文件内存呈正相关，且其二者比例平均为 3.5076，最大误差不到 2.8%，故三角形面片数量可以较为稳定地表示 STL 文件复杂度。

建筑结构的 STL 文件属性　　　　　　　　表 1

建筑结构案例	别墅	双层房屋	宫殿
三角形面片数量 N（个）	5110	41610	45862
文件内存大小 M（KB）	1498	11474	13375
数量与大小比例 N/M	3.4112	3.6265	3.4290

4.2 渲染显示结果

采用本文开发的轻量化图形引擎对上述模型进行渲染，同时，通过导入 STL 文件的形式，由建筑工程领域常用的 Blender 软件进行相同模型的显示，将两者的渲染显示结果进行对比，以视觉观察的方式评价其效果，见图 4。由此可见，本文开发的轻量化图形引擎可实现建筑三维模型的渲染，基本达到 Blender 软件的显示效果，但是在阴影表达、轮廓清晰度、光照模拟方面存在不足之处，后期可通过调整光源设置、优化渲染管线及其算法逐步逼近 Blender 的渲染效果。

4.3 交互操作效果

以前文宫殿模型为例，对其交互操作结果进行展示。

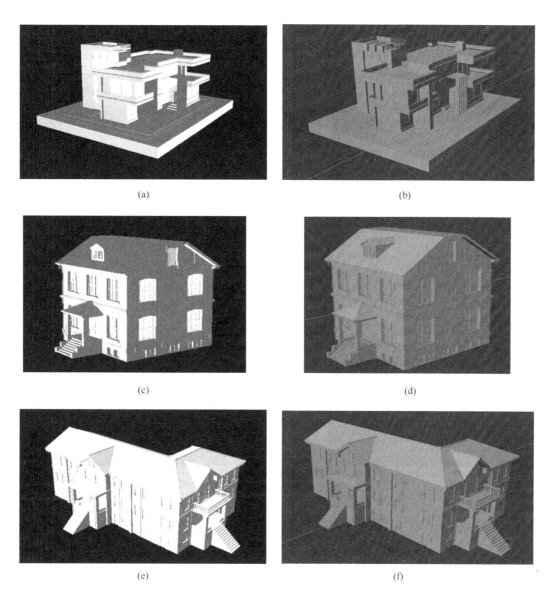

图 4 不同建筑模型的显示效果对比

(a) 别墅轻量化图形引擎显示效果;(b) 别墅 Blender 软件显示效果;(c) 双层房屋轻量化图形引擎显示效果;
(d) 双层房屋 Blender 软件显示效果;(e) 宫殿轻量化图形引擎显示效果;(f) 宫殿 Blender 软件显示效果

(1) 基于键盘的平移操作

本文设置单次按键模型的位移变化量为 0.1。通过输入 15 次'W'键和 25 次'D'键,实现模型向上平移 1.5 和向右平移 2.5,平移效果见图 5。

图 5 基于键盘的平移效果

（2）基于鼠标的旋转操作

采用笛卡尔右手坐标系，通过控制鼠标将模型绕 Y 轴向右旋转 30°，绕 X 轴向下旋转 30°，旋转效果见图 6。

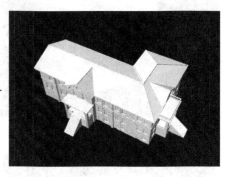

图 6　基于鼠标的旋转效果

（3）基于鼠标的伸缩操作

通过控制鼠标滚轮向上滚动 10 次，即增大 m_scale 从默认值 1.0 变为 2.5，实现宫殿模型 1.5 倍的放大，效果见图 7。

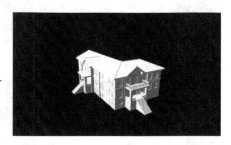

图 7　基于鼠标的放大效果

5　总结

建筑模型的三维可视化是 BIM 的重要特征之一，本文基于 OpenGL 自主研发了一款针对建筑领域的轻量化图形引擎，实现了 STL 文件的解析读取、三维模型的渲染显示以及常用的人机交互操作。通过 3 个建筑结构案例，对该图形引擎的渲染显示效果进行测试验证，并与成熟图像渲染显示软件 Blender 对比。结果表明，该图形引擎已基本达到 Blender 的模型可视化效果，该成果有良好的发展前景与可拓展性，为之后我国图形引擎的自主研发工作提供一定的参考意义。

参 考 文 献

[1] 谢晓峰，卢德辉，邵泉，等．基于 Open GL 的危大工程三维模型引擎研发及应用[J]．广州建筑，2022，50(3)：75-80．

[2] 阮兵，张可心，田芮利，等．面向工业建筑场景的 BIM 可视化引擎功能需求研究[J]．工程建设标准化，2023(8)：82-85．

[3] 朱英姿．基于 BIM 的某装配式建筑预制构件参数化设计及应用研究[D]．吉林：东北电力大学，2023．

[4] 朱元飞．基于 BIM 的建筑给排水设计施工优化及二次开发[D]．南昌：南昌大学，2023．

[5] Wang D，Lu H．Development of a BIM platform for the design of single-story steel structure factories[J]．Buildings，2024，14(3)．

[6] Tsay J R．study on Building Information Modeling application for building space design conflict Effectssup sup[J]．Engineering Proceedings，2024，55(1)．

[7] 李烁，董继星，吕若丹．基于 BIM+GIS 三维协同设计的道路保通设计研究应用[J]．价值工程，2024，43(21)：94-96．

[8] 徐敬海，卜兰，杜东升，等．建筑物 BIM 与实景三维模型融合方法研究[J]．建筑结构学报，2021，42(10)：215-222.

[9] Ahmad A，Ahmad J．ArcSPAT：an integrated building information modeling (BIM) and geographic information system (GIS) model for site layout planning[J]．International Journal of Construction Management，2023，23(3)：505-527.

[10] Xiongwei H，Yongping L，Lizhen H，et al. BIM and IoT data fusion：the data process model perspective[J]．Automation in Construction，2023，149

[11] 陆宁．基于 BIM 技术的施工企业信息资源利用系统研究[D]．北京：清华大学，2010.

[12] 殷宪飞．BIM 技术在城市综合管廊运营维护阶段的应用研究[D]．哈尔滨：哈尔滨工业大学，2017.

[13] Akinade O O，Oyedele L O，Ajayi S O，et al. Designing out construction waste using BIM technology：stakeholders' expectations for industry deployment[J]．Journal of Cleaner Production，2018，180：375-385.

[14] Luong L D，Truong S N，Ngo T N，et al. Developing the hybrid BIM-BEM and jellyfish searchoptimization system for optimizing energy consumption and building installation costs[J]．Scientific Reports，2024，14(1)：17186-17186.

基于"云+端"的BIM数据快速协同应用平台研究

向绍平，滕明焜，刘 辉，谢晓磊

(北京图乘科技有限公司，北京 100091)

【摘 要】 BIM建模软件种类多、版本多以及BIM模型对电脑配置要求高，导致看模型不方便、协同难度大。为解决上述问题，让从业人员更便捷、更稳定、更安全地应用BIM数据，提高BIM应用效率，本文将分析多源模型可视化、数据共享与协同、通用性与数据安全需求等，研究"云+端"的BIM应用平台架构，开发模型上传与存储、模型解析与显示、协同看模等功能模块，用大量实际项目的BIM及相关文件进行应用验证，证明平台的可行性。

【关键词】 BIM技术；快速看模；数据共享；协同平台

1 引言

20世纪90年代以来，消费互联网的信息表达形态经历了从文字图片到视频的快速发展，可以看到信息的表达形态越来越接近人类眼睛所见。与此类比，建筑领域也经历着从手绘图到二维CAD，再到BIM的快速发展。可以预见，随着硬件性能提升、软件性能提升、网络速度的加快，BIM技术的应用普及是技术发展的大势所趋。BIM技术以其强大的信息集成和可视化能力，成为推动建筑行业创新与发展的重要动力。BIM技术通过将建筑物全生命周期内的信息进行整合，为设计、施工、运营等各个阶段提供了高效、准确的数据支持。然而，BIM建模软件种类多、版本多，对电脑配置要求高，看模型非常不方便；BIM建模依靠专业人士，建模成本高；建模软件基本被国外垄断，存在数据安全问题等。从BIM实际应用情况看，BIM数据的便捷式应用和协同成为制约BIM技术进一步应用的主要瓶颈之一。马智亮等为更好地支持集成项目交付（IPD）的实施，研制了基于建筑信息模型（BIM）的IPD协同工作平台，为研制基于BIM的IPD协同工作平台奠定基础。张建平等进行了面向建筑全生命期的集成BIM建模技术的研究，一定程度上为BIM创建、管理与应用探索了可行的方法和技术。赖华辉等提出了基于IFC标准的BIM数据共享与交换技术路线，并自主研发了基于IFC的结构模型服务器IFC-SMS与基于IFC的BIM协同平台SJTUBIM，为BIM数据交互问题提供了一种可行的方法。广大学者为BIM数据协同进行了不同层面的理论研究，但在BIM协同实际应用场景上，如何更便捷、更稳定、更安全地协同应用BIM数据，仍然值得进一步研究。因此，本研究聚焦在BIM协同的实际具体应用场景，研究基于"云+端"的BIM数据快速协同应用平台，为提高BIM技术的应用效率以及促进建筑业的数字化转型提供更高效的工具和方法。

2 应用需求分析

2.1 多源模型可视化需求

在建筑建设过程中，参与方众多，包括业主单位、咨询单位、设计单位、监理单位、施工单位，工作事项各有不同，设计阶段、施工实施阶段和运维，看模型是最大的共性需求。建筑行业使用的BIM模

【作者简介】 向绍平（1993—），男，工程师。主要研究方向为计算机图形学和BIM软件。E-mail：xsp@tctwins.com

型来源多样，这些模型可能来自不同的设计软件，如 AutoCAD、Revit、SketchUp 等，也可能以不同的文件格式存储。由于这些软件和数据格式的多样性，传统的 BIM 平台往往难以支持所有格式的导入和高效的可视化。平台应能够支持多种主流 BIM 软件产生的模型格式，包括但不限于 RVT、IFC、FBX、OBJ 等主流格式。此外，平台应提供流畅、高清晰度的模型可视化功能，使用户能够直观地查看和使用模型，包括但不限于模型的缩放、旋转、剖切、隐藏或显示图层等基本操作。

2.2 数据共享与协同需求

在建筑设计、施工和运维等阶段，不同参与部门和人员需要紧密协作，共同完成各项工作。因此，平台需要提供数据共享和协同操作的功能，确保各部门和人员之间的数据一致性和实时性。

平台应提供数据共享功能，允许不同参与人员查看、编辑和保存模型数据。同时，平台应确保数据的安全性，避免未授权访问和修改。平台应支持多人同时在线对模型数据进行操作，确保数据的实时性和一致性。在多人操作时，平台应提供权限控制功能，避免数据冲突和混乱。平台应提供一定的权限管理功能，允许管理员设置不同用户的访问和操作权限，权限包括"管理员""参与方""访客"等，确保数据的安全性和可控性。

2.3 通用性与数据安全需求

考虑建筑业 BIM 应用的场景众多，人员情况复杂，平台应满足多参与方使用共性需求，功能不易过于复杂，需具有一定的通用性。平台应设计简洁明了的用户界面，提供直观的操作提示和友好的交互体验。平台应提供便捷的操作方式，如快捷键、拖拽、点击等，降低用户的学习成本。特别是模型上传应便捷，可快速地把日常工作软件中的模型直接上传至平台。同时，平台应提供丰富的教程和帮助文档，方便用户快速上手。平台应具备良好的可维护性，包括易于升级、易于排查问题、易于扩展等功能，这要求平台采用模块化设计、遵循标准化接口规范、提供完善的日志和监控功能等。

此外，BIM 数据多为国内重点建筑的数据，需要考虑数据安全问题。因此，平台数据存储与格式解析服务器需在中国大陆。

3 平台架构设计

根据上述需求，本平台采用"云＋端"的架构设计，如图 1 所示。平台充分利用云计算的能力来支撑数据处理和计算，降低对终端设备性能的要求，同时保持终端设备的便捷性和交互性。

图 1　平台架构图

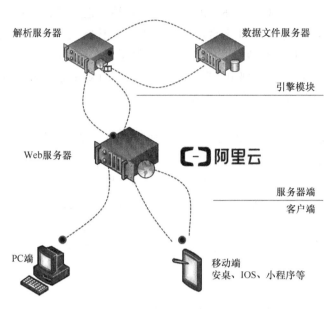

图 2 平台部署简图

云端部分数据存储采用 Hadoop HDFS 分布式存储，确保用户对 BIM 模型及其他相关数据的高可用性、容错性和可扩展性。设计合理的数据模型和索引机制，以支持高效的数据查询和分析。数据计算利用云计算的并行计算能力和大规模数据处理能力，提供对 BIM 模型的快速处理和分析，可完成多种计算任务，如模型碰撞检测、能耗分析、施工模拟等。用户权限管理设计完善的用户认证和权限管理机制，确保只有授权用户才能访问和编辑 BIM 模型数据。提供用户角色管理、权限分配、分享等功能，以满足不同用户的安全需求。提供丰富的 API 接口，供终端设备调用，实现与云端的通信和数据交互。API 接口支持多种数据格式和传输协议，以满足不同终端设备和网络环境的需求。主要面向电脑端和移动端，部署方式如图 2 所示。

4 功能模块的实现及验证

4.1 开发简要介绍

根据上述分析，本研究建立基于"云＋端"的 BIM 数据快速协同应用平台，移动端部分界面如图 3 所示，移动端包括安卓、IOS、微信小程序等，平台 PC 端界面如图 4 所示。平台采用前后端分离的模式，采用 MVVC 架构，平台由主页及前后台、单点登录及权限管理、组件通信、数据库、API 接口、对象存储、消息队列、工作线程、邮件通信等组件构成，各组件之间保持一定的独立性，耦合程度低，以保证平台整体的可维护性和可扩展性。前端采用 Vue 和 Node.js，后端采用 Spring Boot 和 Spring Frame-

图 3 平台移动端界面

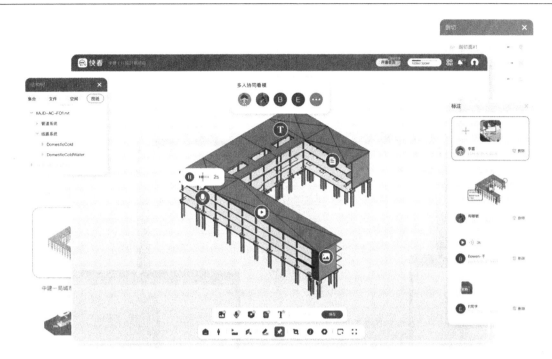

图 4 平台 PC 端界面

work。平台部署在阿里云中国大陆不同地区的服务器。

4.2 模型解析与显示

BIM 模型的解析、展示和交互操作是整个平台最核心的部分之一。本研究通过自研 BIMX 图形引擎，实现了各类 BIM 格式的解析与显示。在本平台的模型显示功能中，包括了旋转、平移、切剖、测量、批注、结构树、属性查看等基本交互功能。此外，通过文本、音频、视频等文件的解析与显示渲染技术的应用，实现了各类文件的快速查看以及与 BIM 模型的关联。通过多种模型格式的解析与显示，满足了各类从业人员看模型的基本需求，如图 5 所示。

图 5 APP 端查看模型

4.3 协同看模

协同工作模块是本平台的核心功能之一，负责实现多用户在线协作功能。如图6所示，不同的用户可同时在PC、APP等不同终端针对同一个模型进行操作，当一个用户移动模型或者在模型上进行标注等操作时，其他参与本次协同的用户可实时看到该用户的操作结果。本平台的协同看模功能在一定程度上解决了多人在线协同看模不便的问题，大大提高了基于模型交流的效率。

图6 协同看模效果示意

4.4 案例验证

本平台的网页端发布在互联网，移动端发布在华为、小米、IOS等手机应用市场和微信小程序，各类人员累计上传各类文件数量超过10万个，包括RVT、IFC、PDF等近百种不同种类的格式，文件查看的成功率达到99%以上。通过为用户上传的实际BIM模型提供的解析与查看服务，验证了本平台的可用性。

5 结论

本研究分析了当前BIM快速协同应用的需求，包括多源模型的可视化、数据的高效共享与协同，以及平台的通用性与数据安全需求等，设计了基于"云+端"的BIM数据快速协同应用平台的软件架构并进行了软件开发，最后用实际案例进行了平台的可用性验证。实践证明，该平台为建筑行业提供了一种便捷、稳定、安全的BIM数据管理与协同方式，有助于提高在建筑设计、施工和运维等不同阶段BIM的使用效率。

未来，将继续优化平台的性能和增加功能，扩展BIM应用的宽度和深度。例如，在BIM集成应用方面，可将平台与物联网技术相结合，实现建筑设备的远程监控和控制；将平台与其他建筑行业相关的软件进行集成，提供更全面、更深入的BIM数据分析和应用服务。在BIM深度应用方面，可进一步加快BIM文件解析与加载的速度，以进行BIM智能审模等方面的应用研究。

参 考 文 献

[1] 马智亮，张东东，马健坤. 基于BIM的IPD协同工作模型与信息利用框架[J]. 同济大学学报（自然科学版），2014，42(9)：1325-1332.

[2] 张建平，余芳强，李丁. 面向建筑全生命期的集成BIM建模技术研究[J]. 土木建筑工程信息技术，2012，4(1)：6-14.

[3] 赖华辉，邓雪原，刘西拉. 基于IFC标准的BIM数据共享与交换[J]. 土木工程学报，2018，51(4)：121-128.

市政道路工程建设中的数字化质量控制体系研究

陈 杰[1,2]，卓胜豪[1]，彭剑华[1,2]

(1. 中国电建集团华东勘测设计研究院有限公司，浙江 杭州 311122；
2. 中电建华东勘测设计院（深圳）有限公司，广东 深圳 518100)

【摘　要】 针对市政集群项目规模大、难度高、不确定因素多的特点，研究将数字化技术应用于项目的质量控制。通过将 BIM、GIS、AR、VR、点云、二维码等数字化技术融合应用于新建市政道路工程，实现了项目精细化质量控制的目的。本次研究不仅提高了项目现场作业人员的技术质量水平，提高了项目的整体质量，也提高了项目和企业的数字化建设水平，可以为同类市政道路工程建设的质量控制提供参考。

【关键词】 质量控制；市政道路；数字化；工程建设

1 引言

随着我国工程建设技术的不断进步，越来越多市政项目采取集群的形态开发建设。市政集群项目的建设往往要对片区进行整体规划，不仅需要考虑复杂的地形地貌，而且需要考虑项目与周边市政道路、地下管网、建筑地下室、地下轨道交通的衔接与结构稳定因素。由于市政集群项目一般属于重点项目，具有规模大、难度高、不确定因素多的特点，传统工程建设专业技术和质量控制措施已无法满足建设需求。

在建设工程行业，三维数字化技术是以 BIM 技术为基础，融合包括 GIS、AR、VR、点云、二维码等技术在内的新型工程技术，具备三维可视性、可模拟性、数据格式统一、数据流转可信的特点，可以为市政集群项目建设的质量控制提供技术支持。本次研究以实际项目为例，应用三维数字化技术对市政道路工程建设中的质量控制体系展开研究，通过实施三维数字化应用体系，实现了市政道路工程建设过程中的精细化质量管控，在项目质量管理方面发挥了重要作用。

2 总体实施策略

工程项目位于深圳市前海湾，是前海市政一期项目集群中的子项目，工程建设内容专业主要包括道路、管线综合、给水、排水（雨水、污水）、电力、通信、照明、监控、景观绿化、燃气等，由于工程项目地质条件差，且与邻近的华润办公楼项目与卓越办公楼项目同时建设，涉及很多工程项目之间的对接协调问题，为保障工程质量，需要采用三维数字化技术辅助工程建设。

采用三维数字化技术辅助本工程建设中的质量控制，首先应根据工程建设各阶段的实际质量需求，结合各类工程数字化技术的功能和特点进行统筹策划，制定总体实施策略。在工程建设准备阶段，通过 BIM 技术辅助图纸审查和深化设计，提高图纸质量；运用 BIM 技术和 VR 技术制作仿真模拟视频和数字质量样板，将技术和质量控制要点生动表达，易于理解。在工程建设阶段，采用无人机技术和 AR 技术辅助质量检查，提高质量检查工作的精度和效率；运用工程建设管理平台辅助质量管理，将质量整改流程高效管控，并将信息数据留底备案。在工程验收阶段，用三维激光扫描技术辅助质量验收，并结合 BIM

【作者简介】 陈杰（1988—），男，工程师。主要研究方向为工程数字化。E-mail：1411323691@qq.com

模型进行实模对比，确保工程主体的高质量交付。

3 准备阶段

3.1 图纸会审

在市政道路工程正式施工前，为确保设计图纸的质量，应当在设计单位交底之前对施工图纸进行全面审查。此环节中，三维数字化技术的引入显著增强了图纸会审的效能，能够高效揭示图纸中存在的问题，并为施工图的进一步优化提供有力支持。

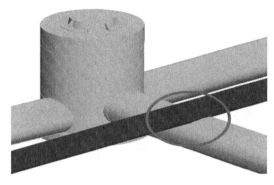

图1 道路管线碰撞示意图

在获取施工图审查机构认定合格的市政道路施工图设计文件后，依据这些图纸构建BIM模型。在建模过程中，一系列设计图纸本身及设计合理性方面的问题逐渐浮现，包括但不限于图纸表达不清晰、构件遗漏或错位以及不同专业设计之间的冲突碰撞等，如图1所示。

将上述问题整理汇总，编制成施工图问题报告。随后，在图纸会审阶段，组织建设单位、监理单位、设计单位等多方参与，集中探讨并逐一解决报告中列出的问题。会议成果以会审问题清单和会议纪要文件的形式予以记录，并在设计交底之前，提交给设计单位，以便其据此对设计图纸进行必要的优化调整。这一过程不仅确保了设计图纸精确无误，也为后续顺利施工奠定了坚实的质量基础。

3.2 专项深化

在施工准备阶段，针对市政道路工程涉及的各专业领域，开展深入的专项设计优化工作。此过程严格遵循施工组织设计的要求，对土石方调配、环境保护和水土保持设施、边坡防护、特殊路基、排水设施、交通安全设施、临时工程等工程进行专项深化。

完成专项深化后，利用BIM软件精准生成道路建设所需的混凝土构件、模板配置、钢筋用量、管线布局及交通标识标牌等详细工程量清单。通过造价度量的标准化方法，对这些清单项目的体积、数量及长度作精确统计，为后续的物资采购预算编制与采购计划制定提供数据支持与可靠依据。基于专项深化设计的具体内容，将BIM模型转化为直观的深化设计图纸，作为施工现场操作与管理的直接指导材料。在项目实施阶段，根据现场实际需求的变化，灵活地从已深化的BIM模型中提取并导出更多具有针对性与定制化需求相符合的施工图纸，以确保施工活动的顺利进行与高效管理。

3.3 仿真模拟

在工程项目建设阶段，对分项、专项工程建设过程中的重难点及四新技术的应用进行预判，结合施工组织设计、施工方案及专项施工方案制作施工仿真模拟动画。施工场地布置、施工交通组织、复杂施工工序、大型设备运输、管线迁改、工作面划分等方案一般需要制作施工组织模拟动画来辅助施工；而路面摊铺、特殊路基处理、路基填筑、高坡防护等工艺一般需要制作施工工艺模拟动画来辅助施工。

本项目特别选取了路基填筑与边坡防护作为施工仿真模拟动画的重点内容。制作流程始于对施工组织设计、施工方案及专项施工方案中相关工艺工法的深入解析，以此为基础对模型进行细化与完善，确保模型中所有构件均满足模拟需求。随后，将构建好的模型导入仿真模拟软件平台，依据施工进度计划为各模型构件分配相应的时间参数，从而生成动态的施工过程模拟视频。最后，将该视频导入专业的后期处理软件，进行配音录制与文字标注的添加工作，以增强模拟动画的解说性与理解度，施工模拟动画制作界面如图2所示。

3.4 数字样板

在市政道路工程项目的施工准备阶段，构建质量样板是提高项目质量控制水平、规范关键与难点施

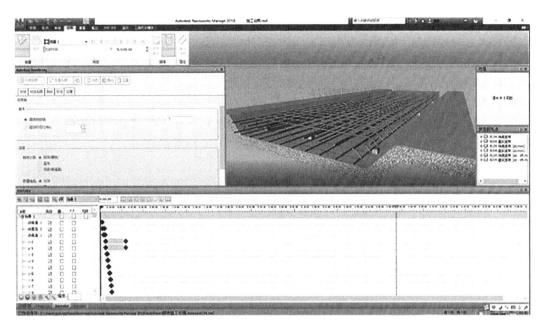

图 2　施工模拟动画制作

工部位工艺流程，以及促进企业标准化建设的重要途径。鉴于传统实体质量样板存在建设周期长、资源消耗大、占地面积广等局限性，本项目创新性地采用了数字化手段来构建项目质量样板。

本项目依托 VR 技术，创建了高度逼真的数字化质量样板。首先，剪切拟创建质量样板施工部位的 BIM 模型进行精细化处理，并赋予其仿真的材质属性，以增强数字样板的感官真实性。随后，将 BIM 模型导入 VR 软件，通过佩戴 VR 眼镜，项目团队即可身临其境地观看质量样板，实现施工细节的全方位浏览。此外，利用 VR 环境中的触碰设备，用户能够轻松点击并查看构件的详细属性与施工工艺流程，极大地提升了信息传递的直观性与互动性。通过多设备接入 VR 系统，不同地点的项目参与者能够同时在虚拟场景中进行实时交流，促进了团队协作与知识共享。数字质量样板以其不受物理场地限制、便于集中统一管理以及显著节约人工成本与材料成本的独特优势，在本项目得到了广泛应用。

4　建设阶段

4.1　技术交底

在工程项目的建设进程中，为准确理解并确保施工技术的高效传递，本项目采用深化模型图纸、施工模拟动画等直观材料，结合详尽的施工方案，对技术员、工长及班组长进行系统化的技术交底工作。此过程旨在通过形象生动的方式，清晰阐述工艺流程，特别针对项目中的重点与难点环节进行深入剖析，以增强作业人员对施工过程的全面认知与深刻理解，从而确保他们能够熟练掌握并灵活应用相关技术方法。

技术交底活动结束后，为进一步促进信息的便捷获取与长期保存，项目团队将交底资料整理上传至云端服务器，并进行分类管理，最终生成便于识别的二维码图片。这些二维码图片被打印并粘贴于施工作业区域的显著出入口位置，为作业人员提供了即时扫码查看或保存二维码图片以备后续查阅的便捷途径，如图 3 所示。

4.2　质量检查

在工程项目的建设周期内，实施定期且系统的

图 3　交底技术资料二维码

质量检查是保障工程建设质量不可或缺的一环。本项目创新性地融合了多种数字化手段，以强化质量检查的效能与精确度。具体而言，这些数字化手段包括无人机巡检技术与AR对比检查方法。

无人机巡检是在项目施工过程中，通过运用无人机三维实景技术进行航拍，突击检查项目现场的质量问题，航拍画面可实时回传到项目指挥中心。由于无人机可以抵达作业人员和普通设备无法观察到的部位，能在项目整体和视野盲区的质量检查中发挥重要作用。AR对比检查是将BIM模型上传到移动设备，通过在施工现场扫码定位，将BIM模型和施工现场虚实空间重叠，在视觉上打通模型与现场的边界，所见即所得，从而快速发现质量问题。因其具有使用方便、定位精准的特点，适合细部构件的高精度质量检查。

4.3 质量问题整改

本项目充分利用工程建设管理平台的移动端功能，构建了一套高效的质量问题整改机制。该机制通过移动端设备，实现了对质量缺陷及其他现场问题的即时记录与备案。记录手段包括但不限于拍摄照片或视频、记录文字或音频等，为后续质量缺陷的可视化追溯与分析提供详尽的资料基础。当质量问题被记录，即进入工程建设管理平台的问题流转系统。此系统确保问题整改流程的规范化与透明化，明确界定了经办人、督办人及验收人的角色与职责。在整个整改过程中，各相关人员的处理情况、意见及反馈均被详细记录并存档，以便于后续的审计与评估工作。

对于未能按期完成整改的质量问题，系统内置了自动升级与反馈机制。这些问题将被逐级上报至更高层级的管理人员，直至得到妥善解决，从而确保了问题整改的及时性与有效性，为工程质量的持续提高提供了有力保障。

5 验收阶段

三维激光扫描技术能够精确地将现实场景以1∶1的比例转化为点云数据，并在计算机环境中进行三维重构。该技术广泛应用于工程质量验收、工程变形监测、结构复核、缺陷检测以及老旧设施的改造修复等多个领域。

本项目应用三维激光扫描技术辅助项目验收，首先将三维激光扫描仪扫描出的三维点云数据拼接处理后进行点云拟合建模，然后将点云拟合模型与BIM模型重叠对比，对有误差的构件进行分析，找出验收阶段的质量问题，形成验收检查报告，交由工程质量部门整改。由于三维激光扫描技术具备精度高、效率高的特点，适合对工程验收有高标准要求的项目。

6 应用成效

本工程采用数字化技术辅助质量控制的实施，通过将数字化技术在工程建设准备阶段、工程建设阶段、竣工验收阶段的融合应用，不仅提高了工程质量，多次受到业主方、质量监管方的嘉奖，而且节约了大量人工投入，减少返工，从而创造了良好的经济效益。通过仿真模拟和数字样板辅助施工方案和工艺流程的实施，提高了工人的生产技术水平，减少材料乱堆乱放现象，创造了良好的社会效益。

7 结语

本次研究以市政道路工程为研究对象，对市政道路工程建设中的质量控制应用了数字化手段，融合应用了BIM、GIS、AR、VR、点云、二维码等数字化技术。通过本项目数字化质量控制体系的应用，不仅提高了项目的整体质量，也提升了项目和企业的数字化建设水平。数字化技术是推进"五位一体"改革体系的强力技术支撑，是工程建设行业实现高质量发展的主要手段，值得积极推广。

参 考 文 献

[1] 赵杏英，陈沉，汪洋，等. BIM模型整合应用现状及关键因素分析[J]. 人民长江，2021，52(S2)：279-282.
[2] 李强，阮江平，支小刚，等. BIM技术在鄂州花湖机场指廊工程施工管理中的应用[J]. 土木建筑工程信息技术，2024，16(3)：115-120.

[3] 刘占强,徐巍,童晶,等.总包工程ICOD机电深化设计体系探索与应用[J].城市住宅,2021,28(11):156-157,159.
[4] 孟汉卓,薛慧峰,彭兵虎,等.以"质量样板"为示范的高纯晶硅项目精益管理实践[J].化工管理,2023,(S1):39-44,48.
[5] 冯国良.市政道路桥梁施工中现场施工技术的应用分析[J].工程建设与设计,2020(6):171-172.
[6] 高先来,张建宁,张永炘,等.基于AR与BIM技术融合在变电站工程中设计与验收的应用[C]//中国图学学会建筑信息模型(BIM)专业委员会.第九届全国BIM学术会议论文集.广东创成建设监理咨询有限公司,2023:10.
[7] 包胜,谢为时,叶翔,等.基于三维激光扫描技术的墙面平整度评估方法[J].施工技术(中英文),2022,51(11):27-31.

基于BIM与GIS集成的轨道交通全生命周期数字化管理平台架构研究

赵宇璇[1]，田文涛[1]，何 轩[2]

(1. 中国电建集团华东勘测设计研究院有限公司，浙江 杭州 311122；
2. 浙江数宇交通科技有限公司，浙江 杭州 311122)

【摘 要】 轨道交通系统的全生命周期管理是实现其高效、智能、可靠运营的关键。本文对轨道交通全生命周期管理架构方案进行深入研究，涵盖技术标准体系、工程数据管理体系、云平台网络和信息安全防控体系，结合设计管理系统、建设管理系统和运维管理系统，通过数字化基础平台支撑，实现轨道交通从设计到运营维护的全程智能化管理。旨在通过科学的管理手段，提升轨道交通系统的整体效率，确保其在全生命周期内的稳定性、安全性和可持续性。

【关键词】 轨道交通；全生命周期管理；数字化；智能化管理

1 绪论

随着城市化进程的加速和公共交通需求的增加，轨道交通已成为城市基础设施建设的核心组成部分。为了确保轨道交通系统的高效、安全运行，必须对其全生命周期进行科学管理。全生命周期管理包括从设计、建设到运营维护的各个阶段，需要一套完整、系统的架构方案来实现数据的集成、分析和应用，最终达到提高管理效率、降低成本、保障安全的目的。

近年来，轨道交通的快速发展在很大程度上解决了城市交通拥堵问题，提升了城市居民的出行效率。然而，随着轨道交通系统的规模不断扩大，管理难度也逐渐增加。在设计、建设和运营维护过程中，如何高效地进行信息化管理成为一大挑战。传统的管理方式往往依赖于人工经验和纸质文件，存在信息孤岛、数据不一致和管理效率低下等问题。

为了应对这些挑战，必须引入先进的数字化技术和系统化的管理方法。本文提出的轨道交通全生命周期架构方案，旨在通过构建统一的数字化基础平台，整合设计、建设和运维各阶段的数据信息，实现全生命周期的智能化管理。本文将详细探讨该架构方案的总体设计、技术架构、系统构成和部署方案，期望能够为轨道交通系统的全生命周期管理提供理论基础和实践指导。

2 相关研究

全生命周期管理理论最早起源于制造业，旨在优化产品从研发到报废的各个阶段。近年来，这一理论逐渐应用于建筑和基础设施领域，特别是在轨道交通系统中。许多研究表明，数字化技术（如BIM、GIS）和智能化管理平台是实现全生命周期管理的关键因素。本文参考了国内外在轨道交通全生命周期管理方面的先进经验，并结合实际需求，提出了适合我国轨道交通发展的全生命周期管理架构方案。

2.1 国内外全生命周期管理研究现状

在国际上，全生命周期管理（Life Cycle Management，LCM）理论和实践已经在多个领域取得了显著进展。欧洲、美国和日本等地在制造业、建筑业和公共基础设施管理方面，已经形成了成熟的全生命

【基金项目】国家重点研发计划（2021YFB2600405）
【作者简介】赵宇璇（1996—），男，工程师。主要研究方向为工程数字化。E-mail: zhao_yx@hdec.com

周期管理体系。例如，德国的工业 4.0 战略和美国的智能制造计划，均将全生命周期管理作为实现智能制造和智慧城市的重要手段。全生命周期管理的核心在于通过信息化和数字化手段，优化产品和项目在设计、制造、运营、维护等各个阶段的管理过程，提高整体效率和竞争力。

在轨道交通领域，欧洲的轨道交通系统由于其高效的全生命周期管理而享有盛誉。欧洲的轨道交通管理体系强调标准化和规范化，通过建立统一的技术标准和管理规范，确保轨道交通系统在设计、建设和运营维护过程中的一致性和可操作性。例如，英国的 Network Rail 和法国的 SNCF 在轨道交通全生命周期管理方面都有丰富的实践经验，其成功的经验为全球轨道交通管理提供了重要的参考。

相比之下，我国的轨道交通系统在全生命周期管理方面起步较晚，但发展迅速。随着信息技术和数字化技术的快速发展，我国轨道交通系统的全生命周期管理水平也在不断提升。例如，北京、上海、广州等大城市的轨道交通系统在设计、建设和运营维护方面，已经初步实现了数字化和智能化管理。然而，整体来看，我国轨道交通系统的全生命周期管理还存在诸多不足，如技术标准不统一、数据孤岛现象严重、信息化水平不高等问题。因此，如何构建适合我国国情的轨道交通全生命周期管理体系，是当前亟待解决的重要课题。

2.2 数字化技术在全生命周期管理中的应用

数字化技术的快速发展为全生命周期管理提供了新的手段和方法。建筑信息模型（Building Information Modeling，BIM）技术和地理信息系统（Geographic Information System，GIS）技术是当前数字化管理的两个重要工具。BIM 技术通过建立三维数字模型，实现建筑和基础设施的可视化、信息化和协同化管理，已广泛应用于轨道交通系统的设计、建设和运营维护阶段。GIS 技术则通过空间信息的采集、存储、分析和展示，实现对轨道交通系统空间信息的高效管理，为全生命周期管理提供了重要的数据支撑。

在轨道交通系统的全生命周期管理中，BIM 和 GIS 技术的结合应用，可以实现对轨道交通系统的全方位、全时空管理。例如，在设计阶段，通过 BIM 模型可以实现设计方案的三维展示和优化；在建设阶段，通过 BIM 和 GIS 的结合，可以实现施工过程的精细化管理和实时监控；在运营维护阶段，通过 BIM 模型和 GIS 系统，可以实现对轨道交通设施的智能监测和预防性维护，提高系统的可靠性和安全性。

此外，物联网（Internet of Things，IoT）技术、云计算技术和大数据分析技术的应用，也为轨道交通全生命周期管理提供了新的技术手段。物联网技术通过对轨道交通系统各类设备和设施的实时监测，提供海量的运行数据；云计算技术通过提供强大的计算和存储能力，实现对海量数据的高效处理；大数据分析技术则通过对轨道交通系统运行数据的深入分析，提供科学的决策支持。这些数字化技术的综合应用，将极大提升轨道交通系统的全生命周期管理水平。

3 设计原则

本方案基于"3-1-3"布局结构，具体包括三个大体系、一个基础平台和三套系统：
（1）三个大体系：轨道交通技术标准体系、工程数据管理体系、云平台网络和信息安全防控体系。
（2）一个基础平台：轨道交通工程数字化基础平台。
（3）三套系统：设计管理系统、建设管理系统、运维管理系统。

通过这三大标准体系提供系统建设的理论依据和建设指导，确保系统建设的科学性和完整性。基础平台则为全生命周期系统提供数据和功能支撑，三套系统各自服务于轨道交通的不同阶段。

3.1 三大体系

（1）轨道交通技术标准体系：标准体系是全生命周期管理的基础，通过制定统一的技术标准，确保系统在设计、建设和运营维护各个阶段的一致性和可操作性。技术标准体系包括设计标准、施工标准、运维标准和数据标准等，覆盖轨道交通系统的全生命周期。

（2）工程数据管理体系：数据管理体系是全生命周期管理的核心，通过建立统一的数据管理平台，实现数据的集成、共享和应用。数据管理体系包括数据采集、数据存储、数据处理和数据分析等环节，确保数据的完整性、准确性和实时性。

（3）云平台网络和信息安全防控体系：云平台和信息安全体系是全生命周期管理的保障，通过构建安全可靠的云计算平台和信息安全防控体系，确保系统的稳定性和安全性。云平台网络和信息安全防控体系包括云计算基础设施、安全防护措施、网络管理和应急响应机制等。

3.2 基础平台

轨道交通工程数字化基础平台是全生命周期管理的技术基础，通过搭建统一的数字化基础平台，为设计管理系统、建设管理系统和运维管理系统提供数据和功能支撑。基础平台包括运行环境层、数据层、服务层、接入层和应用层五层架构。

3.3 三套系统

（1）设计管理系统：辅助业主进行日常设计工作管控，提供包括资料管理、报建管理、设计报审管理等功能，确保设计阶段的高效管理和信息共享。

（2）建设管理系统：瞄准轨道交通建设期间管理问题，提供成本管理、进度管理、质量管理等功能，确保建设阶段的高效管理和过程控制。

（3）运维管理系统：辅助业主数据决策，提供资产管理、维保管理、应急管理等功能，确保运营维护阶段的高效管理和预防性维护。

4 总体架构设计

4.1 总体方案

总体方案如图 1 所示，采用"3-1-3"的布局结构，统筹规划、顶层设计、自主创新、重点突破、分步实施。通过三大标准体系对系统建设提供理论依据和建设指导，确保系统建设的科学性、标准性、完整性。轨道交通工程数字化基础平台为一体化系统提供功能底座，提供规范化的工程基础元数据和数据标准，提供统一的模型服务和基础服务，为建设全生命周期三大系统提供数据和能力支撑。

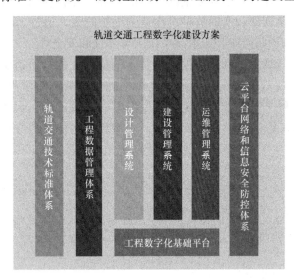

图 1　全生命周期系统总体方案图

（1）轨道交通技术标准体系

通过制定统一的技术标准，确保系统在设计、建设和运营维护各个阶段的一致性和可操作性。技术标准体系包括设计标准、施工标准、运维标准和数据标准等，覆盖轨道交通系统的全生命周期。设计标准规定了轨道交通设计阶段的技术要求和规范，确保设计方案的科学性和合理性；施工标准规定了轨道交通建设阶段的施工工艺和技术要求，确保施工过程的规范性和安全性；运维标准规定了轨道交通运营维护阶段的技术要求和管理规范，确保系统的安全稳定运行；数据标准规定了轨道交通系统数据的采集、存储、处理和分析要求，确保数据的一致性和可用性。

（2）工程数据管理体系

通过建立统一的数据管理平台，实现数据的集成、共享和应用。数据管理体系包括数据采集、数据存储、数据处理和数据分析等环节，确保数据的完整性、准确性和实时性。数据采集环节通过物联网技术和传感器设备，实时采集轨道交通系统各类数据，包括设计数据、施工数据、运营数据和维护数据；数据存储环节通过云计算技术，提供大容量、高性能的数据存储能力，确保数据的安全可靠存储；数据处理环节通过大数据分析技术，对轨道交通系统数据进行清洗、处理和分析，提取有价值的信息和知识；数据分析环节通过人工智能和机器学习技术，对轨道交通系统数据进行深入分析和建模，提供科学的决策支持和管理建议。

（3）云平台网络和信息安全防控体系

通过构建安全可靠的云计算平台和信息安全防控体系，确保系统的稳定性和安全性。云平台网络和信息安全防控体系包括云计算基础设施、安全防护措施、网络管理和应急响应机制等。云计算基础设施通过虚拟化技术和云计算技术，提供弹性可扩展的计算资源、存储资源和网络资源，支持轨道交通全生命周期系统的高效运行；安全防护措施通过防火墙、入侵检测、数据加密等技术手段，保障系统的数据安全和网络安全；网络管理通过网络监控、流量分析和故障排除等手段，确保系统的网络稳定性和可靠性；应急响应机制通过应急预案和应急演练，提高系统应对突发事件的能力，保障系统的连续性和可用性。

4.2 基础平台

基础平台如图 2 所示，轨道交通工程数字化基础平台为轨道交通 BIM 全生命周期集成管理系统研发提供硬件、技术基础平台及工程能力服务，整个平台体系分为运行环境层、数据层、服务层、接入层、应用层五层架构体系。

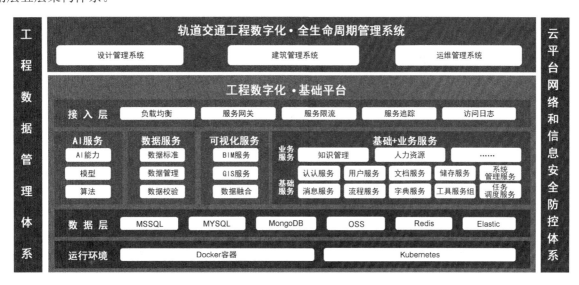

图 2 全生命周期系统平台构成

（1）运行环境层：运行环境层是数字化基础平台的底层架构，提供计算资源、存储资源和网络资源，支持上层应用的高效运行。运行环境层通过虚拟化技术和云计算技术，实现资源的弹性可扩展和动态调度，提高系统的资源利用率和运行效率。

（2）数据层：数据层是数字化基础平台的数据存储和管理中心，负责轨道交通系统各类数据的存储、管理和处理。数据层包括结构化数据存储、非结构化数据存储和数据处理引擎，通过分布式存储技术和大数据处理技术，确保数据的高效存储和快速处理。

（3）服务层：服务层是数字化基础平台的核心功能模块，提供统一的应用服务和数据服务。服务层包括 BIM 服务、GIS 服务、数据服务和应用服务，通过微服务架构和 API 接口，实现各类服务的灵活调用和组合，提高系统的功能扩展性和可维护性。

（4）接入层：接入层是数字化基础平台的用户接口，支持多种终端设备的接入和使用。接入层包括 Web 接口、移动接口和大屏接口，通过跨平台开发技术，实现不同设备上的一致性用户体验，提高系统的易用性和便捷性。

（5）应用层：应用层是数字化基础平台的业务应用模块，提供轨道交通系统各阶段的业务管理功能。应用层包括设计管理系统、建设管理系统和运维管理系统，通过业务模块的灵活组合和配置，实现对轨道交通系统全生命周期的智能化管理。

5 技术架构

平台按照轨道交通云平台所支持的微服务框架进行打造，从下往上依次分为 IaaS 层、DaaS 层、PaaS

层、SaaS 层和访问层。技术架构如图 3 所示：

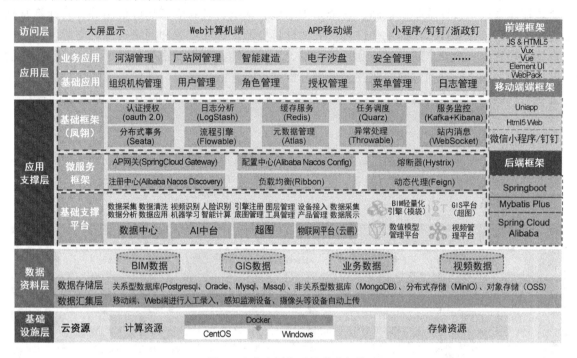

图 3　全生命周期系统技术架构

5.1　IaaS 层

IaaS 层（基础设施层）建立在云平台基础上，以虚拟化、云计算、容器平台等技术，提供各系统按需获取、按需调度的计算资源、存储资源及网络资源。通过容器结合 Kubernetes，可以实现负载均衡、容器编排、自动部署和回滚等功能，为上层应用提供弹性可伸缩的、安全隔离的、可持续集成的运行资源环境。

5.2　DaaS 层

根据轨道交通工程业务应用的需求，数据资源层负责数据存储、数据汇聚、数据清理等功能，数据存储包括轨道交通工程元数据、工程业务数据、模型文件、GIS 数据、文档文件等，这些数据包含结构化与非结构化数据。为了存储这些数据，采用多种存储技术，构建异构数据系统，具体包括关系型数据库（如 MySQL）用于存储主数据及系统相关数据；空间数据库（如 PostgreSQL＋PostGIS）用于存储 BIM 的空间几何数据；非关系型数据库用于缓存数据存储，加快服务响应速度；对象存储（如 MinIO，OSS）用于存储非结构化数据，如模型、文档。数据汇聚主要包括移动端和 IoT 设备采集上报的数据，通过数据存储和数据清理之后，提供给上层业务应用使用。

5.3　PaaS 层

应用支撑层负责实现应用服务微服务化；一体化管理、运维；统一身份认证服务、访问控制、统一配置系统、API 网关等功能。根据职责不同，又分为基础支撑平台、微服务框架和基础框架。基础支撑平台是轨道交通数字化的平台核心功能和组件复用的主要区域，包含了工程数字化领域的 BIM 引擎和 GIS 引擎；AI 中台和物联网平台；以及数据清洗、处理、应用等功能。此外，还包含了一些工具服务类包括浩辰 CAD、PageOffice、普加甘特图、帆软报表、契约锁电子签章、EChats 图表等第三方服务。微服务框架是实现微服务架构的核心，采用业界成熟开源的框架技术，对系统进行服务化拆分，建立一整套微服务支撑框架。注册与发现服务，作为微服务架构中重要的一个组成部分，提供中心化的服务注册与发现，协调各个服务之间通信。微服务框架下每个服务独立开发、迭代、更新和部署，通过注册与发现服务使得新增服务、修改服务无需影响其他相关联的服务，同时提供负载均衡及水平动态扩展能力。消息队列服务，用于解耦多个微服务之间的依赖关系，提供异步的请求处理能力。限流熔断，针对突发大量请求时造成的服务压力,主动防御并断开受影响的服务,从而避免系统受到连锁影响。集中配置管理,管理平台所有节点的配置,实现配置的快速增删改查,以及运行期配置的动态修改并对所有节点即时生效。基础框架是业务系统基础功能的封装,将一些常用的应用服务、日志功能、流程表单功能进行了微服务化进行组件复用。认证与授权服务,提供平台各个系统内部的用户统一认证,支持 OpenID、LADP 等多种认证技术,授权采用 OAuth2 的协议,以访问令牌(Access-Token)对内部和外部(第三方)应用统一授权。统一认证与授权使得多个系统之间可以相互融合,打通系统用户,提供更友好的跨系统交互。日志管理,将多个服务的运行信息、状态,以及用户的调用路径进行统计,统一管理系统中各个级别的日志信息。通过分析这些日志信息可以获取系统的运行情况,捕获异常信息,也可以对业务日志进行分析,获取一些对业务更新升级有用的信息。任务调度,也称作业调度,关注在正确的时间点启动正确的作业,确保作业按照正确的依赖关系及时准确地执行。监控告警,通过对整个系统进行监控,对线上异常做出及时响应,以邮件、短信、电话等方式通知负责人进行紧急修复。批处理技术,用于离线处理大规模的数据,轨道交通工程数字化基础平台涉及的大量 BIM 模型数据,可以使用这类技术进行批量计算和处理。流程引擎,提供流程服务,支撑轨道交通工程数字化基础平台的工作流程流转。消息通知,通过短信和邮件将各类消息和通知信息发送给相关人员。

5.4 SaaS 层

应用层包含了轨道交通数字化平台的各项业务服务,各业务模块按业务范围与最小可用原则进行划分,保证了不同业务之间的解耦,同时最大限度地利用下层提供的基础能力,可以实现内聚、可扩展的目的。应用按照分工不同,又分为基础应用和业务应用,基础应用包含了系统管理、用户管理、角色管理、菜单管理等系统基础的功能模块,业务应用则包含了设计管理系统、建设管理系统、运维管理系统下的各个业务微服务。

5.5 访问层

轨道交通工程数字化平台支持多种设备终端访问,针对不同使用场景设计了适配不同设备的 UI 和交互方式,在前端功能模块也做了差异化,主要分为大屏端、Web 终端、移动端,采用跨端框架开发,保证了在各设备上都能表现出如同原生开发一样的性能,同时又做到逻辑的复用。

6 部署方案

全生命周期系统的部署方案可分为公有云部署、私有云部署、混合云部署、虚机部署或裸金属机部署。根据不同的需求和环境,选择最适合的部署方式以保证系统的灵活性和安全性。

6.1 公有云部署

公有云部署的优势是可不受服务器规模的限制,可以弹性扩容,缺点是安全风险较大,要做好资源和权限的隔离。公有云部署适用于那些对灵活性要求较高且希望减少 IT 基础设施投资的企业和机构。通过公有云服务提供商,企业可以按需获取计算资源、存储资源和网络资源,实现快速部署和扩展。然而,公有云的安全性问题一直是企业关注的重点,如何确保数据的安全和隐私是公有云部署面临的主要挑战。

6.2 私有云部署

私有云部署的优点是安全、业主环境可控,缺点是运维工具有限,运维难度大,环境定制化大,软件需要做一定适配。私有云部署适用于那些对数据安全性和隐私性要求较高的企业和机构。通过私有云部署,企业可以在自己的数据中心内搭建云计算平台,实现对计算资源、存储资源和网络资源的自主控制和管理。然而,私有云的运维管理难度较大,需要企业具备较高的技术水平和管理能力。

6.3 混合云部署

混合云部署优点是模块可以根据需要部署到公有或私有部分,保证了安全和可快速扩容的需要,缺点是部署在不同区域的模块之间做负载均衡需要进行路由改造,做四层或七层转发。混合云部署结合了公有云和私有云的优点,既可以享受公有云的灵活性和扩展性,又可以保障私有云的安全性和可控性。通过混合云部署,企业可以根据业务需求,将不同的应用和数据部署在公有云或私有云中,实现资源的优化配置和管理。

6.4 虚机部署和裸金属机部署

属于传统方式，无法体现架构部署的灵活性，无法获取更高的可扩展性，但优点是环境更加稳定安全。虚机部署和裸金属机部署适用于那些对性能要求较高且希望充分利用现有IT基础设施的企业和机构。通过虚拟机或裸金属服务器，企业可以在现有的硬件环境中部署应用和服务，实现对资源的高效利用。然而，虚机部署和裸金属机部署的灵活性和扩展性较差，不适应快速变化的业务需求。

按部署方式可分为云原生和DevOps协同部署、基于Kubernetes的容器化部署、基于Docker Compose的容器化部署、传统微服务应用部署。

（1）云原生和DevOps协同部署

可充分发挥云容器的特性，自动化程度最高，可以重用云原生公共服务提供的基础能力，缺点是需要部署环境提供云原生DevOps环境支持。云原生和DevOps协同部署通过自动化工具和流程，实现应用的持续集成和持续交付，提高开发和运维效率。通过云原生技术和DevOps实践，企业可以实现对应用的快速迭代和发布，提高业务响应速度和市场竞争力。

（2）基于Kubernetes的容器化部署

可实现容器编排管理、自动化部署等操作，适用于分布式、负载均衡场景，是目前比较主流的容器部署方式。Kubernetes作为一种开源的容器编排平台，通过对容器的自动化管理和调度，实现应用的高可用性和扩展性。基于Kubernetes的容器化部署适用于那些需要对应用进行大规模部署和管理的企业和机构，通过容器化技术和Kubernetes平台，企业可以实现对应用的灵活部署和高效管理。

（3）基于Docker Compose的容器化部署

是比较常用的运行多容器的部署方式，可方便快捷地定义容器网络和提供了一系列命令来实现容器操作。Docker Compose作为一种容器编排工具，通过定义多容器的编排文件，实现对多容器应用的快速部署和管理。基于Docker Compose的容器化部署适用于那些需要对多容器应用进行快速部署和管理的企业和机构，通过Docker Compose工具，企业可以实现对多容器应用的简便管理和高效操作。

（4）传统微服务应用部署

一般是在不支持容器环境下的选择，特点是直接运行在宿主机上，共用环境资源，隔离性、灵活性较差。传统微服务应用部署适用于那些不具备容器化技术和平台的企业和机构，通过传统的微服务架构和部署方式，企业可以实现对应用的模块化管理和高效运行。然而，传统微服务应用部署的隔离性和灵活性较差，不适应快速变化的业务需求和技术环境。

7 创新点与总结

本文的研究创新点主要体现在三个方面：集成化数字平台构建，本文构建了一个集成化的数字平台，结合BIM和GIS技术，提供了轨道交通系统从设计到运维的全生命周期管理能力。这种集成不仅实现了数据的全面共享和信息的流通，还支持跨部门和跨专业的协同工作，极大提高了管理效率；多层次技术架构设计，平台采用了先进的多层次技术架构，包括IaaS、DaaS、PaaS、SaaS等层级，这种架构设计不仅增强了系统的可扩展性和灵活性，还通过微服务和容器化技术，实现了系统的高可用性和易维护性；数据标准化与治理，在数据管理方面，本文提出了一个统一的数据标准体系，规范了轨道交通全生命周期数据的采集、存储、处理和应用，解决了传统管理中存在的数据不一致和信息孤岛问题

本文提出的基于BIM与GIS集成的轨道交通全生命周期数字化管理平台架构，为解决轨道交通系统在设计、建设和运营维护阶段存在的信息孤岛、管理不协调和效率低下等问题提供了系统化解决方案。通过构建技术标准体系、工程数据管理体系、云平台网络和信息安全防控体系三大体系，搭建了一个统一的数字化基础平台，为设计管理系统、建设管理系统和运维管理系统提供了强有力的数据和功能支撑。本文的研究展示了如何利用BIM、GIS、物联网、大数据和云计算等先进技术，实现轨道交通系统全生命周期的智能化管理。

参 考 文 献

[1] 刘文彬,刘翠萍,卞悠美,等. 基于城市轨道交通全生命周期的档案信息管理系统设计[J]. 城市轨道交通,2024,(3):43-46.
[2] 曹玉新,靳利安,房师涛. 轨道交通 BIM 全生命周期管理系统研发及应用[J]. 中国高新科技,2022,(5):57-61.
[3] 赵尘衍,陈法仲,刘全海,等. 常州轨道交通 GIS 与 BIM 综合应用系统研究与应用[J]. 市政技术,2021,39(8):85-89+124.
[4] 李海. 基于全生命周期的城市轨道交通技术管理研究[D]. 广州:广东工业大学,2021.
[5] 张佩竹,青舟,付功云. BIM 全生命周期管理平台三维引擎选型研究[J]. 铁道勘察,2021,47(1):114-118.
[6] 石骛劼. 城市轨道交通项目基于 BIM 的全生命周期项目管理研究[D]. 成都:西南交通大学,2020.
[7] 么海亮. 轨道交通资产全生命周期管理指标体系的构建与应用[J]. 商讯,2018(12):83.
[8] 刘丽娜,张诣. 基于 BIM 的轨道交通项目全生命周期信息管理研究[J]. 石家庄铁路职业技术学院学报,2016,15(3):79-83.
[9] 徐狄军,周鑫,王芬旗. 轨道交通信息模型的全生命周期管理研究及应用[J]. 测绘通报,2015,(5):113-116.
[10] 唐超. 城市轨道交通全生命周期大数据智能管理平台设计与实现[C]//中国交通运输协会;中国城市轨道交通协会. 中国交通运输协会;中国城市轨道交通协会,2017.
[11] 陈燕. 轨道交通行业固定资产全生命周期管理研究[J]. 中国集体经济,2023(5):53-56.
[12] 任亚玲,胡学智. 基于全生命周期管理模型的轨道交通存量 PPP 项目资产管理研究[J]. 价值工程,2022,41(18):7-9.
[13] 丁德云,曹卫东,李凡华,等. 城轨交通轨道全生命周期综合管理智能平台[C]//第四届全国智慧城市与轨道交通学术会议暨轨道交通学组年会论文集,2017.
[14] 钱颖,张婷婷,殷小勇. 苏州轨道交通集团资产数字化转型工作探索与实践[J]. 交通财会,2023(11):32-40.
[15] 张楠,周君,王保. 城市轨道交通 BIM 一体化管理模式及应用[J]. 现代城市轨道交通,2023(12):34-40.
[16] 周军年,谭沐,刘春明,等. 轨道交通装备企业贯穿产品全生命周期的数字企业建设[J]. 中国科技成果,2023,24(7):F0002-F0002.
[17] 田云峰,刘斐然,张丽超,等. 城市轨道交通车辆轮对全生命周期管理优化[J]. 城市轨道交通研究,2023,26(10):138-142.
[18] 李楠. 基于 FMEA 的城市轨道交通装备维修管理研究[D]. 大连:大连交通大学,2023.
[19] 李全. 简析轨道交通 0.4kV 智能化配电系统设计研究与应用[J]. 建筑电气,2021(12):040.
[20] 许玲,郑晓,汪可可,等. 宁波轨道交通合同全过程管理信息化实践[J]. 交通世界,2020(19):3.

基于双模态图像融合的施工现场
目标检测算法

邓　晖[1]，余炳霖[1]，邓逸川[1,2]*

(1. 华南理工大学土木与交通学院，广东 广州 510640；
2. 亚热带建筑与城市科学全国重点实验室，广东 广州 510640)

【摘　要】 针对单一模态目标检测算法的不足，提出一种基于双模态图像融合的施工现场目标检测算法。通过构建双支路主干网络，实现可见光和红外图像的输入，双峰特征融合模块实现双模态图像特征的有效融合。为验证算法的有效性，采用众包的方式构建了双模态图像数据集 SODA-MM。该数据集包含 8 种类别，超过 12000 对图像，40000 个标注。实验结果表明，该算法在自建数据集上的准确率、召回率、mAP@0.5 和 mAP@0.5：0.95 分别达到 90.8%、90.0%、94.4% 和 63.3%，优于单模态目标检测算法。

【关键词】 目标检测；双模态；双支路；特征融合；众包

1　引言

随着建筑业的快速发展，施工现场的管理和监控需求日益增加。传统的管理方式依赖于人工判断，效率低下且错误率高。近年来，计算机视觉技术的迅猛发展为施工现场的智能化管理提供了新的解决方案。目标检测技术在建筑施工领域得到广泛的应用和发展，如个人防护设备穿戴检测、施工车辆检测、钢筋计数，其目标识别范围和准确率不断提升，并且在复杂场景的理解能力方面也显著增强。

目前，应用于建筑施工领域的目标检测算法主要基于可见光图像。在光照充足的情况下，可见光传感器能够有效地捕捉目标的颜色和纹理等信息。然而，建筑工地常常受到光线不足、尘土飞扬、雨雪等恶劣天气条件的影响，导致拍摄的图像质量下降，限制了基于可见光图像的目标检测算法的性能。相比之下，红外图像主要基于物体的热辐射而非反射光线成像，在夜晚、雾、烟、尘埃或雨等恶劣天气条件下提供清晰的轮廓信息，这使得红外图像在低光和复杂环境中具有独特的优势。红外图像也存在其局限性，例如图像对比度低、纹理信息有限，难以提供与可见光图像同样丰富的细节。针对上述问题，部分研究者通过整合两种模态的互补信息，提升目标检测性能，扩展其在真实场景中的应用。例如，FANG 等人运用 Transformer 中的自注意力机制，实现了多光谱目标检测中不同模态信息的高效融合。Chun 等人基于通道注意力机制设计了特征融合模块，抑制跨模态冗余信息，促进双模态互补信息的融合。

基于上述考虑，本研究提出一种基于双模态图像融合的施工现场目标检测算法，以克服单一模态的局限性。该算法通过构建双支路主干网络，实现可见光和红外图像的输入；设计双峰特征融合模块 (BFFM)，实现双模态图像特征的有效融合。为验证算法的有效性，通过众包的方式，构建了一个包含人员、机械等 8 个类别的双模态图像数据集 SODA-MM，并在 SODA-MM 数据集上进行训练和评估。实验

【基金项目】 国家自然科学基金资助项目 (52308314)，广东省基础与应用基础研究资助项目 (2023A1515030169)，华南理工大学亚热带建筑科学国家重点实验室资助项目 (No. 2022ZB19)

【作者简介】 邓逸川 (1989—)，男，副教授。主要研究方向为安全管理、知识管理、既有建筑检测与鉴定、工程管理信息化。E-mail：ctydeng@scut.edu.cn

邓晖 (1970—)，男，副教授。主要研究方向为结构健康监测、知识管理、工程管理信息化。E-mail：hdeng@scut.edu.cn

余炳霖 (1999—)，男，硕士研究生。主要研究方向为计算机视觉、工程管理信息化。E-mail：yubinglin1999@163.com

结果表明,本研究提出的算法能够综合利用可见光和红外图像的优势,显著提高目标检测的准确性和鲁棒性。

2 基于双模态图像融合的施工现场目标检测算法

2.1 算法框架

本文提出了一种基于双模态图像融合的目标检测算法 Dual-YOLO,其算法框架如图 1 所示。所提算法的整体网络结构由三个主要部分组成:双模态特征提取主干网络、特征融合颈部网络和检测头。该算法在 YOLO 的基础上,将单支路主干网络改为双支路主干网络,以实现对可见光和红外双模态图像的输入。为进一步提高特征提取的有效性,针对可见光图像和红外图像各自的特点,参考通道注意力机制和空间注意力机制,设计了双峰特征融合模块(Bimodal Feature Fusion Module,BFFM),以更好地实现可见光图像与红外图像的有效融合。

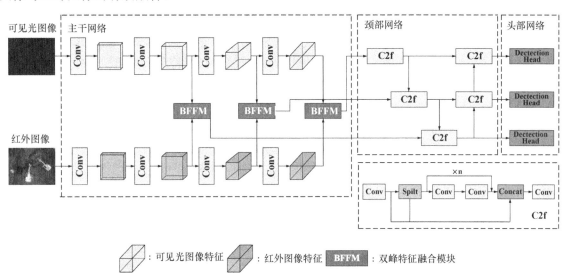

图 1 双模态目标检测网络整体结构

2.2 双峰特征融合模块

可见光图像具有丰富的色彩和细节信息,而红外图像包含明显的空间位置信息。基于两种模态图像之间的差异及特点,本研究设计了双峰特征融合的模块(BFFM)。该模块针对可见光图像特征和红外图像特征分别设计了不同的权重计算策略,以更好地融合特征信息。

对于可见光图像特征 F_{RGB},采用全局平均池化和全局最大池化操作,通过计算每个通道的权重,实现对通道维度的输入特征进行加权,得到加权后的可见光图像特征 F_{C1},从而帮助网络更好地理解和利用图像的局部信息。该过程可以表示为:

$$F_{C1} = F_{RGB} \otimes sigmoid(Conv(Concat(AvgPool(F_{RGB}), MaxPool(F_{RGB})))) \tag{1}$$

式(1)中,$AvgPool(\ )$ 表示全局平均池化,$MaxPool(\ )$ 表示全局最大池化,$Concat(\ )$ 表示拼接操作,$Conv(\ )$ 表示卷积操作,$sigmoid(\ )$ 表示 sigmoid 激活函数,F_{RGB} 表示可见光图像特征,F_{C1} 表示加权后的可见光图像特征。

对于红外图像特征 F_{RGB},通过计算每个位置的权重,然后将这些权重应用于空间维度的输入特征,得到加权后的红外图像特征 F_{C2},从而突出关键的特征信息,抑制冗余的特征信息。该过程可以表示为:

$$f_{IR1} = Conv(ReLU(Conv(AvgPool(F_{RGB})))) \tag{2}$$

$$f_{IR2} = Conv(ReLU(Conv(MaxPool(F_{RGB})))) \tag{3}$$

$$F_{C2} = F_{IR} \otimes sigmoid(ReLU(Conv(f_{IR1} + f_{IR2}))) \tag{4}$$

式(2)、(3)、(4)中,$AvgPool(\ )$ 表示全局平均池化,$MaxPool(\ )$ 表示全局最大池化,$Conv(\ )$ 表示卷积操作,$ReLU(\ )$ 表示 ReLU 激活函数,$sigmoid(\ )$ 表示 sigmoid 激活函数,f_{IR1}、f_{IR2} 表示中间

特征，F_{C2} 表示加权后的红外图像特征。

将加权后的 F_{C1}、F_{C2} 通过串联和整合通道数据，得到混合特征 F_m，以最大化地利用不同特征之间的信息互补性。对混合特征 F_m 进行全局平均池化和全局最大池化操作，从而提取全局上下文信息和局部显著信息。随后，通过卷积层和激活函数的非线性变换，深入学习数据中的复杂结构，生成更具代表性的特征 f_{m1}、f_{IR2}。最终，利用卷积层和激活函数得到的通道权重概率向量与原始特征映射相乘，进一步优化特征表示，形成融合特征 F_{fuse}。该过程可以表示为：

$$f_{m1} = Conv(ReLU(Conv(AvgPool(F_m)))) \tag{5}$$

$$f_{m2} = Conv(ReLU(Conv(MaxPool(F_m)))) \tag{6}$$

$$F_{fuse} = F_m \otimes sigmoid(ReLU(Conv(f_{m1} + f_{m2}))) \tag{7}$$

式（5）、(6)、(7) 中，$AvgPool(\ )$ 表示全局平局池化，$MaxPool(\ )$ 表示全局最大池化，$Conv(\ )$ 表示卷积操作，$ReLU(\ )$ 表示 ReLU 激活函数，$sigmoid(\ )$ 表示 sigmoid 激活函数。

2.3 双模态图像数据集的构建

目前，用于双模态目标检测任务的常用基准数据集包括公开可用的 KASIT 和 LLVIP 数据集，这些数据集主要针对城市夜间行人和车辆，无法满足施工现场双模态目标检测的需求。由于缺少专门针对施工场景的双模态图像数据集，本文通过众包的方式构建了一个针对施工场景的双模态图像数据集 SODA-MM。

为构建施工场景双模态图像数据集，笔者首先选取了 8 类常见的目标作为研究对象。随后，通过无人机设备收集了 30000 余张施工图像，并整理获取了 12000 余对可见光和红外图像。所有图像通过改进 ORB 算法进行了严格的配准处理，确保可见光图像与红外图像的完全一致性。数据标注工作通过众包的方式完成，由 61 名土木工程专业本科生参与，共标注了 40047 个标签。

3 模型训练及性能评估

3.1 实验设置

为验证所提出的双模态图像融合算法在目标检测中的有效性，本研究将本文算法与当前通用的目标检测算法（如 YOLOv5、YOLOv8）进行对比实验。实验结果通过目标检测算法的常用评价指标和检测效果进行评估，从而验证算法的性能。

本实验在 Windows 10 操作系统上进行，使用的硬件包括 i7-12700F CPU 和 NVIDIA GeForce GTX 3070Ti GPU（显存 8GB），CUDA 和 CUDNN 的版本分别为 12.2 和 11.0。提出的网络基于 PyTorch 实现，训练过程中采用随机梯度下降（SGD）算法对网络参数进行迭代更新，动量参数设为 0.937，初始学习率设为 0.001，BatchSize 设为 12，共训练 100 个 Epoch。

实验使用的数据集为自建的施工现场双模态图像数据集 SODA-MM。为了确保模型训练、验证和测试的全面性与准确性，将数据集按照 8∶1∶1 的比例进行划分，其中 80% 作为训练集，10% 作为验证集，剩余 10% 作为测试集。

3.2 评价指标

实验选取了精确率（Precision）、召回率（Recall）、平均精度（Mean Average Precision，mAP）和每秒帧数（Frames per Second，FPS）等多种评价指标来评估模型的性能。其中，mAP 指标包括 mAP@0.5 和 mAP@0.5∶0.95 两种评估方式。

3.3 实验结果

本实验将自建的双模态施工现场图像数据集划分为可见光图像和红外图像，分别进行了一系列对比实验，实验结果如表 1 所示。从表 1 可以看出，与单一模态数据训练相比，使用双模态图像输入的 Dual-YOLO 在 Precision、Recall、AP@0.5 和 mAP@0.5∶0.95 等指标上表现最佳，分别达到 90.8%、90.0%、94.4%、63.3%。虽然双模态图像输入导致推理时间增加，使检测速度有所下降，但其 FPS 值仍达到 36.4，能够满足实时性目标检测的需求。

不同算法在 SODA-MM 数据集上目标检测可视化结果如图 2 所示，其中虚线圈出的为漏检目标。从图 2 可以看出，不同算法在夜间、强光干扰及光线不足等复杂环境下的检测结果存在显著差异。基于可见光图像的目标检测算法在检测工人时均存在漏检情况。相比之下，本文提出的算法通过融合可见光与红外图像的特征信息，成功检测到所有目标，表现出优越的检测性能。

不同算法测试对比　　　　　　　　　　　　　　　　　表 1

算法	输入	Precision	Recall	mAP@0.5	mAP@0.5：0.95	FPS
YOLOv5	可见光	0.815	0.745	0.836	0.471	104
	红外	0.851	0.825	0.862	0.491	
YOLOv8	可见光	0.857	0.868	0.905	0.564	112.7
	红外	0.832	0.860	0.871	0.509	
Dual-YOLO（ours）	可见光，红外	0.908	0.900	0.944	0.633	36.4

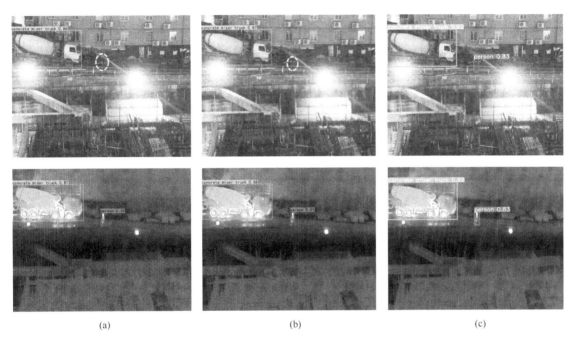

(a)　　　　　　　　　　　(b)　　　　　　　　　　　(c)

图 2　目标检测结果可视化对比
(a) YOLOv5；(b) YOLOv8；(c) Dual-YOLO（ours）

4　结论

本文提出了一种双模态特征融合的目标检测算法（Dual-YOLO），通过构建双支路特征提取网络，实现对红外与可见光图像的特征提取。设计的双模态特征融合模块（BFFM）能有效融合不同尺度、不同模态的特征信息，从而实现跨模态信息的互补，显著提升目标检测性能。

由于现有数据集无法满足施工现场双模态目标检测的需求，通过众包的方式构建了双模态图像数据集 SODA-MM，并在此基础上进行了模型训练和评估。实验结果表明，本文算法在各项检测精度性能指标上均有不同程度的提高。

本研究不仅提升了目标检测算法在全天候条件下的性能，也为双模态图像数据在实际工程中的应用提供了新方法和新思路。未来的工作将继续致力于优化算法性能，增强其在复杂场景和施工现场中的适用性和鲁棒性，进一步拓展双模态目标检测技术在其他实际工程应用中的潜力。

参 考 文 献

[1] Duan Rui, Deng Hui, Tian Mao, et al. SODA: A large-scale open site object detection dataset for deep learning in construction[J]. Automation in Construction, 2022, 142.

[2] Shi Chen, Demachi Kazuyuki. Towards on-site hazards identification of improper use of personal protective equipment using deep learning-based geometric relationships and hierarchical scene graph[J]. Automation in Construction, 2021, 125.

[3] Zhou Ying, Guo Hongling, Ma Ling, et al. Image-based onsite object recognition for automatic crane lifting tasks[J]. Automation in Construction, 2021, 123.

[4] Li Yang, Lu Yujie, Chen Jun. A deep learning approach for real-time rebar counting on the construction site based on YOLOv3 detector[J]. Automation in Construction, 2021, 124.

[5] Jin Sun, Yin Mingfeng, Wang Zhiwei, et al. Multispectral Object Detection Based on Multilevel Feature Fusion and Dual Feature Modulation[J]. Electronics, 2024, 13(2): 443.

[6] Aliu Akinsemoyin, Awolusi Ibukun, Chakraborty Debaditya, et al. Unmanned Aerial Systems and Deep Learning for Safety and Health Activity Monitoring on Construction Sites[J]. Sensors, 2023, 23(15).

[7] Hou Zhiqiang, Yang Chen, Sun Ying, et al. An object detection algorithm based on infrared-visible dual modal feature fusion[J]. Infrared Physics & Technology, 2024, 137.

[8] Fang Qingyun, Wang Zhaokui. Cross-modality attentive feature fusion for object detection in multispectral remote sensing imagery[J]. Pattern Recognition, 2022, 130.

[9] Chun Bao, Cao Jie, Hao Qun, et al. Dual-YOLO Architecture from Infrared and Visible Images for Object Detection[J]. Sensors, 2023, 23(6): 2934.

[10] Hwang S., J. Park, N. Kim, et al. Multispectral pedestrian detection: Benchmark dataset and baseline[A]//2015: 1037-1045.

[11] Jia X., C. Zhu, M. Li, et al. LLVIP: A Visible-infrared Paired Dataset for Low-light Vision[A]//2021: 3489-3497.

基于 BLM 理论下艺术馆的集成管理与应用探究

胡 腾，石 爽，林 进，李志钢

（湖南交通工程学院，湖南 衡阳 421001）

【摘 要】 为适应建设项目管理中信息资源应用的需求，借助 BIM 技术进行信息集成，继而构建全生命周期的系统化流程。本文通过 BLM 理念的价值分析，探讨 BIM 的应用流程与组织框架，实现高效管理与信息共享。以湖南交通工程学院艺术馆项目应用为例，深入剖析 BLM 理论下 BIM 的全过程应用，继而构建建设项目全生命周期的信息模型。最终，针对当前建筑行业现状，提出适应于工程各阶段的应用策略，以期为未来项目管理与数字化应用提供一定参考与经验。

【关键词】 全生命周期；BLM 理论；集成管理；造价控制

引言

随着国民经济"十四五"的发展，我国建筑行业迎来新机遇与挑战，绿色化、工业化、信息化成为主流。由于建筑业管理水平低、管理理念落后及信息化水平低等，导致建筑行业严重的资源浪费。通过 BLM 全生命周期的管理需求，搭建协同管理、智慧工地、智慧运维框架，涵盖从设计、建造、运营、维护保养到拆除等各阶段管理需要。BLM 理念的推行应用改变了传统的管理模式，实现建设项目全过程的综合管理。因此，建筑行业的高质量发展，需要深化的全过程管理、高效的信息技术，才能促进建筑业的技术创新与发展。

1 BLM 的集成应用理论

1.1 BLM 理论概述

BLM，即建筑生命周期管理，涵盖从原材料获取与构建、精细规划与设计、建设与物流、设施运行与维护，直至最终的拆除与可持续处置（包括废弃物的回收与再利用）的全程管理流程。这一系列复杂的活动包含了规划、设计、施工和运营等关键环节，从而共同构成了一个连续动态的管理框架。在20世纪90年代，BLM 最初原型为制造业的 PLM 理念，它源于产品数据管理（PDM）技术的应用。而 PDM 技术（3D 参数化 CAD 技术），主要使用于 Pro/E 等软件进行集成化管理。由于优越的效益使得 PLM 迅速从制造业渗透到建筑、交通运输、机械制造等高新技术产业。借鉴 PLM 信息化理念以及 PDM 技术，开发基于 BIM 技术的集成化软件，构成建筑行业的"PDM 技术"，即为当下的 BLM 理论。面对信息化的需求，以 BIM 软件为基础提出 BLM 模式，并提出相应的解决方案（基于 Revit 的 BLM 解决方案）。

【基金项目】湖南省社会科学成果评审委员会课题（项目编号：XSP24YBC331）、2024年湖南省普通本科高校教学改革研究项目（项目编号：202401000153）

【作者简介】胡腾（2003—），女，本科在读。主要研究方向为工程造价。E-mail：3314077749@qq.com
　　　　　　石爽（1993—），女，硕士，工程师。主要研究方向为工程管理。E-mail：1969634015@qq.com

【通讯作者】林进（1996—），男，硕士，工程师。主要研究方向为 BIM 参数化设计。E-mail：1354719984@qq.com
　　　　　　李志钢（2002—），男，本科在读。主要研究方向为工程造价。E-mail：3274529916@qq.com

1.2 BLM 应用趋势

建筑业高能耗、低效率已成为一个全球性问题，建筑行业浪费普遍在 30%～40%。美国为针对建筑业耗能高与效率低等问题展开各项集成研究，其中包括计算机集成制造（CIC）、虚拟建设（VC）的创新实践，以及全生命周期管理的探讨。BLM 理念借鉴了 PLM 中的"POP"模型，即产品（Product）、组织（Organization）和过程（Process）模型，继而形成适用于建筑业的 BLM 理念。通过全生命周期管理进行造价控制，可更好地规划、设计、建设和维护基础设施项目，并最大限度地降低投资与运营成本。此外，BLM 理论还实现能源、水利和环保等各类项目的动态管理，在不同领域都得到广泛的应用研究。

2 BLM 的工程应用价值

2.1 专业集成管理

BIM 模型作为 BLM 的核心技术支柱，凭借工程信息承载的独特性，贯穿项目全生命周期各环节。它赋予 BLM 强大的支持，在项目不同阶段高效地创建、应用、调整并实时更新信息，实现信息流动的无缝衔接，同时构成了工程信息的集合。以 BIM 各专业设计的集成为主，通过数字化的建模集成了建筑、结构、机电、钢结构、幕墙等多专业模型，确保各专业间的协调统一、高效集成。通过 BIM 设计分析，可减少专业设计冲突与错误，实现问题及时发现、同步处理。在 BIM 与数字化加工生产中，通过 BIM 信息的转换可生成机器加工数据，减少预制构件的误差，保障工程质量，实现自动化、智能化加工生产。

2.2 全过程造价管理与优化

通过"BIM 模型创建—信息协同—动态同步—成本分析"的方式，继而构成了建筑全生命周期的集成管理与应用。在项目前期，通过 BIM 模型的创建分析各方案成本，比选经济合理、效益最优的设计方案。在招标投标阶段，利用 BIM 云造价的信息协同，形成完整详细的工程量清单，为投标方提供直观的项目信息并准确报价。在施工阶段，通过实际施工情况与 BIM 模型的动态同步，实现高效率的协同工作。通过 BIM 技术的施工模拟与碰撞分析，预测施工过程中可能出现的问题并提前解决，从而精确控制成本投入。利用 BIM 还可进行施工材料和施工设备的管理与利用，优化采购计划，实现建设项目施工的动态监控。在竣工阶段，通过 BIM 云计价技术的应用，可积累关键的造价数据并展开成本分析，为未来项目提供一定的价值参考。

3 BLM 集成与管理模式

3.1 BLM 管理模式

生命周期管理思想的实质是在整个生命周期内实现信息的创造、管理与共享。BLM 全生命周期的一体化管理模式，在成本管理、质量管理、进度管理和风险管理等领域，协助管理层进行战略的制定、调整以及执行跟踪，其详细管理模式见图 1。它所提倡战略制定过程是基于事实、有组织和遵循纪律的对话与合作，由业务领导推动与引导的模式。全寿命集成化管理模式通过集成设计、施工协调和运营管理等手段，显著提升了项目执行率，促进建设项目各方的协同作业和信息共享，引领建筑业信息化转型。

3.2 BLM 集成流程

BLM 集成流程旨在将企业的战略、流程、人员和技术等要素有效地集成起来，以实现业务目标与提升绩效。尽管不同企业的 BLM 集成流程可能有所差异，但目前仍以 BIM 技术为核心来进行全生命周期管理。其 BLM 集成流程详情见图 2。此外，BLM 集成流程还是一个多元动态的过程，需要根据企业内外部环境的变化及时进行调整和优化，以及高层领导的支持和推动，全体员工的积极参与和配合。

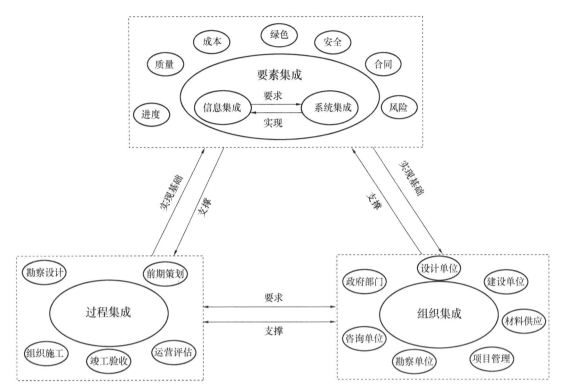

图 1 BLM 管理模式关系图

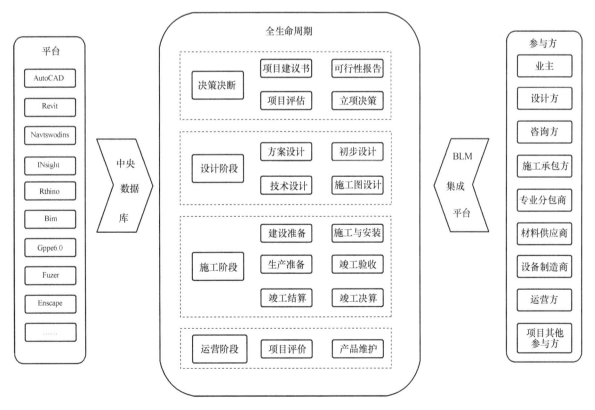

图 2 BLM 集成流程图

4 基于 BLM 理论下的造价控制工程实例分析——以艺术馆为例

4.1 项目概况

本项目名称为"湖南交通工程学院艺术馆",位于湖南省衡阳市蒸湘区湖南交通工程学院内。总建筑面积为 23081.29m²,其中地下一层为人防地下室,占 10163.80m²,地上三层,占 12917.49m²。本建筑主要功能为教学、演出、学术交流等,建筑外观效果见图 3。

4.2 决策阶段

决策阶段中利用 BIM 技术进行施工场地地质分析、投资分析、进度与预测等,实现建筑视觉化的呈现。实时动态、信息交互的数据平台,可便于各方的决策与判断。在艺术馆工程中,本阶段利用 BIM 软件的云功能,查询与本工程相似的工程模型,同时快速搭建 BIM 模型。根据湖南省行业取费标准,调整人工、材料和机械台班价格,精确计算所需构件的数量及其成本,从而为甲方提供翔实的投资预算。本工程借助 BIM 模型进行估算,预计项目的单位面积造价约为 2914 元/平方米,项目的净现值预计为 6634.52 万元。

图 3　艺术馆效果图

4.3 设计阶段

在工程项目管理中,设计阶段直接影响着工程投资、工程质量、施工周期,以及工程竣工后的经济效益和使用效能。据统计,尽管设计阶段的花费通常仅占总造价的约 3%,但它对整体造价的影响力却高达 80% 以上。采用成本管理与设计优化同步的方式,实现多专业的协同设计及造价成本的控制。对于艺术馆项目,着重从方案设计的 BIM 应用、初步设计的 BIM 深化、施工图设计的 BIM 优化等阶段,深入探究各阶段的运用策略(图 4)。

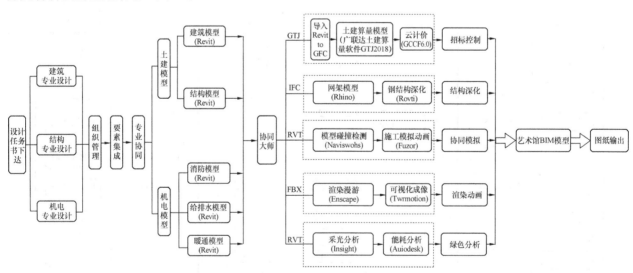

图 4　多专业协同设计流程图

4.3.1 方案设计阶段的 BIM 应用

针对本项目,采用了多种日照分析工具,如天正、众智以及日照 Ecotect 等软件,经过深入的对比分析,确定最适合的窗宽高比及开窗面积,采光分析详情见图 5。本工程通过 Autodesk Insight 在线平台,对艺术馆的 HVAC 系统、围护结构、照明系统、控制系统等进行能耗分析,降低建筑能耗的费用投入,合理评估项目的可持续性。

4.3.2 初步设计阶段的BIM深化

通过方案设计的基础数据，借助Revit软件进行建筑、结构、机电多专业的深化设计。该阶段严格按照设计规范及学校的需求与意见，进行多专业无误差的精确设计，同时满足设计的可持续原则。对艺术馆进行结构抗震分析的信息模型创建，以及构件截面形式设计和结构模型进行模拟分析。在PBDS软件中，运用建筑信息模型与结构分析模型间的双向传递和转化能力，对艺术馆的抗震性能、结构体系、构件形式等进行模拟分析（表1）。

图5 艺术馆采光分析图

抗震模拟分析表　　表1

设防烈度	层间最大位移角	震害结果
6度	1/646	基本完好
7度（0.1g）	1/310	轻微偏重
7度（0.15g）	1/215	中等破坏
8度（0.2g）	1/172	中等偏重
8度（0.3g）	1/129	严重破坏
9度	1/110	严重偏重

4.3.3 施工图设计阶段的BIM优化

基于初步设计的图纸，使用鲁班软件进行初始BIM模型搭建，以了解工程整体布局和工程量信息。再将其导入鲁班造价软件中，并根据"鲁班通"价格信息平台快速查询机械、材料和人工的市场价，初步概算制定工程最高限额，论证设计方案的合理性、经济性。借助BIM协同平台，将艺术馆的建筑、结构和机电安装等多专业模型整合至Navisworks，利用碰撞检查和管线综合的方式，有效预判并解决系统管件冲突，避免设计变更。此外，多专业的协同优化，还可快速实现多专业的空间布局与优化，精确调整管线位置。

4.4 招标投标阶段

通过BIM模式，施工企业或招标代理公司能够快速地制定出工程量清单，降低或防止出现漏项和计算失误等现象，为投标文件编写奠定了基础。艺术馆工程采用公开招标的形式，招标人借助广联达软件对项目模型进行创建。本工程使用Revit to GFC2.0将RVT格式模型导入广联达BIM算量模型，进行工程量的概算。对广联达BIM模型进行工程量提取，借助云计价（GCCP6.0）进行组价。在艺术馆项目中，投标方借助广联达BIM项目管理电子沙盘软件（GST），招标投标各方可创建造价相关的虚拟数据。通过GST软件深层次挖掘分析各个投标方的经营数据，全面了解各投标方的项目执行情况，实现定性分析到定量分析的转变。

4.5 施工阶段

4.5.1 结构深化

由于本工程网架结构的节点连接较复杂，包括焊接、螺栓连接等多种形式。运用Rhino配合Grasshopper等插件，创建电池链接图进行参数控制，对网架模型进行建模分析见图6。通过Rhino软件可对集成数据进行分析，其中如坐标、材料稳定性、连接方式、荷载受力点等，进而保证其网架结构的稳定性和完整性。

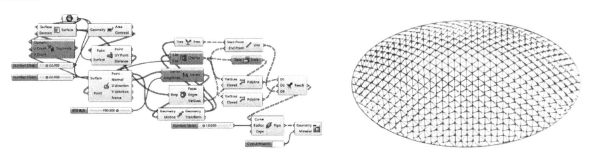

图6 BIM参数化控制图

4.5.2 施工模拟

因本工程结构复杂，施工难度大，所以进度计划的动态调整尤为重要。运用Navisworks软件对项目施工进度模拟，可同步判断分析人、材、机的投入量，优化人员配置。借助"斑马进度计划"软件，可实现资源可控，工期优化的目标，并合理规划施工任务。通过清晰的时间轴和进度图表，可直观地了解项目的时间安排和进度状况，从而避免任务的重复或遗漏。此外，还可为劳动力和资源配置提供明确依据，保证参与单位在各节点的协同配合。

4.5.3 工程量控制

通过红瓦插件进行模板建模和材料用量的分段统计，实现项目管理和脚手架材料的精细化统计管理。可对模板材料进行实际工程量的准确统计，以达到对周转材料的精确控制。此外，运用BIM技术进行墙体砌筑的模拟和优化，调整砖块的尺寸、形状和位置等参数，可实现最优的砌筑效果并优化工程量。此外，BIM技术还可自动生成施工图纸和材料清单，使墙体砌筑变得更加精确、高效和可控。

4.6 竣工结算阶段

竣工结算阶段作为工程项目造价管理的终结环节，其核心是对工程造价进行详细的后期审定。通过对项目的前期建设、全程管理与质量验收，严谨核查工程质量、工程费用投入，该过程直接决定工程的最终工程总造价。艺术馆项目在前期通过BIM技术对建设项目各个阶段的造价控制，到竣工结算阶段时BIM模型的信息量丰富。该项目的主体部分于2024年3月完工验收，随后施工单位在4月提交项目的结算报告。在经过建设单位结算审核小组审核后，土建部分总造价3328万元，审核减少121万元。

4.7 运营阶段

当艺术馆进入运营阶段时，通过BIM技术进行数据整合，将建筑、结构、MEP（机械、电气和管道）和设施管理信息进行集成，使得竣工文档（设备手册、维护计划和保修详细信息）全面且整体，并确保艺术馆内设备在运营阶段得到高效的维护和维修。此外，BIM模型进行设备运营状态评估，使设施管理人员能够动态跟踪建筑组件与设备系统的状态。BIM还可以整合能源绩效相关数据（传感器和监控系统等），进行持续的能源绩效分析和优化，从而降低能源消耗和运营成本。未来艺术馆需要设施翻新、改造甚至拆除时，BIM集成的竣工文件可为设计更新提供明确的方向。

5 结语

随着建筑信息化的不断提高，BIM技术的应用逐步广泛，BLM理念下的BIM技术呈现出独特的优势。本文从BLM理念的集成应用出发，通过BLM理念的系统分析，总结出具有较高应用的价值点，并展开了案例应用的论证。此外，探讨BLM的管理模式以及集成流程，分析其各方的协同方式，整理集成应用的工作模式。最终，通过BLM理念对艺术馆工程项目进行全生命周期展开研究分析，得到设计、招标投标、施工、后期运营各阶段的应用策略，以期能为未来工程的BLM集成应用与管理提供一定参考经验。

参 考 文 献

[1] 丁超，苏政，许城瑜. 基于数字孪生的建筑全生命周期管理平台构建[J]. 建筑经济，2023，44(8)：73-79.
[2] 王要武. 工程项目信息化管理[M]. 北京：中国建筑工业出版社，2005.
[3] 李永奎. 建设工程生命周期信息管理(BLM)的理论与实现方法研究[D]. 上海：同济大学，2007.
[4] 张康照. BLM实施的过程和障碍[J]. 现代物业(上旬刊)，2015，14(2)：58-60.
[5] Heil C. Ten Lectures on Wavelets (Ingrid Daubechies)[J]. SIAM Review，2006，35(4)：666-669.
[6] 贺随缘，石爽，林进，等. BIM技术下全生命周期造价控制策略研究[J]. 江西建材，2023(5)：471-473.
[7] 何清华，陈发标. 建设项目全寿命周期集成化管理模式的研究[J]. 重庆建筑大学学报，2001(4)：75-80.
[8] 高莹. 基于BIM的全过程造价控制研究——以花园雷迪森大厦为例[J]. 价值工程，2019，38(10)：187-189.
[9] 万玲，王琼，李阳春. BIM技术在建设工程项目成本控制中的应用研究[J]. 价值工程，2019，38(1)：179-181.
[10] 李旭，逯家桥，龙豫. BIM技术在住宅建筑工程设计与施工阶段中的应用[J]. 居舍，2024(3)：115-118.

基于云架构技术的二三维一体化市政管网 BIM 云设计平台研究

高建朋，蒋帅帅

(中国电建集团华东勘测设计研究院有限公司，浙江 杭州 311122)

【摘 要】本文分析了当前市政管网修复设计软件/平台的现状及瓶颈，研究基于云架构技术的二三维一体化市政管网 BIM 云设计平台，指出其功能构成、架构分层、关键技术、数据体系等关键技术，进而构建完善的云架构市政管网 BIM 设计平台。最后，本文研究成果应用于市政管网设计项目，在一体化设计中取得了良好的效果。表明基于云架构二三维一体化 BIM 技术在市政管网设计中应用前景广阔，效率提升显著。

【关键词】二三维一体化 BIM；云架构；全生命周期智慧管网；云设计

1 绪论

当前，随着市政管网工程设计与管理领域的不断发展，管网"调查—设计—运维"一体化需求越来越强烈。传统采用文件复制进行市政管网调查和设计的模式难以满足市政管网全生命周期应用和管理需求。长久以来，管网修复设计主要采用排查人员、设计人员、业主、施工单位文件拷贝、文件交底的方式进行整体设计流程。该方式缺乏项目整体管控，在进度、调查质量、设计质量等方面，效率低下且难以保证质量，易导致设计缺陷、设计不足等问题，严重则导致返工、设计变更等情况。

针对以上问题，曹佃龙研究管网云数据管理，实现基于网络技术的市政管网数据管理，在数据协同、数据运维方面取得了良好效果，但无法实现管网开挖修复设计，仍需下载数据进行手动设计；陈玉龙、李广等人主要研究了地下管网的三维建模技术以及 GIS 系统的管理应用，实现基于管网调查数据的三维空间几何建模，仅限于传统手段的模型创建，不具备市政管网在线设计功能，制约设计效率和质量的协同瓶颈仍未解决。

在云设计方面，主要以通用云设计平台研究为主，目前有 OnShape、AutoCAD Online、CrownCAD、ODA Online 等，OnShape、CrownCAD 专注于机械设计领域，以三维零件建模、装配建模为主；欧特克采用 WebAssembly 技术，将其桌面端 AutoCAD 软件迁移到云端，具备图纸查看、编辑、共享等功能，由于其采用桌面端架构，尚不具备在二次开发、专业软件集成方面的能力；奔特力推出其数字孪生平台 Itwin，其采用分布式数据库和云原生架构，在数据集成、数据共享方面较为强大，但其设计能力尚处起步阶段，仅具备二维基元几何体绘制能力。

在专业领域云端 CAD 集成方面，机械领域研究相对成熟，杨斌、陆斌等主要研究机械领域的云 CAD 系统集成；在工程领域，王焕松，乔立贤采用 WEB 端直接建模技术，融合铁路 BIM 联盟发布标准，包含构件设计、装配设计、铁路专业设计、协同工作、工程出图、工程算量等功能，在铁路领域取得了较大的突破；杨锦主要研究装配式领域云端 BIM 的应用；腾明焜等研究了云端协同方法。在市政管网领域，由于其管网数据专业性、管网流程独特性等特点，尚未有在线设计技术及平台方面研究，制约多方人员

【作者简介】高建朋（1990—），男，数字工程研究院（华东数字）工程师。主要研究方向为 CAD 平台架构及核心功能，以及新一代 BIM 软件研发和市政设计平台研发。E-mail：gao_jp@hdec.com

协同，影响生产效率。

综上所述，目前市政管网云设计存在技术研究薄弱、数据表达欠缺、二三维BIM不统一、管网设计云协同空白等问题，云端设计仍未实现，本研究采用自主云端BIM平台融合＋云端市政管网设计方案，实现市政管网设计流程贯通、角色协同贯通、在线设计等功能，可有效解决目前问题，提升效率和质量。

2 系统架构研究

2.1 系统功能

现阶段设计人员设计前需收集并梳理大量图纸和大量数据，缺乏高效辅助设计工具，线下校审汇总耗时长。亟须通过信息化手段实现云端设计，一键出图，快速统计工程量和生成工程投资，剔除机械化工作，针对此梳理出以下需求：建立高效排查设计沟通反馈机制、建设排水管网一张图及现状系统性分析、一键生成设计方案、工程量统计、投资估算、裁图出图自动化、协同设计等。

2.2 系统架构

（1）总体架构

项目整体采用分层架构，基于平台化的思想，构建统一的支撑平台，采用微服务架构实现业务支撑层，对上提供统一可重用组件服务，以数据交换网关和综合数据库为支撑，支持业务开发敏捷化、业务模块轻量化、基础架构复用化，同时具有足够可扩展性，满足技术和业务发展变化，确保短期需求与长远规划有机统一（图1）。

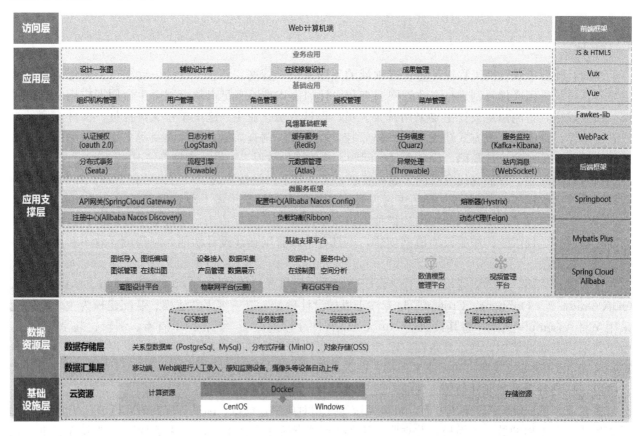

图1 基于云架构的市政管网设计平台总体架构

（2）技术架构

基于云架构的市政管网设计平台依托华为工程云，提供计算资源、网络资源和存储资源。技术路线采用Spring Cloud微服务架构＋Vue前端框架，遵循阿里巴巴编码规范，封装核心功能和组件。平台内置100多个能力模块，包括常用的数据库、认证、权限、消息、负载均衡等基础能力。采用gitlab＋

Jenkins+K8s+Docker 实现自动化部署。采用 Docker 部署的模式，实现自研二三维 BIM 系统的业务接入。

3 关键技术

云上设计主要解决以下关键技术。

(1) 自主二三维一体化 BIM 系统集成技术。采用 H265/VP9 视频编解码技术和 WebRTC 技术，实现服务端设计模型渲染、推流；研发云资源管理系统进行资源管理，减小服务器资源占用，提升服务端云渲染能力；采用分布式数据库技术，实现基于浏览器的云上图纸、模型实时动态浏览和操作；基于自主研发二三维一体化 BIM 系统，实现与基于云架构的市政管网设计平台的无缝融合（图 2）。

(2) 云端数据标准方法。根据管网平台全过程数据流转需求，设计高效、全面数据格式，具备从排查到设计和运维的数据流转支撑、属性承载和几何承载、图形格式转换等功能。

定义管网 GIS 与设计协同数据库包括：市政管网信息数据库，包括市政管网位置数据表、管线缺陷数据表、管线附属信息表、管线排查数据表等 GIS 相关数据表等。

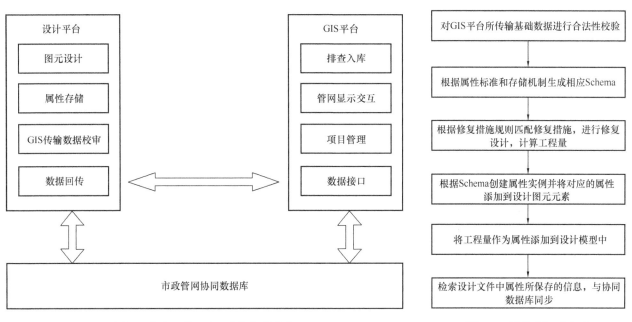

图 2　自主云端 CAD 系统集成技术　　　　图 3　云端数据标准方法

根据管网数据标准，结合设计平台图形数据标准和自定义属性数据标准，生成市政管网所需属性元数据 Schema，包括市政管网项目、基础信息、缺陷信息、修复措施、造价信息等，作为生成属性实例的模板，通过 Schema 的定义，实现属性数据的标准化。采用非关系型数据库定义图元元素与自定义属性映射机制，通过图元 ID、场景图元继承节点实现不同层级自定义属性映射。

设计平台根据 GIS 平台所提供 Json 文件，按照设计规则进行管网自动设计，生成设计图形数据；将设计成果属性信息根据属性数据模式，生成属性实例信息，保存在图形所关联的属性信息中；设计信息同步至设计措施详细表数据库中。根据设计进行工程量计算、统计，生成工程量信息表，显示在模型中，并传输至协同数据库工程量表中（图 3）。

(3) 云端管网二三维一体化 BIM 编辑方法。以云端数据标准和数据格式为基础，实现基于数据的二三维一体化 BIM 信息建模、属性管理；基于 Socket 通信、消息队列等技术，研究在线编辑功能，实现管网缺陷的在线编辑，图纸在线优化、修改等功能。

(4) 在线协同方法。基于 OT、Git 等算法和文件权限管理方法，实现细粒度文件权限管理，实现系统不同角色设计协同、一键分享、在线协作、在线校审等功能。

4 系统应用案例

本研究聚焦市政管网云端全流程一体化关键技术,研发基于云架构的市政管网设计平台。实现市政管网排查阶段、设计阶段、运维阶段的数据融合,实现 GIS 数据与设计数据的无缝流转和应用。研究成果成功应用于六安、芜湖、杭州等多地市政管网修复设计项目,大幅提升设计效率,取得良好经济效益,具备进一步推广前景。基于云架构技术的二三维一体化市政管网 BIM 云设计平台研究主要具备以下功能(图 4)。

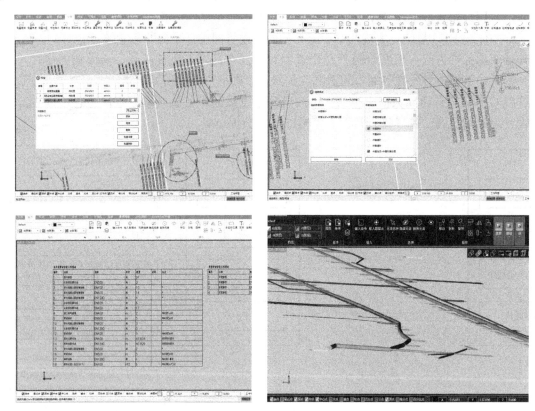

图 4 市政管网云设计平台功能展示(在线审校批注、在线措施修改、工程量、自由设计)

(1) 智能管网修复原则设计

本平台具备设计原则管理、设计原则智能化匹配功能,将管网设计工程师知识经验标准化、体系化和数据化。采用智能化匹配技术,针对不同管网现状、破损等级,智能生成修复设计方案。

(2) 二三维一体化智能设计、在线设计、成果输出

根据 GIS 数据及修复原则,实现市政管网开挖修复的智能化设计,包括自动匹配修复措施、自动修复标注、自动图层设计、自动属性管理等功能;基于浏览器即可在线管网设计,极大提高设计效率和设计便捷性;系统提供完善的图纸、模型输出功能,具备标注自动避让、智能图纸分幅、三维模型生成等功能。

(3) 工程量统计及造价分析

通过属性管理框架,实现数据与图元表达的集成,通过图元信息检索模块,实现统计修复工程量,并生成工程量报表。

依据工程量统计,智能匹配项目设计区域设计定额,计算工程造价。

(4) 审校及协同流程

实现设计人员、项目管理人员、审校人员的高效协同,具备设计成果版本管理、设计成果自动保存、自动发起审校流程,批注标记等一系列功能,充分利用云端协同的优势,实现了对传统生产模式的变革,极大提高了市政管网开挖修复设计的效率。

5 结论

充分利用二三维可视化、云架构、云端设计等信息化最新技术,研发基于云架构技术的二三维一体化市政管网 BIM 云设计平台研究,实现管道非开挖修复一键出图,快速生成工程量和工程投资,高效赋能设计工作。基于云架构技术的二三维一体化市政管网 BIM 云设计平台研究解决了管网设计领域传统设计方式设计效率低、协同效率低、设计成果管理困难、设计校审流程繁琐、二三维数据一致性不足等问题,解决了与项目管理、业主互通等数据孤岛问题,实现企业级管网设计数据管控、全局化项目管理,在本领域具备推广应用价值;同时可推广到市政设计其他领域,充分提升行业生产效率。

参 考 文 献

[1] 曹佃龙.二三维一体化城市地下管网系统设计与实现[J].测绘与空间地理信息,2024,47(S1):68-70.
[2] 陈玉龙.地下管网三维建模技术的研究与实现[D].北京:北京建筑大学,2014.
[3] 李广.基于 GIS 的城市交通基础设施查询系统研究[D].长春:吉林大学,2009.
[4] Onshape. Trek Selects Onshape's Product Development Platform to Drive Innovation[J]. Journal of Engineering,2019,
[5] Anonymous. Autodesk, Inc.; Autodesk Launches Online Site to for Millions of AutoCAD Users to Interact and Learn from Each Other[J]. Science Letter,2009,
[6] 杨彬.面向云制造的三维 CAD/CAM 集成研究[D].武汉:华中科技大学,2015.
[7] 陆斌,刘昱.面向大型制造企业的云 CAD 系统应用集成研究[J].制造业自动化,2022,44(6):36-40.
[8] 王焕松,乔立贤,于胜利,等.铁路云 CAD 系统数据安全防护机制研究[J].铁路技术创新,2024(2):78-84.
[9] 杨锦.基于云端 BIM 的装配式建筑预制构件信息集成系统[J].系统仿真技术,2021,17(2):123-127.
[10] 滕明焜,刘辉,谢晓磊.基于 BIM 的项目云端协同工作方法[C]//中国图学学会建筑信息模型(BIM)专业委员会.第九届全国 BIM 学术会议论文集.2023.

基于 BIM 的水电站桥架设计及应用

尧 锋，徐军杨，陈建锋，魏家望

(中国电建集团华东勘测设计研究院有限公司，浙江 杭州 311122)

【摘 要】BIM 技术在水电工程中应用仍在探索开发中，本文梳理水电站中桥架构件类型，采用特征参数方法表达不同桥架类型的三维模型，结合各类型桥架构件的连接关系设计了桥架三维设计方法，并基于三维图形平台开发对应的数字化设计工具。所开发的工具应用在某水电站厂房设计实践中，结果表明了建模方法、工程算量和制图方法的实用性，实现了全流程正向三维设计应用，为 BIM 技术在其他机电工程设计应用提供了借鉴和参考。

【关键词】BIM；三维设计；桥架

1 引言

建筑信息模型（Building Information Modeling，BIM）是一种数字化设计和管理方法，将建筑的几何形态、结构、材料和设备等各方面信息嵌入在数字化模型中，通过协同工作的方式使得不同系统、专业的设计、施工和运维等不同角色的工程师共同使用一个信息模型进行协作和决策。

BIM 在建设行业中应用广泛，各行业在进一步探索研究 BIM 的相关技术和应用场景，但现阶段仍存在许多问题和挑战。在水电工程机电设计中，BIM 技术应用面临以下两个方面的问题：（1）BIM 技术应用对人员和硬件技术要求高；（2）BIM 设计与传统建设流程存在冲突。桥架设计与其他机电专业存在干涉关系，具有构件类型多、精度要求高等特点，设计出图流程复杂，BIM 应用场景大多局限在模型展示与碰撞检查，为施工安装提供便利，正向设计有待进一步研究。

本文总结梳理水电工程桥架设计方法，特征化表达各类桥架构件，设计不同桥架构件连接方法，基于 MicroStation 三维图形平台开发了对应的桥架设计工具，应用在水电工程中，实现了水电工程从三维设计、工程算量、制图的正向设计流程，为其他机电工程三维设计提供借鉴和参考。

2 桥架构件库

桥架是用于支撑、保护和管理电缆的金属构架系统，根据厂家是否生产分为标准件与非标准件。不同厂家制造的桥架构件外观大体相同，细节略有区别。常用标准件有直段桥架、弯通、三通、四通、异径接头和支吊架等。非标准件为满足特定工程需求定制的桥架组件，通常需要专门设计和制造，既可以对标准连接件裁剪修改而得到，如水平 90 度弯通标准件通过裁剪重新组装可以得到任意角度的水平弯通，或联系厂家专门制造。部分标准件和非标准件外观如图 1 所示，不同桥架构件根据不同的安装环境和需求进行组合，满足特定的电气布线要求。工程中绝大桥架构件是标准件，少部分区域采用非标准件连接。

通过整理桥架构件可得桥架构件的类型库如图 2 所示，桥架类型库分为直通桥架、弯通、三通、四通、异构件和支吊架。弯通包括水平弯通、上弯通、下弯通和任意角度弯通；三通包括水平三通和水平异径三通；四通包括水平四通和水平异径四通；异构件包括垂直等径左上弯通线槽、上边垂直等径三通线槽、上角垂直等径三通线槽等。

【作者简介】尧锋（1991—），男，高级工程师。主要研究方向为工程数字化。E-mail：yao_f@hdec.com

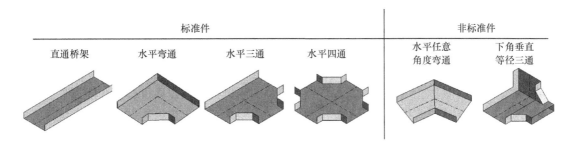

图 1　部分桥架标准件和非标准件

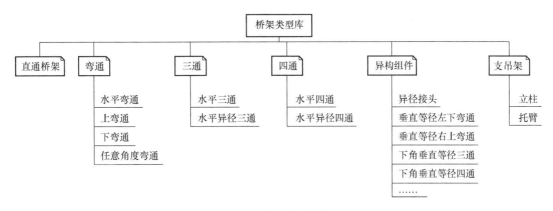

图 2　桥架类型分类

3　桥架构件特征表征

不同桥架构件外观不同，表征其几何外观所需的特征参数应按各自形状设计，综合特征参数最少和充分展示工程设计所需的参数的原则，不同类型的构件几何特征参数如图 3 所示。以直通、三通和任意角度弯通为例，直通桥架模型特征参数仅需两端端点坐标、截面宽高、长度；三通构件特征参数为主端口两端点坐标、分支端口端点坐标、三个端口对应的截面宽高，特征长度 L_1、L_2 和 L_3，构造任意角度弯通所需特征参数为两端端点坐标、交点坐标、截面宽高和特征长度 L_1。

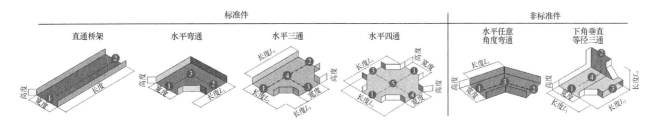

图 3　不同桥架构件几何参数化

除以上几何特征参数，桥架结构样式可分为托盘式、梯级式和槽盒式三种，弯通、三通和四通构件转弯处的形状可分为常规型连接件和圆弧型连接件，进一步补充包括板厚、材质、重量、描述、型号和厂家等相关信息，可将不同类型的桥架构件特征化，实现桥架构件主要设计参数和三维建模等相关要求。

4　桥架参数化设计

实例化桥架构件的截面尺寸、端点坐标、结构样式等特征参数，使用 MicroStation 三维图形平台提供的三维开发接口，将几何特征参数值映射到建模函数，构建单个桥架构件三维建模，最后设置材质、型号等信息，实现参数化驱动桥架建模。根据设计要求设置对应桥架构件特征参数，调用相应建模函数，获得不同类型桥架构件和类型相同但尺寸规格不同的桥架的三维模型。工程设计时，先收集所需厂家的桥架型号数据，将桥架构件厂家参数表达为对应参数，使用 Sqlite 数据库保存，为桥架参数化建模提供数据来源。

各桥架构件在端口处相互连接形成桥架网络，这种桥架设计需要手动放置各类型桥架构件，效率不高。本文将连接件视为连接点，通过判定直段桥架的相互位置关系，自动生成桥架连接件，提出一种类似画线的桥架布置方法，如图 4 所示。根据起终点确定桥架布置线段，该线段与现有桥架所形成线段进行适配，部分如图 5 所示，将现有桥架与待布置桥架连接处转换为新的连接构件，并根据直段桥架规格型号确定连接件规格型号。

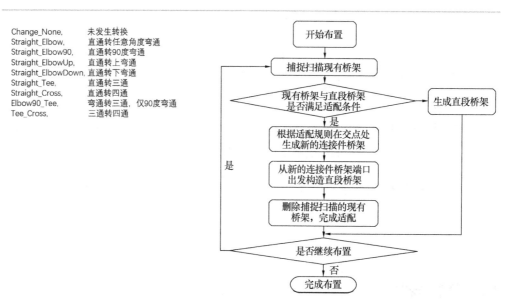

图 4　桥架快速布置流程

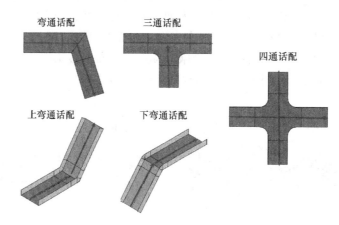

图 5　桥架连接件适配逻辑示例

为满足安装要求，避免与其他构件发生碰撞，工具还提供包括构件插入、移动、连接、类型转换、规格修改等修改工具供设计人员优化桥架设计方案。

5　工程应用实践

本文将研发的桥架设计工具应用在某水电工程中，该工程为地下式发电厂房，由于地下空间有限，机电各专业设施极易发生碰撞。项目主要采用的桥架截面尺寸为 400mm×150mm 和 600mm×150mm 两种，分为托盘和梯级两类，副厂房区域桥架模型如图 6 所示，为避让其他管道设备，工程采用大量的任意角度弯通。除了协同其他专业进行三维模型设计，构建真实桥架三维模型外，工程应用效果还包括以下三个方面。

（1）碰撞检查

通过全专业模型的"三维校审"，碰撞检测，先后三次集中审查共发现并解决各专业碰撞500多处，其中桥架与其他构件碰撞60多处，在实际施工之前消除了设计错误，对桥架设计方案进行优化调整，提高设计质量和效率。

（2）工程量统计

依据工程录入了详细的桥架构件规格类型，使用开发的工具计算桥架构件长度、型号、数量等，并根据桥架连接逻辑和不同支吊架施工特性，输出调角片、弯接片、螺栓等元件的数量，精准统计桥架安装量，如图7所示为副厂房F6层的桥架材料统计，省去了人工算量的过程，为项目采购提供依据，避免采购浪费。

（3）二维工程制图

工程图纸是设计的重要成果之一，依托 MicroStation 提供的三维切图功能，针对性开发桥架出图标注所需要的长度、高程、编码等相关标注工具，并配合三维轴测图，实现了基于 BIM 模型输出桥架布置图的设计流程，图纸满足可研和技施阶段的要求，图8为输出的副厂房F1层桥架布置图。

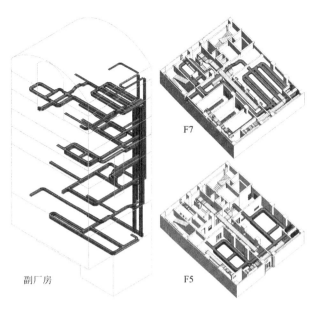

图6 副厂房区域整体桥架和F5、F7楼层桥架细节模型

图7 副厂房F6桥架统计

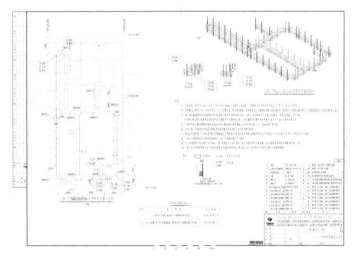

图8 副厂房F1层桥架图纸图

6 结论

本文梳理水电站桥架各类型构件，建立了不同类型桥架构件的参数化表征方法，基于 MicroStation 三维图形平台和 Sqlite 数据库，结合桥架设计要求研发了桥架参数化设计和整修改等工具，并在水电工程中桥架设计中进行应用实践，实现了三维协同设计、碰撞检测、工程算量和工程制图的全流程正向三维设计应用，验证了本文建模方法、工程算量和制图流程的实用性，为其他机电专业的三维设计技术研究提供参考。

参 考 文 献

[1] 胡振中，彭阳，田佩龙. 基于BIM的运维管理研究与应用综述[J]. 图学学报，2015，36(5)：802-810.

[2] 胡振中，陈祥祥，王亮，等.基于BIM的机电设备智能管理系统[J].土木建筑工程信息技术，2013，5(1)：17-21.
[3] 张建平.BIM在工程施工中的应用[J].中国建设信息，2012(20)：18-21.
[4] 何清华，钱丽丽，段运峰，等.BIM在国内外应用的现状及障碍研究[J].工程管理学报，2012，26(1)：12-16.
[5] 涂文博，孔紫亮，张鹏飞，等.基于BIM技术的铁路路基设计施工应用现状及发展趋势[J].华东交通大学学报，2023，40(5)：106-119.
[6] 陈翀，李星，姚伟，等.BIM技术在智能建造中的应用探索[J].施工技术(中英文)，2022，51(20)：104-111.
[7] 郭学洋，王豪，李玲，等.BIM技术在乌东德水电站机电设计中的应用[J].水利水电快报，2022，43(1)：23-28.
[8] 曾志辉.长龙山抽水蓄能电站BIM技术应用分析[J].水电站机电技术，2022，45(9)：96-99.
[9] 徐文琼，李力，谭文辉.BIM技术在白鹤滩水电站机电安装中的应用[J].安装，2022(1)：11-13.
[10] 詹维勇，李长耘.大华桥水电站桥架安装及电缆敷设工艺优化[J].水力发电，2019，45(6)：100-103.

基于BIM+水动力模型的运河施工多区域协同导流风险管控技术与平台

傅翔，吉克诚，钟亮，徐炜，董匡

(重庆交通大学，重庆 400074)

【摘 要】在水运工程建设中，为创造干地施工条件，需使用施工导流技术将水流引向预定河道。平陆运河施工周期长、施工标段众多、多区域协同施工难度大，致使在施工期防洪度汛工作开展、周边地区水安全保障等方面面临重大挑战。因此，为确保施工进度、优化施工组织、保障人民群众生命财产安全，本文以BIM技术为底座，建立三维水动力模型，研发具备水力计算、可视预演、风险预警功能的施工导流智能辅助平台。

【关键词】BIM；施工导流；可视化平台

1 引言

在大型水利工程建设中，施工导流是创造干地施工条件的常用方法。近年来，为驱动水利现代化发展，水利部高度重视智慧水利建设，提出要加快构建具有预报、预警、预演、预案功能的智慧水利体系，坚持科技创新，积极运用信息化手段，构建数字孪生流域，不断提升水利数字化、网络化、智能化水平。因此，针对平陆运河工程施工周期长、施工过程复杂、施工标段众多，汛期存在协同导流施工风险等诸多问题，本文以BIM模型为基础，研发具备水力计算、可视预演、风险预警功能的施工导流智能辅助平台。

2 项目概述

平陆运河是西部陆海新通道的骨干工程，将为广西壮族自治区及西南地区、中南部分地区开辟距离最短的更经济更便捷的出海水运新通道。运河始于南宁横州市西津库区平塘江口，经钦州灵山县陆屋镇沿钦江进入北部湾钦州港海域，全长134.2km，全线按内河Ⅰ级航道标准建设，可通航5000t级船舶。平陆运河是优化提升全国水运网络、加快建设国家综合立体交通网的联网工程，是交通强国建设的标志性工程。项目于2022年8月底开工建设先导工程，2023年3月全线动工，目前分为15个施工标段，其中枢纽标段3个、航道标段12个，各标段同步施工。

2.1 施工导流平台研究现状

BIM技术是构建数字孪生流域的核心技术，众多学者以BIM技术为底座，针对智慧水利体系建设开展相关平台研发工作。张社荣等人以数字化为驱动，形成融合多参与方、正向设计理念、精益建造模式、多维信息模型、多源感知设备和智能分析手段的一体化平台。李占华等人针对水利工程管理和洪水灾害预防的关键问题，提出一种基于数字孪生智慧平台的解决方案，实现对流域实际工程场景的数字化建模和仿真；黄小明等人提出基于BIM技术的高拱坝施工导流风险可视化监测方法研究，使用BIM技术更新监测数据，并对数据进行特征点色彩数值赋值，实现监测结果色彩云图展示；程毅等建立溃堰洪水水面

【基金项目】广西科技重大专项平陆运河精益化建造关键技术研究
【作者简介】傅翔（1982—），男，副教授。主要研究方向为智慧水利工程相关教学科研工作。E-mail：fuxiang@cqjtu.edu.cn

栅格数据模型，耦合库区地形栅格数据，通过空间数据和可视化表征分析围堰溃决过程及其下游洪水淹没程度。

总的来说，目前在智慧水利平台研发方面虽然已经取得一定进展，但针对长河段工程施工导流管控平台的研究较为匮乏，在施工导流平台研发方面，当前已在航道智能运维与工地智慧管理的平台建设方面具有一定进展，但目前尚未有针对长河段工程施工导流协同管控平台研发的相关报道。由于平陆运河"世纪工程"的工程特性，平台除需具备常规可视与管理功能外，还需具有水动力分析能力，需要解决数学模型、计算方法、模型驱动等一系列难题。

2.2 工程难点

平陆运河建设流域汛期主要集中于每年 4~9 月，为保证工程进度，汛期协同施工导流无法避免。汛期内运河流域极端天气频繁，导致流量估算困难、洪水预报精度较低。并且长河段、多区域工程施工导流相互联动且受各区域施工进度影响，单一标段围堰施工往往会导致上下游水动力要素发生改变，使得水位上涨、流速加快，多标段围堰施工进程受阻，增大后续排水压力及施工成本，还会导致周边地区发生淹没，严重危害人民群众生命财产安全（图1）。因此，研发水动力数据驱动模型预演技术、构建水位—围堰高程实时关系变化曲线、开发基于三维地质模型的多区域协同施工导流可视化管控平台，对实现施工导流过程中的安全度汛、保障平陆运河施工进度、推动安全高效建设、降低工期延误成本等具有重要意义。

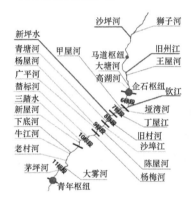

图 1　平陆运河标段及流域汛期淹没情况

3 基于 BIM 技术的施工导流智能辅助平台

3.1 平台框架

平台研发包括三维水动力数据驱动模型与多区域协同施工导流管控平台系统两部分组成。其中，三维水动力模型以 BIM 模型为基础，建立多区域协同施工导流数字孪生模型，关联与展示各区域实时施工动态，超前预演多区域协同施工淹没模拟，可视化精确定位风险源，保障施工安全、缩短施工工期；系统研发采用分层架构模式，构建底层数据层、业务支撑层、人机交互层三层纵置体系，建立多区域协同施工导流可视化管控平台（图2）。

3.2 长河段协同施工导流三维水动力模型研究

（1）底层数据层搭建

收集典型截弯取直横向围堰段、导流工期变化连接段河道地形、围堰及各标段特征节点等数据。以 6 标段为例，施工标段存在 1.3km 因国道横跨运河不能施工区域，此区域采用原河道导流，原河道结束时间可能在 2025 年 6 月，虽然旧州江流量较小，但偶遇突发洪水时施工段河道依然有过流能力不足的可能性；在二期导流、三期导流、四期导流阶段均有可能存在流量过大，洪水漫过挡水围堰淹没基坑造成人员和财产损失的风险（表1）。

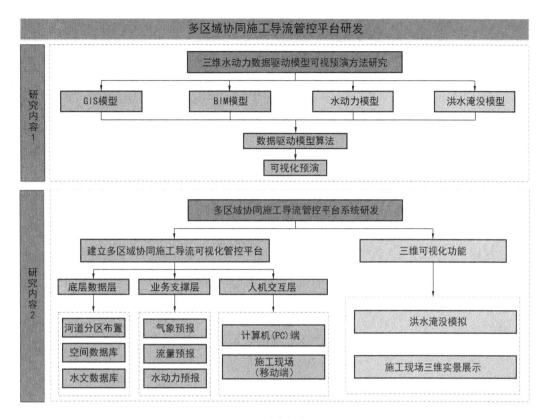

图 2 平台框架图

初拟工况　　　　　　　　　　　　　　　　　　　　　表 1

流量组合	各标段典型工期阶段				
	6 标段	7 标段	8 标段	9 标段	10 标段
设计洪水	二期导流	二期导流	二期导流	二期导流	下挖至 5m
	三期导流	下挖至 5m	下挖至 5m	下挖至 5m	下挖至 1.7m
	四期导流	下挖至 1.7m	下挖至 1.7m	下挖至 1.7m	截弯取直处贯通

（2）三维水动力模型

选取截弯取直段河道、导流工期围堰变化段河道，对不同特征流量下的长河段施工地形图进行仿真模拟，得出不同施工进度组合、不同来流下长河段的水力学参数，主要包括各区段流速、沿程水位、流态等；针对明渠及开挖航道水位与流量，分析获取每种施工进度组合下长河段所能承受的最大洪水流量阈值。

结合航道工程施工进度修改地形边界，导入水文预报中最不利来流条件，获得长河段水力参数，对导流系统是否满足来流洪水泄流要求，围堰高程是否满足防洪要求进行分析；调整围堰高度、布置细节，获取最不利来流条件下的所需航道尺度，为相关设计和管理提供基础和参考（图 3，图 4）。

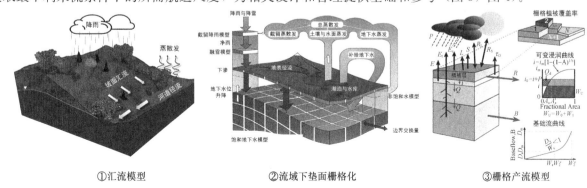

①汇流模型　　　　②流域下垫面栅格化　　　　③栅格产流模型

图 3 降雨产汇流模型

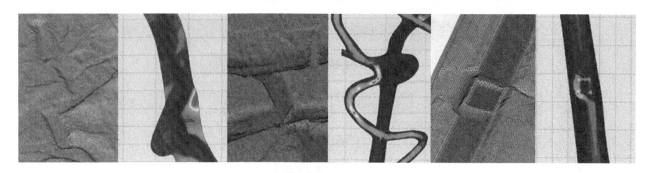

图 4 三维水动力模型（水位与流速）

（3）模型验证

开展非恒定流来流条件下的全工程河段模拟过程。经过验证，水位误差控制在厘米级，流速误差小于5%。①施工过程水位验证：经率定，工程河段糙率0.033～0.045。计算水位和实测水位符合程度较高，水面线走势吻合较好，水位偏差在±0.100m以内。②流速验证：流速大小、分布以及最大值和最小值的位置均与实测资料较为一致，偏差控制在±5%以内。水位、流速验证结果较好（图5）。

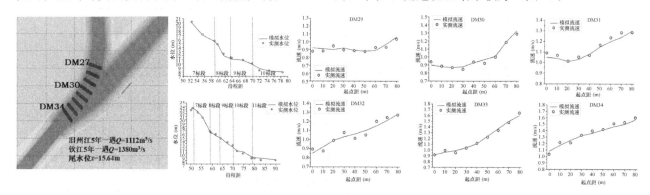

图 5 模拟水位与流速验证

3.3 平台系统研发

如图6所示，PC端平台内置三维水动力模型，除具备常规气象、水文预报功能外，还可通过模型计

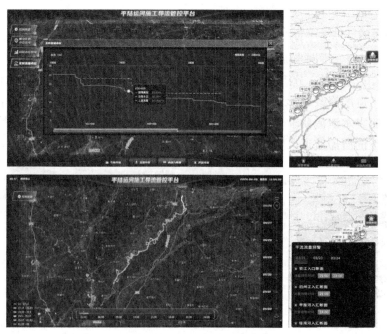

图 6 PC端（左）与手机端（右）

算实现流量数据自动更新，通过流量插值计算获得各标段沿程水位数据，与围堰高程进行对比，最终实现沿程水位实时监控、围堰施工安全预警功能。此外，平台三维可视化功能可实现洪水淹没模拟，生成水位云图进行展示。手机端平台包括 21 个断面的实时流量数据，并与断面流量预警值对比，超出部分以红色数据表示，方便用户查询。

4 总结

本文以 BIM 技术为底座，建立三维水动力模型，研发具备水力计算、可视预演、风险预警功能的施工导流智能辅助平台，主要内容包括：（1）建立长河段三维水动力模型，达到厘米级水位误差，对各标段围堰施工进行方案评估并提供决策支持；（2）基于以上内容，实现模型全自动化运行，建立包含 PC 端、手机端的施工导流智能辅助平台。该平台目前已投入平陆运河建设工程实际应用中，为多个集团从业者提供施工动态数据。

参 考 文 献

[1] 蔡阳. 以数字孪生流域建设为核心 构建具有"四预"功能智慧水利体系[J]. 中国水利，2022(20)：2-6，60.
[2] 白浩博，张梦初，陈杨. 数字孪生技术在黄河防凌工作中的应用[C]//河海大学，江苏省水利学会，浙江省水利学会，等. 2024(第十二届)中国水利信息化技术论坛，2024.
[3] 张社荣，姜佩奇，吴正桥. 水电工程设计施工一体化精益建造技术研究进展——数字孪生应用模式探索[J]. 水力发电学报，2021，40(1)：1-12.
[4] 李占华，赵红兵，张庆竹，等. 小清河流域数字孪生智慧平台设计与应用[J]. 水利信息化，2023(6)：25-31.
[5] 黄小明. 高拱坝施工导流风险可视化监测方法研究[J]. 水利科技与经济，2021，27(7)：100-4.
[6] 程毅，刘全，胡志根，等. 基于 ArcMap 溃堰洪水风险可视化建模及其应用[J]. 中国农村水利水电，2016(12)：168-71，75.
[7] 周涛，胡玉. 施工导流围堰技术在水利水电施工中的应用[J]. 水利技术监督，2020(1)：254-7.

探索以 BIM 模型轻量化平台为主导的项目协同管理方法

王志成,韩国瑞

(黑龙江省建工集团有限责任公司,黑龙江 哈尔滨 150000)

【摘 要】 随着建筑信息模型(BIM)技术的广泛应用,建筑行业正经历着前所未有的数字化转型。然而,BIM 模型受软件格式等因素限制,给项目协同管理带来了挑战。本研究旨在探讨基于 BIM 模型轻量化平台的项目协同管理方法,通过降低模型复杂度和提升数据传输效率,以实现更高效的项目协作。研究结果表明,基于 BIM 模型轻量化平台的项目协同管理方法能够显著提高项目管理的效率和质量,为建筑行业的数字化转型提供了有力支持。

【关键词】 建筑信息模型(BIM);模型轻量化;项目协同管理

1 绪论

1.1 研究背景和意义

随着建筑行业信息化程度的不断提高,BIM(建筑信息模型)技术作为一种全新的信息化手段,逐渐在建筑项目全生命周期中发挥着越来越重要的作用。然而,BIM 模型的数据量庞大,如何在保证信息完整性的同时实现模型轻量化,成为推动 BIM 技术深入应用的关键。本研究旨在构建一个基于 BIM 模型轻量化平台的项目协同管理方法,通过优化模型数据结构和提升协同管理效率,为建筑行业提供更为高效、便捷的项目管理工具,进而推动建筑行业的数字化转型。

1.2 研究目的和方法

本研究旨在构建一个基于 BIM(建筑信息模型)模型轻量化平台的项目协同管理方法,以提高建筑项目管理的效率和质量。通过深入分析 BIM 技术的特点,结合项目协同管理的实际需求,本研究将采用文献综述、案例分析以及实证研究等方法,探究 BIM 模型轻量化在项目管理中的应用模式及其效果。通过这一研究,期望为建筑行业的项目管理提供新的视角和解决方案。

1.3 国内外研究现状

在 BIM 模型轻量化平台及项目协同管理方法的研究领域,国外已形成较为成熟的理论体系和实践经验。美国、英国等发达国家已将 BIM 技术广泛应用于建筑项目的全生命周期管理,特别是在协同设计、施工模拟和运营管理方面取得了显著成效。国内虽然起步较晚,但近年来随着政府对建筑行业信息化发展的重视,BIM 技术也逐渐得到推广和应用,特别是在大型复杂项目的协同管理中,BIM 模型轻量化平台的研究与应用逐渐成为热点。

1.4 研究内容和论文结构

本研究旨在探讨基于 BIM 模型轻量化平台的项目协同管理方法。研究内容主要包括 BIM 模型轻量化的技术实现、轻量化平台在项目管理中的应用以及协同管理模式的构建与优化。论文结构方面,首先阐述研究背景和意义,其次分析 BIM 及轻量化技术的理论基础,随后详细介绍研究方法和技术路线,并通过案例分析验证研究成果,最后总结研究成果,并提出展望和建议。全文围绕 BIM 模型轻量化平台的项

【作者简介】 韩国瑞(1989—),男,BIM 中心主任/工程师。主要研究方向为 BIM 技术在工程管理中的应用。E-mail:403179801@qq.com

目协同管理方法展开，力求为相关领域提供有价值的参考。

2 BIM 模型轻量化平台概述

2.1 BIM 技术及其应用领域

BIM 技术，即建筑信息模型技术，是建筑行业数字化转型的核心工具。它通过创建数字化的建筑模型，集成了建筑设计、施工、运维等全生命周期的信息，实现信息的共享和协同工作。BIM 技术广泛应用于建筑设计、施工管理、运维管理、市政工程及土木工程等多个领域，极大地提高了项目管理的效率和精度，为建筑行业的可持续发展提供了有力支持。

2.2 BIM 模型轻量化技术

BIM 模型轻量化技术是指通过一系列先进的数据处理方法，将复杂的 BIM 模型进行简化和优化，以减少数据冗余，提高模型传输和加载效率。这一技术主要关注于模型数据的压缩、几何形状的简化以及模型结构的优化等方面，旨在实现 BIM 模型在各类平台上的高效展示和便捷操作。通过 BIM 模型轻量化技术，可以显著提升项目协同管理的效率和效果，为项目的顺利进行提供有力支持。

2.3 轻量化平台的功能与特点

BIM 模型轻量化平台以其独特的功能和特点，为项目协同管理带来了革新。平台通过数据压缩和优化技术，大幅减少 BIM 模型的数据量和传输时间，提高了工作效率。同时，其跨平台兼容性确保了与主流 BIM 软件的无缝对接，为各方提供了统一的协作平台。此外，平台还具备直观的数据可视化和交互功能，支持多种交互方式，极大提升了用户体验。在数据共享与协作方面，平台通过云端存储和权限管理，确保了数据的安全性和一致性。

3 协同管理理念

3.1 项目协同管理的定义与发展

项目协同管理，即 PCM，是指通过集中化的管理平台，实现多项目、多部门间的协同作业，确保资源的最优配置和项目目标的顺利达成。随着技术和管理理念的进步，项目协同管理经历了从初期的基础协调到现代化系统管理的转变。特别是近年来，随着数字化和 BIM 技术的兴起，项目协同管理得以进一步发展和完善，为复杂项目的顺利实施提供了强有力的支持。

3.2 传统项目管理与协同管理的比较

传统项目管理以独立、分散的工作模式为主，各部门间信息流通不畅，导致工作效率低下、资源浪费。而协同管理则强调跨部门、跨领域的紧密合作，通过信息共享、资源整合，实现项目目标的共同达成。协同管理不仅提高了项目执行的效率，还加强了团队间的沟通与协作，降低了沟通成本和误解风险。此外，协同管理更加注重创新和灵活性，能够更好地应对项目执行中的变化和挑战。

3.3 协同管理在项目中的应用价值

在项目管理领域，协同管理具有举足轻重的应用价值。通过实现信息的实时共享与沟通，协同管理能显著提高项目团队的协作效率，减少信息孤岛和沟通障碍。同时，协同管理还能优化资源配置，确保项目资源得到最大化利用。此外，它还有助于项目风险的及时发现与应对，降低项目失败的风险。在 BIM 模型轻量化平台下，协同管理得以更高效地实施，为项目成功提供了强有力的保障。

4 基于 BIM 轻量化平台的协同管理框架

4.1 协同管理框架的构建

在构建基于 BIM 轻量化平台的协同管理框架时，首先需确立清晰的管理目标和流程。通过集成 BIM 模型轻量化技术，实现数据的快速传输与共享，为项目各参与方提供统一的协同工作环境。该框架应涵盖项目管理、进度控制、成本控制、质量管理等核心要素，确保信息实时更新、任务分配明确、沟通高效顺畅。通过构建这样一个框架，旨在提升项目管理效率，优化资源配置，实现项目的协同、高效管理。

4.2 信息流与数据交换标准

在 BIM 轻量化平台的协同管理框架中，信息流与数据交换标准扮演着至关重要的角色。通过制定统一的数据格式和交换标准，确保项目信息在 BIM 轻量化平台上的高效流动和准确传递。这不仅包括项目设计、施工、运维等各阶段的数据，还涉及各参与方之间的信息交流。统一的数据交换标准能有效减少信息孤岛，提高协同效率，确保项目信息的完整性和一致性。

4.3 协同工作中的角色与职责分配

在基于 BIM 轻量化平台的协同管理过程中，明确各参与方的角色与职责至关重要。设计师负责创建和更新 BIM 模型，确保信息准确；工程师则利用 BIM 数据进行施工模拟和冲突检测；项目经理统筹协调各方资源，确保项目进度；运营维护团队则在项目后期利用 BIM 数据进行设施管理。各方通过 BIM 平台实现数据共享，确保协同高效，为项目的成功实施提供有力保障。

5 协同管理方法在 BIM 轻量化平台中的实现

5.1 协同环境搭建与技术支持

在 BIM 轻量化平台中，协同管理方法的实现首先依赖于稳定高效的协同环境搭建。通过集成云计算、大数据处理及移动互联技术，构建一个具备高度可访问性和可扩展性的协同工作平台。该平台支持多用户并发操作，实现数据实时共享与更新，有效促进项目参与各方的沟通交流，提升项目管理效率。此外，专业的技术支持团队确保了平台的稳定运行和持续优化，为项目协同管理提供了坚实的技术保障。

5.2 协同流程设计与优化

在 BIM 轻量化平台中，协同流程的设计与优化是确保项目高效推进的关键。通过明确的信息交流路径和实时的数据同步机制，本平台优化了传统的协同流程。在流程设计上，我们注重任务分配的合理性、进度监控的实时性以及问题反馈的及时性。同时，通过平台内置的协同工具，如在线讨论区、文件共享库等，进一步提升了团队协作的效率和效果。

5.3 协同过程中的冲突解决机制

在 BIM 轻量化平台的项目协同管理中，冲突解决机制是确保各参与方高效协同的关键。当出现设计、施工或管理上的冲突时，平台将自动触发冲突识别系统，通过对比分析各方数据，定位冲突点。随后，平台将启动协商机制，邀请相关方参与线上或线下的讨论，明确责任归属，并提出可行的解决方案。所有解决方案将经过平台内的专家评审，确保其合理性和可实施性，最终形成决议，保障项目协同的顺利进行。

6 协同管理方法的应用效果

6.1 案例选择与背景介绍

本文选取的实证案例为某商业大厦，项目占地面积 2.14hm^2，总建筑高度 140.1m，总建筑面积 18.42 万 m^2，其中地上建筑面积 14.96 万 m^2，地下建筑面积 3.47 万 m^2，其中地下一层建筑面积 16892m^2，地下二层建筑面积：16962m^2，用途主要为商业，如图 1 所示。项目重难点如下。

（1）本工程专业分包涉及机电安装、幕墙、钢结构等 10 余个专业工程，进场材料种类多，工程接口多，交通压力大，要确保本工程顺利实施各项目标，总承包管理及协调尤为重要。

（2）本工程位于城市中心，施工现场狭窄，地下室边线紧邻规划红线，场地内可用施工场地紧缺；工程材料用量多，不同阶段平面布置及交通组织是重点和难点。

（3）本工程采用附着式升降脚手架，风荷载大、附墙支座之间距离增大、架体的悬臂高度超过 6m 等因素，对架体的强度、刚度、抗风性及挠度都是极大的考验。

在项目实施过程中，实现了信息的高效集成与共享，为设计、施工、运营等各阶段提供了有力支持。通过对该项目的实证分析，旨在验证 BIM 模型轻量化平台在项目协同管理中的应用效果，为类似项目提供借鉴与参考。

图 1 项目模型图

6.2 协同管理方法的应用过程

在实证分析中，协同管理方法的应用过程主要包括以下几个步骤：首先，建立基于 BIM 模型轻量化模型的智慧工地管理平台，如图 2 所示，实现模型数据的快速加载与共享；其次，通过平台功能，实现项目参与方的实时沟通与协作，确保信息的高效传递；再次，利用平台的数据分析能力，对项目进度、成本和质量进行监控，及时发现问题并采取措施，如图 3 所示；最后，通过项目反馈机制，不断优化协同管理方法，提升项目整体管理水平。

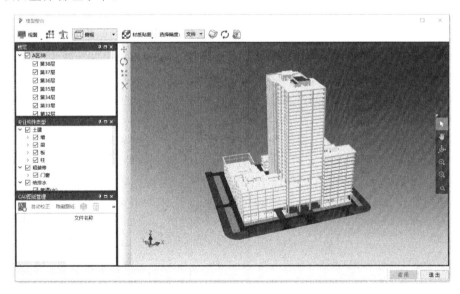

图 2 模型轻量化模块

6.3 应用效果评估与反馈

通过对基于 BIM 模型轻量化平台的项目协同管理方法的实际应用，我们观察到显著的管理效率提升。项目参与各方通过该平台实现了高效的信息共享和协同工作，减少了沟通成本，加快了问题解决速度，此外，BIM 模型的轻量化处理使得模型数据更加易于处理和传输，进一步提升了协同管理的便捷性。整体而言，该方法在项目实践中展现出良好的应用效果，得到了项目团队的广泛认可。

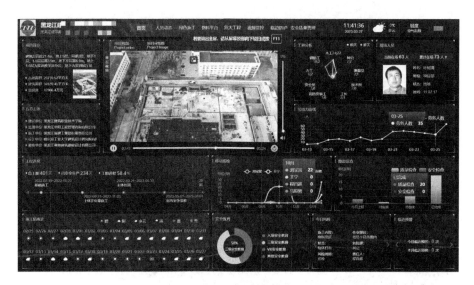

图 3　项目管理模块

7　结论与展望

7.1　研究结论与贡献

基于 BIM 模型轻量化平台的项目协同管理方法的研究，成功构建了一个 BIM 模型轻量化平台，有效解决了传统 BIM 应用中数据庞大、传输效率低下的问题，为项目协同管理提供了高效、便捷的工具。通过实际应用案例验证，该平台显著提高了项目管理的效率和精度，为建筑行业信息化、智能化发展贡献了力量。本研究不仅丰富了 BIM 技术应用的理论体系，也为未来项目协同管理提供了新的思路和方法。

7.2　研究的局限与不足

本研究虽在 BIM 模型轻量化平台的项目协同管理方法上取得了一定成果，但仍存在局限与不足。首先，由于技术发展的日新月异，本研究在 BIM 模型轻量化技术上的探讨可能未能涵盖所有最新发展。其次，本研究主要基于理论分析与案例研究，实证数据相对较少，未来需要更多实际项目数据来验证研究结论。最后，本研究在协同管理方法的普适性上还需进一步探讨，以适应不同规模、类型项目的需求。

7.3　对未来研究的建议与展望

随着 BIM 技术的深入应用与发展，其模型轻量化与项目协同管理领域的研究仍充满潜力。未来研究应着重探索 BIM 模型在更多领域内的应用，如智慧城市、绿色建筑等，并进一步优化模型轻量化算法，提高处理效率。同时，建议加强跨学科研究，结合人工智能、大数据等技术，实现更智能、更高效的协同管理。此外，还应关注 BIM 标准与规范的更新与完善，促进 BIM 技术在全球范围内的广泛应用。

参 考 文 献

[1] 刘磊，涂刚要，王亚飞，等. BIM 技术在智慧工地建设中的应用探索[J]. 建筑技艺，2018，S1：140-143.
[2] 韩杰，张海荣，杜佐龙，等. 基于 BIM 技术的制冷机房装配式设计施工一体化[J]. 施工技术.
[3] 蔡剑文. BIM 技术在建筑工程管理中的应用[J]. 上海建材，2024(3)：100-101，108.
[4] 王星宇. 参数化设计与 BIM 技术应用[J]. 建筑技艺，2011，Z6：158-160.
[5] 张泳. 建筑信息模型(BIM)的概念框架[J]. 价值工程，2012，31(8)：33-34.
[6] 李伟伟，王强强，王瑜. 设计企业 BIM 构件库建设方法[J]. 土木建筑工程信息技术，2012，2(4)：110-114.
[7] 建筑信息模型应用统一标准：GB/T 51212—2016[S]. 北京：中国建筑工业出版社，2016.
[8] 欧蔓丽，曹伟军. 建筑业智慧工地管理云平台的研究及应用[J]. 企业科技与发展，2017(8)：96-100.
[9] 毛志兵. 推进智慧工地建设，助力建筑业的持续健康发展[J]. 工程管理学报，2017，31(5)：80-84.
[10] 曾凝霜，刘琰，徐波. 基于 BIM 的智慧工地管理体系框架研究[J]. 施工技术，2015，44(10)：96-100.

国际 BIM 标准 ISO 19650 的起源及核心概念解读

徐四维

(中国电建集团华东勘测设计研究院有限公司，浙江 杭州 311122)

【摘 要】本文旨在深入解读国际 BIM 标准 ISO 19650 的起源及基本理念。通过对相关背景的研究，阐述该标准从英国行业标准 PAS 1192 演变而来的过程，并详细分析其基本理念，包括 BIM 成熟度和公共数据环境（CDE）等方面，为建筑行业更好地理解和应用该标准提供参考。

【关键词】BIM；国际标准；ISO19650

1 引言

提高生产力一直是建筑业面临的一大挑战。建筑业的生产力增长落后于许多行业，在发达国家如英国，建筑业生产力也远低于其全国平均水平。随着人口和经济的增长，对住房和基础设施的需求也在增长，根据牛津经济研究院的报告，2020 年全球建筑业产值为 10.7 万亿美元，预计在 2030 年达到 15.2 万亿美元。

全球建筑业蓬勃发展，带来行业对建筑信息模型（BIM）等高效工具的需求。国际 BIM 标准可推动 BIM 蓬勃发展，从而使整个行业受益。随着 BIM 技术在全球范围内的广泛应用，制定一套统一的国际标准来规范 BIM 技术的应用变得至关重要。ISO 19650 为建筑和基础设施项目中 BIM 的使用提供了全面、系统的指导框架，对于提高项目效率、质量和可持续性具有重要意义。

2 ISO 19650 标准起源

2.1 从英国行业标准 PAS 1192 到国际 BIM 标准 ISO 19650

英国政府于 2011 年 5 月发布的《政府建设战略》（Government Construction Strategy），文件中提出 BIM Level 2，并要求到 2016 年，所有政府投资建设和基础设施项目必须使用 BIM 技术，强制遵守 BIM Level 2。BIM Level 2 是 BIM 技术应用的一个阶段。在这个阶段，各方的模型会合并到一起进行数据交换。它代表了一种合作模式，有助于提高项目的效率和协同性。

英国政府在 2011 年提出 BIM Level 2 倡议之后，又制定了一系列国家标准和公开可用的规范，逐步形成英国行业标准 PAS 1192 系列。BIM Level 2 成熟度的概念被国际范围内众多国家所接受。相关的标准如表 1 所示。

英国行业 BIM 标准 PAS 1192 列表　　表 1

标准编号	标题
BS 1192：2007＋A2：2016	建筑、工程和施工信息的合作生产业务守则
PAS 1192-2：2013	使用建筑信息模型的建筑项目资本/交付阶段的信息管理规范
PAS 1192-3：2014	利用建筑信息模型进行资产运营阶段的信息管理规范

【作者简介】徐四维（1992—），男，工程师。主要研究方向为工程数字化。E-mail：xu_sw@hdec.com

续表

标准编号	标题
BS 1192-4：2014	使用 COBie 满足雇主的信息交换要求—实践准则
BS PAS 1192-5：2015	具有安全意识的建筑信息模型、数字建筑环境和智能资产管理的规范
PAS 1192-6	使用 BIM 协作共享和使用结构化健康与安全信息的规范
PAS 1192-7	定义、共享和维护结构化数字建筑产品信息的规范

2.2 标准的转换与调整

国际 BIM 标准 ISO 19650 系列是基于英国行业标准 PAS 1192 系列转换而来。从 2019 年开始，为便于全球化的理解和实施，ISO 19650 系列在 PAS 1192 的基础上对文档结构进行了精简，两套标准的概念一致，但在术语上进行了一些更改。关键的术语调整包括：

（1）BIM 的成熟度从等级（BIM Maturity Level）划分变为阶段（BIM Maturity Stage）划分；

（2）公共数据环境中"区域（area）"调整为"状态（state）"；

（3）"雇主信息需求（Employer's information requirements）"调整为"交换信息需求（Exchange information requirements）"；

（4）"雇主/供应商（employer/supplier）"调整为"委任方/被委任方（appointing and appointed parties）"；

（5）"定义层次（level of definition）"调整为"信息层次（level of information need）"等。

2.3 ISO 19650 的内容

国际 BIM 标准 ISO 19650 是一整套关于在建筑资产的全生命周期中，使用建筑信息建模（BIM）进行信息管理的国际标准和标准族，详见表 2。

国际 BIM 标准 ISO 19650 列表　　　　　　　　　　　　　　　表 2

标准编号	标题
ISO19650-1：2018	建筑和土木工程信息的组织和数字化，包括建筑信息模型（BIM）—利用建筑信息模型的信息管理—概念和原则
ISO19650-2：2018	建筑和土木工程信息的组织和数字化，包括建筑信息模型（BIM）—利用建筑信息模型的信息管理—资产交付阶段
ISO19650-3：2020	建筑和土木工程信息的组织和数字化，包括建筑信息模型（BIM）—利用建筑信息模型的信息管理—资产运营阶段
ISO19650-4：2022	建筑和土木工程信息的组织和数字化，包括建筑信息模型（BIM）—利用建筑信息模型的信息管理—信息交换
ISO19650-5：2020	建筑和土木工程信息的组织和数字化，包括建筑信息模型（BIM）—利用建筑信息模型的信息管理—以安全为前提的信息管理方法

该系列标准基于英国 PAS 1192 系列标准，适配全球普遍情况，提出了信息管理的方法和原则，继承了 ISO 9000 系列（质量管理体系）、ISO 55000 系列（资产管理体系）和 ISO 21500（项目管理），健全了从组织到信息的整个质量管理框架。

ISO 19650-1：2018 主要阐述概念和原则。该标准依据 BIM 提出了在成熟阶段描述为"根据 ISO 19650 的 BIM"的信息管理的概念和原则。它提供和推荐了一个框架来管理信息，包括信息交换、信息记录、信息版本和活动人员的组织规划。该标准适用于所有建筑领域的全生命周期，涵盖战略规划、前期设计、工程设计、开发、文件归档和施工、日常运营、维护、翻新、修缮、设施退役等阶段，涉及的角色包括业主、运营商、客户、资产经理、设计团队、施工团队、设备制造商、系统专家、政策制定者、投资方和终端用户等。

ISO 19650-2：2018 主要阐述资产交付阶段。该标准定义了信息管理的要求，通过管理流程的形式，规范在使用建筑信息模型中关于资产交付阶段和信息交换的内容。该标准适用于所有资产类型和各种组织类型及规模，不受限于不同的采购策略。

ISO 19650-3：2020 主要阐述资产运营阶段。主要用途是让委任方（例如资产所有者、资产运营者或者外部资产管理方）建立他们在资产运营阶段的信息需求，也用于指导创建恰当的协同环境以满足商业化需求，使多个受托方能够高效地进行信息生产。它为在建筑和基础设施项目的运营阶段管理和交换信息提供了指导和规范。

ISO 19650-4：2022 主要阐述信息交换。涵盖了诸如运营阶段所需的信息类型、信息的格式和结构、信息的传递和共享方式，以及如何确保信息的准确性、完整性和可用性等方面的内容。

ISO 19650-5：2020 主要阐述信息安全。规定了在"依据 ISO 19650 的 BIM"成熟阶段（已在 ISO 19650-1 中定义），对于安全防范的信息管理原则和要求，以及敏感信息的安全防范管理，包括其作为其他提案、项目、资产、产品或服务的一部分或者相关时的获取、创建、处理和存储。

ISO 19650 系列标准被全球广为接受，规则科学合理、通用性较强，在众多国际项目中被采纳为 BIM 信息管理的规则，甚至要求具备相应的认证证书。它有助于团队减少浪费性的活动，并增加在成本和时间方面的可预测性，实现更高效、更有效的 BIM 项目实施。

3 ISO 19650 标准的核心概念

3.1 BIM 成熟度

BIM 成熟度是指 BIM 使用的阶段。如图 1 所示，ISO 19650 把 BIM 应用一共分为三个阶段，使用基础国家标准及二维应用的阶段 1；利用集成化三维模型、用协同工作方式交换信息的阶段 2；以及完全集成工作、具备智能基础的阶段 3。

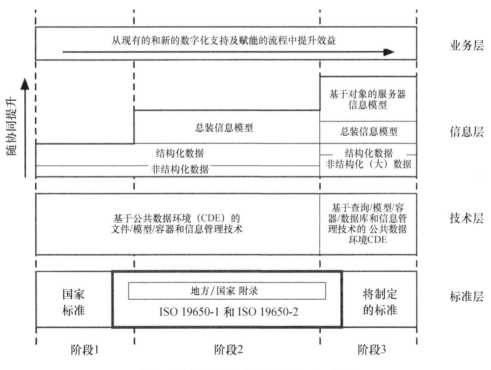

图 1　BIM 成熟度阶段 ISO 19650-1：2018

当从英国行业标准 BS 1192 升级到国标标准 ISO 19650 的时候，成熟度概念有一个扩展，增加业务层、信息层、技术层、标准层的描述。随着协同提升以及未来技术迭代，将会通过 BIM 激发出更多效益。

3.2 公共数据环境 CDE

公共数据环境（通用数据环境、协同环境，Common Data Environment，CDE）是一个中央存储数库，用于存放建设项目信息。公共数据环境是使用BIM协同的基础需求，是ISO 19650系列标准中BIM成熟度第二阶段的标志。

公共数据环境的内容不仅限于在"BIM环境"中创建的资产，也包括文档，图形模型和非图形资产。其主要核心理念是文件夹权限控制，两道门审批。通过权限控制把项目模型信息在不同范围内传递，通过审批来控制模型的可靠性。

通过使用唯一信息源公共数据环境，可加强项目成员之间的协作，减少错误并避免重复。

4　ISO 19650带来的启发

BIM乃是一种由业主自上而下引领推进的全新理念，需要各阶段、各相关方的共同倾力投入。这一崭新理念催生了新的信息需求，亦引发了工程行业的变革。国际BIM标准ISO 19650主要针对整个工程生命周期的各参与方，其中委任方（业主）占据着举足轻重的地位。委任方（业主）需在熟悉BIM应用的基础上，在招标阶段明晰BIM应用的要求。

国际BIM标准ISO 19650乃是在英国行业标准的基础上予以更新，依据国际市场的特性进行了重新阐述，实为真正的国际性规范，且在世界范围内获得了认可。ISO 19650对于BIM应用具备完备的理论体系，逻辑严密且自洽，对工程BIM的应用具有至关重要的参考价值。

然而，ISO 19650的指导呈现出框架性特征，具体细节需由各个项目自行把控，企业在执行过程中，需要自行调整难以直接使用的相关条例。尤其是对于中国企业来说，一方面需要妥善做好本土化的适配工作，使其与中国标准和习惯相契合；另一方面，要针对不同项目进一步完善执行目标和标准。此外，ISO 19650的执行仅具参考性，并非强制的法规。结合其框架性的特质，参建各方在执行程度上存有一定的弹性，这使得管理颇为困难。通常业主对自身需求不甚明确，若在合同履约时仅单纯写入ISO 19650，而无详尽的规定，此种情形将会致使合同执行难度增大。

参 考 文 献

[1] Office for National Statistics. Productivity in the construction industry, UK[Z]. 2021.
[2] Richard Gurney, Simon Liley, Kelly Outram, et al. Future of construction a global forecast for construction to 2030[R]. Marsh & McLennan Co. and Oxford Economics. 2021.
[3] BSI. Introducing the new international standard for BIM, ISO 19650[S]. 2019.
[4] Cabinet Office. Government Construction Strategy[Z]. 2011.
[5] Amor, R. BIM adoption issues in infrastructure construction[J]. Journal of Information Technology in Construction, 2021: 263-285.
[6] BSI. PD 19650-0: 2019 Transition guidance to BS EN ISO 19650[S]. 2020.
[7] International Standardization Organization. ISO 19650-1: 2018 Organization and digitization of information about buildings and civil engineering works, including building information modelling (BIM)—Information management using building information modelling Part 1: Concepts and principles[S]. 2018.
[8] Winfield, M. Construction 4.0 and ISO 19650: a panacea for the digital revolution?[J]. Proceedings of the Institution of Civil Engineers-Management, Procurement and Law, 2020, 173(4): 175-181.
[9] UK BIM Alliance. Information management according to BS EN ISO 19650 Guidance Part 1: Concepts[S]. 2019.

基于 BIM 与 Pathfinder 的疏散模拟研究
——以某宿舍楼为例

曾瑞杰[1]，孙文卿[1,2]

(1. 四川师范大学工学院，四川 成都 610101；
2. 四川师范大学公共安全与应急管理研究院，四川 成都 610101)

【摘 要】 以学生宿舍楼为例，运用 BIM 技术对其进行建筑模型的构建。从有无人员引导、是否更改建筑设施布局两方面，设置了四种疏散场景，利用 Pathfinder 仿真软件对这些场景的疏散效率进行比较，引用可用安全疏散时间（ASET）与所需安全疏散时间（RSET）作为安全疏散评估指标，分析安全出口的使用效率、疏散人员拥堵情况，并根据模拟结果从人员分流与建筑布局两方面提出缓解疏散拥堵、提高疏散效率的措施，为宿舍楼相关建筑的安全疏散方案提供参考。

【关键词】 宿舍楼；BIM；Pathfinder

1 绪论

随着城市化进程的加快和高校招生人数的增加，大型宿舍楼已成为校园常见的居住建筑。高校必须有效应对火灾、地震等紧急情况，确保学生的生命安全。宿舍楼多为内廊式结构，由于其空间密度高，易导致安全出口处的拥堵，增加了疏散难度。

为研究疏散问题，主要有两种方法：一是组织志愿者演习，尽管真实但成本高且存在风险；二是通过计算机模拟人群疏散行为，如使用 Pathfinder 软件，这种方法因其成本低、风险小、灵活性高而广泛应用。已有研究中，薛家为等使用 Pathfinder 分析会展中心的疏散，提出改进措施以缩短疏散时间。朱彦飞研究了安全出口布置对疏散时间的影响，发现均匀布置有助于安全疏散。龚展弘等探讨了安全出口利用率的提高方法，常悦等针对学生公寓提出分批次疏散方案。

然而，现有研究大多独立研究建筑设施或疏散规划的影响，缺乏对两者结合的探讨。因此，本文以某学生宿舍楼为对象，模拟紧急事件下的疏散情况，研究建筑设施调整、设置人为指引及其综合措施对安全疏散的影响。

2 模型构建

2.1 建筑模型构建

在现代建筑工程中，建筑模型的应用对于安全疏散至关重要。建筑模型不仅能帮助设计师更好地理解和表达设计意图，还能在建筑使用阶段为安全疏散提供重要支持。通过对建筑内部结构的模拟，模型在设计初期就能发现潜在的安全隐患，预见紧急情况下可能出现的疏散瓶颈和障碍，从而提前解决问题。例如增加逃生出口、扩宽疏散通道、优化楼梯和走道布局等，减少实际紧急情况时的混乱和延迟。

建筑模型还可以用于模拟不同的安全疏散方案。通过计算机模拟，评估各种疏散策略的有效性，如不同火灾位置、时间点和人流密度情况下的人员疏散时间和路线。这有助于管理人员制定合理的疏散计划，并在紧急情况下做出快速决策。

【作者简介】 曾瑞杰（1998—），男，硕士研究生。主要研究方向为安全科学与疏散。E-mail：949091673@qq.com；
孙文卿（1985—），男，博士。主要研究方向为安全科学与技术，应急与救援理论与技术。E-mail：safety_sun@sicnu.edu.cn

本文选取重庆市某高校女生宿舍楼为研究对象，使用 Revit 软件构建其建筑模型。该宿舍楼占地 975.16m²，建筑面积 5911.64m²，共 6 层，设有 6 人间学生宿舍、洗衣房、管理用房及值班室。1 层设宿舍 17 间、洗衣房 1 间、管理用房 1 间及教师值班室 2 间，2～6 层设宿舍 22 间，总人数为 765 人，均为成年女性。宿舍楼共有 2 部疏散楼梯，位于建筑两侧，房间布局如图 1 所示。建筑共有 3 个安全出口，安全出口 1、2 位于底层楼梯间，为钢制防火门，宽度为 1.5m；安全出口 3 位于门厅入口处，为玻璃幕墙门，宽度 3.6m，安全出口分布如图 2 所示。建模后的建筑整体模型如图 3 所示。

图 1　建筑平面图

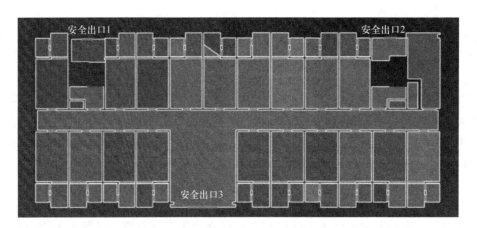

图 2　安全出口

图 3　建筑模型

2.2 疏散模型构建

2.2.1 模拟软件简介

Pathfinder疏散模拟软件是由Thunderhead Engineering公司开发的，专门用于模拟紧急状况下建筑物内人群的疏散过程。它利用高级算法来模拟个体和群体在火灾、地震等紧急情况下的移动和行为反应。Pathfinder提供了两种模拟人群运动的模式：SFPE模式适合快速模拟大量人群，而steering则能够处理更复杂的空间关系和个体交互。用户可以通过直观的界面导入CAD图纸或手工创建复杂的三维空间，并在其中设置不同的疏散参数，如出口宽度、人员密度等。软件支持对人员的行为做出细致的设定，比如对疏散指示的遵守程度、行走速度、逃生偏好等。疏散过程结束后，Pathfinder能够提供详尽的数据分析和可视化结果，包括疏散时间、路径选择和人流密度等重要指标，这有助于评估建筑设计的安全性和优化疏散策略。相较于SFPE模式，steering模式下的疏散情况更符合实际，因此研究采用steering模式进行模拟。

2.2.2 人员建模

本文选取的研究对象为高校女生宿舍楼，建筑物主要功能为是提供学生居住的空间，满足居住者的基本生活需求，主要的使用人群为学生、值班教师以及管理人员，人员构成均为成年女性。由于宿舍楼使用人员存在流动性，各个时间段内宿舍人员人数有不同，因此研究按照最不利原则，依据设计规范，将模拟场景设置为夜晚就寝之后、建筑物内人员数量满载的情况。并根据《中国成年人人体尺寸》（GB/T 10000—2023），得到成年女性身高1.58m，平均肩宽39cm。再依照《SFPE消防工程手册》与四川消防研究所人员疏散演习的课题研究，将成年女性的移动速度设置为1.1m/s。具体人员参数设定如表1所示。

人员参数 表1

人员类型	身高/m	肩宽/cm	速度/(m·s^{-1})	1层人数	2~6层人数
成年女性	1.58	39	1.1	105	132

2.2.3 场景建模

为探究软件及硬件措施对疏散效果的影响，从指定疏散人员分流方案以及改变建筑设施两个角度出发，分别设置4种情景进行模拟（表2），并按照上述人员参数，设置疏散仿真模型，整体模型见图4。

情景设置 表2

编号	模拟内容
场景1	不对人员行为进行设置，让其自行选择疏散路径与安全出口
场景2	分流人群，按照不同房间设置不同人群，各人群选择特定的安全出口进行疏散
场景3	增设安全出口，更改安全出口宽度，按建筑规范增加楼梯梯段宽度
场景4	在更改建筑设施的基础上，再对人群赋予属性，进行分流

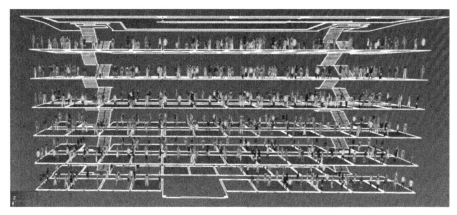

图4 疏散仿真模型

3 疏散模拟

本文采用比较分析方法对不同条件下的场景进行模拟,将人员指引的有无、建筑设施数量和尺寸的变化等作为场景设置条件。通过使用可用安全疏散时间和所需安全疏散时间作为评判疏散结果安全性的标准,对模拟结果进行分析,判断不同条件对安全疏散的影响程度。

3.1 安全评估标准

学者 Rodrigo Machado Tavares 等结合人体运动建模与事故建模分析,对比了可用安全疏散时间(Available Safe Time,ASET)与所需安全疏散时间(Required Safe Egress Time,RSET)数据,得出了疏散的一般规律,并将二者的比例关系作为判定疏散是否安全的指标。研究得出当 ASET 与 RSET 的比值大于1时,认为该疏散行为是安全的,即在整个疏散任务结束后,可用安全疏散时间需多于所需安全疏散时间。以这两个参数作为指标,整理各学者总结的 RSET 的构成部分。RSTE 包括感应时间、疏散前置时间、疏散时间计算如下:

$$T_{RSET} = T_G + T_Q + T_S \tag{1}$$

式中,T_G 为感应时间,单位 s;T_Q 为疏散前置时间,单位 s;T_S 为疏散时间,单位 s。感应时间是从事故发生到报警器或管理人员发出信号的时间,以火灾报警信号为例,有相关规范指报警信号应在10s内响应,在事件发生时通常认为两个信号同时响起后才确认为有火情,基于实际考虑,取 T_G 为20s。疏散前时间是疏散人员收到报警信号作出反应和采取动作的时间,取 T_Q 为20s。疏散时间指从突发事件发生到所有人员安全撤离建筑物所用的时间,可通过仿真模拟软件模拟计算出,但考虑到实际疏散过程中,人员运动存在不确定因素,疏散时间与软件模拟计算出的有差异,且对疏散结果造成影响。因此需要一个安全系数对疏散时间进行修正,修正后的 RSET 为:

$$T_{RSET} = T_G + T_Q + \alpha T_S \tag{2}$$

式中,α 为安全系数,$\alpha \geqslant 1$。依照 SFPE 消防工程手册与相关研究,取 α 为1.2。根据上文所述,将安全疏散的条件确定为:

$$T_{RSET} \leqslant T_{ASET} \tag{3}$$

根据《建筑设计防火规范》GB 50016—2014(2018版)相关规定,学生宿舍的疏散时间为5~7min,取 T_{ASET} 为400s。

3.2 场景模拟

3.2.1 场景1模拟

在无人员干预、被困人员自行疏散的情况下,整个学生公寓759人疏散时间共花费320s,在134s时疏散人数大于被困人数,如图5所示。据上文式(2)计算 RSET 为414s,不满足式(3)安全疏散的条

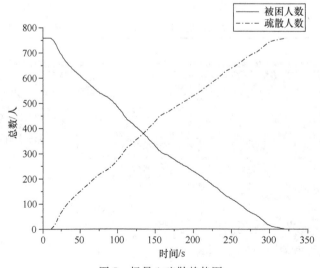

图 5 场景1疏散趋势图

件。整理安全出口流量（图6）与疏散过程中的人员密度（图7）得知，位于大厅处的安全出口3只有部分一层、二层疏散人员使用，在172s时停止作用，3~6层的疏散人员倾向于使用位于楼梯间的安全出口1、2，导致了设计宽度最大的安全出口使用率较低，以及能容纳疏散人员最多的门厅提前结束疏散任务，并在楼梯间出现拥堵，整个场景1花费较长的疏散时间，无法在规定时间内完成安全疏散任务。

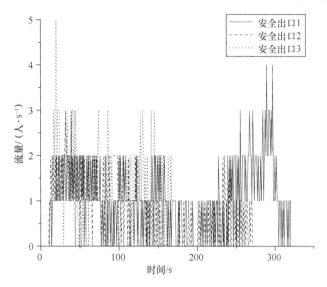

图6 场景1安全出口流量

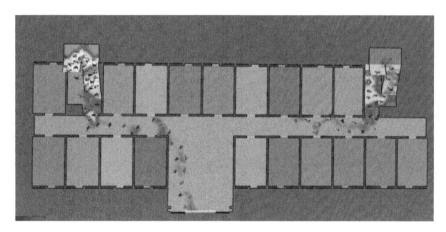

图7 场景1人员密度图

3.2.2 场景2模拟

根据场景1模拟中出现的问题，场景二模拟中，1层人员按照原计划进行疏散，2层人员使用安全出口3进行疏散，3~6层靠近疏散楼梯的人员使用安全出口3进行疏散，中间房间的人员分别使用安全出口1、2进行疏散。经过对疏散人员进行分流后，使用软件进行重新模拟。整个疏散过程共计288s，在142s时疏散人数大于被困人数，经计算RSET为375.6s，满足安全疏散的要求，疏散趋势如图8所示。安全出口流量见图9，疏散过程的人员密度见图10。

3.2.3 场景3模拟

为探究建筑设施的改变对疏散过程的影响，将位于建筑一层两旁的推拉窗换为2个宽度为2m的安全出口，命名为安全出口5、6，并将安全出口1、安全出口2宽度增加至2m，将楼梯梯段宽度按照建筑规范以0.6的整数倍增加，在无人为指引疏散的情况下进行模拟。疏散用时308s，126s时疏散人数超过滞留人数，RSET为409.6s。虽增设了安全出口，但新安全出口的并没有得到充分使用（图11），在疏散开始后26s就停止作用，除了一层及二层部分人员使用外，高层疏散人员依旧倾向使用楼梯间的安全出口，拥堵情况与场景1相似。

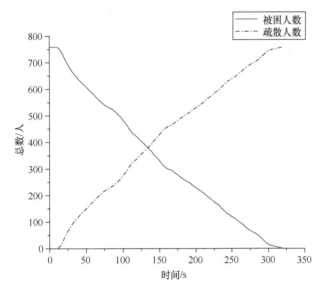

图 8 场景 2 疏散趋势图

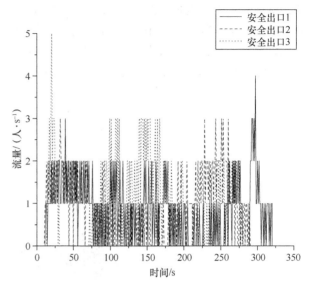

图 9 场景 2 安全出口流量

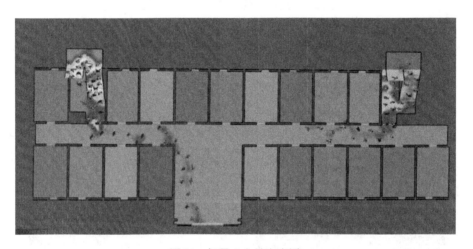

图 10 场景 2 人员密度图

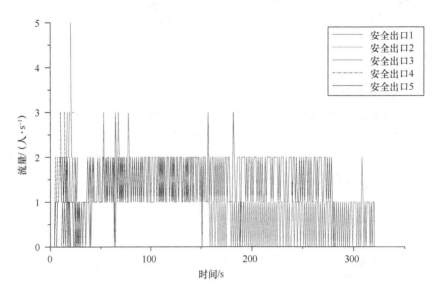

图 11 场景 3 人员密度图

3.2.4 场景 4 模拟

在更改建筑设施的基础上,加入人为指引疏散行为,研究在两者共同作用下对疏散过程造成的影响,从提高各安全出口的使用率出发,不改变一层人员行为,二层人员使用安全出口 3,3~6 层先达到底层的人员使用安全出口 3,之后的人员指定其从楼梯间的安全出口和安全出口 4、5 进行疏散。重新模拟后,疏散时间为 299s,RSET 为 398.8s。安全出口 3~5 使用率有了显著提升(图 12),但在底层走廊出现拥堵现象。

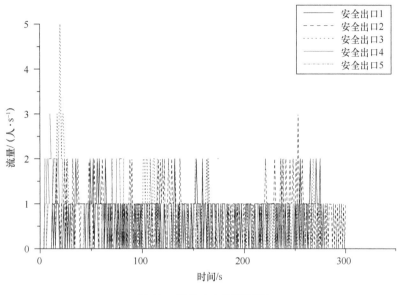

图 12 场景 4 人员密度图

4 模拟分析

4.1 结果分析

通过 Pathfinder 仿真模拟,将各场景的疏散时间以及安全判定进行汇总如表 3,疏散时间与疏散人数变化曲线如图 13 所示。由表 3 和图 13 可知,场景 1 花费时间最长,疏散过程中的人员密度也较高,场景 1 出现较严重的拥堵现象;相较于其他场景,场景 2 在不改变建筑设施,只对人员进行分流的情况下,疏

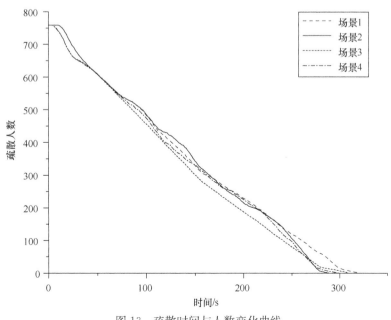

图 13 疏散时间与人数变化曲线

散时间最短，疏散行为也最安全；场景 3 在增设了安全出口后，疏散效率增加不明显，疏散仍处于不安全状态；而场景 4 是对场景 2 在建筑设施上的优化，发现仅在安全出口数量和宽度上增加以及改变梯段宽度的情况下进行人员分流，疏散优化效果并不明显。

各场景时间及安全性　　　　　　　　　　　　　　　　表3

场景	疏散时间/s	ASET/s	RSET/s	安全性
场景 1	320	400	414	不安全
场景 2	288	400	375.6	安全
场景 3	308	400	409.6	不安全
场景 4	299	400	398.8	安全

场景 1 中，人员自行疏散时倾向于选择距离最近的安全出口进行撤离。由于使用楼梯时，安全出口直接位于楼梯间，导致门厅入口处的安全出口使用率较低。在场景 2 中，为了提高安全出口的使用效率，对人群进行了分流。此举旨在通过控制和指导人流的运动，减少拥挤和混乱，从而提高疏散的效率和安全性。通过将大流量的人群分成小批次，可以有效减少特定出口或路线的拥挤情况，将人群导向多个疏散路线，避免对单一出口的过度依赖。分流后，安全出口 3 的使用率得以提高，分担了 2 个楼梯间安全出口的疏散压力，同时合理利用各疏散出口也使得楼梯间与走廊的拥堵现象得到缓解。

在场景 3 和场景 4 中，对建筑设施进行了更改，但疏散过程的优化效果并不明显，场景 4 的疏散时间较场景 2 有所增加。其原因在于新增的两个安全出口距离楼梯间安全出口较近，分流效果较弱，同时建筑物走廊较狭窄，从两侧进行疏散容易造成拥堵，结果表明，建筑设施的增改需考虑到人员分类方案。结合文献中学者对建筑设施与安全疏散的研究，不合理的建筑设施布局不仅对安全疏散无益，甚至可能产生副作用。不合理的安全出口设置在紧急疏散时会造成重大的安全隐患。出口数量不足或分布不均可能导致人员在关键时刻无法迅速撤离，造成严重的拥堵和延误。当疏散通道狭窄或设置不当时，会加剧恐慌情绪，增加踩踏和冲撞的概率。此外，出口标识的不明确会使逃生路径模糊不清，疏散人员在混乱中寻找出路，不仅延长了疏散时间，也严重影响了疏散的有序性。

4.2 疏散优化措施

据研究，从人员分流与建筑设施布局两个方面对安全疏散措施提出如下建议。

在人员分流方面，首先应制定详细的疏散计划，考虑建筑结构和容纳人数，规划多条疏散路径以避免拥堵。疏散指示需明确标识，使用耐火材料，并配备应急照明，确保在电力故障时仍能指引方向。实施分时疏散策略，根据楼层或区域的人员密度和危险程度优先疏散最危险区域。安全引导人员需定期培训，熟悉疏散流程和急救知识，帮助人员撤离。为特殊人群如儿童、老人、残疾人制定特别措施，确保其能得到额外帮助。定期进行疏散演练，提高疏散意识和效率。监控系统通过摄像头和传感器监控人流动态，适时调整疏散指令。使用广播系统和移动应用发布最新疏散信息，确保信息及时准确。以上措施大大提高了疏散效率和成功率，减少可能的伤害和损失。

在建筑设施布局方面，设计时应考虑充足的出口数量和宽敞的疏散通道，避免瓶颈区域。出口和通道布局应遵循直观原则，指向安全区域，每个区域至少有两条独立疏散路径。紧急出口需配备防烟、防火设施，保持畅通无阻。楼梯宽度应适应高峰时段人流量，楼梯间配备防滑材料，减少跌倒事件。楼层间设置防烟分区，阻止烟雾扩散，并设置清晰的疏散指示标识和应急照明系统。高层建筑应设置避难层作为临时安全场所。在设计中考虑无障碍疏散路径和设施，定期检查和维护疏散设施，确保其可用性。通过这些措施，确保在紧急状况下，建筑内人员能够迅速、安全撤离到安全地带。

5　结论

本研究通过应用 BIM 技术对建筑物进行精确建模，以提高疏散模拟的精度和效果，为未来建筑设计和改造提供科学依据。研究中，通过对不同条件下宿舍疏散场景的比较分析，将人员指引、建筑设施数量和尺寸等变量纳入考量，全面评估这些因素对疏散安全的影响。通过精确模拟有无人员指引和建筑设施变化等情景，设置更贴近实际的场景，使模拟结果更加实用和可靠。为增强研究的科学性，本研究引入"可用安全疏散时间"和"所需安全疏散时间"双重标准，提供了更全面的安全性分析。研究得出了以下结论。

（1）人群分流方案能够对安全疏散起到积极作用，通过人员分流可以缩短疏散所用的时间，提高疏散效率，缓解疏散过程中的拥堵情况。

（2）建筑设施的改变应结合分流方案才能对疏散起到积极作用，不合理的安全出口布置会导致疏散通道的堵塞，延长疏散时间，增加疏散风险，安全出口的位置和分布是确保建筑物中人员在紧急情况下能迅速、安全疏散的关键因素。

（3）在上述研究中，设置的场景只模拟了建筑设施布局对安全疏散的消极影响，并未研究合理的设施布局会对疏散有何积极影响。在后续研究中会探讨如何通过优化建筑设施布局来提高安全疏散效率，并将其与有效的人员分流方案相结合，确保在紧急情况下能够快速、有序地引导人群安全撤离。

综上所述，Pathfinder仿真软件可用于分析宿舍楼内人群疏散的效率，有效识别疏散过程中的拥堵现象，为制定合理有效的疏散方案提供参考。

参 考 文 献

[1] 薛家为，黄鑫，阙强，等．基于PathFinder模拟的大型会展中心登录大厅人员安全疏散研究[J]．南开大学学报(自然科学版)，2023，56(5)：94-98.

[2] 朱彦飞．基于Pathfinder的商业综合体火灾人员安全疏散仿真及对策[J]．中国建筑金属结构，2023，22(7)：135-137.

[3] 龚展弘，龚彬彬，姚琦，等．基于Pathfinder高校高层学生公寓火灾疏散仿真模拟研究[J]．信息与电脑(理论版)，2023，35(12)：114-117.

[4] 常悦，薛利国，贾玉龙，等．基于Pathfinder高校学生公寓人员疏散模拟研究[J]．吕梁学院学报，2023，13(2)：46-50.

[5] 曹凯．基于BIM技术的建筑火灾与人员安全疏散模拟[J]．砖瓦，2024(7)：107-110.

[6] 李晟延，马鸿雁，张英达，等．多层教学建筑火灾疏散模拟与策略研究[J]．计算机仿真，2024，41(6)：332-338.

[7] 田冬梅，马欣悦，姚建．基于Pathfinder的购物中心防火疏散研究[J]．华北科技学院学报，2023，20(6)：90-98.

[8] 宋世铭，朱磊，郑敏等．基于Pathfinder的大型综合体架空平台消防疏散策略研究[J]．智能建筑与智慧城市，2023(11)：9-12.

[9] 张欢，史杨华，李百毅．基于Pathfinder的大型商业综合体消防疏散策略研究——以扎哈事务所成都"独角兽岛园区项目"为例[J]．城市建筑，2023，20(2)：104-107.

[10] Tavares M. R., Marshall S.. The development of a real performance-based solution through the use of People Movement Modelling Analysis (PeMMA) combined with fire modelling analysis[J]. Safety Science, 2012, 50(7): 1485-1489.

[11] 雷鸣，杨民，高复阳，等．基于Pyrosim和Pathfinder的高校实验楼火灾疏散安全性分析与优化[J]．安全与环境工程，2023，30(3)：36-44.

[12] 张景钢，尹宜辰，何鑫．基于Pathfinder模拟高校图书馆火灾疏散[J]．华北科技学院学报，2022，19(6)：24-30.

[13] 高子杰．基于Pathfinder的某高校食堂火灾时的人员疏散模拟[J]．消防界(电子版)，2022，8(13)：21-22,25.

[14] 湛莲香，陈咪．基于Pathfinder高校宿舍人员疏散模拟研究[J]．数字通信世界，2021(5)：47-49.

[15] 王新词，孙世梅，李开元，等．高校混合宿舍人员疏散模拟研究[J]．工业安全与环保，2024，50(7)：28-31.

[16] 李雯．高校实验室搬迁风险防控体系构建及评估[J]．实验室研究与探索，2024，43(7)：259-263,268.

[17] 肖艳，于鸿天．老旧建筑装饰装修改造设计研究——以某宾馆为例[J]．中国建筑装饰装修，2024(11)：113-115.

[18] 张晓珊．消防应急照明和疏散指示系统的设计问题[J]．黑龙江科学，2022，13(18)：104-106.

[19] 蔡佳良，李凯玲，屈璐，等．基于协助比的特殊人群疏散时间影响研究[J]．中国安全科学学报，2023，33(3)：161-166.

[20] 窦玉林．突发事件下应急疏散路径优化研究[D]．大连：大连交通大学，2023.

[21] 蔡浩．楼梯疏散照明的设计[J]．建筑电气，2019，38(12)：30-33.

浅析 BIM 技术在工程行业的应用规划

满金双，杨 帆

（中国电建集团华东勘测设计研究院有限公司，浙江 杭州 311122）

【摘 要】 本文分析 BIM 技术在工程行业中的研发、应用和市场现状，指出现存问题，并提出相应的应用规划，包括市场布局规划、产品开发规划和团队建设规划，指出 BIM 技术的有效应用需从规划设计阶段开始深入剖析，确保 BIM 数据生产与规划同步进行，以致 BIM 技术在工程全生命周期中得到最大化利用，从而为运营管理带来价值。同时，对 BIM 技术在数字化转型和 EPC 模式下的未来发展进行了展望。

【关键词】 BIM 技术；工程行业；数字化转型；全生命周期应用

随着全球基础设施行业的飞速发展，工程项目的规模与复杂性不断攀升，特别是在 EPC 模式下，各项工作的高度集成对项目管理和技术应用提出了更高要求。而 BIM 技术作为工程行业的一项革命性技术，正逐步成为推动工程行业数字化转型升级的重要力量。本文旨在通过浅析 BIM 技术在工程行业的应用规划，探讨 BIM 技术的市场布局规划、产品开发规划和团队建设规划，明确 BIM 技术的市场定位与发展趋势，指导企业精准布局，优化 BIM 产品功能，提升用户体验，强化团队的技术实力与创新能力，为 BIM 技术在工程行业的全生命周期应用与工程行业的数字化转型提供坚实支撑。

1 BIM 技术现状

1.1 研发现状

现阶段工程行业所采用的 BIM 软件主要以 Autodesk、Bentley 和 Dassault 三大软件厂商的设计平台及其衍生产品为主，但三大平台均为国外产品。鉴于目前瞬息万变的国际局势，为避免受到国外技术"卡脖子"的影响，国内各大厂商均在研发具有自主知识产权的国产 BIM 平台，例如广州中望、广联达和北京构力。国产的 EWBIM 也是一款面向基础设施行业的国产化工程 CAD/BIM 软件，涵盖二三维设计完整功能，满足二维 CAD 制图以及通用 BIM 建模和基础 BIM 应用（图 1）。

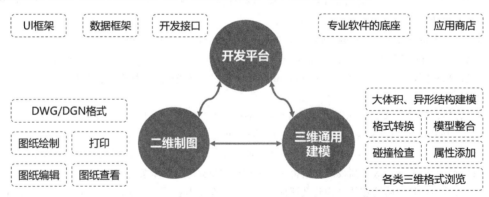

图 1 EWBIM 核心功能

1.2 应用现状

BIM 技术在工程行业的应用主要集中在可视化模拟、方案比选、设计优化、土方计算和工程量复核等方面。因为技术集成和行业标准成熟度较差等原因，正向出图的应用相对较少（图 2）。在深圳等地区，BIM 模型已成为投标和报批报建的强制性要求，显示出 BIM 技术在政策层面的推广应用。此外，BIM 技术也被用于项目宣传和评奖评优，提升项目展示效果。尽管 BIM 技术应用广泛，但仍有提升空间，随着技术进步和行业标准的完善，其在工程行业中的重要性日益凸显。

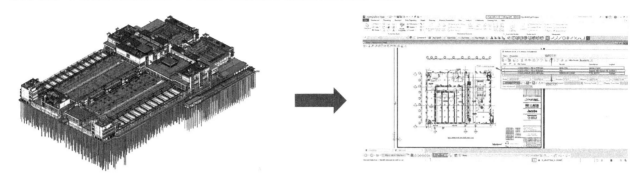

图 2　BIM 正向出图

1.3　市场现状

在国内市场，BIM 技术的推进受政策影响，尤其在深圳、上海、苏州等地，政府的推动力度显著，导致政府投资的重大项目和重点片区的 BIM 业务需求显著增长。海外市场对 BIM 业务的需求呈现多样化，新加坡等 BIM 应用较为成熟的地区，对 BIM 咨询业务有明确的需求。其他地区的 EPC 项目普遍要求 BIM 应用，但应用深度和要求各不相同。例如斐济某供水项目仅要求提供 BIM 模型，而沙特某项目则要求所有图纸和成果必须由 BIM 模型导出，体现不同地区对 BIM 技术应用的不同需求。整体而言，无论是国内市场还是海外市场，BIM 技术应用范围正随着政策支持和技术成熟度逐渐扩大，BIM 在工程项目中的重要性日益增加。

2　BIM 技术存在的问题

国内项目因周期短，BIM 技术应用往往滞后于设计阶段，未能充分发挥其潜在价值。设计周期通常在 20 天至 40 天，时间紧迫，加之软件易用性及技术人才短缺等因素，导致 BIM 多在设计完成后作为辅助工具，而在设计过程中参与度不足，模型创建耗费大量精力，限制 BIM 应用的深度和广度。

BIM 技术在应用过程中面临的主要问题是取费标准不明确和费用偏低。尽管一些省市已经发布针对建筑工程、轨道交通和综合管廊等的 BIM 取费标准，但对其他工程类型的 BIM 应用费用仍缺乏明确规定。根据《广东省建筑信息模型（BIM）技术应用费用计价参考依据》中的综合管廊工程费用基价表，设计阶段的单项工程应用费率仅为建安造价的 0.2%（表 1）。深圳某项目的勘察设计费用高达 1430 万元，而 BIM 费用仅为 71 万元，同时包括施工阶段的咨询费用。相比之下，海外 BIM 咨询项目的取费标准相对较高，与其较长的项目周期和较大的投入相匹配。总体来看，BIM 咨询项目的合同额和利润与常规设计咨询项目相比存在较大差距，限制 BIM 技术的深入应用和发展。

综合管廊工程费用基价表　　　　表 1

计价编号	内容	计价基础	计价费率		
			单项工程应用	单独的土建工程应用	单独的机电安装工程应用
			A	B	C
4-1	设计施工运维三阶段应用	建安造价	0.400%	0.080%	0.720%
4-2	单阶段应用				
4-2-1	设计应用	建安造价	0.200%	0.040%	0.360%
4-2-2	施工应用	建安造价	0.220%	0.044%	0.396%
4-2-3	运维应用	建安造价	0.180%	0.036%	0.324%
4-3	两阶段联合应用				
4-3-1	设计与施工联合应用	建安造价	0.357%	0.071%	0.643%
4-3-2	施工与运维联合应用	建安造价	0.340%	0.068%	0.612%

国内工程建设模式以平行发包为主,导致 BIM 模型在设计、施工和运维各阶段之间难以有效传递,无法实现 BIM 全生命周期数据一致性和赋能。这种模式人为切割价值链,以致 BIM 应用局限在应对客户需求的表面工作,如翻模等,而未能深入项目的各个阶段,违背 BIM 全生命周期应用理念,以致 BIM 技术在实际应用中被赋予过多的装饰性而非实质性功能。

BIM 技术应用过程中团队定位和分工问题显著。BIM 应用在一些团队定位在高端规划和设计层面,而另一些则局限于低端建模和应用,导致团队专业性难以提升,业务能力停滞不前。团队内分工缺乏专业化,常因事定专业,难以适应 BIM 应用的深入和细分。此外,BIM 团队在实施过程中分工不明确,一种情况是全技术路径实施导致团队庞大,即管理难度大;或者是依赖外部业务,导致核心技术流失,技术能力退化。同时,BIM 团队与设计、施工等单位沟通交流不足,影响 BIM 应用的实操效果和市场竞争力。

3 BIM 技术应用规划

BIM 技术有效应用需从规划设计阶段开始深入剖析,确保 BIM 数据生产与规划同步进行。在施工建造过程中,将历史 BIM 数据与实时业务数据相结合,实现数据的连续性和一致性。最终整合的数据将为项目移交和后期运营提供支持,确保 BIM 技术在工程全生命周期中的最大化利用,从而为运营管理带来价值。

3.1 市场布局规划

BIM 技术应用的市场布局规划应逐渐向新能源、抽水蓄能以及水利工程等新兴领域倾斜,这些领域具有广阔的发展前景和较高的技术要求。同时,对于传统的房建及市政等基础设施领域,各企业可以适当维持并扩大其市场份额,以巩固市场地位。

BIM 业务的布局可以被细分为高端、中端和低端三个层次,以满足不同市场的需求。高端 BIM 业务致力于创新、创优和奖项的追求,以提升企业在行业内的知名度和影响力;中端业务注重品牌口碑建设,确保客户满意度和忠诚度。低端业务通过标准化流程优化成本结构,以实现更高的利润率。

依托企业在主营业务领域的深厚积累,BIM 技术的应用应与其核心业务紧密结合,形成协同效应。通过整合工程公司在规划、设计、施工等方面的专业优势,BIM 技术将在提升项目质量和效率、降低成本等方面发挥关键作用,推动公司在工程行业的持续发展。

3.2 产品规划

在工程数字化转型中,BIM 产品规划至关重要。规划产品主要专注两个核心领域:服务 BIM 自身应用和赋能工程实践。针对 BIM 自身应用,企业可以通过集成先进算法和大数据分析,提高模型精度,优化设计流程,增强可视化与交互性,以实现资源和成本的高效管理。在赋能工程方面,致力于开发与工程实践紧密结合的系统模块,实现信息实时共享,促进多专业协同,提高工作效率,降低工程成本。

以光伏三维设计软件规划为范例,开发此软件的目的是提高光伏系统设计的效率和精确度。该软件能够快速生成布局,减少设计时间,同时自动计算材料用量和成本,实现预算规划和成本控制。以某项目全场区 575MW 设计为例,采用光伏三维设计软件布置,可提升效率 8.5 倍,具体如表 2 所示。

熟练情况软件用时与人工用时对比(单位:min)　　表2

布局区域	软件运行	人工用时
标准子阵创建及汇流	3	—
场区子阵填充及道路调整	3	—
非标子阵填充及汇流	3	—
标准子镇组件填充	11	—
中压电缆汇流-3 个分区	4	—
导出工程量及总布置图	4	—
总共用时	28	240

对比全场区光伏电缆量与低压交流电缆量，软件计算光伏电缆量整体偏少约 2000km，交流电缆量整体偏多约 100km，使用设计软件的电缆总价比人工估算节省约 160 万元，具体如表 3 所示。

全场区光伏与低压交流电缆工程量及总价对比　　　　表 3

布局区域	软件运行	人工用时	差值
光伏电缆量（km）	4462	6449	−1987
低压交流电缆量（km）	443	345	98
总价（万元）	4166	4327	−161

3.3 团队规划

首先，健全现有人才梯队是 BIM 团队发展的基石。通过专职与兼职 BIM 人员融合互补，确保团队具备全面的专业技能。也可以通过外部招聘及内部培养的方式，增加项目经理和专家数量以提升团队的管理和创新能力。经优化的人才结构将有助于提高 BIM 技术在项目中的应用水平，为项目成功实施提供有力保障。

其次，BIM 团队需与工程团队紧密合作，辐射至专业工程师。可以扩大从事工程专业的 BIM 人才基数，确保常规项目能够由工程人员完成，从而深化 BIM 与工程的融合，挖掘更多的价值。同时，专业 BIM 部门应承担起技术支撑、标准建设和履约指导等角色，为工程部门提供专业的技术支持和服务，共同推动 BIM 技术在工程项目中的广泛应用，组织架构设置可参考图 3。

再次，为保持 BIM 技术的领先地位，公司需增加研发投入。根据业务需求，可以考虑增加 BIM 研发人员，或者加强与外部机构的合作，共同研发业务产品，以增强团队的竞争力。增加研发投入将有助于推动 BIM 技术创新和发展，为行业带来更多价值。

最后，构建 BIM 生态圈是 BIM 团队长远发展的关键。企业可以整合高校、细分领域引领者、合作方等资源，共同构建一个开放、协作、创新的 BIM 生态圈。生态圈作为一个综合性的平台，全面覆盖 BIM 技术的研发创新、实践应用、市场拓展以及团队成长的各个环节。生态圈不仅为团队成员构筑一个知识丰富、互动频繁的学习与交流空间，还极大地促进 BIM 技术在多元化、深层次领域的广泛应用与持续发展，为整个行业的技术进步与转型升级提供强有力的支撑。

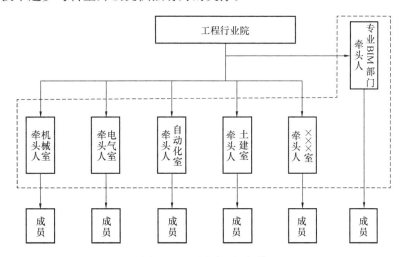

图 3　BIM 团队组织架构

4　展望

展望未来，BIM 技术在 EPC 模式下的应用将持续深化，从 3D 模型向 4D、5D、6D 技术演进，全面贯穿项目的全生命周期。这一变革将极大提升工程行业的数字化水平，从设计到施工、从运维到管理，实现信息的无缝对接和高效利用。通过 BIM 技术的全生命周期应用，企业可以实现项目信息的全面集成和共享，提高项目协同性和管理效率，为项目决策提供更加精准的数据支持。数字化移交将成为考核项目成果的重要标准，在确保项目质量的同时，也为后续运维和管理提供有力保障。我们期待 BIM 技术在 EPC 项目中发挥更大的作用，推动工程行业向数字化、智能化方向迈进。

参 考 文 献

[1] 戚聿东，杜博，温馨．国有企业数字化战略变革：使命嵌入与模式选择——基于 3 家中央企业数字化典型实践的案例研究[J]．管理世界，2021，37(11)：137-158.

[2] 王廷魁，谢尚贤．BIM 与工程管理[M]．重庆：重庆大学出版社，2023：9-12.

[3] 韩宁宁．BIM 技术在建设项目全寿命周期造价管理中的应用[J]．绿色建筑，2022，14(1)：84-86.

[4] 时雷鸣．数字、科技"双驱动"加快培育新质生产力[J]．施工企业管理，2024(3)：36-38.

[5] 赵杏英，陈沉，汪洋，等．BIM 模型整合应用现状及关键因素分析[J]．人民长江，2021(52)：289-301.

[6] 李娟芳．系统思维下复合型工程管理人才创新培养模式研究[J]．中国高校科技，2023(10)：60-64.

[7] 孙雷，沙俊强，谢洪平，等．基于 4D-BIM 的工程造价精细化管理研究[J]．湘潭大学学报，2020(4)：104-110.

基于6D位姿估算的钢筋绑扎机器人视觉感知系统研究

刘 蜜[1]，郭晶晶[1,2]，邓 露[1,2]，王淞悦[1]

(1. 湖南大学土木工程学院，湖南 长沙 410082)
(2. 湖南大学工程结构损伤诊断湖南省重点实验室，湖南 长沙 410082)

【摘 要】钢筋绑扎机器人是一种用于自动化完成钢筋绑扎作业的机器人设备。本文针对现有基于机器视觉的钢筋绑扎机器人仅适用于平面钢筋骨架的问题，提出了一种基于6D位姿估算的机器人视觉感知方法，以实现对三维空间中钢筋骨架的精准绑扎。该方法结合关键点检测和点云配准算法对绑扎点区域钢筋进行定位和6D位姿估算，并利用机械臂运动学确定绑扎执行位姿以引导机器人完成绑扎操作。所提方法在本研究团队自主研发的钢筋绑扎机器人上进行了性能验证。结果表明：在倾斜方向、垂直方向和水平方向布设的钢筋骨架上的绑扎成功率分别达到95%、94%和90%。与现有视觉感知方法相比，本方法能够将自动绑扎技术应用至不同类型的钢筋骨架，具有更广泛的应用前景。

【关键词】视觉感知；绑扎位姿；关键点检测；点云配准；钢筋绑扎机器人

1 引言

钢筋绑扎是钢筋混凝土施工中的关键步骤，其主要目的为固定钢筋的位置，确保钢筋在混凝土浇筑过程中保持设计图纸要求的正确位置。目前，钢筋绑扎作业主要由工人使用扎丝钩对钢筋交叉点进行手动绑扎。由于交叉点数量众多（每平方米可达上百个），工人需要长期弯腰操作，劳动强度较大，容易造成严重的身体劳损。此外，随着中国劳动力市场劳动人口规模下降以及建筑工人平均年龄的增长，未来钢筋绑扎还可能面临劳动力短缺问题。针对以上现状，国内外企业与高校相继研发了一系列钢筋绑扎机器人，以期替代人工完成繁重的绑扎工作。

现有钢筋绑扎机器人主要有两种类型。一类是需要现场安装的绑扎机器人，如Advanced Construction Robotics公司研发的龙门架式绑扎机器人Tybot，它通过预设轨道进行移动和绑扎，如图1（a）所示。这类机器人在安装和使用过程中需协调现场工人和其他设备，操作不便。另一类是不需现场安装、可直接使用的机器人，如日本千叶大学设计的T-iROBO。该机器人体积小、灵活性高，利用激光传感器检测钢筋绑扎点以引导机器人执行绑扎，如图1（b）所示。国内中建八局研发的绑扎机器人也属于此类，其可在施工现场的各种水平钢筋网上移动并自动完成绑扎，如图1（c）所示。尽管国内外团队还开发了多种具有类似功能的机器人，但这些机器人大多仅适用于楼板、桥面等水平钢筋骨架绑扎，对于剪力墙、T梁等立体钢筋骨架的自动绑扎，尚缺乏有效的解决方案。

钢筋绑扎机器人通常由相机、绑扎执行器、机械臂和移动底盘构成，通过视觉感知系统、规划系统和控制系统三部分协同工作实现绑扎。其中，视觉感知系统是实现绑扎点位精准识别的基础。为实现绑扎点位的视觉感知，Jin等提出利用基于深度学习的关键点检测方法识别绑扎点的像素坐标，然后通过该点的深度值来计算绑扎点的空间坐标。Cheng等构建了基于TensorFlow深度学习框架的MobileNetV3-SSD绑扎点识别模型，识别精确率和召回率分别达到95.40%和96.70%。李子轩等针对现有绑扎点识别

【基金项目】国家重点研发计划（2023YFC3806804）
【作者简介】邓露（1984—），男，博士，教授，博士生导师。主要研究方向为智能建造与运维。E-mail：denglu@hnu.edu.cn

准确度低和检测速度慢等问题,提出了基于改进 YOLOv5 的绑扎点检测方法,平均精度均值达到 98.64%,FPS 达到 44.8 f/s。然而,以往研究主要关注绑扎点的定位,以获取位置信息。这些方法大多部署于 4 自由度的机械臂,仅能完成水平方向布设的钢筋骨架的绑扎。若要在竖向或倾斜方向布设的立体钢筋骨架中应用自动绑扎技术,通常需要具备 6 自由度的机器臂,以在三维空间中实现任意位置和方向的操作。在这种情况下,需要提供 6D 绑扎位姿以引导机械臂完成绑扎作业。该位姿包括位置参数(末端执行器沿着 x、y、z 轴的位置)和姿态参数(末端执行器围绕 x、y、z 轴旋转的角度)。以往研究中,仅能预测绑扎点位置信息以确定机器人末端执行器(通常是绑扎执行器)的执行位置,却无法得到姿态参数以确定末端执行器的旋转角度,导致难以引导绑扎器旋转至合适的角度,以确保绑扎钢丝正确缠绕住交叉区域的钢筋完成绑扎作业。

 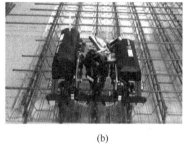 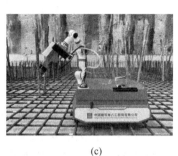

(a)   (b)   (c)

图 1 现有钢筋绑扎机器人
(a) Tybot;(b) T-iROBO;(c) 中建八局钢筋绑扎机器人

因此,为实现任意朝向钢筋骨架的智能绑扎,解决钢筋绑扎机器人 6D 执行位姿估算难题,本研究利用关键点检测与点云配准技术构建了基于 6D 位姿估算的机器人视觉感知系统,以引导 6 自由度绑扎机器人执行任意位置和方向的绑扎操作。实验表明,与现有视觉感知技术相比,本文所提出的方法不仅能够引导机器人完成水平方向布设的钢筋骨架绑扎任务,还能进行倾斜和垂直方向布设的立体钢筋骨架的绑扎。

2 绑扎位姿估算

本文提出的基于 6D 位姿估算的钢筋绑扎机器人视觉感知系统由三个模块构成:绑扎点识别与定位模块、钢筋位姿估算模块和绑扎执行位姿估算模块,如图 2 所示。在绑扎点识别与定位模块中,利用基于深度学习的关键点检测算法识别图像中的钢筋绑扎点,并根据检测结果,将钢筋场景点云分割为多个钢筋交叉点区域的钢筋点云。为简化表达,以下将钢筋交叉点区域的钢筋点云称之为绑扎点点云。在钢筋位姿估算模块中,针对每个绑扎点点云与模板点云进行点云配准,以获得钢筋的位姿信息。最后,在绑扎

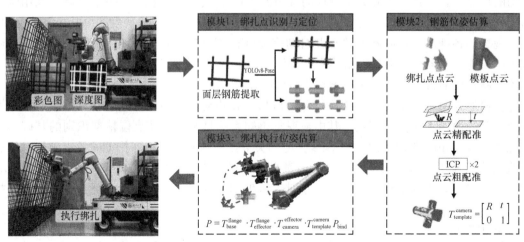

图 2 基于关键点检测与点云配准的绑扎位姿估算方法

位姿估算模块中，结合机械臂运动学，确定机械臂基座坐标系下的绑扎位姿，以引导机械臂末端绑扎执行器到达合适位置和方向，完成绑扎操作。各模块的详细内容如下。

2.1 绑扎点识别与定位模块

YOLOv8-Pose 是一种基于深度学习的关键点检测算法，在训练过程中同时学习目标检测和关键点检测任务。它利用目标检测任务提供有助于定位关键点的上下文信息，具有较高的检测精度和稳定性。本文采用这一算法对绑扎点进行识别。根据检测结果，将钢筋场景点云分割为多个绑扎点点云，以提升后续点云配准的效率，并获取绑扎点坐标，为后续点云配准算法提供一个较好的位移初始值。

为避免不同深度钢筋对面层钢筋绑扎作业面中绑扎点识别造成视觉干扰，采用本研究团队以往研究中提出的基于点云平面拟合的钢筋图像预处理方法，获得仅保留面层钢筋像素信息的钢筋图像，输入至 YOLOv8-Pose 网络进行绑扎点识别与定位。该方法通过点云平面拟合算法拟合不同层的钢筋平面，并通过判断不同平面到相机坐标系圆心的距离，提取距离最近的面层钢筋点云。随后，将点云数据转换为 2D 彩色图像，以得到仅包含面层钢筋像素信息的彩色图像。

2.2 钢筋位姿估算模块

基于模板匹配的物体位姿估算方法在机器人应用中得到了广泛应用。其主要原理是通过估算场景点云与模板点云之间的最佳匹配关系，使机器人确定目标物体在空间中的位置和姿态，从而规划和执行抓取、放置或其他操作。然而，由于钢筋点云模型通常表现为光滑曲面，难以提取到稳健的特征用于点对匹配，易导致配准结果的不准确。为了解决这一问题，本文利用 BIM 模型生成绑扎点区域模板点云模型，并提出了一种基于几何特征的点云配准方法，以实现绑扎点点云与模板点云的几何对齐。该方法主要包括粗配准和精配准两部分，如图 3 所示。

在粗配准中，首先利用面层钢筋所在平面和模板点云所在平面的法向量信息，计算旋转角度和旋转轴，以将模板点云旋转至与绑扎点点云平行。旋转角度 θ 和旋转轴 k 具体计算公式为：

$$\theta = \arccos\left(\frac{|n_r \cdot n_t|}{||n_r|| \cdot ||n_t||}\right) \tag{1}$$

$$k = \frac{n_r \times n_t}{||n_r \times n_t||} \tag{2}$$

其中，n_r 为面层钢筋所在平面的法向量，n_t 为模板点云所在平面的法向量。为便于组合多种坐标变换，通过罗德里格旋转公式将旋转角和旋转轴转换为旋转矩阵 R。同时，根据绑扎点点云中绑扎点空间坐标与模板点云中绑扎点空间坐标差值得到初始位移值 t。为了将空间变换的统一表示和简化计算，将以上所得旋转矩阵和平移向量合并成变换矩阵，变换矩阵表示如下：

$$T = \begin{bmatrix} R & t \\ 0 & 1 \end{bmatrix} \tag{3}$$

在精配准中，使用 Point-to-Plane ICP 算法对绑扎点点云和模板点云进行首次精配准。接下来，在外侧钢筋轴向方向上施加 2 倍钢筋直径大小的位移干扰，并再次执行 Point-to-Plane ICP 算法进行二次配准。这样可以帮助算法跳出局部最优解，并扩展搜索范围，增加找到全局最优解的可能性。

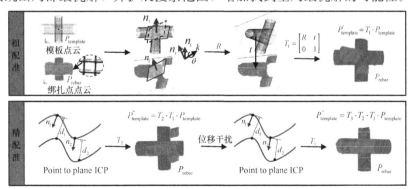

图 3 基于几何特征的点云配准算法

2.3 绑扎执行位姿估算模块

在机器人应用中,特别是在使用视觉系统获取目标的位姿后,通常需要将其从相机坐标系转换到机器人的末端执行器坐标系或机械臂基座坐标系,以便机器人正确执行任务。这种转换确保了从感知到执行的无缝连接,是机器人操作中重要的一环。因此,本节将利用机械臂运动学和钢筋位姿计算得到机器人的绑扎位姿。为方便理解,本文所涉及的各坐标系如图 4 所示,其中 {Base} 代表机械臂基座坐标系、{Flange} 为法兰坐标系、{effector} 为末端绑扎执行器坐标系、{Camera} 为相机坐标系、{Template} 为模板坐标系。绑扎机器人基座坐标系下绑扎位姿具体计算公式如下:

$$P_{base} = T_{flange}^{base} \cdot T_{effector}^{flange} \cdot T_{camera}^{effector} \cdot T_{template}^{camera} \cdot P_{template} \tag{4}$$

其中,T_{flange}^{base} 代表法兰坐标系到机械臂基座坐标系的变换矩阵。现有机械臂(如 KUKA、UR、ABB)配备集成的控制系统,能够实时计算和输出法兰相对于机械臂基座坐标系的变换矩阵,因此通过建立于机械臂的通信即可得到 T_{flange}^{base}。$T_{effector}^{flange}$ 描述了法兰坐标系到末端绑扎执行器坐标系的变换矩阵,可通过绑扎执行器机械设计参数和安装位置计算得到。$T_{camera}^{effector}$ 是相机坐标系到末端执行器坐标系的变换矩阵,通过手眼标定程序获得。$T_{template}^{camera}$ 为模板坐标系到相机坐标系的变换矩阵,可由 2.2 节中模板点云与绑扎点点云配准结果得到。$P_{template}$ 为模板坐标系下预设钢筋绑扎位姿。

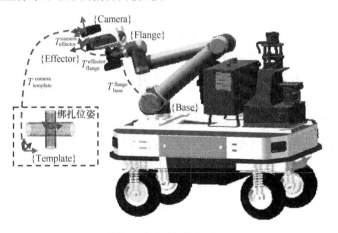

图 4 各坐标系示意图

3 试验结果与讨论

本文将所提算法部署至本研究团队自主研发的钢筋绑扎机器人操作平台上,对沿竖向、倾斜、水平方向布设的钢筋进行绑扎试验,试验场景如图 5 所示。

图 5 试验场景

为分析算法的精确度,对不同场景下机器人绑扎成功率进行了统计。由表 1 可知,本绑扎机器人在不同工况中均具备较高的绑扎成功率。与仅能用于水平钢筋骨架绑扎的现有机器人相比,本研究团队自主研发的绑扎机器人更具灵活性和适应能力。主要原因是现有视觉感知技术仅对绑扎点进行空间位置的预测,不能获取绑扎姿态,导致无法将自动绑扎技术灵活应用至不同类型的钢筋骨架。而本文提出的绑扎位姿估算方法能够精确估算出不同场景下的钢筋位姿,使机械臂能够自主理解自身与绑扎对象的相对空间关系，从而自主决策 6D 绑扎位姿，以引导机器人完成不同场景下的绑扎任务。

不同方向布设的钢筋绑扎成功率 表 1

算法	倾斜方向	垂直方向	水平方向
绑扎位姿估算	95%	94%	90%

此外，通过对比现有绑扎机器人的单点绑扎时间来进行效率分析。根据表 2 数据显示，相较于人工绑扎，本文的钢筋绑扎机器人在安全模式和极限模式下的操作时间分别减少了约 37.7% 和 69.6%。这意味着在相同时间内，机器人能够完成更多的绑扎任务，从而显著提升施工效率。在极限模式下，本文研发的钢筋绑扎机器人绑扎效率高于其他绑扎机器人。在安全模式下，效率略低于其他钢筋绑扎机器人。为此，对安全模式下单点绑扎执行时间的组成部分进一步分析，结果见表 3。由表 3 可得，绑扎位姿估算方法仅占单点绑扎时间的 0.79%，未来若将本文算法部署到更加稳健的钢筋绑扎机器人中，不仅能在多方位钢筋绑扎上展现强大的适应性，还能实现更高效的钢筋绑扎作业。

不同钢筋绑扎技术绑扎效率对比 表 2

钢筋绑扎技术	单点绑扎时间（单位：s）
人工绑扎	4.08
北京理工大学研发绑扎机器人	2.34
T-iROBO	2.10
TyBot	2.01
本文绑扎机器人（极限模式）	1.24
本文绑扎机器人（安全模式）	2.54

安全模式下单点绑扎时间组成部分 表 3

构成部分	时间（单位：s）
运动时间	0.52
绑扎时间	2.00
绑扎位姿估算算法	0.02
总时间	2.54

4 结论

本文提出了一种基于 6D 位姿估算的钢筋绑扎机器人视觉感知方法，以实现任意方向钢筋骨架的智能绑扎。试验结果表明，部署本文所构建的基于 6D 位姿估算的视觉感知系统后，本研究团队自主研发的钢筋绑扎机器人在倾斜方向、垂直方向和水平方向布设的钢筋骨架上的绑扎成功率分别达到 95%、94% 和 90%，安全模式下单点绑扎时间可达 2.54s，极限模式下单点绑扎时间可达 1.24s。与现有视觉感知系统相比，基于 6D 位姿估算的绑扎机器人视觉感知系统能够将自动绑扎技术应用至不同类型的钢筋骨架，具有更广泛的应用前景。未来，我们将进一步探索智能化控制和自主学习算法，提升绑扎机器人在复杂施工环境中的适应能力。

参 考 文 献

[1] Dababneh A. J., Waters T. R.. Ergonomics of rebar tying[J]. Applied occupational and environmental hygiene, 2000, 15(10): 721-727.

[2] Melenbrink N, Werfel J, Menges A.. On-site autonomous construction robots: towards unsupervised building[J]. Automation in construction, 2020, 119.

[3] Ghareeb G M. Investigation of the potentials and constrains of employing robots in construction in egypt[J]. The Egyptian International Journal of Engineering Sciences and Technology, 2021, 36(1): 7-24.

[4] 韩立芳. 钢筋绑扎机器人智能绑扎施工方法及系统. 中国建筑第八工程局有限公司 CN 111576885[A]. 2020-08-25.

[5] Cao Siyi, Duan Hao, Guo Shuai, et al. BIM-based task planning method for wheeled-legged rebar binding robot[J]. Architectural Engineering and Design Management, 2024, 20(3): 656-672.

[6] 董国梁, 张雷, 辛山. 基于深度学习的钢筋绑扎机器人目标识别定位[J]. 电子测量技术, 2022, 45(11): 35-44.

[7] Jin Jiahao, Zhang weimin, Li Fangxing, et al. Robotic binding of rebar based on active perception and planning[J]. Automation in Construction, 2021, 132.

[8] Cheng Bin, Deng Lei. Vision detection and path planning of mobile robots for rebar binding[J]. Journal of Field Robotics, 2024, 41(6).

[9] 李子轩, 赵志刚, 张泽宇, 等. 基于 FNB-YOLOv5 的钢筋网绑扎点目标检测[J]. 上海交通大学学报, 2024: 1-24.

[10] Wang S, Deng L, Guo J, et al. Automatic Quality Inspection of Rebar Spacing Using Vision-Based Deep Learning with RGBD Camera[C]//The International Association for Automation and Robotics in Construction, 2024, 57-64.

BIM 技术与 AI 技术在海潮大桥拆除施工工法中的应用研究

张 鑫[1]，冀守雨[1]，张 兵[2]

(1. 江苏瑞沃建设集团有限公司，江苏 扬州 225600；
2. 扬州大学建筑科学与工程学院，江苏 扬州 225100)

【摘 要】 本研究系统地分析了 BIM 技与 AI 技术在海潮大桥拆除施工工法中的集成应用。通过深入探讨这两种技术的协同效应，本研究成功实现了对海潮大桥拆除工程的精细模拟与施工过程的动态可视化。研究结果表明，BIM 技术与 AI 技术的整合显著提升了拆除工程的效率和施工质量，同时显著降低了施工过程中的风险。本研究的成果不仅为海潮大桥的拆除工作提供了坚实的技术基础，而且为类似规模的大型基础设施拆除工程提供了参考，具有重要的理论意义和应用价值。

【关键词】 BIM 技术；AI 技术；桥梁拆除；可视化施工

1 引言

近年来，随着城市化的加速和基础设施的日益老化，城市大型桥梁的维修、改造乃至拆除成为一个不可避免的问题。传统的桥梁拆除技术需要耗费大量的人力、物力和时间，也存在着很多安全隐患。海潮大桥作为一座关键的城市交通枢纽，其拆除工程的复杂性不仅体现在技术层面，更在于如何在不影响城市交通和周边环境的前提下高效、安全地完成拆除任务。

BIM 技术的运用大大改善了上述问题。利用 BIM 技术的可视化和仿真优势，能够实现桥梁拆除的可视化和三维模拟。黄玮征等人通过在上海浦星公路桥工程中引入 BIM 技术进行桥梁拆除施工的研究，利用无人机倾斜摄影建立现场模型，开展拆除施工工艺模拟，发现 BIM 技术能有效降低施工风险并保障施工安全；董荣通过分析航道大跨径桥梁拆除施工管理中 BIM 技术的应用，认为 BIM 技术可以优化施工管理，提高施工效率和安全性。严肖锋等人基于数字孪生理论，综合运用云计算、人工智能、等关键技术以及 BIM 技术，提出一种智能化桥梁拆除方法框架，得出该方法能够支持桥梁拆除行业向信息化、智能化转型的结论。

通过整理有关的文献，可以发现已经有部分学者将 BIM 技术运用到了桥梁拆除工程的施工过程中，但是以 BIM 技术为基础结合人工智能（AI）技术进行桥梁拆除工程的研究却很少。将 BIM 技术与 AI 技术相融合，能够实现 AI 辅助的建筑建模与方案选型，提高数据的利用效率，为工程建设各阶段提供更加准确的决策建议。因此，本研究运用 BIM 与 AI 技术对海潮大桥拆桥施工工法开展研究工作，充分发挥 BIM 技术与 AI 技术的可视化、可模拟的优点，重点考虑拆桥技术难点和关键点，实现拆除过程的直观演示，对可能出现的风险进行预测和规划，为项目的顺利实施提供有力支撑。

2 技术概述

2.1 BIM 技术

建筑信息模型（BIM）技术是一种集成化的设计和建造方法，它通过创建和管理建筑物的数字信息，实现了建筑项目的全生命周期管理。BIM 技术可集成和模拟桥梁工程的各个方面，从全方位、多

【作者简介】张鑫（1994—），女，科技助理/工程师。主要研究方向为道路与桥梁施工技术。E-mail：745600930@qq.com

维度的视角审视和分析桥梁结构,增强了设计的准确性和效率,显著提高施工过程中的安全性和可靠性。通过精确的三维模型,BIM 技术使得工程师能够进行复杂的结构分析和模拟,优化桥梁的几何形态和材料使用。在施工过程中,BIM 促进了多专业团队之间的信息共享和沟通,确保了施工的精确性和效率。

2.2 AI 技术

随着 BIM 技术与 AI 技术的紧密结合,AI 技术在 BIM 领域的作用日益显著,成为其不可或缺的效率增强伙伴。通过机器学习和数据分析,AI 技术能够生成高精度的 BIM 模型,预测施工过程中可能出现的问题,并提供解决方案,实现生成设计的自动化和高效性。目前已开发出各种人工智能工具协助工程师进行建筑建模,例如 SWAPP 平台的 AI 建模功能。这些工具不仅提高了设计阶段的效率,还通过智能算法优化了施工计划和资源分配,减少了浪费和成本。

3 项目概述

3.1 项目概况

本研究针对位于高邮市海潮东路的海潮大桥老桥拆除工程进行探讨。该桥斜跨盐河,是连接主城区与武安区的关键交通节点,其引道延伸至正在建设中的淮江公路绕城段。海潮大桥全长为 182.993m,桥跨布置为 3 段 20m 长的空心板梁,随后是 55m 的 I 型梁,再接 3 段 20m 长的空心板梁,桥宽为 35.6m。然而,该桥的通航净空为 38m×5m,未能满足Ⅲ级航道所要求的 60m×7m 的通航标准,因此必须进行拆除并重建。

海潮大桥老桥为一座多跨连续梁桥,其结构复杂性增加了拆除过程中的风险。特别地,主跨由 15 片 T 型梁组成,每片 T 型梁的重量高达 200t,这在当时被认为是国内最长的预制 T 型梁,因而成为拆除过程中的关键风险点(图 1)。

图 1 海潮大桥的拆除

3.2 项目重难点

(1)项目干扰大,施工组织难度大。海潮大桥位于高邮市城区,施工场地邻近商业区、住宅区和城市主干道的交叉,面临市政管线密集分布的挑战,需与相关部门协调进行迁移和改造。

(2)项目拆除施工技术难度大。海潮大桥具有 55m 的主跨和重达 180t 的单片 T 梁。由于现场环境限制,禁止执行传统的破碎作业,因此要求对桥梁构件进行精细分块、精确切割,并通过专业的吊装技术外运。鉴于 T 梁的庞大尺寸和重量,拆除工作需依赖于双机浮吊协同作业,这无疑增加了水上作业的风险。此外,施工期间不能长时间中断航道,水下结构的拆除,如墩、系梁和桩基,需考虑通航船舶和河流流速的影响，进一步增加了作业难度。如何确保双浮吊在施工过程中的有效协同，避免倾覆事故的发生，同时确保施工和通航安全是本项目亟须深入研究的关键技术问题。

（3）信息共享度不足。由于缺乏有效的信息共享机制，业主与各建设单位之间的数据交流和信息传递存在明显延迟，这不仅影响了工程信息的流通效率，还可能诱发施工管理的混乱。因此，迫切需要建立一个高效的信息共享平台，以促进信息的透明化和实时更新。

3.3 BIM与AI技术在老桥拆除施工中的必要性分析

针对海潮大桥拆除工程所面临的难题，运用BIM与AI技术进行详尽的预模拟与仿真分析，实现施工流程的全面信息化与高度可视化，提升施工管理的效率与质量控制水平，确保工程的顺利实施。

（1）信息整合共享。BIM技术在海潮大桥项目中的应用，提供了一种高效的信息整理与分析手段。通过该技术，项目相关信息得以系统化的整合，并利用先进的系统软件进行可视化呈现。这不仅促进了业主与各参建方之间的资源、工作流程以及信息的无缝对接，而且实现了对项目建设全过程生产要素的实时动态监控。

（2）分析施工环境，提升施工效率。通过与地理信息系统（GIS）的集成，BIM技术能够创建一个三维数字模型，整合海潮大桥周边所有市政管线和周边设施，精确模拟施工活动，从而有效降低施工活动对周围环境的影响。利用已有的BIM，通过数据分析和优化算法进行施工场地布置设计。同时，结合传感器采集的实时数据，生成设备布局、材料堆场位置和人员路径规划，提升施工效率。

（3）施工工艺可视化。BIM技术使得海潮大桥拆除施工工艺可视化，增强了施工过程的透明度。通过集成AI，可以对施工工艺进行迭代设计和优化，以适应施工中可能出现的变化和挑战。利用碰撞检测，可以识别并解决管线与其他施工元素之间的潜在冲突，保障管线迁移和施工操作的安全性，保障施工质量。

（4）加快施工进度。通过将施工进度计划与BIM相结合，可视化整个施工过程的时间线。通过在现场部署传感器，实时采集振动和变形数据传输给部署在服务器上的AI模型，实现实时更新BIM模型来反映现场的实际施工情况，及时识别进度偏差，可以快速调整施工计划，优化资源分配，确保工程按计划推进，减少延期风险。

通过BIM技术的应用，海潮大桥拆除项目可以在复杂的城市环境中实现高效、安全、高质量的施工管理。

4 BIM与AI技术的应用流程

4.1 数据采集

（1）点云采集技术

本研究采用先进的点云采集技术，对海潮大桥进行数据获取。点云采集技术是一种通过高速激光扫描目标的颜色、结构、外形以较高分辨率获取被测对象表面的三维坐标数据以及大量空间点位的技术。其具有测量精度高、受约束程度低、非接触测量等特点。随着建筑信息化快速发展，点云采集技术可自动对已完成的建筑物进行高精度立体扫描，获取其表面的一系列空间坐标点，即点云数据，再由三维空间坐标点数据构建建筑物三维数字化模型。通过点云采集技术，可精确捕获海潮大桥外部各个部位的几何形状、表面纹理和结构细节。

采集过程中，通过更多地标记球体以增加点云数量，调整扫描设备的位置和参数以减少反射角度等方法，确保覆盖全面性和数据准确性。为解决不同站点之间的点云注册问题，项目采用了球形靶标。随后利用软件对采集的点云数据进行处理和优化，并将其链接到建模软件中。

（2）传感器技术

传感器技术的集成应用为实时数据采集提供了有效手段。安装于现场的传感器能够精确捕捉振动和变形数据，这些关键数据随后被反馈至Revit软件，用于动态更新BIM模型，确保了模型的准确性和时效性。

4.2 AI 技术应用

(1) AI 建模

海潮大桥的拆除计划和实施过程高度依赖于 BIM 技术的运用。但是由于传统 BIM 建模存在耗时耗力、数据集成难度大、成本高、协同工作难度以及实时分析能力不足等缺陷，因此，项目采取 SWAPP 平台的 AI 建模。在 SWAPP 平台中，通过 Forge Model Derivative API 上传和准备 AutoCAD 和 Revit 文件，运用 AI 技术自动处理和分析现有的图纸和数据，生成高精度的 BIM 模型，并自动生成详细的施工文档，包括拆除步骤、机械设备配置和安全措施等。同时，利用 SWAPP 中的 Autodesk Forge 平台实现 2D 和 3D 模型的可视化展示，项目团队可以查看和比较不同的拆除方案，提高了团队的沟通效率（图 2）。

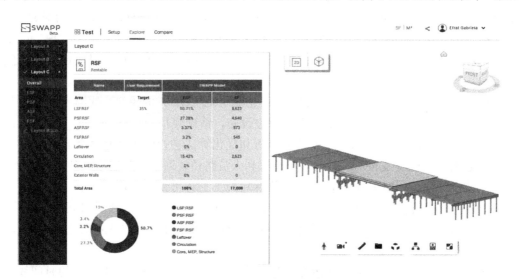

图 2 SWAPP 平台的 AI 建模

(2) 风险预测

团队采用 AI 技术，以历史数据为基础训练 AI 模型，通过监督学习算法对拆除过程中的结构变化进行安全性和有效性的预测，部署在云端或本地服务器上，具备处理实时数据并提供即时反馈的能力。AI 模型利用拆除现场实时采集的振动和变形数据进行推理，输出结构安全预测结果。系统通过持续监测传感器数据，并与预设的安全阈值进行比对，一旦监测到的数据超出阈值，系统将立即触发报警机制。通过集成的可视化工具，传感器数据和 AI 分析结果被直观地展示在监控面板上，使现场管理人员能够实时掌握大桥的状态。同时，系统定期生成详细的监测报告，记录监测数据、分析结果和报警情况，为管理人员提供参考。

(3) 方案设计

AI 系统结合实时传感器数据和优化算法，对施工场地布置进行了智能设计，评估并生成了多种场地布置方案。为了进一步精细化模拟和优化场地布置方案，团队采用了 SketchUp 和 Enscape 软件对场地布置进行细致的调整和优化。同时，Fuzor 和 3DSMax 软件通过动画模拟分析拆除过程，为施工方案的优化提供了动态的视觉支持，大幅度提升了施工效率。

4.3 施工模拟

本研究运用 BIM 技术对海潮大桥拆除施工工艺进行深入的预研究。通过 BIM 技术实现施工过程三维可视化，对施工流程动态模拟。研究重点集中在拆桥技术的关键难点和关键点上，通过预设的模拟场景，识别并分析施工过程中可能遇到的技术难题和潜在困难。

4.3.1 施工场布

基于建立的 BIM 模型，团队通过数据分析和优化算法进行施工场地布置设计，通过施工仿真和多目标优化，生成了多个场地布置方案，并对其可行性和效率进行了评估。

将 BIM 模型导入 SketchUp（SU）软件中，结合生成的场地布置方案，对周围环境进行了细致的布置和模拟（图3）。使用Enscape插件对画面进行优化处理，确保了可视化模拟的专业性和美观性（图4）。SU的仿真功能使得场地地形和现场布置得以精准模拟，从而结合现实环境规划出最佳的施工区域和机械进场路线。

图3 施工场布模拟

图4 优化处理

综合考虑原老桥的施工工艺、设计特点及周边环境，施工现场综合布置如图5示。

图5 施工场地布置

4.3.2 拆除模拟

基于项目的施工方案对海潮大桥进行拆除模拟，将SU模型导入Fuzor和3D Max两款软件，对桥梁的拆除过程进行了详细的动画模拟。

(1) T梁拆除

为了降低吊装重量，提高吊装安全性，T梁后浇带应在吊装前切割拆除，但考虑到本桥T梁横向刚度极小，为提高T梁吊装过程的横向稳定性，本方案不预拆除后浇带，而将后浇带与T梁一起吊装。切割过程中高速运转的金刚石绳索靠水冷却，并将研磨碎屑带走，金刚绳绳锯切割拆除不受被切割物体积大小和形状的限制，能切割和拆除大型的钢筋混凝土构筑物；可以实现任意方向的切割，如横向、竖向、对角线方向等，快速的切割可以缩短工期（图6）。

T梁完成后，吊运步骤如下：①采用500t浮吊船将T梁提升3.0m，并让梁底高出桥面；②浮吊船逆时针旋转55°；③T梁顺时针旋转35°；④浮吊船平移至T梁投影完全落于引桥桥面。每次吊装3片T梁，均放在引桥上，待3片T梁均安全放置在引桥桥面后，进行改刀、吊装、外运至指定地点进行破碎（图7）。

 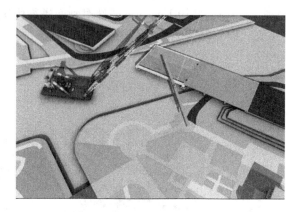

图 6 T 梁切割　　　　　　　　　　　　图 7 T 梁吊运

(2) 空心板拆除

T 梁段拆除完成后进行空心板梁段拆除，此时形成东西两个工作面，每个工作面有 3 跨空心板梁。由于桥梁周边建筑密集，又地处景观区内，为满足较高的文明施工要求，采用切割吊装工艺拆除，每个工作面的拆除总体顺序：由河中向岸边进行逐跨拆除。为了切实保证切割吊装拆除作业顺序进行，应在拆除施工前，做好以下准备工作①铣刨 6cm 沥青铺装层；②切割拆除栏杆，做好临边防护；③桥面放线，标志吊点位置和打孔位置；④打吊装孔。为了切实保证吊装拆除作业顺序进行，一跨空心板吊装分三个阶段，如下图 8 所示。第一阶段拆除两侧各 5 块空心板；第二阶段，拆除余下两侧各 5 块空心板；第三阶段，拆除余下的 12 块空心板。

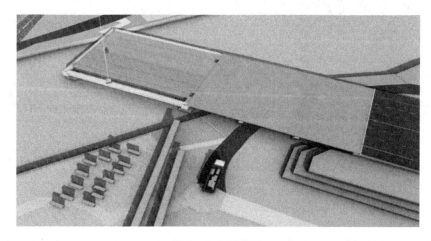

图 8 空心板吊运

海潮大桥全过程拆除模拟如图 9 所示。多次模拟演练使得拆除过程与周边环境的相互作用以及施工工艺的适配性得到了深入、直观的分析，帮助识别出可能影响施工进度和安全的因素，提前预测并解决可能出现的问题，从而找出最佳的施工方案。

将 SU 模型导入 Lumion，将海潮大桥中的每一个细节（材质、光线、景深等）展现出来（图 10）。Lumion 的高质量渲染效果为施工模拟增加了美观度，使得最终的模拟不仅具有技术专业性，还具有视觉吸引力。这些逼真的渲染效果为项目的展示和报告提供了有力支持，使得施工方案更加直观和易于理解。

通过 Fuzor、3D Max 和 Lumion 的联合应用，展现了桥梁拆除过程的全面模拟与优化。Fuzor 和 3D Max 的详细动画模拟为本项目提供了技术指导和进度控制的参考，而 Lumion 的渲染效果则增强了模拟场景的视觉表现力。通过多次模拟与分析，最终确定最优的施工方案，确保拆除工程的高效与安全推进。

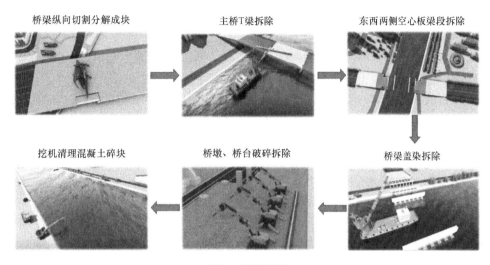

图 9　拆除模拟

图 10　模型渲染

5　BIM 与 AI 技术的应用效益

从大经济环境下建筑行业目前的发展态势来看,一种经济、科学、高效、可靠的基于 BIM 的可视化施工方式是必然需求。BIM 技术的深度应用,使得建筑施工管理随着施工进度的不断推进而精细。

5.1　经济效益

本项目采用基于 BIM 技术与 AI 技术的三维可视化虚拟施工方法,可以从各阶段控制项目成本。相较于传统成本控制方法,提高资源利用率,缩短拆除周期,增强决策科学性。BIM+AI 技术为项目管理者提供了丰富的数据支持和智能分析工具,使得决策过程更加科学、准确。基于数据的决策方式,减少了主观判断的误差和不确定性,提高了决策的质量和效益。

5.2　社会效益

BIM 技术与 AI 技术在海潮大桥拆除中的应用带来了多方面的社会效益。通过提高拆除效率与安全性、促进资源循环利用与可持续发展、提升行业数字化与智能化水平以及增强社会认可度与满意度等方面的工作,提高了公众安全意识,促进社会和谐与稳定。BIM 技术与 AI 技术的应用有助于实现更加科学、合理、透明的拆除规划和执行过程,减少了因利益冲突引发的社会矛盾和纠纷。

6 结语

本研究以江苏省扬州市高邮海潮大桥为例,深入探讨了基于BIM技术与AI技术的桥梁拆除可视化施工工法。通过对旧桥模型的精准重建、施工过程的细致模拟,为各方主体搭建了一个共享的信息化平台,不仅显著提升了项目的应用价值,更为建筑行业的数字化转型树立了新的标杆,这一创新性的方法有望在未来得到更广泛的应用和推广,为建筑行业的持续进步和发展注入新的活力。

参 考 文 献

[1] 张鑫,付理想,张兵.BIM技术在桥梁拆除施工中的应用研究[C]// 中国学学会建筑信息模型(BIM)专业委员会.第九届全国BIM学术会议论文集.江苏瑞沃建设集团有限公司;扬州大学建筑科学与工程学院,2023.

[2] 黄玮征,董宇路,张锡霖.BIM技术在跨内河航道桥梁拆除施工中的应用研究——以上海浦星公路桥工程为例[J].土木建筑工程信息技术,2019,11(5):36-42.

[3] 董荣.BIM技术在航道大跨径桥梁拆除施工管理中的应用[J].住宅与房地产,2019(6):158-160.

[4] 严肖锋,孙贤斌,邹贻权,等.基于数字孪生的桥梁拆除多维模型[J].湖北工业大学学报,2022,37(5):110-114.

[5] 杨璟林,周清华,宋浩,等.基于AI的桥梁自动布跨及三维可视化技术研究[J].铁道标准设计,2023,67(10):127-133.

[6] 周华.BIM技术在道路与桥梁工程设计中的应用[J].智能建筑与智慧城市,2024(5):78-80.

[7] 孔建设.基于BIM技术的道路桥梁施工[J].中国科技信息,2024(8):80-83.

[8] 盖彤彤,于德湖,孙宝娣,等.BIM与人工智能融合应用研究进展[J].建筑科学,2020,36(06):119-126.

[9] 贺晓旭,韩猛,邓洁,等.人机共生:基于"BIM+AI"的数字建造框架体系研究[C]// 全国高等学校建筑类专业教学指导委员会,建筑学专业教学指导分委员会,建筑数字技术教学工作委员会.兴数育人 引智筑建:2023全国建筑院系建筑数字技术教学与研究学术研讨会论文集.厦门大学建筑与土木工程学院;沈阳建筑大学建筑与规划学院;苏州大学金螳螂建筑学院,2023.

[10] 张玉涛,孙保燕,莫春华,等.无人机与三维激光扫描融合的拱桥三维重建[J].科学技术与工程,2023,23(6):2274-2281.

[11] 宋洪英,曹坤.结合三维激光扫描点云生成BIM模型技术在建筑中的应用[J].粉煤灰综合利用,2021,35(2):136-140.

[12] 郭兴海,庞晓静,邹俊燕,等.基于AI+BIM的快速建模在智慧城市领域场景应用[J].邮电设计技术,2022,(11):79-85.

[13] 李晓龙,朱辉阳,王立国,等.基于BIM的桥梁施工质量安全可视化控制技术研究[J].公路交通科技(应用技术版),2018,14(7):183-185.

BIM 技术在机电安装工程工业化产业链协同中的应用研究

孟高才，吴怡慧，张 凯

(中国电建集团华东勘测设计研究院有限公司，浙江 杭州 311122)

【摘 要】本文以 BIM 集成设计和精细化工业生产为关键目标，围绕 BIM 技术在模型创建、图纸审查、设计深化、模型分割、构件加工图排版、构件生产、物流运输以及现场安装等环节，探索出一套机电工程设计、生产和施工的工业化产业链协同方法，提高项目机电安装工程工业化水平，来实现工程项目智能化、工业化、高质量、低排放的建设目标。

【关键词】BIM；工业化；机电安装

1 引言

在当今信息化、数字化、智慧化技术迅猛发展的时代背景下，建筑行业正经历着前所未有的深刻变革。机电安装工程，作为建筑行业的核心组成部分，不仅与建筑物功能的实现紧密相连，更对建筑物的使用效率与舒适程度产生着直接影响。然而，面对日益复杂的建筑需求和激烈的市场竞争态势，传统的机电安装工程管理模式已难以满足高效、精准及协同施工的高标准要求。在此背景下，建筑信息模型（BIM）技术凭借其卓越的信息集成、可视化、模拟分析及协同作业能力，成为推动机电安装工程工业化产业链协同发展的重要力量。

本研究致力于深入剖析 BIM 技术在机电安装工程工业化产业链协同中的应用现状，探究其在设计、施工、运维等多个环节中的具体效用和显著优势，旨在为提升机电安装工程的整体效率、质量及可持续发展能力提供坚实的理论支撑与实践指导。通过本研究，我们期望能够全面揭示 BIM 技术在促进产业链各环节信息流通、优化资源配置、减少资源浪费、提高施工精度及加快工程进度等方面所蕴含的巨大潜力，并为相关企业和研究人员提供具有极高价值的参考与借鉴。

2 绪论

根据国家统计局的数据显示，2023 年全年，建筑行业的增加值达到 85691 亿元，与上年相比增长了 7.1%，建筑行业依然保持着国民经济支柱产业的地位。然而，行业利润增速的放缓、产值利润率的持续下滑以及从业人数的减少等问题逐渐显现，成为不容忽视的挑战。因此，如何优化管理方式、提升建造质量、增加经济效益，并积极应对行业变革，成为建筑企业未来发展的关键方向。机电安装作为建筑施工中的重要环节，涵盖了强电、弱电、给水排水、消防、暖通等多个系统，其专业领域广泛，施工交叉作业面多，协调难度大，且对施工作业人员的技术水平要求较高。这使得建筑行业所面临的问题在机电安装施工中更加凸显，施工管理模式变革的需求也因此变得更为迫切。

住房和城乡建设部发布的《"十四五"建筑业发展规划》明确提出"到 2035 年，建筑工业化全面实现，建筑品质显著提升"的远景目标。因此，积极探索出一套建筑工程设计、生产和施工的工业化产业链协同方法，来实现企业工程项目智能化、工业化、高质量、低排放的建设目标既是企业转型发展需要，

【作者简介】孟高才（1994—），男，BIM 项目经理。主要研究方向为智慧城市。E-mail：1452049325@qq.com

也是我国社会主义现代化强国建设需要。本文将重点讨论 BIM 技术在机电安装工程工业化产业链协同中的应用。

3 现状分析

3.1 优势分析

建筑工业化作为未来行业的发展趋势，主张利用工业化思维、生产方式、组织结构改变现场项目部为核心的传统施工，由劳动密集型向技术密集型转变。通过在工厂内预制构件，在施工现场快速安装，从而缩短安装工期，保证安装质量，提高安装效率，同时集中化的工厂生产，可以节约资源，减少环境污染。

在当今建筑领域，BIM 技术的应用已成为推动建筑工程工业化发展的重要力量。基于 BIM 模型的信息管理方法和技术是构件、设备设计、生产、安装过程中数据共享的关键。

BIM 模型高精度、可视化的设计特点，形成高精度的设计、加工图纸可大幅减少误差。BIM 技术生产效率同样表现出色，通过建立完善的构件族库，方案模型可快速搭建。此外 BIM 出图也更加便捷，可极大节约设计时间。根据经验，一个常规装配式制冷机房利用 BIM 技术深化仅需要 3～5 天时间。最后，依托于 BIM 多平台交互性强的优势，可实现与 VR、大数据等平台的数据交互模拟，实现机电安装工程施工信息化管理。

机电安装工程作为现代建筑的重要组成部分，机电安装如同建筑的"神经脉络"与"血液循环系统"，它涉及电气、给水排水、通风空调等多个关键领域。装配式的机电安装模式，凭借其标准化、工业化的特点，大幅提升施工的效率和精度。将复杂的机电系统分解为一个个预制模块，在工厂中进行流水线式加工制造，然后在现场迅速组装。不仅缩短项目工期，还显著提高工程质量，减少人工误差和资源浪费。

3.2 研究现状

目前，BIM 技术在机电安装工业化的应用主要集中在风管、桥架预制，装配式机房施工等方面。柏万林等人提出了设计精细化、预制工厂化、施工机械化、管理信息化的概念，但是对具体的应用流程没有进行深入研究，研究以概念为主，没有形成规范的应用流程，导致实际工程中 BIM 应用以碰撞检查、预留预埋、管综深化为主，仅风管实现了厂外加工和构建信息追踪，应用水平低。刘宝平针对机电工业化的全过程协同管理、管线碰撞检查、三维可视化技术交底、施工物料管理等方面开展了论述，主要侧重于 BIM 技术在施工过程中的应用，并没有对如何运用 BIM 技术实现机电工业化进行研究，偏离了机电管线实现工业化生产安装的方向。

4 BIM 技术在机电安装工程工业化产业链协同中的应用方法

机电安装工程产业链的主要参与方包括上游的原材料供应商和设备部件制造商，中游的设计和咨询机构及施工承包商，下游的维护和运营服务提供商以及最终用户。完整的产业链协同模式是以工业化为目标，通过资源共享、信息互通、需求协同和价值共创形成的高效协作生产模式。

4.1 信息协同

机电工程工业化产业链的信息协同机制是确保项目高效、高质量推进的关键要素。它通过整合各方资源，建立一个全面且高效的信息交流体系。首先，会构建一个统一的信息平台，将涉及设计、生产、施工等各个环节的所有相关信息都集中于此，方便各参与方随时获取和更新。同时，为了保证信息的准确传递和理解，会制定一套标准化的信息格式，对信息进行统一的 BIM 模型分类、编码和文档规范。利用先进的互联网技术，实现设计变更、生产进度以及施工状况等重要信息的实时共享，使各方能够迅速对变化做出响应和调整。在整个过程中，会特别注重信息的安全管理，采用加密技术和严格的权限设置等手段，保障信息不被泄露，维护项目的安全和利益。并且对收集到的大量信息进行有效地管理和深入分析，为项目决策提供有力的数据支持，比如用于优化生产流程、更合理地调整施工计划等，从而实现机电工程装配式项目的顺利开展和最优效果。

4.2 技术协同

要实现机电安装的工业化,首先要保证的是设计图纸的稳定性,利用BIM技术协同化、可视化、高精度的优势审查设计图中的错、漏、不合理项,保证设计方案的合标性、合规性和稳定性。其次,要进行详细的深化设计。通过BIM技术创建机房的三维模型,精确模拟设备布局、管道走向以及支吊架的设置等。在设计过程中,充分考虑机房的功能需求、空间限制以及维护要求,确保设计的合理性和优化性(图1)。

完成设计后,根据模型进行预制构件的加工生产。选择高品质的材料,采用先进的制造工艺,确保预制构件的精度和质量。同时,对预制构件进行严格的质量检测,保证其符合相关质量标准和工艺要求。

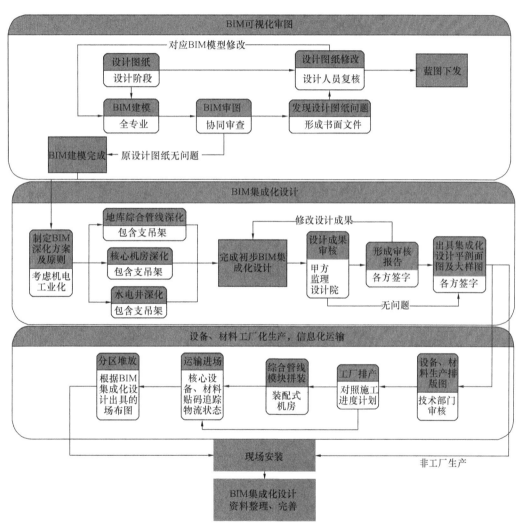

图1 技术协同流程图

在施工现场,进行基础施工和预留预埋工作,为装配式安装做好准备。然后,按照预定的施工顺序,将预制构件运输至现场进行组装。在组装过程中,利用激光定位、全站仪等先进测量设备,保证构件的安装精度和位置准确性。管道和设备的连接采用标准化的接口和连接件,确保连接的密封性和可靠性。对于电气系统,提前规划好布线和桥架的安装位置,确保线路的安全和整齐。在整个安装过程中,实时进行质量监控和检测,对发现的问题及时进行整改和调整。最后,对成果进行验收,整理相关资料和文件,为后续的运维管理提供支持。

利用BIM技术实现机电安装工业化建设的核心要点涵盖众多方面。首先是要建立高精度且详细的

BIM 模型，精准反映所有元素的物理特性。多专业需基于 BIM 进行协同设计，提前解决专业间冲突，优化设计方案。针对预制构件，要基于 BIM 进行深化设计，精心规划预留孔洞、预埋件位置及构件拆分与连接节点，满足生产、运输和安装需求。通过 BIM 进行施工过程模拟，优化施工顺序、资源配置与进度安排，同时利用 BIM 全流程信息化管理预制构件，实时跟踪监控。在设计阶段进行全面碰撞检测，及时调整避免施工错误。基于 BIM 模型准确统计工程量和估算成本，有效控制成本。在 BIM 模型中明确质量标准和验收要求，对比实际施工进行质量检查与偏差分析。将 BIM 模型与运维管理系统结合，为后期运维提供数据支持。此外，建设各方要基于 BIM 平台进行高效沟通与协作，及时传递和共享信息（图 2、图 3）。

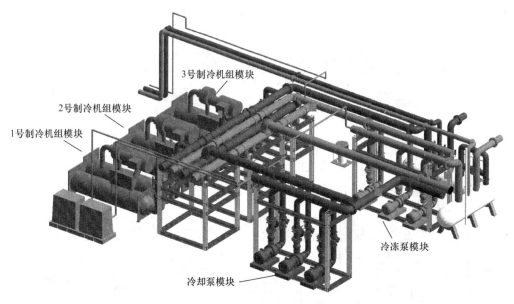

图 2　装配式机房 BIM 深化图（一）

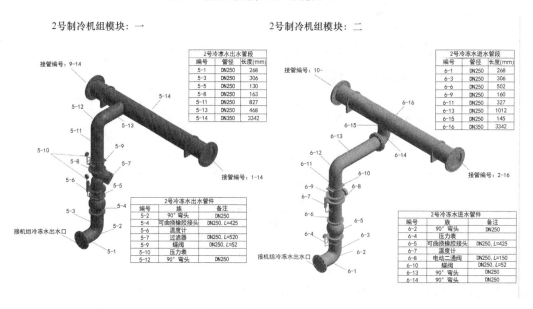

图 3　装配式机房 BIM 深化图（二）

5　结语

结合 BIM 等新技术，充分利用工厂化打通产业链上下游，逐步实现建筑业从劳动密集型产业向工业技术型产业的转变，从而提升机电安装工程施工品质和施工效能，达到降本增效的目的。同时，也是响应国家《"十四五"建筑业发展规划》的号召，提升产业整体优势，打造"中国建造"的核心竞争力。

参 考 文 献

[1] 中华人民共和国 2023 年国民经济和社会发展统计公报[J]. 中国统计，2024(3)：4-21.
[2] "十四五"建筑业发展规划[J]. 工程造价管理，2022(2)：4-10.
[3] 柏万林，刘玮，陶君. BIM 技术在某项目机电安装工业化中的应用[J]. 施工技术，2015，44(22)：120-124.
[4] 张艺才，黄金友，尹奎，等. BIM 技术在机电安装工业化中的应用[A]. 中国图学学会土木工程图学分会、《土木建筑工程信息技术》编辑部，《第十届 BIM 技术国际交流会——BIM 赋能建筑业高质量发展》论文集[C]. 中建三局第一建设安装有限公司；中建三局第一建设工程有限责任公司，2023：36-39.
[5] 许庆江，卓旬，徐艳红，等. 机电工程模块化建造关键技术研究[J]. 建筑经济，2022，43 (S1)：1004-1008.

BIM 技术在市政园林工程更新项目中的应用探讨

逄淑萍

(珠海市规划设计研究院，广东 珠海 519000)

【摘　要】 本文以 BIM 技术在北京理工大学珠海学院新东大门建设工程中的应用为例，介绍 BIM 技术在市政园林工程更新项目中多专业协同设计、碰撞检查、三维可视化、轻量化协同管理等应用及优势，解决在市政园林工程建设中遇到的多专业协同困难、三维效果不可预见、图纸错、漏、碰、缺等问题，在保证施工质量的同时，做到节约成本并有效控制施工工期。

【关键词】 BIM 技术；市政园林工程；更新项目

1 引言

随着信息化工程技术的快速迭代更新，BIM 技术在市政、园林行业的应用也越来越受重视，国内多位学者围绕 BIM 技术在市政园林工程中的应用进行了研究。朱真勇分析了信息时代背景下景观设计面临的问题，以居住区景观设计项目为例总结 BIM 技术在景观设计中的应用及优势；周珉萱等以某园林工程为例，对 BIM 技术在风景园林工程设计中的应用展开探讨；安海娜等研究了 BIM 技术在大型市政工程景观项目中的应用；金永康研究了数字技术对景观设计流程的更新与应用；刘润之等以雄安新区金湖公园园林工程为例，介绍了 BIM 在大体量园林工程建设中的应用；冯洁介绍了基于 BIM 技术的城市排洪沟及周边生态景观改造的应用；张鹏等以雄安新区白洋淀码头及周边环境改造工程为例，分析了该工程中 BIM 技术在集水码头、公共建筑、风景园林三种业态中的应用方式；张剑等研究了倾斜摄影与 BIM 技术在园林改造工程中的数字化运用。

但 BIM 技术与在建筑工程的深度和广度应用相比，在市政园林工程中应用还不够广泛，其中改造、更新项目中的应用更是少之又少。本文以北京理工大学珠海学院新东大门建设工程为例，阐述 BIM 技术在市政园林工程更新项目中协同设计、轻量化协同管理等应用及优势，期望可以为同类型项目 BIM 技术的应用、推进建设提供经验借鉴。

2 项目背景及重难点

2.1 项目概况

北京理工大学珠海学院新东大门项目建设工程位于珠海校区东南面，东临主干道金凤路。由于主干道上下高架桥口距离现东校门口较近、车流量大，为了减少此区域校内外路段拥堵，校方配合相关部门将现东校门向南迁移，更新东大门环境建设方案，打造北理工珠海学院"新名片"。新东大门距离现东校门约 165m，距离人行天桥约 65m，距离公交站约 30m。如图 1 实线范围所示，建设范围约 3.22 万 m²。

2.2 项目重难点

(1) 多专业协同困难。本项目包含景观、绿化、道路、交通、建筑、地下管线管廊等十几项专业，

【基金项目】 资助项目：广东省住房和城乡建设厅科技计划项目（2022-K4-231814，2022-K4-065552）。
【作者简介】 逄淑萍（1993—），女，工程师。主要研究方向为 BIM 技术研究。E-mail: 1796947298@qq.com

图 1 项目现状总平面图

传统的 CAD 二维技术模式存在各专业衔接困难、协同设计不便、整合信息工作量大等难题。

（2）管线迁改难度大。本项目实线范围内现状地下包含燃气、给排水、电气、废水等众多管线，作为校区局部更新项目，没有原始图纸难以准确判断管线位置，施工受已有设施的影响，新旧管线衔接困难，迁改难度较大。

（3）可视化要求高。本项目新东大门设计沿用北京本部校区的方案，作为珠海校区对外展示的"新名片"，业主对建成后的效果有较高的要求。传统园林设计三维展示采用 Sketch Up 建模再渲染，但仅限于概念方案展示阶段，无法准确展现项目建成后的效果。

（4）图纸准确率及信息储存要求高。业主要求严格把控各专业图纸设计的准确率和 BIM 模型的精细度，确保图纸与实际现场一致。同时，要求所有成果资料在后期运维阶段能够统一进行维护管理。

2.3 BIM 应用目标

以北京理工大学珠海学院新东大门项目建设工程为背景，旨在将 BIM 技术应用与项目过程密切结合，探析以项目重难点为突破口充分发挥 BIM 技术在市政园林工程更新项目中的应用优势。

3 BIM 技术在市政园林工程更新项目中的应用及优势

3.1 BIM 技术的应用

（1）准备阶段

根据本项目实际需求编制《BIM 建模标准》《BIM 进度计划及组织管理架构》《BIM 实施细则》。明确各方工作职责、BIM 实施技术路线，统一 BIM 建模、编码等技术标准，为项目的开展做好充分准备。

（2）设计阶段

BIM 技术的应用点非常广泛，基于本项目的特点分析，开展 BIM 应用内容如表 1 所示。

BIM 技术在北理工珠海学院新东大门建设工程中设计阶段的应用内容　　　　表 1

序号	应用内容	预期成果
1	各专业 BIM 模型（含新建前后）	模型正确反映施工图设计及竣工图图纸
2	工程量统计	基于 BIM 模型输出，并统计各专业工程量清单
3	管线综合出图	正确表达出施工图、竣工图及套管洞口类型、位置等
4	分析报告	图纸问题优化及碰撞检查报告
5	三维可视化展示	基于模型输出效果图、漫游动画
6	BIM 工作例会、评审会会议纪要	记录会议内容、评审意见
7	协同平台管理	项目资料上传至该平台，生成活码，随时可更新，各参建方可以通过网页端对模型进行浏览、批注等操作

(3) 施工阶段

基于 BIM 模型在 Naviswork 中设置施工进度模拟，用于指导施工。深化设计阶段模型，及时根据施工过程中的现场问题的设计变更进行模型修改，实时可视化展示变更内容，为后面工程量的变更及运营维护等工作打下基础。

此外，在 BIM 技术实施流程上，由于业主对图纸质量要求较高，本项目尝试在设计、施工阶段采用半正向设计，让 BIM 设计紧跟图纸设计进行更新，及时发现、反馈图纸问题，提高各阶段图纸的准确率，及时更新方案的三维展示效果。

3.2 BIM 技术在市政园林工程更新项目中应用的优势

(1) 多专业协同设计

本项目十多项专业协同困难，审图过程中耗费大量人力。所以在设计、施工阶段，采用 BIM 半正向设计，构建以 BIM 模型为核心的协同工作平台，分别建立园区地上土建、园区机电管线、岗亭土建、岗亭机电样板文件，通过 Revit 模型链接的形式整合全专业 BIM 模型，使景观、建筑、管线等多专业的 BIM 设计人员都能够在同一个设计平台、同一时间段开展 BIM 设计工作，随时更新保存，实现数据共享，辅助审图提高图纸的准确率。BIM 技术参数化关联的优势也可以实现三维模型与二维图纸实时联动效果，有效提高了全专业配合质量和效率。

(2) 碰撞检查

本项目园区综合管线多位于地下，测绘图纸与实际地下管线的排布会有偏差，通过二维图纸很难检测出管线迁移前后的碰撞问题，常规 Sketch Up 三维模型无法展现地下管线部分。基于 BIM 技术整合全专业 BIM 模型，地下管线模型得以三维真实展现，再导入 Navisworks 中进行碰撞检查，应用 BIM 技术检测分析图纸的错漏碰缺及各专业间的碰撞问题。本项目碰撞问题主要包括以下三个方面，如图 2～图 4 所示：①地下各管线之间的碰撞；②交通牌等构筑物的基础与地下管线的碰撞；③道路路面与机电管线的碰撞。在建模过程中发现这些问题后，BIM 设计师及时将问题以设计联系单形式反提给图纸设计师，共计提出设计联系单 60 余条，各专业设计师再进行图纸优化，加强图纸的准确率，有效减少施工阶段的返工问题，提高设计质量，管线改迁后与新建管线形成新的地下管线系统可以直观展示，实现三维数字化交付。

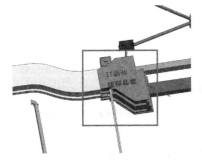 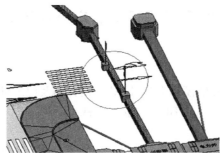 

图 2　电信缆线管廊与管线碰撞　　　图 3　标识牌基础与缆线管廊碰撞　　　图 4　现状地下管线突出地面

(3) 三维可视化

园林设计美学具有很强的主观性，业主对于建成后的效果要求高，方案常常在不经意间因多种因素进行更改，常用的 Sketch Up 无法展现市政园林工程全专业的三维效果。本项目基于 BIM 技术将全专业模型整合后导入 Lumion 进行渲染及动画漫游制作，使建成后效果更准确地提前展示。如图 5～图 7 所示，在设计阶段建立现状、一期、二期等多版模型效果比选、白天夜间变换效果、植物随季节变化效果分析，便于业主和设计师对方案的调整变动做正确决策。同时，基于 BIM+720 云技术，让项目的全景效果、动漫视频得以轻量化展示，参建各方通过手机扫描分享的二维码即可观看到项目建成后的三维可视化成果。

(4) 轻量化协同管理

业主对于模型精细度要求高，高精度全专业模型链接在一起电脑会时常卡顿。在设计阶段采用半正

图 5　方案效果对比图

图 6　校门入口白天及夜景变换效果图

图 7　季节变换景观可视化效果图

向设计过程中，BIM 模型实时更新版本多，模型内存大，在传给业主过程中会产生资料遗漏、信息不对称等问题，徒增沟通成本。同时，业主也要求成果资料在后期运维阶段能够统一维护管理。针对以上问题，采用 BIM+轻量化协同管理，将项目的过程和成果资料统一上传至 CCBIM 平台，在网页即可查看模型及项目资料，平台也可以生成二维码，各参建方通过手机扫码便可查看项目最新信息，随时更新，实现数字化交付。各方资料管理人员可及时上传项目资料至平台，便于后期运维阶段信息化管理。

3.3　BIM 技术应用的其他优势

（1）工程量统计

在涉及专业较多的市政园林项目中，工程量的统计也是一大难题。通过 BIM 技术，在 Revit 软件中建好模型后，可在软件中设置自动生成各种景观材料、构件等明细表，辅助工程管理中的造价计算。但目前在 Revit 软件中缺少园林专业明细表选项，明细表转为工程量统计表的过程需要人工手动操作，相关软件的开发还有待加强。

（2）管综优化出图

传统二维图纸一般是单专业、单色线性形式出图，施工人员在查看图纸时只能单张查看，而且需要有较强的专业性和三维空间思维。通过 BIM 技术，园区地下管线管廊及岗亭机电管线在 Revit 中进行三维管线综合（以下简称管综）优化，优化后可设置图框、标注等出图模式，最终导出的园区管综、套管、剖面图纸，如图 8 所示，实现单专业和多专业两种出图形式，各类管线颜色得以清晰区分，比传统二维图纸更加直观、准确和通用，便于有效指导施工人员施工。

（3）族库管理

在前期方案阶段，三维展示常用到 Sketch Up 建模渲染，优点之一是拥有种类造型丰富的模型构件库。但它的模型构件没有自动识别功能，比如本项目中人行道路有坡度，若导入树池箅子模型无法自动识别坡度。但在 Revit 软件中链接的树池箅子构件可以自动识别地面坡度。目前 BIM 的族库模型可应用量较少，所以在本项目族库管理中采用两种软件优势互补：①需要有自动识别的族可在 BIM 族库平台下载；②需要造型复杂的族由 Sketch Up 导出模型三维模式。同时，业主要求图模一致，所以像围墙等特殊族构件需要按图纸建模。如图 9 所示，族构件统一整理分类，以便于在后续类似项目中调用。

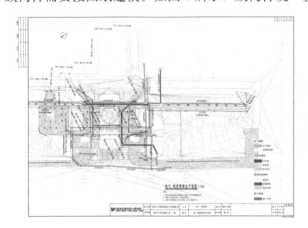 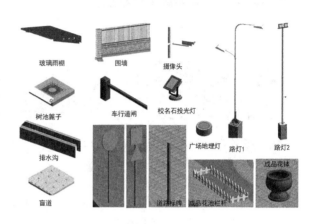

图 8　园区管综出图图纸　　　　　　　　图 9　项目中部分小品族构件

4　结论

本项目作为公共活动空间的市政园林类更新项目，涉及专业种类众多。结合项目特点，总结 BIM 技术在市政园林工程更新项目中应用多专业协同、碰撞检查、三维可视化、轻量化协同设计等应用及优势，解决设计过程中多专业协同率低、图纸准确率低等问题。

然而，BIM 技术在市政园林工程更新项目中的应用仍存在等许多问题，现阶段不足主要表现在：①缺少景观专业的 BIM 软件支持，技术不成熟，操作复杂；②景观的特殊性，植物、小品等构件族库不够丰富；③缺少行业相关执行标准等。但相信随着 BIM 技术在市政园林行业的更多应用实践，以上不足会得以解决，更多市政园林工程的工作在 BIM 技术的加持下会更加智能化、标准化。

参 考 文 献

[1] 朱真勇. 浅谈 BIM 技术在居住区景观设计中的应用[J]. 居舍，2022(22)：147-150.
[2] 周珉萱，魏吉宏. BIM 技术在风景园林工程设计中的应用分析——以某工程项目为例[J]. 房地产世界，2023(6)：145-147.
[3] 安海娜，张泽林，任思润，等. BIM 技术在大型市政工程景观项目中的应用[J]. 工程建设与设计，2023(17)：144-146.
[4] 金永康. 数字技术对景观设计流程的更新与应用[J]. 现代园艺，2023，46(20)：84-86.
[5] 刘润之，刘明英，王建伟，等. BIM 技术在雄安新区金湖公园项目的应用[J]. 土木建筑工程信息技术，2022，14(1)：112-118.
[6] 冯洁. 基于 BIM 技术的城市排洪沟及周边生态景观改造应用研究[D]. 兰州：兰州交通大学，2020.
[7] 张鹏，李笑男，孔维国，等. BIM 技术在雄安新区白洋淀码头及周边环境施工中的集成应用[J]. 土木建筑工程信息技术，2022，14(4)：54-61.
[8] 张剑，李春锋，黎瑾慧. 倾斜摄影与 BIM 技术在园林改造工程中的数字化运用研究[J]. 工程技术研究，2020，5(18)：245-246.

Dynamo 在装修点位布置中的应用

王嘉卉，吕 望

（中国电建集团华东勘测设计研究院有限公司，浙江 杭州 311122）

【摘 要】本文探讨了在装修点位布置中，如何利用 Dynamo 可视化编程工具实现装修点位图纸的识别处理与 Revit 模型中的高效点位布置。通过 Dynamo 识别读取 CAD 图纸中的信息，在模型文件中生成需要布置的点位坐标，并依据点位坐标将构件精确地布置在 Revit 模型中的天花板上，极大地减少了手动建模的工作量，并提高了建模的准确性和效率。

【关键词】BIM 技术；Dynamo；装修工程

1 引言

随着 BIM 技术在建设工程行业的不断深入应用，模型建模作为 BIM 技术的应用基础，其精确性和建模效率具有重要的意义。在装饰装修工程中，绘图和建模阶段存在着大量例如点位排布、地面排砖等重复性的工作。加上装饰材料种类繁多，手动建模及相关修改费时费力。当图纸修改时，模型也需要重新调整，这无疑又带来了大量的工作量。采用参数化建模的思路，利用 Revit 中的参数化编程工具，实现装饰构件的自动化批量化布置，可以大大减少人工手动工作量，同时能够保持布置的准确性。

参数化建模是一种计算机辅助设计方法，具体指通过关键参数驱动生成结构模型的技术。参数化在 BIM 模型的建模过程中是一种常见的方法，Dynamo 是 Revit 软件中内置的可视化编程工具，不通过键入代码，而是通过可视化编程将预打包的节点连接在一起，可快速使用算法来处理各种应用程序。其优势在于采用分装好的计算节点进行计算，降低了使用者使用自定义算法调整和分析模型的门槛。本文基于 Revit 内置的可视化编程插件 Dynamo 进行功能节点的组合与调用，提出了一种在 Revit 模型中批量布置装修点位的方法。

2 实现思路

本方法的实现思路主要分为以下几个步骤。

（1）图纸处理：处理天花板点位图纸，删除冗余数据，归类图层设置，使其能够按照图层进行点位识别。

（2）图纸加载：将图纸加载到程序中，提取点位所在的图层，并识别图层元素。

（3）图形识别：将点位所在的图层按照线、圆进行识别，并根据图例形状选择识别内容。

（4）布置位置设置：选择点位所要布置的构件（天花板等），识别天花板高度。

（5）点位构件选择：选择点位所使用的构件（风口、灯具、报警器等）。

（6）程序运行：运行程序，完成点位布置。

3 实现方法

3.1 图纸处理

装修点位 CAD 图纸需要进行规则化处理，降低后续识别的难度，保证图形识别的准确性，具体的处

【作者简介】王嘉卉（1996—），女，助理工程师。主要研究方向为 BIM 技术应用。E-mail：807828279@qq.com

理原则如下：
1. 与装修点位无关的内容需要删除。
2. 同一种构件需要合并在同一个图层中，并精确命名，例如：筒灯、烟感、下喷式喷淋头。
3. 复杂圆形图块需处理成简单圆形形状，只保留外轮廓线，非圆形图块，例如半球形监视器，需处理成圆形。
4. 矩形图块需处理成简单矩形图块，只保留外轮廓线。

3.2 图纸加载

将装修点位 CAD 图纸链接到项目中后，在 Dynamo 中选择拾取图纸作为构件，创建"CAD.LayerNames"节点识别 CAD 构件中的图层名称，图纸中的图层名称被以列表形式列出。通过"List.GetItemAtIndex"节点，以索引编码来定位需识别的图层，并通过"CAD.CurvesFromCADLayers"节点将该图层的中的曲线识别并提取出来，为进入后续节点处理进行准备（图 1）。

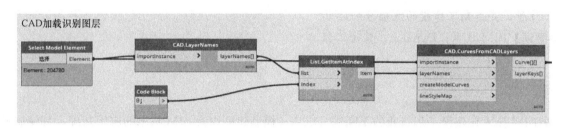

图 1　CAD 加载节点组

3.3 图形识别

曲线识别完成后，需要根据点位图例形状，进行不同的处理技术路径，如圆形、矩形构件。首先利用"List.RemoveIfNot"节点，排除图层内非目标形状的图形，其中圆形构件可以直接通过"Circle"参数进行筛选。圆形图形识别后，利用"Circle.CenterPoint"节点，获取圆形中心坐标值，并使用"List.UniqueItems"节点，将重复的点位坐标值删除。此时需注意的是，此处的点位的 Z 值可能存在不在同一平面的情况，所以需要后续对点位进行映射到天花板高度的处理（图 2）。

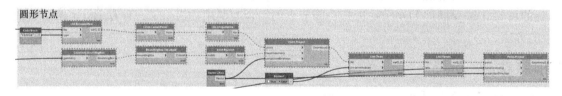

图 2　圆形识别节点组

矩形构件的识别，通过"List.RemoveIfNot"节点，识别图层内属性为"Line"的线条，利用"Group Curves"节点，将线组合成围合矩形。此时的结果为多边形的列表，列表中的项数代表多边形中的一段直线，由于矩形的边个数为 4，所以通过"List.Count"和"List.FilterByBoolMask"节点筛选出项数为 4 的子列表，也就是矩形。将矩形的位置坐标点参数通过"Surface.PointAtParameter"节点进行处理，并且识别矩形的长宽参数，记为 XY 值，形成一个带有矩形位置坐标列表，以及对应的矩形形状尺寸列表，以支持后续构件参数联动（图 3）。

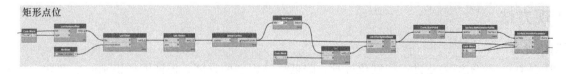

图 3　矩形识别节点组

3.4 布置位置设置

大部分的点位都部署在天花板中，在模型中使用"Select Model Element"拾取天花板构件作为点位构件的布置对象，由于前序中提到的识别的图形的 Z 轴位置不在天花板的高度上，所以要将上一步中识别到的位置的坐标列表移动到天花板所在的高度位置。

圆形构件识别高度位置的方法是通过"Geometry. BoundingBox"和"BoundingBox. ToCuboid"节点获取天花板构件的包围盒（范围）坐标，并形成空间立方体，使用"Point. Project"节点将之前识别的点位在天花板的构件包围盒中进行投影，最后得到的位置位于天花板构件高度的点位坐标列表（图4、图5）。

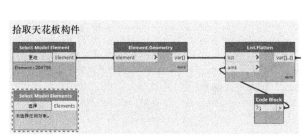
图 4　构件加载节点组

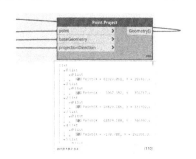
图 5　空间坐标生成结果

矩形构件可以直接使用"Point. Project"节点，将之前的点位列表，参照天花板的 Z 值进行调整，此时需要注意的是，经过此步处理的点位列表会变成一个二级嵌套列表，需要通过"List. Flatten"节点将二级嵌套列表降维成一级列表（图6）。

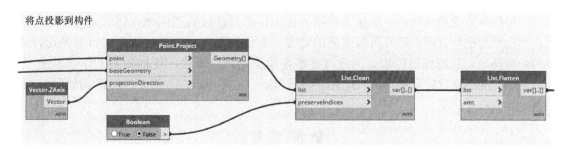
图 6　矩形空间调整节点组

3.5 点位构件选择

选择当前已调整识别后的点位所用的构件（族）文件，由于构件是布置在天花板上，可以选择基于天花板的构件族。圆形构件可以基于图中点位直接布置，在矩形构件中，由于在前序步骤中已经识别到矩形的长宽尺寸，因此如选择参变构件，尺寸参数为实例参数时，构件可根据点位图形的尺寸调整自身的长宽，实现联动调整，例如装修点位图中矩形的尺寸为 250mm×1000mm 的风口，可以生成为相同尺寸的矩形风口族构件（图7）。

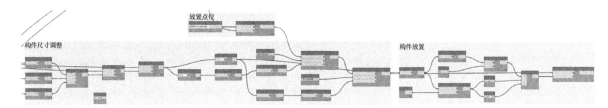
图 7　参数化尺寸调整节点组

3.6 程序运行

点击运行程序，完成天花板点位布置（图8）。

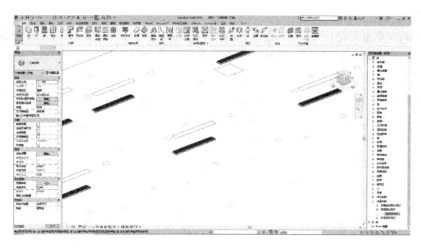

图 8　程序运行效果

3.7　延伸应用

如果考虑在图形的识别步骤将点位的高度设置于地面，也可以通过完成地面构件的快速布置，例如消火栓、地面筒灯等构件。需要注意的是，墙柱构件由于形状图例不规则，无法应用本次的技术路径进行处理。

4　应用总结

通过本次的 Dynamo 在装修点位布置中的应用，提出了一种基于 BIM 参数化点位布置的方法，大大加快了装修点位的参数化建模效率，避免了传统人工工作重复性较高的问题。同时需要指出的是，本次的应用从自动化和适配性方面，还有可以改进的地方，在识别图中点位形状方面，目前是通过手动选择不同形状的处理路径，后续可以探索如何通过程序自动识别点位形状，使整体的工作效率进一步提升。从适配性方面，当前的基础路径和方法只能处理圆形和矩形的图形点位，对于异形的构件暂时无法识别，需要进行进一步的技术研究。

参 考 文 献

[1] 欧阳春生，罗迎社，邓宇龙，等．BIM 技术二次开发及其在装饰工程中的程序化应用[J]．科技和产业，2022，22(1)：316-322．

[2] 谢军．浅谈 BIM 技术在工程中的应用[J]．科技致富向导，2014(35)：101．

[3] 李晓东．一种新的基于 Dynamo 的 BIM 模型编码技术研究[C]//《施工技术》杂志社，亚太建设科技信息研究院有限公司．2022 年全国土木工程施工技术交流会论文集(上册)，2022：4．

[4] 冯斤，唐松强，吕望．Dynamo 在空间有限元分析中的应用[C]//中国图学学会建筑信息模型(BIM)专业委员会．第八届全国 BIM 学术会议论文集．中国电建集团华东勘测设计研究院有限公司；2022：5．

基于数模分离的模型编码应用实践

汤孟丽，吕 望

(中国电建集团华东勘测设计研究院有限公司，浙江 杭州 311122)

【摘 要】 本文探讨了基于数模分离技术，在 Bentley MicroStation 建模软件中实现 BIM 构件层次化编码的方法。随着工程项目规模和复杂性的增加，BIM 模型中的构件编码管理变得至关重要。通过借鉴树形编码标准，结合 MicroStation 软件特性及功能，基于数模分离的技术思路，通过插件功能的开发改进了构件级和分类级编码的方法，旨在提高编码工作效率，优化项目管理流程。

【关键词】 编码；数模分离；MicroStation

1 引言

建筑信息模型（BIM）技术已经在建设工程领域取得了广泛的应用。它不仅仅是一种三维建模工具，更是一种信息管理和协作平台。BIM 模型中的信息管理主要是对构件的属性管理。随着建设工程项目的规模和难度不断增大，一个工程模型中往往包含了上万个形态不一、属性不同的构件，这些构件通常采用编码的形式进行管理。宋楠楠提出利用编码等方式对 BIM 构件进行标准化建模，可有效提高 BIM 技术的应用效率。虞循景等认为信息编码标准是 BIM 技术应用的重要载体，并提出了一套适用于桥梁的编码方式及基于 BIM 的管理平台应用方法。

模型的编码构件通过唯一的编码对构件进行功能、形态、专业等方面的标识。目前国内大多数模型编码标准大多数是树形编码的方式，例如《建筑信息模型分类和编码标准》（GB/T51269-2017），《水电工程信息模型分类与编码规程》（NB/T 11010-2022）等，对应工程模型的划分依据是以施工工作分解结构（WBS）为主，以单元、分部（分项）、单位工程作为构件划分的依据对模型进行多位数的编码。

BIM 构件数模分离是建筑信息模型中的重要技术之一，它将建筑模型中的构件与相关的信息分离和管理。可以提高项目管理的效率、质量和可持续性。本次研究基于 Bentley MicroStation 建模软件，基于数模分离的技术思路，进行构件的层次化编码功能的相关研究实践。

2 功能思路

2.1 新增属性

MicroStation 中的属性主要分为 DataGroup（DG）和 Engineering Content（EC）属性两种类型。其中 DG 以数据组的形式，用于组织和管理设计文件中元素（如线条、符号、文本等）的逻辑分组工具。其优点是用户可以直接在前端页面进行属性分组内容的自定义，缺点在于需要对逻辑分组的定义过程较为复杂。EC 属性以工程信息的形式，为构件创造属性定义。其优点是属性较为通用且结构简单，但不支持用户的前端创建和修改，需要进行后端开发。考虑到编码这一属性的特点，需要进行批量化的属性录入，且修改的频率不高。新增的编码属性的类型选择用 EC 属性类型，所以需要进行一定的开发工作。

2.2 数据录入

基于数模分离的整体技术思想，编码属性的录入利用 .csv 纯文本格式的文件导入至软件中并读取的方式进行。由于 .csv 格式是纯文本，不包含样式和其他额外信息，常用于数据交换过程，同时又可以在

【作者简介】汤孟丽（1982—），女。主要研究方向为数字化技术、BIM 技术。E-mail：tang_ml@hdec.com

Excel 表格中被编辑,作为数据保存和编辑的文件格式可以实现较为便捷的工作流。

2.3 功能逻辑

原生 MicroStation 中自带连接项功能可部分实现数模分离,其功能逻辑是先新建项作为属性,再将项连接到构件中,项类型可以按照构件导出成 Excel 表格,编辑 Excel 表格后再导入回文件中。流程图见图 1。

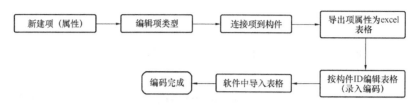

图 1 软件模型编码工作流程

本流程由于只能通过构件 ID 来识别需要编码的构件,实际操作上并不方便,且无法完成构件的层级编码。

通过对 MicroStation 软件中功能的开发,实现真正的快速编码和层级编码功能,其功能流程图见图 2。

图 2 新数模分离编码工作流程

3 数模分离编码流程

3.1 搭建编码体系

通过数模分离的方式进行编码,首先要先构建项目的编码体系。编码体系对应的是构件的分类体系,在编码中通过连接符体现不同的上下级关系。例如当前有个位于 3 层的扶梯,型号为 A,编号为 1,其表现出来的构件分类等级为四级结构(图 3)。

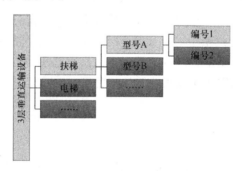

图 3 构件分类层级关系

构件的分类属性等级信息和对应的编码信息如图 4 所示。

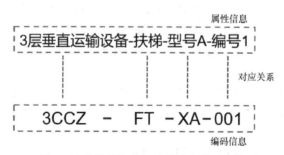

图 4 构件属性信息与编码信息的对应关系

3.2 创建编码文件

完成编码体系的搭建后，需要将编码按照体系的层级制作成文件，作为数模分离中数据的载体。对插件内置的.csv文件按照规则进行修改，编制编码文件（图5）。

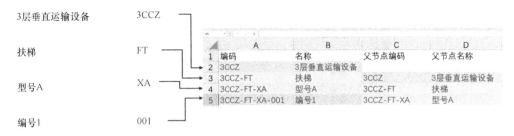

图5 编码文件与编码及名称的对应关系

在编码文件中，需要体现层级关系，一个父节点可以对应多个子节点（编码），一个子节点只能对应一个父节点（编码），且必须一一对应，同时父节点也应该单独作为一个节点（编码）列出。父子节点的区别在于编码位数上的不同，而不是编码内容的不同。

3.3 导入编码文件

通过功能接口，将编制好的编码文件载入模型中。如果编码表编制的内容没有问题，载入后会显示层级组装的编码列表及名称（图6）。

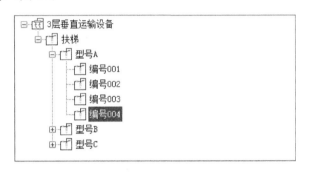

图6 导入编码文件后的编码层级列表

通过编码文件的导入创建编码列表的方式是在当前文件中创建一个结构化的数据缓存，所以当编码文件重新载入时，会覆盖掉原先的缓存内容。

可以选择在层级编码列表中继续自定义添加上级或者下级，同时也可以将编辑后的自定义层级列表导出成.csv文件并进行本地编辑，编辑后的文件继续载入系统中。

3.4 编码关联构件

右键点击任意层级的编码，选择关联对象，点选模型中的构件即可将编码与构件相关联（图7）。

图7 导入编码文件后的编码层级列表

待编码的构件较多时可以选择批量关联方式，一次性选择多个编码，按照一定的构件顺序进行构件关联。可选择按照点选顺序，或者构件的坐标 XY 值的顺序或者倒序，提高操作效率（图 8）。编码后的构件可根据编码或者名称在软件中进行查询并高亮显示。

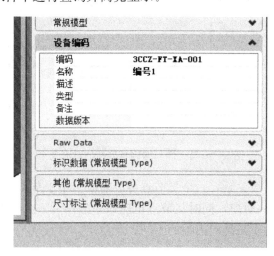

图 8 编码完成结果

3.5 父层级编码

每一个子节点编码对应的都是唯一的一个构件，同时一个构件只能有唯一的编码。在工程实践中，经常出现需要将某一个构件既对应其构件级的编码，又要体现其分类级编码的情况，例如编码为 3CCX-FT-XA-001 的扶梯，同时也要体现其编码为 3CCX-FT-XA 的型号为 A 的属性。需要在所有型号为 A 的扶梯完成下级编号的编码后，进行成组操作，新创建的组作为一个新的构件，与型号 A 所在的层级编码进行关联。系统中可以按照不同的级别进行构件或分类级的编码识别。

4 应用总结

本次基于 MicroStation 软件所研发的数模分离的编码功能及操作流程将编码这一重复性较高的工作进行了流程再造，与软件原生的功能流程相比操作更加简便，精确度得到了进一步的提升。本次的应用流程仍有可以继续改造的部分，例如可以修改编码表形式使其更加符合填写习惯，父层级编码可以自动根据子层级进行自动运行等等。

当前数模分离大多运用在对静态数据以及模型的非几何数据的管理中，在动态数据和几何数据方面的应用较少，而这部分往往是模型中最为复杂和繁多的部分，也是数据利用潜力最大的部分。近些年来随着 AICG 和云存储的发展，为数据利用提供了的更多技术支撑，未来数模分离技术将会在模型数据的管理中得到更多更深入的应用。

参 考 文 献

[1] 文涛. 广西新媒体中心项目 BIM 技术综合应用[J]. 土木建筑工程信息技术，2020，12(5)：70-76.
[2] 宋楠楠. 基于 Revit 的 BIM 构件标准化关键技术研究[D]. 西安：西安建筑科技大学，2015.
[3] 虞循景，张志涣，贺波. BIM 编码标准在甬台温高速复线桥梁工程中的应用[J]. 江西建材，2019(5)：209-210，212.
[4] 丁东山，邱吉宇，赵凤昊，等. 一种基于 BIM 构件数模分离的信息管理方法[J]. 土木建筑工程信息技术：1-5.

基于大模型的建筑智慧运维技术探索与应用

谈骏杰，许璟琳，欧金武，彭 阳

(上海建工四建集团有限公司，上海 201100)

【摘 要】 数字孪生技术是实现城市建筑智慧运维的一项重要手段，发展潜力巨大。针对数字孪生模型应用深度不足，建筑运维数据量大，挖掘高价值数据难等问题，本文提出了一种融合大模型和数字孪生技术的建筑智慧运维系统。基于大模型的自然语言处理能力，增强生成检索技术和函数调用能力，可极大地提升运维数据挖掘与专业分析、运维信息自由集成展示、运维需求极速响应等各项能力，为建筑运维领域的发展提供参考。

【关键词】 大语言模型；数字孪生；BIM；建筑运维；数据挖掘

引言

近年来，大语言模型的研究已成为全球科技竞争的核心，已成为学术和工业界的关注焦点。大语言模型（LLM）是指参数量在十亿级以上的大型预训练语言模型。在大规模文本语料数据库和自监督预训练技术的加持下，LLM 显示了强大的通用语言表达能力，并且在解决复杂任务时展现出卓越的性能。LLM 的快速发展给人工智能领域的研究带来了革命性的变化，吸引了越来越多研究者的关注。大模型参数规模发展已逐步进入平台期，研究者将更加关注大模型开发架构的优化以及大模型产业落地的相关研究，以充分发挥大模型的能力。

本文介绍了大模型在建筑运维阶段的探索与应用，结合数字孪生技术，提升运维数据的分析能力，并提供合理可用的场景应用。通过融合大模型技术，尝试探索更智能化的建筑运维管理，推动建筑行业的信息化和智能化发展。

1 建筑智慧运维技术应用现状与发展趋势

"城市管理应该像绣花一样精细"是上海等超大型城市运营管理的发展方向。物联网、大数据、数字孪生等现代信息化技术的快速发展，能够帮助建筑管理更加精细化、全面化和智能化，推动建筑全生命周期管理的发展。其中，数字孪生技术可以有效提高建筑运维管理的信息化和智能化水平。数字孪生模型是在计算机里建立的建筑实体的孪生体，需要准确描述建筑构件的几何、物理信息以及建筑系统中设备上下游逻辑控制关系等系统机理，还要感知建筑动态运行状态。数字孪生技术在运维阶段的应用研究，当前主要集中在设备设施管理、维修管理、运维监控、能耗监控和结构安全监测等方面。通过数字孪生技术可以获得建筑物的实时数据，赋能运维方通过数据进行决策、最优化建筑物性能、最大化实现建筑节能，实现可预测性维护，大幅提升运维方的管理水平和效率。

基于数字孪生的建筑运维技术在响应市场需求和迭代升级中，其发展趋势包含以下三点。

（1）系统定制化交互

随着不断拓展的应用场景，一站式指挥中心或领导驾驶舱的产品功能模块逐渐增多且复杂，对系统的日常使用形成了一定的学习门槛。数字孪生运维系统需要尽可能地提升运维信息查询和功能交互的便捷性和效率，并适应每个项目的定制化需求，此过程往往需要花费众多时间。

【第一作者】 谈骏杰（1990—），男，工程师。主要研究方向为建筑运维。Email：39581905@qq.com
【通讯作者】 许璟琳（1989—），女，高级工程师。主要研究方向为工程数字化、数字孪生、大模型应用

(2)多场景数据挖掘与 AI 分析服务

建筑运营过程中产生的海量业务数据大部分无法直接得出判断结论，需要运维团队具备专业的知识与节能加工分析处理，在机电运行管理、能耗监测管理、安防管理等场景中亟须更多的智能算法挖掘其背后价值，赋能更智能化的运维决策。

(3)建筑用户体验的重视

随着人们生活水平的提高和科技的发展，对建筑空间的体验要求也在不断提高。因此，提升用户体验将成为建筑运维领域的一个重要方向，包括通过智能化、个性化和舒适化的服务提升用户满意度，对此需要系统精准地理解用户需求及时调动建筑资源响应。

大模型技术以显著的规模优势、强大的泛化能力和广泛的应用前景，在深度学习和人工智能领域起到过革命性的改变。下文将介绍基于大模型的建筑智慧运维技术的探索路线。

2 大模型应用架构

大模型应用框架是一个复合型过程，涉及技术的可靠性、科学性及用户体验的流畅性和自然性。如图 1 所示，包括从用户界面（UI）的开发到模型的选择与定制。

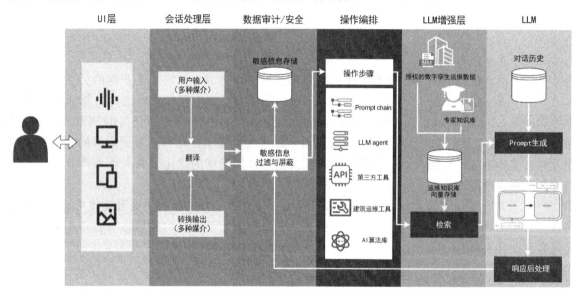

图 1　大模型应用架构

(1)用户界面（UI）负责实现与终端用户的直接交互。高效、直观的 UI 设计不仅需简洁地收集用户输入，同时也要清晰展示模型输出，以保证用户能够以最小的学习成本实现有效交互。

(2)会话处理机制承担理解与管理用户和系统间连续对话的任务。通过对会话上下文和状态的跟踪，确保信息的连贯性和相关性，从而增强用户体验和系统响应的准确度。

(3)数据安全与隐私保障环节通过敏感信息的检测与屏蔽及定期安全审计，确保用户数据免受未经授权的访问和处理，维护用户隐私与系统的合规性。

(4)操作编排环节通过整合外部 API，扩展 LLM 应用的功能与服务范围。设计的提示词进一步优化模型对用户输入的解析与响应。

(5)检索增强生成（RAG）技术。此环节通过结合传统检索技术与生成式模型，允许 LLM 应用在生成回答之前，从庞大的数据源中检索相关信息，以提高输出的准确性和丰富性。

融合大模型和数字孪生的建筑智慧运维系统架构如图 2，大模型在数字孪生层提供服务，同时也在数字孪生引擎层担任专业任务的智能体。

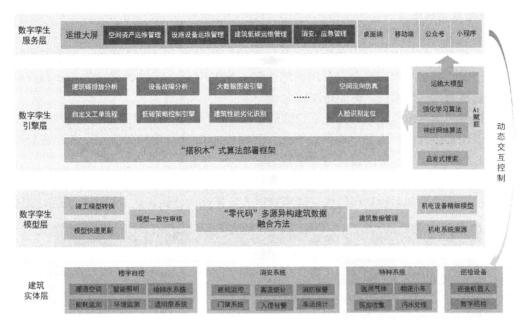

图 2　融合大模型和数字孪生的建筑智慧运维系统架构

3　应用实践

3.1　建筑数字孪生模型交互应用

基于数字孪生的建筑运维系统需要集成较多建筑子系统，并以一站式指挥中心的形式服务。然而在提供丰富的应用功能模块解决运维需求的同时，也需要操作人员经过一定的培训学习后才能熟练与平台交互。此外难免也会遇到单个功能无法满足复杂需求的场景。在传统数字化平台定制开发的模式下，需要相当长的开发流程才能响应用户的定制化需求。

融合大模型技术的数字孪生运维系统通过自然语言处理技术，使办公人员、物业管理人员和管理层能够直接通过语言描述操作系统，查询建筑相关信息，从而实现高效的交互体验。这种交互方式既可降低学习成本，同时提升了操作的便捷性和系统的响应速度。

如图 3 所示，物业人员收到办公大楼报修通知，用语音给运维系统发送指令，大模型自动推送报修位置的空调设备参数、运行数据及相关出厂资料，大模型智能分析故障原因并提供维修建议。

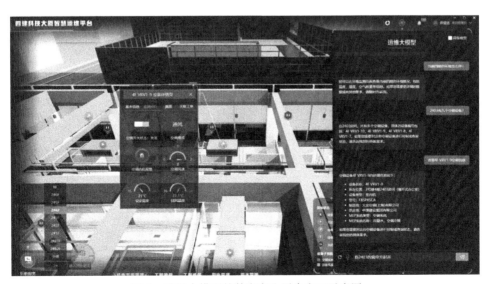

图 3　基于大模型的数字孪生平台交互示意图

3.2 建筑运维数据分析应用

建筑管理人员在日常运维管理中，通过智慧运维平台可以了解获取建筑运行情况，包括建筑用能、设施设备维护保养情况，挖掘建筑存在的管理问题。而建筑的运维是动态变化的，图表需要及时升级更新从而满足使用需求。数据的查询检索以及图表的绘制工作又需要一定的数据科学知识以及代码编写等专业知识，对于建筑管理人员来说，专业跨度较大。

大模型技术能够协助建筑管理人员完成复杂的运维任务。仅需向运维大模型专家提出数据分析需求，运维大模型通过采用聚类分析、离群点检测等算法，针对性地快速检索相关数据，并生成针对性的数据分析图表，帮助管理人员识别和解决建筑运维中的问题。

如图 4 所示，建筑管理人员需要了解大楼运行情况，向运维系统提问，大模型可智能提供大楼内能耗监测数据，并生成分析结果和运行处理建议，建筑管理人员依此调整和优化了机电系统运行策略。

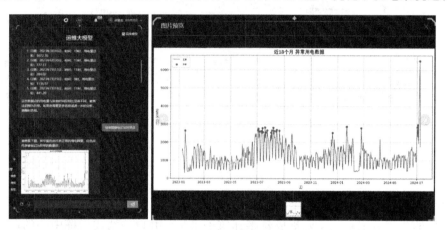

图 4 基于大模型分析运维数据

3.3 建筑环境舒适度调控应用

公共建筑内的游客、办公人员是建筑空间的实际使用者，对所处环境的舒适度拥有最清晰的感受。而传统的建筑运行过程中，出于统一管理的需求和用户学习门槛的困扰，实际很少有建立用户反馈的渠道来调整环境运行。假如聊天界面输入，"我在 2403 房间，有些冷。"运维大模型即可自主判断，通过调

图 5 基于移动端实现用户个性化调控

节该位置的空调温度至合理，并且适当关闭新风，还控制抬升窗帘引入外界阳光。

如图 5 所示，楼内办公人员通过语音向运维系统反馈使用感受和需求，大模型智能分析楼内环境，智能调控窗帘、照明亮度、空调温湿度、会议设备。

4 总结

基于大语言模型的建筑运维技术，可实现数据到价值的跨越。即从数据收集到数据分析、洞察和应用的转变。通过运维大模型有效地利用这些庞大且多样的运维数据，提取数据中具有实际业务价值的信息，是实现智慧运维的关键。

此外利用大语言模型缩短了产品与用户的距离，满足建筑使用者对智慧运维产品及时响应的需求。做到有求必应，有问必答。用户对智慧运维产品及时性以及便利性的需求不断增长，通过缩短产品与用户的距离，能够更加精准地满足用户期望，提高用户满意度。这种以用户为中心的创新和快速响应模式已经成为智慧运维行业的关键竞争优势。

参 考 文 献

[1] 赵朝阳，朱贵波，王金桥. ChatGPT 给语言大模型带来的启示和多模态大模型新的发展思路[J]. 数据分析与知识发现，2023，7(3)：26-35.
[2] 罗锦钊，孙玉龙，钱增志，等. 人工智能大模型综述及展望[J]. 无线电工程，2023，53(11)：2461-2472.
[3] 余芳强. 基于工业互联网平台的图书馆全生命期 BIM 应用实践[J]. 土木建筑工程信息技术，2022，6.
[4] 杨昊. 基于数字孪生的建筑运维系统数据融合研究和应用[J]. 工业建筑，2022，52(10).
[5] 余芳强. 文化场馆开馆后建设基于数字孪生的建筑智慧运维系统的应用实践[J]. 工业建筑，2023，53(2).
[6] 刘刚，马智亮. 数字孪生技术在建筑工程中的应用研究综述[J]. 土木建筑工程信息技术，2022，6.
[7] 许璟琳，彭阳，余芳强. 基于 k-means 聚类和离群点检测算法的医院建筑节能诊断方法. 计算机应用[J]. 2021，41(S1)：288-292.

智能建造背景下建筑业企业创新发展研究与探索

卢 亮，张梦林，彭思远

（正太集团有限公司，江苏 泰州 225500）

【摘 要】随着社会科技的飞速发展和数字化时代的到来，智能建造已成为建筑行业的新趋势。本文重点分析了国内智能建造的发展情况，并深入研究了各省市在智能建造领域的相关政策文件。通过对智能建造概念、发展、政策环境、实际应用等方面的综合研究，分析建筑业企业在智能建造背景下的创新发展思路，旨在为建筑业企业的创新发展提供理论支撑和实践指导。

【关键词】智能建造；BIM；新质生产力；企业发展

1 引言

在全球城市化步伐日益加快与科技进步的推动下，传统建筑领域正经历着前所未有的转型与变革。2022年10月25日，住房和城乡建设部发布《住房和城乡建设部关于公布智能建造试点城市的通知》，首次将北京市等24个城市列为智能建造试点城市，试点自公布之日开始，为期3年。此政策将快速推动建筑业走向以智能建造为项目施工建造方法的新时代潮流。同时，智能建造也是实现新型建筑绿色化、数字化、工业化发展的必然要求。本文主要探讨基于智能建造背景下，建筑业企业如何抓住机遇，通过管理创新、技术创新和业务创新等手段，实现在发展中持续创新、在创新中加快发展，从而推动建筑行业高质量发展。

2 智能建造概述

2.1 智能建造概念

针对智能建造这一词的定义，时任住房和城乡建设部总工程师李如生认为智能建造是利用大数据、物联网、人工智能等新一代的信息化技术与以工业化为主导的先进建造技术融合的一种新型建造方式。其中大数据等新一代信息化技术体现了新质生产力中的"新"，而先进建造技术推动建筑业高质量发展则体现了新质生产力中的"质"，由此可见，智能建造作为建筑行业的新质生产力代表，在企业创新发展的过程中可以实现以科技创新推动企业创新，以产业升级提升竞争优势。

2.2 智能建造发展背景

（1）适应建筑业转型升级需求

随着中国经济发展重心从高速发展转向高质量发展转换，传统建筑业粗放式的发展模式也需要随之改变。绿色化、高质量是发展的核心和最终目标，而工业化是绿色化发展的重要途径，因此，中国必须走新型建筑工业化之路，推进新型工业化、迈向智能建造是必然趋势。

（2）提高建造过程的智能化水平

近年来中国人口老龄化进程明显加快，对社会经济的发展带来深远的影响。劳动力供给的下降给建

【基金项目】泰州市科学技术协会软课题（tzkxrkt202405）
【作者简介】卢亮（1995—），男，BIM经理/工程师。主要研究方向为智能建造理论与实践。E-mail：15261812513@163.com

筑业这个劳动密集型产业带来的影响逐渐加大。利用智能化系统，提高建造过程的智能化水平，减少对人工的依赖，从而提高建造效率和质量。

（3）推动绿色低碳转型

党的二十大报告指出：推动经济社会发展绿色化、低碳化是实现高质量发展的关键环节，要加强推动能源清洁低碳高效利用，推进工业、建筑、交通等领域清洁低碳转型。通过发展智能建造，可以显著降低建筑业的碳排放，为实现碳达峰碳中和目标贡献力量。

（4）提升生活品质

随着社会经济的发展，人们对物质文化的需求水平逐渐提高，这就对建筑的建设过程和交付品质提出了更高的要求。通过利用智能建造技术，科学高效管理施工建造过程，数字化辅助精细运营管理，创造安全、健康、舒适宜人的办公、生活环境，提升人们的生活品质和工作效率。

2.3 智能建造业务场景

项目建造过程一般包含设计、生产、施工及运维等阶段。因此，按阶段划分，智能建造可划分为智能设计、智能生产、智能施工以及智能运维等方面。在每个方面都可形成特定场景的热点应用（表1）。

智能建造业务场景　　　　　　　　　　　　　　　　　　　　　　　　　　表1

场景分类	智能设计	智能生产	智能施工	智能运维
业务应用	标准化设计	部品深化设计	智慧工地	空间管理
	参数化设计	部品生产管理	BIM协调管理	设备管理
	协同化设计	部品存运管理	智能化施工工艺	能源管理
	智能化审图	无人生产工厂	装配式智能化施工	巡检管理
	……	……	……	……

3 政策文件分析

3.1 国家层面政策

2020年7月，住房和城乡建设部等13部委联合发布《住房和城乡建设部等部门关于推动智能建造与建筑工业化协同发展的指导意见》，文件指出，到2025年，我国智能建造与建筑工业化协同发展的政策体系和产业体系基本建立，建筑工业化、数字化、智能化水平显著提高，建筑产业互联网平台初步建立，产业基础、技术装备、科技创新能力以及建筑安全质量水平全面提升，劳动生产率明显提高，能源资源消耗及污染排放大幅下降，环境保护效应显著。

为实现既定目标，在此政策文件基础上，国家相关部门又陆续发布多条智能建造相关政策文件，鼓励和支持智能建造的发展（表2）。

国家层面智能建造相关政策　　　　　　　　　　　　　　　　　　　　　　表2

时间	发文单位	文件名称
2020	住房和城乡建设部等13部委	《住房和城乡建设部等部门关于推动智能建造与建筑工业化协同发展的指导意见》
2021	住房和城乡建设部	《住房和城乡建设部办公厅关于征集智能建造新技术新产品创新服务案例（第一批）的通知》
2022	住房和城乡建设部	《住房和城乡建设部办公厅关于征集遴选智能建造试点城市的通知》
2024	国家发展和改革委员会等部门	《绿色低碳转型产业指导目录（2024年版）》

3.2 地方层面政策

在国家智能建造政策发布背景下，各省市也积极响应国家号召，出台了一系列智能建造政策文件。广东省、江苏省、苏州市、南京市、长沙市、武汉市等省市地区相继发布了智能建造相关政策文件，在加大政策支持力度、推动建设试点示范工程、创新工程建设监管机制、强化组织领导和宣传交流等方面起到重要示范作用。表3以保定市为例，分析政策具体内容和导向。

保定市智能建造相关政策 表3

时间	发文单位	文件名称
2023.01.11	住房和城乡建设局	《关于公开征集保定市智能建造专家库专家的通知》
2023.02.21	保定市人民政府	《关于印发〈保定市智能建造试点城市实施方案〉的通知》
2023.03.21	住房和城乡建设局	《关于开展第一批智能建造骨干企业、试点项目遴选工作的通知》
2023.04.24	住房和城乡建设局	《关于开展第一批智能建造示范基地遴选工作的通知》
2023.05.05	住房和城乡建设局	《关于印发2023年度保定市智能建造试点城市建设工作要点的通知》
2023.06.19	住房和城乡建设局等12部门	《关于支持智能建造发展的若干措施》
2023.08.15	住房和城乡建设局	《关于印发〈保定市智能建造试点项目BIM应用项目评审指南（试行）〉的通知》

4 企业创新发展思路

4.1 引进先进生产技术

在各级智能建造政策导向引领下，建筑业企业应积极发展或引进BIM、大数据、物联网、人工智能等新一代先进信息技术，为智能建造技术的应用提供强大技术支持。同时，应注重智能建造技术与传统施工工艺方法的融合，使其真正为项目建造提供有力帮助，提升整体施工水平。通过引进先进技术，企业可以实现更加精细化的管理和更加高效的生产方式，以达到降低成本、提升效益的目标，更能在当前建筑业的寒冬期提高企业市场竞争力。

4.2 推广绿色低碳建筑

建筑业作为我国经济的重要支柱产业，同时也是碳排放量较为严重的行业。而中共中央、国务院在2021年9月印发《关于完整准确全面贯彻新发展理念做好碳达峰碳中和工作的意见》，要求"推进城乡建设和管理模式低碳转型、大力发展节能低碳建筑、加快优化建筑用能结构"。在此背景下，实现建筑业绿色低碳转型尤为重要，而智能建造则是建筑业绿色低碳转型的必然选择，智能建造技术凭借其数字化、智能化、智慧化的优势，可以为建筑业绿色低碳转型提供新的战略机会和科学技术支撑，可以高效解决传统建造方式带来的质量、进度等问题，加快实现建筑业绿色低碳转型升级。

4.3 加强人才培养和引进

智能建造的发展离不开高素质人才的支撑。2022年10月7日，中共中央办公厅、国务院办公厅印发《关于加强新时代高技能人才队伍建设的意见》，文件指出：创新高技能人才培养模式。探索中国特色学徒制。围绕国家重大战略、重大工程、重大项目、重点产业对高技能人才的需求，实施高技能领军人才培育计划。建筑业企业在当下智能建造转型关键时期，应加强人才培养和引进工作，建立完善的人才激励机制，激发员工的创新活力。通过培养具备信息技术、智能装备和建筑专业知识的复合型人才，可以为智能建造发展提供有力的人才保障。

4.4 创新管理模式

在智能建造背景下，建筑业企业创新管理模式是提升竞争力、实现可持续发展的关键。

企业应深入理解智能建造的内涵，明确通过数字化转型提升项目管理效率、降低成本、提高质量的目标。构建以BIM、大数据、云计算、物联网等先进技术为核心的智能建造技术体系。在优化组织结构方面，应加强信息化建设，构建数字化管理平台，建立跨部门协作机制，实现信息的实时共享和快速传递，提升管理效率和整体协同能力。

4.5 加强产业链协同

加强产业链协同是推动行业转型升级、提高整体竞争力的关键举措。首先，建筑业企业需要明确产业链协同的目标，即实现设计、生产、施工、运维等环节的紧密衔接和高效协同，以提高项目执行效率、降低成本、提升质量。利用云计算、大数据、物联网等先进技术，构建智能建造平台，实现产业链上下游企业之间的信息共享和协同作业。同时，建立数字设计体系，促进设计、生产、施工等环节的协同。通过技术创新、管理创新和市场拓展，加强产业链上下游企业之间的配套合作，形成优势互补、资源共享的产业链生态，带动整个产业链的发展。

4.6 加大研发投入与技术创新

技术创新是驱动建筑业企业持续发展的核心动力。在智能建造的背景下，企业应加大研发投入，鼓励技术创新和研发。通过设立专门的研发机构、与高校和科研机构合作、引进高端人才等方式，不断提升企业的技术实力和创新能力。在开展智能建造相关应用的同时，总结经验成果，在论文、专利、QC课题、BIM大赛、示范项目、科技项目、平台研发等领域不断探索实践。同时，企业还应关注国际前沿技术的发展动态，积极引进和消化吸收先进技术，推动企业在智能建造领域的领先发展。

4.7 强化标准制定与规范管理

智能建造的发展离不开标准的制定和规范的管理，标准与规范对于提升项目质量、降低企业成本、提高工作效率等具有至关重要的作用。建筑业企业应积极参与智能建造数据标准、技术标准、产品标准、质量标准等相关文件的制定工作，进一步推动行业标准的完善和提升。同时，企业还应加强内部管理，建立健全与智能建造相适应的管理制度和监管机制，确保智能建造项目的顺利实施。通过标准化、规范化的管理，提高项目的质量和效率，降低风险。

4.8 拓展行业市场与合作

企业拓展国内市场与合作是提升竞争力和市场份额的重要途径，在传统建筑市场中，积极推广智能建造技术和产品，提升传统建筑项目的智能化水平。同时关注新兴市场和细分领域的需求变化，如智慧城市、绿色建筑、装配式建筑等，拓展新的市场应用空间。加大对外交流合作，与其他行业的企业开展跨界合作，共同探索智能建造在相关领域的应用前景。加强与地方政府、行业协会等机构的合作，共同推动智能建造在区域内的应用和发展。加强品牌建设和宣传推广，提高品牌知名度和美誉度。通过参加行业展会、举办技术交流会等方式，展示企业的技术实力和产品优势。

5 总结

智能建造作为建筑行业的未来发展方向，具有广阔的发展前景和巨大的市场潜力。在国内政策的支持和推动下，建筑业企业应积极把握机遇，通过技术创新、管理创新、人才培养和引进等措施，实现企业的创新发展。未来，随着技术的不断进步和应用场景的拓展，智能建造将深刻改变建筑行业的面貌，推动建筑业向更高质量、更高效率、更可持续的方向发展。

参 考 文 献

[1] 马智亮. 智能建造应用热点及发展趋势[J]. 建筑技术，2022，53(9)：1250-1254.
[2] 王波，陈家任，廖方伟，等. 智能建造背景下建筑业绿色低碳转型的路径与政策[J]. 科技导报，2023，41(5)：60-68.
[3] 于静. 智能建造科创新应用赋能住建领域新质生产力[J]. 中国建设信息化，2024(12)：13-15.
[4] 住房城乡建设部印发第三批发展智能建造可复制经验做法清单[J]. 中国勘察设计，2024(5)：10-11.

BIM 数字化助力市政道路工程 EPC 总承包模式

赵金林[1] 岳 强[2], 韩玉宽[3], 邹淑国[3], 姜 雪[3]

(1. 青岛市市北区审计局,山东 青岛 266000; 2. 泰安公路事业发展中心泰山服务中心,山东 泰安 271000;
3. 青岛市市政工程设计研究院有限责任公司,山东 青岛 266000)

【摘 要】 EPC 总承包模式即设计—采购—施工一体化的工程总承包模式,项目大多具有实体实地基础信息复杂、涉及专业关系复杂、工程周期及处理效率要求高等特点。在此类项目中应用 BIM 数字化,将充分调动工程建设过程中各参与方的协调、控制、动态管控,以设计优势推动工程进展,并将工程设计、工程管理和工程施工良好结合,达到工程建设合理、精准、高效、精细的目的。

【关键词】 BIM;EPC;数字;管理

1 项目简介

李王路拓宽改造工程作为青岛市全力推进的胶东国际新机场配套道路体系的重要组成部分,是极端恶劣天气下保障市民高效便捷进出新机场的重要应急保障工程。在工程设计、实施组织、建设管理等各阶段充分发挥 BIM 技术的控制、协调、动态管控等作用,以设计优势推动工程进展,并将各阶段、各参与方在各自职能、责任等方面的结合,达到工程建设合理、精准、高效、精细的目的,实现工程的"智建慧管"。

2 项目管理模式创新方向

2.1 项目传统建设管理模式下的弊端

项目传统建设管理模式下,工程建设项目通常只重视单独管理某一阶段的内容,缺少从全过程角度科学、系统的分析,导致项目各阶段的信息支离破碎,产生许多自动化孤岛或信息孤岛。并且项目各参与方相互独立,采取不同的管理方法来保障各自的利益,决策设计阶段的信息很难被反馈和运用于施工、运营阶段。

2.2 项目管理创新方向

在应用过程中,建立基于项目的数字化管理标准,实现设计、咨询相融合,数字化驱动的实施管理体系。

依托设计单位与 BIM 咨询单位的既有市政工程数字化管理标准,更流畅地实现过程的可视化协同。设计单位与 BIM 第三方深度融合合作,发挥设计单位的行业专业化优势与 BIM 第三方的数字标准及软件开发能力优势,将建设、设计、施工、监理等相关方统一纳入 BIM 数字化实施体系,并由 BIM 第三方关注交付运维的需求导向。以数据驱动管理进场,以可视化降低管理难度,将数模进行"对应式"结合,从项目管理和运维需求角度促进数据建立过程。

【作者简介】 岳强(1984—),男,副高级工程师。主要研究方向为公路建设养护管理、BIM 技术研究与应用。E-mail:13854827869@163.com

3　项目特点及 BIM 应用优势

3.1　项目的建设特点

项目涉及河道、农田、现状排水渠、道路、管线等现状基础资料,多且杂,基础资料的归档及查阅困难。工程设计内容涉及桥梁、道路、雨污水、燃气、交通设施等专业,各专业关系复杂,设计之间的交互性差,专业相互关系及表达不直观。工程实施对设计表达的需求较高,桥梁与河道立体设计的空间计算及表达需求高;相交管线、河堤与防洪闸等复杂节点的设计意图难以表述。由于地质变化复杂,造成建设环境与工程设计预判性差,施工组织、建设管理的预判性差。

3.2　项目的管理难点

由于项目实体实地基础信息复杂,导致建设过程中基础信息影响因素多。在传统的建设管理模式下,各参与方异地沟通的信息量大,且各方对现场情况的表述及对设计文件的理解难以保证信息传递的真实性、完整性、可靠性。由于现场的复杂变化导致不可避免的变更内容的发生,从而引起设计施工一体化中审核流程、周期等相关工作量的增加。工程周期及处理效率要求高,设计单位需及时对接、跟踪建设进度及现场情况,施工反馈、业主审核、设计解决等均要求处理效率的提高。

3.3　项目 BIM 应用的优势

结合本项目全过程管理、阶段性实施、互相交叉影响、责任主体唯一的特点,应用 BIM 技术可充分发挥以下优势:

发挥设计方的技术优势,在建设全过程参与、主导、服务、协助各建设方;借助 BIM 技术指导施工场地布置、施工组织设计、材料储备及运输,并精细化诠释设计,实现项目智能化建设;协同各参建方、现场、成本、建设各阶段,实际、实时地变动掌控,融入智慧化管理;通过技术手段、工程建设模式与工程管理方式的有机融合,实现项目建设效益最大化;消除、弱化行业传统模式下参与方积极性不高或素质不足、物资过程难以动态管控、设计施工监理衔接不畅等劣势。

4　BIM 数字化实施流程说明

项目的实施流程由主体架构、设计、物资、施工、运维组成。

主体架构强调可视与协同,从全员化全周期阶段化统筹项目级的管理组织;设计阶段借助 BIM 可视化与分析功能,提升设计应用的深度,发挥设计优势;物资阶段基于 BIM 的信息与数据管理,将粗放式物料管理转为线上计量,提高管理的精度;施工阶段对施工质量与进度进行专项科学管理,提升管理标准化,减少设计管理施工的短板效应,发挥施工总承包单位及设计管理人的标准化优势;运维阶段借助设计建设过程模型、数据信息,形成智慧数据底层资料,为企业数字资产提供基础。

4.1　可视化协同阶段的应用

(1) 建立项目管理组织架构。优先明确项目建设、设计、施工、监理等各方权责,采取账号制形式,形成线上项目管理组织架构;各参建方人员可基于可视化协同模式,在线实时沟通、讨论、记录,非正式与正式讨论同步进行。

(2) 项目大事件及工程动态跟踪。对重要工序、重要现场资料、重大工程建设工艺实施实时及可视化的工程动态跟踪,并做好影像资料及轨迹记录。

(3) 电子文档管理与更新。分阶段分权限浏览下载,且实体工程资料均与模型进行关联,支持多方同时进行在线讨论。

(4) 常规流程表单在线填报。项目将常规常用流程表单进行电子化,采用在线填报审核批复模式,形成项目表单库,以便后期数据检索查询。

可视化协同阶段的应用可以实现交流工具的升级,提升工程设计、建设的管理效率。

4.2　设计优化阶段的应用

(1) 实景数据参照实现对总体方案的优化。采用无人机航拍+GIS 数据结合技术,采集道路周边近期实景数据,利用倾斜摄影模型与设计模型进行比对参照;优化总体设计方案,并进行线位的综合优化及拆迁建筑物、数量的校核。

(2) 实景数据、地质资料采集及原始地形的创建。针对重点关注区域,根据勘察单位提供的勘察报告及第三方扫描测量采集数据,建立原始三维精准地形模型,根据地质特点指导后期专业设计与施工工艺。

(3) 方案及设计阶段效果展示。全方位应用于可视化汇报、方案比选、专业模拟、设计分析,通过具有自定义参数组件的设计来将复杂问题描述清楚。

(4) 方案比选。包括整体方案比选、专业(景观、路灯等工程)选型比选、道路开洞模拟等。

(5) 设计校核。分专业类别进行碰撞检测识别与导出,并根据无碰撞模型进行平、立、剖等多视图的检查复核。

(6) 静态分析。基于三维模型,进行第一视角的通视效果、天际线等模拟判断。

(7) 可视交流。多角度试点保存与共享,与相关方进行三维可视化交流。直观测量空间点位坐标、距离、高程、坡度等信息(图1)。

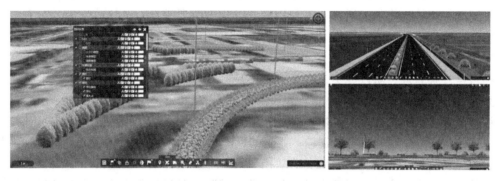

图1 方案展示、设计校核、静态分析、可视化交流

(8) 施工模型创建。实现道路工程、交通工程、景观工程、路灯工程、桥梁工程、排水工程等专业的施工模型创建。对危险距离预警,在原有硬碰撞的基础上增加软碰撞,结合施工方案桥梁节点深化人行道铺装节点、搭接节点、附属构筑物细部安装节点等。

(9) 可利用创建的施工模型,采用BIM技术模拟施工车辆的生产组织;模型作为高度信息集成的三维可视化载体,大型构件的施工模拟能辅助方案决策,规避实际操作中的风险,整体加强项目管理水平。

(10) 基于BIM的"白图"生成。为后续导入施工提供基础,落地更具有实际使用价值。

设计优化阶段的应用可实现图纸质量提高,工程高效预判。

4.3 物资计量阶段应用

(1) 物资构件清单管理。以模型构件为基本单元,项目创建了大型物资工程量清单标准库,从设计阶段以三维构件形式进行工程量清单分解。

(2) 优化物资采购流程。将现有可视化管理平台与构件的物流(车辆)系统进行关联,了解部件的生产、采购、施工、验收状态流程。

(3) 成本管理计量明细。结合工期进度管理与中间计量自动统计功能,实时调取和了解现场施工形象进度与工程量情况(图2)。

物资计量阶段的应用可实现物资清单明细,同步工程施工。

4.4 施工管控阶段的应用

(1) 控制标准来源。基于企业工程管理实施经验的自有工程管理标准库,经由设计咨询单位专业团队研讨确认与项目具体工程调研调整。

(2) 质量控制标准。质量管理细化到工序,质量报验流程由线下改为线上(图3)。

(3) 进度控制标准。以可视化分色显示形式快速了解工程整体进度比,同时,通过现场工程人员录入确认实际开工时间,自动比对分析实际进度情况,最细精度到工序级别(图3)。

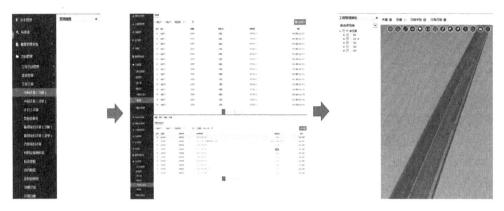

图 2　优化物资采购过程、成本管理计量明细

图 3　质量控制标准、进度控制标准

（4）现场控制标准。与可视化协同平台同一协同体系的手机移动端，满足实时线上线下一体交流。在进行到指定工序阶段，快速识别阶段危险源及相关信息，平台端与移动端的过程管理通过自动归档，按需形成阶段报告，用以进行监理工作汇报、形象进度记录等事宜。

施工管控阶段的应用可实现建设过程记录，数据逆向追溯。

4.5　建设管理的应用

（1）创建设计资料台账。将设计院的过程多版本图纸等资料进行规整，形成可用于工程后续运维查询调取及企业项目图纸管理的专项台账（图 4）。

（2）创建施工信息标准库。基于施工过程相关工程资料、监理施工信息工艺流程标准库，积累同类型项目管理经验，用于设计、施工等单位的 EPC 项目管理参考（图 4）。

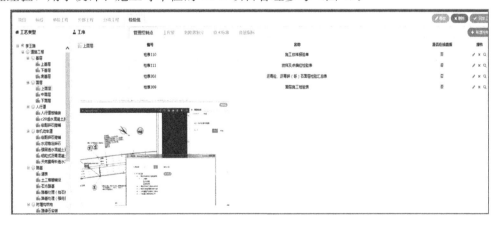

图 4　创建设计资料台账、创建施工信息标准库

市政道路及管线归档资料的准确性关系到后续关联项目的规划和施工,尤其影响常规性维护改扩建工程。

5 主要效益分析

(1) 设计升级:通过可视化协同与三维预判模拟,用于与实景采集数据的交互参照和对工程相关方的汇报交流讨论,最大限度地对接设计需求,提升设计的效率与质量。

(2) "开凿"设计—施工壁垒。将主要参与单位以在线架构化进行关联,以可视化模型与数据化管理进行在线协同,逐步解决项目EPC总承包管理模式下交流不畅、专业壁垒、异地办公等诸多障碍,发挥该模式的管理价值。

(3) 数字闭合与协同。BIM数字化可视管理平台,将工程通过模型与数据进行全周期、全员化、全专业关联,以模型加速沟通与管理效率,以数据驱动管理的标准化,形成可视化状态下的闭合数字管理。

(4) 智慧运营基础。从前期就开始考虑市政基础设施工程的数字档案组建准备,保留工程的原始数据资料,可查询、可追溯、可升级,同时为智慧市政运营提供基础信息。

6 协同促进技术与管理升级

EPC总承包管理模式的BIM数字化技术有利于将设计单位或施工单位优势最大限度地发挥至工程建设管理过程中,在薄弱环节易于以项目管理标准数据为依托实施,从而形成优于传统管理状态下的新工程管理形式。

BIM第三方公司可从数字化方案、智能化设备、平台功能需求研发等方向弥补EPC总承包管理模式下项目各参与方的数字短板,但现阶段整体实施方向仍应以传统项目管理流程为准,优化其形式,而非核心流程。

BIM数字化项目管理实施前期,多方联合办公模式有助于标准化体系的建立和加速BIM数字化技术的落地,通过技术创新和管理创新对工程建设全生命周期的信息进行可视化,实现参数化的现场管理,并面向可持续的工程建设优化改进。

参 考 文 献

[1] 李明瑞. 基于BIM技术的建筑工程项目集成管理模式研究[D]. 南京:南京农业大学,2015.
[2] 廖奕宁,杨洋. 市政道路设计中BIM技术应用分析[J]. 四川建材,2019,45(3):149-150.
[3] 戴旭强,饶丰,朱吉祥. BIM技术在施工现场总平面布置中的应用[J]. 科技创新与应用,2016(31):267.
[4] 刘立扬. BIM技术在立交桥大型构件施工中的运用[J]. 建筑施工,2018(10):1824-1826.
[5] 曾凝霜,刘琰,徐波. 基于BIM的智慧工地管理体系框架研究[J]. 施工技术,2015,44(10):96-100.

面向新一代智慧建筑的工业互联网实验室

关林皓，许璟琳，彭　阳

(上海建工四建集团有限公司，上海　201103)

【摘　要】针对智慧建筑的 BIM 应用案例缺乏创新性和公开性的问题，本文提出建设面向新一代智慧建筑的工业互联网实验室，创新其建设的设计理念及在智慧建筑技术应用和运维标准化方面的应用。通过实验室内的高新信息技术，包括大数据分析、人工智能和物联网的融合使用，本文旨在建立一套完整的智慧建筑数字建造标准和协议，明确智慧建筑全生命周期的技术和功能，推动智慧建筑领域的发展，为新一代智慧建筑的工业互联网的发展提供基础与有效案例。

【关键词】智慧建筑；工业互联网；建筑智能化；智慧运维；实验室建设

1　引言

2020年，住房和城乡建设部等12个部门联合印发《关于推动智能建造与建筑工业化协同发展的指导意见》。此后，建筑行业的工业化、数字化、智能化升级变得尤为重要，其中建筑数字化、智能化升级已成为建筑业信息化转型的必然，是行业信息化转型的关键路径。

阿里巴巴发布的《智慧建筑白皮书》中写道："未来的智慧建筑应该是自学习、会思考、可以与人自然地沟通和交互，具有对各种场景的自适应能力""通过各种嵌入式传感器、建筑信息模型（Building Information Modeling，BIM）和技术创新，提高建筑的整体智慧和自适应能力"。不难看出，智慧建筑最终要实现的目标，是结合 BIM 并引入 AI 让建筑具备人的思维，实现自我决策的能力，使环境、建筑、人三者和谐共处，融合协调发展。

随着智慧建筑这一概念的不断演进，智慧建筑的定义变得日益复杂，导致其解释和实施存在多元化的观点。这种现状凸显了建立一套行业标准与协议的迫切需求，以确保技术开发和应用的一致性与互操作性。

工业互联网实验室是一种融合了高新信息技术（如大数据分析、人工智能、物联网）的实验性平台，旨在探索和实践智能建造与智慧建筑技术。其主要目标是通过模拟和测试智慧建筑的全生命周期管理，推动建筑领域的技术创新和应用。因此，工业互联网实验室不仅是一个实验平台，也是智能建造技术与智慧建筑发展的重要推动力。

基于这一需求，本文提出建设"面向新一代智慧建筑的工业互联网实验室"，以"工业互联网实验室"为主旨，探讨其在既有楼宇智能化改造中的作用，并详细介绍实验室的架构和关键技术。借助既有楼宇改造工程，将楼宇改造为智慧建筑办公楼，同时在项目中应用工业互联网数字建造技术，助力项目管理效率和能级。竣工后该建筑作为智慧楼宇的数字运维实验室，负责高新技术的落地测试与推广，并在楼宇内建立工业互联网数字建造技术展厅作为数字建造技术的展示和宣传平台，推广智慧建筑全生命周期的数字技术，如图1所示。

【作者简介】关林皓（1998—），男，助理工程师。主要研究方向为基于数字孪生的建筑智慧运维、网络安全。E-mail：chirnyo@qq.com

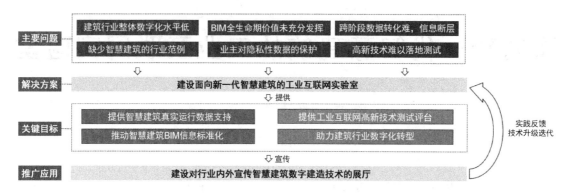

图 1 工业互联网实验室建设

2 工业互联网实验室架构

工业互联网的核心在于通过工业互联网平台，将工业生产中的各类资源紧密连接融合，形成跨设备、跨系统、跨建筑、跨地区的互联互通，从而提高效率，推动整个服务体系的智能化发展，而建筑领域是工业互联网支持的重要领域之一。建筑信息模型（BIM）技术是对建筑全生命周期的数字化表达，也是建筑行业工业互联网平台的基础支持。但研究表明，当前无论是建筑的建造阶段还是运维阶段，都存在 BIM 跨阶段转化困难重重，BIM 全生命周期价值未充分发挥，特别是难以支持智慧运维阶段。

工业互联网实验室通过集成各种先进的数字技术，为智慧建筑的全生命周期管理提供支持。其主要功能包括技术集成与测试、数据收集与分析、创新技术应用等，在智慧建筑的数字设计、数字施工、数字交付和数字运维阶段提供数字化功能。实验室通过集成大数据分析、人工智能和物联网等技术，对智慧建筑的各项功能进行模拟和测试，确保各系统的稳定性和可靠性。实验室为新技术的研发和应用提供了一个开放的平台，促进智能建造和智慧建筑技术的创新和推广。

依照《工业互联网体系架构》，智慧建筑的工业互联网平台应包括从设计、建设到建成、使用直至拆除的建筑基础数据和运维数据，结合高新技术实现进驻全生命周期的智慧管理。各阶段借助工业互联网与 BIM 的关键技术，完成对智慧建筑全生命周期的高效管理，如图 2 所示。

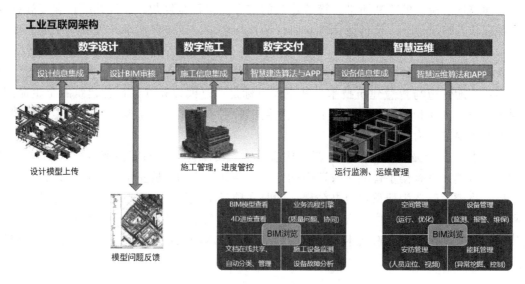

图 2 工业互联网架构

3 关键技术

工业互联网实验室是一个多层次、多模块的系统，从建筑的全生命周期出发，各关键技术在其中扮演着不同但互相关联的角色。各项关键技术在工业互联网实验室内测试，确保高新技术能在真实环境下应用部署，获得真实可靠的数据反馈，优化技术方案，提升技术应用效果。

3.1 施工现场数字化智能监管

智慧建筑的设计与施工阶段，基于 BIM 的工业互联网智能监管技术（图 3），对建设过程进行实时智能监管，通过数字技术提高管理效率和能级，并以数字化手段对机电等系统进行验收，确保施工 BIM 向运维 BIM 的转化，全面提升建造管理效率。

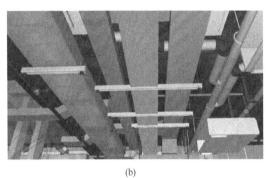

(a)　　　　　　　　　　　　　　　　　　(b)

图 3　施工过程中数字建造技术

(a) 智造施工现场远程智能监管系统；(b) 机电系统的 MR 施工验收

3.2 基于空间物模型的异常识别

以物联网的概念为基础，结合基于 BIM 的智慧楼宇运维平台，在平台内使用空间物模型这一理念对建筑运行阶段的机电系统进行管理。如图 4 所示，空间物模型是将公共建筑中机电系统、环境监测数据通过空间实例梳理关联关系，将复杂庞大的机电系统独立成空间个体进行管理；同时建立异常状态判定规则，形成规则库；通过规则引擎对空间实例进行异常识别，并进行异常状态告警，实现公共建筑机电系统的低碳管理。

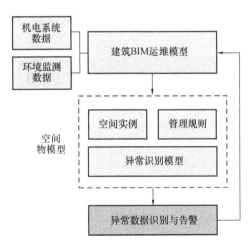

图 4　空间物模型异常识别流程

3.3 基于 BIM 的人员轨迹定位技术

在安防领域，类比重点人员的轨迹追踪与走失儿童的定位，大型公共建筑中存在轨迹定位需求。传统的室内定位方法受限于硬件设备与用户主动参与，往往无法满足现实需求的灵活性和即时性，并且目前常见的室内定位技术存在部署成本高、定位设备携带麻烦等问题，无法满足大多公共建筑开放式的安防场景。利用 BIM 的空间数据和结构信息，该系统可以更精准地分析和理解建筑内部的环境布局，从而提高人员定位的准确率和效率，形成亚米级定位能力，如图 5 所示。为了不断对技术迭代更新，在智慧楼宇实验室内完整搭建一整套系统进行应用，分析使用场景，优化算法功能。实验室内的测试也有助于研究相应的隐私保护规则和使用准则，为政策的制定提供数据支持与科学依据。

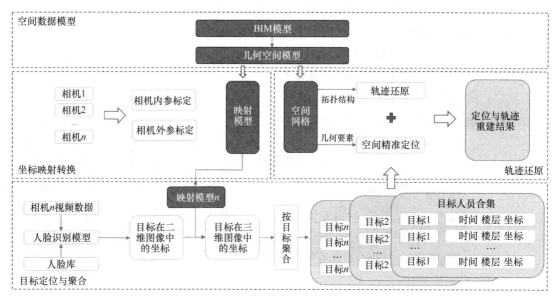

图 5 人员轨迹还原

3.4 运维大模型

智慧建筑的运维平台与大语言模型（Large Language Models，LLMs）技术的融合，是智慧建筑运维管理技术发展的一个重要方向。大语言模型是一种基于深度学习的人工智能模型，主要用于理解和生成自然语言。针对智慧建筑的运维管理，结合基于 BIM 的智慧运维平台，训练出的运维大模型能够更深入地理解建筑运维相关的语境和术语，为运维管理人员提供强大的决策支持与数据的快速查询，使智慧建筑的运维管理更加智能化和高效化，提升智能化水平，如图 6 所示。凭借运维大模型高效的数据处理能力和情景模拟的高度灵活性，实现了数据报表的自动生成以及运维功能的检索，为建筑运维管理开辟了新方案。

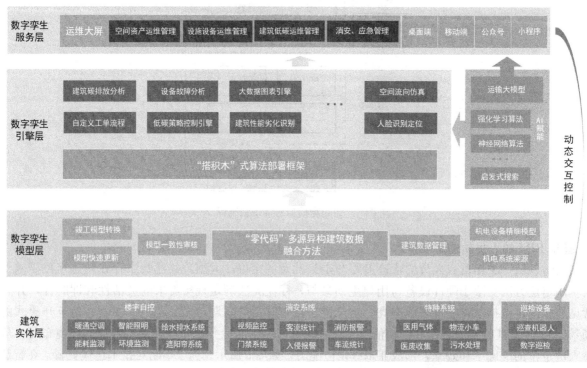

图 6 智慧楼宇运维平台架构

4 应用案例

本文以新建大楼作为试点案例建设工业互联网实验室,阐述采用实验室内测试后的技术应用效果。楼宇在设计之初便被打造为一座典型的智慧建筑,设计为面向新一代智慧建筑的工业互联网实验室,用于收集楼宇的运行数据,开发针对智慧建筑的全生命周期管控平台,为智慧建筑的高新技术与管理系统提供实际的试验场地。

为了能够有效地宣传先进技术与基于 BIM 的数字建造技术,本项目特别建设了一个专注于宣传数字建造技术的展厅,如图 7 所示。展厅内总结了数字建造的全生命周期,将总结的技术转化为展示案例,实现了对建筑行业数字建造先进技术的应用与展示,宣传了在建筑行业中工业互联网架构的应用场景与应用方式,推动了数字建造技术的普及和应用。

图 7 智慧运维平台与展厅

本实验室内一些先进功能已在不同的项目现场得到应用。大型公共建筑内的机电设备控制如果未经测试出现紊乱,将会影响访客的舒适度,所以需要在实验室进行长时间测试后方可落地现场。如优化后的机电控制系统为上海市某大型图书馆提供窗帘控制服务,如图 8 所示,结合高保真的 BIM 模型,通过移动端对馆内 400 余窗帘进行统一调控,已提供约 3000 次群控能力,有效支持馆内环境光质量调节。

图 8 某大型图书馆的窗帘控制系统

运维大模型于实验室内上线测试通过验证后,正式部署应用于智慧建筑内。对外,在展厅中展示大模型对于智慧楼宇运维的贡献能力;对内,一方面为楼宇的运维管理团队提供高效的辅助工具,另一方面为楼宇办公人员提供便捷的现场机电控制能力。现场办公人员可以通过扫码方式登录平台移动端,通过运维大模型查询或控制所处空间的机电系统,如图 9 所示,满足办公人员对现场的个性化控制需求。

图 9 运维平台移动端与大模型
(a) 运维平台移动端；(b) 运维大模型移动端

5　总结与展望

随着工业互联网和数字化技术的发展，智慧建筑在业内的关注度将会不断提高。面向新一代智慧建筑的工业互联网实验室建设，不仅为智慧建筑的全生命周期管理提供了技术支持，也为智慧建筑领域的技术创新和应用开辟了新的场景。实验室将持续关注智慧建筑全生命周期的技术进展，结合实际应用需求不断优化与创新运维技术。同时，实验室和展厅相互协同作用，能够推动智慧建筑的发展和应用推广，提升行业整体技术水平，助力智慧建筑的高质量发展。

参 考 文 献

[1] 王理，孙连营，王天来. 互联网＋建筑：智慧建筑[J]. 土木建筑工程信息技术，2016，8(6)：84-90.

[2] 余芳强，左锋，高尚. 基于 BIM 的公共建筑智慧建造与运维工业互联网平台架构研究[A]. 中国图学学会建筑信息模型(BIM)专业委员会，第六届全国 BIM 学术会议论文集[C]. 上海建工四建集团有限公司；上海交通大学医学院附属新华医院，2020：33-38.

[3] 余芳强. 基于工业互联网平台的图书馆全生命期 BIM 应用实践[A]. 中国图学学会土木工程图学分会、《土木建筑工程信息技术》编辑部，《第九届 BIM 技术国际交流会——BIM 助力新城建》论文集[C]. 上海建工四建集团有限公司，2022：71-77.

[4] 工业互联网产业联盟. 工业互联网体系架构(版本 2.0)[R]. 北京，2020.

[5] 许璟琳. 基于 BIM 的医院建筑智慧运维管理研究与开发[A]. 中国图学学会建筑信息模型(BIM)专业委员会，第三届全国 BIM 学术会议论文集[C]. 上海建工四建集团有限公司，2017：135-139.

二三维融合式设计模式及平台研究

唐伟超,王天裕,蒋洪明

(中国电建集团华东勘测设计研究院有限公司,浙江 杭州 311122)

【摘 要】 本文对比分析了目前主流 BIM 正向设计落地难点,以及 BIM 后翻模设计模式、二三维协同设计模式的问题及痛点,提出了一种二三维融合式数字设计的创新模式,通过"设计+BIM"双牵头机制、二三维数据互通机制、二三维成果融合机制、二三维融合校审机制"四大融合机制",证明该创新模式对能切实可行地提升二三维协同效率、设计成果质量以及 BIM 应用价值。

【关键词】 BIM 设计;二三维设计;设计质量;协同设计

1 引言

在当下建筑行业整体呈下行态势的环境中,市场需求逐步缩减,建筑企业正遭遇艰难境遇。其一,企业间的竞争愈发激烈,为获取有限的项目资源,各家企业竭尽全力,竞争压力显著增加。其二,建筑项目的成本持续上扬,利润空间受到挤压,企业降本增效和转型升级的需求已然变得极为紧迫。

对于建筑设计业务,BIM 技术应用被认为是建筑设计提质增效,实现数字化转型的必要条件,将三维可视化、数据可视化、数据统计性及二维可出图性等技术特点应用于设计阶段,助力建筑设计流程再造、技术再造及模式再造,推动设计业务转型升级。但自 2007 年 BIM 技术高速发展以来,BIM 技术并未给设计企业降本增效带来明显的效果,BIM 设计逐渐演变出 BIM 正向设计、BIM 翻模以及二三维协同等不同的 BIM 设计模式,旨在解决设计过程中的问题以及提升 BIM 在设计应用中的价值。随着市场对 BIM 技术回归理性,BIM 设计应用价值得以被重视及关注。本文通过对不同 BIM 设计模式的对比,以及回归 BIM 设计问题本身,提出了二三维融合式设计模式的解决方案。

2 BIM 设计模式分析及对比

2.1 BIM 正向设计模式分析

2.1.1 BIM 正向设计的特点

BIM 正向设计是设计师采用 BIM 软件进行设计建模出图,各专业之间基于 BIM 成果开展设计分析、提资收资、校审批注、打印出图等一系列设计工作的 BIM 设计模式。BIM 正向设计的主要特点集中体现在设计师从项目伊始就运用 BIM 技术展开设计工作,将 BIM 与整个设计流程深度融合,实现了两者的一体化。BIM 软件二三维关联的特点可保证在设计过程中图纸与模型实时联动一致,避免了"图模两张皮"的现象。正向设计模式使 BIM 技术的可视化、模拟性、协调性等价值在设计过程中得到充分发挥,相比传统 CAD 制图方式提高了设计质量及协同效率。

近几年深圳、上海、广州等地出台了一系列政策及 BIM 标准,大力推广 BIM 正向设计。BIM 正向设计的实践案例逐年涌现,但由于软件、标准、人才等因素,BIM 正向设计在建筑设计业务中的覆盖率仍然较低。

2.1.2 BIM 正向设计存在的问题

(1)正向设计软件效率低。目前市面上主流的 BIM 设计软件主要为国外软件,操作习惯与传统 CAD 制图方式差别较大,协同设计出图涉及的功能复杂,学习成本高。同时,BIM 软件的插件生态相较于 CAD 软件更差,贴合国内设计习惯的提效插件少且不成熟。

(2)传统CAD出图难改变。传统CAD制图拥有完善的出图样式及表达习惯,由于软件限制,BIM软件出图效果无法与传统出图样式百分之百一致。BIM出图阶段往往需要花费大量时间调整出图样式及图面表达,一些企业研发的提效工具中均有对于图面处理的相关功能,但在实际应用过程中由于场景复杂,仍存在设计师无法认可从而导致图面处理工作增加。

(3)正向设计体系建立成本高。由于BIM正向设计在软件、流程、标准、组织、管理等方面均存在不足,正向设计的推进已由技术问题转变为体系问题。体系的建设需要大量人员的长期投入,成本较大,在目前行业下行的背景下落地较难。

(4)正向设计投入市场不买单。由于效率较低,正向设计模式相比传统CAD模式需要投入更多的人力,在降本增效的大背景下反其道而行,更加需要市场的反哺。但各省市发布的BIM计费指导标准在行业下行、市场竞争加剧的情况下难以落地,设计企业的投入无法获得相应的回报。

2.2 BIM翻模模式分析

2.2.1 BIM翻模的特点

BIM翻模模式是设计采用CAD软件设计并输出图纸,BIM工程师利用BIM软件基于CAD图纸搭建BIM模型,复核图纸问题并输出问题报告的BIM设计模式。此模式的特点在于BIM介入的时机滞后于设计,不改变设计人员的工作软件及设计习惯,在设计后期发挥BIM技术的价值。BIM翻模因其成本低、对原设计影响小的优势,是目前应用最为广泛的BIM设计模式。

2.2.2 BIM翻模存在的问题

(1)BIM滞后于设计,BIM价值体现低。BIM在图纸输出后介入,无法在设计过程发挥BIM技术对设计方案的优化作用,主要解决专业间的碰撞问题。翻模过程中与设计团队的协同不够紧密,难以及时反馈问题和改进设计。

(2)二维图纸与BIM模型不关联,数据不互通。二维设计与三维BIM建模采用相互独立的软件,软件之间的数据不互通,二维图纸与三维模型成果不关联,BIM与设计交互的时效性较低,协调效率低。

2.3 二三维协同设计模式分析

2.3.1 二三维协同设计的特点

二三维协同设计,是设计师采用CAD软件设计制图,BIM团队采用BIM软件建模,在设计过程中进行成果交互、数据交互、成果关联、设计优化、协同出图等一系列频繁协作的BIM设计模式。二三维协同设计是在BIM翻模的基础上,解决BIM滞后性的问题,通过将BIM工作介入时间提前,在设计过程中BIM与设计基于三维模型进行设计优化及复核,提升BIM价值。

2.3.2 二三维协同设计存在的问题

传统二三维协同设计在一定程度上提升了BIM应用价值,但仍然存在二维图纸与BIM模型不关联、数据不互通的问题。同时二维设计与三维BIM建模并未在统一协同体系下进行协同工作,专业间存在大量的图纸重复处理、线下沟通等低效工作,效率无法提升。

2.4 不同模式对比(表1)

方法结果比较   表1

BIM设计模式	成本投入	BIM价值体现	落地推广性	对设计效率提升	对设计质量提升
BIM正向设计	高	高	低	低	高
BIM翻模	低	低	高	低	低
二三维协同设计	中	中	高	低	中

3 二三维融合式设计模式解决方案

通过分析三大BIM设计模式的痛点及优势,提出二三维融合式设计模式,在二三维协同设计的基础上,通过"设计+BIM"双牵头机制、二三维数据互通机制、二三维成果融合机制、二三维融合校审机制

"四大融合机制"，以解决二三维整体协同设计效率问题。通过对组织模式的优化，加强设计与 BIM 的融合，进一步提升 BIM 价值。通过搭建二三维融合设计平台，集成融合设计标准，助力融合式设计全过程落地。

3.1 "设计＋BIM"双牵头机制

传统 BIM 设计模式中，设计与 BIM 为两个团队实施，BIM 解决的问题点主要取决于 BIM 团队对设计图纸的理解以及团队经验，参考 BIM 正向设计中 BIM 与设计深度协同的特点，BIM 模型应用场景主要源于设计。

采用"设计＋BIM"双牵头机制，由建筑专业负责人与 BIM 负责人共同牵头 BIM 应用方案及实施，具体工作如下：

（1）项目前期由设计与 BIM 共同制定 BIM 应用清单。BIM 负责人根据项目情况梳理 BIM 一级应用点，设计负责人根据项目特点梳理补充二级重点应用点。如"碰撞检查"为一级应用点，针对项目重难点专项的"屋面网架与风管碰撞检查及优化"为二级应用点。"漫游模拟"为一级应用点，针对项目特点的"室外漫游辅助场地高差尺度分析"为二级应用点。"倾斜摄影"为一级应用点，"倾斜摄影建模土方分析"为二级应用点。

（2）项目实施过程 BIM 与设计联合管理应用进度及质量。BIM 团队负责 BIM 应用实施，设计负责人牵头各专业对二级应用点 BIM 成果进行复核及审核。

3.2 二三维融合设计平台搭建

（1）二维协同平台桌面端：基于 CAD 软件研发，实现二维 CAD 设计、提收资、校审、打印、归档全过程在线协同设计平台。

（2）三维协同平台桌面端：基于 BIM 软件研发，实现三维 BIM 建模、提收资、校审、打印、轻量化归档全过程在线协同设计平台。

（3）二三维融合服务端：Web 网页端集成二三维数据成果、数据处理、模型及图纸轻量化，以及数据二次调用，赋能二三维融合。

3.3 二三维数据互通机制

（1）二三维平台立项数据互通：建立二维项目与三维项目联合立项机制，建立项目之间的关联，为数据互通创造基础。同时，二三维项目与企业管理系统项目立项建立管理，助力企业管理效率提升。

（2）二三维平台文件数据互通：搭建二三维统一数据底座，支撑二维平台与三维平台 CAD 文件、模型文件、项目管理等文件管理架构一致，文件互通，实现二三维基于"统一平台"工作。

3.4 二三维成果融合机制

（1）二三维图模定位关联：基于统一坐标定位体系，实现总体定位一致性。通过二维图纸与 BIM 视图绑定建立关联关系，助力问题批注数据互通。

（2）二三维轻量化关联：二维图纸与 BIM 模型发布至服务端进行成果轻量化，基于统一定位关系实现轻量化图模联动。

3.5 二三维融合校审机制

（1）二三维桌面端校审互通：CAD 及 BIM 软件桌面端为日常生产软件，建立生产软件之间的校审数据互通有助于 BIM 与设计的即时高效沟通，提升 BIM 响应效率，同时提升设计对 BIM 成果进行复核的效率。基于二三维成果融合机制，BIM 问题批注从三维平台传递至二维平台与设计图纸挂接。二三维基于统一的批注意见进行沟通、复核、跟进闭环，提升设计质量。

（2）二三维桌面端与服务端校审互通：二三维平台桌面端、服务端校审意见关联及互通。轻量化模型便于设计人员快速查看 BIM 模型成果，提出问题意见，并传递至二三维平台桌面端与图纸及模型挂接。多端校审意见互通提升大大提升了协同效率。

3.6 二三维融合设计标准体系

（1）二维协同设计标准：二三维融合设计的底层逻辑是 BIM 作为设计专业融合设计流程深度参与多

专业协同设计。二维协同深度是二三维融合深度的基础,主要包括制图标准(图层标准及打印样式、样板图、图纸文件命名等)协同标准(参照作图机制、图层过滤原则等)以及管理标准(文件夹管理架构、设校审管理及审批流程等)

(2)二三维融合设计标准:在二维协同标准的基础上,建立二三维融合标准,主要包括二三维融合式设计流程、BIM 设计校审流程、BIM 成果验收要求、BIM 出图标准等。通过标准规范二三维协作方式、协作深度、统一图纸成果等。

3.7 二三维融合设计推广保障机制

(1)组织保障:二三维融合式设计在一定程度是对设计企业内部协作的流程再造、标准再造、生成方式再造,将会对企业传统作业方式带来一定的改变。内部生产体系的改变以及跨部门沟通需要得到上层领导及管理部门的支撑,所以在融合式设计模式推广的组织架构中应融入企业管理人员或管理部门。

(2)制度保障:在融合式设计推广过程中,涉及多部门协作及沟通、标准执行、流程实施、软件应用,在必要的情况下可通过发布管理制度约束各方职责及实施要求,保障顺利推行。

(3)网络及硬件保障:融合式设计涉及异地跨平台协作,对网络环境的稳定性要求较高,企业需要在网络环境上给予相应的保障。同时,为保障设计效率的稳定性,对于计算机硬件配置落后的应进行提升。

4 应用案例简介

4.1 项目简介

西部(重庆)科学城科学会堂项目(图 1)选址在重庆市高新区科学大道与高新大道交叉口西北角地块,项目包括科学会堂地块及科技服务中心地块,总建筑面积 346438.32m^2。由于本项目外立面造型复杂,空间钢桁架与机电管线存在大量交叉(图 2),BIM 技术赋能设计出图要求高。同时项目展开期间团队分散各地,专业间协同难度大。在此背景下,项目搭建二三维融合式设计平台,提升项目设计与 BIM 的融合,赋能提质增效。

图 1 项目效果图　　　　　　　　　　图 2 桁架与管线关系示意图

4.2 平台搭建

项目搭建二三维协同平台+CDE 平台的组合模式(图 3)。二三维协同设计平台:用于二维设计在线协同,三维设计在线协同,二维与三维互通互融。公共数据环境 CDE:用于文件共享,轻量化模型查看,以及 BIM 与设计可视化沟通。

4.3 组织架构

BIM 负责人及建筑专业负责人共同牵头 BIM 实施工作。BIM 工程师负责模型搭建、问题核查及输出、复杂区域图纸导出等 BIM 工作,设计师负责 BIM 模型审核、基于模型的设计复核、图纸输出等,如图 4、图 5 所示。

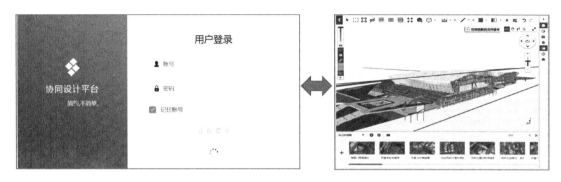

图 3 二三维协同平台及 CDE 平台搭建

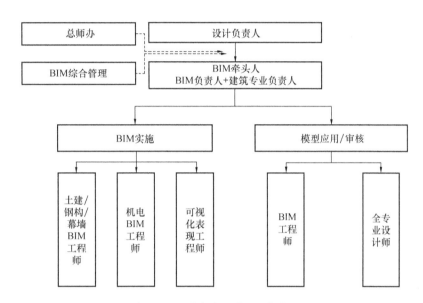

图 4 二三融合式设计组织架构图

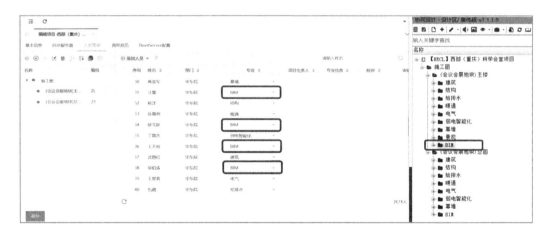

图 5 BIM 作为"第 9 大专业"策划与设计各专业进行协同工作

4.4 BIM-QBS 清单梳理

项目前期由建筑专业负责人组织，BIM 团队编制第一版项目重难点问题表，设计团队进行复核及补充，形成最终 BIM-QBS 表（图 6），作为后续设计及模型复核检查的依据。根据项目特点，本项目拆分为土建、钢结构、机电、幕墙、景观五大项，基于大项拆分 46 子项，在子项下梳理重难点问题共计 107 条。

4.5 协作流程

为提升 BIM 与设计融合程度，充分发挥 BIM 在设计过程中的价值，搭建融合式设计流程。BIM 团队

序号	分项	子项	重点区域核查
1	土建（建筑、混凝土结构、雕梁钢柱）	建筑内部空间、隔墙及门窗	无特定功能空间处理
2			门窗优化
3			百叶优化
4		含金路	含金路顶板两侧与南北区出入口搭接关系
5			含金路顶面与下沉游憩广场边界关系
6			含金路底板两侧与南北区搭接关系
7		下沉广场	下沉广场效果优化
8			
9			
10		楼梯坡道	地下室楼梯净高及碰头问题检查
11			坡道碰头及净高检查
12			楼梯踏脚宽度核查
13			地上楼梯净高及碰头问题检查
14		扶梯	扶梯上下平台与梁搭接关系检查
15			扶梯基坑与基础碰撞检查
16		屋顶砌体墙	屋顶隔墙高度讨论及模型优化
17			内庭院侧外墙与桁架位置关系
18		斜坡及升降板	北1层机房斜坡与主楼搭接关系
19			升降板区域搭接关系检查
20		室内外挡墙	地下室外边界挡墙是否遗漏
21		配合机电优化	机电管综对应的土建优化20余项（地下室局部梁高梁定位优化、北1机房土建、北三夹机房土建等等）
22		配合幕墙优化	下沉广场幕墙收口处土建优化、东西侧结构板边线及梁定位优化
23		配合景观优化	北1机房、含金路区域配合景观优化
24	钢结构	屋面钢结构（参数化找形）	钢屋架边界（上悬、边箍杆）与幕墙关系
25			下悬杆与斜立柱关系
26			桁架高度基于结构提资确定
27		玻璃采光顶门头钢结构	采光顶门头基于幕墙轮廓优化
28		玻璃顶与金属顶衔接	玻璃顶与金属顶交接处桁架连接优化
29		周边斜立柱	周边斜柱与幕墙关系核查
30			转角弧形幕墙斜钢柱与屋面搭接关系及定位
31		屋顶钢立柱	屋顶立柱顶标高基于桁架底标高确定
32		拱廊钢结构	拱廊端部下悬杆节点高度优化
33			拱廊斜柱与主楼混凝土梁冲突检查
34		屋面桁架与下部土建碰撞优化	北区桁架与土建碰撞处桁架高度优化
35			南区桁架与机房顶碰撞处桁架高度优化

分项	子项	重点区域核查
机电	屋面排水	屋面雨水立管走向优化
	屋顶	北3夹层机房暖通管线与钢屋架、建筑空间冲突（碰撞检查、机电专业路由标高及管道大小优化、土建优化）（YJK）
		北3夹层机房暖通管线与钢屋架、建筑空间冲突（碰撞检查）（实际模型）
		北3夹层机房暖通管线下净高及检修路线分析、输出暖通图纸提资设计
		南机房层暖通机房净高分析
		南机房层暖通机房暖通管线与屋面钢桁架关系、桁架高度优化
		南机房层暖通机房暖通管线与土建关系、土建标高优化
	会议室、会客厅、展厅	大、中会议室管线排布、碰撞检查及净高分析
	走廊、走道	南1，2层管综管线碰撞检查及净高分析
	机房及机房走廊	北1层冷却塔等大型设备与斜坡顶关系核查
		地下二层电气机房门前机电碰撞及净高检查
		地下一层北侧与含金路相接的暖通机房精细化排布
		地下一层多桥架及风管交叉密集部位管综排布及路由优化
	防火卷帘	南一、南二层，防火卷帘专项方案
		地下二层弱电穿卷帘问题
	室外管线	室外管线路由及标高优化
	车位车道	车位及车道机电管线密集区域碰撞检查及净高分析
	坡道	地下二层风管与坡道碰撞检查及优化、净高分析
	图纸输出	地下二层整体净高输出
		管线路由及标高优化
		走道管线排布、碰撞检查及净高分析
	地下室出户套管预留预埋	核查地上排水及地下室压力排水、消防等进水套管标高
	外墙风口	地上出外墙风口与幕墙之间的的碰撞检查及优化
景观	含金路景观	与北区入口的交接关系
		与南区入口的交接关系
	北区下沉游憩广场景观	与架空层出入口的出入口交接关系
		下沉游憩广场景观与土建关系检查
	北广场景观	景观斜坡与下部结构、机电的关系检查
		大阶梯处景观与土建碰撞关系检查
		景观架空平台与下部空间的连接关系、与原土建的关系

分项	子项	重点区域核查
幕墙（建筑、结构、幕墙、BIM专业）	外立面幕墙	外立面幕墙结构控制面与钢构件构造关系检查
		外立面幕墙龙骨与结构构件搭接构造关系检查
		周边出入口门头造型与土建及钢构关系检查
		外立面幕墙百叶核查
		外立面门头
	屋面幕墙	屋面幕墙造型及方案
		金属幕墙、格栅幕墙与结构钢屋架安装空间核查
		排水沟与金属幕墙、玻璃幕墙交接关系检查
		排水沟与与钢屋架关系检查
		日晷上下圆环位置优化
		檐口与钢结构关系的核查
		排烟窗与结构之间的关系
	内广场幕墙	内庭院幕墙与建筑外墙防水关系核查
		南区下沉广场幕墙收口与土建墙体冲突检查
		金属幕墙收口轮廓与检周边构件关系检查
	南区内庭院幕墙	玻璃幕墙分隔与土建的构造关系核查
	含金路上空及周边幕墙	含金路上空幕墙幕墙轮廓线优化
		含金路出入室内玻璃门与幕墙碰撞检查、幕墙门优化
	玻璃采光顶	玻璃幕墙门头剖面轮廓结合钢结构优化
		玻璃幕墙横竖框分隔与钢结构构造关系检查
		幕墙门与上部钢结构连接关系优化
	模型问题处理	模型问题处理
景观	场外交通	场外市政道路线路检查（道路名字、道路标识）
	场内交通	场内行车路线完整性检查
		场内消防车流线检查
		南区道路（东西侧）与地下室出入口衔接关系检查
		南区道路（东西侧）与含金路衔接关系检查
		南区道路与架空层衔接关系检查
	南广场景观	景观覆土与土建的关系检查
	中庭广场景观	与建筑面层碰撞关系
		与下沉广场交接关系
		与北区南入口交接关系
	含金路景观	与北区入口的交接关系

图 6　BIM-QBS 表

在初步设计阶段介入，初步设计图纸输出后，基于 BIM-QBS 表中重难点区域及问题开展建模和问题复核。过程中发现的问题基于二三维平台即时圈注设计图纸问题，并每周定时召开 BIM 协调会解决遗留问题。出图过程由设计对模型进行审核，确认无误后 BIM 工程师导出复杂区域的模型视图提资设计参考。如图 7 所示。

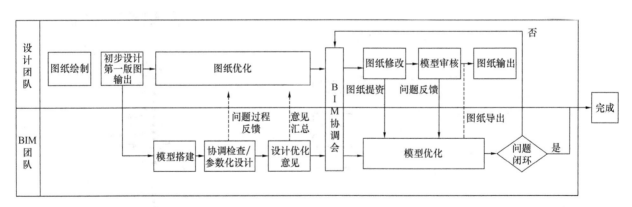

图 7　二三维融合式设计流程

4.6　融合式设计及应用简介

（1）二三维数据互通：二维与三维基于统一数据底座开展在线设计工作，文件在线管理，专业间即时了解最新设计进展，如图 8 所示。

（2）二三维图纸关联：基于平台的二维 DWG 图纸与 BIM 模型视图建立匹配关系，实现二维与三维图纸快速互链，修改后即时更新，保证 BIM 与设计互提资时效性及准确性，如图 9 所示。

（3）二三维校审数据互通及关联：BIM 批注问题传递至二维协同平台与 CAD 图纸挂接，二维平台查看 BIM 问题并快速定位跳转至轻量化模型问题位置，辅助设计师快速查看模型进行复核。项目推进设计

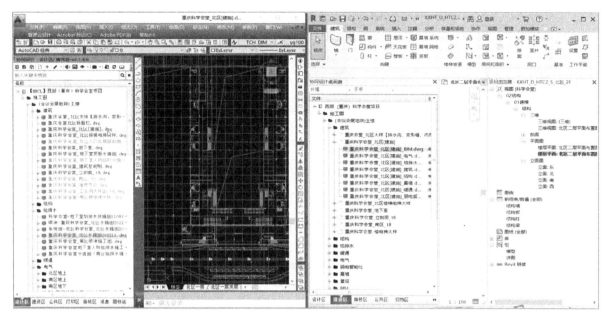

图 8 二三维融合互通应用图

图 9 二三维图纸关联应用图

看模及审模,基于与二维平台集成的轻量化模型快速查看提升效率,保证二三维融合高效落地,如图 10 所示。

(4) BIM-QBS 问题闭环管理:基于平台导出 BIM-QBS 表清单对问题闭环程度进行管控,以及用于 BIM 成果的验收与交付,如图 11 所示。本项目基于 BIM-QBS 表对 BIM 成果质量及完成度进行过程管理,完成 800 余问题闭环。

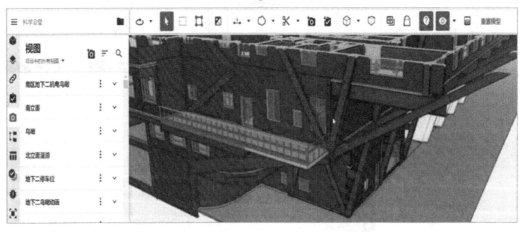

图10 二三维校审数据互通及关联应用图

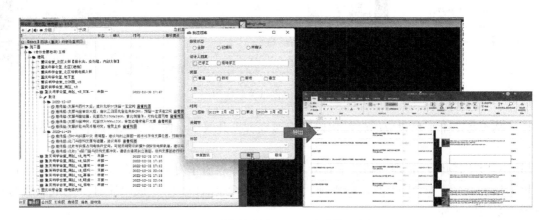

图11 平台导出 BIM-QBS 问题闭环表

5 结束语

本文关注 BIM 设计本质问题，从成本投入、BIM 价值体现、可落地推广性、对设计质量及效率的提升程度几个维度，对现有 BIM 设计模式进行分析，综合各模式的优缺点以及结合 BIM 设计痛点，提出二三维融合式设计模式，并从软件平台、核心技术要求、协同标准、组织架构、保障措施等提出解决方案，该模式已在项目实践中证明其可实施推广。

近年来，随着 AI 技术的高速发展，AI 与工程设计结合的应用场景初露头角，二三维融合式设计也将积极拥抱新技术，利用 AI 技术进一步赋能设计提质增效。

参 考 文 献

[1] 阮兵，张可心，田芮利，等. AE-二、三维协同设计解决方案研究[J]. 工业建筑，2023，53(S2)：103-104.

[2] 陶桂林，马文玉，唐克强，等. BIM 正向设计存在的问题和思考[J]. 图学学报，2020，41(4)：614-623.

[3] 张亚南，梁勇，彭少棠，等. BIM 正向设计高质量落地研究[J]. 广州建筑，2024，52(2)：111-115.

[4] 王宁，卢金成，牟勇胜. 二三维校验在工程设计中的探索和实践[J]. 广东化工，2023，50(10)：117-119，136.

[5] 曹佃龙. 二三维一体化城市地下管网系统设计与实现[J]. 测绘与空间地理信息，2024，47(S1)：68-70.

[6] 李文玉，余琼. 建筑水暖专业二三维关联 BIM 正向设计流程及方法[J]. 暖通空调，2024，54(S1)：470-473.

两个 BIM 团队下"一模到底"的技术应用研究

蒋洪明，顾锦镕，贺 萧

(中国电建集团华东勘测设计研究院有限公司，浙江 杭州 311122)

【摘 要】以扬州某酒店EPC总承包项目为例，通过BIM全过程咨询技术应用，探索BIM模型数据的全过程融合与传递，并验证了两个BIM实施团队下"一模到底"工作模式的可行性、有效性及实用性。结合项目案例，本文提出了基于两个BIM实施团队下各阶段相互协同配合以及信息共享与协同等问题的解决措施与建议。

【关键词】EPC总承包；BIM全过程；"一模到底"

1 引言

2023年中共中央、国务院印发的《质量强国建设纲要》强调了质量强国建设的重要性，要求各地区各部门结合实际认真贯彻落实。其中第六章"提升建设工程品质"提出了加快建筑信息模型等数字化技术研发和集成应用，创新开展工程建设工法研发、评审、推广的要求。

随着建筑业的快速发展，建筑信息模型（BIM）技术在工程建设领域的应用越来越广泛。BIM技术以其独特的数据化和可视化优势，逐渐成为建筑行业的重要发展方向。然而在实际应用中，BIM技术的实施往往面临多个团队、多个阶段、多个软件之间的协同难题，如何实现BIM模型数据的全过程融合与传递成为亟待解决的问题。

BIM "一模到底"的基础是数字资产的共享，虽然业界都在提倡"一模到底"，但现实依旧是自建自用，无法实现BIM模型的传递和继承。本文通过EPC总承包项目开展"一模到底"试点应用，重点研究两个BIM团队下如何实现"一模到底"应用，并解读实施过程中遇到的调整和解决方案，以期推动建筑业的数字化转型和高质量发展。

2 项目概况

2.1 项目基本信息

本项目位于扬州南部开发区，项目用地面积93255m²，总建筑面积约15万 m²，结构形式为框架结构，项目总投资额为14.9亿元；地上由11个酒店功能单元共同打造成高端五星级酒店体系，项目模型图如图1所示。

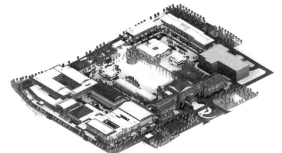

图1 项目BIM模型图

【作者简介】蒋洪明（1989—），男，数智事业部副主任/高级工程师。主要研究方向为BIM技术应用及实证研究。E-mail：jiang_hm2@ecidi.com

顾锦镕（1988—），女，BIM中心执行主任。主要研究方向为BIM技术应用及实证研究。E-mail：gu_jr@hdec.com

贺萧（1992—），男，BIM项目经理。主要研究方向为BIM技术应用及实证研究。E-mail：577893434@qq.com

2.2 BIM 融合中面临的挑战

(1) 项目定位高：本工程作为扬州市重点文旅板块，响应住房和城乡建设部的发展指导意见，以创新突破为核心，推动数字化在项目中的落地应用。

(2) 酒店高标准下的协同：本项目定位为大型国际五星级酒店，且功能单元独立。项目管理团队 20 人，BIM 团队 30 人。项目团队之间如何在高标准下快速多专业融合，提升整个设计过程的协同管理效率是最大的挑战。

3 "一模到底"的概念和体系

3.1 BIM "一模到底"的概念

BIM "一模到底"的核心概念是确保在建筑项目全过程中 BIM 模型中的数据、信息和几何形状始终保持一致与连贯，项目基于同一套数据源，全周期的协同和集成管理，最终实现数字化竣工交付，如图 2 所示。

图 2 BIM "一模到底"流程

为了实现 BIM "一模到底"不可缺少的几个条件：BIM 公共数据 CDE 平台，BIM 软件和技术体系，统一的模型和数据迭代规范，以及充分的协商和沟通。

3.2 BIM "一模到底"的体系

为实现 BIM "一模到底"的落地应用，根据项目特点、国家标准并结合中国电建集团华东勘测设计研究院有限公司（以下简称华东院）"一模到底"标准体系编制"一模到底"《模型应用指南》《模型应用标准》《BIM 构件（族）库标准》《数字孪生模型迭代建设标准》《BIM 模型交付标准》，明确不同软件格式的数据格式标准、格式转换及数据流转模式等路径体系，从而保障模型数据传递。

4 "一模到底"技术应用内容

4.1 团队组成及任务分工

本项目 BIM 技术实施模式采用建设单位主导模式，EPC 总承包单位负责全面落实，以利于协调各参与方在项目中协同应用 BIM 技术，充分发挥 BIM 技术的最大效益和价值。因此本项目制定了详细的团队各方职责，具体划分如下：

(1) 建设单位：审定验收项目 BIM 实施策划及 BIM 模型成果文件，确定项目"一模到底"的应用目标、要求及落地措施，并落实相关费用。

(2) EPC 总承包单位：负责本工程 BIM 技术服务的组织、管理、协调、验收工作，编制项目 BIM "一模到底"技术实施专项方案，并统筹项目 BIM 落地应用；同时负责本项目 BIM 施工图设计模型搭建工作，过程中严格执行"一模到底"标准，使模型能够顺利继承到下一阶段。

(3) 施工总包单位：在实施方案的框架下，继承 BIM 设计模型，并在此基础上落实 BIM 施工模型及 BIM 运维模型深化工作，过程中严格执行"一模到底"标准。

4.2 模型协作流程

为实现 BIM "一模到底"，确保 BIM 模型在项目全过程中的一致性和连贯性，作为 EPC 总承包单位，编制项目全过程工作流程图来保障 BIM 模型及数据传递继承的有效性。

模型协作流程图如图 3 所示，从项目准备阶段到运营阶段，主要涉及建设单位、EPC 总承包单位、设计单位、施工总包单位及监理单位等多方角色，来保障 BIM 团队有效协作。

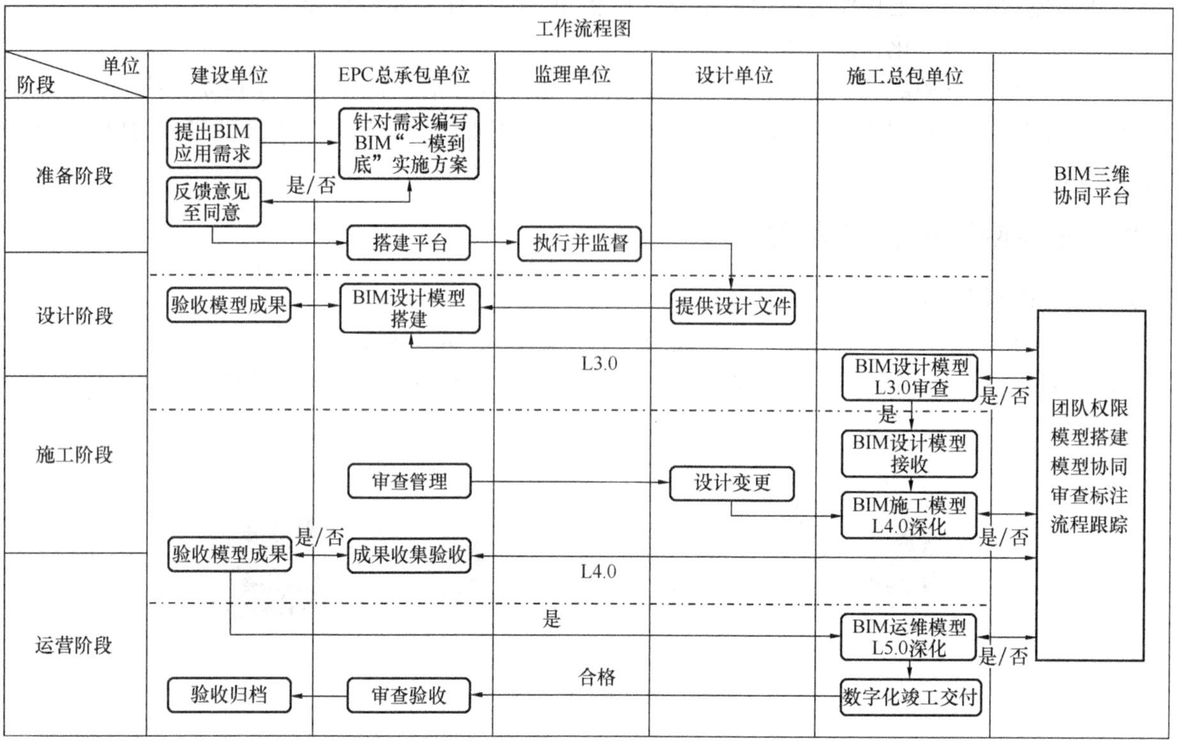

工作流程图					
阶段＼单位	建设单位	EPC 总承包单位	监理单位	设计单位	施工总包单位
准备阶段	提出BIM应用需求；反馈意见至同意	针对需求编写BIM"一模到底"实施方案；搭建平台	执行并监督		
设计阶段	验收模型成果	BIM设计模型搭建		提供设计文件；L3.0	BIM设计模型L3.0审查 是/否
施工阶段	验收模型成果 是/否	审查管理；成果收集验收		设计变更；L4.0	BIM设计模型接收；BIM施工模型L4.0深化 是/否
运营阶段	验收归档	审查验收	合格	是；数字化竣工交付	BIM运维模型L5.0深化 是/否

右侧纵向栏：BIM三维协同平台——团队权限、模型搭建、模型协同、审查标注、流程跟踪

图 3 BIM 模型协作流程图

4.3 模型协作标准

（1）模型传递格式标准。

本项目涵盖 11 个单体建筑，为保障模型高效传递性和时效性，规定模型拆分原则为按楼栋及专业进行。同时项目涉及众多专业，为保证模型格式的通用性，进而保障不同专业间的模型能够无缝对接，明确各专业模型采用 Revit 2018 进行建模。

（2）模型样板及族库标准。

为确保模型的一致性和连贯性，本项目通过制定模型样板及族库标准来实现。首先，对各专业样板进行标准化设置，包括单位、坐标系、模板、族库等，以保证各参与单位对模型操作使用的统一性。然后，建立企业族库，将常用的构件和组件进行分类存储，并将族库与模型样板相融合。通过这种方式在建模过程中能够大大提高工作效率，还能够保证模型传递的准确性。

（3）模型数据标准。

由于本项目 BIM 模型的最终数据在合同签订时只确认了 LOD500 交付，没有更明确的数据要求。为了确保 BIM 模型的顺利延续，项目团队在与业主充分沟通后，参照《江苏省民用建筑信息模型设计应用标准》DGJ 32/TJ210—2016，制定本项目的 BIM 模型数据标准，明确项目不同阶段模型的交付几何信息精度和非几何信息精度，以保证模型数据的准确性和一致性。

4.4 模型继承方式及渠道

目前市场上的模型继承方式主要是设计模型整体交付给施工 BIM 深化团队，交接界面清晰，模型继承简单。但因项目设计变更、二次深化等问题，设计模型难以顺利移交。同时，为满足施工进度，施工模型需提前开展，导致设计与施工模型工作存在交叉。因此，BIM"一模到底"难以实现。

在项目初期项目团队自研并部署了华东院三维协同平台作为模型标准化继承方式及渠道。该平台集成了模型异地协同、文件共享、在线编辑、团队权限划分、审查标注及流程跟踪等功能，使得双团队成员能够实时开展阶段模型协同工作，同时了解项目进度、任务完成情况，并及时进行调整和优化。在模型阶段性交付过程中也可通过平台实现模型审查标注并进行流程跟踪,实现了模型版本管理及模型数据的高效共享。

同时本项目吸取市场教训,发挥 EPC 总承包项目总管理的优势,采用分段交付的模型继承方式。双方约定好模型分段及交付时间节点,如图 4 所示。设计 BIM 团队和施工深化 BIM 团队分别负责施工图设计及设计变更图纸的模型建立和现场施工变更及现场核查模型的维护。这种方式保证了阶段模型的有效继承,有效控制项目质量和进度,降低成本和风险。

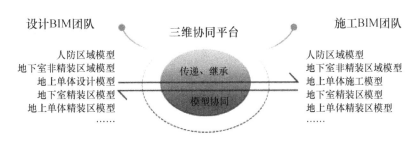

图 4　BIM 模型继承协同渠道

4.5　培训与技术支持

为确保施工深化 BIM 团队成员对本项目 BIM "一模到底"技术标准有深入的了解及有效的应用,本项目安排定期的培训和技术支持。通过培训,团队成员将熟练掌握 BIM 模型样板、族库及模型交接流程的使用方法,从而提升模型传递的效率和准确性。

5　"一模到底"的应用评估

5.1　应用效果评估

(1) 数据精度和一致性评估。

本项目现场施工进度已达到结构封顶阶段。在施工过程中,笔者对当前的设计模型及施工深化模型进行了详细的数据对比和分析。经过过程累计数据评估,设计模型数据精度和图模一致性达到 90%,施工模型的继承度则达到 100%。这些数据表明,在 EPC 总承包项目中,两个团队 BIM "一模到底"的技术应用可确保模型质量和传递性。

(2) 项目质量和进度评估。

本项目建筑面积约 15 万 m^2。通过采用"一模到底"的方式,在交付的设计 BIM 模型的基础上进行施工深化及施工应用,有效节约了 BIM 建模时间约 45d,确保了 BIM 成果的时效性。因此,施工 BIM 团队有更多的时间用来进行现场数字孪生一致性核查工作。

(3) 合作效率和沟通效率的评估。

本项目通过采用分段交付的模型继承方式,以及部署 BIM 协同平台作为模型继承渠道,实现了模型版本管理及模型数据的高效共享,双团队之间的合作及沟通效率提升约 30%。

5.2　应用不足及改进措施

(1) 缺乏合同条款约束,导致双方在工作界面划分上难度较大。

本项目合同条款中未明确 BIM 工作内容,同时地方总承包合同范本也缺乏指导性条款,导致全过程 BIM 各阶段工作界面划分及传递缺乏合同约束,对双方 BIM 工作的约束性不足。

为解决这一问题,在实施准备阶段,通过编制实施策划及 BIM 各阶段交付标准,并与各参与方进行充分的沟通和协商,明确各自的工作范围和责任,最终以正式会议纪要的形式明确 BIM 工作界面。

(2) 各参与方对 BIM "一模到底"认知不足。

国家政策和地方政策对"一模到底"的执行缺少强制性标准文件,此外建设单位对数据标准化继承的重要性认识不足,而其他各参与方更多的是将 BIM 作为辅助工具使用,增加了模型标准化传递难度。

在本项目中发挥 EPC 总承包管理的优势,加强 BIM "一模到底"技术的宣传和培训,提高各参与方对BIM技术的认可度和应用能力。

（3）项目总体流程及进度计划中缺乏BIM任务。

当前市场上，EPC总承包项目的设计交底主要依赖于二维图纸，而施工结算则以施工图蓝图为准。尽管BIM三维图纸在设计施工过程中起到重要作用，但在设计和施工进度计划中，仍缺乏对BIM工作时间的考虑。这可能导致BIM工作为了满足进度要求而降低质量的情况发生。

因此，在本项目中根据设计及施工进度计划，详细制定BIM总进度计划及子进度计划，如图5所示，以确保BIM各阶段成果能够切实满足实际需求。

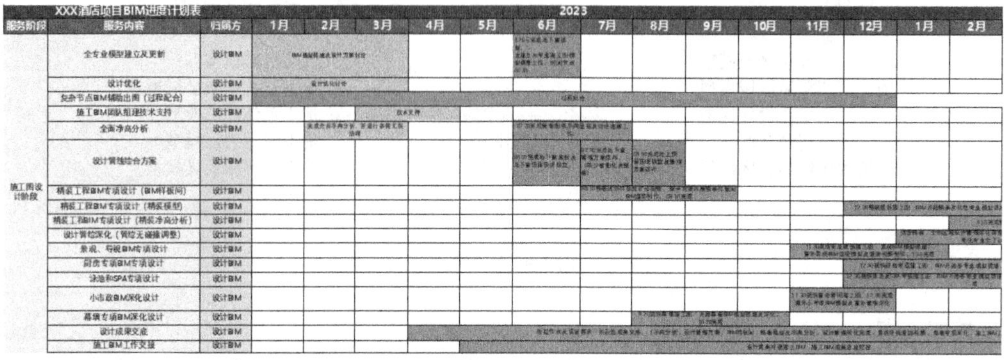

图 5　BIM总进度计划表

（4）市场相关BIM软件交互的兼容性不足。

针对市场上BIM软件交互的兼容性及互操作性不足的问题，可以采取以下措施进行改进：①推动BIM软件标准的统一：通过制定统一的BIM软件标准和规范，促进不同软件之间的兼容性和互操作性。②加强国产软件开发：鼓励BIM软件国产化，开发兼容性更强的软件产品。

6　结论

BIM技术是EPC总承包模式的"利器"，其基础在于模型同源数据交换，数据的有效传递能够将BIM技术效益最大化。本文探讨了在EPC总承包项目下，通过全过程咨询技术实现BIM模型数据的融合与传递。本文提出了"一模到底"的工作模式，并在项目实际操作过程中对其可行性、时效性和实用性进行了验证与确认。

同时，结合项目实际，本文提出了解决各阶段协同配合和信息共享问题的措施与建议。此外，还应鼓励企业以BIM为数据载体，通过"一模到底"推动工程建设各环节的数据交换和数字化交付，提升数字化服务能力，加快建筑业的数字化转型和高质量发展。

参 考 文 献

[1] 刘晓林. 基于BIM在项目中数据继承的应用探讨[J]. 中国建设信息化，2022(14)：64-66.
[2] 黄耀庆. 设计-施工BIM模型跨阶段传递问题分析[J]. 建筑施工，2022，44(11)：2773-2776.
[3] 琚娟. 基于BIM的设计施工跨阶段数据交换标准研究[J]. 土木建筑工程信息技术，2016，8(4)：21-26.
[4] 郦建俊，谢东升. 基于智慧建设的施工运维跨阶段信息交换研究[J]. 建筑施工，2019，41(3)：537-540.
[5] 徐张，林益猛. 基于全过程工程咨询的BIM应用实践与探索[J]. 建设监理，2023(7)：27-31.
[6] 秦艳萍，林冠宏. BIM模型信息分类编码分析[J]. 工程技术研究，2023，8(4)：15-17.
[7] 李立. 基于BIM技术提升项目管理层次的研究与应用推广[D]. 青岛：青岛理工大学，2023.
[8] 龙明武. BIM技术助力提升工程项目总承包能力[J]. 物流技术与应用，2021.

民营企业 BIM 体系建设之路

李 杰，袁学红，宋慧友

(河南科建建设工程有限公司，河南 郑州 450000)

【摘　要】目前建筑业正面临转型升级的重要任务，全国各建筑企业正大力发展以 BIM 技术为基础的创新建设，只有将 BIM 技术融合到项目施工管理体系过程管理中，才能充分发挥 BIM 技术的优势，提升产品的建造效率，节约材料以及提升产品质量，最终使企业建造的产品得到业主的好评，得到建筑市场的认可，为企业打造良好的品牌，赢得未来。本文结合企业多年来 BIM 体系建设的实践经验，提出一条以 BIM 技术服务为核心的立体化建设之路，深度提升项目的利润空间，促使企业和项目实现双赢。

【关键词】体系建设；推广应用；成果价值

1 组织架构

1.1 组织架构亮点

河南科建建设工程有限公司（以下简称河南科建）于 2017 年 2 月成立企业级 BIM 中心作为公司研发、推广层，由公司总工程师兼任 BIM 中心负责人，与公司技术部门并行履行对各项目的服务工作，形成"一中心多项目"落地应用的组织架构。在此组织架构下推行、探索应用至今，BIM 技术已经完成从重点工程应用策划向普通工程应用的转变，并且得到公司、各项目管理人员以及施工班组的认可。基于以上实际情况，河南科建在 2020 年 9 月 4 日推行并明确各新开项目成立 BIM 工作站的文件，完成了由 BIM 兼职人员到专职人员的转变。

1.2 组织架构难点

企业推动 BIM 技术的应用，需要企业 BIM 技术前行者在长期实践中不断地研究及创新，更需要企业高层对 BIM 技术的认可和支持，因为此阶段一般为算得清楚投入的金额、看不到产出效益的阶段。部分企业在此阶段学习或模仿其他企业组织架构，往往又不符合自身的体制建设或公司文化，找不到适合自身 BIM 应用发展的模式，更无法建立与 BIM 应用有关的组织架构。

1.3 组织架构价值

河南科建通过多年的 BIM 技术应用与探索，组建了 BIM 中心与 BIM 工作站的组织架构，明确了 BIM 技术岗位的职责，形成"全员 BIM 应用"的态势，并重新定义了"全员 BIM 应用"的理念，即：由专职人员进行 BIM 技术深化设计方案，再由各岗位、各业务部门等协同落地实施，优化传统模式的全要素、全过程、全参与方的建造过程，实现建造全过程一体化的精益管理，达到建造产品一次成优、减少浪费的效果。

2 标准制度

2.1 标准制度亮点

河南科建 BIM 中心通过长期不断的实际应用与总结，结合国家标准的框架，在 2020 年编制并发行了适合企业建模及应用的标准与制度，分别为《科建建设 BIM 组织架构及岗位职责》《科建建设 BIM 应用及平台相关管理制度与标准》《科建建设项目平台应用效果评价标准》《科建建设建筑工程 BIM 实施指引》《科建建设 BIM 技术应用考核评价实施细则》《科建建设建筑工程施工 BIM 技术应用标准》《科建建

BIM 机电专业建模标准》《科建建设机电样板文件配置说明》《科建建设项目 BIM 技术应用责任书》《BIM 技术应用参赛标准与报奖流程》《科建建设工程创优及科技创新成果奖罚办法》11 项内容，通过建立并完善以上标准、制度以及评价体系，形成具有企业特色的 BIM 技术应用推广体系，有力保障了 BIM 技术在企业的应用空间、推广进度以及公平公正的评价与奖励。

BIM 技术建模标准的亮点：规定了模型策划与组织管理、命名原则、拆分规则、建模顺序与要点、整合扣减规则、交付标准、深度应用标准以及对应模型构建的材质库等建模与应用标准，标化了个人建模的行为习惯，提高了建模的效率与质量，增强了模型的互通性、一致性。

BIM 技术应用制度的亮点：规定了项目应用程度分类标准、BIM 技术应用标准、BIM 技术应用专用资金标准、BIM 技术应用专用资金使用规定、BIM 技术应用成果与判定、BIM 技术应用奖励规定，为项目应用 BIM 技术及数字化项目管理平台的深度指明了方向。

项目 BIM 技术应用责任书的亮点：明确了项目应用情况的具体负责人、资金投入情况、应用责任目标以及奖罚措施，为 BIM 技术在项目的推广应用提供了落地的保障，最终将项目各岗位、各业务线的数据以 BIM 模型为载体，使深化设计、施工组织模拟等技术管理的业务得到应用，并有效解决实际问题。

2.2 标准制度难点

在建模标准与应用方面，目前国家已经发布的标准有《建筑信息模型应用统一标准》GB/T 51212—2016、《建筑信息模型施工应用标准》GB/T 51235—2017、《建筑信息模型设计交付标准》GB/T 51301—2018、《建筑信息模型分类和编码标准》GB/T 51269—2017，使各企业 BIM 技术人员在使用过程中只能针对不同业务需求查找不同的依据，系统性不强，实际应用效果较差。企业创建自身的 BIM 应用标准，需要在长期的实际应用方式方法上进行总结优化，还要有善于做总结的 BIM 相关人员，条件缺一则很难完成。

基于以上难点，河南科建 BIM 中心因具备固定的创新团队，以及多个在建创优创奖项目和已获"鲁班奖"项目的深度应用，总结出一套适合企业的 BIM 应用的标准制度已不再是难点。

2.3 标准制度价值

通过深度应用实践优化后的标准制度，更具有落地应用的价值，使其形成标准化的建模流程、工作流程，提高了 BIM 技术的工作效率、项目应用深度及管理水平，激发了各 BIM 技术人员的工作潜能以及自身工作的主观能动性，规范了 BIM 技术及数字项目管理平台应用，提升项目 BIM 技术应用及数字化应用水平。

3 推广应用

3.1 推广应用亮点

河南科建从开始推行就已经确定 BIM 是什么（BIM 技术是解决问题的技术工具，是管理人员的一项基本技能），明确 BIM 的价值（BIM 技术可以通过深化设计，提高管理人员的工作效率及产品质量，解决现场的实际问题），明确河南科建 BIM 技术人员的职业发展方向以及推广模式，让愿意从事 BIM 技术的人员调入适合的岗位，做到人尽其才。

BIM 应用亮点 1：将公司重点项目（创优创奖项目，比如"鲁班奖"项目）作为标杆项目，在项目设立 BIM 工作站，形成企业 BIM 中心与项目 BIM 工作站两级管理的组织架构。BIM 中心完成标杆项目建模、模型应用、BIM 创优获奖等工作，出具可指导现场施工的三维技术方案、技术交底、二维深化设计施工图、材料表单，辅助项目 BIM 工作站对项目各管理岗位、各业务线进行落地应用工作，提升管理人员的工作效率与产品质量。让企业内部与之相似、不采用 BIM 技术的项目进行生产过程以及成品质量的对比，让标杆项目深刻地感觉到 BIM 是真实地解决现场问题的工具，让其他项目直观地看到 BIM 的应用价值，进而达到各项目主动要求应用 BIM 技术、主动在项目申请设立 BIM 工作站的效果。

BIM 应用亮点 2：BIM 中心技术引领，辅助项目 BIM 工作站落地应用。通过标杆项目的 BIM 技术深度应用，重视并固化 BIM 相关的成果总结，普及推广至非重点项目 BIM 工作站，能够快速复制成果。对项目的创效应用，实现企业 BIM 技术的整体提高。

BIM 应用亮点 3：项目成立 BIM 工作站，BIM 工作站站长由项目技术负责人担任，工作站成员为专职 BIM 技术员，这样不容易造成 BIM 技术与施工专业的脱节，更能将现场施工技术的业务与 BIM 技术相融合，更好地用 BIM 技术解决现场问题。这种模式既解决了现场施工管理人员不懂 BIM 技术的实际情况，又打破了会 BIM 技术的专职人员不懂施工的困境。长此以往还能打开现场专职 BIM 技术人员的职业发展通道，给 BIM 技术人员以美好前程，提高 BIM 技术人员的从业积极性。

BIM 应用亮点 4：复制人才快速实现具有河南科建特色的"全员 BIM 应用"。BIM 中心对 BIM 技术有技术创新的责任，对项目具有提供 BIM 技术人才的义务。主要通过 BIM 中心外部学习或自身技术创新带动内部学习的方式，在企业内部开展多层次的 BIM 技术提升培训和施工应用培训，培养以 BIM 技术为核心的兼职能懂、专职提升、基层实施的三个层级的施工管理人员，实现施工管理"全员 BIM 应用"参与的效果。

BIM 应用亮点 5：建立人才专业知识考核制度，明确考核标准并与薪资涨幅、岗位晋升挂钩，调动员工学习应用 BIM 技术的积极性。

3.2 推广应用难点

河南科建在项目 BIM 技术推广应用中，特别缺乏既懂相关专业技术知识、管理知识，又掌握 BIM 技术的综合性人才，在个别的项目 BIM 工作站的推广中，出现工作效率不高、创优策划方案违反施工技术专业知识或常识的问题，说明项目 BIM 工作站站长（项目技术负责人）与 BIM 专职技术员没有很好地在业务与技术上进行融合，凸显了如何提高个别项目技术负责人对 BIM 工作管理的主观能动性的问题。

河南科建 BIM 中心通过各项目 BIM 工作站应用效果的横向对比，发现存在的问题主要是在新任命的项目技术负责人（BIM 工作站站长）身上，主要有以下两个原因：第一，对 BIM 技术的认知有限，第二，对 BIM 工作站 BIM 技术应用方面欠缺管理思路。通过以上分析，BIM 中心计划开展多期针对 BIM 工作站站长（项目技术负责人）的 BIM 技术培训，提升 BIM 工作站站长对 BIM 技术在施工过程应用点的认识深度，明确各项目 BIM 工作站的主要工作、辅助工作以及穿插工作的关系，辅助项目 BIM 工作站确定各施工阶段的应用清单，完成以项目 BIM 工作站为单位，以项目施工阶段为时间，制定可实施、可落地的 BIM 技术应用网络计划工作流程图，保障各项目 BIM 工作站在项目各施工阶段解决问题的主观能动性。

3.3 推广应用价值

通过企业推广 BIM 技术应用，能够提升管理人员的基本技能、管理团队的基本意识、项目整体策划水平、项目管理利润空间、企业在建筑市场的竞争力以及公司的品牌效应。

4 立体化管理体系

4.1 立体化管理体系亮点

河南科建通过多年来坚持 BIM 技术落地的研究与推广，新开项目均设立了项目 BIM 工作站，并应用 BIM 技术完成项目场布策划、样板策划、图纸会审、创优策划、施工组织管理、安全管理、质量管理、技术管理等管理内容，并借助移动互联网技术实现施工现场可视化、虚拟化的协同管控，提升项目施工管理水平。

基于以上实际情况，河南科建通过调整优化管理模式，由一个 BIM 中心发展到多个项目 BIM 工作站。BIM 中心的工作由最初的技术研究、重点帮扶及培训推广应用，转变为 BIM 技术落地创效的管理工作，协助各项目 BIM 工作站完成 BIM 技术的落地实施。

2020 年 BIM 中心的技术管理工作迎来转机，在公司董事、副总经理的引领指导下，吸收公司月巡检管理以及部门月、周工作总结汇报的管理经验，优化升级为适合 BIM 中心对各项目的 BIM 工作站的管理方式。即开展以公司 BIM 中心为主导，项目 BIM 工作站为主体的立体化管理体系建设工作，全面把控各项目 BIM 工作站的工作情况。

4.2 立体化管理体系难点

企业推行立体化管理体系需要建立在各职能部门强大的执行力的基础上，或者是特有的运行体制或企业文化的基础上，还需要一群能干事、会干事、做实事的体系职能人员。

4.3 立体化管理体系价值

河南科建BIM中心立体化管理体系实现了对各项目BIM工作站实时动态了解、管理以及服务工作，大力缩短了BIM中心与项目BIM工作站的距离，有效打通了BIM中心与项目BIM工作站的沟通屏障，打破了项目BIM工作站实际工作中遇到的技术壁垒，确保各项目BIM工作站的成果质量。

5 应用过程考核

5.1 应用过程考核亮点

2021年河南科建BIM中心在实践中突破创新，开展了各项目以季度为单位的BIM技术应用落地汇报会议，主要是为了有效推进各项目BIM技术应用落地，促进各项目BIM工作站相互了解BIM技术应用层度，学习各项目落地应用及创优策划的方法，从而优化自身项目BIM技术落地应用方式。BIM中心对各项目BIM技术应用广度和深度，以及产生的价值进行分析考核，对应用BIM技术较好的项目团队进行奖励，对应用不好的项目进行分析总结，辅助项目BIM团队应用点策划与项目施工现场业务的深度融合。

5.2 应用过程考核难点

河南科建是一家以房屋建筑、建筑装饰、建材贸易及大型建筑机械设备租赁为主营业务的成长型企业，在企业分类中属于中小型建筑企业，建筑规模、体量均有限，建筑项目结构形式单一，造成各项目BIM工作站的季度汇报应用点相似，在创新建造上存在一定的技术问题，开展的BIM技术应用与高、精、尖的复杂应用点无关。公司针对以上实际情况，明确了以辅助解决现场实际问题为准则，以便于现场施工管理与工人沟通为目标，开展"你有我精，你精我特，以实求效"的BIM技术应用，实现各项目以BIM技术为核心的施工业务管理流程。

5.3 应用过程考核价值

通过各项目BIM技术应用的汇报情况，便于企业BIM中心真实地了解项目，聚焦主要问题，综合各职能部门的实际情况，BIM中心科学统筹、分步实施推进对项目BIM工作站的帮扶指导工作。

6 以赛促学促用

6.1 以赛促学促用亮点

河南科建坚持以赛促学、以塞促用的特色BIM技术应用，在企业内部举办BIM技术应用大赛工作，促进BIM技术与施工业务的融合，推动项目的BIM技术落地应用。帮扶各项目BIM工作站广泛参加多项省级、国家级BIM赛事，多维度地检验各项目的BIM技术应用效果，实现纵向检验、横向对比学习，暴露各项目BIM技术应用的优缺点，为今后优化自身工作方式方法指明了方向，为项目BIM技术创新创效应用提供了范本。

良好的学习氛围及积极上进的企业文化，是以赛促学、以赛促用的基本前提，河南科建在BIM技术应用推广的道路上已经建立健全了相关的组织、标准、制度保障措施、立体化管理体系等必要条件，逐步落地稳步优化实施，并趋向合理化。

6.2 以赛促学促用价值

河南科建积极举办企业内部大赛，踊跃参加省级、国家级、国际级BIM大赛。截至目前，2018年、2020年、2022年被河南省建筑企业认定为具备BIM技术应用一级能力的企业，先后获得国际级BIM应用成果奖8项，国家级BIM应用成果奖23项，省级BIM应用成果奖21项，省级智慧工地3项，努力推动各项目BIM技术应用的一个个高峰，助力企业品牌建设工作。

通过以上参赛的学习和应用，能够提高各项目对BIM技术应用的认知度，让各项目在施工中找到更多的创新创实效的应用点，为施工过程的一次成优做出贡献。

7 总结

河南科建BIM立体化体系建设实践之路，是一个长期不断试错、创新、落地应用、优化固化应用总结再推广实践的建设过程。企业BIM体系建设之路需要结合自身文化、执行力等条件，制定切实可行的BIM实施路线和目标，才能助力于项目建设过程中的利润提升以及企业运营的转型升级，驱动整个建筑行业的持续高质量发展。

参 考 文 献

[1] 《中国建筑业BIM应用分析报告(2022)》编委会. 中国建筑业BIM应用分析报告(2022)[M]. 北京：中国建筑工业出版社，2022.

[2] 《中国建筑业BIM应用分析报告(2020)》编委会. 中国建筑业BIM应用分析报告(2020)[M]. 北京：中国建筑工业出版社. 2020.

[3] 何关培. 施工企业BIM应用技术路线分析[J]. 工程管理学报. 2014，28(2).1-5.

BIM 技术创新策划提升项目工程品质

宋慧友，朱耀朋，李　阁，陈文林

（河南科建建设工程有限公司，河南　郑州　450000）

【摘　要】锦艺四季城苏屯5号院项目是公司推行BIM技术应用及数字项目管理的示范项目，践行公司"科学管理，建造精品"的理念，针对项目群体工程量大面广、作业面分散、现场施工管理协调难、大面积外墙真石漆饰面线条复杂转角多、设备及管线综合排布复杂等工程难点，项目运用BIM技术进行整体及细部的策划，通过三维可视化交底，加快施工进度，降低工程成本，提高工效，为创精品工程提供了有力的保障。

【关键词】BIM技术；技术创新；管理创新

1　应用背景

锦艺四季城苏屯5号院，位于郑州市惠济区贾河路与新苑路交叉口西北角，用地面积6.15万 m^2；总建筑面积20.06万 m^2；地下建筑面积4.717万 m^2；地上建筑面积15.35万 m^2，其中安置区住宅建筑面积14.47万 m^2，配套设施建筑面积0.85万 m^2，地下车库1层；9栋住宅楼，分别为1号~9号楼，主楼地下室2层，地上部分为25/27层，层高均为2.9m；1栋幼儿园，地上3层；一栋社区配套用房，地上3层，地下1层；一栋菜市场，地上2层；一栋托老所，地上2层，地下1层。

2　选题理由

目前建筑业正面临转型升级的重要阶段，全国各建筑企业正大力发展以BIM技术为核心的信息化建设，但是BIM技术应该如何投入、如何应用、如何发挥价值和体现价值，这给不少中小型企业带来困惑。

近年来国家、各级地方政府为了规范及鼓励建筑市场应用BIM技术解决实际问题，推行发布了很多关于BIM技术的指导文件及标准规范，规范和引导各建筑企业向数字化、信息化、智能化等方面进行探索实施。河南省建筑市场各企业均在BIM技术管理、体系化建设及落地应用方面，制定或创建了适合自己的实施指南、应用标准、人才体系及相关的制度保障措施等，为具备高、精、尖的重难点项目解决或辅助解决了技术管理难题，取得了较好的经济效益、管理效益及市场效益。

只有将BIM技术融合到施工管理过程中，让BIM技术优化、深化技术方案，以解决施工过程中的实际问题为准则，以提前策划指导集采中心、财务部门做好资源的规划及配置，保障现场施工过程的一次成优，才能充分发挥BIM技术的优势，实现企业建造管理效率的提升、运营成本的降低等价值。而BIM技术与企业管理深度融合，最终形成企业各部门以BIM技术为核心的管理实施业务流程绝非易事，需要公司的高级管理层做好顶层设计，制定切合企业实际的、可持续的战略实施路线，建立各项目均能真实感触到BIM技术的价值，并且愿意用BIM技术解决现场实际问题的良性发展体系。

锦艺四季城苏屯5号院项目在成立初期就紧跟公司BIM技术及信息化建设导向，组建BIM技术及数字项目管理架构，部署项目数字化管理平台及智慧工地平台，快速完成具有项目特色的BIM+信息化体系的建设，减少项目在建造过程中的浪费，提高项目在建造过程中的利润率，实现企业和项目利润共赢，提升企业在建筑市场的竞争力。

3 项目管理的策划与创新

3.1 项目策划管理

明确创"中州杯"为本项目质量的最高目标，建立健全质量保证体系，层层分解。将业主、设计、监理、总包、劳务分包、专业分包、主要材料供应商纳入工程创优体系范围。按照总承包管理办法，配置矩阵式管理体系，由总承包及专业管理小组纵横向管理，确保工程管理全面受控。

根据公司"一中心、多项目"的管理体系，结合项目 BIM 技术应用的管理目标，组织了一支具有丰富施工技术及管理经验的队伍，组建项目 BIM 工作站，并与之签订《项目 BIM 技术应用目标责任书》。

项目 BIM 工作站成员根据《项目 BIM 技术应用责任书》的要求，从制度、标准、考核办法、实施细则等方面编制了《项目 BIM 组织架构及岗位职责》《项目 BIM 应用及平台相关管理制度与标准》《项目平台应用效果评价标准》《项目建筑工程 BIM 实施指引》《项目 BIM 技术应用考核评价实施细则》《项目建筑工程施工 BIM 技术应用标准》《项目 BIM 机电专业建模标准》《项目机电样板文件配置说明》《项目 BIM 技术应用责任书》《项目 BIM 技术应用参赛标准与报奖流程》《项目工程创优及科技创新成果奖罚办法》11 项内容，通过建立并完善以上标准、制度以及评价体系，形成具有项目特色的 BIM 技术及数字项目落地应用的推广体系，有力保障了 BIM 技术及数字项目管理平台在项目的落地应用空间、推广进度以及公平公正的评价与奖励，确保项目管理目标的全面实现。

3.2 项目创新管理

项目在 BIM 模型创建过程中，规定了模型策划与组织管理、命名原则、拆分规则、建模顺序与要点、整合扣减规则、交付标准、深度应用标准以及对应模型构建的材质库等建模与应用标准，标化了个人建模的行为习惯，提高了建模的效率与质量，增强了模型的互通性、一致性。

项目在 BIM 技术应用管理过程中，规定了项目应用程度分类标准、BIM 技术应用标准、BIM 技术应用专用资金标准、BIM 技术应用专用资金使用规定、BIM 技术应用成果与判定、BIM 技术应用奖励规定，为项目应用 BIM 技术及数字化项目管理平台的深度指明了方向。

项目在 BIM 技术落地应用过程中，明确了项目应用情况的具体负责人、资金投入情况、应用责任目标以及奖罚措施，为 BIM 技术在项目中的推广提供了落地保障，最终将项目各岗位、各业务线的数据以 BIM 模型为载体，使深化设计、施工组织模拟等技术管理的业务得到应用，并有效解决实际问题。

项目在绿色施工应用管理过程中，充分利用 BIM 技术对临建工程、项目场地布置、模板工程、钢筋工程、外架防护及支模体系进行策划，并出具材料明细，提前做到规划、策划与实施模拟同步。将现场材料及安全文明施工融入绿色施工中，使施工现场保持良好的公共环境和施工秩序的同时，在项目环境保护、现场节能、节水、节材、节地等方面，通过科学管理，利用绿色施工的技术创新措施，使项目施工过程既满足安全文明施工的要求，又达到绿色施工"四节一环保"的要求。

项目在施工技术创新过程中，项目 BIM 工作站针对施工现场的重点、难点进行 BIM 建模，根据施工工艺进行施工模拟，优化施工工艺工法，在施工过程中进行 QC 成果、施工工法、技术创新成果及国家专利等成果的总结与申报工作，做好公司质量标准化的优化升级更新及施工创新知识产权保护工作。

锦艺四季城苏屯 5 号院项目是公司推行 BIM 技术应用及数字化项目管理的示范项目。建设智慧工地平台，把安全、质量、劳务、进度数据集成到一个平台中进行整合，以信息化的手段支撑整个建造过程，达到安全、质量巡检智能化，劳务人员管理全面信息化，施工方案实现模拟优化，交底实现直观可视化，帮助项目实现数字化、在线化、智能化，为项目经理及管理团队打造一个智能化"战地指挥中心"。

3.3 推广应用价值

通过企业推广 BIM 技术应用，能够提升管理人员的基本技能、管理团队的基本意识、项目整体策划水平、项目管理利润空间、企业在建筑市场的竞争力以及公司的品牌效应。

4 管理问题分析

4.1 BIM 技术应用方向分析

以 BIM 技术解决现场施工实际问题为方向进行分析：本项目设立了项目 BIM 工作站，以 BIM 技术为核心，结合现场实际情况，策划相应的三维可视化技术方案，以辅助解决现场实际问题为前提，开展 BIM 在本项目的场布策划、样板策划、图纸会审、创优策划、施工组织管理、安全管理、质量管理、技术管理等管理内容，并借助移动互联网技术实现施工现场可视化、虚拟化的协同管控，提升项目施工管理水平。

以 BIM 技术策划方案优中选优为方向进行分析：针对施工现场的重难点及结构复杂的施工工艺，进行 BIM 策划方案的建模、编制工作，形成至少 2 套策划方案，供项目 BIM 工作站、项目技术部及公司 BIM 中心、技术部的统一审核优化，并提出优化建议反馈至该策划方案负责人，形成有利于项目施工的最优策划方案，做到策划贴合施工要求、方案优中选优。

以公司长远发展为方向进行分析：BIM 策划方案在满足项目实际施工需求的前提下，还要满足国家规范、企业标准，辅助提升项目的质量、安全文明、绿色施工等施工标准，提升项目的整体施工形象。

以减少浪费、提升利润为方向进行分析：BIM 策划方案在策划过程中，需要考虑业主要求、公司标准、项目需求、设计方案、材料规格等综合因素，以满足各参建方的需求、提升成品品质及减少材料浪费为依托，进行方案的建模、策划工作。

以提高成品质量为主线进行分析：BIM 策划方案以满足施工需求为基础，以提升策划方案的技术水平为核心，以过程施工提升合格产品的质量为主线，为建设方及业主交付优质的产品，提升建设方在业主的认可度，提升企业在建设方的认可度，提升企业在建筑业的核心竞争力。

以落地创新创实效为方向进行分析：BIM 技术推行管理工作以"奖罚分明、有奖有罚"为指导思想，以严格考核考评和严明奖惩措施为主要手段，建立有效的约束激励管理机制，切实提高 BIM 技术人员的工作主动性和积极性，不断提高 BIM 技术管理工作成效。

4.2 BIM 技术创新创实效问题分析

在近年来企业不断加强技术创新管理，积极创建优质工程工作的前提下，项目在开工初期便提出以质量提升作为工程创优的基础，以创新、创实效促进质量提升为反作用力，相互促进，坚持"以评优促创优、以创优促管理、以管理促精品"的创优工作原则，通过创优提升项目技术管理水平、科技创新能力，为企业培养复合型技术人才。

项目技术部及 BIM 工作站基于企业科技创新应用管理制度，明确项目各创新小组责任及奖罚细则，制定了《项目创新应用总结编制要求》，积极开展创新应用活动，使创新应用成果转化为技术成果，形成 QC 成果、工法、专利、论文等技术成果积累原始资料，为成果的推广奠定基础。

项目 BIM 创新创效应用关键在于细节管理。BIM 创新创效管理的关键步骤为：

（1）明确项目 BIM 创优创效目标

在项目开工初始阶段，根据项目的实际情况及总目标，确定项目创优创效目标，形成工作文件，报送公司相关部门审批。

（2）确定项目 BIM 创优创效计划

根据项目创优创效目标，项目 BIM 工作站制定项目 BIM 创优创效计划，并对计划进行分解，划分尽量详细，并且确保分工到人。项目 BIM 创优创效进度表可以采用 Excel 或者相应项目进度管理工具。项目进度管理工具操作简单，可直接标记起始时间、里程碑、负责人，并且可以随时查看进度。

（3）优化项目 BIM 创优创效流程

对具体的 BIM 创优创效项目，分清项目范围并完善项目计划，明确任务的负责人、任务的开始和结束时间、项目依赖关系。每个流程由一位管理人员负责，任务完成后再进入下一个流程。

(4) 确定 BIM 创优创效人员分工

BIM 创优创效目标确定后，第一考核人为项目 BIM 工作站站长。一个任务分配下来后，及时跟踪创优创效管理的工作情况，及时了解对应创优创效管理人员的情况，根据创优创效管理人员能力分配任务。明确工作的分工，分配责任人。清楚任务实际参与人员的责任，在进度计划中标记项目参与人，参与人还可以安排自己任务的优先级，设置任务提醒。

(5) 定期检查 BIM 技术应用与现场施工进度节点

项目 BIM 技术应用工作主要是由项目 BIM 工作站站长进行过程定期检查，根据现场施工进度实施情况判定创优工作的进度情况，安排好策划置前、施工在后的 BIM 技术应用的程序工作。

(6) 项目 BIM 技术应用风险监控

项目 BIM 技术应用根据现场实际需求及团队人员的技术水平，及时跟踪分析团队无法完成的施工重点及难点项目，及时反馈企业 BIM 中心。在不影响施工需求的前提下完成技术攻关问题，避免策划方案滞后或策划方案存在严重浪费的风险。

(7) 项目 BIM 工作站成员的沟通

项目 BIM 工作站成员按照质量的总体目标及分解的任务，有计划地完成各自的工作内容。每周末编写本周的工作情况及下周的工作计划，每月末编写本月的工作情况及下月的工作计划，发送给项目 BIM 工作站站长，项目 BIM 工作站站长根据成员反馈的实际情况，开展周、月工作进度会议，确保项目进度，避免项目延期。一般情况下，项目会定期召开项目进度会，再次确认各项任务的截止时间。

(8) 信息化管理平台问题分析

将 BIM 技术、数字化管理平台及智慧工地管理平台等信息化系统融合到项目施工过程管理中，充分发挥 BIM 技术＋信息化系统管理平台的优势，达到消除施工浪费、节约项目成本、提升工程质量、提高综合效益的目的。

5 应用过程控制

5.1 项目 BIM 工作站的内部控制

项目 BIM 工作站根据项目质量的总目标及分解的相应工作内容，完成现场场布策划、样板策划、图纸会审、创优策划、施工组织管理、安全管理、质量管理、技术管理等管理内容，并借助移动互联网技术实现施工现场可视化、虚拟化的协同管控，提升项目施工管理水平。

项目 BIM 工作站技术员完成策划方案后，均由项目 BIM 工作站站长进行初步审核，结合项目技术部技术负责人的优化意见，深度优化策划方案后报送企业 BIM 中心进行审核。

5.2 立体化管理控制

企业根据多年的推行经验，形成了"一中心、多项目"的 BIM 技术应用立体化管理体系，由企业 BIM 中心对各项目 BIM 工作站进行过程策划方案的过程质量控制。

企业采用立体化管理体系，实现了对各项目 BIM 工作站实时动态了解、管理以及服务工作，大大缩短了 BIM 中心与项目 BIM 工作站的距离，有效打通了 BIM 中心与项目 BIM 工作站的沟通屏障，打破了项目 BIM 工作站实际工作中遇到的技术壁垒，确保本项目 BIM 工作站的成果质量。

6 总结

6.1 社会效益

通过项目 BIM 工作站利用 BIM 技术结合施工现场进行事前的精细策划，以及项目部全员精心组织、创新管理、准确无误的落地实施，本工程顺利通过各项验收，建设成品成果得到建设单位、监理单位及使用单位的赞扬。在项目实施过程中，许多兄弟单位组织来本项目观摩学习管理经验，提升了项目及企业的知名度，为企业经营建设树立了良好的口碑。

本项目在建设过程中先后荣获技术创新成果省级工法 4 项、QC 成果 6 项、BIM 成果 4 项、国家专利

9 项、建筑施工论文 4 篇，先后荣获新技术应用示范工程、绿色施工示范工程、质量标准化示范工程、安全生产标准化工地、河南省建设工程"中州杯"等多项荣誉。

6.2 经济效益

项目采用以 BIM 技术为创新创效的技术工具开展施工管理工作，成为施工管理过程强有力的支撑。通过 BIM 技术创新策划方案、BIM 技术创新创优管理、攻关、采用多项先进的"四新"技术进行施工，并在施工中注重成品质量，严格把控安全文明施工及绿色施工工作，策划指导成品的成本控制，取得了一定的经济效益，累计减少成本投入约 360 万元，达到降本增效、创新创效的目的。

参 考 文 献

[1] 《中国建筑业 BIM 应用分析报告(2022)》编委会. 中国建筑业 BIM 应用分析报告(2022)[M]. 北京：中国建筑工业出版社，2022.

[2] 《中国建筑业 BIM 应用分析报告(2020)》编委会. 中国建筑业 BIM 应用分析报告(2020)[M]. 北京：中国建筑工业出版社．2020.

[3] 何关培. 施工企业 BIM 应用技术路线分析[J]. 工程管理学报．2014，28(2).1-5.

装饰装修工程 BIM 应用实施建议

陈 舟，卜继斌，江幸莲

(广州珠江装修工程有限公司，广东 广州 510060)

【摘 要】近年来，BIM 技术在装饰装修领域的应用日益广泛，但相比总承包等工程建设方，装饰装修 BIM 应用仍集中在装饰装修设计、施工的单一场景，开放性平台开发、模型轻量化等底层技术研发仍相对落后，未见业务全过程一体化应用示范，更未在项目与企业应用层级的技术衔接、管理逻辑等方面有所突破。针对上述问题，本文提出了建立装饰装修 BIM 正向设计一体化流程、打通装饰装修项目与企业层级逻辑及技术、以轻量化可视化技术实现数据应用与标准统一等若干 BIM 应用建议。

【关键词】BIM；装饰装修工程；装配式装修；全正向；数据流转

近年来，智能建造与建筑数字化发展迅猛，BIM 技术在装饰装修领域应用需求日益迫切，但与总承包领域 BIM 应用情况相比差距明显。装饰装修领域 BIM 应用仍主要集中在装饰装修设计与施工的单一领域或场景中，BIM 开放性平台开发、模型轻量化技术及应用等底层技术研发仍相对落后，未见业务全过程一体化应用示范，更未在 BIM 应用项目层级与企业层级的技术衔接、管理逻辑打通等方面有所突破。

1 目前主要应用情况

自 2013 年开始，我国建筑装饰行业开始探索 BIM 应用技术，在装饰装修设计领域 BIM 应用主要有：方案阶段可视化方案比选与优化，初步设计阶段光照、通风、声学、疏散等性能分析，施工图阶段碰撞检查、二维出图工程量统计、可视化渲染等；在装饰装修施工领域 BIM 应用主要有：施工可行性验证、施工模拟与优化、可视化施工交底、质量与安全管理、进度管理、成本管理、物料管理、变更管理、构件预制与物料下单等。但仅限于单项目 BIM 应用，难以支持企业转型发展。

2 装饰装修工程 BIM 应用场景特点

一般而言，装饰装修工程由专门的装饰装修工程公司承担，其 BIM 应用分为六个阶段：上游模型检查阶段、方案初步设计阶段、方案深化设计阶段、施工图设计阶段、施工阶段、竣工阶段。精装修 BIM 应用协作方多、动态管理的特点与总承包 BIM 应用相比更加突出。在项目建设实施过程中，需装饰装修分包单位的 BIM 团队专业人员齐全、BIM 实施管理架构清晰，尽可能在设计阶段解决专业间的碰撞问题。

2.1 专业众多

精装修专业众多，BIM 应用项目现场协调工作量大，现场成本管控难。目前 BIM 在装饰装修领域的应用更多是在先图纸后模型的翻模，解决部分专业的协同需求（如机电专业的碰撞检测与优化设计）、辅助施工图审查、工程量统计、施工模拟等问题，真正通过 BIM 模型指导施工、材料进场与资源优化等现场管理较少，与成本造价关联的 BIM 技术应用、实现企业级成本管控和经营管理更少，尚未最大发挥 BIM 数据资产价值。

2.2 族库繁多

内装产业链的 BIM 族库繁杂众多，数据格式不统一且无行业统一标准。在内装方面，BIM 作为装饰

【作者简介】江幸莲（1987—），女，工程师。主要研究方向为建筑数字化、装配式内装、绿色建材与增材智造。E-mail：2242694504@qq.com

装修族库与装饰装修方案设计、深化设计的载体，是行业推进产业工业化不可或缺的技术支撑。今后，可通过BIM正向设计，在设计阶段不断确定和修改各种构件的参数，保证部品部件在整个可视化软件中的数据关联性和智能互动性，且最终设计成果交付为BIM模型，所有平、立、剖二维图纸可根据模型生成，由于图纸来源是同一个BIM模型，所以所有图纸和图表数据都是互相关联的，也是实时互动的，从根本上避免了不同视图、不同专业图纸出现不一致的现象，从源头上节约项目建设成本。

2.3 针对性不强

目前针对装饰装修的BIM软件开发主要还是集中在设计和装配式工业制造两个领域，行业常用的工程管理软件基本上不适用装饰装修项目管理。装饰装修企业级和项目级管控系统与平台匮乏，针对装饰装修业态的软件插件几乎没有。而装饰装修的行业特点更有利于BIM技术的产业链打通和技术更新迭代，从装饰装修工程项目BIM应用推动建筑信息化与智能化的示范意义更加明显。

3 精装修BIM技术的发展方向

3.1 部分底层技术仍需加快研发

主要是指模型应用的开放式平台、模型应用的本身，轻量化的技术应用等。

（1）模型应用的开放式平台开发

精装修BIM涉及土建、机电、软硬装等不同专业，在行业产业链中上下游供应商多、细、杂，采用的软件系统不一致，常见软件如Revit、NavisWorks、3DS MAX、SketchUp、AutoCAD、天正建筑、Rhino、PDMS等50多种。实现精装修BIM一体化应用首先解决模型应用的开放性平台开发，通过开放且丰富的数据对接与交互，实现对BIM文件的快速解析转换，并为工业化生产做好技术支撑。

（2）模型应用与应用场景仍需拓展

BIM模型应用本身的难点在于如何最大化发挥BIM数据的价值。装饰装修工程有其行业特殊性，需要解决材料多且杂而琐碎、工种繁多和工期紧迫等的管理问题。装饰装修BIM应用已不局限于模型创建、效果展示等应用，需要开发出基于装饰装修BIM正向设计的平台，通过匹配项目实施周期，逐步建立项目构件族库，包含几何信息、材料材质信息、技术参数及厂家生产信息等，为进一步打通设计—施工—运维等环节的信息孤岛，解决施工过程中的体系管控问题做好铺垫。如进度模拟与进度管理、资源需求计划与成本管理、质量管理与现场管控等问题，甚至是将BIM技术与智能建造集成应用到施工管理中，随时追溯建造过程中的各类信息和数据，为后期运维提供信息模型和数据支撑，保障建筑建成后健康、高效运行，实现建筑全生命周期信息的完整性和连续性，提高运维服务能力。可通过协同项目各参建方，以一套模型或平台实现数据共享与协同管理，以信息化手段高效提升项目管理水平。

（3）轻量化的技术应用

一般而言，装饰装修专业的BIM模型中为了使项目具有更好的表现力和真实性，所采用的软件基本上是大型建模软件和大型渲染软件，由此产生的附加贴图、渲染数据成倍增长，数据非常庞大，部分模型可达到1T（1024G）以上，图1为装饰装修专业BIM模型涉及的部品部件示意。对计算机或工作站等硬件设备提出了非常高的使用、存储要求。在BIM成果展示或汇报中，较难在短时间内读取、调用数据，或读取后汇报时能够流畅显示、不卡顿等，用户体验要求难以满足。同时，应充分考虑城市CIM平台建设需要，利用轻量化技术保证园区、片区等大场景的快速加载。因此，在BIM技术进一步发展应用中，亟须加快轻量化技术的应用研究。

3.2 以BIM综合性平台应用实现全流程一体化

装饰装修阶段处于建设阶段的末端，精装修BIM模型需在主体建筑BIM模型的基础上完成，主体建筑模型（包括土建、机电等专业）的完成度及精度（LOD）、数据格式对精装修BIM模型影响较大，不同专业对BIM实施的理解相差较大，建设项目全生命周期的BIM实施的单项"大闭环"问题依然存在。另外，现阶段精装修BIM技术应用仍集中在设计、施工两个方面，尚未打通基于BIM正向设计的工程量统计、成本造价分析、材料下单等管理、部品与构配件的运维等环节，未实现项目BIM应用的一体化"小

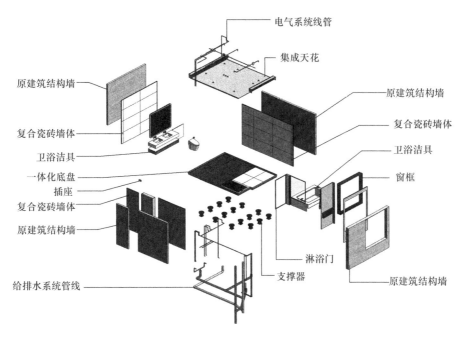

图 1 装饰装修工程 BIM 模型示意图

闭环"。

"同一工程、统一标准",无论是 BIM 规划报建,还是 BIM 施工图报审、项目 BM 实施、竣工验收管理,都可通过统一的建设标准实现项目 BIM 模型数据的一致性和全过程无缝流转,有利于设计、建设、施工等单位进一步降低成本,提高效率。通过开放性平台应用,可确保设计、建设、施工等建设主体无论是采用 Revit、ArchiCAD 还是采用 Bentley 等 BIM 软件,都可以实现输出。利用模型信息的可追溯性、全面性、一致性,结合二维码识别等物联网技术,确保项目交付后运维。利用建筑信息模型,进行以正向设计为核心的设计、施工、运维一体化 BIM 实施,实现建筑精装修工程及设施全生命周期内的全过程一体化应用,为建筑装修工程的建设及使用增值,并形成一套精装修 BIM 应用模式和精装修工程管控成果。

装配式装饰装修项目精装修 BIM 全过程一体化应用详见图 2。

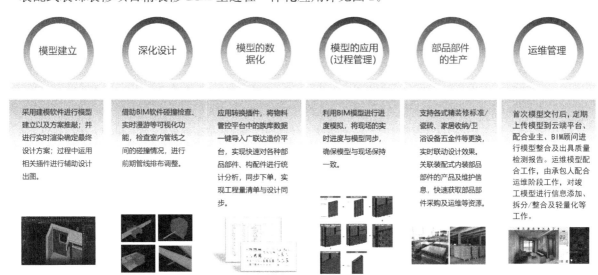

图 2 装配式装饰装修项目精装修 BIM 全过程一体化

3.3 解决项目层级和企业层级的 BIM 应用脱节问题

在 BIM 实施中，已有大量项目层级应用，但是大部分信息化服务供应商均存在项目级 BIM 应用与企业级 BIM 实施脱节的问题。从实施方法来看，项目级 BIM 应用与企业级 BIM 实施在实现目标、管理范围、交付标准和分配机制等方面有明显差异。现阶段 BIM 应用项目层级与企业层级的技术尚未打通，更多在于单独工程的 BIM 实践，未通过如云平台、企业管理驾驶舱等综合平台的运用、积累和分析，形成企业层级的数据资产，这种现状在装饰装修领域更为明显。

通过提供技术平台与企业管理平台的开放性对接，将 BIM 实施用于企业级管理中，企业成本管理与质量管理等职能部门均可在平台上查阅、调用项目信息，实现企业对项目的管理效能提升，进一步加强企业层级的项目成本管控、质量管控。

3.4 推动 BIM 项目层级应用与企业层级的管理逻辑的匹配

BIM 应用项目层级与企业层级的管理逻辑体系脱节主要在于管理目标不一致。项目层级 BIM 应用的目标是完成特定项目的合同 BIM 要求，侧重点在于完成项目交付成果，关注技术的实现与突破。企业层级 BIM 的实施目标是依托 BIM 技术实现企业的生产力建设，提升企业数字化能力和新竞争力，面向企业发展目标和整体运行过程，管理重点在于制定本企业的 BIM 质量管理体系并实现有效控制，包括资源整体配置、相关标准执行、业务流程监控、成果审核等，侧重于对企业 BIM 实施成果的整体质量把握，以及将项目应用成果转化为企业的数据资产，特别强调资源重用率的提升。BIM 应用从项目层级向企业层级的延伸是企业持续发展、保持领先的必然过程。只有实现企业层级 BIM 实施，才能充分调动企业资源，建立新的业务模式。

4 结语

目前，装饰装修 BIM 技术应用仍在不断探索中，其应用场景仍需不断拓展，实际应用中还面临多专业模型整合、模型轻量化处理、产业上下游数据流转与技术标准体系、引入区块链及其他新技术解决施工管理的信任缺乏等困难，只有联动工程建设各方主体，真正推动基于全正向设计的 BIM 应用，实现多专业设计协同所见即所得，解决传统装饰装修设计（二维表达、二维出图、二维交底）无法完整准确表达精装修方案的造型、色彩、材质、构图等要素的问题，研究工业互联网平台技术打通数据资产应用的壁垒，才能最大限度地发挥 BIM 数据的价值，为装饰装修 BIM 应用提供数字化管控手段，构建全产业圈链条联动的合作生态。

参 考 文 献

[1]《中国建筑业 BIM 应用分析报告》编委会.中国建筑业 BIM 应用分析报告（2021）[M]，北京：中国建筑工业出版社，2021.

[2] 罗兰.建筑装饰专业设计阶段 BIM 应用技术路线分析[J].土木建筑工程信息技术.2021(4).21-26.

[3] 张子奇.基于 BIM 的装配式住宅建筑装修一体化设计研究[D].济南：山东建筑大学，2019.

[4] 兰迪·多伊奇.数据驱动的设计与施工——25 种捕获、分析和应用建筑数据的策略[M].北京：中国建筑工业出版社，2018.

[5] 李云贵，何关培，等.BIM 软件与相关设备[M].北京：中国建筑工业出版社.2017.

[6] 罗兰，卢志宏.BIM 装饰专业基础知识[M].北京：中国建筑工业出版社.2018.

装饰装修工程 BIM 全过程应用与数字化实践
——以广氮项目为例

陈 舟，卜继斌，方 为

(广州珠江装修工程有限公司，广东 广州 510060)

【摘 要】当前，BIM 技术在建筑行业的大多数专业领域已得到深入应用，而在装饰装修领域的应用则相对较少。本文以广氮项目为案例，对 BIM 技术在装饰装修工程设计、生产、施工和运维全过程中的实际应用及其效果进行了详细分析。通过构建部品部件族库、优化设计流程、实施生产与施工管控，以及建立可视化运维体系，BIM 技术显著提高了施工质量，缩短了工期，并有效减少了环境污染，为装饰装修工程应用数字化解决方案提供参考。

【关键词】装饰装修工程；BIM；数字化

1 引言

近年来，建筑信息模型（BIM）技术在建筑行业中的应用经历了从示范推广到全面推广的重要转变。在政策层面，已从最初的示范应用与推广引导阶段，逐渐发展至全面推进及多政策融合发展的新阶段。《"十四五"建筑业发展规划》明确提出，要加大力度推进智能建造与 BIM 技术在建筑业的深度应用，以进一步提升产业链的现代化水平。

尽管我国 BIM 技术在设计、土建施工、管道设备施工等领域已有较为完善的应用，但在装饰装修领域的应用相对较少。本文以广氮项目为载体，重点分析了 BIM 技术在装饰装修工程设计、生产、施工和运维各阶段的实施效果，探讨其对提高项目效率、降低成本、提升质量等方面的贡献，以期为我国装饰装修行业的数字化发展提供参考和借鉴。

2 项目背景及概况

2.1 项目概况

广氮项目位于广州天河智谷西部、广氮奥体新城片区，项目用地面积 5.2 万 m^2，总建筑面积约 23 万 m^2，共有大型住宅群 21 栋，项目建设分为两期（一期 6 栋，二期 15 栋）；该项目是珠江实业集团集开发、设计、生产、施工、装修于一体全产业链打造的装配式示范项目，以装配式与数字化技术为亮点入选"广东省装配化装修试点项目""首批广州智能建造试点项目""广东省建筑业新技术应用示范工程"。

2.2 项目 BIM 应用及数字化目标

本项目作为集开发、设计、生产、施工、装修于一体全产业链的装配式示范项目，计划全流程采用 EPC＋BIM＋装配式＋绿色施工建造模式，实现标准化设计、工业化生产、绿色化施工、高品质装配、一体化装修、数字和智能化管控的应用目标。

广氮项目装修成果图详见图 1。项目全生命周期 BIM 数据流转图详见图 2。

【作者简介】方为（1991—），女，工程师。主要研究方向为装配式装修技术、BIM 技术、信息化技术及施工管理。E-mail：fangwygod@163.com

图 1 广氮项目装修成果图

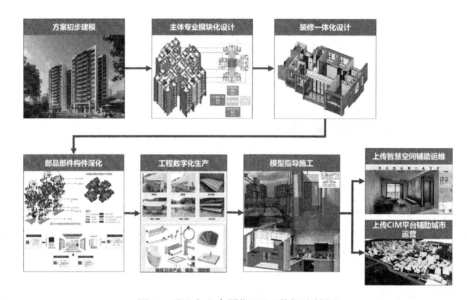

图 2 项目全生命周期 BIM 数据流转图

3 项目 BIM 应用与数字化实践

3.1 建立装饰装修的部品部件族库

项目通过装配式装饰装修 BIM 正向设计，建立准确的部品部件族库，提升设计效率，通过数字化管理软件、云平台等的综合应用；并以装饰装修 BIM 模型数据关联产品及维护信息，实现工厂下单并辅助生产成本控制，快速获取产品采购及运维等资源；通过 BIM 可视化技术交底与装修样板引路，实现现场施工质量提升。BIM 模型实时更新修改内容，保证方案设计、竣工模型、实际工程的一致，为后期运营维护提供基础数据支持；在交付阶段提供沉浸式家装体验，支持各类精装修标准、瓷砖、家居收纳、卫浴设备五金件等的更换，并实现设计效果的实时联动。

3.2 围绕建筑工业化全产业链，开展 BIM 技术应用

本项目集开发、设计、生产、施工、装修、运维于一体，采用工程总承包（EPC）模式，围绕项目建设全过程综合应用 BIM 技术，打破了各参与方的信息隔阂，实现建设各阶段 BIM 应用的标准化信息传递和共享。项目从主体结构到装饰装修全采用装配式技术，建立了 EPC、装配式、BIM、智能建造与绿色施工综合运用的现代数字化建造体系，实现建筑工业化生产智造与安装。

项目集成应用"数字项目平台""BIM 装配式一体化平台""移动端应用"多个数字化管理平台，完成项目全方位全流程数字化管控。采用数字化项目平台对技术、生产、质量、安全进行管理，确保各项生产工作安全、有序进行。以 BIM 模型数据为基础，利用 BIM 装配式一体化平台系统针对多工种、多单位之间的协同流程和管理要点，以项目进度管控和构件跟踪验收为系统核心，辅以模型管理、造价管理、

构件族库等内容；两个平台数据皆可通过移动端进行信息交互及全生命周期的管理，项目管理人员可实时掌控现场运行情况，确保各项生产工作安全、有序进行。

装饰装修模型精细度高，模型体量大，全模型上传易导致卡顿，从而影响工作效率与用户体验。本项目在上传前，利用轻量化软件对模型进行轻量化处理，在减小模型体积的同时，保留部品部件关键信息，辅助平台数据获取。

3.3 建立装配式装饰装修正向设计标准化流程（图3）

本项目构建装饰装修正向设计业务流程，借助 BIM 模型进行装饰装修全流程的信息传递，明确划分设计工程师与 BIM 工程师的工作界面，避免重复性工作或信息遗漏的情况。在设计初期，运用 720 云等三维可视化技术实现设计方案确认、专业协同以及模型碰撞检查，提高设计效率与准确性。在装饰装修过程中，利用 720°全景技术展现不同的设计风格与方案，全面展示项目装修的整体效果，通过手指拖动、场景切换等方式查看场景的各个方向，逼真地呈现装修场景。在模型设计完成后，通过应用正向导图插件简化图纸导出步骤，导出符合装饰装修设计标准的施工图，确保设计阶段的图纸与 BIM 模型保持一致。

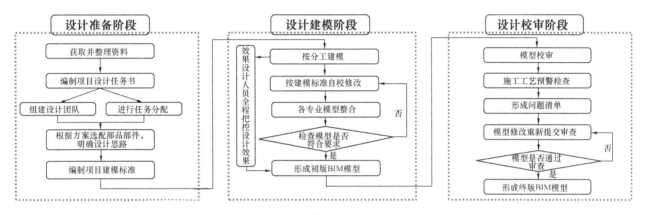

图 3　装饰装修正向设计流程图

3.4 基于BIM技术的装配式装饰装修生产与施工管控

本项目通过 BIM 模型导出工程量清单，对接造价软件，实现设计生产阶段的成本管控；同步对接工厂数字化生产管理软件，实现构件一键下单，线上合理安排构件生产、质量检测、出厂管控、堆场管控，有效提高生产效率。施工安装阶段，通过图模会审、施工模拟、虚拟样板等 BIM 技术应用，提升装配式部品部件施工质量与安装效率。

在电视墙等墙面采用装配式施工工艺，运用 BIM 三维模型进行真实模拟（图4），通过深化安装工艺节点，调整部件压接、收口关系，让图纸工序和现场施工工序一致；先安装不易损坏部件，再安装易损坏部件；在保证质量精度要求的前提下，优化节点收口，以降低安装难度，节省工序，降低成本，最终获得最佳施工方案。

基于装饰装修 BIM 正向设计建立的 BIM 三维装修样板，提前呈现装修效果，可展示施工工艺、建立施工流程、优化施工工艺。同时，通过三维装修样板，辅助班组长对工人进行施工交底，指导装配式部品部件安装，确保设计与实际施工在空间与时间维度的高度一致。

3.5 建立装配式部品部件可视化生产及运维管理模式

本项目在户内分隔墙采用装配式 ALC 墙板体系以及基于蜂窝铝结构的装配式墙面体系，引入配套的墙体部品部件库，同时应用配套装饰装修部品部件的一体化流程系统，打通墙体构件从设计、下单、生产到安装的全流程。并且基于数字化的柔性智能生产，达成墙面材质的自由选择，提升生产速度并保证质量。

本项目在设计阶段录入部品部件信息，创建装配式部品部件二维码，实现部品部件的追踪管理，为各类装配式墙面、家居收纳、卫浴设备五金件等的更换与设计效果实时联动提供技术支撑；还能够关联装配式内装部品部件的产品及维护信息，迅速获取部品部件采购及运维等资源。

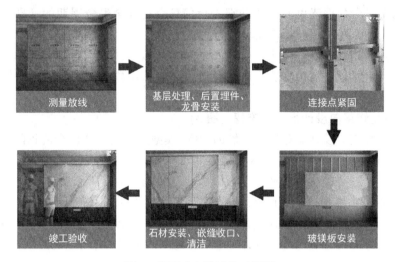

图 4　装配式电视墙施工模拟

项目智慧空间运维管理平台如图 5 所示。

图 5　项目智慧空间运维管理平台

4　总结

广氮项目装修装饰工程中，在设计、生产、施工及运维全阶段实践并应用 BIM 与数字化技术，达成了装饰装修 BIM 正向设计、部品部件工厂下单生产以及装配式安装。通过打通设计、生产、施工、运维全流程的信息传递，完成了本项目 21 栋住宅装配式墙面、卫浴的施工，实现了项目工期的优化，提升了施工质量，消除了墙面交接错缝、空鼓开裂等传统施工质量问题，实现了厨房及卫生间的干法施工，大幅减少了湿法作业与现场污染，确保施工过程绿色环保。借助可视化运维，实现了后期部件维修更换的高效便捷以及信息的可查询。

参 考 文 献

[1]　林佳瑞,张建平. 我国 BIM 政策发展现状综述及其文本分析[J]. 施工技术,2018,47(6):73-78.
[2]　罗兰,卢志宏. BIM 装饰专业基础知识[M]. 北京:中国建筑工业出版社. 2018.
[3]　蔡静,陈茸. BIM 技术在室内装修中的应用研究[J]. 现代装饰(理论),2013(8):29-31.
[4]　刘学贤,杨晓. BIM 技术在装配式装修工程中的应用研究[J]. 城市建筑,2019,16(12):120-121.
[5]　彭筝. 酒店客房装配式装修设计与施工[D]. 长沙:中南林业科技大学,2021.
[6]　罗兰. 浅谈装饰工程信息化[J]. 土木建筑工程信息技术,2016,8(5):58-64.

BIM 应用"一模到底"技术路径探索

冯斤,吕望

(中国电建集团华东勘测设计研究院有限公司,浙江 杭州 311122)

【摘 要】本文探讨了 BIM 技术在工程建设中实现全过程"一模到底"的技术路径。通过整合 BIM 工作流程和统一数据格式,实现了模型在全生命周期中的有效应用。以 Bentley 系列软件为基础,结合自主研发的在线模型协同平台及功能插件,实现了模型线上线下联动协同,并在建设管理平台中实现模型数据的实时更新和读取,为 BIM 进度、投资、质量管理和施工模拟等应用提供支持,有效提升了工程建设效率,降低风险,并为智慧工程提供了核心技术支持。

【关键词】BIM;一模到底;协同平台;智慧建管

1 引言

近年来,随着 BIM 技术在工程建设领域应用的不断深入,工程行业的技术实践方式正逐步得到改变。通过集成工程项目相关数据的三维数字模型,并对其进行定量或定性的分析和应用,使项目从设计、施工到运维的全生命周期管理变得更加高效和精确。

与此同时,BIM 技术在实际应用中仍面临许多问题,例如模型标准不统一、模型格式不统一、参建方出于自身利益需要对关键信息进行隐藏等,并没有充分发挥 BIM 技术协同性的特点,工程各参建方在模型创建、模型更新、模型检查和格式转换方面花费了大量的时间。需要基于"一模到底"的思路,对 BIM 工作流程进行整合,让前一阶段的数据在下一阶段的工作中能够得到充分合理的运用,形成一体化智慧建造管理平台,旨在打通设计、施工的各项管理流程和数据,提高整体工作效率。

"一模到底"是指在工程项目建设中,从前期设计阶段开始,将一套 BIM 模型运用于该项目的全生命周期,包括设计、造价审核、管理、施工以及后续运维。丁定东等探索了设计阶段直接使用 BIM 软件开展正向设计,不使用 CAD 二次深化,达到图模一体化的目标。张玉彬等通过基于"构件法"为基础的构件分类管理,将设计阶段建立的模型运用于装配式发热门诊的设计及装配式构件的制造、转运、安装,实现了"一模到底"的装配式工程应用。张謇文在大型机场项目中探索了"一模到底"的管理模式,实现了从设计到施工直至运维的全流程信息共享与协作工作。以上研究主要集中在管理方法上,并未过多涉及工具、流程和技术层面的讨论。

本文基于 Bentley 系列软件的相关基础软件及技术,探索 BIM 全过程应用中"一模到底"的技术路径,为后续的技术人员提供应用思路参考和指导。

2 技术思路

要实现 BIM 模型应用的"一模到底",需要考虑三个问题,一是如何实现基于 BIM 模型的跨专业跨团队的协同工作。二是如何打造模型的通用数据环境(Common Data Environment,CDE)。CDE 的最大优势在于作为项目信息的单一来源,不会有关于应引用何种版本的争论。体现在具体的应用层面就是所有模型都来自于唯一的数据库,且主模型格式唯一。三是如何实现模型与功能业务的适配,通用数据环境中的数据可以直接被建设管理平台中的业务模块所调用。

【作者简介】冯斤(1991—),男,工程师。主要研究方向为工程数字化。E-mail:feng_j@hdec.com

针对以上问题，提出图 1 的理想数据传递流程。模型协同管理平台作为项目 CDE 的管理工具，设计、施工、运维各阶段的模型在线下进行各自编辑后，上传至平台内进行校审和管理。同时，协同管理平台支持建设管理平台直接进行数据的调用，并实时更新在建设管理平台相应的功能模块中。

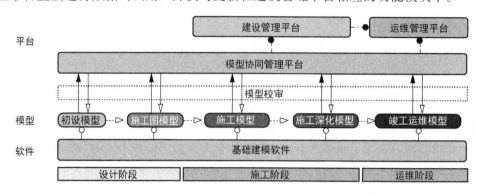

图 1 理想数据传递流程

3 项目实践

在某水利工程项目全生命周期中采用 BIM 技术。设计阶段的 BIM 应用主要目标是基于图纸建立 BIM 模型，提升设计质量。施工阶段的 BIM 应用主要目标是基于设计模型，根据现场实际情况创建施工 BIM 模型，并将模型在建设管理平台中展示，辅助现场进行技术、质量、进度、投资等方面的管理。运维阶段的 BIM 应用主要目标是完善竣工资料，形成三维数据资料包，并作为运维管理平台的数据底板使用。

本项目 BIM 模型数据使用的场景贯穿设计、施工和运维各阶段，采用常规阶段性传递方式，不仅效率较低，且无法保证模型数据的准确性和唯一性。所以在项目初期便确定采用"一模到底"的总体技术思路，以设计团队创建的 dgn 模型为基础，施工团队在此基础上进行深化，双方团队内部和团队之间的数据协同在云端协同平台进行。模型经过确认定版后传递至建设管理平台，进行业务上的使用。

3.1 关键功能规划

为了确保以上"一模到底"工作流程能够顺利实施，需要实现以下几项关键功能。

（1）模型云端联动协同

线下软件创建的模型可以一键上传至云端，并在云端进行组装，云端模型与线下模型保持联动。项目各团队都可以在云端环境访问模型，在云端环境下协作。通过权限控制上传、下载权限，保证模型的唯一性。

（2）模型轻量化

模型上传至云端时，需要进行轻量化处理，实现线上模型查看。在轻量化的同时要保证模型中保存的属性数据能够无损继承，可以在后续的建设管理平台中被获取并使用。

（3）模型版本管理

不同版本的模型可在云端进行管理，显示不同版本的更新轨迹。同时能够实现构件层面上的模型内容对比，通过不同的显示样式进行区分显示。

（4）模型设校审

模型可以在协同平台中进行设校审流程。云端环境下，设校审人员在模型中发现并记录问题，并线上提醒模型设计人员，设计人员将带有校审记录的模型下载到本地并进行修改，修改后再通过插件上传至协同平台。

（5）模型接口调用

协同平台开放模型调用接口，建设管理平台中的模型模块可获取协同平台中的模型列表，并在前端针对项目进行开发。

3.2 应用实践

根据项目规划的实施技术路径,技术团队研发了一系列产品和功能来帮助项目团队实现上述目标。

(1) 云端模型协同管理

项目采用自研的云端模型协同管理平台(图2),并进行私有化部署,打造项目的模型通用数据环境。协同管理平台作为模型的云端存储数据库,所有阶段版本的模型都在其中进行存储,集成了基于 webgl 技术的线上三维引擎,支持模型线上浏览查看(图3)。

图 2 云端模型协同管理平台

图 3 线上模型查看

模型在平台上支持版本管理及三维设计校审,校审过程发现的问题在线上浏览界面可以进行记录,并提醒相关人员进行查看,如图 4 所示。

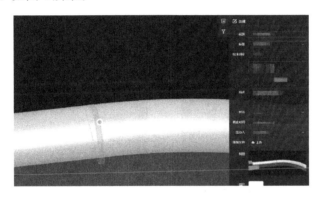

图 4 模型在线校审

线下模型与云端协同平台中的模型是基于 Bentley 建模软件开发的插件进行联动。插件调用云端协同平台中的接口,可以将软件打开的模型进行上传,或者从云端协同平台中下载模型到软件中,如图 5 所示。模型在上传时自动进行轻量化解析,并确保能够在不丢失属性信息的情况下进行查看。

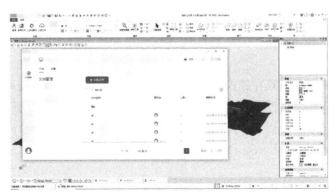

图 5 模型通过插件上传

（2）模型数据调用

项目建设管理平台中的模型模块通过 nginx 接口转发调取协同平台中的模型数据。由于协同平台中的模型是经由设计部门创建，施工单位进行深化后的成果，并经由多方审核，准确性相对较高。同时，由于通过插件直接从建模软件中获取模型，保证了模型的版本始终处于最新状态，且来源唯一，实现了只用一种格式的模型从创建到线上展示应用的工作流程。

（3）基于模型的业务开发

模型被建设管理平台调用后，为满足业务需求进行业务功能的应用开发。本项目建设管理平台中的施工阶段 BIM 应用功能如下：

① BIM 进度管理

模型在本地按照工程 WBS 进行零件级划分，与系统中施工计划相关联。填报的施工实际进度信息也与 BIM 零件进行关联，通过在模型显示对比计划与实际的进度信息，判断工程进度的提前或滞后，采取相应的管理措施。

② BIM 投资管理（图 6）

读取 BIM 模型中所包含的几何信息，在建设管理系统中按照单位或单元工程统计模型中的工程量。将现场工程款申报的流程与模型计算量相关联，模型量作为申报量的参考，对比分析实际工程量与理论工程量的偏差。

③ BIM 质量管理（图 7）

将建设管理系统平台中记录的质量信息与模型进行关联，包括验评表单、整改通知单等质量相关的表单。在模型中定位工程的验评结果，实时显示单位工程级别的质量信息及统计数据，根据质量数据反馈对现场进行质量管理。

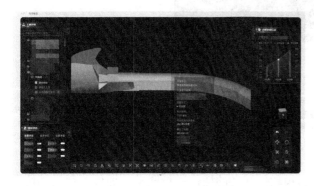 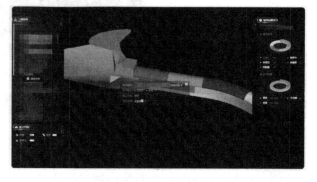

图 6　BIM 投资管理　　　　　　　　　　　图 7　BIM 质量管理

④ BIM 施工模拟

线上模型在拆分成零件级后，通过平台功能赋予其施工工艺相关属性。基于工艺属性进行模型的编辑，通过平移、缩放、变色等功能制作逐帧播放的动画，在平台中直观显示工艺流程，并显示工艺的重点内容。

协同平台的模型数据更新后，其在建设管理平台中关联的历史数据仍会按照构件 ID 进行保留，无需重复关联，当有新数据或新模型构件更新在当前展示场景时，会高亮显示模型中未进行关联的部分或未关联的数据。

4　实践总结

本项目 BIM "一模到底"的关键技术应用，依托软件功能插件和数字化平台，以唯一的数据格式为基础，结合模型的轻量化和线上平台展示技术，让模型数据从生产变更到数据消费能够在统一的数据环境和工作流中进行，且无需经过格式转换，实现"一个模型管到底、一个模型用到底"的目标，减少在数字化工程实施过程中因数据和格式的频繁更新导致数据的准确性较差、管理动作滞后的问题，为其他数字化工程的实施提供了创新的参考思路。

参 考 文 献

[1] 李玺,武开通,贾琦.数字化智慧建造管理平台在建筑施工中的探索与应用[J].智能建筑与智慧城市,2024(6):92-94.
[2] 刁尚东,刘建松,张天翔,等.智慧代建"区块链+BIM一模到底"关键技术的研究与应用[J].广东土木与建筑,2023,30(8):4-8.
[3] 丁定东,林志猛,慎旭双,等.一模到底的BIM蓝图技术[C]//中国土木工程学会总工程师工作委员会.中国土木工程学会总工程师工作委员会第三届总工论坛论文集.中国建筑第八工程局有限公司,2023:3.
[4] 张玉彬,张宏,黑赏罡,等."一模到底"的装配式发热门诊建造研究[J].中国医院建筑与装备,2022,23(10):12-15.
[5] 张謖文.全过程正向设计大型机场项目"一模到底"管理模式探索[J].山西建筑,2024,50(14):128-131.
[6] 郭芳,李达墺,张晨,等.铁路项目BIM通用数据环境应用探索[J].铁路技术创新,2024(2):56-62.

基于图神经网络的纸质图纸自动分层方法

卢 逊，于言滔

(香港科技大学，香港 999077)

【摘　要】 BIM 重建是实现老旧建筑智慧运维的基础。然而，纸质图纸中元素遮挡和建筑组件外形相似问题影响基于图像特征的深度学习方法信息提取精度。为此，本研究提出结合图纸矢量化和图节点分类的自动分层方法。首先通过线条提取和合并实现纸质图纸矢量化；之后根据矢量化线条构建图结构，并引入图节点分类模型实现图纸分层。案例分析结果显示，本研究提出的方法能够将不同类型的图纸线条分图层导出，为提升 BIM 重建信息提取精度提供了新的解决方案。

【关键词】 建筑信息模型；图神经网络；信息提取；图像处理；三维重建

1 简介

建筑运维阶段是建筑生命周期中最长的阶段，随着香港老旧建筑数量急剧增加，迫切地需要一种提高运维效率、降低运维成本的措施。建筑信息模型（Building Information Modelling，BIM）集成了不同数据来源的信息，是实现建筑智慧运维的重要基础。许多研究将 BIM 应用于大规模设备维护、灾害应急管理等方面，显示出 BIM 在老旧建筑运维期应用的巨大潜力。然而由于年代久远，老旧建筑一般缺乏 BIM，手动重建 BIM 费时费力且需要专业培训。为提高 BIM 重建效率，需要自动化的 BIM 重建方法。

建筑图纸反映了建筑组件的精确几何和语义信息。对于老旧建筑来说，纸质图纸是理想的 BIM 重建信息来源，因为其获取成本低且没有现场数据采集过程（如点云扫描）带来的数据隐私风险。许多研究致力于从纸质图纸通过扫描或影印获得的光栅图纸中提取信息用于自动化 BIM 重建。在扫描图纸上，不同类型的图纸元素均通过像素点表示在同一平面，元素间的互相遮挡等因素会影响信息提取精度，根据组件类型分图层能够提高后续 BIM 重建的表现，因此是必要的前处理过程。然而手动分图层的方式效率低下，亟须一种有效的手段按照图纸元素类型自动化分层扫描图纸。本研究提出一种结合图纸矢量化和图神经网络节点分类的图纸元素识别方法，以自动化 BIM 重建信息提取的图纸分层前处理过程。本研究将为老旧建筑的 BIM 重建贡献新的数据提取方法，提高老旧建筑运维效率。

2 相关研究

本节从纸质图纸的 BIM 重建信息提取方法和图纸自动分层方法两个方面总结研究现状。

2.1 基于纸质图纸的 BIM 重建信息提取方法

建筑图纸按照存储格式可以分为 CAD 矢量图、光栅图和纸质图。矢量图能够比较准确地表示组件尺寸等几何信息，且规范化的图层信息能够提供组件类型等语义信息。但由于技术发展原因，许多老旧建筑只能从现有竣工资料获取手绘或纸质图纸，这些图纸一般会通过电子扫描或拍照方式转化为光栅图纸用于资料保存和传递。现有研究大多使用视觉深度学习方法从这些光栅化的图纸中自动识别建筑组件信息并重建 BIM，相比基于图像处理、模板匹配的重建方法，深度学习方法更加灵活和稳健。但由于光栅图纸中所有类型的图纸元素均表示在同一平面，不同元素之间存在重叠和遮挡问题，且当外观相似的组件同时存在时，会影响基于视觉特征的深度学习模型的预测精度。因此，有必要通过预处理的方式在信

【基金项目】 Innovation and Technology Support Programme (ITS/070/22)
【作者简介】 于言滔（1992—），女，助理教授。主要研究方向为智能建造。E-mail: ceyantao@ust.hk

息提取前将图纸按照不同图纸元素类别分图层。此外，在图纸分析过程中，通过图纸分层能够丰富纸质图纸对语义数据的直观表示，如构件类型、构件间关联关系等，增强计算机对图纸的感知理解，从而支撑智能审图等其他下游任务。

综上所述，纸质图纸是老旧建筑 BIM 重建的重要信息来源，通过深度学习方法实现图纸的自动化信息提取能够提高建模效率，但纸质图纸中组件重叠和组件相似问题会影响信息提取精度，手动分层过程需要通过描图方式矢量化图纸线元素，效率低下。对建筑图纸线元素进行分类是提高基于图纸的 BIM 重建信息提取精度的关键，但鲜有研究对该问题进行探讨。

2.2 纸质图纸自动分层方法

纸质图纸分层需要识别图纸中表示不同组件的图纸元素（如线条、符号和文字），并将图纸元素按照类别导出。由于线元素表示了大部分建筑组件和标注，大量图纸分层研究致力于对图纸中线元素进行分类。已有研究中，传统的模板匹配和启发式检测方法分别存在对图纸旋转和尺度变化适应性较差和泛化性较差的问题。在基于机器学习的方法中，基于视觉特征的分类方法由于线元素缺乏明显纹理特征而表现不佳。部分研究将图纸符号检测和线元素提取结合，通过就近匹配规则确定线类型。这种方法适用于用大量抽象图标和线段表示信息的图纸，如管道仪表图或机电图。在建筑图纸中，除轴网和标注线外，其他线段一般表示组件的实际位置和轮廓，因此线段上没有表示特定组件类别的图标，所以当分类墙轮廓线等组件线段时，上述基于图标和线匹配的分类方法不适用。

图神经网络（Graph Neural Networks，GNN）通过图（Graph）节点之间的消息传递机制构造节点局部领域计算图。计算图聚合邻域内节点的属性特征，并生成表示该节点连接和属性关系的节点嵌入向量（Node Embeddings），用于下游分类等任务。图结构能够反映线段本身特征和与周围线的拓扑关系。现有研究基于 GNN 将图纸中线元素的位置、尺寸等信息编码为节点属性特征，对机械图纸进行轮廓、标注和文字分类，取得了较好的效果。然而建筑工程图纸中线的密度更大，且邻近的轮廓线和标注线往往外观相似且叠加出现，无法仅依靠线本身的位置和尺寸信息判断类别。因此，根据工程实践中人类工程师的识图方法，有必要在构造节点属性特征时考虑标注文字的语义信息对线分类的影响。

综上所述，基于 GNN 的方法相比 CNN 方法能够解决视觉特征稀疏问题，但由于建筑图纸中线元素密度大、种类多，尚未有研究实现建筑图纸线元素的准确分类。

3 研究方法

本研究致力于开发一种基于 GNN 的纸质图纸分层方法，以实现建筑工程纸质图纸的自动化分层。其中，图纸矢量化模块首先细化图纸中线条的像素宽度，并使用 LSD 直线检测算法提取线段端点，解决手动矢量化过程效率低下问题；之后，图构建模块根据线段的几何信息和与邻近元素的拓扑关系计算节点属性特征，构建表示图纸元素的图结构，从而丰富节点的特征表示，解决线元素视觉特征稀疏问题；最后，图节点分类模块使用 GraphSAGE，根据节点属性特征生成节点嵌入并预测线段类别。相同类别的线段将被输出到同一图层，用于后续的图纸数字化管理和 BIM 重建信息提取。图1展示了本研究技术路线。

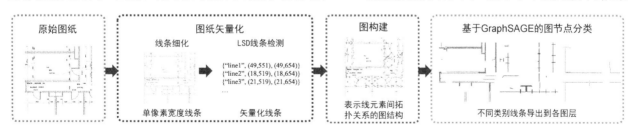

图1 基于 GNN 的纸质图纸分层方法技术路线

3.1 纸质图纸矢量化和图构建

纸质图纸矢量化的目的是将扫描的纸质图纸 [图 2（a）] 中用离散像素点表示的线段转化为用起始点和终止点表示的线段，用于构建图结构。首先通过 Zhang 等提出的线条细化算法将不同线宽的线条元素转化为单像素宽度,减少由于线宽导致的重复检测,矢量化后的光栅图纸如图 2(b)所示。LSD 线条检测算法是一种快速获取光栅图中线段实例的算法,相比其他研究中提取线段常用的 Hough 变换方法,其对高分辨率的光栅图纸适应性更好,因此本研究通过 LSD 算法提取图纸中的线段,最终的图纸矢量化结果如图 2(c)所示。

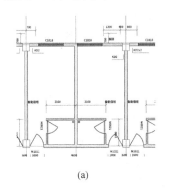 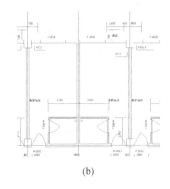 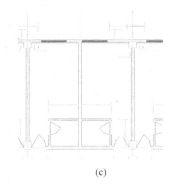

(a) (b) (c)

图 2 纸质图纸矢量化

(a) 原始扫描图纸;(b) 图纸线条细化结果;(c) 图纸矢量化结果

图构建模块的目的是构建表示线段自身属性和线段与局部邻域内图纸元素间拓扑关系的图。仿照人类工程师识图逻辑,图构建模块将线本身和与附近文字的拓扑关系作为特征嵌入节点特征向量中,节点属性特征如表 1 所示。图结构中用边表示线段间的邻接关系,具体定义为:两条线段的端点间距离或其中一条线段的端点到另一条线段的垂直距离小于阈值时,视为两条线段邻接。图构建模块据此定义构建边,最终构建的无向图 G 定义为式(1):

$$G(N,E), N \in R{n_N} \times 16, E \in Z{n_E} \times 2 \tag{1}$$

其中,N 为表示图中所有线段节点 n_N 的 16 维节点特征矩阵,各维度属性特征含义如表 1 所示;E 表示图中 n_E 个无向边的边索引,每个边的维度为 2。

节点属性特征和维度 表 1

节点特征类型	描述	维度
位置	线段两端点的二维坐标	4
尺寸	线段长度;角度	2
与文本关系	线段垂直邻域范围内和延长线方向邻域范围内不同类型(纯数字和非纯数字文本)和不同方向(平行线段和垂直线段)文本的比例	10

3.2 基于 GraphSAGE 的图节点分类

图节点分类模块使用 GraphSAGE 模型根据图中节点属性特征生成节点嵌入,之后将节点嵌入,输入预测模型,输出节点类别。作为一种归纳式学习方法(Transductive Learning),GraphSAGE 模型无需在训练时观察整个图中的数据,而是训练一种能够应用到新数据中的聚合模型,根据邻域节点属性特征和自身属性特征生成节点嵌入用于下游预测任务。因此,本研究使用 GraphSAGE 模型实现线分类,训练后的模型能够扩展应用到新的图纸数据中。GraphSAGE 生成节点嵌入的过程如图 3 所示,主要分为消息传递和消息聚合,分别表示采样邻居节点属性生成消息和根据消息计算中心节点嵌入,当定义消息聚合阶数(hops)为 2 时,1 阶邻居和 2 阶邻居节点被采样;之后通过消息传递和消息聚合更新节点特征,根据更新后的特征生成中心节点的嵌入 z;最后,将节点嵌入输入分类模型 F_θ 输出节点类别 y。

4 案例验证与分析

为验证所提出方法的可行性,本研究以 FloorPlanCAD 数据集中的实际工程图纸样本为基础,根据研究对象构建数据集测试分层方法。

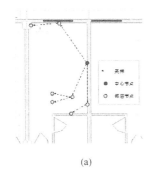 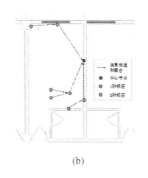 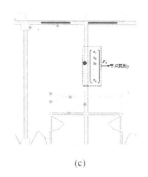

图 3 基于 GraphSAGE 的图节点分类示意

(a) 邻居节点采样；(b) 生成中心节点嵌入；(c) 预测节点类别

4.1 实验设置

本研究的研究对象是建筑结构平面图的纸质图纸，在该类图纸中应包括基本建筑结构组件和标注元素。针对研究对象对 FloorPlanCAD 数据集中组件类别进行筛选，去掉表示家具和装饰类别组件的图纸元素和空白图纸等异常样本，并将矢量化图纸导出为光栅图纸以模拟纸质图纸的扫描版本，最终导出 2038 张 1000×1000 分辨率的扫描图纸。本研究将图纸中线元素标签分为墙、标注线、轴网线和其他，原因为：墙为建筑结构的基础组件，其他组件如门、窗等均依附于墙，在 BIM 重建过程中，首先提取墙组件的信息能够对其他组件的信息提取提供先验约束，从而提高精度；轴网线提供了组件在建筑坐标中的位置信息；标注线决定了组件的具体尺寸。处理后的数据集中各类型节点数量和比例见表 2。

数据集中各类型节点数量及占比　　　　表 2

线类别	墙	轴网线	标注线	其他
节点数量	127468	54566	43951	64737
该类节点占比（%）	43.85	18.77	15.12	22.27

基于上述数据集训练 GraphSAGE 分类模型，实验环境为 Ubuntu 系统，程序运行环境为 Python 3.8、PyTorch 2.0.1。本实验采用多轮训练逐步减小学习率的策略，优化器为 Adam，3 轮训练中，每轮训练 6000 个 epoch，学习率分别为 0.01、0.001 和 0.0005，权重衰减分别为 5e-4、5e-5 和 5e-6。训练集和测试集比例为 4∶1。实验使用的评价指标为查准率（precision，p），查全率（recall，r）和平均 F 分数（F1 score，F1），分别用于评价模型对于不同线段类别的预测精度和总体预测表现。

4.2 实验结果

线段分类的定量结果如表 3 所示。模型对于组成"墙"类别的线段预测 r 指标达到 80.67%，说明模型能够从纸质图纸中还原墙的基本轮廓。在 p 指标方面，模型对"其他"类别的预测准确率较高，有助于首先去除不相关的线条对墙的信息提取的干扰。从 F1 来看模型整体表现，模型对于"墙"和"标注"线预测整体表现较好，说明模型能够捕捉文字与线段的拓扑关系，并根据这些关系预测对应线段类型。模型对于"轴网"这一类别的预测表现较差，原因是在定义线段的属性特征时，仅考虑了文字类型和方向对线段特征的影响，没有进一步考虑文字的语义含义（如进一步区分文字是轴网号还是名称标注等）。

GraphSAGE 线段分类的定量结果　　　　表 3

预测指标（%）	墙	轴网线	标注线	其他
r	80.67	35.47	67.68	52.37
p	62.19	54.52	70.68	70.39
F1	70.23	42.98	69.15	60.06

图 4 展示了通过本研究提出的方法对纸质图纸进行线段分类并分图层导出的结果。

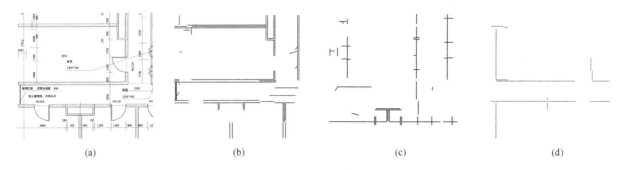

图 4 基于 GraphSAGE 的纸质图纸分图层结果
(a) 纸质图纸扫描图；(b) 墙图层；(c) 标注图层；(d) 轴网线图层

5 结论与展望

针对 BIM 重建中由于纸质图纸元素重叠和相似导致的信息提取精度下降的问题，本研究提出一种基于 GNN 的纸质图纸自动化分层方法。首先，本研究通过纸质图纸矢量化提取线条并根据线元素本身属性和与邻域元素的拓扑关系构建了图结构；其次，基于 GraphSAGE 生成节点嵌入并最终实现纸质图纸分层。结果显示，GraphSAGE 对于"墙"类别的查全率为 80% 以上，且能够区分出墙轮廓、尺寸标注等表示建筑基本结构信息的图纸元素。本研究所提出方法可以自动化纸质图纸图层分类过程，进而提高 BIM 重建中的信息提取精度和效率，并能够辅助图纸的数字化管理。本研究所提出方法存在以下缺陷：①对于标注和轴网线重叠情况下的线段分类表现较差，结合标注识别预先分离轴网线有望解决这一问题；②在将邻域内文字编码为节点属性特征时仅将文字类型区分为数字或文字，若能进一步分析文字的语义类别，如轴网标注、名称标注等，有望提高分类精度；③当前训练集图纸包括各种建筑类型，如住宅、商场等，由于建筑样式和标注样式各不相同，会导致模型对单一类型建筑的预测精度差，基于特定建筑类型构建数据集能够提高对该类建筑图纸的分类精度。

参 考 文 献

[1] HU Z Z, LENG S, LIN J R, et al. Knowledge Extraction and Discovery Based on BIM: A Critical Review and Future Directions[J/OL]. Archives of Computational Methods in Engineering, 2022, 29(1): 335-356.

[2] 胡振中，冷烁，等. 基于 BIM 和数据驱动的智能运维管理方法[J/OL]. 清华大学学报（自然科学版），2022，62(2): 199-207.

[3] ZHAO Y, DENG X, LAI H. Reconstructing BIM from 2D structural drawings for existing buildings[J/OL]. Automation in Construction, 2021, 128: 103750.

[4] PAN Z, YU Y, XIAO F, et al. Recovering building information model from 2D drawings for mechanical, electrical and plumbing systems of ageing buildings[J/OL]. Automation in Construction, 2023, 152: 104914.

[5] URBIETA M, URBIETA M, LABORDE T, et al. Generating BIM model from structural and architectural plans using Artificial Intelligence[J/OL]. Journal of Building Engineering, 2023, 78: 107672.

[6] MAITY S K, SERAOGI B, DAS S, et al. An approach for detecting circular callouts in architectural, engineering and constructional drawing documents[C/OL]//FORNÉS A, LAMIROY B. Graphics Recognition. Current Trends and Evolutions. Cham: Springer International Publishing, 2018: 17-29.

[7] COOPER M C. Formal hierarchical object models for fast template matching[J/OL]. The Computer Journal, 1989, 32(4): 351-361.

[8] TOMBRE K, TABBONE S, PÉLISSIER L, et al. Text/graphics separation revisited[C/OL]//LOPRESTI D, HU J, KASHI R. Document Analysis Systems V. Berlin, Heidelberg: Springer, 2002: 200-211.

[9] 林佳瑞，周育丞，郑哲，等. 自动审图及智能审图研究与应用综述[J/OL]. 工程力学，2023，40(7): 25-38.

[10] KANG S O, LEE E B, BAEK H K. A digitization and conversion tool for imaged drawings to intelligent piping and instrumentation diagrams (P&ID)[J/OL]. Energies, 2019, 12(13): 2593.

[11] ELYAN E, GARCIA C M, JAYNE C. Symbols classification in engineering drawings[J/OL]. 2018 International Joint Conference on Neural Networks (IJCNN), 2018: 1-8.

[12] FAN Z, ZHU L, LI H, et al. FloorplanCAD: a large-scale CAD drawing dataset for panoptic symbol[C]//Proceedings of the IEEE/CVF International Conference on Computer Vision (ICCV). 2021.

[13] XIE L, LU Y, FURUHATA T, et al. Graph neural network-enabled manufacturing method classification from engineering drawings[J/OL]. Computers in Industry, 2022, 142: 103697.

[14] KIM H, LEE W, KIM M, et al. Deep-learning-based recognition of symbols and texts at an industrially applicable level from images of high-density piping and instrumentation diagrams[J/OL]. Expert Systems with Applications, 2021, 183: 115337.

[15] ZHANG W, JOSEPH J, YIN Y, et al. Component segmentation of engineering drawings using Graph Convolutional Networks[J/OL]. Computers in Industry, 2023, 147: 103885.

[16] GROMPONE VON GIOI R, JAKUBOWICZ J, MOREL J M, et al. LSD: a fast line segment detector with a false detection control[J/OL]. IEEE Transactions on Pattern Analysis and Machine Intelligence, 2010, 32(4): 722-732.

[17] HAMILTON W L, YING R, LESKOVEC J. Inductive representation learning on large graphs[C]//Proceedings of the 31st International Conference on Neural Information Processing Systems. Red Hook, NY, USA: Curran Associates Inc., 2017: 1025-1035.

[18] ZHANG T Y, SUEN C Y. A fast parallel algorithm for thinning digital patterns[J/OL]. Communications of the ACM, 1984, 27(3): 236-239.

关于 BIM 技术在 CIM 平台中赋能规划建设管控的研究与思考
——以深圳宝安区空港新城为例

吴怡慧[1]，卓胜豪[2]，王　辉[1]，齐张晟[1]

(1. 中国电建集团华东勘测设计院（深圳）有限公司，广东　深圳　518000；
2. 中国电建集团华东勘测设计研究院有限公司，浙江　杭州　311122)

【摘　要】当前城市规划建设工作面临诸多困难，通常体现在规划与建设同步进行、地上地下工程接口协调难度大、参与建设的主体单位多等方面，片区开发建设需要更高效、更先进的管理手段。BIM、CIM 等新一代信息技术的发展为政府部门规划建设管控业务的数字化转型提供了坚实的技术支撑。本文以深圳空港新城 CIM 规建协调平台为案例，通过研究政府侧在项目规划、建设阶段的业务场景痛点，开展了面向规划建设管控的 CIM 平台设计，并详细阐述了以 BIM 为核心的功能模块，以期为后续相关领域研究提供借鉴。

【关键词】BIM；CIM；规划建设管控；智慧城市

1　引言

工程项目的规划与建设阶段全流程跟踪是保证项目方案符合规划与建设要求，并具有可实施性的重要步骤，为后续城市精细化管理打下基础。全流程跟踪工作涵盖了项目信息管理、风貌审查、进度管理、接口协调等内容，随着三维空间管理需求日益复杂，传统的跟踪、审查和预警方式已无法满足现实情况的需要。2021 年，住房和城乡建设部确定了五个城市作为智慧城市试点，并发布了《城市信息模型（CIM）基础平台技术导则》。该导则强调了以二三维 GIS 技术、高渲染技术和 BIM 技术为核心的信息化智能化管理手段，将极大地提升管理效率，提高社会治理效能。

本文将聚焦深圳宝安区空港新城 CIM 规建协调平台，深入分析空港新城管理者的业务需求，并结合当前技术发展，对 CIM 平台在规划建设全过程中的设计思路以及 BIM 技术在 CIM 平台中的应用进行深入研究，希望为后续城市精细化治理的平台研发和应用提供明确的指导方向。

2　平台建设需求分析

空港新城片区地处粤港澳大湾区核心位置，作为一线城市的重点片区开发项目，长期面临多重挑战：①项目基础信息分散、查询效率低下；②城市规划与建设同步进行，城市风貌、建筑设计标准高，缺乏直观的可视化工具以精准评估城市环境的和谐度；③群体性工程密集，地上地下立体式同步开发，专业接口交叉复杂，协调难度大；④建设主体多，组织统筹难度大。通过调研管理者业务流程，提炼出智慧化平台建设的四大核心需求，以助力空港新城实现更高效、更协调的发展。

2.1　高效查询项目及周边信息的需求

项目从启动、规划、建设到管理，需要查询各类型基础信息，包括但不限于上位规划的核查依据、

【作者简介】吴怡慧（1992—），女，工程师。主要研究方向为软件工程与计算机技术，面向规划和自然资源领域的电子政务、数字政府应用研究。E-mail: wu_yh7@hdec.com

场地条件及周边工程建设情况、地质水文条件等。传统的上位规划查询方式以用户使用 CAD 软件或下载官方规划文件为主，相关文件或数据的传播也以微信等工具实施，过程繁琐且存在传播失真的风险，无法实现线上协同。为应对基础信息查询难题，需制定统一的数据标准，将上位法定图则、规划设计条件、建筑模型、地下空间模型、地质模型等二三维数据成果基于统一的空间尺度进行整合，实现各类信息数据的标准化、信息化管理与便捷化查询。

2.2 利用 BIM、CIM 技术对设计方案审查的需求

城市规划建设中，众多工程建设项目主体采用各自不同的规划设计软件和成果输出格式，难以汇聚在统一底板中，这使得决策者在评估新建地块与现有片区的协调性时面临挑战。此外，设计单位通常采用演示文稿（PPT）和文字汇报的方式，难以全面展示设计效果。在这种情况下，规划建设 BIM 模型亟须落位在模型覆盖广、渲染能力强、加载速度快的统一底图上，为城市设计中建筑单体控高、外立面设计校核等提供可视化判断依据。

2.3 建设过程中的接口协调需求

城市建设中，地上地下立体式同步开发涉及众多设计、施工接口，且因为空间使用率极高，接口偏差的容错率很低。二维图纸上查询地下空间布局的方法繁琐，存在可视化表达的局限性。当前建设项目多数采用边施工边协调的模式，常常造成工期延长、成本增加的后果。对于具备施工管理职能的政府部门来说，应利用 BIM 模型模拟并预判施工过程中可能遇到的衔接、交叉等问题，从而促使各方提前沟通、协调，采取避让措施并做好充分准备，提高工程建设管理水平。

2.4 高效可控的项目管理需求

政府侧通常采用聘请第三方工程服务单位的方式，为其履行跟踪工程建设进度、协调地上地下接口的职责。外部人员的投入虽然强化了工程进度的监管效能，但也相应延长了政府职能部门与实际施工单位之间的沟通与协作链条。目前，第三方工程服务单位对建设进度的描述主要是以文字表格形式为主，缺乏直观的可视化展示，难以准确考证和持续追踪存在的问题，也增加了风险控制的难度。因此，政府侧迫切需要利用 BIM 模型在计划进度模拟、实际进度模拟以及投资管理等多维度的优势，更直观地了解项目进展和面临的问题，实现对政府投资项目的高效可控管理。

3 平台设计思路

3.1 建设策略

3.1.1 多源异构数据的汇聚及治理

在空港新城 CIM 规建协调平台中，整合了包括规划、景观、地质、倾斜摄影、建筑以及市政与地下空间在内的六大板块的二三维模型。将这些模型在同一坐标环境下（坐标系为 CGC2000 坐标系）进行无损整合，包含材质整理、几何优化、构件合并及位置匹配，融合成空间数据库。其中地质模型及市政与地下空间模型采用主流 BIM 软件进行创建，包含指定的模型几何信息和设计图纸中已标识的重要非几何信息；建筑模型则采取收集各项目中设计单位建成的施工或竣工 BIM 模型，并参照区级 BIM 模型交付指引对模型进行审核，保证数据的完整性。

3.1.2 基于 BIM 模型实现工程接口协调

将规划的市政与地下空间 BIM 模型与现有的数据底板在同一坐标环境下进行整合，平台实现自动定位碰撞位置，根据碰撞情况（如识别硬碰撞或软碰撞）提供相应解决方案。通过直观看到地下基础设施开发强度以及整体分布情况，评估片区内项目之间的衔接关系，并根据平面、高程等衔接信息，对项目设计过程中可能遭遇的工程边界问题提前预判，从而优化设计决策，提高规划的准确性和施工的安全性。

3.1.3 将项目管理"三维可视化"

工程项目的发展是土地状态本身的演变过程，每个阶段的变化都需要有针对性地记录。鉴于项目在全生命周期的不同阶段可能由不同部门接管，这对信息传递的完整性与精确性提出了高标准要求。为此，采用 CIM 平台能够全面而详尽地记录土地自未出让或征迁状态起，历经出让、方案设计、实施建设直至

竣工验收等各个关键阶段的信息，其中，空间模型作为核心数据载体，有效串联起各阶段信息，确保数据的连贯性与一致性。

3.1.4 优化数据更新机制，提升底图的现势性

随着空间数据和项目信息的变化，数据底板需要持续更新。现有的CIM平台数字底板仅为1.0版本，在规划建设项目推进过程中，需要特别考虑空间数据接收及管理工作机制、数据更新周期、人力成本投入等方面。目前，主要通过专业的数据处理工程师利用线下工具来实现数据的无损更新，从系统后台发布至平台。这种方法虽然能够对多源数据的坐标、尺寸和材质进行精细优化，但存在处理周期较长的问题，难以满足用户对即时数据更新的需求，这在一定程度上影响了平台在日常业务中的辅助效率。

因此，CIM平台应该探索一些能够满足业务需求并无需对数据进行过度处理的业务场景，以此提升数据底板的现势性。

3.2 总体框架（图1）

基于对空港新城政府侧管理者的调研，收集管理者在规划与建设阶段的重要业务场景，梳理业务场景中的数据类型及数据流，从项目级和城市级两个不同的层面形成数字信息的积累，完成空港新城数据底板的创建。基于不断完善的数据底板，定制开发风貌审查、建设管理、项目库维护、接口协调管理等模块，赋能全周期的统筹协调工作。

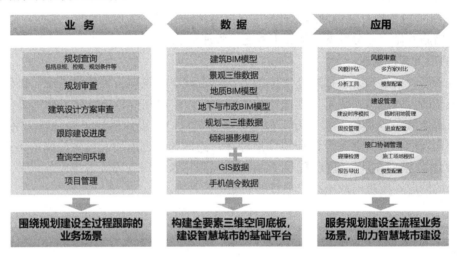

图1 总体框架

3.3 功能模块设计

3.3.1 风貌审查

对建筑设计方案进行风貌审查是保证设计方案符合建设要求的重要手段。设计单位或管理侧使用工作台中的方案上传功能，一键将不同项目的设计方案或同个项目多个方案模型发布至前端数字沙盘中进行整体评估。平台通过智能解析模型自带的坐标信息，将模型落位在正确位置。平台支持多屏同步对比功能，允许用户实时观察不同设计方案间的细微差别与整体效果差异，并通过实时联动机制及详尽的表格指标统计，量化评估各方案的优势与不足，如图2所示。此外，平台还集成了通视分析、天际线分析、视域分析等三维空间分析工具，使用户能够站在多维城市视角，深入剖析新建地块的整体形象与周边环境的和谐度，确保设计方案不仅满足功能性需求，更能在视觉上融入并提升区域风貌。

3.3.2 建设管理

在项目建设阶段，政府的角色是审核并监督建设单位所制定的进度计划，确保实际施工进度与计划保持一致，并在发现进度滞后时进行评估和考核。政府在管理建设进度时，并不要求对每个构件进行细致的跟踪，而是应聚焦于关键的里程碑事件。

平台支持用户上传符合CIM平台BIM数据处理规范的施工BIM模型，并自动提取模型图层名称，用户仅需输入各图层的实际与计划进度数据，即可将这些数据与时间轴相关联。通过操作前端数字沙盘

图 2 建筑方案多屏对比界面

的时间轴控件,用户可以直观地观察 BIM 模型的进度模拟。这项功能不仅适用于单个项目的进度展示,还能用于模拟整个区域的建设发展,从而为管理者提供准确的区域建设信息,辅助他们做出更明智的决策。建设管理界面如图 3 所示。

图 3 建设管理界面

3.3.3 项目库维护

长期以来,建设项目全过程的基本信息、固定投资进度、实施计划与建成效果等各类信息分散在政府各部门,缺乏统一的信息查询渠道,增大了跨部门协同的沟通成本。为了解决这一问题,平台提供统一的填报信息入口,对具体项目不同维度的信息指派专门管理员,由管理员进行信息填报。为了提升填报效率并减轻管理者在日常工作中处理繁杂表格的负担,平台支持用户上传 Excel 格式文件。系统能够自动识别文件中的表头字段,并提取相关数据,之后由管理员进行二次校验,确保数据的准确性,随后可以导出表格供进一步使用。

目前,平台已累积了数百条管理数据,实现了从传统模式向集群项目的"线上+线下"协同管理模式的转变。同时,建立和健全政府投资项目档案的线上管理制度,以便对项目实施过程中产生的成果、文件、会议纪要等资料进行留存。

3.3.4 接口协调管理

地下空间的工程接口协调工作涉及接口模型创建、基于模型的空间校核、施工时序校核等。平台的地下空间管理模块提供碰撞检测能力,可由用户自行将新的地下空间方案 BIM 模型上传发布至 CIM 平台,并与现有的或规划中的地下空间模型进行碰撞检测,并自动生成碰撞报告。将报告与接口模型提供给施工单位,以辅助方案优化、建设管理中的冲突预判和统筹处理。

同时,将施工场地模型与具体项目 BIM 模型整合,查看和校核接口施工场地边界,通过模型预演各阶段施工场地布置安排，避免出现场地空间与时间上的冲突。

4 BIM 技术在 CIM 平台中应用的限制性问题

工程项目的规划建设全流程跟踪是否都要运用 CIM 平台实现存在争议。CIM 平台开发成本显著高于传统业务系统的构建，目前三维空间里各类分析工具的研发仍处在起步阶段，复杂的分析工具还需要线下客户端软件进行支撑。因此，是否需要将完整流程中的各类分析、审查场景都搬到 CIM 平台中还需更深入地分析。

与此同时，政府对重点区域的 BIM 模型制定了严苛的技术规范，明确要求所有模型必须遵循市级统一的模型交付标准，并需上传至市级 CIM 平台以实现集中管理与应用。为积极响应并满足这些高标准要求，政府和社会单位往往投入了大量资金和人力资源，但带来的应用成效并不显著。加之 CIM 平台的主要用户为政府管理机构，其日常任务中很少涉及对精细的 BIM 模型的运用，因此 BIM 模型在 CIM 平台上的使用场景与应用价值仍十分有限。

5 结语

随着 CIM 平台、BIM 技术、物联网、大数据等新一代信息技术的发展，城市规划与建设进入智慧化时代，发展智慧城市受到党中央国务院及各级政府部门的重视与大力支持。笔者以空港新城 CIM 规建协调平台为例，论述了管理者在规划与建设实施阶段遇到的痛点及需求，构建了围绕 BIM 模型应用的 CIM 平台设计思路及建设策略，并将业务需求转换为功能需求，提出四大功能模块。最后论述了目前仍存在的限制性问题。CIM 平台的建设有助于提高城市规划与建设过程中重大决策水平，促进业务高效协同，进一步提高城市规划建设品质，笔者以期为其他城市的规划建设全流程跟踪设计提供参考借鉴。

参 考 文 献

[1] 杜玲玲，肖昶，孙玉昕，等 . 基于 CIM 的规划智能报批管控研究与实践[J]. 地理空间信息，2022，20(8)：93-97.

[2] 刘颖，鲍巧玲 . 基于 CIM 平台的雄安新区工程建设项目审查路径探析——以工程建设许可阶段为例[J]. 小城镇建设，2022，40(3)：113-119.

[3] 杨滔，鲍巧玲，李晶，等 . 雄安城市信息模型 CIM 的发展路径探讨[J]. 土木建筑工程信息技术，2023，15(1)：1-6.

[4] 张林，何平，陈云浩，等 . BIM＋CIM 数据系统集成应用的研究与实践[J]. 土木建筑工程信息技术，2023，15(1)：119-123.

[5] 王树魁，崔蓓，迟有忠，等 . 南京 CIM 全息底板建设初探[J]. 地理空间信息，2023，21(2)：41-45.

[6] 郑君伟 . 建设工程规划管理中建筑设计方案审查的研究[J]. 居舍，2019(36)：104.

[7] 石俊卫 . 广州 CIM 平台智慧化应用探索[J]. 中国建设信息化，2021(24)：36-39.

[8] 吴志强，甘惟，臧伟，等 . 城市智能模型(CIM)的概念及发展[J]. 城市规划，2021，45(4)：106-113，118.

基于 Dynamo 的拱桥参数化建模研究

龚蕊祺，吕 望

(中国电建集团华东勘测设计研究院有限公司，浙江 杭州 311122)

【摘 要】 本文探讨了基于 Dynamo 可视化编程工具在桥梁工程中的参数化建模方法，以某钢管混凝土系杆拱型桥桁架为例，经过图纸参数化分析及节点功能规划，提出了具体的建模思路和实践步骤，详细阐述了生成拱肋轴线、桁架轨迹线及实体、吊杆等构件的过程，并通过镜像节点完成整体建模，验证了该方法的可行性和高效性。本文提出的参数化建模方法不仅提高了建模效率和准确性，还为相似结构形式的桥梁工程建模提供了有价值的参考与启示。

【关键词】 Dynamo；参数化；桥梁工程；BIM

1 引言

随着建筑信息模型（BIM）技术的快速发展，其在桥梁工程领域的应用日益广泛。BIM 技术以其强大的信息集成和可视化能力，为桥梁工程的设计、施工和运维提供了全新的解决方案。目前我国已有部分学者和工程师在国内外桥梁工程项目中利用 BIM 技术对项目从设计到施工阶段进行全面优化。刘智敏等利用 BIM 技术对塞拉利昂公路中的一段桥梁在设计阶段进行了建模和设计检查等应用。刘均利等在曾家岩嘉陵江大桥项目中，通过 BIM 技术完成项目建模并进行设计的校核及优化。张贵忠在沪通长江大桥项目中，基于 BIM 技术搭建管理平台，采用信息化手段克服了由于新技术带来的各种不利因素，提升了项目的智能建造水平。

各项 BIM 技术的应用需要基于基础模型的建模，在实际工程实践中，桥梁工程的设计会涉及三维空间内的多种参数，这些参数之间又存在着联动关系。采用 Revit 原生功能进行建模时，往往面临效率低下和精度不足的问题。而 Dynamo 作为一种基于节点和连接的可视化编程工具，其强大的参数化设计功能可以很好地弥补原生 Revit 功能的缺点。张金瑞等在成都蜀龙路异形人行斜拉桥中利用 Revit+Dynamo 实现了主梁实体模型及线路的参数化建模。王欣等在苏州木渎镇核心区姑苏大桥的建模中，采用 Dynamo 驱动 Revit 图元构建成箱梁截面轮廓族，并建立变截面连续箱梁桥 BIM 模型。从以上案例可以看出，基于 Dynamo 的参数化建模技术已经成为实现参数化桥梁工程建模的重要途径之一。

本文旨在探讨如何利用 Dynamo 可视化编程工具在拱形桥梁工程中进行参数化设计建模。以某钢管混凝土系杆拱型桥桁架为例，首先对图纸内容进行分析，然后建立对应的编程思路，最后具象成模块化的操作，最终完成本工程的建模，期望能够为相似结构形式的桥梁工程建模提供有价值的参考与启示。

2 建模思路

使用 Dynamo 进行桥梁工程参数化建模需要根据项目特点明确建模思路，找出项目特点以及可以进行逻辑化驱动的建模参数，并判断参数间的联动关系，最后选择合适的 Dynamo 节点进行实现。本项目的建模思路如图 1 所示。

【作者简介】龚蕊祺（1996—），女，助理工程师。主要研究方向为 BIM 技术应用。E-mail：gong_rq1@hdec.com

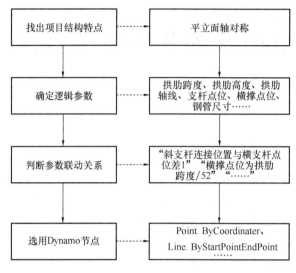

图1 建模思路

3 建模流程

3.1 图纸分析

本工程图纸中,主桥采用中承式钢管混凝土桁架,轴线采用二次抛物线,计算净跨径160.0m,矢高35.56m,矢跨比1/4.5。每侧主拱肋由4根直径为ϕ700的上弦杆和下弦杆组成,主拱肋弦杆钢管拱脚处采用ϕ700mm×20mm钢管,其他处弦杆采用ϕ700mm×14mm钢管;腹杆采用ϕ377mm×10mm钢管;非吊点位置横支管采用ϕ351mm×10mm钢管,吊点、立柱位置横支管采用ϕ500mm×14mm钢管。其立面图和节点详图见图2、图3。

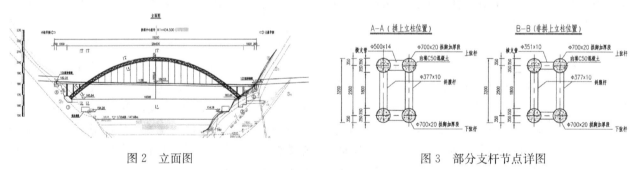

图2 立面图　　　　　　　　　图3 部分支杆节点详图

吊杆采用12根ϕ15.2环氧涂层钢绞线。

经过分析,本工程的桥梁结构在立面及平面中都体现了对称性,可在进行单侧单面基本构件的创建后,通过镜像节点完成整体的拱肋和吊杆建模。

3.2 拟采用的主要功能节点

本次建模的主要功能原理是通过在空间中创建多点并连接成曲线或直线作为图形的拉伸轨迹,再以图形作为基准面沿轨迹进行拉伸创建拱肋及支杆,最后进行构件的镜像。拟采用的主要功能节点及说明如下:

(1) Point.ByCoordinates:通过坐标创建点。
(2) Arc.ByThreePoints:通过三点创建圆弧。
(3) Geometry.Transform:通过给定的坐标进行图形变换。
(4) Line.ByStartPointEndPoint:通过起始坐标创建线。
(5) Cylinder.ByPointsRadius:通过起始坐标和圆半径创建圆柱体。

(6) Geometry. Mirror：镜像几何图形。

节点配置过程中，涉及其他的关于数据变换或列表处理相关的节点，例如 List.GetItemAtIndex、List.Join 等不在此悉数列出。

4 实践步骤

4.1 生成单侧拱肋轴线及实体

将单侧下弦杆拱肋轴线记为弧线1，设定拱肋单侧的起始点坐标及中间点坐标，按照中间点镜像得到第三点坐标，由三个点坐标创建圆弧线，此弧线即为单侧下弦杆拱肋轴线（图4）。

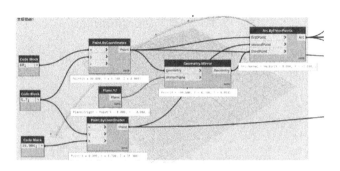

图 4　生成拱肋弧线1

在起始点处创建与该圆弧线垂直的平面，以起始点为圆心，在该平面处绘制圆形，该圆形沿着弧线1形成拱肋1钢管实体（图5）。

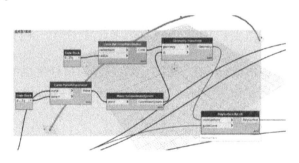

图 5　生成弧线1拱肋实体

将弧线1的起始点和中间点沿着垂直弧线1切线方向平移一定的距离，得到弧线2的两个坐标点。弧线2的第三个点由弧线2的起始点镜像得到，由三个点坐标创建圆弧线，得到弧线2（图6），以同样的方法生成拱肋2的钢管实体。

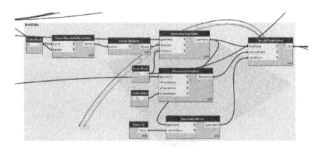

图 6　生成弧线2

4.2 生成桁架轨迹线及实体

桁架轨迹线的起始点和终止点位于拱肋轴线上，将弧线1按照桁架连接点个数等分，从第二点开始每间隔1个点将其点位提出，得到新的点位坐标列表。将弧线1第一点、最后一点和新提出的点按序排列组合，组成弧线1所有桁架钢管点位。将弧线1提出的点位坐标按照竖直方向向上投影至弧线2上，得到弧2部分桁架钢管连接点位坐标表。将弧线1第一点沿着垂直该线的切线方向移动一定距离，得到弧线2第一点坐标，由弧线2第一点镜像得到弧线2最后一点坐标点位。将弧线2第一点、最后一点和由弧线1投影得到的弧线2点位按顺序排列在一起，组合形成弧线2所有桁架钢管点位（图7）。

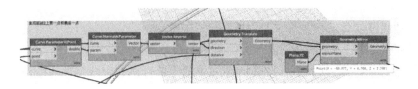

图7 在弧线1和2中生成桁架点位

由弧线1和弧线2点位生成上横杆、直杆和下横杆。提出弧线1的0~26号点位为起点，弧2的1~27号点位为终点，生成一半斜杆，另外一半镜像得到1/4斜杆（图8）。

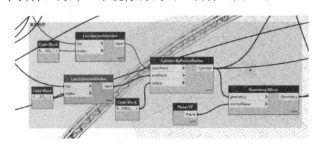

图8 生成斜杆

将弧杆、直杆、斜杆镜像，得到1/2桁架。将本侧所有桁架镜像，得到另一侧拱桥桁架。

4.3 生成吊杆

吊杆的生成逻辑是通过对弧线的等分，生成数个等距点作为吊杆生成的起点，将等距点通过 Z 轴方向投影到设定好高度的 XY 平面中，作为吊杆生成的终点，最后用 Cylinder.ByPointsRadius 节点生成吊杆（图9）。

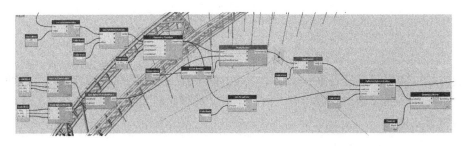

图9 生成吊杆

4.4 生成整体构件

以上步骤已生成桥梁单侧构件，通过 Geometry.Mirror 节点轴对称生成对侧的构件（图10）。

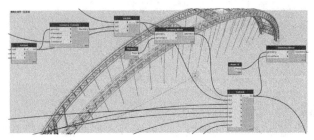

图10 生成对侧构件

最终在 Dynamo 中生成的效果如图 11 所示。

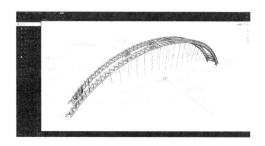

图 11　Dynamo 生成结果

4.5　在 Revit 中创建构件

Dynamo 中生成构件需要通过节点在 Revit 中进行实体化，利用 Springs.FamilyInstance.ByGeometry 节点在 Revit 项目中生成常规模型（图 12）。

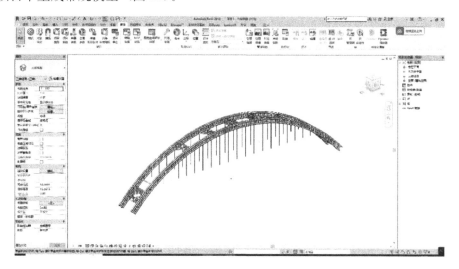

图 12　Revit 生成常规模型

5　应用总结

本文提出了针对拱形桥梁工程特点的 Dynamo 的参数化拱桥桁架的建模方法。与传统建模方法相比，本方法大大提高了建模效率以及建模的准确性，并支持参数化的修改，同时做法与思路适用于大部分可进行参数化建模的场景。需要指出的是，本次的参数化建模成果暂不支持非 Dynamo 内置参数的修改，模型的生成只能在 Dynamo 中进行，且步骤较为复杂，在推广和普及上存在一定的限制，需要后续进一步的完善。

参 考 文 献

[1] 刘智敏, 王英, 孙静, 等. BIM 技术在桥梁工程设计阶段的应用研究[J]. 北京交通大学学报, 2015, 39(6): 80-84.
[2] 刘均利, 张聪, 薛飞宇, 等. BIM 技术在重庆曾家岩嘉陵江大桥设计中的应用[J]. 世界桥梁, 2020, 48(2): 71-76.
[3] 张贵忠, 沪通长江大桥 BIM 建设管理平台研发及应用[J]. 桥梁建设, 2018, 48(5): 6-10.
[4] 张金瑞, 张迅, 姚昌荣, 等. 基于 Revit＋Dynamo 模式的异形人行斜拉桥 BIM 参数化建模技术[J]. 土木建筑工程信息技术, 2023, 15(2): 6-11.
[5] 王欣, 田石柱. 基于 Dynamo 的变截面连续梁桥 BIM 建模方法研究[J]. 苏州科技大学学报（工程技术版）, 2021, 34(1): 23-28.

大语言模型辅助土木工程 CAD 系统开发方法研究

陈彦安[1]，马智亮[1*]

(1. 清华大学土木工程系，北京 100084)

【摘　要】 土木工程 CAD 系统开发的需求持续增长，大语言模型凭借其强大的自然语言处理能力在生产生活中产生了巨大影响，使用大语言模型辅助土木工程 CAD 系统开发成为可行且有效的方式。本文将对大语言模型辅助系统开发进行调研，特别是针对提示词工程方面；根据现状进行需求分析、系统设计与实现，完成助手创建；最后进行实例验证，说明助手在辅助土木工程 CAD 系统开发上的优势，并进行对比分析与总结。

【关键词】 大语言模型；系统开发；CAD

1 引言

土木工程 CAD 系统自 20 世纪 60 年代以来，被逐渐应用于建筑、机械、电子、航空等各行各业。随着技术革新，加之 CAD 技术通过人机结合促成优势互补的特点，其已在土木工程中得到广泛应用。然而，当前的 CAD 技术在应对复杂项目管理需求时仍存在如数据无法共享、处理非几何信息的能力较弱、用户界面和操作复杂等局限性，实际工程中对于土木工程 CAD 系统开发仍有较大需求。另外，土木工程 CAD 系统开发需遵循软件工程学原理，包含规划、分析、设计、实现等阶段，涉及调研、分析、撰写文档、编程等工作，对于缺乏系统开发经验的土木工程从业者而言具有一定的门槛。

大语言模型（Large Language Model，LLM）是指具备超大规模参数和强大计算能力的深度学习模型，能够处理海量数据，并执行诸如自然语言处理和图像识别等各种复杂任务。基于大语言模型发展的各类应用的爆发，为用户提供突破性的创新机会，极大地降低了应用开发的门槛。诸如 ChatGPT 等大语言模型已经在日常生活、学习工作的各个方面产生广泛的影响，使用大语言模型辅助系统开发工作成为可能。

为此，本研究的目标是通过提示词工程使用大语言模型进行辅助土木工程 CAD 系统开发方法研究，进而创建一个土木工程 CAD 系统开发助手，并通过相关实例进行检查。

2 大语言模型辅助土木工程 CAD 系统开发方法

在软件工程中，大语言模型的应用已有越来越广泛的适用性，在如代码摘要、生成代码功能的抽象自然语言描述、代码注释等方面均已有相当实例。LLM 可划分为仅编码器、编码器-解码器和仅解码器三类。其中仅解码器 LLM 主要用于文本生成任务，如语言建模和对话生成。它们通过解码器逐步生成文本，利用自回归的方式预测下一个词，代表模型有 OpenAI 开发的 GPT 系列。根据 HOU 等的研究，在现有的使用 LLM 辅助软件工程的案例中，仅解码器 LLM 占据主要位置。大语言模型在公共卫生、应对气候变化和全球变暖、计算机编程、教育等诸多领域中展示了极佳的表现，但大语言模型辅助系统开发仍以日常生活中的应用为主，尚未被大量应用到工程领域，故使用大语言模型辅助土木工程 CAD 系统开

【作者简介】 马智亮（1963—），男，教授，主要研究方向为土木工程信息技术，Email：mazl@tsinghua.edu.cn

发研究很有必要。

大语言模型在系统开发的全流程中均可以提供帮助。需求分析中可以在需求启发、规范提取和细化以及生成解决方案概念和系统架构等需求分析的多个领域提供支持。系统设计中的主要任务集中在开发人员与LLM之间的交互，以及关于原型系统或交互框架开发的工作。程序设计中的典型任务有代码生成、代码摘要等。系统测试中的典型任务有代码优化、代码翻译、补丁生成等。应注意大语言模型存在的一些限制，例如缺乏相关专业知识，生成内容不符合专业习惯；生成质量缺乏保证，且需要将通用的、非特定领域的提示词集成到特定领域的提示词中。

提示词是引导大语言模型生成期望输出的输入文本。提示词工程则是设计和优化提示词以引导大语言模型生成期望输出的过程。提示词中应包含如下要素：指令、上下文、输入数据、输出指示。影响提示词选择的因素主要包含以下五点：用户意图、模型理解、领域特异性、清晰度和具体性、约束。最基本的提示词技巧包括避免歧义；提供上下文或示例；约束生成格式等。高级提示词技巧包括控制温度值与令牌数、使用提示链与多轮对话、迭代改进提示词、平衡用户意图与模型创造力、使用系统1与系统2、利用外部资源等。更深层次的提示词工程则包括使用角色扮演、使用模板、少样本提示等，Arvidsson和Axell针对总结了10类共36条提示词技巧。White等提出了一个用于记录提示词的框架，包含如下六个要素：名称及分类、内容及上下文、动机、结构及关键点、示例、结果。通过该框架能够对提示词模板的分类、用途、结构、优缺点等有直观清晰的了解。

3 土木工程CAD系统开发助手创建

助手创建流程如下：首先进行用户需求分析，进而确定系统功能需求，随后进行系统功能与界面设计，最后进行编程实现。

3.1 需求分析

根据系统开发的四个阶段，总结出用户在系统开发中产生的十个需求：需求生成、搜索调研、推理分析、代码生成、代码摘要、代码翻译、测试生成、代码优化、补丁生成、文档编写。进而确定系统如下七部分功能需求：①思路提供，即根据预设知识引导用户进行每项任务；②细化分析，包括确定问题是否能解决、提出开发方案并进行比较、制定开发计划、对相应功能进行设计等；③文档编制：生成需求分析及系统设计过程中的各类文档；④代码生成：生成实现相应功能的代码与注释，并通过交互与测试等过程实现代码优化等；⑤文档上传：已有的文档大纲可上传以令助手进行扩展；⑥对话交互：与助手进行对话，并特别设置一套提示词模板可供用户用于快速交流；⑦文档导出：将助手的分析过程以及生成的文档等内容进行导出保存。

3.2 助手生成

对不同大语言模型进行调研发现，GPT系列在综合性能上表现较好，无明显缺点。同时考虑到前文所说广泛应用于系统开发的为仅解码器类LLM，以及本研究着眼于提示词工程，不需要使用微调技术，加之2023年11月OpenAI推出了Assistant功能，大大简化了助手创建流程，故决定使用GPT-4模型，通过Assistant功能搭建助手。

助手的核心思想及功能包括提示词、模型、链、记忆、知识检索、代理等，Assistant通过线程（Thread）、消息（Message）、执行（Run）为与模型的交互提供管理。创建的助手除名字、预设提示词、模型等基本信息外，还可添加相应功能，包括本地知识库检索、执行代码分析问题等。助手的创建过程则包含创建Assistant、创建Thread、创建Message、创建Run、执行Run、取出Message六步骤。参照官网提供的代码示例创建了助手并上传土木工程CAD系统开发的相关文档作为知识库，添加了检索功能以及自动调用代码执行并分析问题的功能。经提示词工程相关文献调研以及需求分析，并结合实际效果进行调整后，总结出助手的预设提示词，具体编程过程不再详细展开。

3.3 系统设计与实现

根据用户需求、系统功能需求对系统功能进行设计。各功能模块及描述如表1所示。考虑到大语言模型的框架及 API 均以 Python 为主要编程语言进行开发和提供支持，加之对编程初学者友好，本系统使用 Python 进行开发并通过开源库 Streamlit 进行主要的页面构建。

系统功能设计　　　　　　　　　　　　　　　　　　　　　　　　　　　　　　　表 1

序号	功能模块	功能名称	模块描述
1	系统管理	用户登录	使用用户名和密码登录系统
2	接收上传	密钥上传	上传 OpenAI 的 API key 以调用相应大语言模型；
		文件上传	可选择上传大纲，令助手在大纲基础上扩展；上传图片令助手实现；或上传其他资料进行分析
3	对话交互	与助手交互	与助手的主要交互功能，包括发送用户信息、获取助手回复、聊天界面渲染等；
		提示词模板	将总结出的提示词模板按阶段步骤有条理地分别归进下拉框，点击即可发送相应内容
4	文件导出	文档编制	针对需求分析说明书、系统设计说明书等，可直接生成 Word 文档并另存；
		会话记录导出	将与助手系统开发的过程会话进行导出存档

土木工程 CAD 系统开发助手的使用依赖于大语言模型的交互，故系统界面主体为交互界面，其余功能则通过边栏等进行排列。具体而言，本系统的界面包括登录界面和主界面。在登录界面进行登录，成功后进入主界面。主界面分为四个分页，分别为主页、上传页、助手交互页、获取帮助页。每个分页均包含以下区域：

（1）菜单目录区：主界面的左侧边栏设有菜单目录，对系统的各页面设置进行展示与切换。

（2）主交互区：主界面中的绝大部分面积应用于重要的功能或信息。在主页，此区域应对系统功能、流程等做出简要说明，引导用户进行每步的操作；在上传页，此区域则提供上传 OpenAI API key 及文件的功能；在助手交互页，此区域作为与助手进行主要交互的区域，将用户的输入消息及助手回复分别进行渲染展示；在获取帮助页，此处展现一些帮助文档，例如 OpenAI 的 API key 的获取等，以帮助用户解决可能遇到的问题。

（3）功能区：放置文档编制、会话记录导出、提示词模板等功能的区域，同样应设置在边栏中，不影响主交互区。

结合文献调研中已有的提示词模板及结构，在大量尝试的基础上，对不同提示词进行比较、总结，最终分别得到适用于需求分析、系统设计、程序设计与系统测试三部分的提示词模板。每部分的提示词模板首先包含针对流程中每一个步骤具体任务的提示词，可以获取助手对此步骤的具体工作细节；随后可以使用该部分的通用提示词模板以针对该步骤进行修改补充等调整。图 1 为助手交互页展示。

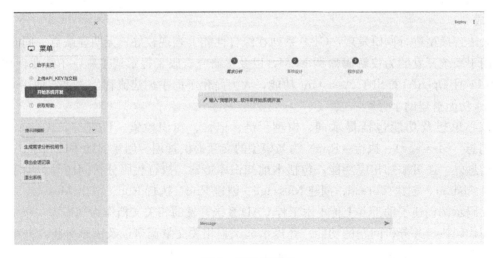

图 1　助手交互页

4 案例分析与验证

本文将以一个开发"快速看图CAD软件"的示例对系统的应用进行进一步说明,同时与不使用该助手进行系统开发进行比较分析。由于助手的回答大多篇幅较长,以下将不展示助手完整的回答,而仅展现其效果。

登录等步骤不再展示。按照系统提示输入"我想开发一个看图CAD软件"。助手会展示全流程并开始执行任务,助手在回答末尾会询问用户下一步希望进行什么操作,随后使用提示词模板令助手编写问题定义的书面报告,如图2所示。至此已完成问题定义部分,随后进行可行性分析与系统分析部分并生成需求分析说明书,如图3所示。

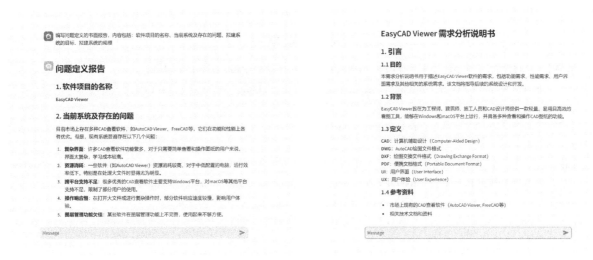

图2　问题定义报告　　　　　　　　图3　需求分析说明书

确认需求分析完成后,助手将根据需求分析的结果进行系统设计:对主界面、文件操作界面、工具操作界面、图层管理界面等界面进行了设计;对主要模块及子模块进行了划分,包括主程序模块、文件管理模块、查看操作模块、工具模块、图层管理模块、用户界面模块等;随后进行了数据结构设计;根据系统需要,暂时不采用数据库存储大量数据;根据提示词模板进行细节调整及修改,确认后生成系统设计说明书,如图4所示。

根据系统设计的结果进行相应程序设计与系统测试,因全流程过于复杂,此处仅做一个展示。令助手根据界面设计的结果生成相应的HTML5代码,页面效果如图5所示。同时助手还会给出相应的代码说明,以帮助用户更好地理解代码。

图4　系统设计说明书　　　　　　　　图5　HTML5页面效果

通过开发快速看图 CAD 软件的示例对土木工程 CAD 系统开发助手的使用进行了示范，得到良好的效果；使用该助手可以为用户省去许多繁琐工作并节省时间；本系统在系统开发的流程中能进行周到全面的考虑；与直接使用 ChatGPT 等大语言模型相比，本系统在专业性、完整性、逻辑性上等有更进一步的保障。

5　结论

本研究对土木工程 CAD 系统开发及大语言模型辅助系统开发的现状进行了调研，进行了系统的需求分析；结合大语言模型的智能助手创建原理，创建了土木工程 CAD 系统开发助手；进行了系统设计与编程实现；对提示词工程进行了深度调研，结合其在系统开发中的应用总结提示词模板框架及应用形式，融合了土木工程 CAD 系统开发特点。

参 考 文 献

[1] 何放龙. 房屋建筑工程 CAD 技术综述[J]. 湖南城建高等专科学校学报，2000(1)：1-3.

[2] Pan S，Luo L，Wang Y，et al. Unifying large language models and knowledge graphs：a roadmap[J]. IEEE Transactions on Knowledge and Data Engineering，2024：1-20.

[3] Hou X，Zhao Y，Liu Y，et al. Large language models for software engineering：a systematic literature review[A]. arXiv，2024.

[4] Belzner L，Gabor T，Wirsing M. Large language model assisted software engineering：prospects，challenges，and a case study[C]//STEFFEN B. Bridging the Gap Between AI and Reality. Cham：Springer Nature Switzerland，2024：355-374.

[5] Huang Y，Chen Y，Chen X，et al. Generative software engineering[A]. arXiv，2024.

[6] Giray L. Prompt Engineering with ChatGPT：a guide for academic writers[J]. Annals of Biomedical Engineering，2023，51(12)：2629-2633.

[7] White J，FU Q，Hays S，et al. A prompt pattern catalog to enhance prompt engineering with ChatGPT[A]. arXiv，2023.

基于生成式 AI 和 SPARQL 的 BIM 数据语义检索研究

李金泽[2]，熊朝阳[2]，李永昌[2]，刘志威[2]，丁志坤[1,2,3,4]

(1. 滨海城市韧性基础设施教育部重点实验室，广东 深圳 518060；
2. 深圳大学中澳 BIM 与智慧建造研究中心，广东 深圳 518060；
3. 深圳市地铁地下车站绿色高效智能建造重点实验室，广东 深圳 518060；
4. 深圳大学土木与交通工程学院，广东 深圳 518060)

【摘 要】随着 BIM 技术的广泛应用，非专业人员如何有效利用和检索大量复杂的建筑数据成为一个突出问题。尽管传统的 SPARQL 查询语言适用于 BIM 本体数据检索，但其使用门槛较高，非技术用户难以掌握。基于此，本研究结合生成式人工智能（AI）与 SPARQL 查询语言，将用户的自然语言需求转化为精确的 SPARQL 查询，增强建筑信息模型（BIM）数据的语义检索能力，降低了用户使用门槛，为 BIM 数据的智能化处理和应用提供了新的方法与思路。

【关键词】BIM 数据；生成式 AI；SPARQL

1 引言

在建筑工程领域，BIM 模型不仅包含几何信息，还涵盖大量的非几何数据，如材料、成本和维护信息等。这些数据为建筑全生命周期管理提供了便利，但也带来数据检索和利用的挑战。传统的数据检索方法难以充分利用 BIM 数据的语义特性，导致检索结果的准确性和相关性不足。SPARQL 作为一种强大的语义查询语言，能够精确描述和检索复杂数据关系，特别适合处理如 IFC（Industry Foundation Classes）等标准化 BIM 数据格式。然而，SPARQL 的学习曲线陡峭，对于大多数建筑专业人士来说，存在构建复杂查询语句的困难。近年来，生成式 AI 技术，尤其是大语言模型（LLMs）的迅速发展，为解决这一难题提供了新的可能。本研究旨在探索如何有效结合生成式 AI 技术和 SPARQL 查询语言，以提高 BIM 数据的语义检索效率和准确性，降低非技术用户使用高级查询功能的门槛，从而促进 BIM 技术在建筑行业的更广泛应用。

2 文献综述

在实际应用中，BIM 模型常需针对特定阶段和需求进行有目的的拆分，生成领域相关的 BIM 子模型。这要求 BIM 数据具备灵活的组织和管理方式，以便用户高效提取数据。然而，BIM 多样化的数据类型和复杂的数据结构使这一目标难以实现。为应对这一挑战，国内外学者和研究机构已开展相关研究，探索更有效的 BIM 数据管理和应用方法。

针对不同阶段的数据应用需求，buildingSMART 在 IFC 的基础上提出了信息交付手册（Information Delivery Manual，IDM）和模型视图定义（Model View Definition，MVD）。通过 IDM 明确不同业务阶段的数据需求，通过 MVD 实现 BIM 子模型数据提取。然而这种方式需要通过严格的定义和标准化的方式

【基金项目】深圳市科技计划资助高等院校稳定支持计划重点项目（No. 20220810160221001）；国家自然科学基金资助项目（71974132）
【作者简介】李金泽（2000—），男，硕士研究生。主要研究方向为 BIM 与智能建造。E-mail：2210474004@email.szu.edu.cn
丁志坤（1978—），男，教授/博士生导师。主要研究方向为 BIM 与智能建造。E-mail：ddzk@szu.edu.cn

构建 IDM/MVD，降低了用户使用的灵活性，存在效率低下的问题。基于此，Won.J 提出一种 IFC 子模型数据提取方法，无需定义 IDM/MVD，操作流程更加精简，仅基于 IFC 实例模型文件中数据实例之间的关系提取子模型。朱明娟在此基础上改进了 IFC 子模型提取算法，重点考虑无效实例的特殊性，删除多余的无关实例，并最终得到一个符合 IFC 标准，且更小更紧实的子模型文件。以上方式虽在一定程度上提升了 BIM 数据处理的灵活性，并较好地满足了用户多样化的数据需求，但要求用户具备 IFC 知识和编程开发能力。

针对这些问题，一些研究者已开始探索间接式数据处理方法，旨在以更简化、易于访问和理解的方式管理 BIM 数据，从而在一定程度上解决上述问题。通过结合 IFC 标准和数据库技术，可为 BIM 数据管理开辟新路径。BIMserver 是一个基于 IFC 标准的开源 BIM 数据管理平台，专注于提供 BIM 数据的集中存储、查询和共享功能。此外，Mazairac 基于 BIMserver 提出的 BIM 模型查询语言——BIMQL，进一步提高了 BIM 数据的管理能力。在 BIM 技术与语义网的融合中，Pauwels 成功将 IFC 标准转换为本体形式，并开发了 IfcOWL 本体，该本体已被 buildingSMART 正式采纳为标准。本体的应用可以促进知识的重用和集成，使人和计算机能够高效获取和处理知识。这种结合方式有助于实现 BIM 数据的高效索引、查询和分析，同时支持数据的动态更新和多用户协作。间接处理 BIM 数据的方法在降低使用成本和提升效率方面展现了显著潜力，尤其是在多源数据集成和语义扩展应用场景中。尽管这些方法对技术能力要求较低，但用户仍需掌握一定的专业知识，如 SQL 或 SPARQL 查询语言，以构造自定义的数据检索或知识推理命令。因此，为了广泛应用，这些技术的易用性和灵活性需进一步增强。

在自然语言处理（Nature Language Processing，NLP）方面，许多学者利用该技术来增强人机交互的能力。Lin 和 Wang 在 BIM 系统中引入 NLP 技术，目的是提升人机交互的智能程度并简化 BIM 数据的处理流程。Guo 开发了一种能够将自然语言直接转换为 SPARQL 查询的自动化方法，实现了自然语言与本体数据之间的直接转换。Meng 进一步采用图神经网络，开发了一种高效的建筑信息模型提取方法，即两阶段的 Text-to-BIMQL 方法。然而，以上研究大多集中于关键字识别和实例匹配，对于复杂语义信息处理仍存在一定的局限性。LLMs 及其相关技术的发展为传统 BIM 数据检索提供了新的研究思路。LLMs 在自然语言处理领域展现出强大的上下文理解能力，能够捕捉长距离依赖关系和微妙的语义差异，在文本分类、情感分析、命名实体识别等任务中均取得显著性能提升。基于上述问题，本研究基于 LLMs 的智能语义分析方法，旨在理解用户通过自然语言表达的复杂语义需求，并将其转换为驱动后续程序执行的 SPARQL 语句。

3 交互流程设计

结合既有研究理论及相关方法，本研究提出一种基于 SPARQL 和生成式 AI 交互的 BIM 数据检索处理方法，实现了 BIM 数据处理方式上的转变，即从复杂的编程语言向简洁的 SPARQL 查询的转换。研究框架如图 1 所示。

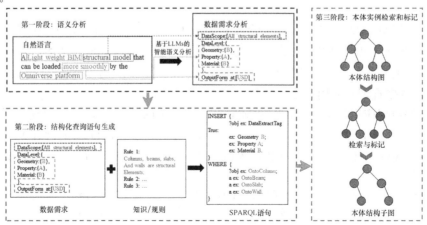

图 1　研究框架

3.1 提示工程模板设计

提示工程（Prompt Engineering）是一种针对LLMs的技术方法，旨在优化与大语言模型（如GPT系列）的交互。其核心在于设计和调整输入提示，使其更好地理解和执行用户意图，以引导AI模型生成更精确、相关和有用的输出。特别是在专业领域，为避免大语言模型因专业知识缺失生成错误响应，常采用多种提示工程技巧，包括使用清晰具体的语言、提供必要的上下文信息、通过示例说明期望的输出格式以及使用模板将下游任务转换成模型预训练阶段常见的任务形式，以减少预训练和任务微调阶段之间的数据差异，提升模型在特定下游任务上的表现。

为使计算机理解用户输入的非结构化语义文本，并输出驱动下游任务执行的结构化信息，本研究通过语义分析明确以下三个方面的信息：①需提取的数据；②被提取数据的精度等级；③数据的最终输出格式。为满足上述需求，通过构建一组提示模板，使LLMs能按指令要求进行检索和推断信息。同时，为提高LLMs输出的准确性，将传递一些直观的、适用于大模型推理的知识，如BIM的基础知识、几何、属性和材质的概念区分，这些都通过提示模板实现。在建立提示工程模板之前，对每个建筑元素实例的数据精度进行定义，如表1所示。

BIM数据精度定义 表1

	高	中	低
几何数据	精细几何	中等几何	简易几何
材质数据	高质量材质表达	基本材质表达	无材质
属性值	完整属性	部分属性	无属性

（1）任务设定

在构建模板时，首先对LLMs所需要执行完成的任务进行明确的定义，其中涉及多个因素，包括准确定义AI模型需要完成的具体任务，确定输入和输出格式，以及设立生成内容的质量标准，需要考虑任务所属领域的特殊要求和专业术语，识别限制或特殊条件，并充分考虑用户的需求。本研究将任务划分为三部分，并要求LLMs逐一完成任务内容，具体设定如表2所示。

任务设定 表2

任务序号	任务描述
任务1	请分析输入的文本段落[X]，提取用户所要求信息，并以JSON格式输出
任务2	请遵循步骤[S1]至[S5]，依序预测位置[A1]至[A5]的具体内容，并确保输出符合既定格式
任务3	对于文本中未明确说明的信息，根据其语义和上下文进行合理推断，并对输出的内容作出解释

在对任务定义后，将上述任务要求分解为有序的步骤并引导大模型逐步执行，是提高输出质量和可控性的有效方法。在本研究中，设定要求LLMs遵循五个具体步骤（S1-S5），依次预测五个指定位置[A1]-[A5]的内容，并依照既定要求进行输出，如表3所示。该设计策略通过将复杂任务细分为若干个更为简单的子任务，也进一步符合提示模板对于明确性和简洁性的要求，以便增强LLMs输出的准确性。

执行步骤 表3

步骤序号	任务描述
步骤1	请根据上下文提示说明1，分析并给出需要提取的模型范围[A1]
步骤2	请根据上下文提示说明1，分析并给出几何数据的精确等级[A2]
步骤3	请根据上下文提示说明2，分析并给出属性数据的精确等级[A3]
步骤4	请根据上下文提示说明3，分析并给出材质数据的精确等级[A4]
步骤5	请根据上下文提示说明5，分析并按要求输出规定的格式[A5]

（2）上下文提示

在提示工程领域中，结构化任务分解与上下文说明的结合是提升大语言模型性能的有效策略。上下文说明为模型提供了更容易理解的领域相关知识，包括任务背景、相关专业知识、前提条件和限制因素等。研究表明，充分的背景信息有助于模型在步骤之间建立逻辑联系，保持任务执行过程的连贯性和一致性。本研究将上下文说明分为五个部分，向 LLMs 提供几何数据、属性数据和材质数据的具体定义，并明确三种精度级别（A、B、C）的具体含义，如表 4 所示。

说明模板　　　　　　　　　　　　　　　　　　　　　　　　　　　　　　　　　　表 4

说明序号	说明描述
说明 1	如果任务涉及整个模型，直接输出 [ALL]；若非如此，依据上下文判定并确定 [A1] 的具体内容
说明 2	几何数据是用来描述对象基础形态的信息。这类数据根据精度分为三个层次：A 级、B 级和 C 级，它们分别对应于高精度、中等精度和低精度的形状表示
说明 3	对于 BIM 模型而言，每个元素的附加信息，如名称和 ID 等，被称为属性数据。属性数据也被分为三个级别：A 级、B 级和 C 级。这些级别分别表示完全属性提取、部分属性提取和不提取属性数据
说明 4	材质数据用于图形渲染的信息，它的精度直接影响模型的视觉表现。材质数据按精度分为三个级别：A 级、B 级和 C 级，分别代表高质量的真实渲染、基本的区分用颜色以及仅用于形状展示的白模
说明 5	若文本中未明确指定数据的输出格式，则需要根据语义信息推断，需要具体到某一种精确的数据格式

（3）答案映射

此外，在设计中将答案映射设计为对模型生成响应的一种用户反馈机制，用于将 LLMs 生成的预测或解析结果转换成具体的、标准化的输出值。即便自然语言表述多样，答案映射空间也能确保输出的准确性和一致性，为下游任务提供标准化的数据输入。在下述的答案映射列表中，本文明确规定了 [A2] - [A5] 的输出应严格对应右侧所列的枚举值（A、B、C），具体如表 5 所示。

答案映射　　　　　　　　　　　　　　　　　　　　　　　　　　　　　　　　　　表 5

预测值	映射约束
[A1]	[ALL，$（上下文推断）]
[A2]	[A，B，C]
[A3]	[A，B，C]
[A4]	[A，B，C]
[A5]	[$（上下文推断）]

在对 LLMs 的生成设计映射机制后，还需要对 LLMs 的输出格式标准化，标准化的输出格式简化了模型在不同应用场景中的部署和使用，加强了不同系统间的数据共享与交换能力，本研究采用结构化的 JSON 格式来组织 LLMs 对于用户语义的解析结果，以便和下游任务的对接。

提示模板：格式化输出

```
{
    "DataScope":"[$A1]",
    "DataLevel":
        "Geometry":"[$A2]",
        "Property":"[$A3]",
        "Material":"[$A4]",
    "OutputFormat":"[$A5]"
}
```

3.2 语义分析

提示模板构造完成后，下一步是将用户输入的语义信息与提示模板组合，形成新的输入传递给

LLMs。LLMs 根据上下文语义信息和提示模板中的指示，预测［A1］-［A5］处的内容并按指定格式输出。需要注意的是，尽管 LLMs 具有强大的语义分析和理解能力，且本研究通过构建提示模板优化其输出，但这并不能保证每次的答案都符合用户期望。因此，对非技术用户而言，互反馈机制至关重要。为此，本研究设计了一种用户反馈机制，使模型生成的响应内容尽可能符合用户需求。反馈机制流程如图 2 所示。

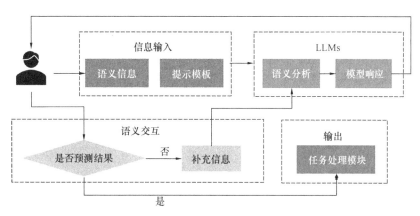

图 2 反馈机制流程

如图 3 所示，示例展示了如何通过输入描述 BIM 模型数据需求的具体语义信息，利用预先设计的提示模板，使 LLMs 进行深入分析，分析过程严格遵循模板中预定义的步骤和指令，并按既定格式对预测内容进行精确格式化输出。最初预测结果未完全达到预期，促使用户提出补充说明，以引导 LLMs 提供更精确的回答。在随后的第二轮交互中，LLMs 根据用户补充的信息对响应进行了调整和改善，最终生成满足用户期望的答案。

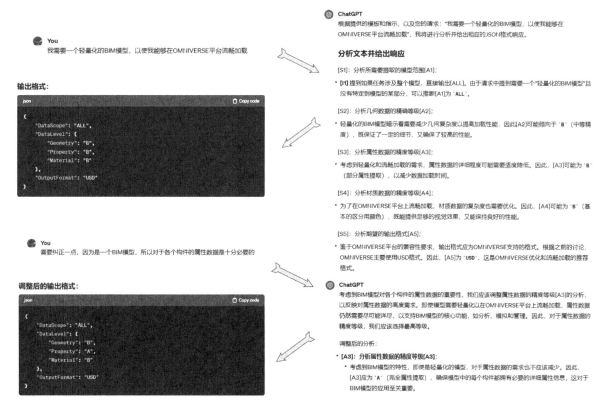

图 3 语义交互示例

3.3 SPARQL 指令生成

在上述语义分析模块，本研究通过 LLMs 实现了从模糊语义信息到确切数据需求的转换，虽然有助于实现与下游任务的对接，但由于 BIM 本体数据的检索需要基于 SPARQL 语句来实现，而 SPARQL 查询语句的生成需要结合本体中定义的类名和属性名，这些是在语义分析模型时没有涉及的，生成的只是形式化的语义描述，并不是能够直接用于检索的 SPARQL 语句。因此，需要进一步将形式化的语义描述转换为 SPARQL 查询语句，进而实现对 BIM 本体数据的检索。

尽管 LLMs 在自然语言处理领域取得显著进展，但仅依赖这些模型可能无法满足高精度推理的需求。为了进一步提高推理的准确性和效率，本研究在 LLMs 执行推理任务生成 SPARQL 语句之前引入特定领域的知识学习。扩展知识数据集包括两部分：第一部分是本体模式层数据，包含本体的定义及相关的类和属性；第二部分是一套用户定义的规则，主要用于协助 GPT 模型完成从复杂语义到 SPARQL 查询语句的转换。具体流程如图 4 所示。

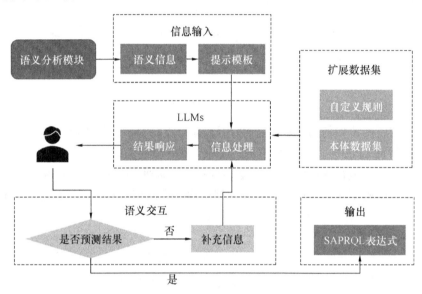

图 4 SPARQL 指令生成逻辑

4 案例验证

本研究选择一座图书馆建筑作为案例研究的对象，以展示所提方法的有效性。该建筑总覆盖面积约 12600m²，包括一个地下室和六层地面楼层，涵盖多种结构和设计元素，其复杂性能够充分测试 BIM 技术在实际应用中的性能。

在获取 BIM 基础数据集后，用户便能通过自然语言与系统进行交互，利用对话式交互完成 BIM 数据的提取和处理。之后，将具体的数据需求转换为结构化的本体查询语句（SPARQL）。在此案例中，需求是获取一个结构模型，但在基于 IFC 的本体类定义中，没有直接与结构元素相关联的类别，即缺乏结构模型与建筑元素间的直接联系。为解决这一问题，需提供知识或规则以帮助 LLMs 建立这种联系，例如指明"在此项目中，柱、梁、板、墙均属于结构元素，满足结构模型的提取需求"。这种规则既可以是通用的，也可以是特定于项目的。同时，为了提高系统的泛化能力，通过链接本地知识库构建规则，使 LLMs 在交互时能够根据需要选择性地利用用户自定义的知识，从而输出更加符合用户需求的答案。应用这一规则后，LLMs 结合数据需求输出了适用于本体检索和标记的 SPARQL 语句。将该 SPARQL 语句应用于实例化的本体中，便可完成所需结构元素的检索提取标记工作，如图 5 所示。

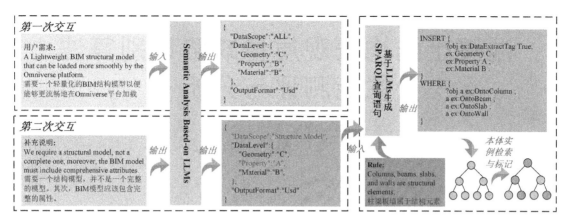

图 5 基于 LLMs 的语义分析

5 结语

本研究将生成式人工智能（AI）与 SPARQL 查询语言相结合，利用生成式 AI 的自然语言处理能力，将非技术用户的自然语言查询自动转换为结构化的 SPARQL 查询语句，从而实现智能化和自动化的数据检索。基于 LLMs 的语义分析构建 BIM 数据检索提取指令，LLMs 能够解析用户以自然语言表达的需求，将模糊的语义信息转化为精确的数据需求，以便与后续任务衔接。在利用 LLMs 进行语义分析时，引入一定的专业知识或规则，这些知识或规则通过扩展数据集的方式引入。通过将 LLMs 的通用知识与特定领域的专业知识相结合，以生成更贴近用户实际需求的答案，促进 LLMs 在 BIM 模型数据提取领域的应用，降低 BIM 数据处理门槛，进而构建更加友好的人机交互系统。

参 考 文 献

[1] Won Jongsung, Lee Ghang, Cho Chiyon. No-schema algorithm for extracting a partial model from an IFC instance model [J]. Journal of Computing in Civil Engineering, 2013, 27(6): 585-92.

[2] Wiet M, Jakob B. BIMQL - An open query language for building information models [J]. Advanced Engineering Informatics, 2013, 27(4): 444-56.

[3] Pieter P, Walter T. Express to OWL for construction industry: towards a recommendable and usable ifcOWL ontology [J]. Automation in Construction, 2016, 63: 100-33.

[4] 周俊羽, 马智亮. 建筑领域的本体学习研究综述[C]// 中国图学学会建筑信息模型(BIM)专业委员会. 第九届全国 BIM 学术会议论文集. 西安: 第九届全国 BIM 学术会议, 2023: 464-469.

[5] Lin Jiarui, Hu Zhenzhong, Zhang Jianping, et al. A natural-language-based approach to intelligent data retrieval and representation for cloud BIM [J]. Computer-Aided Civil and Infrastructure Engineering, 2016, 31: 18-33.

[6] Guo D, Onstin E, Rosa A D L. An approach of automatic SPARQL generation for BIM data extraction [J]. Applied Sciences, 2020, 10(24): 8794.

[7] Wang Jie, Gao Xinao, Zhou Xiaoping, et al. Multi-scale information retrieval for BIM using hierarchical structure modelling and natural language processing [J]. Journal of Information Technology in Construction, 2021, 26: 409-426.

[8] Yin Mengtian, tang L, Webster C, et al. Two-stage text-to-BIMQL semantic parsing for building information model extraction using graph neural networks [J]. Automation in Construction, 2023, 152: 104902.

[9] Liu Pengfei, Yuan Weizhe, Fu Jinlan, et al. pre-train, prompt, and predict: a systematic survey of prompting methods in natural language processing [J]. ACM Comput Surv, 2023, 55(9): Article 195.

混凝土结构表观质量缺陷识别算法性能测评与分析

郭俊熙[1]，潘　鹏[1,2]，林佳瑞[1,2]

(1. 清华大学土木工程系，北京 100084；
2. 住建部数字建造与孪生重点实验室，北京 100084)

【摘　要】 混凝土结构作为建筑工程中重要的组成部分，其安全性和耐久性直接影响建筑的整体质量及使用寿命。然而，传统的混凝土缺陷识别方法依赖人工，耗时费力，亟须探索缺陷自动识别方法。本研究旨在对比不同目标检测算法的性能特点与适用场景，为混凝土结构表观质量缺陷检测建立更加高效、准确的识别方法。因此，本研究首先构建了一个包含1085张图片及1760个缺陷实例的混凝土表观质量缺陷图像数据集；然后选择了YOLOv5、YOLOv9、SSD和EfficientNet四种目标检测模型进行训练和测试；最后，通过对比各模型训练的速度与效率、精确率、召回率与mAP等指标对模型进行性能对比与分析。结果表明，针对混凝土结构表观缺陷识别问题，YOLOv9在四种模型中具有更好的鲁棒性与准确率，mAP可达0.71。有关研究为开发施工质量缺陷识别方法及装备提供了有益指导，并服务施工巡检效率与建造质量提升。

【关键词】 混凝土结构；表观质量缺陷；目标检测；YOLOv9；数据集

1　引言

混凝土结构在现代建筑工程中发挥着关键作用，其安全性和耐久性直接关系建筑的整体质量及使用寿命。随着城市化和基础设施建设的快速推进，对混凝土结构安全性的检测变得愈发重要。

然而，传统的人工检测方法耗时费力，且准确性有限。随着计算机视觉和数字孪生技术的发展，自动化缺陷识别方法逐渐受到关注。目标检测算法作为计算机视觉的核心技术，被广泛应用于混凝土表观质量缺陷识别中。因此，本研究旨在通过训练和测试不同目标检测算法，评估其在混凝土表观质量缺陷识别中的性能与适用性，为工程实践提供高效、准确的模型，提升施工巡检效率和建造质量。

2　研究现状

2019年以后，涉及深度学习的混凝土结构图像缺陷自动识别算法成为一个流行话题，如 Fast R-CNN、Faster R-CNN、SSD、YOLO 等一系列能够快速实现物体识别与定位的目标检测网络出现。Cha 等开发了一个包含 2366 张 500×375 像素的图像的数据库，然后用 Faster R-CNN 在数据库中进行训练与测试；Wang 等基于 ResNet101 框架的 Faster R-CNN 模型识别历史砌体结构的两类损伤——风化和剥落；Chen 等基于金属表面缺陷的特点采用特征金字塔网络对 Faster R-CNN 框架进行优化，提高了其精度；Ghosh 等将 Faster R-CNN 与 Inception v2、ResNet-50 等特征提取网络结合使用进行震后建筑表面裂纹等四种缺陷的识别工作。Maeda 等用安装在汽车上的手机拍摄 9053 张道路缺陷图像，15435 个缺陷实例中包含横向裂纹、龟裂等八种类型的缺陷，他们使用 SSD 准确率均较高。Cao 等将道路表面的裂缝缺陷细分为五个等级，然后以 9493 张图像训练和验证 SSD 与 Faster R-CNN 的八个识别模型。Yin 等从闭路电

【基金项目】国家重点研发计划项目（2023YFC3805802）
【作者简介】林佳瑞（1987—），男，副研究员。主要研究方向为智能审图、智能巡检。E-mail: lin611@tsinghua.edu.cn

视中提取管道内部的缺陷图像数据，共有 4056 个样本的数据集对于 YOLOv3 进行训练。Jiang 等制作了包含 5000 张图片的建筑表面缺陷数据集，包括裂纹、斑点等类型，他们用改进的 YOLO 网络以及 MobileNetV3-SSD 在数据集上进行训练，并且比较了不同 EfficientNet and MobileNet 基准网络的效果。Yu 等用无人机收集了 376 张桥梁裂缝缺陷的图像，并且利用焦损失对损失函数进行 YOLOv4 的网络优化，然后在数据集上进行训练，改进后的 YOLOv4-fpm 相比 YOLOv4 准确率有所提高。

3 数据集构建

本研究构建了一个包含四种常见混凝土表观缺陷的综合数据集，共包含 1085 张图像和 1760 个缺陷实例。数据集来源于互联网开源数据集、互联网爬取的图像及建筑工地拍摄的图像，保证了数据的多样性和真实性。数据集中包含 611 个露筋缺陷、598 个剥落缺陷、409 个裂纹缺陷和 142 个蜂窝缺陷，确保数据集的平衡性，有助于提升模型训练效果和实际应用的准确性。此外，数据集涵盖路面、桥梁、震损结构和施工阶段等多个场景，增强了数据集的泛化性，有利于提升模型的鲁棒性。

4 缺陷识别模型对比与选择

本实验选取 YOLOv5、YOLOv9、SSD 和 EfficientNet 四种模型进行训练，通过常见的目标检测模型评估指标对各模型进行性能对比，最终选出最优模型用于实际工程缺陷识别。

4.1 模型对比方法

为了验证各模型的性能，本研究采用以下步骤：

（1）数据集划分

将构建的数据集随机划分为训练集、验证集和测试集，比例为 7∶2∶1，以确保模型训练、验证和测试的公平性。

（2）模型训练

在相同的数据集上分别训练 YOLOv5、YOLOv9、SSD 和 EfficientNet 四种模型。训练过程中，采用适合各模型的训练参数和优化器设置，以确保结果的可比性。

（3）性能评估

为了科学评估各模型的性能，选择精确率（Precision）、召回率（Recall）和平均精度（Average Precision，AP）作为评价指标。

（4）对比与分析

对比各模型在精确率、召回率和 mAP 等指标上的表现，分析其优劣。通过对比分析，识别出在不同缺陷类型上的最佳模型，结合实际应用需求，选出综合性能最优的模型用于实际工程缺陷识别。

通过上述步骤，本文可对比各模型在不同缺陷类型上的表现，分析其优劣，最终选择在精确率、召回率和 mAP 等指标上表现最佳的模型用于实际工程应用。

4.2 模型构建与训练

本实验选取 YOLOv5、YOLOv9、SSD 以及 EfficientNet 四种模型进行训练，每种模型均在上文中构建出的数据集上进行训练，以确保对比结果的公平性。表 1 展示了各模型训练时长、优化器、训练时代数等参数的对比，然后在下节中会通过各类缺陷的精确率、召回率和 mAP 等指标进一步进行模型性能的对比与分析。

各模型基本参数与训练策略　　　　表 1

模型	输入尺寸	批次	学习率	优化器	训练时间	训练时代	训练硬件
YOLOv5	640×640	16	0.01	Adam	5h	500epoch	NVIDIA GeForce RTX 3090
YOLOv9	640×640	16	0.01	Adam	4h	270epoch	NVIDIA GeForce RTX 3090

续表

模型	输入尺寸	批次	学习率	优化器	训练时间	训练时代	训练硬件
SSD	300×300	16	0.001	SGD	8h	220epoch	NVIDIA GeForce RTX 2080Ti
EfficientDet	512×512	16	0.01	Adam	1d	150epoch	NVIDIA GeForce RTX 2080Ti

YOLOv9 的训练时间为 4h，是所有模型中训练速度最快者，意味着它能够高效迭代和调整；YOLOv5 训练时间为 5h，二者在训练时间指标上相比 SSD 的 8h 和 EfficientNet 的 1d 的训练时间优势非常明显。

4.3 模型对比与测试

在精确率方面（图 1），YOLOv9 在综合所有缺陷的表现最佳且均衡，特别是在蜂窝和裂缝识别上，其精确率分别达到 0.955 和 0.904。相较之下，SSD 在精确率方面表现很差，例如其在蜂窝缺陷上的精确率仅为 0.0614，表明其在实际应用中可能产生大量误报。EfficientNet 虽然在裂缝和露筋识别上的精确率较高，但由于训练时间较长，不适合需要快速响应的实际应用。

在召回率方面（图 2），SSD 在综合所有缺陷的表现最佳，YOLOv9 与 YOLOv5 表现相近。SSD 的高召回率意味着其能够识别大多数缺陷，但同时伴随着较高的误报率。YOLOv9 尽管召回率稍低，但其精确率较高。EfficientDet 在召回率方面表现一般，适合需要平衡精确率和召回率的场景。

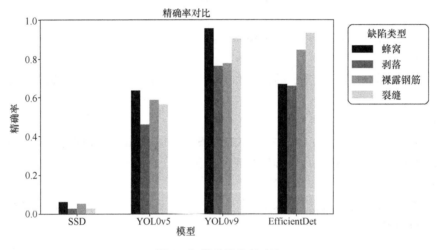

图 1　各模型精确率对比

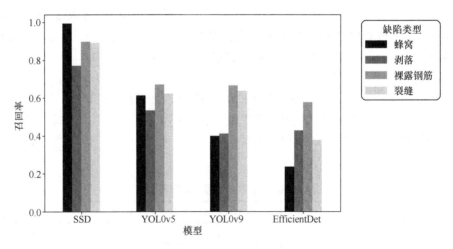

图 2　各模型召回率对比

SSD 和 YOLOv9 在裂缝、露筋、剥落和蜂窝四个缺陷类别上均表现出较高的 AP 值，二者整体 mAP 达到 0.732 和 0.71，显著高于另外两个模型，如表 2 所示。

各模型训练类别 AP 以及 mAP　　　　　　　　　　　　　　　表 2

模型	各类别表现				mAP0.5
	裂缝	露筋	剥落	蜂窝	
YOLOv5	0.63	0.642	0.477	0.601	0.588
YOLOv9	0.797	0.736	0.566	0.738	0.71
EfficientNet	0.5595	0.7083	0.4626	0.5323	0.5657
SSD	0.883	0.535	0.757	0.773	0.737

通过分析各指标，发现尽管 SSD 精确率最低，但召回率最高，适用于漏检容忍度低但可接受较多误报的场景。EfficientNet 在精确率和召回率上表现中等，但训练时间最长，适合对训练时间不敏感且只需要中等精确率的应用。YOLOv5 在各项指标上表现适中，适用于需要平衡训练时间和精确度的场景。由于工程实际需要对现场进行全面扫描，会产生海量图片数据，且工程追求经济性，会追求以更小容量的服务器完成任务需求，所以工程实际中混凝土结构表观质量缺陷识别需要识别精确率较高、平均精度较好的模型，防止误报较多而进一步生成更多图片数据给服务器带来较大的荷载。所以综合考虑识别时间、训练时间、精确率、mAP 等因素，YOLOv9 表现最佳，是综合性能最优的模型，如表 3 所示。

各模型综合对比　　　　　　　　　　　　　　　　　　表 3

模型	平均精确率	平均召回率	mAP0.5	训练时间
YOLOv5	0.562	0.609	0.588	5h
YOLOv9	0.849	0.528	0.71	4h
EfficientNet	0.778	0.405	0.5657	1d
SSD	0.0413	0.887	0.737	8h

5　总结

本研究首先构建了一个包含 1085 张图片和 1760 个缺陷实例的混凝土表观质量缺陷图像数据集，并选择 YOLOv5、YOLOv9、SSD 和 EfficientNet 四种目标检测模型进行训练和测试。通过对比各模型在训练速度、精确率、召回率和 mAP 等指标上的表现，综合评定 YOLOv9 为最优模型。结果表明，YOLOv9 不仅在精确率和鲁棒性方面表现优异，而且在训练时间和实时性上也具有显著优势，适用于实际工程应用。

本文构建的多样化数据集，以及对多种目标检测模型的系统性比较，为混凝土结构质量检测领域提供了一定的数据基础，为开发施工质量缺陷识别方法及装备提供了有益指导。未来的研究可以进一步优化 YOLOv9 模型，以提升其对复杂缺陷的识别能力，并将其应用扩展到其他类型的建筑结构质量检测中，进一步推动混凝土表观质量缺陷识别的自动化和智能化发展。

参 考 文 献

[1] Park J, Cai H, Perissin D. Bringing information to the field: automated photo registration and 4D BIM[J]. Journal of computing in civil engineering, 2018, 32(2): 04017084.

[2] 周绍杰，潘鹏，顾栋炼，等. 融合 BIM 与三维重建的施工进度数字孪生跟踪方法初探[C]//第九届全国 BIM 学术会议论文集. 西安：中国建筑工业出版社，2023：453-457.

[3] Ma Z, Liu Y, Li J. Review on automated quality inspection of precast concrete components[J]. Automation in Construction, 2023, 150: 104828.

[4] Cha Y J, Choi W, Suh G, et al. Autonomous structural visual inspection using region-based deep learning for detecting

multiple damage types[J]. Computer-Aided Civil and Infrastructure Engineering, 2018, 33(9): 731-747.
[5] Wang N, Zhao X, Zhao P, et al. Automatic damage detection of historic masonry buildings based on mobile deep learning [J]. Automation in Construction, 2019, 103: 53-66.
[6] Chen K, Zeng Z, Yang J. A deep region-based pyramid neural network for automatic detection and multi-classification of various surface defects of aluminum alloys[J]. Journal of Building Engineering, 2021, 43: 102523.
[7] Ghosh Mondal T, Jahanshahi M R, Wu R T, et al. Deep learning-based multi-class damage detection for autonomous post-disaster reconnaissance[J]. Structural Control and Health Monitoring, 2020, 27(4): e2507.
[8] Maeda H, Sekimoto Y, Seto T, et al. Road damage detection and classification using deep neural networks with smartphone images[J]. Computer-Aided Civil and Infrastructure Engineering, 2018, 33(12): 1127-1141.
[9] Cao M T, Tran Q V, Nguyen N M, et al. Survey on performance of deep learning models for detecting road damages using multiple dashcam image resources[J]. Advanced Engineering Informatics, 2020, 46: 101182.
[10] Yin X, Chen Y, Bouferguene A, et al. A deep learning-based framework for an automated defect detection system for sewer pipes[J]. Automation in construction, 2020, 109: 102967.
[11] Jiang Y, Pang D, Li C. A deep learning approach for fast detection and classification of concrete damage[J]. Automation in Construction, 2021, 128: 103785.
[12] Yu Z, Shen Y, Shen C. A real-time detection approach for bridge cracks based on YOLOv4-FPM[J]. Automation in Construction, 2021, 122: 103514.
[13] Everingham M, Van Gool L, Williams C K I, et al. The pascal visual object classes (voc) challenge[J]. International journal of computer vision, 2010, 88: 303-338.

基于云的智能建造软件图谱系统

程翼飞，马智亮

(清华大学土木工程系，北京 100084)

【摘 要】虽然使用通用搜索引擎也可以系统地搜索并把握智能建造软件，但效率很低。为此，本文提出开发一套基于云的智能建造软件图谱系统，方便用户检索智能建造软件的详细信息且能以图谱的形式直观显示，其内容可以通过软件厂商上传相关信息得到实时更新。本文根据各用户角色分析系统功能需求，设计系统架构，并基于 Flask 框架开发了原型系统，最后进行总结和展望。本文可为相应系统的正式开发奠定基础。

【关键词】智能建造；知识图谱；云端系统开发

1 引言

近年来，随着信息技术在工程建设中的应用发展，智能建造软件系统的种类越来越多，涉及的技术越来越复杂。一个工程建设项目需要恰当地配合使用这些软件系统，使其在工程建设过程中最大限度地发挥作用。为有效降低信息孤岛现象，相关从业人员在进行系统导入时，往往需要对智能建造软件有充分的了解。

目前在实际工程中，一方面，相关技术人员和管理人员主要通过有限的软件厂商的推销信息来把握应用软件，从而决定是否选用与购买；另一方面，若想进行系统了解，需要逐个查询，工作效率低。通用搜索引擎虽能提供信息，但碎片化严重，难以直接辅助决策。因此，有必要建立一个可以用于查询智能建造应用软件系统的专用搜索引擎，即基于云的智能建造软件图谱系统，并且采取更友好的呈现方式，从而确保使用者对软件的全面、系统了解。

为了更好地理解和组织有关智能建造软件的海量信息，需要用到知识图谱技术。知识图谱是融合认知计算、知识表示与推理、信息检索与抽取、自然语言处理与语义网、数据挖掘与机器学习等方向的交叉性技术。知识图谱以结构化形式描述概念、实体及其关系，便于认知、理解和进行计算机管理，用"实体—关系—实体"三元组形式对知识系统进行资源描述和存储。知识图谱做到了将海量信息进行结构化表征，有利于知识的归纳与查询。将这些信息存储于数据库中，从而保证海量知识的稳定性。

有关应用软件的知识图谱可以称为应用软件图谱。基于知识图谱技术构建基于云的智能建造软件图谱系统，不仅能够提高用户检索的准确性和效率，还可以通过图谱的可视化展示与交互，根据用户的兴趣和需求展示相关内容。软件图谱的图形化显示不同于一般知识图谱的有向图结构，而是将软件实体填入图谱容器中。这种图谱略去了详细信息，但有利于管理者对相关软件生态的把握。在系统中，可通过与图谱元素的交互查看详细信息，解决专业人士进一步了解的需求。

文献检索结果表明，现有的基于知识图谱的查询系统大多集中在维修、医学、教育领域，主要实现了知识查询和图谱显示等功能，有的还附带问答系统以提供维修方案、医学诊断或者辅助学习。褚光耀开发了一个电影查询与推荐系统，可以查询电影评分、标签以及查看具体信息，并提供相似电影查询与热门电影推荐。陈英庆在自己的高速铁路设备故障维修知识图谱系统中设计了故障反馈模块，在当前的知识图谱系统解决不了故障问题时，可以向系统反馈从而实现图谱的动态更新。胥香宇在自己开发的系

【作者简介】马智亮（1963—），男，教授。主要研究方向为信息技术在土木工程领域的应用。E-mail：mazl@tsinghua.edu.cn

统中实现了类似软件图谱的自动化显示,解决了市面上此类图谱大多为人工制作的问题。

总之,上述系统有效地在相应领域满足用户对于知识了解与学习的需求,而目前智能建造软件领域还没有便于查询的软件图谱系统开发。为此,本文提出开发一套基于云的智能建造软件图谱系统,并进行系统的需求分析、设计及原型系统实现。

2 需求分析

本系统开发旨在解决智能建造相关技术人员和管理人员把握了解应用软件时的问题。系统涉及四种用户角色:管理人员、软件开发商、普通用户及系统管理员,各角色应用场景分别为:

(1) 管理人员。通过该系统,按需查询智能建造软件,并生成软件图谱,便于直观、全面地把握各应用阶段、系统类型软件现状。

(2) 软件开发商。可将所开发的软件系统信息上传到该系统,进行有效的产品宣传;通过该系统按需查询友商的软件信息,避免重复开发同类软件,或高效选择合适的合作单位,从而降低软件开发风险。

(3) 普通用户。根据各自的应用需求,通过该系统从各个侧面进行查询,可以高效获得想要了解的软件相关信息,以便于软件的选用或学习。

(4) 系统管理员。维护系统数据,对系统数据的更新进行审核,以确保系统内容的可靠性及系统功能的正常使用。

基于上述分析,本系统应包括针对智能建造软件的如下功能:

(1) 检索。支持按智能软件的属性及其组合进行检索,以列表的形式显示检索结果。

(2) 图谱显示。针对检索结果,以图谱形式进行显示。

(3) 详细信息显示。针对图谱中显示的元素,可点击查看该系统的详细信息。

(4) 图谱调整设置。针对图谱的图形界面显示,可以设置调整其尺寸与颜色。

(5) 图谱整体导出。根据界面中图谱显示内容,以图形文件或 PDF 格式导出。

(6) 新信息导入。支持智能建造新软件详细信息的上传。

(7) 信息审核与数据库更新:支持对已上传的智能建造新软件信息进行审核,审核通过后即可完成系统数据库的更新。

以上功能分为信息检索模块、图谱生成与导出模块、信息导入与审核模块,如图 1 所示。

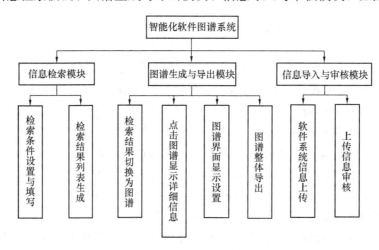

图 1 系统功能模块图

3 系统设计

3.1 系统总体架构

假设用户采用 Windows 操作系统,并通过 PC 浏览器访问本系统。本系统开发采用 Python 语言进行,用户请求接收、交互、页面的渲染以及数据库管理通过 Flask 框架及其扩展完成。本系统服务于查询功能,且是针对基本属性的查询而非关联查询,出于存储的高效与数据结构的简洁,选择 SQLite 关系数据库的属性表进行智能建造软件信息的存储。

本系统逻辑架构如图 2 所示,其中细箭头代表数据传递方向。界面层负责用户交互;应用层通过 Flask 视图函数处理用户请求,调用数据库数据,并通过 Jinja2 模板引擎渲染界面;数据层包含静态数据库和动态数据库,分别用于存储已知和暂存信息。

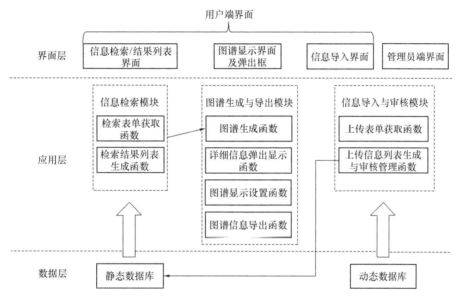

图 2　系统逻辑架构图

3.2 系统界面设计

各个界面与应用层的各功能模块相对应。对于信息检索模块,为避免界面信息过于繁杂,应将用户输入检索条件与查看结果列表的功能分属两个页面,并可以相互跳转。对于图谱生成与导出模块,为避免查看详细信息、显示设置、信息导出等在使用上具有间断性的功能对图谱界面的喧宾夺主,应以模态窗口的形式呈现为小范围覆盖在图谱界面上可随时关闭的弹出框,而不单独设计界面。对于信息导入与审核模块,则分为用户端的信息导入界面与管理员端的审核管理界面。典型用户界面如图 3 所示,通过菜单栏的"信息导入""信息检索""显示切换""显示设置""信息导出"可以切换到用户端的各个界面或弹出框。

3.3 数据结构设计

静态数据库和动态数据库存储的都是应用系统的信息,即相同性质的实体与属性,因此以下的数据库结构设计同时适用于这两个数据库。每个数据库包含三个属性表,分别是应用系统表、系统类型表、应用阶段表。应用系统表设计见表 1 所示。

应用系统表结构设计　　　　表 1

字段名	类型	描述
id	Integer	自增主键
name	String (64)	应用名称
logo	Blob	应用图标

续表

字段名	类型	描述
vendor	String（64）	开发单位
vendor_no	String（18）	统一社会信用代码
function	String（64）	主要功能
detail	String（4096）	详细功能
website	String（255）	软件官网
type_id	Integer	系统类型外键
stage_id	Integer	应用阶段外键

图 3 典型用户界面

应用系统表存储的是系统类型和应用阶段在对应父表系统类型表、应用阶段表中的主键 ID，这两个数据库表的内容是固定的。系统类型固定为核心组件、基础平台、应用软件、建筑产业互联网平台、建筑机器人、智能装备六种，对应主键 1~6；应用阶段固定为设计、施工、运维 3 种，对应主键 1~3。在应用系统表中这两个属性用数字类型表示，以便于后续程序设计。

3.4 程序结构设计

Flask 是一个微型的 Python 开发的 Web 框架，它具有一个包含基本服务的强健核心，其他功能则可通过扩展实现。它足够小，易于 Web 开发者上手，且用户可以根据自己的需求添加相应的扩展，因此 Flask 框架的小并不意味着功能少，且相比大型框架灵活性更强。因此，选择 Flask 框架可以有效降低开发难度。

Flask 项目通过运行 flasky.py 进行调试，config.py 存储数据库配置，models.py 存储数据库模型。Flask 框架最核心的功能实现在于 views.py 文件中定义视图函数，可以返回 Jinja2 模板引擎中响应文本的内容。程序采用模块化设计，通过这些视图函数实现系统架构应用层中的各个功能。同时按照各个界面设计相应的 HTML 模板，模板中通过响应文本和表单类实现相应的逻辑。

4 原型系统实现

4.1 信息检索模块

用户根据查询需求输入检索字段，可以选择字段属于应用系统名称、开发单位名称或统一社会信用代码等，并设置包含、精确、前方一致检索，在点击加号后还能选择下一个条件与本条件之间的关系是和、或还是非。此外，可选择限定应用系统类型或面向应用阶段缩小检索范围。如某软件公司在上传了自己开发的软件后想要了解信息是否已录入，可以按照统一社会信用代码进行精确检索，得到该软件在列表中显示的结果。同时，想要了解该公司开发了哪些软件的用户也可以同样方式进行检索。

4.2 图谱生成与导出模块

点击菜单栏的"显示切换"，可切换到图谱显示界面。图谱界面本身只起到直观分类作用，对于数据库中的图谱信息并没有得到充分展示。因此填入图谱中的元素包括应用图标与名称都具备可交互性，可点击查看其详细信息。点击菜单栏中的"显示设置"可以通过填写表单设置图谱尺寸与颜色，点击菜单栏中的"信息导出"可以通过一组单选按钮选择导出文件的格式。

4.3 信息导入与审核模块

用户通过填写表单提交新系统的详细信息，视图函数响应表单信息，将这些信息添加至动态数据库。管理员端根据动态数据库表生成列表，并可以对列表中的每一项进行逐项审核。如果审核通过，则将信息转移到静态数据库；若不通过，则将信息在动态数据库中删除。在系统测试中，考虑以某软件公司为用户角色的情景，在用户端分别上传其开发的两个应用系统信息，在管理员端分别审核通过与不通过，通过用户端二次测试验证静态数据库的变化。

5 总结

本文系统地分析了智能建造软件图谱系统的应用场景，并根据应用场景确定本系统的需求，进行了系统设计，并建立一个原型系统。本系统开发的意义在于，首次将知识图谱技术引入智能建造软件信息管理中，实现信息的结构化存储与高效检索，支持软件厂商实时上传信息，保证数据的新鲜度与全面性，通过图谱可视化展示与交互设计，满足不同用户角色的需求，提高信息获取效率，原型系统的开发可为相应系统的正式开发奠定基础。未来，可以结合大语言模型的语料库标记与训练对自然语言进行实体与关系抽取，有效提高效率与准确性，以爬虫算法自动从互联网中获取新推出的软件信息的功能可以接入信息导入与审核模块，进一步提升系统。

参 考 文 献

[1] 刘占省，刘诗楠，赵玉红，等. 智能建造技术发展现状与未来趋势[J]. 建筑技术，2019，50(7)：772-779.
[2] 李涓子，侯磊. 知识图谱研究综述[J]. 山西大学学报(自然科学版)，2017，40(3)：454-459.
[3] 王昊奋，漆桂林，陈华钧. 知识图谱：方法、实践与应用[M]. 北京：电子工业出版社，2019.
[4] 陈英庆. 高速铁路设备故障维修知识图谱的构建与应用研究[D]. 北京：北京交通大学，2023.
[5] 岳思雯. 面向飞行器维修的知识图谱应用研究[D]. 郑州：河南工业大学，2023.

[6] 刘琳. 中医急诊知识图谱构建与应用研究[D]. 石家庄：河北大学，2023.
[7] 赵爽. 面向智能分诊的知识图谱构建及应用研究[D]. 北京：北京交通大学，2022.
[8] 李昱昕. 基于知识图谱的智慧问答系统的应用研究与实现[D]. 北京：中央民族大学，2022.
[9] 吕玲. 基于高中信息技术的学科知识图谱构建及可视化应用研究[D]. 重庆：重庆师范大学，2021.
[10] 褚光耀. 基于知识图谱的多任务学习推荐算法及应用研究[D]. 呼和浩特：内蒙古农业大学，2023.
[11] 胥香宇. 面向科技咨询大数据服务平台的研究与实现[D]. 北京：北京邮电大学，2021.
[12] 格林贝格，M. Flask Web 开发：基于 Python 的 Web 应用开发实战[M]. 安道，译. 北京：人民邮电出版社，2018.

基于智能手机的室内定位方法研究综述

李佳益[1]，马智亮[1]，陈 诚[2]

(1. 清华大学土木工程系，北京 100084；2. 清华大学自动化系，北京 100084)

【摘 要】 随着基于位置的服务（LBS）的快速发展，室内定位技术作为其重要组成部分广受关注。智能手机因其高集成度的传感器、快速迭代的算力和广泛的用户普及率，成为室内定位的关键工具。虽然已有研究关注室内定位中多模态数据源的选择及数据融合方法对提升室内定位效果的影响，但针对基于智能手机定位研究，缺乏系统性综述。本文经系统检索，由于篇幅限制，仅精选 42 篇文献进行讨论。首先，根据所融合的数据源不同，将现有研究分为"单一传感器数据、多传感器数据融合，以及融合建筑空间上下文与传感器数据"的室内定位方法三类进行讨论。然后，总结了现有方法的优缺点，并展望了基于智能手机的室内定位方法的未来研究方向。本研究可为室内定位的发展提供系统性参考。

【关键词】 室内定位；智能手机；多传感器数据融合；建筑空间上下文

1 引言

基于位置的服务（Location-Based Services，LBS）是指利用用户的地理位置信息提供的各种服务，这些服务包括导航、社交网络、应急疏散等。室内定位在基于位置的服务中至关重要，因为它能提供精确的室内位置信息，这些信息在智慧停车、博物馆导览和大型医院导引等领域具有关键作用，可提升用户体验和服务效率。然而，室内定位受多种因素的影响，包括建筑空间布局和拓扑关系的复杂性、信号干扰的不确定性、环境的动态性以及温湿度的不均匀性等，这些因素会显著影响定位的精度、可靠性和实时性。为解决室内环境因素对定位效果的影响，已有研究提出了多种室内定位方法。例如地磁定位、惯性导航、视觉定位、行人航迹推算（Pedestrian Dead-Reckoning，PDR），气压计定位，以及诸如基于 Wi-Fi、蓝牙、麦克风、iBeacon、超宽带、Zigbee 以及蜂窝移动网络等的定位方法。选择何种室内定位方法及其算法，取决于具体的定位需求和环境情况，以及定位终端特性。

智能手机作为重要的智能终端，配备了多类型传感器。其中，可用于室内定位的传感器包括加速度计、磁力计、陀螺仪、相机传感器、麦克风、蓝牙以及 Wi-Fi 适配器等。同时，由于手机计算能力提升，能够支持一定复杂度的数据处理和人工智能应用，其包含的语音识别、图像处理等技术扩展了手机的室内定位功能和应用场景。另外，手机的用户高普及率，也为这一工具在室内定位中的应用提供了有利条件。

已有研究较多关注室内定位中多模态数据源的选择，以及数据融合方法对提升室内定位效果的影响。虽然有部分研究将智能手机作为室内定位的重要工具，将其内置传感器的数据与其他数据结合使用以提高定位精度，但尚无基于智能手机的定位的系统性综述论文。本文在 CNKI 数据库进行检索，筛选出相关性较强的论文 29 篇；在 Web of science 数据库检索，筛选出相关性较强的论文 13 篇。针对这 42 篇论文，首先，根据所融合的数据源种类不同，将其分为"单一传感器数据、多传感器数据融合，以及融合建筑空间上下文与传感器数据"的室内定位方法进行讨论。然后，总结了现有方法的优缺点，并展望了基于智能手机的室内定位方法的未来研究方向。由于篇幅所限，部分章节未能深入讨论。笔者将在后续研究中更全面地探讨室内定位方法，并分析未来研究方向。本文对智能手机在室内定位中的应用进行了系统

【作者简介】 马智亮（1963—），男，教授。主要研究方向为信息技术在土木工程领域中的应用。E-mail: mazl@tsinghua.edu.cn
李佳益（1990—），女，博士研究生。主要研究方向为信息技术在土木工程领域中的应用。E-mail: lijiayi22@mails.tsinghua.edu.cn

性分析和讨论，可以为定位方法的优化和创新提供参考与借鉴。

2 基于智能手机的室内定位方法

2.1 单一传感器数据的室内定位方法

根据是否需要依赖外部信号源进行定位，将基于智能手机的室内定位方法分为无外源信号的室内定位和有外源信号的室内定位。

无外源信号的室内定位不依赖外部基础设施，而是依靠环境中自然存在的或建筑物内已有的信号进行自主定位。在基于智能手机的室内定位中，相应的智能手机内置传感器较少，比如磁力计。文献[3]设计了一种分别包含地磁数据水平化和混合指纹两种方法的、基于智能手机 Android 系统的室内定位系统。其中，前一种方法借助手机陀螺仪偏转数据将地磁传感器数据投影到地面坐标系，用最邻近算法对坐标转换后的地磁指纹进行匹配；后一种方法以手机水平摆放为前提，将方向传感器和地磁传感器进行融合，用范围搜索定位算法进行地磁指纹匹配。经验证，两种方法的定位精度都在 1.00m 范围内，定位计算时间分别为 2ms 和 1ms。同样采用地磁进行无外源室内定位的，还有文献[4]。

有外源信号的室内定位方法，需要依托无线电发射基站等基础设施。相应的智能手机内置传感器种类较前者更加丰富，包括 Wi-Fi 接收器、蓝牙模块和麦克风等。为了解决手机多样性对定位精度的影响，文献[9]提出一种基于 Wi-Fi 的室内定位模型 DeviceTransfer，采用深度域自适应技术将源域的信息迁移到目标域的数据上，以降低定位成本并提高定位精度。实验过程对不同网络结构定位器和不同手机型号的定位结果进行对比，证明了该模型能提高定位精度。文献[10]使用手机的蓝牙模块在每个指纹点采集信号强度值，并用于特征提取和接入点权重分配。在线阶段，使用手机采集信号强度值，并通过 KNN 算法进行匹配，然后取其均值作为最终的定位结果。该方法实现的平均定位精度在 1.61m 范围内，且能够实现毫秒级的实时定位。文献[1]提出一套 LinLoc 定位系统，其关键技术 TPSN 用于实现锚节点的自标定。定位过程中，用户手机扬声器广播声信号请求定位，锚节点接收请求后反馈声信号到手机麦克风，利用 TOA 技术估计手机与锚节点之间的距离，从而实现定位。经验证，该系统实现了无需额外时间同步的 0.05~0.30m 范围内高精度实时定位。

综上所述，单一数据源的定位方法通常较为简单，易于部署和应用。由于系统架构简单，不需要处理复杂的数据融合算法，对智能手机的算力和功耗要求较低。然而，单一数据源对环境的敏感度较高，容易受到人流密度变化、建筑结构变动或电磁干扰等因素影响，从而导致定位效果不稳定。此外，一旦该单一数据源出现故障，整个定位系统将失效。

2.2 多传感器数据融合的室内定位方法

多传感器数据融合涉及的智能手机传感器数据主要包括 Wi-Fi 信号数据、用于 PDR 的加速度计和陀螺仪数据、蓝牙信号数据、音频数据以及地磁数据等。针对 Wi-Fi 定位稳定性差和 PDR 有累积误差的问题，文献[7]提出了一种基于自适应粒子滤波算法的"Wi-Fi-PDR"定位方法。该方法调用手机的无线通信模块和微型惯性传感器，采集 Wi-Fi 数据和行人的运动信息，并通过自适应粒子滤波算法进行数据融合定位。经验证，该方法实现了 0.66m 范围内的实时定位。文献[19]在"Wi-Fi-PDR"的基础上，增加了手机磁力计的地磁数据。经验证，定位精度有所提高。文献[20]采用手机蓝牙模块采集蓝牙数据，并采用微型惯性传感器采集 PDR 数据。使用扩展卡尔曼滤波算法对蓝牙指纹匹配结果和 PDR 定位结果进行融合，实现了平均精度在 1.17m 范围内的实时定位。文献[21]提出一种融合音频和 PDR 的室内定位范式。该研究采用音频到达时间差技术，基于手机麦克风采集的音频数据进行定位，再通过卡尔曼滤波算法通话音频定位数据和 PDR 定位数据。经验证，实现了 20 次/s，且精度在 0.23m 范围内的实时定位。

综上所述，与单一数据源相比，多传感器数据融合集成了多模态数据源的优势，对复杂室内场景的适应性更强，能不同程度地提升室内定位效果。然而，多传感器数据融合方法通常较为复杂，算法计算量较大，对手机算力和功耗要求较高。使用多传感器进行数据融合可能增加硬件成本，尤其是在要求高精度和高稳定性的应用场景中。

2.3 融合建筑空间上下文与传感器数据的室内定位方法

建筑空间上下文是指用于改善室内定位精度的一系列数据类型，包括地图、地标，以及图像数据、网格数据、图模型等其他数据。这些数据为室内定位提供了丰富的环境信息和约束条件，有助于提高定位系统的精度、稳定性和可靠性。

（1）融合地图数据的定位方法

地图在室内定位中的主要作用是通过定义空间约束来限制定位结果，使其与实际环境相符；或提供物理边界和障碍物信息，以修正和优化定位结果。在这方面，文献[24]提出了一种双层特征地图，地图中每个栅格指纹都包含 CSI 特征和与之关联的视觉特征及位置信息。在定位阶段，首先，通过手机拍摄图像，使用 Yolov5 算法对安全出入口标志进行检测，并利用视觉定位结果对隐马尔可夫模型状态进行初始化。然后，通过手机的 Wi-Fi 模块采集 CSI 数据，利用 CSI 指纹特征实现位置校正。最后，通过前向算法完成定位精度在 1.00m 范围内，单次定位时间约为 150ms 的实时定位。此外，文献[25]利用手机的加速度计、陀螺仪和重力计进行 PDR 初始定位，然后通过 Wi-Fi 和蓝牙指纹匹配来修正 PDR 累积误差。该方法的实时定位精度在 0.89m 范围内。该研究中，粒子滤波算法通过权值更新整合地图、Wi-Fi 和蓝牙数据，提高了定位精度。类似地，文献[26]利用电子地图的约束对 PDR 定位结果进行修正，并通过自适应粒子滤波算法融合 Wi-Fi 和 PDR 定位结果，使室内行人定位系统在实验中达到 0.66m 的定位精度，表现出较高的准确性和效率。文献[27]和文献[28]分别利用地图提供的空间约束及物理边界信息，优化和修正了定位结果。这些研究共同表明，地图在提高定位精度和可靠性方面具有重要作用。用于室内定位的地图，除了二维形式，还有三维形式。文献[29]提出一种基于三维实景地图的定位方法。首先，通过 Wi-Fi 指纹匹配初步定位，然后，将手机拍摄的图像与地图进行匹配，结合透视 n 点算法，计算出手机摄像头的空间位姿，以实现二级定位。经验证，该方法的实时定位精度在 0.45m 范围内。

关于室内地图数据获取问题，文献[30]中室内定位的地图数据和路由图是通过 CAD 图纸提取的。文献[31]中的地图是由特殊点（如转角、电梯、扶梯和楼梯）构成的室内道路网络。文献[32]提出一套室内地图自动构建方法，该方法对行人轨迹进行分析，并融合 Wi-Fi 数据，对楼梯、门、墙角等空间特征进行识别，进而识别出房间、走廊等的形状和尺寸。

（2）融合地标数据的定位方法

通过匹配识别到的地标与数据库中的地标，可以辅助定位并提高定位精度。地标是指具有显著空间结构或物理特征以形成传感器响应的环境元素，如门、转角和楼梯。此外，地标还包括无线电波、磁场变化等信号特征形成的显著标识位置，如 Wi-Fi 信号最强的点或磁力计读数显著变化的点。还有一类是人为制作的参考标记点，如二维码和 QR 码。

具有显著空间结构或物理特征以形成传感器响应的环境元素可作为地标，用于室内定位。文献[33]利用手机加速度计和陀螺仪采集室内停车场内的减速带、转角等环境语义数据，并采用机器学习分类器识别其为地标。将识别出的地标标注在地图上，构建包含节点和边的室内路网拓扑结构。随后，采用粒子滤波算法融合地标地图和拓扑结构，用以纠正 PDR 的定位结果。该方法实现了平均 3.00m 范围内的实时定位精度。除了从传感器数据中识别地标用于定位，还可构建行为状态地标，或利用地图和地标构建地标图用于定位。

无线电波和磁场变化等信号特征也能用作地标数据。文献[11]中的地标是根据多项式回归模型计算无线信号强度与距离的关系作为地标，并设定进入和离开地标矫正范围的信号强度阈值。定位过程中，采用手机惯性传感器采集数据进行 PDR 定位，随后利用 iBeacon 的信号强度值设置地标矫正条件。通过手机蓝牙模块采集信号强度，判断行人是否进入或离开地标区域，用以校正 PDR 定位。经验证，该方法的平均定位精度在 1.05m 范围内。

二维码地标常应用于机器人的室内定位，但也有研究在室内定位中使用二维码或 QR 码作为地标，协助手机用户进行室内定位。文献[36]设计了一种用于室内定位定姿的二维码路标系统，并提出相应的路标检测算法。该算法有效降低了手机在拍摄过程中姿态、角度和距离等因素对定位精度的影响。通过

EPnP 算法，可以根据检测到的二维码顶点的图像坐标和已知的世界坐标计算手机相机中心的位置及姿态。经实验证明，该方法的定位精度在 1.00m 以内，姿态误差在 10°以内。然而，文献中未提及该方法的实时性能数据。

（3）其他

其他的建筑空间上下文数据包括图像数据、网格数据、图模型、空间模型等。尽管图像数据、网格数据、图模型和空间模型在本质上具有不同的形式和处理方法，但它们在空间描述和定位中扮演着相似的角色，即提供丰富的空间信息和结构，用于增强室内定位效果。文献[6]提出了一种融合 PDR 和视觉技术的室内定位方法。使用手机拍摄图像后，采用双层次的匹配图像搜索策略进行图像匹配，并将匹配结果用于校正 PDR 累积误差。该方法实现的算法耗时为 0.42s，定位精度在 0.93m 范围内。除了图像匹配，也有研究将图像数据用于校正 Wi-Fi 定位，或建立光源与空间的映射关系进行定位。文献[16]提出了一个名为 ML-ISNM 的多楼层定位框架。通过手机陀螺仪、加速度计、磁力计和气压计来获取 3D 位置、速度和姿态数据。然后，利用长短期记忆网络进行楼层识别，并使用网格搜索算法进行室内网格匹配。最后，使用误差椭圆增强的无迹卡尔曼滤波器集成传感器、行人运动和室内网络信息，实现了精度在 1.13m 范围内的室内三维定位。文献[40]通过手机加速度计、陀螺仪、指南针和气压计进行航位推算；同时，通过网格模型提供室内空间的精细化和语义化表示。定位过程中，利用回溯网格滤波器，根据历史跟踪数据和拓扑图找到回溯点以校正 PDR 定位，实现了平均精度在 1.27m 范围内的实时定位。文献[41]提出了一种基于图模型的室内定位方法，该方法利用 Wi-Fi 信号强度特性来生成逻辑楼层图，并通过网络同构问题构建指纹地图。在定位阶段，使用手机收集信号强度，并用基于贝叶斯的定位算法实现实时定位。文献[42]从手机摄像头收集的图像中提取特征序列，基于特征序列识别和分类室内环境中的结构地标，然后将结构地标与空间模型进行匹配，以校正 PDR 累积误差，并最终实现定位。经验证，该方法的实时定位精度在 0.025m 范围内。

综上所述，融合建筑空间上下文数据与传感器数据，可提高室内定位效果。其中，地图可用于提供物理边界和障碍物信息、校正 PDR 累积误差、辅助粒子滤波算法解决"穿墙"问题、减少测量误差。但是，地图的自动化生成和动态更新问题有待解决。另外，地标特征可以用来校正 PDR 累积误差，从而提高定位的准确性。目前，大多数地标特征的设计主要依赖手动完成。有必要探索深度学习等自动化方法，以实现地标特征的自动学习和检测。除此之外，图像数据、网格模型、图模型和空间模型等也可提供丰富的建筑空间上下文信息，通过提供结构化空间表示和其他环境信息，显著增强了室内定位效果。

3 结论及展望

本研究综述了基于智能手机的室内定位方法，通过系统性的分析，对室内定位方法进行了分类分析和讨论，并深入探讨了各类方法的优缺点。

单一传感器定位方法在特定环境下能够实现较为精确的定位，成本低，复杂度不高，但由于单一传感器本身的局限性，它们难以在复杂的室内环境中满足定位需求。

多传感器数据融合定位方法通过融合具有互补特性的传感器数据，可显著提高室内定位的精度和鲁棒性。但是，多传感器融合算法较为复杂，数据处理过程对设备的算力和耗能要求较高，这对智能手机在室内定位中的应用提出了挑战。

融合建筑空间上下文中的地图、地标，以及图像数据、网格数据、图模型和空间模型等数据在室内定位中具有重要作用，它们通过提供物理边界、障碍物信息、视觉特征和结构化空间表示等来校正定位误差、增强粒子滤波算法有效性等。然而与传感器数据相比，建筑空间上下文数据在格式、内容、详细程度和组织形式上存在差异。尚缺乏建筑空间上下文在室内定位中的应用模式，需要探索基于建筑空间上下文的多模态数据融合定位方法。

作为展望，通过改进单一传感器定位方法，可以一定程度提升室内定位效果，也可以为多传感器融合提供基础。在 Wi-Fi 指纹或蓝牙指纹匹配中，神经网络、机器学习等技术的应用可以提高数据匹配的效率和准确性，提升定位效果，但需兼顾定位算法复杂性问题。

多传感器数据融合方法中的数据融合算法通常计算复杂度较高，难以在资源有限的智能手机上实现实时运行。有必要对算法进行改进，或设计新的算法，在保证室内定位效果的同时，更适合于基于智能手机的室内定位方法。智能手机可以为室内定位提供强大的工具支撑，但持续运行定位算法，以及多种传感器并行使用，都对智能手机的续航能力和计算能力提出了更高的要求。将计算任务和数据处理任务从智能手机转移到云端服务器或近端的边缘设备，有利于减少智能手机的计算负担，从而提升了处理效率和响应速度。

融合建筑空间上下文的定位方法受不同建筑空间上下文数据在格式、内容、详细程度和组织形式上存在差异的影响，有必要建立建筑空间上下文在室内定位中的应用模式，探索基于建筑空间上下文的多模态数据融合定位方法。在图像数据匹配、地标特征识别，以及地图匹配中，引入深度学习等人工智能技术，有利于提高室内定位的精度和鲁棒性。

参 考 文 献

[1] 林峰，张磊，李贵楠，等．基于智能手机声信号的自标定室内定位系统[J]．计算机研究与发展，2017，54(12)，2741-2751．

[2] 陈锐志，陈亮．基于智能手机的室内定位技术的发展现状和挑战[J]．测绘学报，2017，46(10)，1316-1326．

[3] 江聪世，刘佳兴．一种基于智能手机的室内地磁定位系统[J]．全球定位系统，2018，5(43)：9-16．

[4] 宋宇，喻文举，程超．基于FCM聚类及位置区切换的室内地磁定位研究[J]．现代电子技术，2018，14(41)．

[5] 王永康，汪云甲，毕京学，等．一种基于图像灰度直方图相似度计算的室内定位方法[C]．测绘通报，2018 4，63-67．

[6] 张星，林静，李清泉，等．结合感知哈希与空间约束的室内连续视觉定位方法[J]．测绘学报，2021，50(12)：1639-1649．

[7] 李楠 陈家斌 袁燕．基于WiFi/PDR的室内行人组合定位算法[J]．中国惯性技术学报，2017，25(4)：483-487．

[8] 陈立建，杨志凯，施伟元，等．一种多传感器融合的室内三维导航系统[J]．传感技术学报，2018，31(4)：551-561．

[9] 赵增华，童跃凡，崔佳洋．基于域自适应的Wi-Fi指纹设备无关室内定位模型[J]．通信学报，2022，43(4)：143-153．

[10] 俞佳豪，余敏．一种基于智能手机四向RSS指纹的室内定位方法[J]．全球定位系统，2021，46(5)：48-54．

[11] 郑晨辉，陈璟，张雨婷，等．融合粒子滤波与蓝牙地标矫正的定位算法[J]．计算机工程应用，2020，56(13)：273-278．

[12] Maria Rosiak, Mateusz Kawulok, Michat Maékowski. The effectiveness of UWB-based indoor positioning systems forthe navigation of visually impaired individuals [J]. Applied Sciences, 2024.

[13] Jianwei Niu, Bowei Wang, Lei Shu, et al. ZIL: an energy-efficient indoor localization system using Zigbee radio to detect WiFi fingerprints [J]. IEEE Journal on Selected Areas in Communications, 2015.

[14] Hamada Rizk, Marwan Torki, Moustafa Youssef. Cellindeep: robust and accurate cellular-based indoor localization via deep learning [J]. IEEE Sensors Journal, 2019.

[15] 徐雯琪，黄玉春，刘亚奇，等．一种联合WiFi信息和PDR算法的智能手机室内定位方法[J]．测绘地理信息，2022，47(3)：70-74．

[16] Chaoyang Shi, Wenxin Teng, Yi Zhang, et al. Autonomous multi-floor localization based on smartphone-integrated sensors and pedestrian indoor network[J]. Semore Sensing, 2023, 15, 2933.

[17] Min Zhao, Danyang Qin, Ruolin Guo, et al. Indoor floor localization based on multi-intelligent sensors[J]. International Journal of Geo-Information, 2021(10): 6.

[18] 杨桢，方俊彬，陈哲．基于智能手机的快速可见光室内定位系统[J]．应用光学，2017，38(3)：358-364．

[19] 陆妍玲，韦俊伶，刘采玮，等．融合地磁/WiFi/PDR的自适应粒子滤波室内定位[J]．测绘通报，2020(6)：1-6．

[20] 冯昆，何涛，汪云甲．一种基于智能手机的室内融合定位方法[J]．测绘通报，2019，S2，6-10．

[21] 陈锐志，钱隆，牛晓光，等．基于数据与模型双驱动的音频/惯性传感器耦合定位方法[J]．测绘学报，2022，51(7)：1160-1171．

[22] Fuqiang Gu., Xuke Hu, Milad Ramezani, et al. Indoor localization improved by spatial context-a survey[J]. ACM Computing Surveys, 2019, 52(3): 64: 1-35.

[23] Jianga Shang, Fuqiang Gu, Xuke Hu, et al. APFiLoc: an infrastructure-free indoor localization method fusing smart-

[24] 　phone inertial sensors, landmarks and map information[J]. Sensors, 2015(15): 27251-27272.
[24] 胡钊政, 柳雨婷, 周哲, 等. 基于视觉与 WiFi 双层特征地图的智能手机室内定位方法[J]. 哈尔滨工业大学学报, 2024.
[25] 韩冷, 戴鹏, 阳媛, 等. 多源信息融合的室内定位方法[J]. 传感器与微系统, 2020, 39(7): 21-24.
[26] 王甘楠, 田昕, 魏国亮, 等. 基于 RNN 的多传感器融合室内定位方法[J]. 计算机应用研究, 2021, 38(12): 3725-3729.
[27] Jian Wang, Andong Hu, Chunyan Liu, et al. A Floor-map-aided WiFi/pseudo-odometry integration algorithm for an indoor localization system[J]. Sensors, 2015(15): 7096-7124.
[28] 赵文晔, 高井祥, 李增科, 等. 地图匹配辅助的 KF-PF 室内定位算法模型[J]. 武汉大学学报信息科学版, 2018, 43(5): 806-812.
[29] 柳景斌, 郭英晖, 喻文慧. 一种面向大型室内场景的高可用手机视觉全局定位方法[J]. 武汉大学学报信息科学版, 2022.
[30] Shoushtari H, Askar C, Harder D, et al. 3D Indoor localization using 5G-based particle filtering and cad plans[C]. International Conference on Indoor Positioning and Indoor Navigation (IPIN), 2021.
[31] Baoding Zhou, Qingguan Li, Xing Zhang. Activity sequence-based indoor pedestrian localization using smartphones[J]. IEEE Transactions on Human-Machine Systems, 2015, 2168-2291.
[32] 赵鹏飙, 刘歌, 罗磊, 等. 基于手机的室内数字平面图构建方法[J]. 计算机工程, 2018, 44(11): 271-275, 281.
[33] 周宝定, 杨程景, 顾祉宁, 等. 环境语义信息辅助的室内停车场车辆定位方法[J]. 测绘通报, 2022(6): 6-11.
[34] 何肖娜, 宋斌斌, 余敏. 融合上下文感知的地标检测辅助 WiFi/PDR 室内定位[J]. 测绘通报, 2020(6): 7-11.
[35] Gu F, Kealy A, Khoshelham K, et al. Efficient and accurate indoor localization using landmark graphs[C]. 2016 XXLLL ISPRS Congress, 2016, 41(B2).
[36] 葛雯斐, 牛小骥, 蒋郡祥, 等. 智能手机利用二维码路标进行定位定姿的方法研究[J]. 传感技术学报, 2019, 32(12): 1816-1823.
[37] 张向鹏, 郭际明, 肖屹. 智能手机二维码室内定位系统[J]. 测绘科学, 2017, 42(11): 158-163.
[38] 侯松林, 杨凡, 钟勇. 基于智能手机无线信号和图像距离感知融合的室内定位算法[J]. 计算机应用, 2018, 38(9): 2603-2609.
[39] 黄刚, 胡钊政, 蔡浩, 等. 基于 Wi-Vi 指纹的智能手机室内定位方法[J]. 自动化学报, 2020, 46(2): 320-331.
[40] Shang J G, Hu X K, Wen C et al. GridiLoc: a backtracking grid filter for fusing the grid model with PDR using smartphone sensors[J]. Sensors, 2016(16): 2137.
[41] Yuanyi Chen, Minyi Guo, Jiaxing Shen, et al. A graph-based method for indoor subarea localization with zero-configuration[C]. Intl IEEE Conferences, 2016.
[42] 张星, 刘涛, 孙龙培, 等. 一种视觉与惯性协同的室内多行人目标定位方法[J]. 武汉大学学报信息科学版, 2021, 46(5): 672-680.

大模型及其在建筑工程中的研究与应用综述

刘宇轩，马智亮

(清华大学土木工程系，北京 100084)

【摘　要】近年来，人工智能领域大模型的研发与应用成为热点。大模型具有强大的自然语言理解与生成能力、多任务学习能力与数据处理能力，利用大模型相关技术有望实现建筑领域的智能化突破。本文首先梳理了语言模型的演进过程并分析了微调、RAG 等大模型关键技术。其次，在建筑全生命周期的基础上，针对检索到的 56 篇文献综述大模型在建筑工程设计、施工和运维管理各阶段的应用现状与前沿研究。最后，讨论了目前研究的局限性以及未来发展方向，为推动以大模型为代表的人工智能技术在建筑领域的进一步研究提供参考。

【关键词】大语言模型；建筑工程；全生命周期；综述

1　引言

建筑工程有着悠久的发展历史，逐渐形成包括城乡规划、建筑学、土木工程、工程管理、房地产等相关学科，形成了包括规划、管理、技术与运维的体系，是一个复杂的系统工程。目前，建筑业相较于其他行业数字化程度明显偏低，2023 年实体经济企业数字化程度分布仅为 6.5%，行业迫切需要推进智能建造与建筑工业化协同发展，及时利用迅猛发展的人工智能技术，形成覆盖建筑全生命周期的智能建造产业体系，为行业发展找到新的出路。

大模型（Large Language Model，LLM，或称大语言模型）是指拥有超大规模参数（通常在十亿个以上）、复杂计算结构的深度学习模型，通常基于 TRANSFORMER 架构进行自然语言任务。在大模型普及前，研究学者们已经尝试了将人工智能技术运用于建筑工程领域中完成各类任务，如数字建造、安全管控、结构设计、健康监测、案例管理等。近年来，以 ChatGPT 为代表的大模型展现出优秀的语言理解与文本生成能力，掀起了国内外的研究热潮，模型参数规模和训练数据量级迅速增长，性能显著提升。随着大模型的蓬勃发展与相关技术的积累，有望使用大模型实现建筑领域的智能化突破。

大模型分为通用模型与垂直领域模型两类。通用模型适用于广泛的语言任务，而垂直领域模型专门为特定的行业或领域设计，针对该领域的术语、概念和任务进行优化。建筑工程垂直领域模型的搭建需要模型语料库、微调技术与基座模型相结合，既有研究已经打下了相对坚实的基础。Zheng 等构建了首个面向土木建筑领域的大规模领域语料库；Zhong 等基于学术文献构建了建筑管理系统（CMS）语料库；Lin 和 Deng 搭建了施工现场工人、机械、材料等实体识别数据集 SODA；Cheng 等基于爬虫与离线采集技术构建了含 21.2 万张建筑物与建筑工地照片的数据集。此外，LLaMA、ChatGLM-3 等开源模型均能作为微调基座模型。sikong 大模型、Construction-GPT 以及星辰住建大模型等垂直领域模型的亮相，均为大模型解决建筑工程问题打下基础，大模型在建筑工程领域已经进入落地应用阶段。

由于大模型的理论与实际应用属于前沿研究，对于 LLM 与建筑工程领域结合的探索相对较少，尚无按照一定逻辑对建筑工程领域大模型的研发应用进行梳理的综述性文献。本文专注于建筑＋大模型这一交叉领域，回顾了语言模型的发展历程和大模型的关键架构与技术。同时从建筑工程全生命周期出发，总结大模型在建筑工程中从规划设计、施工建造到运营、维护阶段中的既有研究。探讨了目前不同阶段

【作者简介】马智亮（1963—），男，教授。主要研究方向为信息技术在土木工程领域的应用。E-mail：mazl@tsinghua.edu.cn

大模型应用的不足,设想了未来可能的应用场景与研究方向,为建筑业智能化提供了新的发展思路。

本文进行文献检索时使用中文数据库"CNKI"与英文数据库"Scopus""Google Scholar"与"Web of Science"。以"建筑工程""土木工程""大模型/大语言模型"为中文关键词,以"AEC""Construction""Civil Engineering"和"LLM/Large Language Model"为英文关键词进行检索,得到文献共计82篇。在剔除重复及与研究主题关联性较弱的文献后得到文献共计56篇。其中中文文献7篇,英文文献49篇。参考全生命周期理论,按照建筑工程设计阶段、施工阶段与运维管理阶段对这些文献中大模型的具体应用进行分析讨论。

2 大模型的演进及关键技术

2.1 大模型的发展

语言本质上是一个由语法规则控制的复杂、精密的人类表达系统。语言模型作为一种通过统计和机器学习方法对自然语言进行建模的技术,在过去二十年中已被广泛研究。其主要目的是理解和生成自然语言文本,并被广泛应用于自然语言处理领域。如图1所示,人们一般将语言模型的研究分为统计语言模型、神经网络语言模型、预训练语言模型与大语言模型四个发展阶段。

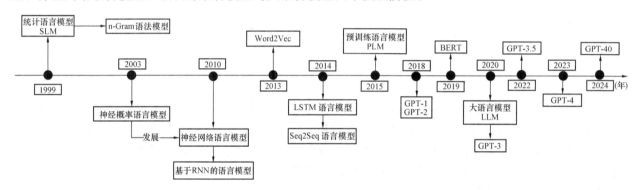

图1 语言模型发展历程

2.2 大模型关键技术

大模型预训练通过无监督或自监督学习理解语言的统计规律、语义信息及上下文关系,包括预训练BERT的掩蔽语言模型、下一句预测以及预训练GPT系列的自回归预测等。预训练中包含大量高维矩阵运算,通常使用GPU+CUDA类型的并行式智能训练系统完成。

只进行预训练的通用大模型在特定领域可能表现不佳。全参数微调(Full-Parameter Fine-Tuning)是一种使预训练模型在预训练参数初始值的基础上更新参数以适应下游子任务的方法。考虑到全参数微调成本高昂,高效参数微调(Parameter-Efficient Fine-Tuning)因其调整的参数占比小(小于10%甚至0.1%),所需运算资源少且节省存储空间,已逐渐成为主流的微调方法。近年来参数高效微调发展迅速,已出现30种以上的参数高效微调方法,大致可以分为选择性方法、添加性方法与重新参数化方法三类。其中最具代表性的是重参数化中的LoRA方法。LoRA将模型权重矩阵分解为两个低秩矩阵,从而达到减少微调参数量而保留模型性能的目的。在LoRA的基础上,相关研究人员进行了改进并提出QLoRA、AdaLoRA等重参数化微调方法。

除微调外,RAG(Retrieval-Augmented Generation)也可以增强大模型的垂直领域能力。RAG通过检索外部知识库来获得额外语料,并使用上下文学习(In-Context Learning)改进大模型生成效果,用于处理大模型在面对知识密集型任务时出现的幻觉、知识过时以及推理过程不透明的问题。RAG的流程主要包括检索—增强—生成三步:首先将数据语料切块后编码并存储在向量数据库中;收到用户查询时将检索出向量数据库中与查询最相似的K个语料块,并将其作为扩展上下文;最后将检索到的语料块与查询整合形成一个综合Prompts,为语言模型提供更丰富的信息;大模型根据增强后的提示生成最终答案。

3 建筑工程设计阶段大模型应用

建筑工程设计需要参考利益相关者的目标、需求，结合相关规范对建筑物的整体风格、功能布局与几何形态做出方案，建立建筑物的三维模型并以图纸的形式将针对建造过程的约束表达出来。建筑设计阶段是施工过程开展的依据。传统设计阶段常常存在多利益方沟通不畅的痛点，进而导致设计意图误解、项目超预算等多种问题。此外，传统建筑设计方法对多源大量数据的整合利用能力有限，设计错误风险概率高，对建筑结构完整性与功能性产生负面影响。最后，可持续设计的理念也对传统设计中的能源效率优化提出了更高的要求。大模型为建筑工程设计阶段问题的解决提供了新思路。

3.1 设计自动化

设计自动化是建筑工程设计中一个重要的研究方向。从单体建筑级到街道级最后到城市级，不同体量的建筑集群均有使用大模型辅助设计的实例。王泽林等使用 Stable Diffusion 和 ChatGPT 生成建筑效果图，并通过建立详细的建筑类型文本库用于细化和提升生成图像的精度与特征一致性。马爽等利用"文心一格"基于街景与需求自动生成符合老年友好设计标准的改造效果图，对杭州市街道进行老年友好改造设计。Chen 等人将 3D 点云数据转换为文本提示并输入大模型，开发了用于城市生态文明建设的 Chat3D，用于准确计算生态环境参数，并生成详细的城市生态建设报告。Deng 等开发了 CityCraft 框架，利用扩散变换模型和大模型生成 3D 城市场景，将用户输入的文本提示和比例条件转化为详细的城市环境，提高了城市场景的多样性和控制性。Dortheimer 等研究了基于大模型的聊天机器人系统在大型城市设计项目中的应用。实验结果表明，参与者更倾向于使用聊天机器人进行设计对话，且系统在信息收集和用户满意度方面表现出色。Chen 等提出了 HSC-GPT 的大模型框架。通过结合设计标准和多种场景分类文档进行二次预训练和微调，显著提升了模型在处理城市规划、景观设计和建筑设计领域复杂空间语义和多格式数据源方面的性能。Afzal 等的研究强调了大模型在处理和分析大规模、多源数据中的关键作用，通过整合实时数据、数字孪生技术显著提升了建筑生命周期管理的各个方面。蒋灿等结合 GPT-4、CodeLlama 以及 Rhino7，提出了一种使用动态提示实现自动化脚本编写的交互式建筑设计新范式，代替了传统菜单界面。

3.2 建筑能耗设计分析与建模

在建筑能耗设计分析与建模方面，Zhang 等研究了大语言模型（LLM）与建筑能耗建模（BEM）软件的集成应用，展示了 LLM 在模拟输入生成、模拟输出分析与可视化、错误分析、联合模拟、知识提取与培训以及模拟优化等方面的潜力。Turhan 提出了一种基于 LLMs 的非常规建筑材料生命周期评估（LCA）系统。通过定义功能单元、识别生命周期阶段、收集环境和社会影响数据、解释和评估以及开发基于网络的工具，LLMs 在自动化数据收集和分析、评估材料的可持续性以及生成 LCA 报告方面发挥了关键作用。

3.3 BIM＋大模型进行设计

BIM 技术与大模型的结合在建筑设计中展现出巨大的潜力。Jang 和 Lee 提出了一种结合大语言模型与 BIM 工具的互动设计框架。通过 BIM2XML、GAIA 和 XML2BIM 三个关键组件，使用 LLMs 识别设计意图并生成设计细节。Płoszaj-Mazurek 和 Rynska 提出了一种融合机器学习、大模型和 BIM 技术的低碳建筑设计工具，使用 ChatGPT 等大模型作为虚拟助手并集成 BIM 技术，为建筑设计提供优化建议，提供更精确的材料清单生成和碳足迹计算。Han 等人提出了一种结合大语言模型和建筑信息模型的设计制造与装配（DfMA）方法，用户可以通过自然语言与 BIM 系统进行交互，简化了自由形式预制建筑设计和施工过程中的沟通与信息传递。丁志坤等开发了一种基于 LLMs 的 BIM 正向设计问答系统，通过 QLoRA 方法对 LLM 进行微调并构建本地知识库。该系统能够快速、准确地检索复杂建筑规范和设计知识，在处理和分析大量非结构化数据、提高沟通效率及优化协作流程方面发挥了关键作用。

目前，建筑工程领域已实现从单体建筑到城市规模的大模型设计，涉及效果图生成、设计报告生成、BIM＋大模型进行设计各个方面。研究主要集中在大模型辅助用户交互设计、大模型解读设计需求、分析设计标准等方面。但既有建筑设计语料库相对其他领域明显偏少，且主要集中在施工标准规范、注册建筑师相关从业资格证考试资料等方面。未来探索应聚焦于基于大模型智能设计工具的开发，同时需要鼓励数据共享和开放，使用更先进的数据标注与清洗技术创建更优质的建筑设计领域语料库，以推动设计流程的进一步自动化和智能化。

4 建筑工程施工阶段大模型应用

建筑工程的施工阶段是将设计成果与计划转为实际建筑物的过程，是项目全生命周期中最为关键和复杂的环节之一。传统施工阶段也面临诸多难题。首先，对于施工过程中的天气变化、材料短缺等不可控因素，需要对项目进度计划进行及时的监控与修改；其次，施工现场危险性高，稍有不慎便可能发生安全事故；对施工质量、成本的控制也是一大挑战。研究人员为应对这些问题，在大模型的应用上做了一定的探索。

4.1 施工自动化与机器人技术

机器人参与建筑施工在应对建筑成本增加、劳动力短缺等问题和提高施工过程效率方面具有巨大潜力。而现有方法在扩展到动态的施工环境时存在一定的局限性。You 等提出的 RoboGPT 系统利用 ChatGPT 的高级推理能力，实现了建筑机器人组装的自动化序列规划。系统不仅能够处理复杂的施工操作，还能在环境变化中快速适应，显著提高了施工过程的效率和安全性。为进一步简化建筑组装机器人的控制过程，Luo 等提出了基于 LLM 的建筑组装机器人的代码生成策略。该策略通过构建 API 库、层次化机器人控制程序生成（HRCPG）、仿真优化及执行，实现了高低层次的代码生成逻辑整合。Wang 等进一步探索了大模型在建筑机器人组装中的应用，通过自然语言处理和生成预训练变换器开发了一种能够根据现场工人指令执行装配任务的框架。通过预定义的任务特定提示，解释工人指令并生成相应的动作序列和机器人功能，降低了训练成本，提高了机器人对新任务和环境的适应性。

为提升机器人在建筑施工中的路径规划和地图理解能力，Xie 等提出基于 OpenStreetMap 的文本格式地图表示方法（osmAG）。该方法能够被 LLM 自然读取和理解，通过层次化、拓扑语义的 osmAG 地图表示，展示了 LLM 在处理复杂施工环境中的潜力。实验结果表明，经过微调的 LLaMA2 模型在拓扑和层次理解任务上超越了 ChatGPT-3.5，验证了 LLM 在实际施工应用中的有效性。

在复杂和危险的施工环境中，人机协作是提高施工效率的关键。Park 等提出了一种集成多模态虚拟现实界面与大语言模型的多模态人机交互系统。通过结合语音和控制器输入与机器人操作系统（ROS）、BIM 模型并集成了含有聊天界面的游戏引擎，实现施工人员与机器人之间直观且精确的互动。

4.2 施工安全与风险管理

一些学者的研究表明，大模型通过提供施工危险示例与实践指导，有助于提高施工过程中的安全管理与危险识别。Uddin 等研究了 ChatGPT 在提高施工现场危险识别和施工安全教育与培训中的作用。结果表明，学生对施工危险的识别能力在 ChatGPT 的辅助下从 35％提高 60％。Wang 和 Issa 通过迁移学习构建了一个基于 T5 和 GPT-3 的智能聊天机器人（CSC）用于建筑施工安全管理，基于美国职业安全与健康管理局的规范生成预防施工过程中跌倒的问题，并将这些问题用于训练和评估 CSC 数据集，提高了从安全法规中检索信息的效率，帮助施工人员更好地理解和应用安全防护措施。为应对施工现场频发的安全事故问题，Kim 等开发了基于大模型的建筑施工安全管理平台，利用 LLM 分析施工安全管理信息网络中的大数据，并将分析结果集成到实时更新的详细设计模型中，结合位置信息和空间特性，提升了现场安全管理的精确度和及时性，一定程度上能有效预防施工事故。

大模型强大的文本分析与解释能力有助于施工事故的辨识。Yoo 等利用 GPT 预测建筑事故并通过显著性可视化的方法提升模型解释性。研究使用微调后的 GPT 模型从建筑事故报告的文本数据中检测事故类型。结果表明，该模型在事故类型检测中的准确率达到 82％。

Nyqvist 等对 GPT-4 在建筑项目风险管理（CPRM）中的能力进行了定性和定量分析，并与人类专家进行了比较。研究结果显示，ChatGPT 在生成全面的施工风险管理计划方面表现优于人类专家，其定量评分显著高于人类的平均水平。

4.3 施工进度管理

Prieto 等首先提出用 ChatGPT 生成施工进度计划的可能，通过详细的格式化提示输入（项目描述、初始提示、生成计划、输出格式）让 ChatGPT 生成一个逻辑清晰且符合项目要求的施工进度计划表。专家评测 GPT 在自动化和优化施工管理流程方面具有显著潜力。

如何打通建筑设计与施工阶段壁垒，实现 WBS 与 EBS 之间的相互转换一直是一个难题。Al-Sinan 等提出了一种利用大模型分析 BIM 文件以自动生成施工项目进度计划的框架。使用 IFC 文件作为训练数据，使 LLM 能识别并提取建筑项目的几何信息、材料和空间信息，并根据项目需求自动生成各个施工活动的持续时间、成本和所需资源，进行活动排序，而不依赖于手动开发的约束矩阵。Feng 等提出了基于大模型的工程调度知识图谱构建方法。通过数据层、概念层和实例层的交互，使用大模型进行规则文本抽取和知识图谱构建，提高了施工调度决策的准确性和效率。

目前，大模型技术已成功应用于机器人自动化规划与人机交互方面，也对安全教育、风险管理以及施工进度的智能规划作出贡献。但是建筑施工现场环境复杂多变，对安全性的需求较高。尽管大模型在安全监测、事故预测和风险管理中的应用展现了一定的潜力，但其应用效果仍需进一步验证与提升。为保证模型在复杂动态的施工环境中的可靠性，未来需要建立一套针对大模型在建筑施工中的安全性和合规性评估框架，定期对模型进行审查和评估，以确保其符合行业标准和法规要求，保证模型生成质量。

5 建筑工程运维管理阶段大模型应用

在建筑工程全生命周期中，运维管理阶段是建筑物竣工并投入使用后的关键环节。此阶段需要确保建筑物安全高效运行，同时涉及对图纸、工程报告、合同等文档资料的存储管理。在传统运维管理阶段，不仅无法进行建筑能耗的全面监控与精细化管理，还存在知识信息孤岛现象，纸质文件与分散的电子文档不利于长期保存，也无法快速响应运维管理中的需求。大模型为未来建筑工程的运维管理提供了一些创新解决方案。

5.1 建筑能耗管理

对建筑物进行能耗管理有利于减少运营成本，延长建筑使用寿命，并能一定程度上促进可持续发展。传统的建筑能耗管理软件具有数据复杂程度高且整合困难、实时性差、预测能力有限等缺点。为便于建筑能耗自动化建模，江刚等通过微调预训练的 Flan-T5 模型，开发了一种基于 LLM 的能耗计算平台——Eplus-LLM。该平台能够接受用户以自然语言形式提供的建模需求并生成 EnergyPlus IDF 文件。通过集成四种不同的提示（Prompts），平台涵盖多种建模参数，确保生成的灵活性和准确性，大幅减少了建筑建模的工作量。

对高维异质的建筑能耗数据进行机器学习控制，往往会导致决策透明性较差。张良等研究了大模型增强建筑能耗管理中的 MLC 各子过程的可解释性。该框架利用 Shapley 值分析各个特征对机器学习模型预测结果的贡献，使用大模型解释这些 Shapley 值，从而生成详细的人类可理解的解释性文本。为实现建筑能耗数据的自动化转化，Ankita Sharma 等基于大模型提出了 SQLMorpher 框架，利用 LLM 的编码、复杂推理和零样本学习能力，通过提示生成器整合初始提示、领域知识和历史模式，生成将源数据集转换为建筑能耗标准化数据集的 SQL 代码。通过引入迭代提示优化机制，该框架可以自动检测和修正提示中的缺陷，从而提高数据转化的准确性。张超波等提出了一种结合 GPT 和最大频繁项集挖掘的自动化建筑能耗数据挖掘框架，从大量建筑运营数据中提取非冗余的操作模式。转化为输入提示后，GPT 利用其强大的自然语言处理能力有效检测和解释建筑系统中的能耗浪费模式。

5.2 建筑知识管理

建筑业在设计与施工阶段产生了大量的知识信息，这些数据主要以文本、视觉和音频形式出现。利用 AI 从建筑工程在设计、施工阶段所产生的海量数据中提取有价值的信息。

Zhong 等在 CMS 语料库的基础上对 BERT 和 RoBERTa 等模型进行训练，使模型能够更好地理解和处理 CMS 领域的特定术语和上下文，从而提升文本分类和命名实体识别性能。李培源利用大模型进行建筑施工档案的智能管理。大模型可以对设计图纸、工程报告以及合同文档进行自动分类与整理。同时，大模型能够解析用户的自然语言查询请求，快速定位并提取档案相关信息。支持纠错与数据清洗功能，确保档案数据管理的效率与可靠性。Lee 等开发了一种基于大模型的施工企业内部知识管理工具，通过微调 GPT-3 和 LLaMA2 模型对技术规范文档进行自动审查。Taiwo 等提出了结合 RAG 开发一个用于施工文档合同查询的生成式模型。Wong 等人提出了一种基于知识增强大语言模型的建筑合同风险识别方法。通过 RAG 技术模拟专家的合同审查过程，显著增强了模型的有效性和可靠性。通过检索项目条款与专家条款评审，LLM 能够准确识别合同条款中的潜在风险，并生成专业可信的评审结果。简荣提出了一种基于财务共享系统和大数据技术的线上建筑工程财务监察大模型。线上财务监察大模型通过设立统一的监察标准和考核指标，结合机器人流程自动化（RPA）和 OCR 技术，自动提取并分析财务数据，生成风险清单和预警报告。此外，模型还能根据项目实际情况动态调整和优化监察方向，提供多维度的财务监察和评价。

为解决既有 BIM 模型中的信息检索问题，Zheng 等开发了 BIMS-GPT 虚拟助手。BIMS-GPT 框架由用户界面模块、数据管理模块和自然语言处理模块构成。NLP 模块通过动态提示生成器和 GPT 模型的上下文学习能力，准确解析用户的自然语言查询，检索 BIM 数据库中的相关信息，并生成自然语言响应。

在建筑运维管理阶段，大模型技术已在能耗管理和知识管理方面取得显著进展。但在建筑工程全生命周期中涉及多源多模态的数据，包括设计阶段的 BIM 模型、施工阶段的施工图、运维管理阶段的合同文本等。这些数据在格式、结构和语义上存在较大差异，数据统一处理较难。此外，普通语言模型主要使用文本数据进行训练微调，对多模态数据利用能力较差。未来的研究可能会聚焦于多模态建筑大模型以及其中相应组件的开发。如对建筑三维模型或建筑图纸进行编码的编码器、将建筑三维模型或图纸对齐到文本特征空间以供大模型理解、推理和决策的多模态投影器等。

6 总结

大模型在建筑设计、施工与运维管理阶段均能显著发挥作用，但作为新兴学科和交叉领域，目前的研究也存在一定的不足与纰漏。本文总结了近年来语言模型的发展，从全生命周期的角度对建筑领域国内外 56 篇文献进行了综述，结合建筑设计、施工与运维具体需求整理了现有问题并展望未来发展。大模型已经并将继续在建筑工程中发挥广泛和重要的应用，推动建筑智能化和数字化的飞跃。

参 考 文 献

[1] 邢永康，马少平．统计语言模型综述[J]．计算机科学，2003(9)：22-26.

[2] Good I J. The population frequencies of species and the estimation of population parameters[J]. Biometrika, 1953, 40(3-4): 237-264.

[3] Katz S. Estimation of probabilities from sparse data for the language model component of a speech recognizer[J]. IEEE transactions on acoustics, speech, and signal processing, 1987, 35(3): 400-401.

[4] Goodman J T. A bit of progress in language modeling[J]. Computer Speech & Language, 2001, 15(4): 403-434.

[5] Mikolov T, Karafiát M, Burget L, et al. Recurrent neural network based language model[C]//Interspeech. 2010, 2(3): 1045-1048.

[6] Sundermeyer M, Schlüter R, Ney H. Lstm neural networks for language modeling[C]//Interspeech. 2012, 2012: 194-197.

[7] Radford A, Wu J, Child R, et al. Language models are unsupervised multitask learners[J]. OpenAI blog, 2019, 1(8): 9.

[8] Brown T, Mann B, Ryder N, et al. Language models are few-shot learners[J]. Advances in neural information processing systems, 2020, 33: 1877-1901.

[9] Raffel C, Shazeer N, Roberts A, et al. Exploring the limits of transfer learning with a unified text-to-text transformer[J]. Journal of machine learning research, 2020, 21(140): 1-67.

[10] 百度．文心大模型：中文语言理解与知识表示的预训练模型[EB/OL]．百度，2020.

[11] 字节跳动. 豆包大模型：企业级 NLP 解决方案[EB/OL]. 字节跳动，2023.

[12] Rombach R, Blattmann A, Lorenz D, et al. High-resolution image synthesis with latent diffusion models[C]//Proceedings of the IEEE/CVF conference on computer vision and pattern recognition. 2022：10684-10695.

[13] Khachatryan L, Movsisyan A, Tadevosyan V, et al. Text2video-zero：Text-to-image diffusion models are zero-shot video generators[C]//Proceedings of the IEEE/CVF International Conference on Computer Vision. 2023：15954-15964.

[14] 田海东，张明政，常锐，等. 大模型训练技术综述[J]. 中兴通讯技术，2024，30(2)：21-28.

[15] Houlsby N, Giurgiu A, Jastrzebski S, et al. Parameter-efficient transfer learning for NLP[C]//International conference on machine learning. PMLR, 2019：2790-2799.

[16] 罗文，王厚峰. 大语言模型评测综述[J]. 中文信息学报，2024，38(1)：1-23.

[17] 孟耀伟. 面向建筑施工过程的 GIS 时空数据模型研究[D]. 南京：南京师范大学，2016.

[18] 中国信息通信研究院. 中国数字经济发展报告（2023）[R]. 北京：中国信息通信研究院，2023.

[19] Zheng Z, Lu X Z, Chen K Y, et al. Pretrained domain-specific language model for natural language processing tasks in the AEC domain[J]. Computers in Industry，2022(142)：103733.

[20] Zhong Y, Goodfellow S D. Domain-specific language models pre-trained on construction management systems corpora[J]. Automation in Construction，2024(160)：105316.

[21] Jun F, Yanghong C, Jiamin L U, et al. Construction and Application of Knowledge Graph for Water Engineering Scheduling Based on Large Language Model[J]. Journal of Frontiers of Computer Science & Technology，2023：1.

[22] Kim D, Kim T, Kim Y, et al. A ChatGPT-MATLAB framework for numerical modeling in geotechnical engineering applications[J]. Computers and Geotechnics，2024(169)：106237.

[23] 蒋灿，郑哲，梁雄，等. 大语言模型驱动的交互式建筑设计新范式——基于 Rhino7 的概念验证[J]. 图学学报，2024，45(3)：594.

[24] 王泽林，郭宁，李雨薇，等. 基于 AI 绘制建筑效果图数字模型训练的建筑类型文本库研究[C]//全国高等学校建筑类专业教学指导委员会，建筑学专业教学指导分委员会，建筑数字技术教学工作委员会. 兴数育人 引智筑建：2023 全国建筑院系建筑数字技术教学与研究学术研讨会论文集. 湖南科技大学；湖南大学，2023：4.

[25] 马爽，汪碧妍，李双金. 基于生成式大模型的老年友好城市设计——以杭州市街道为例[J]. 西部人居环境学刊，2024，39(2)：28-34.

[26] Chen Y, Zhang S, Han T, et al. Chat3D：Interactive understanding 3D scene-level point clouds by chatting with foundation model for urban ecological construction[J]. ISPRS Journal of Photogrammetry and Remote Sensing，2024(212)：181-192.

[27] Dortheimer J, Martelaro N, Sprecher A, et al. Evaluating large-language-model chatbots to engage communities in large-scale design projects[J]. AI EDAM，2024，38：e4.

[28] Afzal M, Li R Y M, Shoaib M, et al. Delving into the Digital Twin Developments and Applications in the Construction Industry：A PRISMA Approach[J]. Sustainability，2023，15(23)：16436.

[29] Turhan G D. Life cycle assessment for the unconventional construction materials in collaboration with a large language model[C]//Proceedings of the International Conference on Education and Research in Computer Aided Architectural Design in Europe. Education and research in Computer Aided Architectural Design in Europe，2023.

[30] Jang S, Lee G. Interactive design by integrating a large pre-trained language model and building information modeling[M]//computing in civil engineering 2023. 2022：291-299.

[31] Płoszaj-Mazurek M, Ryńska E. Artificial intelligence and digital tools for assisting low-carbon architectural design：merging the use of machine learning, large language models, and building information modeling for life cycle assessment tool development[J]. energies，2024，17(12)：2997.

[32] Han D, Zhao W, Yin H, et al. Large language models driven BIM-based DfMA method for free-form prefabricated buildings：framework and a usefulness case study[J]. Journal of Asian Architecture and Building Engineering，2024：1-18.

[33] 丁志坤，李金泽，刘明辉. 基于大语言模型的 BIM 正向设计问答系统研究[J]. 土木工程与管理学报，2024，41(1)：1-7, 12.

[34] You H, Ye Y, Zhou T, et al. Robot-enabled construction assembly with automated sequence planning based on ChatGPT：RoboGPT[J]. Buildings，2023，13(7)：1772.

[35] Luo H, Wu J, Liu J, et al. large language model-based code generation for the control of constructiona assembly robots: a hierarchical generation approach[J]. Developments in the Built Environment, 2024: 100488.

[36] Wang M, Li Y, Li S. Robotic assembly of interlocking blocks for construction based on large language models[C]//Construction Research Congress 2024. 777-786.

[37] Uddin S M J, Albert A, Ovid A, et al. Leveraging ChatGPT to aid construction hazard recognition and support safety education and training[J]. Sustainability, 2023, 15(9): 7121.

[38] Wang N, Issa R R A. Transfer learning-based question generation for building a construction safety chatbot[C]//Computing in Civil Engineering 2023. 688-694.

[39] Kim S, Kim E, Kim C. Development of web-based construction-site-safety-management platform using artificial intelligence[J]. Journal of the Computational Structural Engineering Institute of Korea, 2024, 37(2): 77-84.

[40] Yoo B, Kim J, Park S, et al. Harnessing generative pre-trained transformers for construction accident prediction with saliency visualization[J]. Applied Sciences, 2024, 14(2): 664.

[41] Nyqvist R, Peltokorpi A, Seppänen O. Can ChatGPT exceed humans in construction project risk management[J]. Engineering, Construction and Architectural Management, 2024, 31(13): 223-243.

[42] Prieto S A, Mengiste E T, García de Soto B. Investigating the use of ChatGPT for the scheduling of construction projects[J]. Buildings, 2023, 13(4): 857.

[43] Al-Sinan M A, Bubshait A A, Aljaroudi Z. Generation of construction scheduling through machine learning and BIM: a blueprint[J]. Buildings, 2024, 14(4): 934.

[44] Jiang G, Ma Z, Zhang L, et al. EPlus-LLM: a large language model-based computing platform for automated building energy modeling[J]. Applied Energy, 2024(367): 123431.

[45] Zhang L, Chen Z. Large language model-based interpretable machine learning control in building energy systems[J]. Energy and Buildings, 2024(313): 114278.

[46] Sharma A, Li X, Guan H, et al. Automatic data transformation using large language model-an experimental study on building energy data[C]//2023 IEEE International Conference on Big Data (BigData). IEEE, 2023: 1824-1834.

[47] Zhang C, Zhang J, Zhao Y, et al. Automated data mining framework for building energy conservation aided by generative pre-trained transformers (GPT)[J]. Energy and Buildings, 2024, 305: 113877.

[48] 李培源. 智能化技术在建筑工程档案管理中的应用[J]. 智能城市, 2024, 10(4): 87-89.

[49] Lee J, Jung W, Baek S. In-house knowledge management using a large language model: focusing on technical specification documents review[J]. Applied Sciences, 2024, 14(5): 2096.

[50] Wong S, Zheng C, Su X, et al. Construction contract risk identification based on knowledge-augmented language models[J]. Computers in Industry, 2024(157): 104082.

[51] 简荣. 建筑施工企业优化财务监察工作的思考与探索[J]. 西部财会, 2024(4): 36-38.

[52] Zheng J, Fischer M. Dynamic prompt-based virtual assistant framework for BIM information search[J]. Automation in Construction, 2023, 155: 105067.

[53] Cheng X, Jia M, He J. A large-scale dataset of buildings and construction sites[J]. Computer-Aided Civil and Infrastructure Engineering, 2024, 39(9): 1390-1406.

[54] 丁烈云, 徐捷, 覃亚伟. 建筑3D打印数字建造技术研究应用综述[J]. 土木工程与管理学报, 2015, 32(3): 10.

[55] 郭红领, 王尧, 马琳瑶, 等. 土木工程施工安全研究的现状与趋势[J]. 华中科技大学学报: 自然科学版, 2022, 50(8): 10.

[56] 陆新征, 廖文杰, 顾栋炼, 等. 从基于模拟到基于人工智能的建筑结构设计方法研究进展[J]. 工程力学, 2023, 40: 1-17.

[57] Spencer Jr B F, Hoskere V, Narazaki Y. Advances in computer vision-based civil infrastructure inspection and monitoring[J]. Engineering, 2019, 5(2): 199-222.

[58] 刘宇轩, 马智亮. 基于再利用视角的专项施工方案案例库构建与检索[C]//中国图学学会建筑信息模型(BIM)专业委员会. 第九届全国BIM学术会议论文集. 清华大学土木工程系, 2023: 6.

[59] Duan R, Deng H, Tian M, et al. SODA: A large-scale open site object detection dataset for deep learning in construction[J]. Automation in Construction, 2022(142): 104499.